程序员硬核技术丛书

剑指Java
核心原理与应用实践

尚硅谷教育◎编著

電子工業出版社
Publishing House of Electronics Industry
北京 • BEIJING

内容简介

本书分为四大部分：第 1～6 章，初步认识 Java 的基础语法及主流编程工具的使用；第 7～11 章，详解 Java 面向对象编程语言的语法、核心编程思想、基础 API；第 12～17 章，介绍 Java 高级应用开发所需的 API 和基础原理；第 18、19 章，介绍了 Java 8～Java 17 版本的新特性。本书核心内容基于目前企业应用最主流的 Java 8 进行讲解，但是又与时俱进，读者可以直接进阶到最近的长期支持版本 Java 17。

本书遵循深入浅出的原则编写，既有生动活泼的生活化案例讲解，又有干货满满的源码级分析，可以让读者轻松领会 Java 技术精髓，快速掌握 Java 开发技能。本书为每一个知识点的讲解都配备了案例，代码量庞大，如果读者跟随本书案例练习会大大提升自身的代码编写能力。本书配套名师视频教程，读者在学习过程中可结合视频学习，让你的 Java 进阶之路事半功倍，为后续的技术提升打下坚实的基础。

本书不仅适合初学 Java 编程语言的自学者、编程爱好者学习，还适合各类院校计算机相关专业的师生作为教材或教辅资料使用，是 Java 编程语言入门的必备图书。

图书在版编目（CIP）数据

剑指 Java：核心原理与应用实践 / 尚硅谷教育编著. —北京：电子工业出版社，2022.7
（程序员硬核技术丛书）

ISBN 978-7-121-43664-2

Ⅰ. ①剑… Ⅱ. ①尚… Ⅲ. ①JAVA 语言—程序设计 Ⅳ. ①TP312.8

中国版本图书馆 CIP 数据核字（2022）第 095940 号

责任编辑：李　冰　　　　　特约编辑：田学清
印　　刷：北京捷迅佳彩印刷有限公司
装　　订：北京捷迅佳彩印刷有限公司
出版发行：电子工业出版社
　　　　　北京市海淀区万寿路 173 信箱　　　　邮编：100036
开　　本：850×1168　1/16　印张：40.25　字数：1218 千字
版　　次：2022 年 7 月第 1 版
印　　次：2024 年 4 月第 2 次印刷
定　　价：180.00 元

凡所购买电子工业出版社图书有缺损问题，请向购买书店调换。若书店售缺，请与本社发行部联系，联系及邮购电话：（010）88254888，88258888。

质量投诉请发邮件至 zlts@phei.com.cn，盗版侵权举报请发邮件到 dbqq@phei. com.cn。

本书咨询联系方式：libing@phei.com.cn。

前 言

随着 Web 技术的不断更迭，Java 语言与时俱进，不断推陈出新，在互联网行业占据了重要地位。Java 在 TIOBE、RedMonk、PyPL 等全球知名的编程语言排行榜上长期稳居前三，并多次占据排行榜首位，广泛应用于 Web 后端开发、移动端开发、大数据分析、人工智能等热门领域。

随着 Java 开发人员及 Java 社区的不断壮大，Java 早已不再是简简单单的一门编程语言了，它更是一个开放的平台、一种共享的文化、一个庞大的社区。IDC 的 2020 年报告显示：全球 69%的全职开发人员在使用 Java，比其他任何编程语言都要多。

Java 语言的语法比较简单，对于初学者来说是一门极友好的语言。如果你想进入 IT 行业做程序员，选择 Java 作为敲门砖无疑是正确的选择。

本书由具有多年 Java 开发与教学经验的一线讲师团队共同创作完成，并反复打磨、精益求精。本书内容全面、讲解细致、通俗易懂、深入浅出，完美契合零基础学习者，并针对初学者学习过程中易出现的问题做了详尽剖析。在知识点讲解过程中，理论结合实践，层层深入，步步为营，精心设计了企业开发中大量经典和实用的案例，讲练一体化，即便零基础的初学者也可以循序渐进，由理论到实践逐步掌握 Java 开发技术，并建立起面向对象的编程思想。深度方面，本书还具有数据结构、设计模式、JVM、Java 最新版本新特性等内容，可以开拓视野、加深内功。此外，本书也同样适合中高级 Java 开发人员作为工具书使用。

全书分为 19 章，内容分为四大部分，第一部分介绍了 Java 编程语言的基础知识，包括 Java 语言的基础语法、流程控制语句结构、数组，以及主流编程工具的使用等；第二部分详细介绍了 Java 编程语言的核心知识，即面向对象编程基础/进阶/高级、异常和异常处理等；第三部分重点讲解 Java 的各种应用场景，涉及常用类、集合、泛型、IO 流、多线程、网络编程、反射等。第四部分则是关注 Java 8～Java 17 版本的新特性，从语法层面变化、API 层面增删变化、GC 等底层设计的变化等四个方面进行阐述。

本书配套视频及后续深入学习的 Java 视频，可关注尚硅谷教育公众号，在聊天窗口发送“Java”免费获取，也可在哔哩哔哩搜索尚硅谷官方账号，免费在线学习。

感谢电子工业出版社的李冰编辑，是您的努力让本书得以付梓面世。

关于我们

尚硅谷是一家专业的 IT 教育培训机构，现拥有北京、深圳、上海、武汉、西安五处分校，开设有 JavaEE、大数据、HTML5 前端、UI/UE 设计等多门学科，累计发布的视频教程近三千小时，广受赞誉。尚硅谷通过面授课程、视频分享、在线学习、直播课堂、图书出版等多种方式，满足了全国编程爱好者对多样化学习场景的需求。

尚硅谷一直坚持“技术为王，课比天大”的发展理念，设有独立的研究院，与多家互联网大厂的研发团队保持技术交流，坚持聘用名校名企的技术专家进行技术讲解，以保障教学内容始终基于研发一线。

我们希望通过我们的努力，帮助更多需要帮助的人，让天下没有难学的技术，并为中国的软件人才培养事业尽一点绵薄之力。

尚硅谷教育

目 录

第1章 Java 语言概述

人类在交流时有自己的语言，同样，人类与计算机的交流也需要有特定的语言。1995 年 Sun（Stanford University Network）公司开发了一门新的编程语言——Java。

Java 语言自 1995 年发布以后，在近 30 年的发展中，已成为人类计算机史上影响深远的编程语言之一。因为 Java 语言具有易学、安全、可移植、跨平台等特点，并且提供了大量开源框架和组件，这使其易于构建大型企业应用项目，因此受到许多大型企业的青睐，企业相关方面的用人需求量巨大。根据 2020 年 IDC（Internet Data Center，互联网数据中心）的报告——Java 迎来 25 岁，Java 开发人员超过 900 万名，占全球全职开发人员的 69%（比其他任何编程语言都多）。

本章作为本书的第 1 章，将使读者对 Java 语言的生态体系及语言特点有一个宏观的认识。本章从 Java 语言的发展简史、Java 语言的发展前景、Java 语言的技术体系结构、Java 语言的特点、Java 语言的核心机制之 JVM（Java Virtual Machine，Java 虚拟机）及 Java 语言的开发和运行环境几个方面来展开阐述。

Java 是目前应用最为广泛的软件开发平台之一。随着 Java 及 Java 社区的不断壮大，Java 也早已不再是一门简简单单的编程语言了，它更是一个开放的平台、一种共享的文化和一个庞大的社区。

作为一个开放的平台，Java 虚拟机负责解释执行字节码的程序，即任何一种能够编译成字节码的编程语言都可以在 Java 虚拟机上运行，如 Groovy、Scala、JRuby、Kotlin 等编程语言，因此它们也是 Java 平台的一部分，Java 平台也因为它们变得更加丰富多彩。也就是说，Java 虚拟机的设计不仅解决了 Java 程序跨平台的问题，还解决了很多计算机语言的跨平台问题。

作为一种共享的文化，Java 开源的决策可谓英明。正因为开源，所以在 Java 生态圈中有着数不清的流行框架，如 Tomcat、Struts、Hibernate、Spring、MyBatis 等。JDK 和 JVM 自身也有不少开源的实现，如 OpenJDK、Apache Harmony。现在一提到 Java，大家就能想到开源，共享的精神在 Java 世界里无处不在。

作为一个庞大的社区，Java 拥有全世界最多的技术参与者和拥护者，有数不清的开源社区、活跃的论坛、丰富的技术博客、优质的视频资料。使用 Java 开发的应用有桌面应用、嵌入式开发到企业级应用、移动端 App、后台服务器、中间件，其形式之丰富、参与人数之多也是其他语言无法比拟的。显然，Java 社区已经构建起了一个良好而庞大的生态系统。正如那句谚语——“人多力量大，柴多火焰高”，Java 的使用者和支持者才是 Java 最大的优势和财富。

1.1 Java 语言的发展简史

Java 语言是全球使用率最高的编程语言之一，独领“风骚”数十年，多次占据编程语言排行榜首位。2020 年 4 月 TIOBE 公布的最新编程语言排行榜，如图 1-1 所示。

Apr 2020	Apr 2019	Change	Programming Language	Ratings	Change
1	1		Java	16.73%	+1.69%
2	2		C	16.72%	+2.64%
3	4	↑	Python	9.31%	+1.15%
4	3	↓	C++	6.78%	-2.06%
5	6	↑	C#	4.74%	+1.23%
6	5	↓	Visual Basic	4.72%	-1.07%
7	7		JavaScript	2.38%	-0.12%
8	9	↑	PHP	2.37%	+0.13%
9	8	↓	SQL	2.17%	-0.10%
10	16	↑↑	R	1.54%	+0.35%
11	19	↑↑	Swift	1.52%	+0.54%
12	18	↑↑	Go	1.36%	+0.35%
13	13		Ruby	1.25%	-0.02%
14	10	↓↓	Assembly language	1.16%	-0.55%
15	22	↑↑	PL/SQL	1.05%	+0.26%
16	14	↓	Perl	0.97%	-0.30%
17	11	↓↓	Objective-C	0.94%	-0.57%
18	12	↓↓	MATLAB	0.93%	-0.36%
19	17	↓	Classic Visual Basic	0.83%	-0.23%
20	27	↑↑	Scratch	0.77%	+0.28%

图 1-1　2020 年 4 月 TIOBE 公布的最新编程语言排行榜

Java 语言是由詹姆斯·高斯林（James Gosling）和其 Green Team 小组成员共同开发的。起初，詹姆斯·高斯林团队将 Java 语言的开发目标设定在家用电器等小型系统的编程语言上，来解决诸如电视机、电话、闹钟、烤面包机等家用电器的控制和通信问题，但是由于这些智能化家电的市场需求没有预期高，所以他们最终放弃了这项计划。而同时詹姆斯·高斯林团队意识到网络是时代发展的趋势，认为“网络就是计算机”，于是他们决定将该项计划应用于互联网，将该语言改造为网络编程语言。而正是由于这个伟大的决定，造就了 Java 的传奇，詹姆斯·高斯林也因此被称为“Java 语言之父”。Java 的最初名为 Oak，由于 Oak 商标已经被注册，所以更名为 Java。Java 语言的诞生过程，如图 1-2 所示。

1996 年是 Java 语言的发展简史中具有里程碑意义的一年。在这一年里，Sun 公司发布了 Java 开发人员熟悉的 JDK 1.0 版本，JDK 1.0 版本包括 Java 虚拟机、网页应用小程序及可以嵌套在网页中运行的用户界面组件，开发人员通过用户界面组件可以开发窗口应用程序。JDK 1.0 组件如图 1-3 所示。

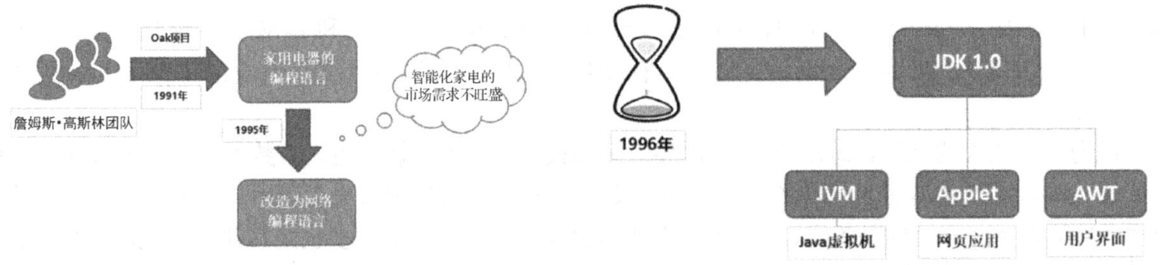

图 1-2　Java 语言的诞生过程　　　　图 1-3　JDK 1.0 组件

Java 语言从第一个版本的发布到现在已经有 20 多年了。Java 语言的发展轨迹和历史变迁，如图 1-4 所示。

- 1996 年，JDK 1.0 发布。
- 1998 年，JDK 1.2 发布。这个版本添加了很多类库，如添加了集合框架 API。为了纪念该版本，Java 技术体系拆分为 3 个方向，分别是面向桌面应用开发的 J2SE、面向企业级应用开发的 J2EE、面向手机等移动终端开发的 J2ME。

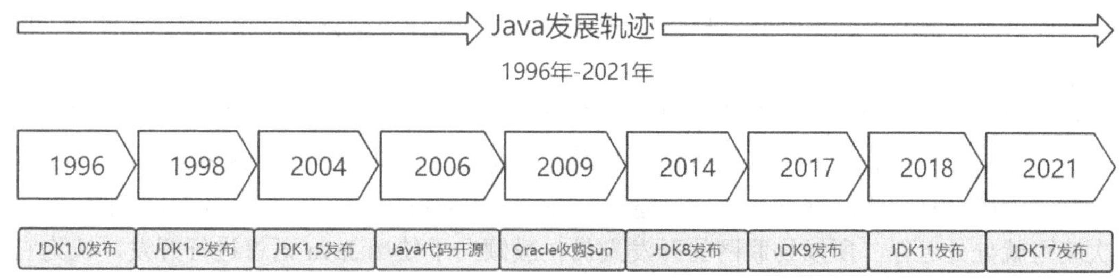

图 1-4 Java 语言的发展轨迹和历史变迁

- 2004 年，JDK 1.5 发布，这在 JDK 改革史上也是浓墨重彩的一笔。JDK 1.5 添加了很多新特性：自动装拆箱、增强 for 循环、可变参数、泛型、枚举、线程并发库等。为了纪念该版本，Java 对外发布时该版本更名为 JDK 5.0。
- 2006 年，这一年发生了两件大事：第一件大事是 Sun 公司宣布将 Java 代码开源，代码开源意味着 Java 开发人员可以查看 Java 核心代码，了解 JDK 核心架构；第二件大事是 JDK 终结了从 JDK 1.2 开始已经有 8 年历史的 J2SE、J2EE、J2ME 的命名方式，启用 Java SE 6、Java EE 6、Java ME 6 的命名方式。
- 2009 年，Oracle（甲骨文）公司收购了 Sun 公司。
- 2014 年，JDK 8（同 JDK 1.8）发布。JDK 8 是继 JDK 5 后改革最大的一个版本，添加了很多新特性，如 Lambda 表达式、Stream API、新版日期时间 API 等。
- 2017 年，JDK 9 发布。JDK 9 比预计发布时间迟了一年多，该版本不属于 LTS（Long Term Support，长期技术支持）版本。同时，Oracle 公司颁布了“6 个月版本升级计划”，即每隔 6 个月发布一个新的 JDK 版本。
- 2018 年 9 月，JDK 11 发布。该版本属于 LTS 版本。

虽然截至 2022 年 3 月，Java 已经更新到 Java 18 了，但是目前实际项目开发中主流框架技术使用的仍然是 Java 8，所以本书主要是基于 Java 8 进行讲解的。Java 8 之后版本的新特性将在第 19 章统一讲解。

1.2 Java 语言的发展前景

在国内市场，Java 语言无论是在企业级应用，还是在面向大众的服务方面都取得了很大进展，在中国的电信、金融等关键性业务中发挥着举足轻重的作用。目前，社会向着更加信息化、更加智能化的方向发展，Java 语言的应用范围也在不断扩大。Java 语言可以进行面向对象的应用开发、可视化、动态画面设计、系统调试、数据库操作等，在互联网技术行列中占有非常重要的位置。

由于 Sun、IBM、Oracle 等国际公司相继推出各种基于 Java 技术的应用服务器，以及各种应用软件，因此带动了 Java 语言在互联网、金融、电信、制造等领域的应用。在巨大的市场需求下，企业对于 Java 人才的渴求已是不争的事实。

IT 行业存在一个 15 年周期现象。从 1966 年开始到可预知的未来数十年，可划分为 6 个周期，每个周期都存在技术的颠覆和更迭，周期分别如下：1966—1980 年的大型计算机时代，1981—1995 年的个人计算机时代，1996—2010 年的互联网时代，2011—2025 年的大数据、云计算时代，2026—2040 年的人工智能时代，2041—2055 年的机器人时代。除此之外，华为公司在 5G 技术上的研究在全世界掀起了 5G 时代的浪潮，那么在大时代背景下，Java 语言的发展前景如何呢？

1. 5G 时代

麦肯锡曾经预测，到 2020 年，物联网市场仅仅就基于信息通信技术（ICT）支出这一块的产值就达到 5810 亿美元，复合年增长率（CAGR）在 7%～15%。所以无论是跨国公司、小型企业、政府组织还是私营企业，都希望可以利用物联网创造更多的价值。而高速无线网络，尤其是 5G 技术，将为整个物联网带来新的可能性。

物联网是将许多日常设备以某种方式计算机化并连接到互联网的形式，它是各种不同技术（如数据科学、传感器、自动化和云计算）的集群。互操作性是物联网应用的关键因素。由于 Java 具有很好的互操作性，因此是复杂物联网项目的优秀选择。Java 的多功能性和灵活性，以及跨平台性，使得它可以一次编写就处处运行，所以物联网的开发人员一般倾向于使用 Java 语言进行开发，认为它是物联网开发的理想选择。

2. 云计算时代

Java 在 Web、移动设备及云计算方面的前景广阔，随着云计算及移动领域的扩张，更多的企业在考虑将其应用部署在 Java 上。无论是本地主机还是公共云，Java 都是目前最合适的选择。

3. 人工智能时代

IT 界有人认为，在大数据和人工智能时代中 Java 的影响力在下滑。但事实证明 Java 依然屹立不倒。实际上 Java 也可以被认为是 AI 开发一个很好的选择，人工智能与搜索算法，以及人工神经网络和遗传编程有很大关系。同时，Java 在分布式微服务系统开发下的优势，为人工智能和大数据后端管理提供了强大的支持。

1.3 Java 语言的技术体系平台

1998 年，Sun 公司根据应用的领域不同，把 Java 技术划归为三个平台，当时分别称为 J2SE、J2EE 和 J2ME，2006 年改名为 Java SE、Java EE 和 Java ME。

1. Java SE

Java SE 是 Java 平台标准版（Java Platform, Standard Edition）的简称，允许用户在桌面和服务器上开发和部署 Java 应用程序。Java 提供了当今应用程序所需要的丰富的用户界面、性能，具有通用性、可移植性和安全性。同时，Java SE 为 Java EE 提供了基础。

本书主要介绍的就是 Java SE 的技术。

2. Java EE

Java EE 是 Java 平台企业版（Java Platform, Enterprise Edition）的简称，用于开发便于组装、健壮、可扩展、安全的服务器端 Java 应用。

Java EE 建立在 Java SE 之上，具有 Web 服务、组件模型，以及通信 API 等特性。这些为面向服务的架构（SOA），以及开发 Web 2.0 应用提供了支持。

Java EE 是 Java 主流的平台方向，目前企业中绝大多数电商网站都是使用 Java 编写的。

3. Java ME

Java ME 是 Java 微版（Java Platform, Micro Edition）的简称，是一个技术和规范的集合，它为移动设备（消费类产品、嵌入式设备、高级移动设备等）提供了基于 Java 环境的开发与应用平台。Java ME 在早期的诺基亚塞班手机系统中有很多应用，而现在随着使用 iOS 和 Android 操作系统的智能手机的兴起，Java ME 渐渐退出了手机端应用开发的历史舞台。

1.4 Java 语言的特点

Java 语言的语法比较简单，对于初学者来说是一门极容易入门的语言。Java 语言在设计上有着绝对的优势，开发人员可以尽快从语言本身的复杂性中解脱出来，将更多的精力投入软件自身的业务功能中。Java 语言最重要的一点是符合工程学的需求，由于现代软件都是协同开发，因此具有代码可维护性、编译时检查、较为高效的运行效率、跨平台能力、丰富而强大的开发、测试、项目管理工具配合等特性都使 Java 成了企业应用软件开发的首选，也得到很多互联网公司的青睐。Java 语言的成功更取决于它本身的语言特点。下面将会对 Java 语言的特点进行详细的介绍。

1. 平台无关性

Java 语言的一个显著特点就是平台无关性。首先我们了解下什么是平台。例如，个人计算机用的 Windows 系统、手机用的 Android 系统、大型网站用的 Linux 系统，这些系统都可以理解为平台。平台无关性代表的就是同一个 Java 程序可以在不同的平台上运行，即一次编写就可以处处运行（Write Once, Run Anywhere）。这是因为 Java 程序不是直接运行在操作系统上的，而是运行在 Java 虚拟机中的，具体原理在 1.5 节将有讲解。

2. 面向对象性

Java 语言是一门面向对象的语言。面向对象的世界观认为世界是由各种各样具有自己的运动规律和内部状态的对象组成的，不同对象之间的相互作用和通信构成了完整的现实世界。面向对象的编程就是模拟现实世界，把现实世界中的事物类别和实体对象抽象成 Java 中的类和对象。例如，人有姓名、年龄、性别等属性，也有跑步、骑自行车、吃饭等行为。如果要编写一个关于人的系统，可以把人的属性和行为看作一个整体并封装为一个 Java 类，而具体的某个人对应 Java 类的一个实例对象，这就是面向对象开发的概念。相较于面向过程，面向对象更易维护、复用、扩展，可以设计出低耦合的系统，使系统更加灵活。面向对象的具体讲解见本书第 7 章。

3. 支持分布式

Java 语言的创始人团队很敏锐地嗅到了时代的发展趋势之一就是网络化，迅速将 Java 语言改造成网络编程语言，才让 Java 语言大放异彩。Java 语言支持 Internet 应用的开发，java.net 包提供了相应的类库用于网络应用编程。Java 语言的远程方法调用（RMI）机制也是开发分布式应用的重要手段。

4. 支持多线程

现在的程序都要求能实现多线程，一方面是为了能更好地利用 CPU 资源，另一方面是程序应该体现“多角色”，如“生产者消费者模型”。

JVM 被设计成采用轻量级进程（Light Weight Process，LWP）实现与操作系统的内核线程形成相互对应的映射关系。使用 JVM 就可以实现 Java 内部的多线程，并提供了相应的语法来进行编码。其实调用 Java 的多线程就是调用内核线程来执行的，所以说 Java 天生是支持多线程的语言。

java.lang 包提供了 Thread 线程类来支持多线程编程，Java 的线程支持包括一组同步原语。这组同步原语是基于监督程序和条件变量风范，由 C. A. R. Hoare 开发并广泛使用的同步化方案，如 synchronized、volatile 等关键字的使用。从 JDK 1.5 开始又增加了 java.util.concurrent 包，该包提供了大量高级工具，可以帮助开发人员编写高效、易维护、结构清晰的 Java 多线程程序。

Java 开发团队正在设计新型轻量级用户线程——fibers，其轻量化程度高于内核提供的线程，从而可以更高效地使用 CPU 等系统资源。

5. 健壮性

Java 语言原来是用于编写消费类家用电子产品软件的语言，所以它被设计成可以编写高可靠和稳健的程序。Java 会检查程序在编译、运行时的错误，并消除错误。

Java 被设计为强类型语言，类型检查能帮助用户检查出许多在开发早期出现的错误。Java 要求以显式的方法声明，它不支持 C 语言风格的隐式声明。这些严格的要求可以保证编译程序能捕捉调用错误。

异常处理是 Java 可以使得程序更稳健的一个重要特点。异常是某种类似于错误的异常条件出现的信号。使用 try/catch 语句，程序员可以处理错误的代码，这就减少了错误处理和代码恢复的工作量。

6. 安全性

Java 通常被用在网络环境中，为此 Java 提供了一个安全机制以防恶意代码的攻击，类加载器的双亲委托工作模式、加载过程中对字节码的校验、分配不同的命名空间以防替代本地的同名类等设计都保证了 Java 程序的安全性。

Java 的存储分配模型也是它防御恶意代码的主要方法之一。学过 C 语言开发的人对内存的管理都很头痛。Java 语言删除了类似 C 语言中的指针和内存释放等语法，由 JVM 自动分配内存，并且提供了强大的垃圾回收机制，人们在使用 Java 语言时不需要过多考虑内存情况，可以把精力更多专注在业务开发上。

1.5 Java 语言的核心机制之 JVM

Java 最初风靡世界的原因是它有良好的跨平台性。而 Java 能够跨平台的核心机制在于它的虚拟机。

在 Java 出现之前，最为流行的编程语言是 C 语言和 C++。如果我们想要在一台使用 x86_64 指令集的 CPU 的机器上运行一个 C 语言程序，那么就需要编写一个将 C 语言翻译成 x86_64 汇编语言的编译器。如果想要在一台使用 arm 指令集的 CPU 机器上运行一个 C 语言程序，那么同样需要编写一个将 C 语言翻译成 arm 汇编语言的编译器。这严重影响了 C 语言程序的跨平台性，因为针对特定的指令集编写编译器是一个难度非常大的工作。C 语言程序针对不同指令集的处理方式如图 1-5 所示。

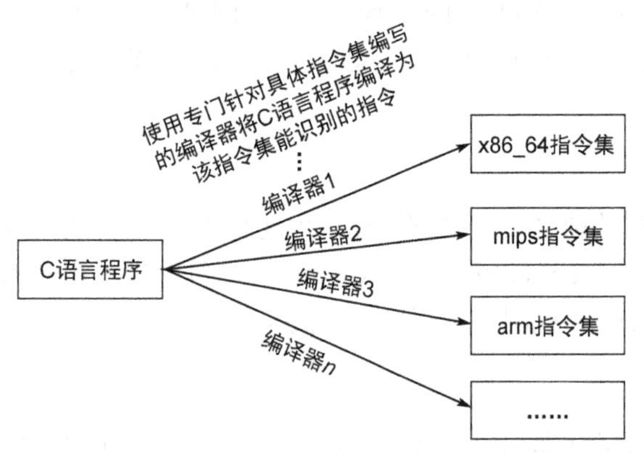

图 1-5　C 语言程序针对不同指令集的处理方式

那么 Java 是如何解决这个问题的呢？Java 设计了一套简洁的虚拟指令集，也就是字节码。如果我们想要在一台机器上运行 Java 程序，那么只需要将 Java 程序编译成字节码。编写一个将 Java 程序翻译成 Java 字节码的编译器（适用于各个平台），比编写一个将 Java 程序翻译成 x86_64 指令集的编译器要简单得多。可是这里产生了一个问题，难道我们的机器可以直接执行字节码这样的虚拟指令集吗？当然是不能的。我们需要针对不同的指令集，开发对应的字节码解释器，这个工作同样比较简单。Java 程序针对不同指令集的处理方式如图 1-6 所示。

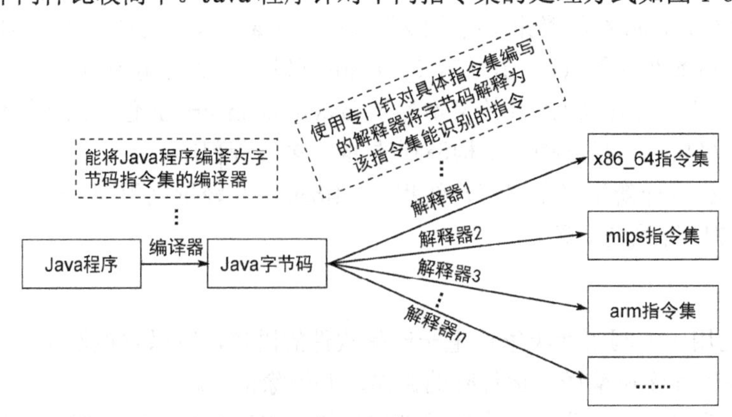

图 1-6　Java 程序针对不同指令集的处理方式

Java 虚拟机是由软件技术模拟出计算机运行的一个虚拟的计算机，它负责解释执行字节码指令集。也就是说，只要一台机器可以运行 Java 虚拟机，那么就能运行 Java 语言编写的程序。而不同的平台，需要安装不同的 Java 虚拟机程序。那么我们编写完 Java 程序之后，需要先将.java 的源文件编译为.class 的字节码文件，然后在 Java 虚拟机中执行这些字节码文件。Java 程序的编辑、编译、运行过程如图 1-7 所示。

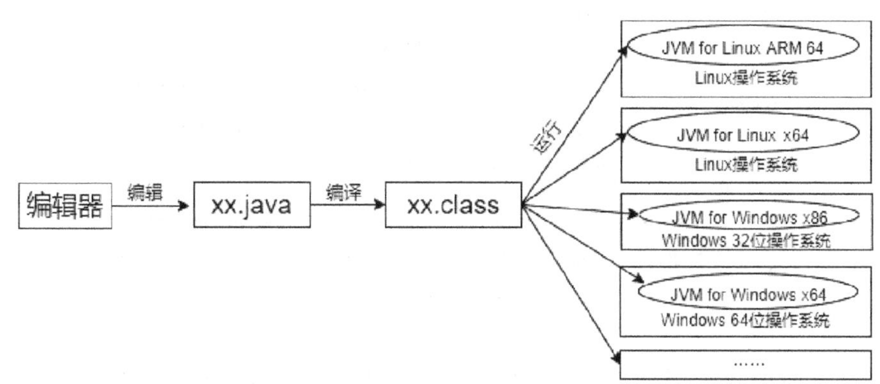

图 1-7　Java 程序的编辑、编译、运行过程

Java 虚拟机的设计不仅解决了 Java 程序跨平台的问题，还解决了很多语言的跨平台问题。有无 Java 虚拟机的对比图如图 1-8 所示。

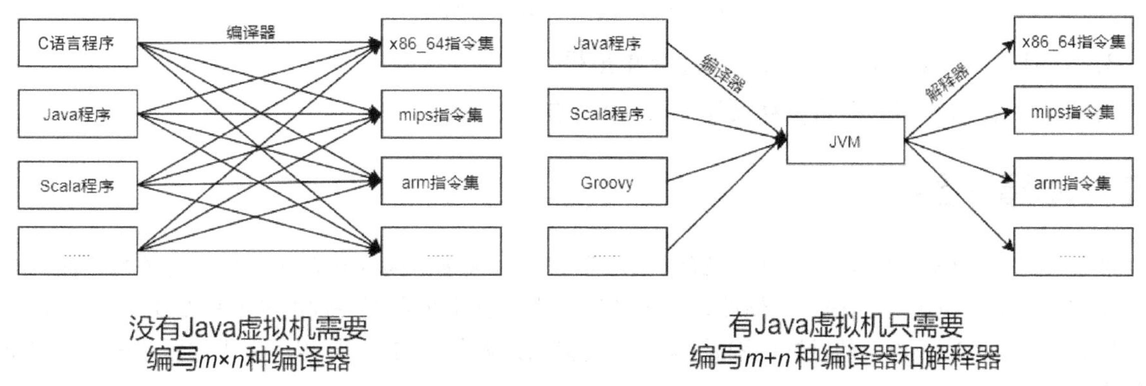

图 1-8　有无 Java 虚拟机的对比图

1.6　Java 语言的开发环境和运行环境

在了解了 Java 跨平台的原理之后，那我们该怎么搭建 Java 的开发环境和运行环境呢？为了能够快速开发 Java 程序，Java 除了提供 JVM，还提供了 JDK 和 JRE，图 1-9 为 JDK、JRE、JVM 三者间的关系。JDK 包含 JRE，JRE 包含 JVM。

1．JDK（Java Development Kits）：Java 开发工具包

JDK 是 Sun 公司提供的一套用于开发 Java 应用程序的开发工具包，JDK 提供给 Java 开发人员使用，其中包括 Java 的开发工具，也包括 JRE。所以，安装了 JDK，就不用再单独安装 JRE 了。JDK 的开发工具包括编译工具（javac.exe）、打包工具（jar.exe）等。

2．JRE（Java Runtime Environment）：Java 运行环境

JRE 包括 JVM 和 Java 程序所需的核心类库等，如果想要运行一个开发好的 Java 程序，那么计算机中只需要安装 JRE 即可。

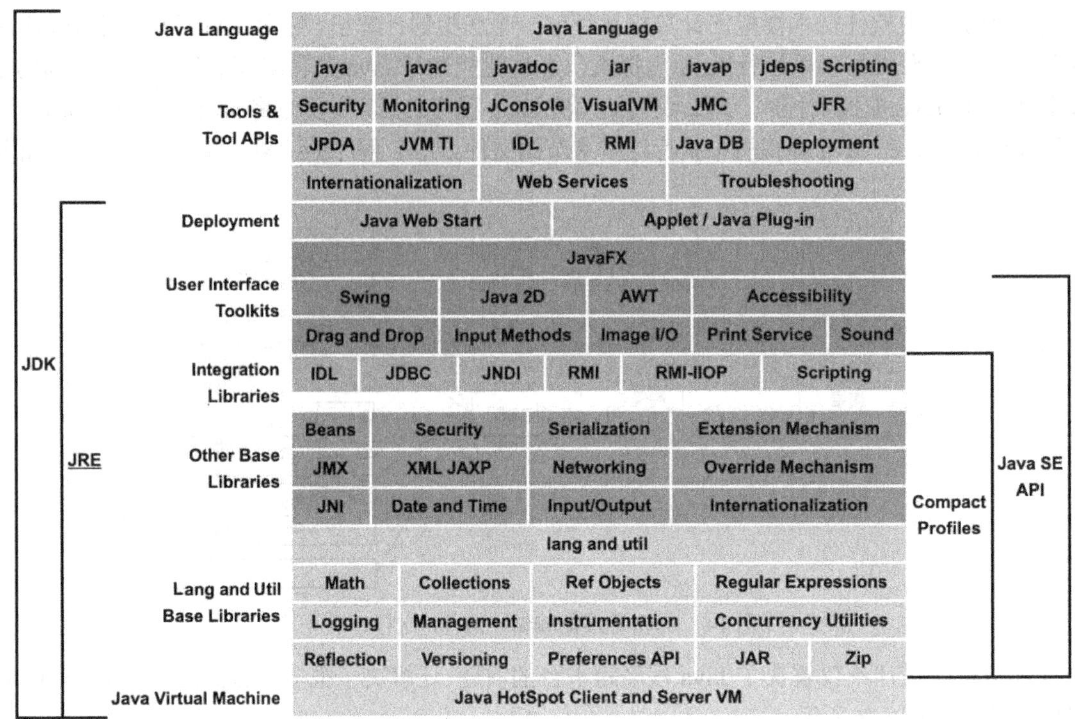

图 1-9　JDK、JRE、JVM 三者间的关系

3. JVM（Java Virtual Machine）：Java 虚拟机

JVM 即 Java 虚拟机，负责解释执行字节码指令集。

1.7　本章小结

通过本章的介绍，相信读者可以了解到 Java 语言这么火爆是因为它存在着平台无关性、面向对象性、支持分布式、支持多线程、稳健性、安全性等特点，其中平台无关性的核心就是 Java 虚拟机。另外，读者在了解了 Java 语言的发展过程后，就可以看到其广阔的发展空间，也可以更加坚定好好学习 Java 的信心。

第2章

第一个 Java 程序：HelloWorld

通过第 1 章的学习，我们对 Java 语言已经有了一个宏观的认识，但对于初学者来说，里面有很多名词有些难以理解，不过这并不妨碍我们接下来的学习。如果有些实干派直接略过第 1 章，从第 2 章开始学习，也是可以的。

从本章开始，我们将带领大家动手操练起来，带你逐步领略 Java 的强大之处。那么应从哪里开始呢？子曰："工欲善其事，必先利其器。" Java 开发也得从准备搭建开发环境开始，本章就手把手教你写出人生中的第一个 Java 程序，你只要跟着步骤一步一步照做即可。本章主要分为四个部分：开发环境的搭建、第一个 Java 程序、Java 注释说明、简单易上手的文本编辑器的介绍。如果你是零基础学习 Java，那么第 2 章是必看内容。

2.1 开发的前期准备

我们要进行 Java 开发，肯定是需要做一些准备工作的，那么都需要准备什么呢？闪现在大家脑中的第一个答案肯定是需要一台计算机。那么需要什么样的计算机呢？初学者其实对于计算机的配置并没有太高的要求，一般的计算机都能符合要求。不管是台式计算机还是便携式计算机，不管是 Windows 操作系统、Mac OS 操作系统还是 Linux 操作系统，不管是办公本、游戏本还是专业的开发本，都能作为我们 Java 开发的学习工具。因为绝大多数读者的计算机都是 Windows 操作系统，因此本书搭建开发环境以 Windows 操作系统为例。

除了操作系统，Java 程序的开发还需要 JDK（Java 开发工具包），第 1 章我们讲解了 JDK 中包含 JRE（Java 运行环境）和 Java 的开发工具，而 JRE 中又包含 Java 程序运行所依赖的 JVM（Java 虚拟机）和核心类库。那么，下面我们就教大家下载和安装 JDK 的方法。

2.1.1 JDK 的下载

在本书写作时，JDK 最新版本 JDK 16 刚刚推出，但企业中使用的主流版本依然是 JDK 8，所以本书主要以 JDK 8 为例进行讲解，本书最后一章将对 JDK 后续版本的新特性进行说明。

图 2-1 为 JDK 的下载界面，你会发现不同的操作系统平台都可以下载自己对应的 JDK 安装文件。例如，矩形框中为 Windows 64 位操作系统需要下载的 JDK 安装文件，如果你的操作系统是 Windows 32 位操作系统，则需要下载 Windows x86 对应的 JDK 安装文件。下载成功后，我们将得到一个对应操作系统的 JDK 安装文件，Windows 操作系统对应的是一个标准的.exe 文件，接下来就可以按安装步骤执行了。

特别说明，如果读者登录该页面看到的 JDK 8 的具体版本与图 2-1 中的 jdk-8u271 不一致也没关系，只要主体是 JDK 8 即可，小版本的不同对于本书内容的学习没有影响。

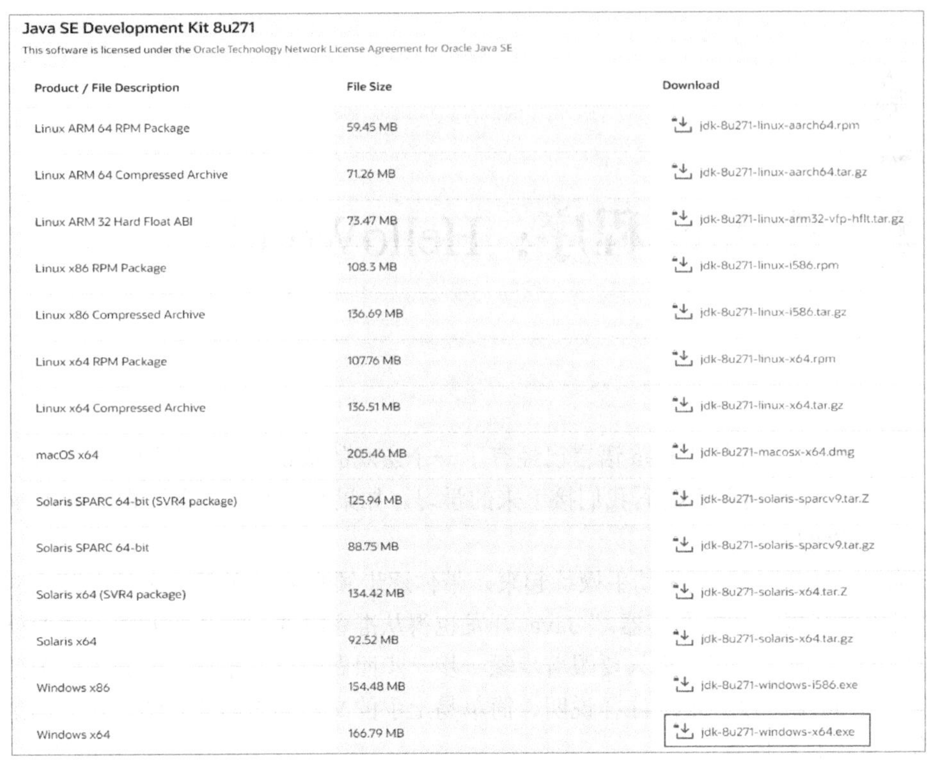

Java SE Development Kit 8u271

This software is licensed under the Oracle Technology Network License Agreement for Oracle Java SE

Product / File Description	File Size	Download
Linux ARM 64 RPM Package	59.45 MB	jdk-8u271-linux-aarch64.rpm
Linux ARM 64 Compressed Archive	71.26 MB	jdk-8u271-linux-aarch64.tar.gz
Linux ARM 32 Hard Float ABI	73.47 MB	jdk-8u271-linux-arm32-vfp-hflt.tar.gz
Linux x86 RPM Package	108.3 MB	jdk-8u271-linux-i586.rpm
Linux x86 Compressed Archive	136.69 MB	jdk-8u271-linux-i586.tar.gz
Linux x64 RPM Package	107.76 MB	jdk-8u271-linux-x64.rpm
Linux x64 Compressed Archive	136.51 MB	jdk-8u271-linux-x64.tar.gz
macOS x64	205.46 MB	jdk-8u271-macosx-x64.dmg
Solaris SPARC 64-bit (SVR4 package)	125.94 MB	jdk-8u271-solaris-sparcv9.tar.Z
Solaris SPARC 64-bit	88.75 MB	jdk-8u271-solaris-sparcv9.tar.gz
Solaris x64 (SVR4 package)	134.42 MB	jdk-8u271-solaris-x64.tar.Z
Solaris x64	92.52 MB	jdk-8u271-solaris-x64.tar.gz
Windows x86	154.48 MB	jdk-8u271-windows-i586.exe
Windows x64	166.79 MB	jdk-8u271-windows-x64.exe

图 2-1　JDK 的下载界面

2.1.2　JDK 的安装

JDK 的安装还是比较轻松的，采用“傻瓜式”的安装方法，用户只要按照安装向导，单击“下一步”按钮即可。JDK 的详细安装步骤如下。

（1）安装界面中的第一个对话框是“欢迎使用 Java SE 开发工具包”的安装向导，单击“下一步”按钮。JDK 的安装向导界面如图 2-2 所示。

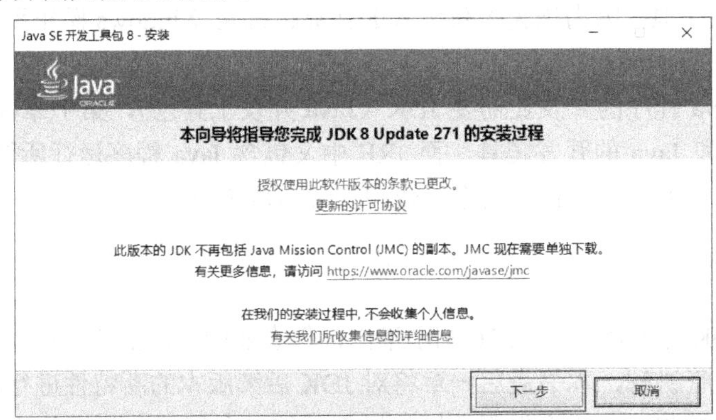

图 2-2　JDK 的安装向导界面

（2）第二步是选择你要安装的功能。JDK 8 有以下三个功能可以选择。

① 开发工具：就是我们要安装的 JDK，右边的“功能说明”中特别强调了 JDK 中包含了一个专用 JRE。如果是搭建开发环境，那么该选项是必选的。如果不修改路径，那么 JDK 会默认安装到 C:\Program Files\Java\jdk1.8.0_271 目录中，如果你要修改安装路径，那么请注意避免中文等特殊字符，因为中文等特殊字符会给后面的开发带来问题。选择要安装的功能和修改安装路径如图 2-3 所示。

② 源代码：是 Java 核心类库的源代码，强烈建议开发人员安装，因为如果可以了解常用类的源码

实现，将会使我们的技能提升一个档次。

③ 公共 JRE：如果你只是要运行一个已经编写并编译好的 Java 程序，那么只安装这个公共的 JRE 即可，可以不用安装开发工具和源代码。如果你是开发人员，那么一定要安装开发工具，这个公共的 JRE 完全是可选的，因为 JDK 中已经包含专有的 JRE。取消单独的公共 JRE 安装（可选）如图 2-4 所示。

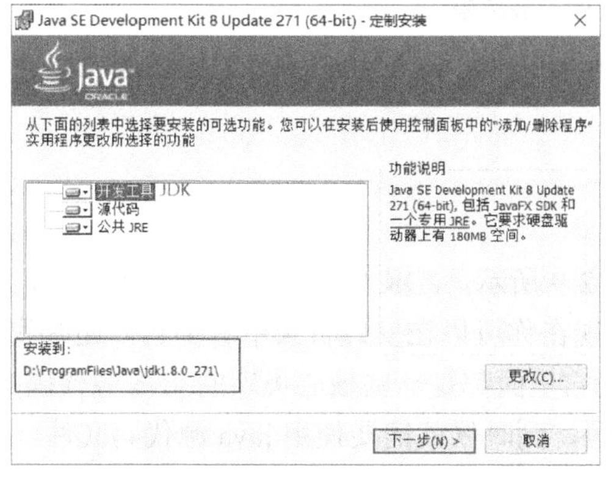

图 2-3 选择要安装的功能和修改安装路径

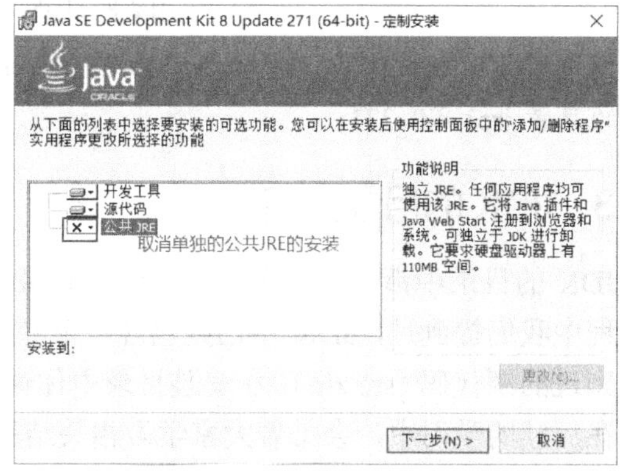

图 2-4 取消单独的公共 JRE 安装（可选）

（3）在第二步选择好要安装的功能，并确认好开发工具的安装路径之后，就可以单击“下一步”按钮进行开发工具的安装了，JDK 8 开发工具的安装进度条如图 2-5 所示。

（4）确认完成安装，单击“关闭”按钮。确认 JDK 安装完成如图 2-6 所示。

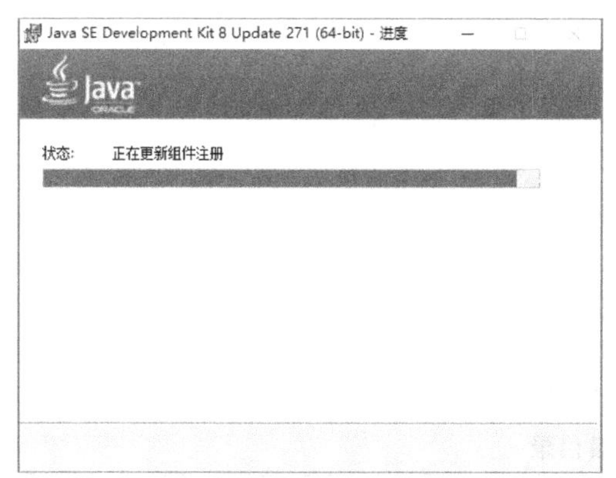

图 2-5 JDK 8 开发工具的安装进度条

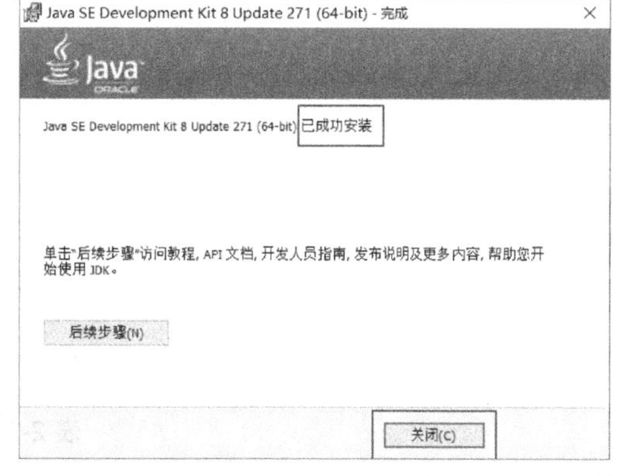

图 2-6 确认 JDK 安装完成

（5）如果之前没有取消公共 JRE 的安装，那么在 JDK 安装完成之后，会弹出如图 2-7 所示的界面，指定公共 JRE 的安装目录，并继续公共 JRE 的安装，安装结果如图 2-8 所示。

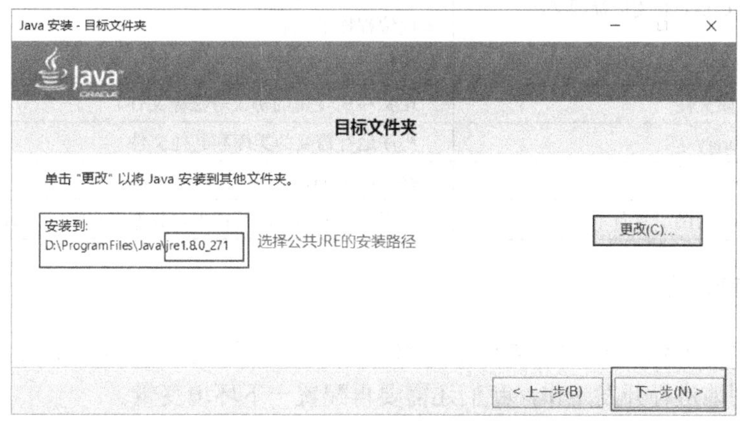

图 2-7 公共 JRE 安装目录的选择

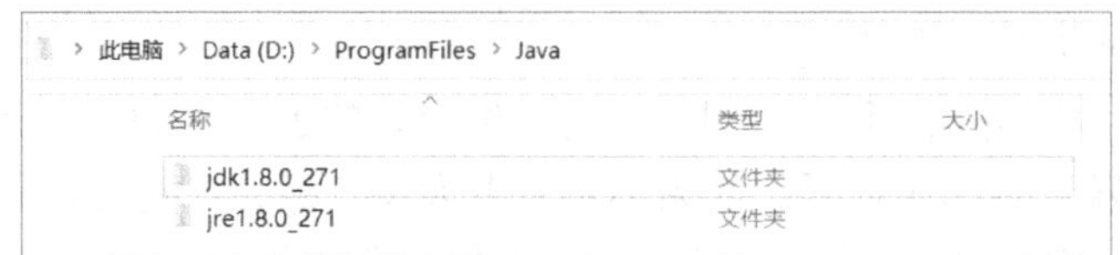

图 2-8 JDK 和公共 JRE 的安装结果

特别说明：如果你第 2 步取消了公共 JRE 的安装，那么就只有一个 JDK 目录，没有图 2-8 中公共 JRE 的目录 jre1.8.0_271。

2.1.3 JDK 的目录介绍

JDK 的目录中都有些什么呢？JDK 的目录内容如图 2-9 所示，JDK 安装目录如表 2-1 所示。在安装过程中我们提到过，JDK 中已经包含一个专用 JRE，现在你可以在安装目录中看到它。还有我们之前提到过的源代码（src.zip），在安装目录中你也可以看到它里面都是一些核心类库的.java 源代码文件。我们在后续的学习中，会带着大家学习相关结构的源代码，到时候就需要使用.java 源代码文件。

图 2-9 JDK 的目录内容

表 2-1 JDK 安装目录

目 录 名	说 明	描 述
bin	Binary，二进制文件	该路径下存放了各种 Java 开发需要的工具，如 javac.exe、java.exe、javadoc.exe 等
include	供 C 语言使用的标题文件	其中 C 语言的头文件支持 Java 本地接口和 Java 虚拟机调试程序接口的本地编程技术
jre	Java Run Environment	运行 Java 程序所必需的环境
legal	法律文件	JDK 中所使用的协议等法律文件
lib	Library 库	程序运行需要的类库和其他文件
src.zip	Source 源码包	存放的是 Java 所有核心类库的源代码
javafx-src.zip	Java 的图形界面库	可以利用 javafx 编写图形化界面客户端，如 JUI、Swing

2.1.4 配置环境变量

Java 开发所需要的 JDK 已经安装完成了，那么是否就可以着手开发了呢？原则上是可以开发的。但是为了可以更顺利地进行开发工作，我们还需要再配置一下环境变量。

什么是环境变量呢？所谓环境，是指我们开发和运行 Java 程序的环境，如操作系统环境。我们之前说，JDK 的 bin 目录中有 Java 开发要用到的一些工具，如 javac.exe 工具，那么这个工具应该怎样使用呢？我们可以在 Windows 自带的命令行中使用它。按键盘的 Windows+R 键，在对话的输入框中输入“cmd”就可以打开命令行，如图 2-10 和图 2-11 所示。

在命令行中输入“javac”，可以发现出现了“‘javac’ 不是内部或外部命令，也不是可运行的程序或批处理文件”的提示，如图 2-12 所示。

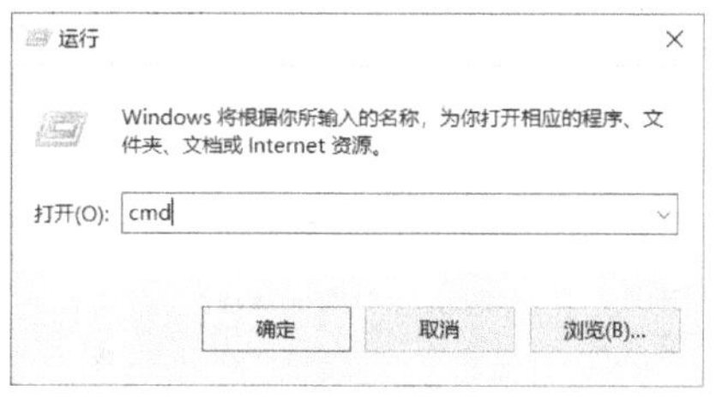

图 2-10　输入“cmd”

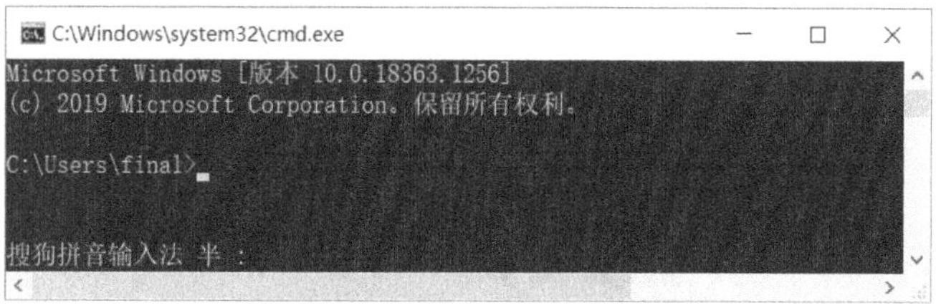

图 2-11　cmd 命令行界面

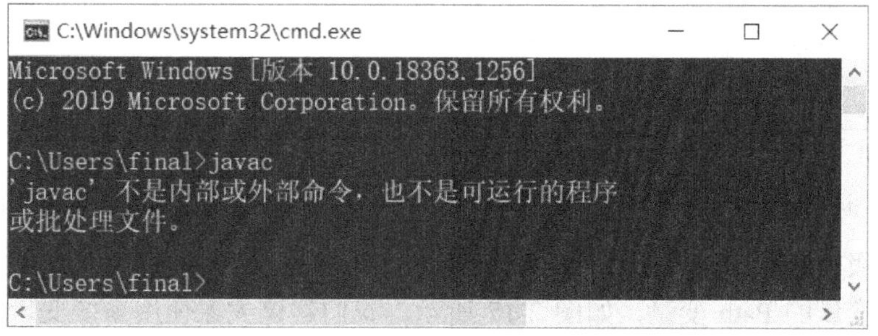

图 2-12　提示

为什么在输入 javac 命令时会出现“‘javac’ 不是内部或外部命令……”的提示信息呢？当我们在命令行中输入“javac”之后，Windows 操作系统就会执行对应的 javac.exe 文件，但是去哪里找这个 javac.exe 文件呢？默认先在当前目录下查找，如在图 2-12 中的 C:\Users\final 目录下查找 javac.exe 文件，显然在这个目录下是没有的。因为 javac.exe 文件在 JDK 安装目录的 bin 目录下，如本书作者的 JDK 安装目录是：D:\ProgramFiles\Java\jdk1.8.0_271\bin。如果你切换到 JDK 的 bin 目录，再输入 javac 就不会有之前的提示了。在 JDK 的 bin 目录下输入“javac”如图 2-13 所示。我们先从 C 盘切换到 D 盘，使用“d:”，然后从 D 盘根目录进入 JDK 安装的 bin 目录，使用“cd D:\ProgramFiles\Java\jdk1.8.0_271\bin”（cd：change directory，切换目录的意思）。

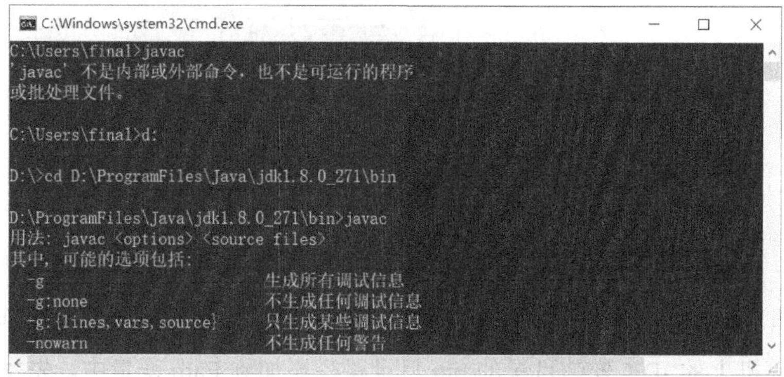

图 2-13　在 JDK 的 bin 目录下输入 javac

但是，我们在实际开发中，不能仅限于在 JDK 的 bin 目录下使用 javac 等开发工具，而是希望在任意目录下都可以使用 javac 等开发工具，那么该怎么办呢？这就需要一个 Path 变量，Path 变量保存了很多路径，当我们在命令行中运行了某个命令之后，Windows 操作系统在当前目录下找不到该命令的.exe 执行文件，就会去 Path 变量中存储的路径下搜索该命令对应的.exe 执行文件。因此，我们只要把 JDK 的 bin 目录的路径添加到 Path 变量中就可以让 Windows 在任何时候都可以找到 javac 等开发工具。

具体的配置方式如下。

（1）右键单击“计算机/我的电脑/此电脑”，然后单击“属性”，如图 2-14 所示。

（2）单击“高级系统设置”，如图 2-15 所示。

图 2-14　右键单击“此电脑”，再单击“属性”

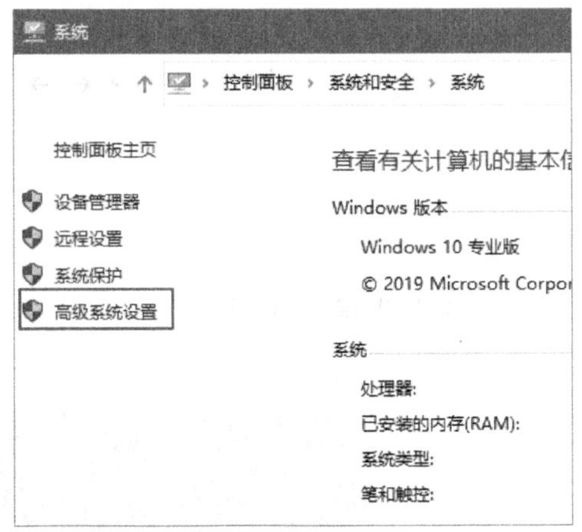

图 2-15　单击“高级系统设置”

（3）单击“高级”选项卡的“环境变量”，如图 2-16 所示。

（4）选择系统变量的 Path 变量，如图 2-17 所示。我们建议大家使用系统变量中的 Path 变量，而不是用户变量中的 Path 变量，它们的区别在于，系统变量适用于任意用户，用户变量仅适用于当前用户。

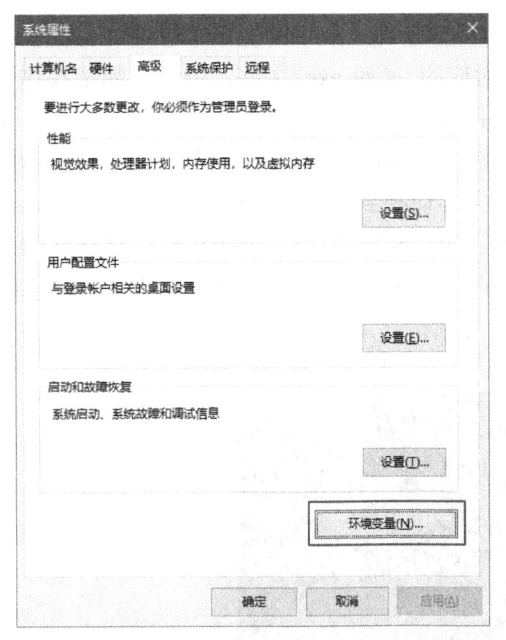

图 2-16　单击“高级”选项卡的“环境变量”

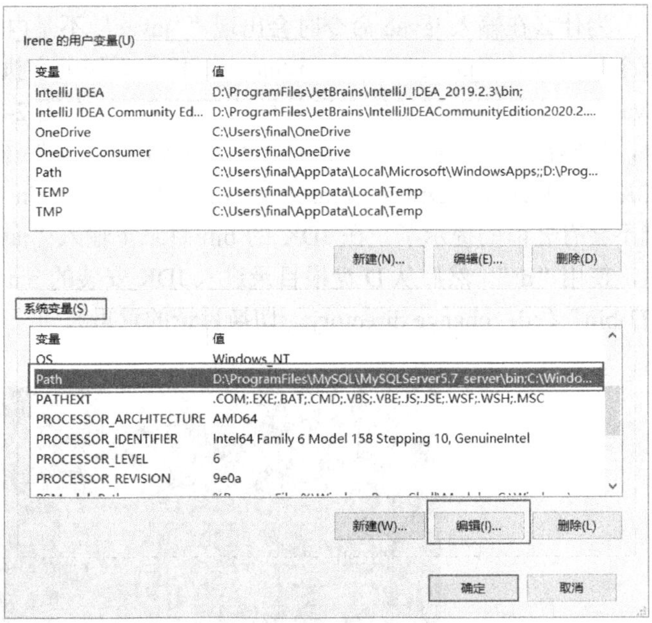

图 2-17　选择系统变量的 Path 变量

（5）将你的计算机上的 JDK 安装目录的 bin 目录路径添加到 Path 变量中。先找到并进入你的 JDK 安装目录的 bin 目录，然后在地址栏右边空白处单击一下，如图 2-18 所示，就可以选择并复制该目录，如图 2-19 所示。然后在 Path 变量编辑界面中单击“新建”按钮，把 bin 目录的路径粘贴进去，单击“上移”按钮移到最上面，这样系统就可以更快地找到 javac 等命令，最后别忘了单击“确定”按钮，否则就不生效了，如图 2-20 所示。

› 此电脑 › Data (D:) › ProgramFiles › Java › jdk1.8.0_271 › bin　在地址栏的空白处单击，即可选择该目录

名称	修改日期	类型	大小
appletviewer.exe	2021/1/12 20:04	应用程序	21 KB
extcheck.exe	2021/1/12 20:04	应用程序	21 KB
idlj.exe	2021/1/12 20:04	应用程序	21 KB
jabswitch.exe	2021/1/12 20:04	应用程序	41 KB
jar.exe	2021/1/12 20:04	应用程序	21 KB
jarsigner.exe	2021/1/12 20:04	应用程序	21 KB

图 2-18　找到 JDK 安装目录的 bin 目录

D:\ProgramFiles\Java\jdk1.8.0_271\bin　Ctrl+C复制该目录

名称	修改日期	类型
appletviewer.exe	2021/1/12 20:04	应用程序
extcheck.exe	2021/1/12 20:04	应用程序
idlj.exe	2021/1/12 20:04	应用程序
jabswitch.exe	2021/1/12 20:04	应用程序

图 2-19 选择并复制 JDK 安装目录的 bin 目录的路径

图 2-20　把 JDK 安装目录的 bin 目录的路径添加到 Path 变量中

（6）验证环境变量是否配置成功。关闭之前的命令行窗口，再次打开一个新的命令行窗口，否则新配置的环境变量在原来的命令行窗口不起作用。按 Windows+R 键，再次输入“cmd”，打开命令行窗口，然后输入“javac”，我们就会发现在任意目录下运行 javac 都不会提示“‘javac’不是内部或外部命令……”了，如图 2-21 所示，说明我们环境变量配置成功。

（7）对于 Java SE 的学习，经过前面几步完全就可以了。但是，如果你想要让后续其他软件也能够和你共用 JDK 目录中的开发工具、JRE 运行环境、源代码等，那么你还可以增加一个 JAVA_HOME 环境变量。JAVA_HOME 顾名思义，就是 JDK 的根目录，所有单词都大写，JAVA 和 HOME 之间用下画线连接。我们可以在“环境变量”的系统变量下新建一个变量，将其命名为 JAVA_HOME，它的值在 JDK 的安装目录下，如 D:\ProgramFiles\Java\jdk1.8.0_271，如图 2-22 和图 2-23 所示。这里要特别说明，这是 JDK 的根目录路径，不再是 bin 目录的路径。

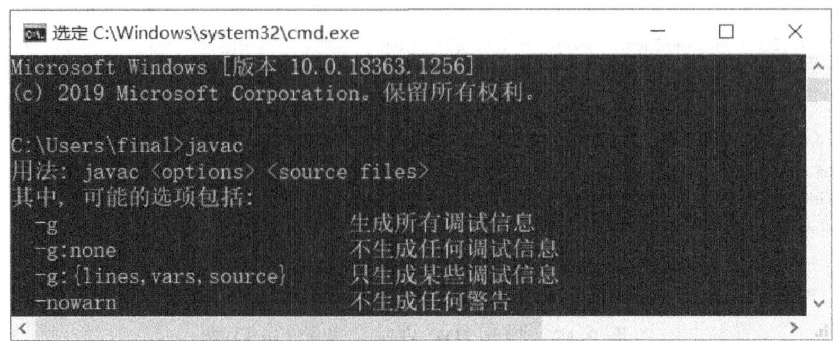

图 2-21 在命令行的任意目录下输入“javac”

图 2-22 在系统变量下新建变量

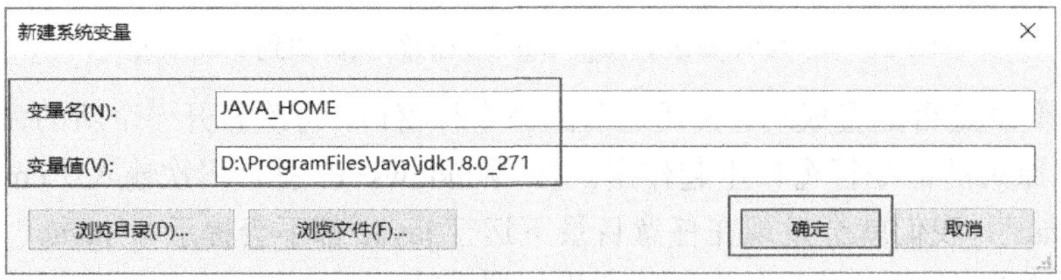

新建系统变量
变量名(N): JAVA_HOME
变量值(V): D:\ProgramFiles\Java\jdk1.8.0_271
浏览目录(D)... 浏览文件(F)... 确定 取消

图 2-23 新建 JAVA_HOME 变量

细心的同学会发现，既然 JAVA_HOME 代表 JDK 的目录，那么 JAVA_HOME 加\bin 不就是我们之前在 Path 变量中配置的 JDK 开发工具的路径吗？确实是这样，如果你有 JAVA_HOME 这个环境变量，那么之前的 Path 变量我们也可以修改为%JAVA_HOME%\bin，如图 2-24 所示。这里 JAVA_HOME 的前后加了%，是告诉操作系统，要使用 JAVA_HOME 变量中存储的路径值，而不是使用 JAVA_HOME 这个单词。

图 2-24　在 Path 变量中使用 JAVA_HOME

特别说明：对于很多初学者来说，第 7 步是可以选择的。

2.2　第一个 Java 程序

一切准备就绪，就可以动手写代码了。所有编程语言的学习，都是从“HelloWorld”开始的，那么接下来就从这个著名的“HelloWorld”程序开始我们精彩刺激的代码之旅吧。

2.2.1　Java 程序开发步骤

Java 程序的具体开发分为三步，如图 2-25 所示。

（1）将 Java 代码编写到扩展名为“.java”的源文件中。

（2）通过 javac 命令编译.java 文件得到扩展名为“.class”的字节码文件。

（3）通过 java 命令加载和运行字节码文件。

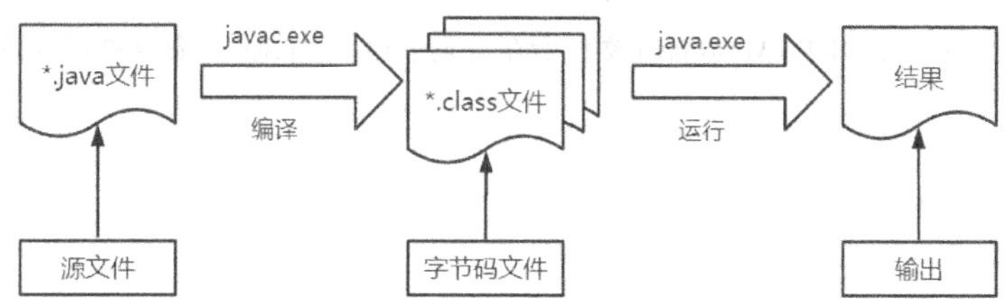

图 2-25　Java 程序开发流程图

可以直接使用操作系统自带的记事本软件，如 Windows 操作系统的记事本、Linux 系统的 VI 工具等进行操作。需要指出的是，不要使用写字板、Word 等文档编辑器，因为这些是有格式的编辑器，编辑的文档中会包含一些隐藏的格式字符，导致程序无法正常编译、运行。

（1）先新建一个文本文件，文件名为 HelloWorld，后缀名为.java，如图 2-26 所示。在 HelloWorld.java 文件中输入如下代码。

```
public class HelloWorld {
    public static void main(String[] args){
        System.out.println("Hello World!");
```

```
    }
}
```

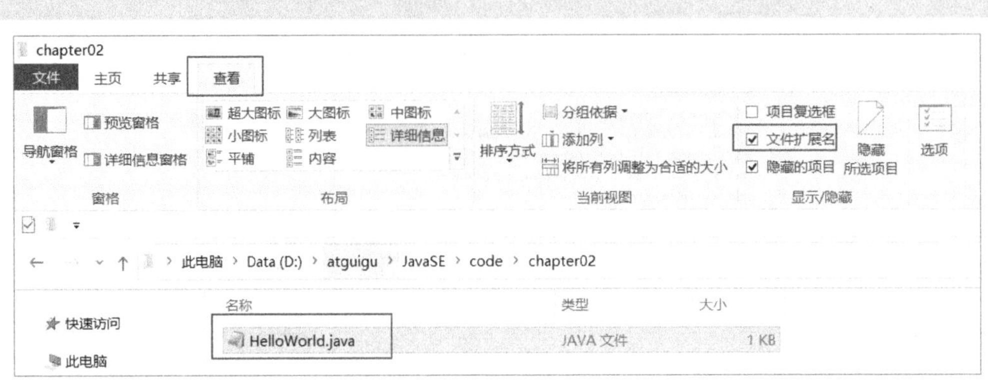

图 2-26　HelloWorld.java 文件

注意：不要隐藏文件扩展名，严格注意代码中的大小写，符号为英文格式下的标点符号。

（2）在 HelloWorld.java 目录的地址栏中输入“cmd”命令，打开命令行窗口，可以发现命令行的当前目录就是 HelloWorld.java 文件所在的目录。现在我们可以输入“javac”命令，对 HelloWorld.java 文件进行编译，如图 2-27 和图 2-28 所示。我们发现在 HelloWorld.java 文件所在的目录下多了一个 HelloWorld.class 文件，如图 2-29 所示。

javac 编译命令的格式如下所示。

```
javac HelloWorld.java
```

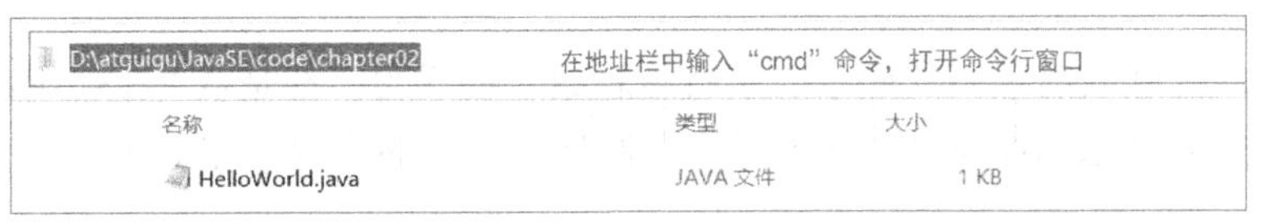

图 2-27　在地址栏中输入“cmd”命令

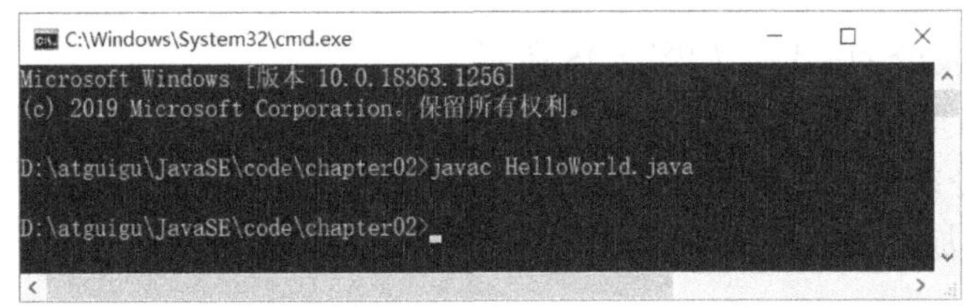

图 2-28　在 HelloWorld.java 文件所在目录下输入“javac”命令进行编译

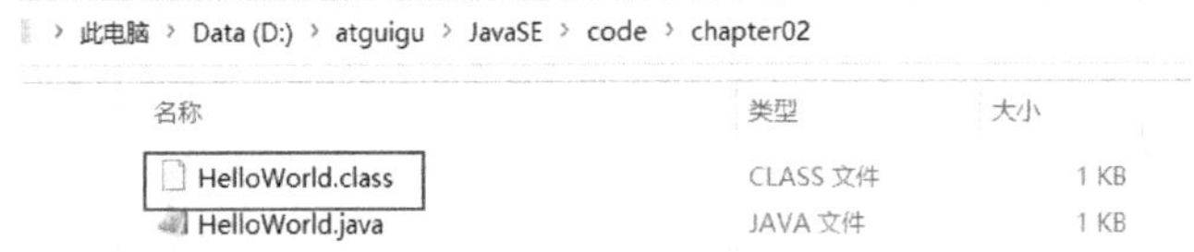

图 2-29　编译成功会看到 HelloWorld.class 文件

（3）在刚才的命令行中输入“java”命令运行我们的第一个 Java 应用程序，如图 2-30 所示。

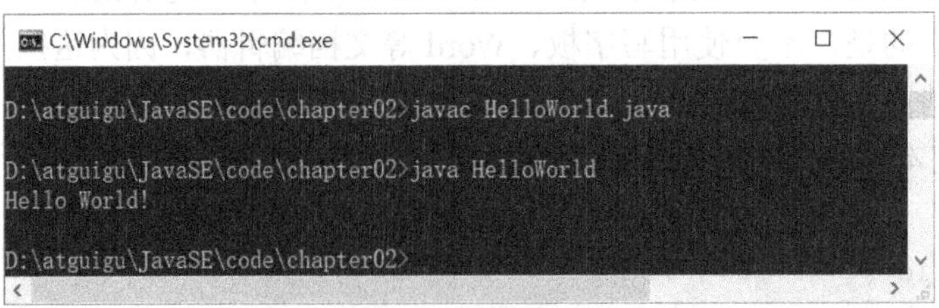

图 2-30　运行 HelloWorld 程序的结果

java 运行命令的格式如下所示。

```
java HelloWorld
```

是不是很神奇，我们的第一个 Java 程序的编写、编译、运行就完成了。如果这个过程操作不顺利的同学也不要气馁，可以参见 2.2.3 节，从中查找是否有你遇到的问题。

2.2.2　第一个 Java 程序的剖析

当我们让第一个 Java 程序运行起来之后，肯定很想知道这些代码都是些什么，那么我们下面就对第一个 Java 程序做个简单的剖析，如图 2-31 所示。

标注①的矩形框包围的结构，代表一个类，Java 都是以类为组织单位的，在第 1 章中我们说过，Java 是面向对象的语言。当然我们现在暂时不着急理解什么是类，这在第 7 章中会详细讲解，目前我们只要知道 Java 代码都是包含在一个一个的类中即可。

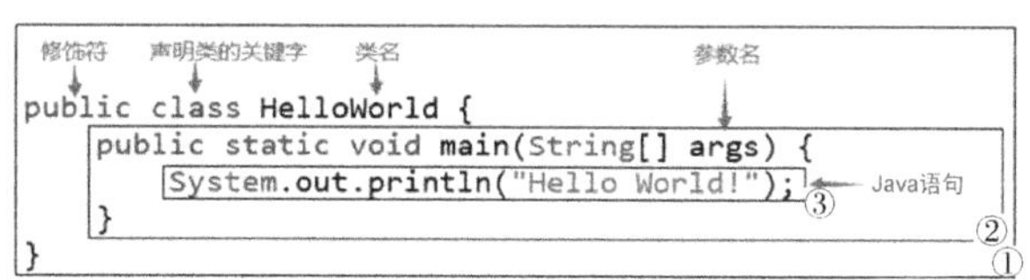

图 2-31　HelloWorld 程序代码的剖析

- public 是一个修饰符，表示 HelloWorld 是一个公共的类，在这里可以省略。
- class 表示 HelloWorld 是一个类，不能省略，而且必须小写。
- HelloWorld 是类名，以后我们会见到很多类名。

标注②的矩形框包围的结构，代表一个方法，叫作 main 方法。main 方法是 Java 中具有特殊地位的方法，是 Java 程序的入口，也就是程序运行的起始位置。如果 HelloWorld 类中没有写 main 方法或 main 方法写错了，那么 Java 程序是无法运行的。main 方法看起来很复杂，大家暂时就照着如下所示的格式写即可，包括大小写都应严格遵守该格式。

```
public static void main(String[] args){
}
```

标注③的矩形框包围的结构，代表一个 Java 语句，这个语句的作用是往控制台输出“HelloWorld!”信息。语句后面的分号表示一个语句的结束，其格式如下。

```
System.out.println(要输出的内容);
```

2.2.3　几个初学者易犯的错误

如果你是第一次接触编程，那么开始时难免会错漏百出、磕磕绊绊。下面我们列举一些初学者容易犯的错误，看看是否有你遇到过的问题。

在讲解错误之前，我们想给大家一个温馨提示，这往往是初学者特别容易忽视的一个操作，那就是“保存”，只要修改了代码，那么一定要记得“保存”，然后输入“javac”重新进行编译，否则新修改的代码得不到体现，切记切记！

问题 1：当你输入 javac 编译命令之后，提示“找不到文件：×××.java”，如图 2-32 所示。

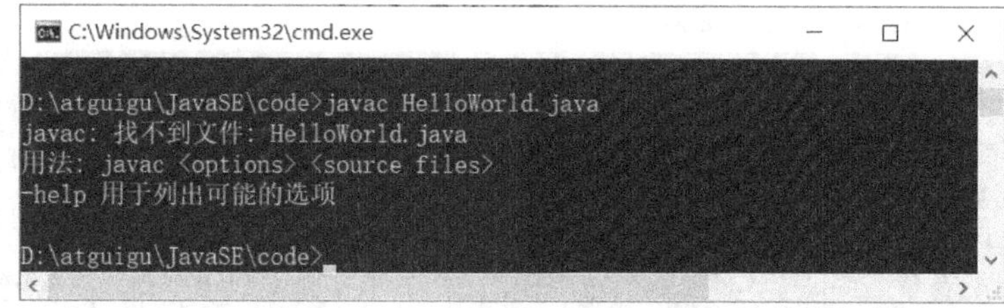

图 2-32　找不到文件：HelloWorld.java

原因：

- 路径错误。这个文件确定是在命令行的当前路径下吗？例如，HelloWorld.java 文件在 D:\atguigu\JavaSE\code\chapter02 目录下，但是当前命令行在 D:\atguigu\JavaSE\code 目录下，所以路径是错误的。
- 文件名错误。大家要拿出“找不同”的游戏技能好好对比一下文件名。
- 文件后缀名（又称为文件扩展名）错误。正确的 Java 源文件的文件后缀名是.java，还有一种可能是你隐藏了（不显示）文件后缀名，虽然看起来你的文件后缀名是.java，但其实它隐藏了.txt，所以一定不要隐藏文件后缀名，图 2-33 就隐藏了文件后缀名，现在的 HelloWorld.java 其实是 HelloWorld.java.txt 的文本文档，而不是 Java 文件。

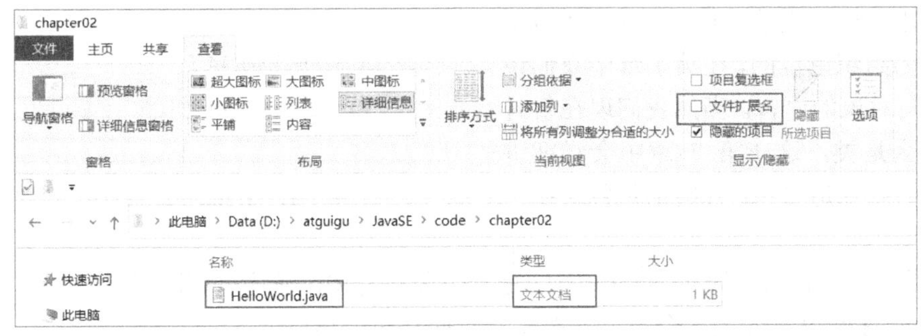

图 2-33　隐藏（不显示）文件后缀名

问题 2：当你输入 javac 编译命令之后，提示“错误：需要 class，interface 或 enum”，如图 2-34 所示。

原因：不小心把 public 或 class 单词写错了，或者大小写形式写错了，注意 Java 是严格区分大小写的。

问题 3：当你输入 javac 编译命令之后，提示“错误：找不到符号”，如图 2-35 所示。

```
管理员: C:\Windows\System32\cmd.exe
Microsoft Windows [版本 10.0.18363.1256]
(c) 2019 Microsoft Corporation。保留所有权利。

D:\atguigu\JavaSE\code\chapter02>javac HelloWorld.java
HelloWorld.java:1: 错误: 需要class, interface或enum
public Class HelloWorld{

HelloWorld.java:2: 错误: 需要class, interface或enum
        public static void main(String[] args){

HelloWorld.java:4: 错误: 需要class, interface或enum
        }

3 个错误

D:\atguigu\JavaSE\code\chapter02>javac HelloWorld.java
HelloWorld.java:1: 错误: 需要class, interface或enum
Public class HelloWorld{

1 个错误
```

图 2-34　错误：需要 class，interface 或 enum

```
管理员: C:\Windows\System32\cmd.exe

D:\atguigu\JavaSE\code\chapter02>javac HelloWorld.java
HelloWorld.java:2: 错误: 找不到符号
        public static void main(string[] args){

  符号:   类 string
  位置: 类 HelloWorld
1 个错误
```

图 2-35　错误：找不到符号

原因：单词写错了，像 String、System 等单词是首字母大写的，再次强调 Java 是严格区分大小写的。

问题 4：当你输入 javac 编译命令之后，提示“错误：非法字符：×××”，如图 2-36 所示。

```
管理员: C:\Windows\System32\cmd.exe
D:\atguigu\JavaSE\code\chapter02>javac HelloWorld.java
HelloWorld.java:3: 错误: 非法字符: '\uff1b'
                System.out.println("Hello World!")；

1 个错误

D:\atguigu\JavaSE\code\chapter02>
```

图 2-36　错误：非法字符：×××

原因：标点符号不是在英文半角形式下输入的，你可能输入了中文全角形式的标点符号。提醒大家，Java 中的所有标点符号，包括大括号、中括号、小括号、分号、双引号、单引号、加号等，都必须在英文半角形式下输入。错误和正确的输入法状态图如图 2-37 所示。在计算机的世界里，英文状态的标点符号和中文状态的标点符号，全角标点符号和半角标点符号是用不同的字符表示的。初学者特别容易犯单词拼写和标点符号的错误。因为初学者一开始还不适应这么严谨的语法要求，它和平时的聊天内容是很不一样的。

问题 5：当你输入 javac 编译命令之后，提示“错误：需要';'”，如图 2-38 所示。

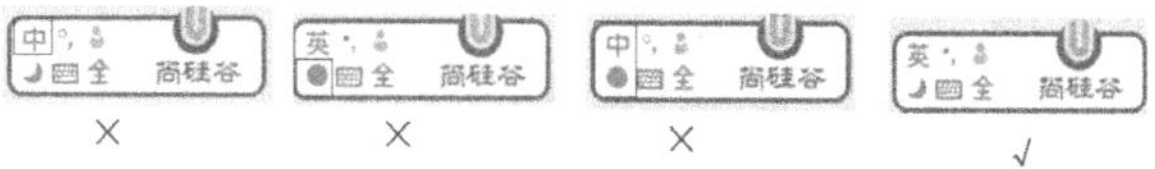

图 2-37　错误和正确的输入法状态图

```
管理员: C:\Windows\System32\cmd.exe
D:\atguigu\JavaSE\code\chapter02>javac HelloWorld.java
HelloWorld.java:3: 错误: 需要';'
                System.out.println("Hello World!")

1 个错误

D:\atguigu\JavaSE\code\chapter02>
```

图 2-38　错误：需要';'

原因：Java 中的一个语句结束了，需要用分号结尾。System.out.println 是 Java 的一个输出语句，它的最后需要用分号结尾。这里 System 中的 S 要大写，并且 println 后面的小括号中不能缺内容，小括号中的内容就表示要在命令行控制台中输出的内容。

问题 6：当你输入 javac 编译命令之后，提示“错误：解析时已到达文件结尾”，如图 2-39 所示。

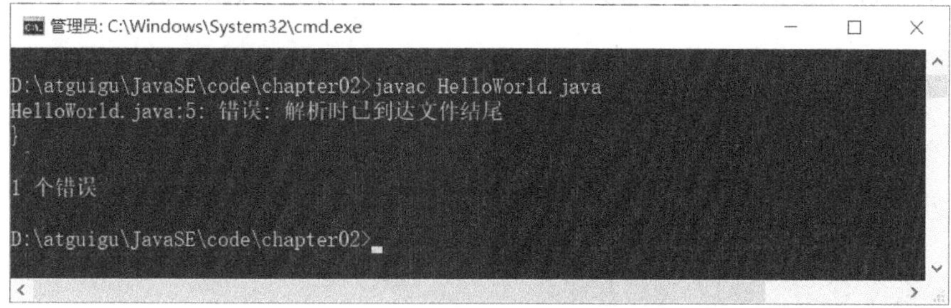

```
管理员: C:\Windows\System32\cmd.exe
D:\atguigu\JavaSE\code\chapter02>javac HelloWorld.java
HelloWorld.java:5: 错误: 解析时已到达文件结尾
}

1 个错误

D:\atguigu\JavaSE\code\chapter02>
```

图 2-39　错误：解析时已到达文件结尾

```
public class HelloWorld {
    public static void main(String[] args){
        System.out.println("Hello World!");
    }
}
```

图 2-40　正确的代码结构示意图

原因：缺少右大括号，Java 中的大括号必须是成对的，而且要括对位置。大家可以仔细查看一下 Java 的类和方法都是由大括号括起来的完整结构。在编写代码时，注意缩进格式可以降低这种错误出现的频率，也方便查找这种错误。正确的代码结构示意图如图 2-40 所示。

问题 7：当你输入 javac 编译命令之后，系统提示“错误：类××是公共的，应在名为××.java 的文件中声明”，如图 2-41 所示。

```
管理员: C:\Windows\System32\cmd.exe
D:\atguigu\JavaSE\code\chapter02>javac HelloWorld.java
HelloWorld.java:1: 错误: 类helloworld是公共的, 应在名为 helloworld.java 的文件中声明
public class helloworld {

1 个错误

D:\atguigu\JavaSE\code\chapter02>
```

图 2-41　错误：类××是公共的，应在名为××.java 的文件中声明

原因：如果你在 class 前面写了 public，那么 class 后面的类名与.java 文件的文件名必须一致，包括大小写形式。关于 public 的详细使用说明，在第 7 章会进行讲解。

问题 8：当你输入了 javac 编译命令后，提示“错误：需要<标识符>”，如图 2-42 所示。

图 2-42　错误：需要<标识符>

原因：你把语句写到了 main 方法的外面。Java 代码的结构必须是如下所示格式。

```
类{
    方法{
        语句;
    }
}
```

问题 9：当你的编译没报错，但是在运行时提示“错误：在类 HeeloWorld 中找不到 main 方法”，如图 2-43 所示。

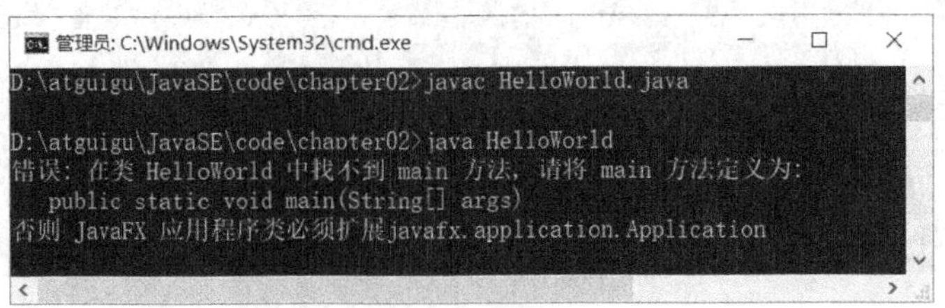

图 2-43　错误：在类 HelloWorld 中找不到 main 方法

原因：main 方法写错了或没写，main 的规范格式必须是如下格式。

```
public static void main(String[] args){
}
```

问题 10：当你的编译没报错，但是在运行时提示"错误：找不到或无法加载主类×××"，如图 2-44 所示。

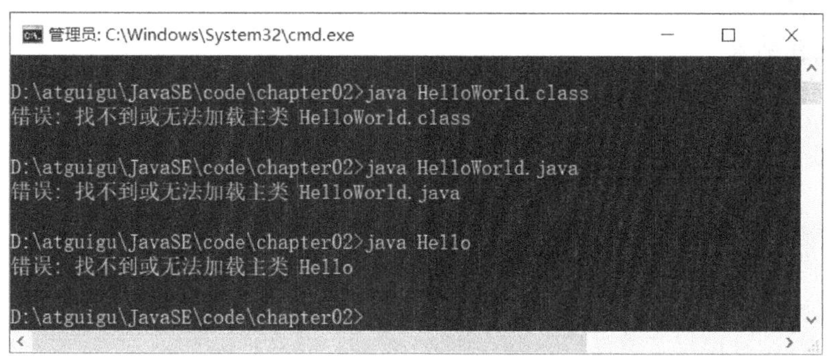

图 2-44　错误：找不到或无法加载主类×××

原因：java 命令后面的类名写错了，java 命令的正确格式如下所示。

```
java 类名
```

类名就是 class 后面的单词，也是编译后.class 文件的文件名。我们在 java 命令后面写类名时，不用加文件后缀名，但必须把类名写对。

以上几个问题几乎涵盖了所有初学者容易犯的错误。也许有些初学者会觉得这也太难了，这么多"坑"在等着我，但其实只要你稍微细心和耐心一点，再反复练习几次，这些错误很快你就不会再犯了。

2.3　Java 注释

课本或一些课外书的文章下面经常会有一些注释信息，我们购买的产品一般也都配有产品说明书，这是因为很多时候，设计者或作者熟悉的理念或名词其他人不一定能一看就懂。同样，我们在写代码时，也需要给代码加一些注释，这些解释说明的文字起描述某段代码的作用，注释可以增强代码的可读性，方便自己和他人后期查阅和调试。注释是给程序员看的，编译以后生成的.class 结尾的字节码文件中不包含注释的信息。Java 中的注释类型有单行注释、多行注释、文档注释。

2.3.1　单行注释

所谓单行注释，是指注释内容仅限于本行，一旦回车换行就表示注释结束了。单行注释的格式如下所示。

```
//注释文字
```

说明： 双斜线放在注释文字之前，一般放在需要注释的代码的上方或行尾。

示例代码：

```
//这是一条输出命令
System.out.println("Hello World");
```

或者：

```
System.out.println("Hello World");//这是一条输出命令
```

2.3.2　多行注释

所谓多行注释，是指注释内容跨越了多行。多行注释的格式如下所示。

```
/*
    注释文字
*/
```

说明：多行注释必须使用“/*”和“*/”将注释文字包含起来，注释信息可以是一行或多行文字。一般放在需要注释的代码的上方。

- /* ：表示注释开始。
- */ ：表示注释结束。

特别注意：多行注释不能嵌套使用。因为从“/*”开始，当遇到的第一个“*/”时系统就会认为多行注释结束了。

示例代码：

```
/*
* 这是我们写的第一个 Java 程序
* 类名是 HelloWorld
* main 中包含一个输出语法，输出 HelloWorld!。
*/
public class HelloWorld {
    public static void main(String []args) {
       System.out.println("Hello World!");
    }
}
```

2.3.3 文档注释

文档注释是比较特殊的，它是 Java 特有的一种注释形式，其注释内容可以被 JDK 提供的 javadoc.exe 文档工具解析，生成一套以网页文件形式体现的应用程序编程接口（Application Programming Interface，API）说明文档，这样其他人可以在不看源代码的情况下，通过 API 说明文档快速地了解程序。这里就不再单独演示 javadoc 命令的解析过程了。

文档注释的格式：

```
/**
*    注释文字
*    @author atguigu
*    @version v1.0
*/
```

说明：文档注释需要使用“/**”和“*/”将注释内容包含起来，注释内容可以是一行或多行文字。文档注释中通常会有一些“@author”和“@version”等注释标签，用以表示作者和版本等信息。文档注释一般放在类、接口、属性或方法的上方。

- /**：表示注释开始。
- */：表示注释结束。

示例代码：

```
/**
* 方法功能：获取两个浮点数之和
* @param a double 操作数 1
* @param b double 操作数 2
* @return a+b double 返回两个数相加的和
*/
public double add(double a,double b) {
    return a+b;
}
```

文档注释相对比较专业，大家暂时不用着急学习，等后面见多了源码中的文档注释，自然就会习惯和掌握了。

2.4 文本编辑器的介绍

其实编写 Java 程序的工具软件有很多，如操作系统自带的记事本软件，还有第三方提供的功能更强大的文本编辑器，如 EditPlus、NotePad++、Sublime Text 等。当然，还有更为高效和智能的集成开发环境（Integrated Development Environment，IDE）开发工具，如 IntelliJ IDEA、Eclipse、NetBeans 等，它们可以自动完成 Java 程序的编译和运行，甚至还可以提示完整的语法代码等。但是，大型 IDE 开发工具的运行需要的系统资源较大，而且对于初学者来说，界面和功能反而过于复杂（第 6 章会讲解 IDE 开发工具的使用）。初学者在初期开发简单的程序时，还是使用轻量级的文本编辑器更为合适，既可以快速完成开发，又可以强化和巩固语法练习。下面，我们介绍其中一款文本编辑器的使用方法，以便于我们接下来几章的学习。

Notepad++是一个免费的、开源的文本和源代码编辑器。Notepad++以精简不必要的功能和简化流程为傲，用于创建一个轻便高效的文本记事本程序。在实践中，Notepad++的优点是有高速、可访问的和用户友好的界面。

2.4.1 下载与安装

获取 Notepad++这个文本编辑器的途径有很多，可以从官网中直接下载，如图 2-45 所示。

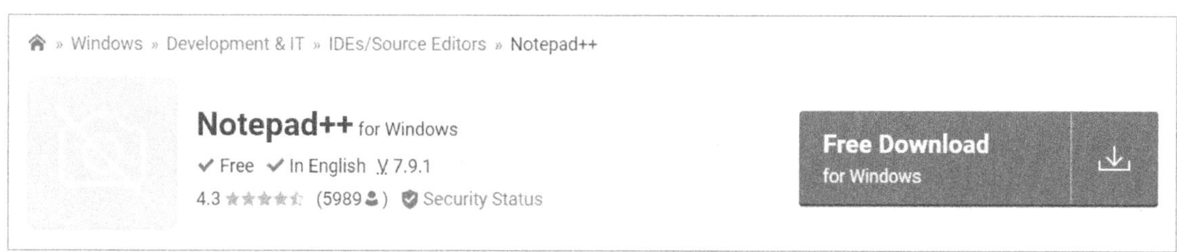

图 2-45 Notepad++下载

下载成功后会得到一个 npp.7.9.1.portable.x64.zip 压缩包，解压即可使用，无须安装。在解压后的目录中，找到 notepad++.exe 文件，双击运行，即可使用 Notepad++。Notepad++启动界面如图 2-46 所示。

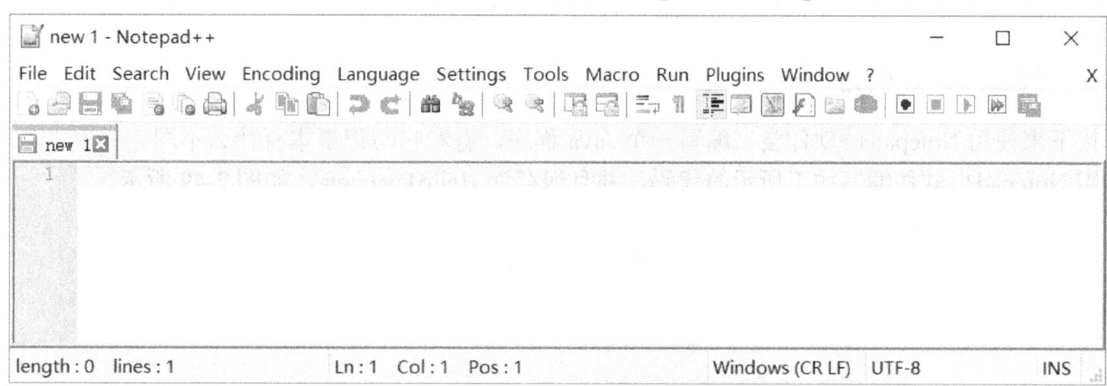

图 2-46 Notepad++启动界面

2.4.2 语言环境设置

我们可以发现 Notepad++默认的界面是英文版的，如果你觉得不习惯，那么可以设置为中文简体版。

单击菜单“Settings”→“Preferences...”→“General”→“Localization”→“中文简体”，如图 2-47 和图 2-48 所示。

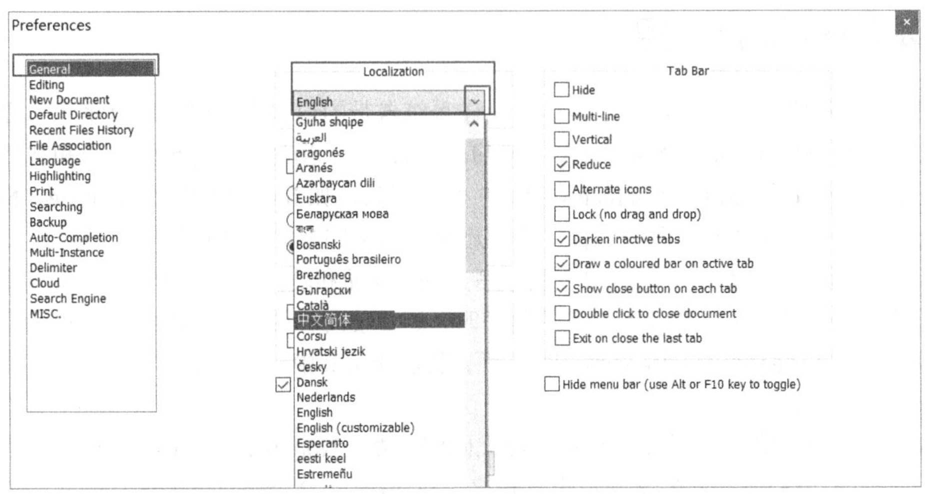

图 2-47 Notepad++的语言环境设置

图 2-48 Notepad++的语言环境设置为中文简体后

2.4.3 开发 Java 程序

接下来使用 Notepad++软件尝试编写一个 Java 程序，看看它与记事本有什么不同。

用 Notepad++软件编写如下所示的代码，并且保存为 HelloJava.java，如图 2-49 所示。

```
public class HelloJava {
    public static void main(String[] args){
        System.out.println("Hello Java!");
    }
}
```

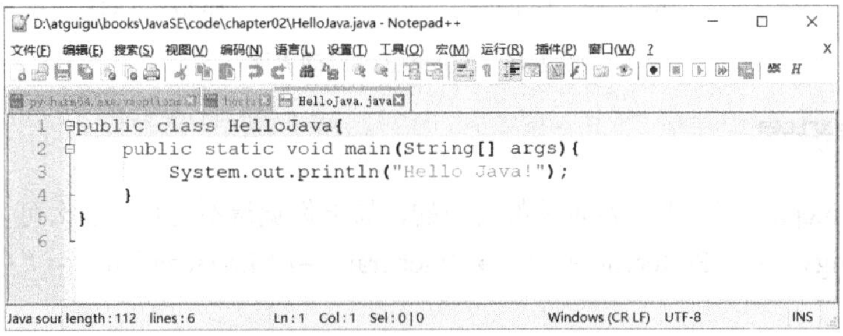

图 2-49 用 Notepad++编写 Java 程序

用 Notepad++软件编写程序的优点如下。

（1）有行号标识，当编写出现错误时，可以更快地定位到要修改的代码位置。

（2）有关键字的颜色标识，如 public、class、static、void 等，这对于初学者来说是很大的福音。

（3）有结构的对齐线，还可以收拢和展开，这将极大方便我们理解代码结构。

那么接下来，应如何编译和运行 Java 程序呢？

在 Notepad++中打开文件所在文件夹的命令行如图 2-50 和图 2-51 所示。

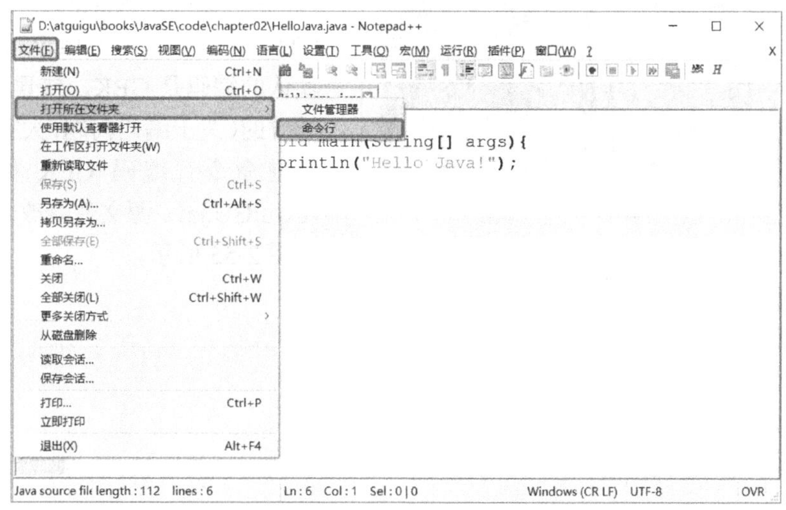

图 2-50　在 NotePad++中打开文件所在文件夹的命令行（1）

图 2-51　在 Notepad++中打开文件所在文件夹的命令行（2）

可以发现，该命令行直接定位的就是.java 源文件所在的目录，这样可以避免目录切换。在命令行中进行编译和运行如图 2-52 所示。

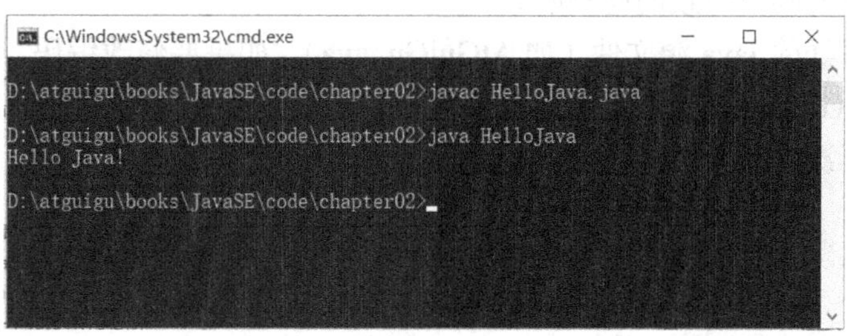

图 2-52　在命令行中进行编译和运行

2.4.4　字符编码设置

通过上面的学习，我们已经可以使用 Notepad++软件进行 Java 程序的开发了。

下面请大家使用 Notepad++软件再建一个 Java 源文件（如 AtGuiGu.java），并且编写如下所示的 Java 代码后，再编译和运行。

```
class AtGuiGuTest {
    public static void main(String[] args){
        System.out.println("你好");
    }
}
```

编译运行结果如图 2-53 所示。

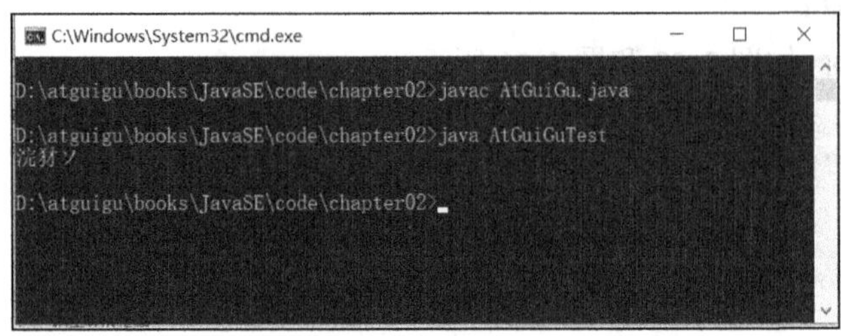

图 2-53 编译运行结果

可以发现结果中出现了乱码，没有出现“你好”。原因是 Notepad++软件默认的编码是 UTF-8，而当前中文版 Windows 10 操作系统默认的编码是 GBK，错误结果是编码不一致导致的(关于编码问题，大家可以看 3.4.3 节)。当前命令行编码 GBK 如图 2-54 所示。AtGuiGU.java 源文件修改之前的 UTF-8 编码如图 2-55 所示。

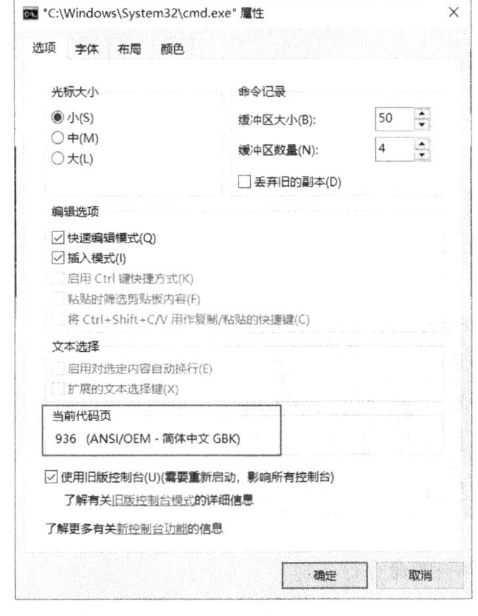

图 2-54 当前命令行编码 GBK

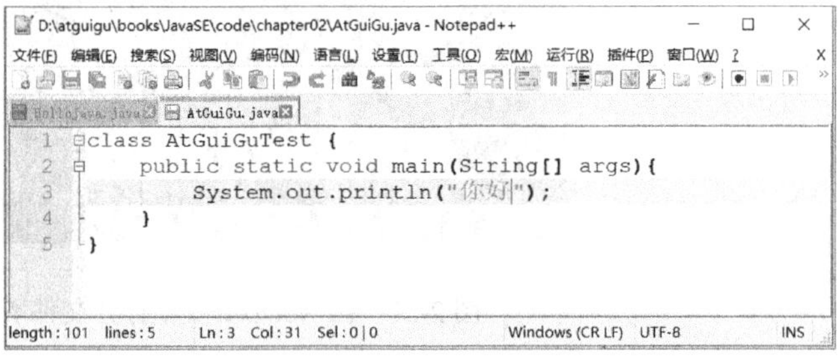

图 2-55 AtGuiGU.java 源文件修改之前的 UTF-8 编码

那么，应怎么解决编码不一致的问题呢？

对于当前已经编写好的 Java 源文件（如 AtGuiGu.java)，如果要修改编码，则选择“编码”→“转为 ANSI 编码”，AtGuiGu.java 源文件修改后的 ANSI 编码如图 2-56 所示。修改完编码后，要保存，并且重新编译和运行，再次编译和运行的效果如图 2-57 所示。

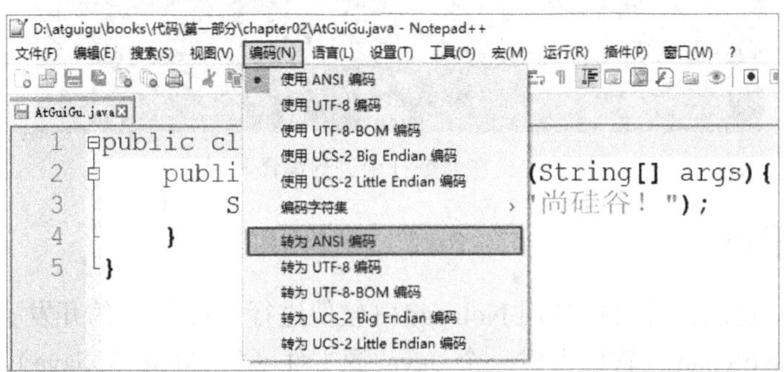

图 2-56 AtGuiGu.java 源文件修改后的 ANSI 编码

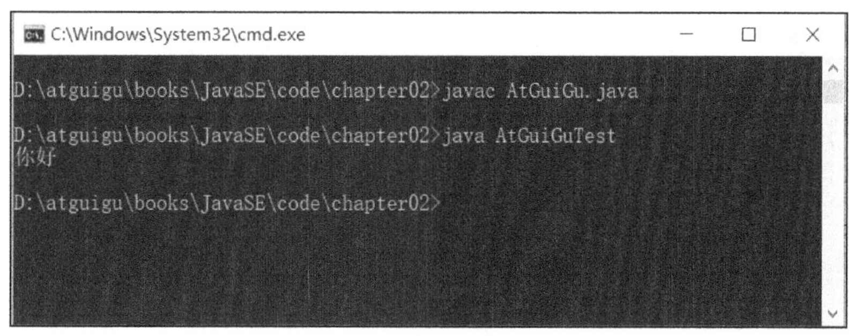

图 2-57　再次编译和运行的效果

为了使以后新建的 Java 源文件的默认编码都是 ANSI 编码，可以通过“菜单设置”→“首选项”→“新建”→“编码”→“ANSI”进行设置。修改后新建文档的默认编码为 ANSI 编码，如图 2-58 所示。

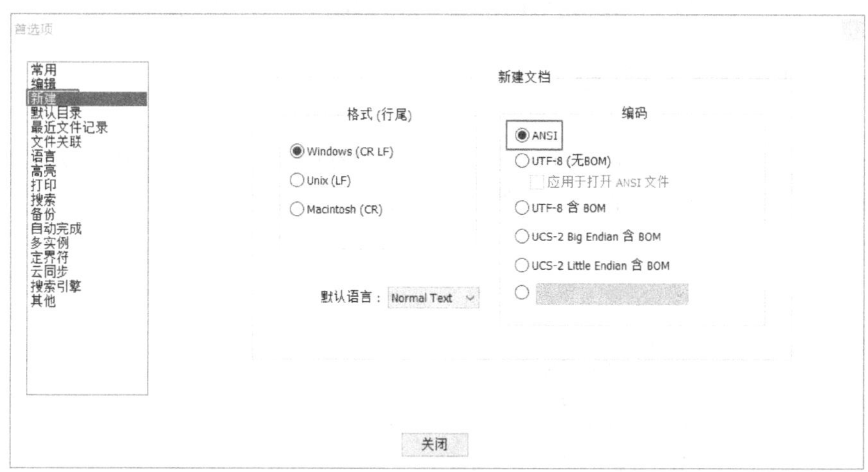

图 2-58　修改后新建文档的默认编码为 ANSI 编码

2.4.5　默认开发语言设置

因为接下来几章的学习都是用 Notepad++软件进行代码的编写的，所以我们还可以设置默认的开发语言为 Java 语言。通过“菜单设置”→“首选项”→“新建”→“默认语言”→“Java”进行设置，如图 2-59 所示。这样，新建文档默认的开发语言就是 Java 语言，在保存文件时，后缀名自动为.java，我们就不用再手动输入.java 了，如图 2-60 所示。

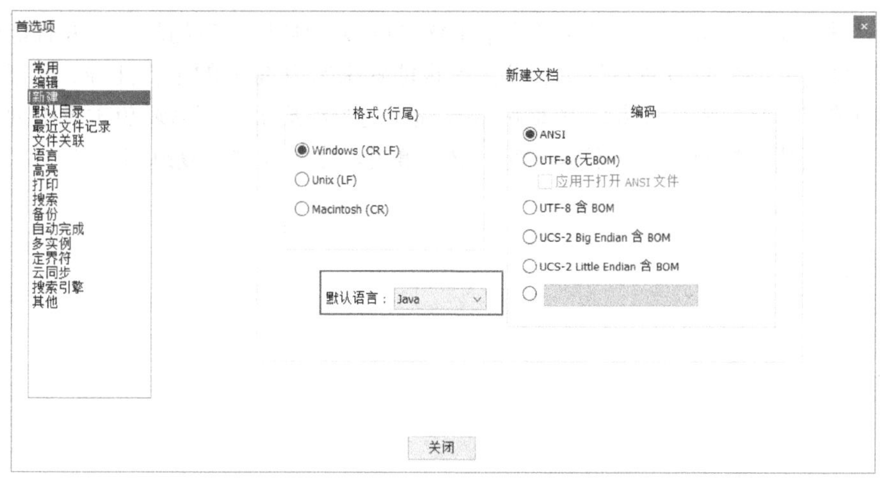

图 2-59　修改 Notepad++软件的默认开发语言

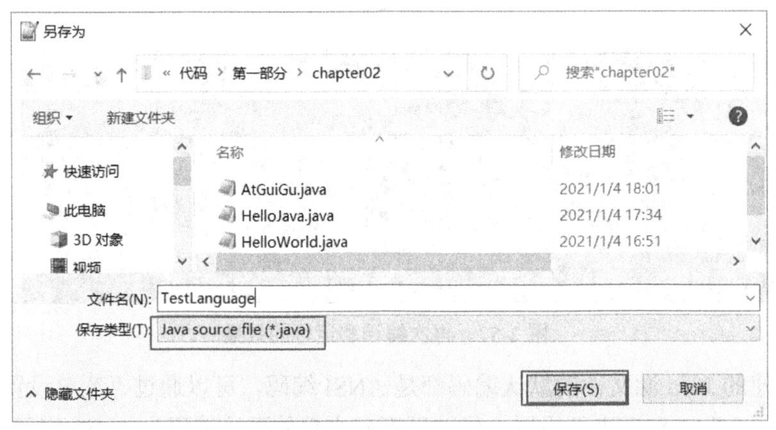

图 2-60　修改默认开发语言后保存文件后缀名自动为.java

2.5　案例：打印个人信息

通过前面的介绍，大家已经了解如何开发一个 Java 小程序了，是不是有种跃跃欲试的冲动？接下来就在控制台尝试打印一下自己的个人信息吧。

示例代码：

```
class PrintInfoDemo {
    public static void main(String[] args){
        System.out.println("姓名：谷姐");
        System.out.println("学校：谷粒学院");
        System.out.println("年龄：18");
        System.out.println("性别：女");
        System.out.println("身高：168");
        System.out.println("体重：108.5");
        System.out.println("是否已婚：false");
    }
}
```

输出语句通常是学习各种编程语言的第一条语句，在我们掌握更丰富多彩的结果展示方式之前，在控制台输出程序计算的结果是最直接也是最基本的方式。

2.6　本章小结

通过本章的详细介绍，相信大家已经掌握了 JDK 的安装和环境变量的配置，并且能顺利地进行编译、运行自己编写的第一个 Java 程序了。相信大家也能熟练运用 Java 的单行注释、多行注释及文档注释。经过反复的练习，我们相信大家能够理解 Java 程序的组织形式，可以避免本章中列出的初学者易出现的几个错误。当然，技能的提升不是一朝一夕的事情，需要经过反复练习。

第3章

基础语法

通过第 2 章的学习，我们已经搭建了 Java 程序的开发环境，并且编写了人生第一个 Java 程序，而从你迈出的第一步开始，希望之路就已经在你的脚下无限延伸了。想要从“小白”升级为“大神”，只需要一步一步勇敢且踏实地走过去。

Java 是一门编程语言，无论是什么语言，都有自己专有的字、词语、符号、句式、语法规则等，只有掌握了这些，才能用好这门语言，本章会详细讲解 Java 的基础语法。假如你学习过其他编程语言，如 C 语言、Python、PHP 等，那么恭喜你，接下来的学习会让你觉得很轻松，因为它们和其他语言有很多相似之处。就算你从未学过任何编程语言，也不用害怕，只要你肯耐心地照着本书学习，同样可以掌握得很好。

本章共七节，可以分成四个部分进行学习，第一部分为关键字和保留字、标识符两节，主要讲述 Java 语法中一些特殊英文单词的含义和基本功能，以及自定义名称的标准规范；第二部分为变量、数据类型、数据类型的转换三节，主要讲述 Java 的数据定义和表示方式；第三部分为运算符和标点符号，主要讲述 Java 语言中使用运算符进行各种运算处理的方法；第四部分为本章案例，提供扩充案例，对锻炼读者的编程思维很有好处。数据和计算是计算机的核心，学好本章内容也是掌握 Java 语言的重中之重。

3.1 关键字和保留字

高级编程语言由一系列单词和符号组成，并且能与计算机进行交互，实现逻辑功能。为了让程序员与计算机能够进行更好的交互，会提前给一些单词赋予特殊的含义，这些在程序语言中具有特殊含义的单词叫作关键字。其中有一部分关键字在 Java 中并没有使用，暂时没有赋予特殊含义，这部分称为保留字。

Oracle 官网提供的 Java 语言规范之 Java SE 8 版——*The Java® Language Specification Java SE 8 Edition* 中列出了所有关键字（含保留字），加起来共有 50 个单词，如图 3-1 所示。当然在之后的版本中，根据语法的需要，可能会增加新的关键字，如 sealed、record 等。

50 character sequences, formed from ASCII letters, are reserved for use as keywords and cannot be used as identifiers (§3.8).

Keyword:
(one of)

```
abstract   continue   for          new         switch
assert     default    if           package     synchronized
boolean    do         goto         private     this
break      double     implements   protected   throw
byte       else       import       public      throws
case       enum       instanceof   return      transient
catch      extends    int          short       try
char       final      interface    static      void
class      finally    long         strictfp    volatile
const      float      native       super       while
```

图 3-1　Java 的关键字和保留字表

3.1.1 关键字

关键字是被 Java 语言赋予特殊含义，具有特殊用途的字符串（单词），如表 3-1 所示。关键字有一个特点是所有字母都为小写形式，关键字在后面的学习中会依次展开讲解，学习初期不用强行记忆。

表 3-1 关键字

用于定义数据类型的关键字					
class	interface	enum	byte	short	int
long	float	double	char	boolean	void
用于定义流程控制的关键字					
if	else	switch	case	default	while
do	for	break	continue	return	
用于定义访问权限修饰符的关键字					
private	protected	public			
和多线程有关的关键字					
synchronized	volatile				
用于定义类与类之间关系的关键字					
extends	implements				
用于定义建立实例、引用实例及判断实例的关键字					
new	this	super	instanceof		
用于异常处理的关键字					
try	catch	finally	throw	throws	
用于包的关键字					
package	import				
修饰类、方法、变量的关键字					
abstract	final	static	native	transient	strictfp
和测试有关的关键字					
assert					

3.1.2 保留字

在关键字中，还有一些单词在 Java 中没有正式使用，但是为了 Java 与底层系统（如 C 语言）的交互，Java 保留了一些关键字，称为保留字。目前，保留字有如下两个。

（1）goto。

goto 语句在其他语言中叫作“无限跳转”语句。Java 语言不再使用 goto 语句，这是因为 goto 语句会破坏程序结构。在 Java 语言中可以通过 break、continue 和 return 实现“有限跳转”。

（2）const。

const 在其他语言中是声明常量的关键字，在 Java 语言中使用 final 方式声明常量。

3.1.3 特殊值

Oracle 官网提供的 Java 语言规范之 Java SE 8 版——*The Java® Language Specification Java SE 8 Edition* 中特别说明了三个特殊值：true、false、null。这三个特殊值看起来像是关键字，但实际上是字面量值。后面在给标识符命名时，同样要避开使用特殊值。何为标识符？我们来看下面的内容。

3.2　标识符

标识符是 Java 对各种变量、方法和类等要素命名时使用的字符序列。凡是需要命名的类名、接口名、变量名、方法名、包名等统称为标识符。

3.2.1　标识符的命名规则

所谓的规则，是指必须遵守的原则。如果不遵守原则，那么编译或运行结果就会报错。Java 标识符的命名规则有如下几个。

（1）每个标识符只能包含数字、字母、下画线和美元符号。

（2）不能以数字开头。

（3）不能使用关键字和保留字作为标识符。

（4）标识符不能包含空格。

（5）严格区分大小写。

例如，HelloWorld、String、MAX_VALUE、name、age、main、System、$out、println、args 等都是符合上述命名规则的合法标识符，而 7Hello、public、static 等都不能作为合法的标识符。

3.2.2　标识符的命名规范

所谓规范是指建议大家遵守的规则，相当于约定成俗的习惯，类似于潜规则。如果不遵守规范，编译不会报错，但会影响代码的阅读性和团队协作的效率。

Java 语言对标识符的命名做了规范。标识符命名规范如表 3-2 所示。

表 3-2　标识符命名规范

标　识　符	规　　范	举　　例
类名	遵循 Pascal 命名法，由多个单词组成，每个单词的首字母大写、其他字母小写	VariableDemo、ArrayList 等
接口名		Comparator、Iterator 等
变量名	遵循 Camel 命名法，由多个单词组成，第一个单词的字母全都小写，从第二个单词开始，每个单词的首字母大写、其他字母小写	age、myScore 等
方法名		getMax、addElment 等
包名	由多个单词组成时，所有字母都小写。多层包结构中间用小圆点“.”隔开，并且采用域名倒置的命名法	com.atguigu.demo
常量名	所有字母都大写，由多个单词组成时每个单词用下画线连接	MAX_VALUE

除表格中的命名规范，还需要注意以下几点。

（1）在起名时，为了提高阅读性，要尽量“见名知意”。例如，User、Person、addNameToClazz 等，不建议用 a1、a2、b1、b2 等。

（2）Java 采用 Unicode 字符集，因此标识符也可以使用汉字声明，但是不建议使用。这里就不举例了。

3.2.3　案例：标识符辨析

通过上面的学习，我们来识别一下以下哪些标识符是合法的？

（1）123；（2）_name；（3）class；（4）1first；（5）Hello_World；（6）Hello+World；（7）Hello*World；（8）Hello$World；（9）sales；（10）any。

案例解析。

（1）123：不合法，标识符不能是纯数字。

（2）_name：合法。

（3）class：不合法，因为 class 是关键字。

（4）1first：不合法，数字不能开头。

（5）Hello_World：合法。

（6）Hello+World：不合法，标识符中不能使用加号。

（7）Hello*World：不合法，标识符中不能使用星号。

（8）Hello$World：合法。

（9）sales：合法。

（10）any：合法。

当我们使用不符合命名规则的标识符时，编译和运行就会报错，如下所示。

```
public class 123 {
    public static void main(String[] args){
        System.out.println("错误标识符演示");
    }
}
```

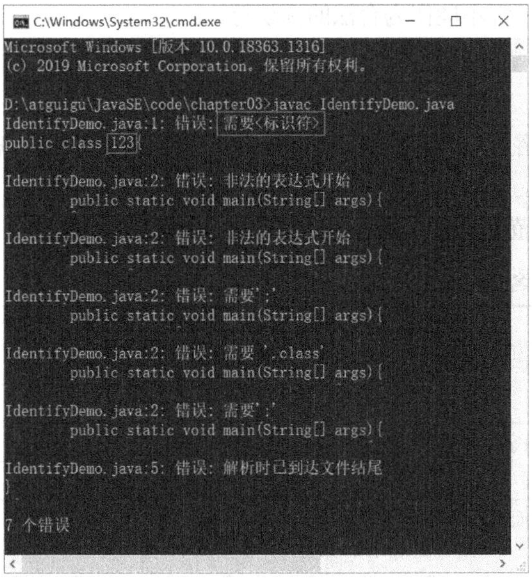

```
C:\Windows\System32\cmd.exe
Microsoft Windows [版本 10.0.18363.1316]
(c) 2019 Microsoft Corporation。保留所有权利。

D:\atguigu\JavaSE\code\chapter03>javac IdentifyDemo.java
IdentifyDemo.java:1: 错误: 需要<标识符>
public class 123{

IdentifyDemo.java:2: 错误: 非法的表达式开始
        public static void main(String[] args){

IdentifyDemo.java:2: 错误: 非法的表达式开始
        public static void main(String[] args){

IdentifyDemo.java:2: 错误: 需要';'
        public static void main(String[] args){

IdentifyDemo.java:2: 错误: 需要 '.class'
        public static void main(String[] args){

IdentifyDemo.java:2: 错误: 需要';'
        public static void main(String[] args){

IdentifyDemo.java:5: 错误: 解析时已到达文件结尾
}

7 个错误
```

图 3-2　Java 标识符不合法的编译错误

当如上所示的代码使用 123 作为类名时，编译会提示“需要<标识符>”，如图 3-2 所示，其他的错误其实都是这个标识符命名不合法导致的连带错误。

标识符除前面讲的命名规则和命名规范，还有一些大家都会默默遵守的命名习惯。例如，虽然 Java 中的“_name”这个标识符，语法校验是合法的，但在实际开发中几乎没有人这样命名。很多公司也会通过制定相关的开发手册来约束开发人员的代码习惯，以便团队协作更高效、更顺畅，如阿里巴巴公司发布的最新版《Java 开发手册——泰山版》中第一项编程规范就是关于命名风格的，大家不妨去了解一下。

3.3　变量

数学中我们学习了列方程式和解方程式。例如，$y = 2x$ 方程中的 x 和 y 就是变量，代表某个数值：当 x=1 时，y 的值就是 2；当 x=3 时，y 的值就是 6。

Java 中也有变量的概念，它也代表某个数值。例如，变量 age 代表年龄值，变量 name 代表姓名值。如果从计算机存储的角度来说，变量实质上就是内存中的一块数据存储区域，该区域有自己的名称（变量名）和类型（数据类型），Java 中的每个变量都必须先声明后使用，该区域的数据可以在同一类型范围内不断变化。

Java 的变量包含三个要素，分别是数据类型、变量名和变量值。数据类型决定了这个变量中要存储的数据值的类型及这块内存的宽度，如存储一个整数 10 和存储一个小数 1.5 在内存中所需要的宽度与存储方式是不同的。变量名就是一个标识符，方便在程序中使用。变量值就是这个变量具体存储的值。例如，“int age = 18;”这个语句说明了 age 变量的数据类型是整型 int，存储的值是 18。

3.3.1　变量的声明与使用

变量的使用步骤可以具体分为声明、赋值、使用三步，下面是这三个步骤的详细介绍。

1. 声明

变量的声明相当于向 JVM 申请一部分指定数据类型大小的内存。不同的数据类型，需要占用的内存大小是不同的。另外，JVM 中每字节的内存都有自己的编号，称为内存地址，但是在程序中直接使用内存地址是极其不方便的，因此需要给这部分内存命名，方便在程序中对这部分内存进行访问和使用。变量声明如图 3-3 所示。

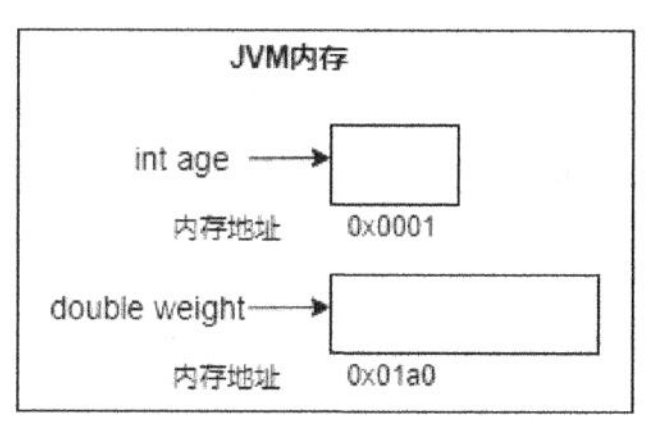

图 3-3 变量声明

变量声明的语法格式如下所示。

```
数据类型 变量名;
```

示例代码：

```
int  age;          //年龄
double weight;     //体重
```

int 是表示整数的数据类型，常见的数据类型说明如表 3-3 所示。关于数据类型的详细讲解，请参考 3.4 节。

表 3-3 常见的数据类型说明

数 据 类 型	描　　述
整型（int）	用于保存整数，如 100、99、97 等
浮点型（double）	用于保存小数，如 1.5、2.85、3.8 等
字符型（char）	用于保存单个字符值，且字符值要求用单引号包起来，如 '男' '中'等
字符串型（String）	用于保存 0 个或多个字符，且字符串值要求用双引号包起来，如"hello" "尚硅谷" "abc"等

2. 赋值

将符号“=”右边的值放到对应的内存中。变量赋值如图 3-4 所示。

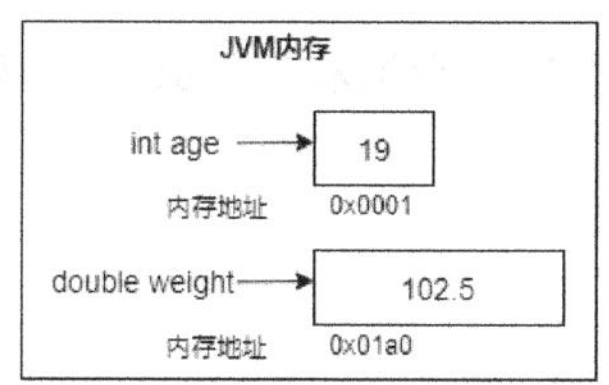

图 3-4 变量赋值

变量赋值的语法格式如下所示。

```
变量名 = 值;
```

示例代码：

```
age = 19;
weight = 102.5;
```

需要指出的是，声明和赋值这两步往往会合二为一。

变量声明和赋值合二为一的语法格式如下所示。

```
数据类型 变量名 = 值;
```

示例代码：

```
int age = 19;
double weight = 102.5;
```

建议写代码时在符号“=”左右各加一个空格，这样会更美观。

3．使用

所谓使用，是指在变量的作用域内将变量中的值拿出来进行打印、运算、比较等。

示例代码：

```
public class VarDemoTest {
    public static void main(String[] args) {
        int age = 19;
        double weight = 102.5;

        System.out.println("age = " + age);
        System.out.println("weight = " + weight);
    }
}
```

3.3.2 变量的注意事项

1．必须先声明再使用

错误示例代码。

声明在使用之后：

```
public class TestVarDemo1 {
    public static void main(String[] args) {
        System.out.println(num);
        int num;
    }
}
```

变量未声明的错误示例如图 3-5 所示。

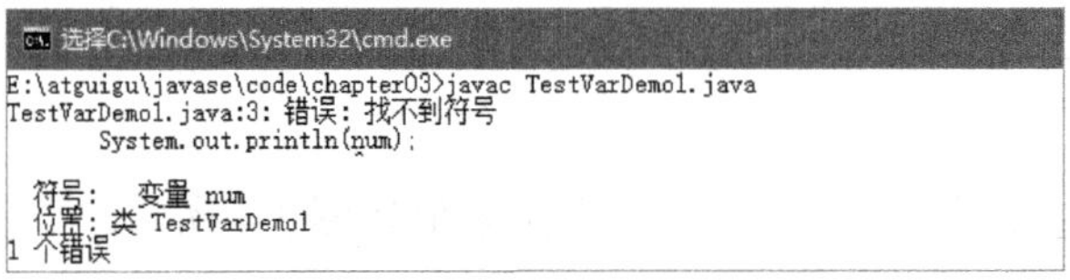

```
选择C:\Windows\System32\cmd.exe
E:\atguigu\javase\code\chapter03>javac TestVarDemo1.java
TestVarDemo1.java:3: 错误: 找不到符号
        System.out.println(num);
                           ^
  符号:   变量 num
  位置: 类 TestVarDemo1
1 个错误
```

图 3-5 变量未声明的错误示例

2．变量必须在初始化后才能使用

错误示例代码。

使用之前没有初始化：

```
public class TestVarDemo2 {
    public static void main(String[] args) {
        int num;
        System.out.println(num);
    }
}
```

变量未初始化的错误示例如图 3-6 所示。

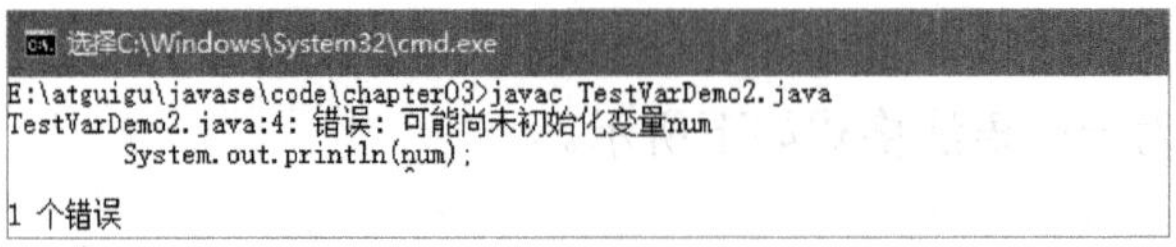

```
选择C:\Windows\System32\cmd.exe
E:\atguigu\javase\code\chapter03>javac TestVarDemo2.java
TestVarDemo2.java:4: 错误: 可能尚未初始化变量num
        System.out.println(num);
                           ^
1 个错误
```

图 3-6 变量未初始化的错误示例

3．变量有作用域，并且在同一个作用域中不可以重复命名

错误示例代码。

同一个作用域中的 num 变量声明两次：

```
public class TestVarDemo3 {
    public static void main(String[] args) {
        int num = 100;
        int num = 99;
    }
    public static void otherMethod(){
        System.out.println(num);
    }
}
```

变量重名的错误示例如图 3-7 所示。

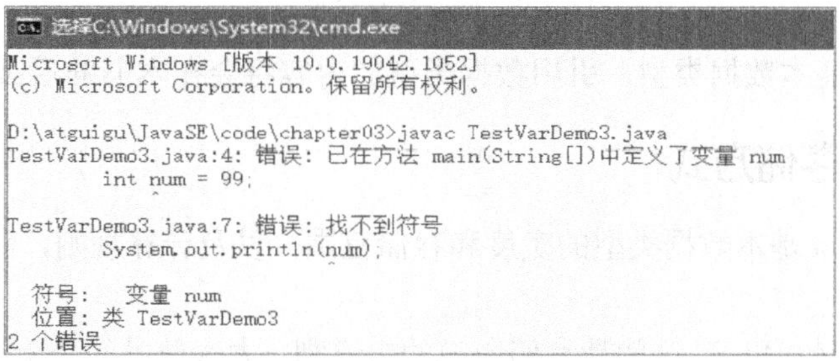

```
选择C:\Windows\System32\cmd.exe
Microsoft Windows [版本 10.0.19042.1052]
(c) Microsoft Corporation。保留所有权利。

D:\atguigu\JavaSE\code\chapter03>javac TestVarDemo3.java
TestVarDemo3.java:4: 错误: 已在方法 main(String[])中定义了变量 num
        int num = 99;
            ^
TestVarDemo3.java:7: 错误: 找不到符号
        System.out.println(num);
                           ^
  符号:   变量 num
  位置: 类 TestVarDemo3
2 个错误
```

图 3-7　变量重名的错误示例

第一个错误提示已经在方法 main 中定义了变量 num。同一个作用域中变量是不可以重复命名的，如果变量重名，那么 Java 虚拟机就不能区分两个变量了。好比班级中有两个同名的学生，老师在叫学生名字时，可能两个学生同时起立，造成老师无法直接区分。

所谓作用域，是指大括号的范围，在某个大括号的复合语句中声明的变量，仅在当前大括号范围内使用。例如，上面的第二个错误提示，找不到符号 num，就是因为超过了 num 定义的作用域范围。

4．变量的值可以变化，但必须在变量声明的数据类型范围内

错误示例代码。

num 变量是 int 整数类型，却被赋值为 1.5 的 double 小数类型：

```
public class TestVarDemo4 {
    public static void main(String[] args) {
        int num = 100;
        num = 1.5;
        System.out.println(num);
    }
}
```

变量赋值不在数据类型范围内的错误示例如图 3-8 所示。

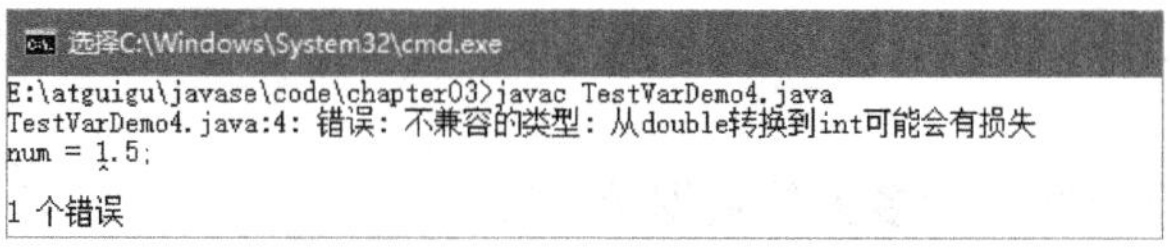

```
选择C:\Windows\System32\cmd.exe
E:\atguigu\javase\code\chapter03>javac TestVarDemo4.java
TestVarDemo4.java:4: 错误: 不兼容的类型: 从double转换到int可能会有损失
num = 1.5;
      ^
1 个错误
```

图 3-8　变量赋值不在数据类型范围内的错误示例

3.4　数据类型

Java 是一门强类型语言，根据存储元素的需求不同，我们将数据类型划分为基本数据类型和引用

数据类型，如图 3-9 所示。

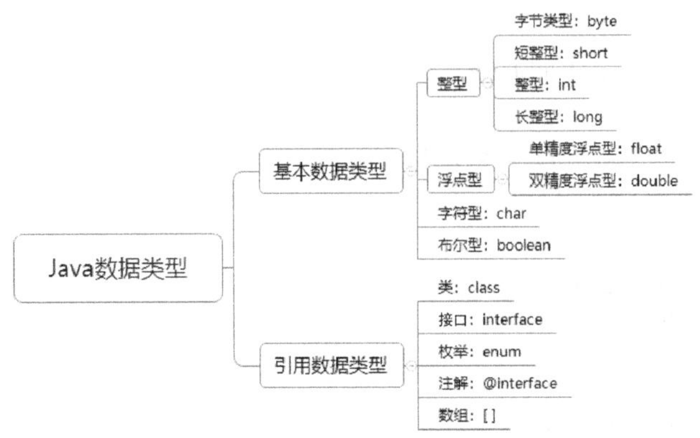

图 3-9　Java 数据类型分类

本章重点讲解的是基本数据类型，引用数据类型的内容将会在本书的后续章节中讲解到。

3.4.1　计算机数据存储方式

为了更好地理解 Java 基本数据类型的宽度和存储范围，以及计算规则，我们先来了解一下计算机底层存储数据的方法。

计算机的世界里只有 0 和 1，这就是我们所说的二进制。大家熟悉的是十进制，十进制的数字范围是 0～9，遵循逢十进一的原则，二进制的数字范围是 0～1，遵循逢二进一的原则。例如，十进制中的 2，用二进制表示就是 10；十进制中的 25，用二进制表示就是 11001。

在计算机中存储的所有数据都要转换为二进制。计算机最小的存储单位就是比特（bit)，每个 bit 位上只能存储 0 或 1。但是，bit 实在是太小了，所以通常我们在说存储单位时，往往使用字节（byte)，一个 byte 等于 8 个 bit 位。Java 的数据类型是跨平台的，以 byte 为例，无论你的机器是 32 位还是 64 位，byte 类型都是 1 字节。

另外，为了表示数学中负数和正数的概念，规定一个二进制数的最高位（最左边的位）为符号位，1 表示负数，0 表示正数。以 1 字节为例，10011000 表示负数，00111011 表示正数。

为了能够让符号位也参与到运算中，计算机科学家们找到了一种特殊的数据表示方式，提出了原码、反码、补码的概念。正数的原码、反码、补码都一样，负数的原码、反码、补码却不相同。不管是正数，还是负数，计算机的底层都是用补码形式存储数据的。负数的原码、反码与补码之间的关系如下所示。

- 原码就是将某个数据转换为二进制的原始形式，并且最高位的 1 表示负数，0 表示正数。例如，正数 2 的二进制原码是 00000010，负数 2 的二进制原码是 10000010。
- 反码就是在原码的基础上，符号位不变，其余位数取反。例如，负数 2 的二进制原码是 10000010，负数 2 的二进制反码是 11111101。
- 补码就是在反码的基础上加 1。例如，负数 2 的二进制反码是 11111101，负数 2 的二进制补码是 11111110。
- 问题思考：那么 1 字节能表示多大的数据范围呢？

1 字节能表示的正整数范围是 00000001～01111111，对应的十进制是 1～127；负整数范围是 10000001～11111111，对应的十进制是-127～-1。

那么整数 0 用什么表示呢？00000000 用来表示 0，10000000 用来表示-128，这是因为-127 的二进制是 10000001，而-127-1 的二进制就是 10000000，它对应的十进制就是-128。

以上就是 1 字节的整数转换为二进制的方法。其他整型数据的最高位仍然为符号位，仍然有原码、反码、补码的概念，只是表数的字节范围不同，这里不再赘述。下面重点讲解 Java 中规范的几种基本数据类型。

3.4.2 整型

整型可以说是最常用的一种数据类型，它用来表示各种整数值，如年龄为 18 岁，18 就是一个整数值。整数可以很小也可以很大，为了表示不同大小的整数，Java 将整型划分为如下四种类型，如表 3-4 所示。

表 3-4　整型

类　型	宽　度	表 示 范 围
byte	1 字节	-128～127
short	2 字节	-2^{15}～$2^{15}-1$
int	4 字节	-2^{31}～$2^{31}-1$
long	8 字节	-2^{63}～$2^{63}-1$

Java 中 int 是最常用的整型之一，系统通常将一个整型值默认当作 int 处理。需要注意的是以下三种情形。

（1）如果将一个整型字面量值赋值给 byte 或 short，编译器会先判断这个整型字面量值是否在指定类型的表数范围内，如果在，则赋值成功；如果不在，则编译报错。

示例代码：

```
public class TestInteger1 {
    public static void main(String []args) {
        //100 属于 byte 类型的表数范围，故赋值成功
        byte  b1  =  100;       //编译通过

        //10000 不属于 byte 类型的表数范围，故赋值失败
        byte  b2  =  10000;     //编译不通过
    }
}
```

超出 byte 类型范围的错误提示如图 3-10 所示。

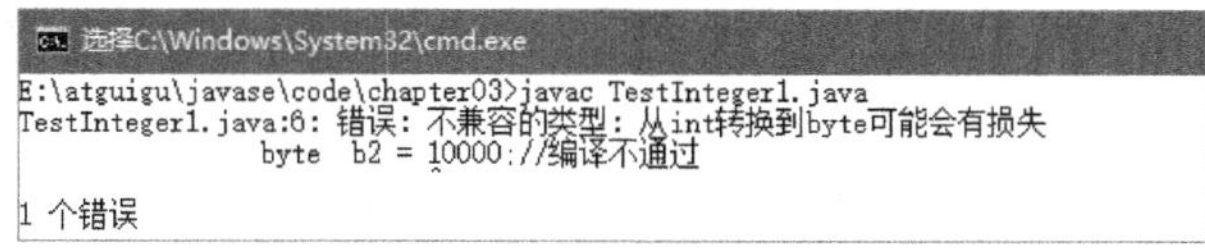

图 3-10　超出 byte 类型范围的错误提示

示例代码：

```
public class TestInteger2 {
    public static void main(String []args) {
        //10000 属于 short 类型的表数范围，故赋值成功
        short s1 = 10000;
        //9999999 不属于 short 类型的表数范围，故赋值失败
        short s2 = 9999999;
    }
}
```

超出 short 类型范围的错误提示如图 3-11 所示。

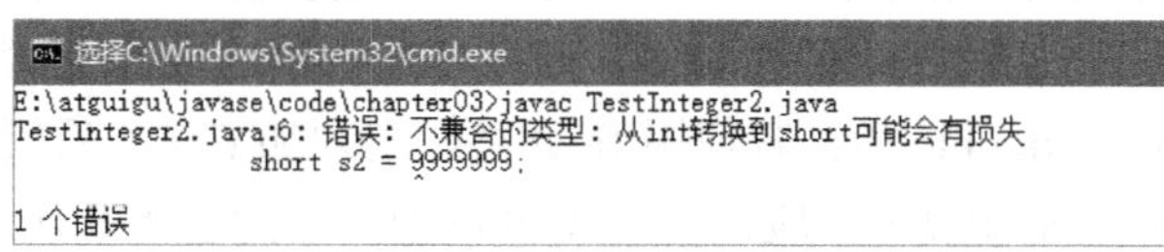

图 3-11　超出 short 类型范围的错误提示

（2）如果将一个巨大的整型常量赋值给 long 类型，那么需要以小写 l 或大写 L 作为后缀。因为小写 l 很容易和 1 搞混，所以推荐使用 L。

示例代码：

```
public class TestInteger3 {
    public static void main(String []args) {
        /*系统不会自动将 99999999999999 当作 long 处理，而是当作 int 处理，
        而本身 99999999999999 超出 int 范围，故赋值失败*/
        long num1 = 99999999999999;

        /*如果希望系统将 99999999999999 当作 long 处理，
        则需要在常量值后面添加 l 或 L 后缀*/
        long num2 = 99999999999999L;
    }
}
```

过大整数的错误提示如图 3-12 所示。

```
C:\Windows\System32\cmd.exe
E:\atguigu\code\JavaSE\chapter03>javac TestInteger3.java
TestInteger3.java:5: 错误: 过大的整数: 99999999999999
        long num1 = 99999999999999;
                    ^
1 个错误
```

图 3-12　过大整数的错误提示

（3）在 JDK 1.7 中，整型字面量值支持如下所示的二进制形式。

```
int binValue = 0B1000000000000000000000000101;
```

由于数值位数较长，还支持自由使用下画线分割。这样人们可以更直观地分辨数值常量中到底包含多少位。

```
int binValue = 0B1000_000_000_000_000_000_000_000_101;
```

byte 和 short 的实际存储和运算都是当作 int 类型处理的，通过分析字节码你会发现，使用 byte 和 short 类型声明变量，实际分配都是 4 字节的空间。系统划分出 byte 和 short，主要是逻辑意义上的划分，编译时检查数值的范围。后续可以根据具体的应用场景选择适当的数据类型，如创建一个数组，长度可以是 byte 类型；查询数据库表中的数据条目数，通常是 long 类型。在默认情况下，习惯使用 int 类型来定义整型。

3.4.3　浮点型

浮点型用于表示 1.5、2.86、3.5 等小数。根据存储因素的精度不同，浮点型划分为如下两种类型，如表 3-5 所示。

表 3-5　浮点型

类　型	占用存储空间	表 示 范 围
单精度 float	4 字节	-3.403E38～3.403E38
双精度 double	8 字节	-1.798E308～1.798E308

与整型类似，浮点型也有固定的表示范围，它不受具体操作系统的影响。浮点型有以下两种类型。

- float 型：单精度，尾数可以精确到 7 位有效数字。在很多情况下，单精度很难满足需求。
- double 型：双精度，精度是 float 型的两倍，开发中通常用 double 类型来表示小数。

Java 的浮点型常量默认为 double 型。若使用 float 型，则须加 f 或 F 后缀；若使用 double 类型，则后缀 d 或 D 可加可不加。在通常情况下，应该使用 double 型，因为它比 float 型更精确。

示例代码：

```
public class TestFloat {
    public static void main(String[] args) {
        //系统自动将 1.5 当作 double 处理，故赋值成功
        double d = 1.5;

        //系统自动将 1.5 当作 double 处理，而目标类型为 float，故赋值失败
        float f1 = 1.5;
    }
}
```

double 型转换为 float 型的错误提示如图 3-13 所示。

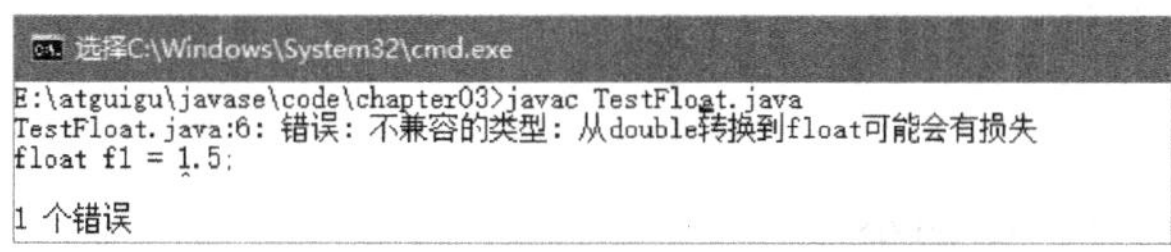

图 3-13　double 型转换为 float 型的错误提示

如果希望系统将 1.5 当作 float 处理，则需要在常量值后添加 f 或 F 后缀。

示例代码：

```
float f2 = 1.5f;
```

浮点型的表示形式可以有如下几种，如图 3-14 所示，图上区域为 float 型，图下区域为 double 型。

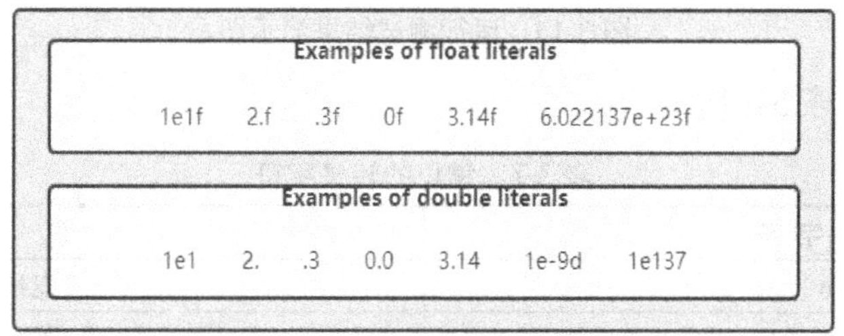

图 3-14　浮点型的表示形式

JDK 1.7 的新功能也支持浮点型常量值，可以自由使用下画线分割，形式如下所示。

```
double pi = 3.14_15_92_65_36;       // 同：double pi = 3.1415926536;
```

3.4.4　字符型

字符型用于保存单个字符，字符型常量要求使用单引号（如 'a'）引起来。字符型底层依然是以整型（相当于无符号整型）存储的，因此需要借助一个字符编码集，将每个字符一一对应成一个整型。Java 使用的是 Unicode 字符集，如表 3-6 所示。Unicode 字符集支持全世界所有书面语言的字符，它是固定长度编码方式，兼容 ASCII 字符集。

表 3-6　Unicode 字符集

类　型	占用存储空间	字　符　集
字符型 char	2 字节	Unicode

字符型常量值的表示形式有如下几种。

- 用单引号括起来的单个字符的常量值，如 'a' '9'等，注意：“''” 是错误的，里面不能没有内容，必须有单个字符。这种表示形式最常见。
- 转义字符'\n' '\t'等。
- 直接使用 Unicode 值，格式是'\u××××'，其中××××表示一个 16 进制的整数。
- 直接使用十进制整型常量值，如 100、98 等。

示例代码：

```
public class TestCharacter {
    public static void main(String[] args) {
        char c1 = 'a';
        char c2 = '\"';
        char c3 = '\u0043';
        char c4 = 100;
        System.out.println("c1:" + c1);
        System.out.println("c2:" + c2);
        System.out.println("c3:" + c3);
        System.out.println("c4:" + c4);
    }
}
```

运行测试结果演示图如图 3-15 所示。

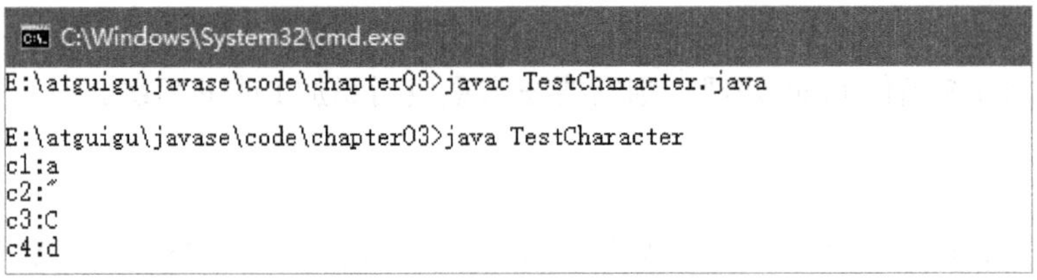

```
C:\Windows\System32\cmd.exe
E:\atguigu\javase\code\chapter03>javac TestCharacter.java

E:\atguigu\javase\code\chapter03>java TestCharacter
c1:a
c2:"
c3:C
c4:d
```

图 3-15　运行测试结果演示图

常见的转义字符，如表 3-7 所示。

表 3-7　常见的转义字符

转 义 字 符	说　明
\b	退格符
\n	换行符
\r	回车符
\t	制表符
\”	双引号
\’	单引号
\\	反斜线

除 Unicode 字符集，计算机还提供了很多种字符编码格式，常见的有 ASCII、ISO 8859-1、GB 2312、GBK、Unicode、UTF-8 等，使用频率最高的如 UTF-8，如表 3-8 所示。它们都可以看作字典，规定了转化的规则，按照这个规则就可以让计算机正确地表示字符。

表 3-8　常见的字符编码格式

编 码 格 式	说　明
ASCII	ASCII 编码共可以表示 128 个字符，0～31 及 127 是控制字符如换行、回车、删除等；32～126 是打印字符
ISO 8859-1	ISO 8859-1 编码涵盖了大多数西欧语言字符，它仍然是单字节编码，共能表示 256 个字符
GB 2312	GB 2312 编码是双字节编码，共可以表示 682 个符号和 6 763 个汉字
GBK	GBK 编码扩展了 GB 2312 编码，并兼容 GB 2312 编码，可以表示更多的汉字
Unicode	Unicode 编码是固定双字节的编码格式，能包含世界上所有的字符，使用它，没有乱码问题。 缺点： ①没有规定这个二进制代码应该如何存储，计算机无法区别 Unicode 和 ASCII，即计算机无法区分 3 字节表示 1 个字符，还是分别表示 3 个字符。 ②英文字母只用 1 字节表示就够了，但 Unicode 统一规定每个字符都使用双字节，这对于存储空间来说是极大的浪费

续表

编 码 格 式	说　　明
UTF-8	UTF-8 是 Unicode 字符集的一种可变字节的编码格式，Unicode 字符集≠UTF-8 编码方式它相当于是对 Unicode 字符集中的编码的再次处理方式。每个 Unicode 字符的编码处理后的二进制编码都可能包含 1～4 字节。 如果某字节，最高位（第 8 位）为 0，表示这是一个单字节字符，可以兼容 ASCII 字符。 如果某字节，以 11 开头，连续的 1 的个数暗示这个字符的字节数，如 110×××××代表它是双字节 UTF-8 字符的首字节。 如果某字节，以 10 开始，表示它不是首字节，需要向前查找才能得到当前字符的首字节。 Unicode 字符编码范围| UTF-8 编码方式 （十六进制）　　　　|　　　（二进制） —————————————————————— 0000 0000～0000 007F　| 0xxxxxxx（兼容原来的 ASCII） 0000 0080～0000 07FF　| 110xxxxx 10xxxxxx 0000 0800～0000 FFFF　| 1110xxxx 10xxxxxx 10xxxxxx 0001 0000-0010 FFFF　| 11110xxx 10xxxxxx 10xxxxxx 10xxxxxx

当计算机需要存储某个字符时，首先通过使用的编码集找到对应的编码值，然后存储该值。反过来，当计算机需要显示某个字符时，首先读取该字符的编码值，然后通过使用的编码集显示对应的字符，如图 3-16 所示，如 char c = ‘a’。底层使用 97 对应的二进制存储，此过程称为编码的过程；相反地，若要读取这个字符，并打印出‘a’，此过程为解码的过程。

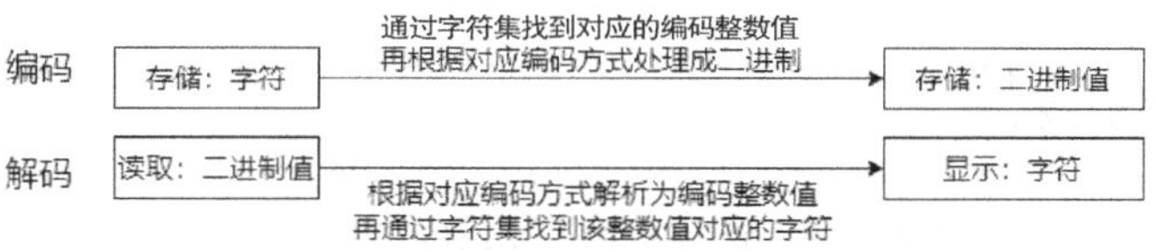

图 3-16　编码与字符转换关系图

3.4.5　布尔型

布尔型用于表示逻辑上的“真”或“假”，布尔型有两个常量值：true 或 false。

Java 中使用布尔型控制的语句主要有以下几种。

- if 条件。
- while 循环。
- do-while 循环。
- for 循环。
- 三元运算符的条件。

本书会在后续章节中详细介绍上述语句。

示例代码：

```
boolean flag = true;
```

布尔型的注意事项。

（1）布尔型数据只允许取值 true 和 false，无 null。

（2）不可以使用 0 或非 0 的整数替代 false 和 true，这点和 C 语言不同。

3.4.6　案例：用变量保存个人信息

案例需求：

请使用合适的变量来保存自己的各项基本信息，并且在控制台输出。

示例代码：

```
public class MyInfoDemo {
    public static void main(String[] args){
        String name = "谷姐";
        String school = "谷粒学院";
        int age = 18;
        char gender = '女';
        int height = 168;
        double weight = 108.5;
        boolean marry = false;
        System.out.println("姓名：" + name);
        System.out.println("学校：" + school);
        System.out.println("年龄：" + age);
        System.out.println("性别：" + gender);
        System.out.println("身高：" + height);
        System.out.println("体重：" + weight);
        System.out.println("是否已婚：" + marry);
    }
}
```

在实际开发中，当前台客户端页面接收了用户输入的信息，需要传递到后台服务器进行处理时，就需要先用变量来存储这些信息；同理，当后台服务器端从数据库中查询到用户的相关信息后，就需要返回到前台客户端界面展示，这也是需要用变量来存储数据的。因此，学会用各种合适的变量来存储和展示各种数据就非常重要。

3.5 数据类型的转换

根据开发需要，不同数据类型的值经常需要进行相互转换。在目前阶段我们需要掌握基本数据类型的转换。

Java 语言只支持布尔型之外的七大基本数据类型间的转换，它们之间的转换类型分为自动类型转换和强制类型转换。

3.5.1 自动类型转换

当我们将一个基本数据类型的值直接赋给另一个不同类型的基本数据类型的变量时，如果赋值成功，则说明此时系统进行了一次自动类型转换，Java 语言规范将其称为 Wideding Conversion。如果赋值失败，则说明系统不能进行自动类型转换。

自动类型转换需要满足目标类型的表示范围大于源类型的示数范围的要求，这就相当于将一个体积为 2 立方厘米的立方体放在体积为 5 立方厘米的立方体盒子中。基本数据类型的自动转换关系如图 3-17 所示，根据箭头指向，左边类型的值可以自动转换成右边类型，反之，则不可以。

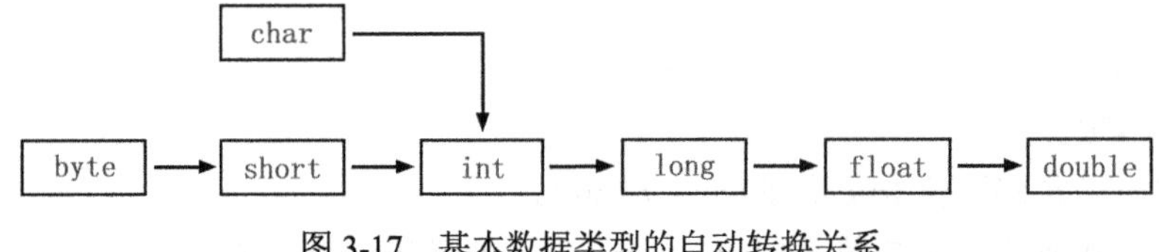

图 3-17　基本数据类型的自动转换关系

示例代码：

```
double dValue = 100;
System.out.println(dValue);//结果：100.0

int iValue = 'a';
```

```
System.out.println(iValue);//结果：97

byte bValue = 10;
double dValue2 = bValue;
System.out.println(dValue2);//结果：10.0
```

自动类型转换的注意事项。

（1）当多种类型的数据进行混合运算时，系统首先自动将所有数据转换成容量最大的数据类型，再进行计算。例如，float 字节数比 long 字节数小，但是 float 的容量更大。

（2）byte、short、char 之间不会相互转换，它们在计算时首先会转换为 int 类型。

示例代码：

```
byte a = 127;
char b = 'f';
short c = 32767;
int d = a + b + c;
System.out.println(d);          //结果：32996，"a+b+c" 的值已经转换成了 int 类型
                                //注意：不能用 short 类型接收，会报错
```

（3）布尔类型不能与其他数据类型进行运算。

（4）当把任何基本数据类型的值和字符串（String）进行"+"运算时，此时的"+"不再是加法的意思，而是表示连接运算。此时，运算的结果是 String 型。

示例代码：

```
char a = 'i';                //字符型数据
String b = "尚硅谷";          //字符串型数据
int c = 666;                 //int 类型数据
String d = a + b + c;
System.out.println(d);       //输出结果是 i 尚硅谷 666
```

3.5.2　强制类型转换

在一些开发场景中，我们也需要面对将图 3-17 所示箭头右边类型转换为左边类型的情况，这时候就要进行强制转换，否则编译会报错，代码如下所示：

```
int a = 200;
byte b = a; //编译报错
```

可以试想一下，如果将一个体积为 5 立方厘米的立方体放在体积为 2 立方厘米的立方体盒子中，正常来讲，是不是放不进去。如果要放进去，则要削去一部分体积，从而造成数据丢失。所以 Java 语言规范将强制类型转换称为 Narrow Conversion。

强制类型转换的语法格式如下所示。

```
(目标类型)数据值
```

示例代码：

```
int num  =  98;
short s = (short)num;
System.out.println(s);//结果：98

double d = 9.95;
int i = (int)d;
System.out.println(i);//结果：9
```

具体规则如下所示。

（1）如果目标类型和源类型都为整型，如将 32 位 int 类型强转为 8 位 byte 类型，则需要截断前面的 24 位，只保留右边 8 位。例如，byte bValue = (byte)255;，将其强转后最终得到的 bValue 的值是-1，如图 3-18 所示。

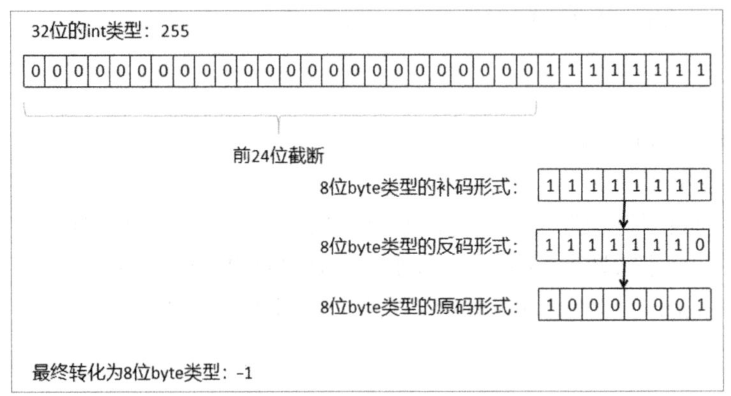

图 3-18　强制类型转换分析图

（2）目标类型是整型，源类型是浮点型，将直接截断浮点型的小数部位，这会造成精度损失。例如，int iValue = (int)12.5;，将其强转后最终得到的 iValue 的值是 12。

3.5.3　案例：基础练习

1．第一题

```
public class ConversionDemo1 {
    public static void main(String[] args) {
        char c = 'a';
        int i = 5;
        float d = .314F;

          /*
类型提升规则的一般情况下，表达式结果的类型为操作数类型最大的。
          c+i+d 结果的类型为 float 类型！
*/
        int result = c + i + d;
    }
}
```

float 类型转换为 int 类型未使用强制类型转换的错误提示如图 3-19 所示。

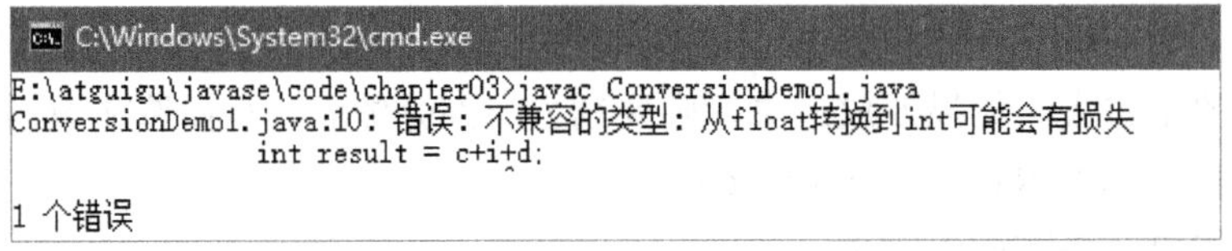

图 3-19　float 类型转换为 int 类型未使用强制类型转换的错误提示

2．第二题

```
public class ConversionDemo2 {
    public static void main(String[] args) {
        byte b = 5;
        short s = 3;
        /*
类型提升规则的特殊情况下，byte 类型或 short 类型在进行运算时，系统自动当作 int 类型处理。故 s+b 结果的类型为 int 类型，无法自动转换成 short 类型，需要进行强转。
*/
        short t = s + b;
    }
}
```

int 类型转换成 short 类型未使用强制类型转换的错误提示如图 3-20 所示。

```
E:\atguigu\javase\code\chapter03>javac ConversionDemo2.java
ConversionDemo2.java:9: 错误: 不兼容的类型: 从int转换到short可能会有损失
        short t = s + b;
                    ^
1 个错误
```

图 3-20 int 类型转换成 short 类型未使用强制类型转换的错误提示

3. 第三题

```
public class ConversionDemo3 {
    public static void main(String[] args) {
        // 字符型的常量值可以为 int 类型
        char c = 100;
        // 读取时，会根据编码集字符和整型的对应关系获取对应的字符
        System.out.println(c);        //结果: d

        /*
字符型底层是以对应的整型形式存储的，进行运算、比较时系统自动处理成 int 类型
*/
        System.out.println(c + 2);    //102

        int i = 100;
        // 系统不会自动将 int 类型的变量转换成 char 类型，需要进行强转
        char c1 = i;                  // 编译失败
        char c2 = (char) i;           // 编译成功
    }
}
```

int 类型转换成 char 类型未使用强制类型转换的错误提示如图 3-21 所示。

```
E:\atguigu\javase\code\chapter03>javac ConversionDemo3.java
ConversionDemo3.java:10: 错误: 不兼容的类型: 从int转换到char可能会有损失
                char c1 = i;//编译失败
                          ^
1 个错误
```

图 3-21 int 类型转换成 char 类型未使用强制类型转换的错误提示

4. 第四题

```
public class ConversionDemo4 {
    public static void main(String[] args) {
        double d = 1.25;
        /*
        如下代码错误的情况中，仅强转了 d 变量，
        =右边表达式结果的类型是 double。
        强转符号优先级很高，高于算术运算符。
        所以往往需要通过小括号提升表达式的优先级
        */
        int i1 = (int) d * 2.5 + 5.25 * 8 + 3.75;//错误
          int i2 = (int) (d * 2.5 + 5.25 * 8 + 3.75);//正确
    }
}
```

double 类型转换成 int 类型未使用强制类型转换的错误提示如图 3-22 所示。

```
E:\atguigu\javase\code\chapter03>javac ConversionDemo4.java
ConversionDemo4.java:10: 错误: 不兼容的类型: 从double转换到int可能会有损失
        int i1 = (int)d*2.5+5.25*8+3.75;//错误
                                   ^
1 个错误
```

图 3-22 double 类型转换成 int 类型未使用强制类型转换的错误提示

数据类型转换的相关内容可以总结为如下几点。

（1）表达式类型自动提升的一般原则：表达式结果的类型为操作数中最大的类型。

（2）byte 类型和 short 类型进行运算时，系统自动当作 int 类型处理。

（3）char 变量可以直接保存为 int 常量值，但不能直接保存为 int 变量值，char 类型进行运算时，系统自动当作 int 类型处理。

（4）自动类型转换的逆过程是将容量大的数据类型转换为容量小的数据类型。使用时要加上强制转换符号，但可能造成精度降低或溢出，需要格外注意。

（5）强制转换符号为小括号，优先级非常高，故强制转换表达式结果的类型时，需要将表达式用小括号包起来，提升优先级。

（6）布尔类型不可以转换为其他的数据类型。

3.6 运算符和标点符号

运算符是一种特殊的符号，用以表示数据的运算、赋值和比较等。Java 语言中的 38 个运算符如图 3-23 所示。

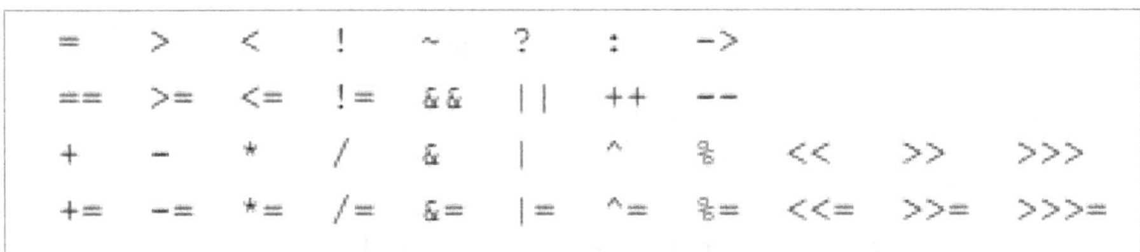

图 3-23 Java 语言中的 38 个运算符

Java 语言中的运算符按照功能不同可以分为如下几种。

- 算术运算符。
- 赋值运算符。
- 比较运算符。
- 逻辑运算符。
- 位运算符。
- 条件运算符。
- lambda 操作符（请看第 18 章）。

按照需要的操作数个数运算符可以分为如下几种。

- 一元运算符（单目运算符）：在 Java 语言中只有 4 个一元运算符，分别是“++”“--”“!”“~”。
- 二元运算符（双目运算符）：除了一元和三元运算符，剩下的都是二元运算符。
- 三元运算符（三目运算符）：在 Java 语言中只有 1 个三元运算符即“? :”。

3.6.1 算术运算符

算术运算符用于进行算术运算，基本数据类型运算表达式结果的类型为数值型。算术运算符如表 3-9 所示，其中正号、负号、自增、自减是一元运算符，其余是二元运算符。

表 3-9 算术运算符

运 算 符	运 算	示 例	结 果
+	正号	a=+3;b=+a;	a=3;b=3;
-	负号	a=-4;b=-a;	a=-4;b=4;

续表

运 算 符	运　算	示　例	结　果
+	加	5+5	10
-	减	6-4	2
*	乘	3*4	12
/	除	7/5	1
%	取模（取余）	7%5	2
++	自增（前）：先自增后取值	a=2; b=++a;	a=3;b=3;
++	自增（后）：先取值后自增	a=2; b=a++;	a=3;b=2;
--	自减（前）：先自减后取值	a=2; b=--a;	a=1;b=1;
--	自减（后）：先取值后自减	a=2; b=a--;	a=1;b=2;
+	字符串连接	"He"+"llo"+1+2+3	"Hello123"

1. +：加法运算符

两个浮点型常量值相加的示例代码：

```
double a = 1.5;
double b = a + 10.5;            //b 的值为 12.0
```

两个整型常量值相加的示例代码：

```
System.out.println(100 + 99);  //结果：199
```

一个整型和一个浮点型变量相加的示例代码：

```
int a = 10;
double b = 2.5;
System.out.println(a + b);      //结果：12.5
```

2. -：减法运算符

示例代码：

```
double a = 11.5;
double b = a - 10;              //b 的值为：1.5
```

3. *：乘法运算符

示例代码：

```
double a = 11.5;
double b = a * 10;              //b 的值为：115.0
```

4. /：除法运算符

示例代码：

```
//10/3 的结果为 int 类型 3，赋值时，系统自动将 int 类型 3 转换为 double 类型
double a = 10 / 3;              //a 的值为：3.0
```

除法运算符有些特殊，被除数、除数若都是整型，则结果就为整型，且结果以截断方式取整；若被除数或除数是浮点型，则结果就是浮点型。

示例代码：

```
System.out.println(10 / 3);         //结果：3
System.out.println(-10.5 / 3);      //结果：-3.5
System.out.println(8.53 / 1.7);     //结果：5.017647058823529
```

需要注意的是除数为 0 或 0.0 的情况，开发中除数不管是整型，还是浮点型，通常都不能是 0 或 0.0。如果除数是 0，被除数是整型，则会报 ArithmeticException 异常；如果除数是 0 且被除数是浮点型或除数是 0.0 时，则不会报异常，得到的结果是 Infinity。

示例代码：

```
public class TestDivision1 {
   public static void main(String []args) {
        System.out.println(10 / 0);
   }
}
```

两个操作数都是整型的除 0 运算如图 3-24 所示，上述代码运行后报 ArithmeticException 异常。

```
选择C:\Windows\System32\cmd.exe
E:\atguigu\javase\code\chapter03>javac TestDivision1.java

E:\atguigu\javase\code\chapter03>java TestDivision1
Exception in thread "main" java.lang.ArithmeticException: / by zero
        at TestDivision1.main(TestDivision1.java:3)
```

图 3-24　两个操作数都是整型的除 0 运算

示例代码：

```
public class TestDivision2 {
   public static void main(String[] args) {
      System.out.println(10.0 / 0);
   }
}
```

被除数或除数是浮点型的除 0 运算如图 3-25 所示，上述代码运行后的结果为 Infinity。

```
选择C:\Windows\System32\cmd.exe
E:\atguigu\javase\code\chapter03>javac TestDivision2.java

E:\atguigu\javase\code\chapter03>java TestDivision2
Infinity
```

图 3-25　被除数或除数是浮点型的除 0 运算

5. %：取模运算符

取模运算类似于数学中的求余数。在实际开发中，经常使用%来判断能否被除尽的情况。

示例代码：

```
//10 % 3 的结果为 int 类型 1，赋值时，系统自动将数据类型转换为 double 类型
double a = 10 % 3;                        //a 的值为：1.0
```

取模运算不仅限于整型，这一点和数学中的求余不同。

示例代码：

```
System.out.println(10 % 3);         //结果：1
System.out.println(-10.5 % 3); //结果：-1.5
System.out.println(8.53 % 1.7);     //结果：0.029999999999999583
```

取模运算结果的符号与被模数的符号相同。

示例代码：

```
int m1 = 12;
int n1 = 5;
System.out.println("m1 % n1 = " + m1 % n1);//结果：2

int m2 = -12;
int n2 = 5;
System.out.println("m2 % n2 = " + m2 % n2);//结果：-2

int m3 = 12;
int n3 = -5;
System.out.println("m3 % n3 = " + m3 % n3);//结果：2
```

```
int m4 = -12;
int n4 = -5;
System.out.println("m4 % n4 = " + m4 % n4);//结果：-2
```

需要注意的是模数为 0 的情况，如果两个操作数都是整型，则结果会报 ArithmeticException 异常；如果被除数或除数是浮点型，则结果不会报异常，得到的结果是 NaN。在实际开发中模数通常不会是 0 或 0.0。

示例代码：

```
public class TestDivision3 {
    public static void main(String[] args) {
        System.out.println(10 % 0);
    }
}
```

被除数、除数为整型且除数为 0 的求余运算，如图 3-26 所示。

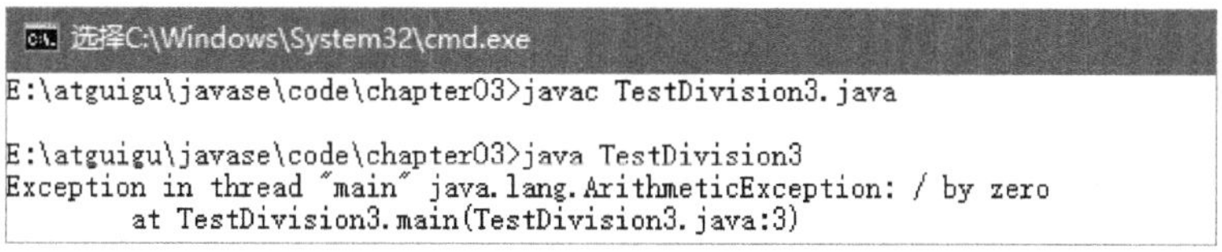

```
选择C:\Windows\System32\cmd.exe
E:\atguigu\javase\code\chapter03>javac TestDivision3.java

E:\atguigu\javase\code\chapter03>java TestDivision3
Exception in thread "main" java.lang.ArithmeticException: / by zero
        at TestDivision3.main(TestDivision3.java:3)
```

图 3-26　被除数、除数为整型且除数为 0 的求余运算

示例代码：

```
public class TestDivision4 {
    public static void main(String[] args) {
        System.out.println(10.0 % 0);
    }
}
```

被除数或除数为浮点型且除数为 0 的求余运算如图 3-27 所示，上述代码运行后的结果为 NaN。

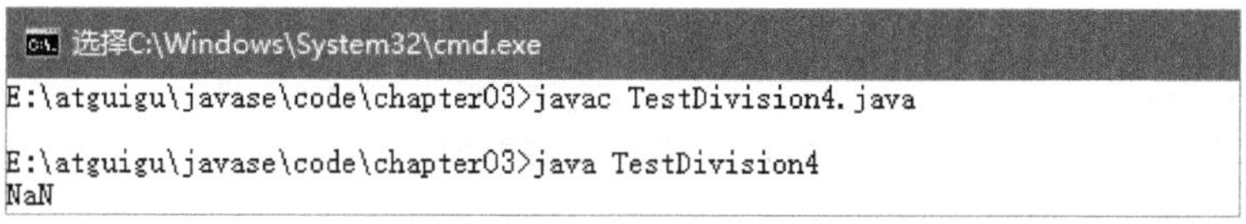

```
选择C:\Windows\System32\cmd.exe
E:\atguigu\javase\code\chapter03>javac TestDivision4.java

E:\atguigu\javase\code\chapter03>java TestDivision4
NaN
```

图 3-27　被除数或除数为浮点型且除数为 0 的求余运算

6. ++：自增运算符

自增运算可以实现变量值自加 1 运算。自增运算符是单目运算符，运算符可以出现在操作数的左边，如++i，也可以出现在操作数的右边，如 i++。自增运算既可以当作独立语句使用，又可以作为复杂表达式的一部分使用。自增 1 不会改变本身变量的数据类型。

（1）当自增运算作为独立语句使用时，自增运算符++在前或在后没区别。

示例代码：

```
//格式 1：运算符出现在操作数左边
int i = 10;
++i;
System.out.println(i);              //i 的值是：11

//格式 2：运算符出现在操作数右边
int j = 10;
j++;
System.out.println(i);              //i 的值是：11
```

示例代码：

```
short s1 = 10;
```

```
//s1 = s1 + 1;                              //编译失败
//s1 = (short)(s1 + 1);                     //正确的
s1++;                                       //自增 1 不会改变本身变量的数据类型
System.out.println(s1);//结果：11

byte b1 =127;
b1++;                                       //自增 1 不会改变本身变量的数据类型
System.out.println("b1 = " + b1);  //结果：-128，原因是自增后结果超过 byte 范围
```

（2）当自增运算作为表达式一部分使用时，自增运算符++在前或在后是有区别的。

- 操作数在左边：先自增 1，再取变量的值做其他运算，即参与运算的是自增之后的值。
- 操作数在右边：先取变量的值放到操作数栈中，随后自增变量增 1，然后计算是用自增之前取的值进行运算。

示例代码：

```
//格式 1：运算符出现在操作数左边
/*
先将 i 自增 1，然后赋值给 j
*/
int i = 10;
int j = ++i;
System.out.println("i=" + i + "\tj=" + j);//i=11j=11

//格式 2：运算符出现在操作数右边
/*
先将 i 本身的值取出来放在操作数栈中，然后 i 自增 1，再用操作数栈中的 10 赋值给 j
*/
int i = 10;
int j = i++;
System.out.println("i=" + i + "\tj=" + j);  //i=11   j=10

//格式 3：混合运算
int i =10;
int j = i++ + ++i * i++;                    //j = 10 + 12*12;
System.out.println("i=" + i + "\tj=" + j);  //i=13   j=154
```

7．--：自减运算符

自减运算可以实现自减变量值自减 1 运算。自减运算符的使用方法同自增运算符，仅是把增换成了减。

示例代码：

```
public class TestSign {
    public static void main(String[] args){
        int i1 = 10;
          int i2 = 20;
        int i = i1++;
        System.out.print("i=" + i);
        System.out.println("i1=" + i1);
        i = ++i1;
        System.out.print("i=" + i);
        System.out.println("i1=" + i1);
        i = i2--;
        System.out.print("i=" + i);
        System.out.println("i2=" + i2);
        i = --i2;
        System.out.print("i=" + i);
        System.out.println("i2=" + i2);
    }
```

```
}
```

代码运行结果：

```
i= 10    i1= 11
i= 12    i1= 12
i= 20    i2= 19
i= 18    i2= 18
```

8. +：字符串连接

String 字符串可以和八种基本数据类型变量做运算，且运算只能是连接运算“+”，运算的结果仍然是 String 类型。

示例代码：

```
int number = 1001;
String numberStr = "学号：";
String info = numberStr + number;        // 此处+表示连接运算
System.out.println(info);                //学号：1001
```

代码练习 1：进行字符串的拼接：

```
public class TestConcat1 {
    public static void main(String[] args) {
        char c = 'a';                         // 字符 a 对应的整型数值为 97
        int num = 10;
        String str = "hello";
        System.out.println(c + num + str);
        System.out.println(c + str + num);
        System.out.println(c + (num + str));
        System.out.println((c + num) + str);
        System.out.println(str + num + c);
    }
}
```

代码练习 1 的运行结果如图 3-28 所示。

代码练习 2：下面字符串的连接运算哪些能打印出“*　*”的效果？

```
public class TestConcat2 {
    public static void main(String[] args) {
        System.out.println("*  *");
        System.out.println('*' + '\t' + '*');
        System.out.println('*' + "\t" + '*');
        System.out.println('*' + '\t' + "*");
        System.out.println('*' + ('\t' + "*"));
    }
}
```

代码练习 2 的运行结果如图 3-29 所示。

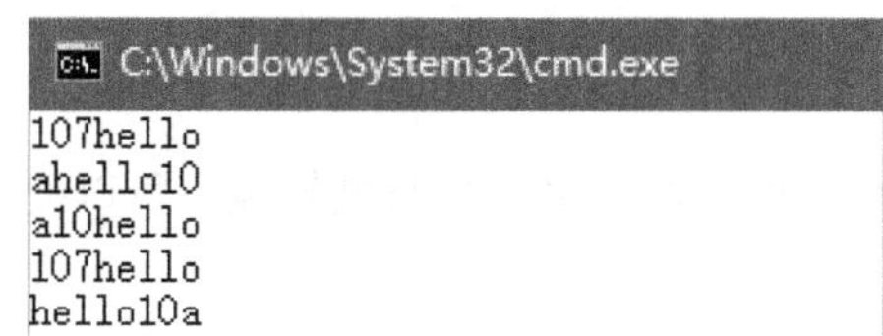

图 3-28　代码练习 1 的运行结果

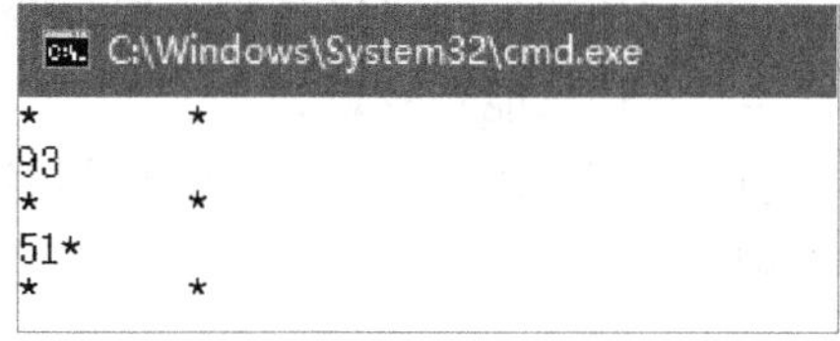

图 3-29　代码练习 2 的运行结果

3.6.2　赋值运算符

赋值运算符的功能是为变量赋值。最基本的赋值运算符号是“=”。赋值运算符的运算顺序是从右往左，即把等号右边的值赋给等号左边的变量。赋值运算符也是二元运算符。

示例代码：

```
int a = 10;
int b = a;
int c = a+b+100;
int d = c = b = a = 999;//一次为多个变量赋值的写法，降低了程序的可读性，不推荐这种写法
```

需要指出的是复合赋值运算符。复合赋值运算符由赋值运算符与算术运算符或位运算符组合而成，如“+=”“-=”“*=”“/=”“%=”“&=”“|=”“^=”“<<=”“>>=”“>>>=”等都是复合赋值运算符。注意复合赋值运算符中间不能有空格。

示例代码：

```
int a = 10;
a += 99;       //相当于 a = a + 99;
a %= 3;        //相当于a = a % 3;
```

但以下代码的效果略有不同：

```
int i = 1;
i *= 0.1;
```

按照上面的思路，表达式 i *= 0.1 类似于 i = i * 0.1；等号右边的结果类型自动提升为 double 类型，是不能自动转换成目标类型 int 的，会导致编译报错。但结果并没报错，原因是系统对复合赋值表达式进行了优化处理，自动对等号右边的 i * 0.1 的结果进行了强转，所以结果是 0。

问题思考 1：开发中，如果希望变量实现+2 的操作，有几种方法？

示例代码：

```
    int num = 1;
//方式一：num = num + 2;
    //方式二：num += 2;
```

问题思考 2：开发中，如果希望变量实现+1 的操作，有几种方法？

示例代码：

```
    int num = 1;
//方式一：num = num + 1;
    //方式二：num += 1;
    //方式三：num++;
```

其中，如果 num 是 byte 或 short 类型，方式一是会编译报错的，而方式二和方式三不会报错，因为方式二和方式三会将结果强转为 int 类型，所以方式二和方式三要考虑结果可能发生溢出或损失精度的风险。

总结。

（1）赋值符号包含基本赋值运算符“=”和复合赋值运算符“+=”等。

（2）赋值操作一定是最后进行运算的。

（3）“=”右边的形式可以是常量值、变量、表达式。

（4）“=”左边只能是变量。

（5）使用复合赋值运算符时，当结果超过左边变量的类型时，会自动进行类型转换，所以要考虑结果溢出等风险。

3.6.3 比较运算符

比较运算符属于二元运算符，用以进行关系比较，比较运算符的运算结果类型为布尔型，往往用于 if 结构、循环结构条件中，如表 3-10 所示。比较运算符的运算顺序是从左往右的。

表 3-10　比较运算符

运　算　符	运　　算	范例（a=4，b=3）	结　　果
==	相等于	a == b	false
!=	不等于	a != b	true
<	小于	a < b	false
>	大于	a > b	true
<=	小于等于	a <= b	false
>=	大于等于	a >= b	true

示例代码：

```
int a = 3;
int b = 1;
System.out.println(a == b);
System.out.println(a > b);
System.out.println(a%2==0);
```

特别提示：“==”既可以用于判断两个基本数据类型变量又可以用于判断两个引用类型变量。在判断时，要求两个操作数的类型一致或兼容（所谓兼容类型，是指可以通过自动类型提升实现的类型），否则编译报错！

- 如果两个操作数为基本数据类型，则“==”判断的是值是否相等。
- 如果两个操作数为引用类型，则“==”判断的是两个引用是否指向同一个对象实体或数组实体（本书后续章节会讲解到引用类型）。

3.6.4　逻辑运算符

Java 中的逻辑运算符用于表示两个或更多个条件之间的关系。例如，想要表示 x 变量同时满足大于 3 和小于 6 的条件，在 Java 中不可以写成 $3<x<6$，应该写成 $x>3$ && $x<6$。所以，逻辑运算符的操作数都是布尔型的值或表达式，逻辑运算符的表达式往往用于 if 结构、循环结构条件中。逻辑运算符的运算顺序是从左往右的。逻辑运算符除逻辑非，其余都是二元运算符，如表 3-11 所示。

表 3-11　逻辑运算符

<table>
<tr><th>运　算　符</th><th>格　　式</th><th>结　　果</th><th>说　　明</th></tr>
<tr><td>&&</td><td>a && b</td><td>true && true 结果 true
true && false 结果 false
false && true 结果 false
false && false 结果 false</td><td>短路与，当 a 和 b 都为 true 时，结果为 true，反之结果为 false；
如果 a 为 false，则 b 不会再进行判断</td></tr>
<tr><td>&</td><td>a & b</td><td>true & true 结果 true
true & false 结果 false
false & true 结果 false
false & false 结果 false</td><td>逻辑与，当 a 和 b 都为 true 时，结果为 true，反之结果为 false；
不管 a 是否为 false，都会继续判断 b</td></tr>
<tr><td>||</td><td>a || b</td><td>true || true 结果 true
true || false 结果 true
false || true 结果 true
false || false 结果 false</td><td>短路或，当 a 和 b 中有一个为 true 时，结果为 true，反之结果为 false；
如果 a 为 true，则 b 不会再进行判断</td></tr>
<tr><td>|</td><td>a | b</td><td>true | true 结果 true
true | false 结果 true
false | true 结果 true
false | false 结果 false</td><td>逻辑或，当 a 和 b 中有一个为 true 时，结果为 true，反之结果为 false；
不管 a 是否为 true，都会继续判断 b</td></tr>
</table>

续表

运 算 符	格 式	结 果	说 明
^	a ^ b	true ^ true 结果 false true ^ false 结果 true false ^ true 结果 true false ^ false 结果 false	逻辑异或，当 a 和 b 相同时，结果为 false；当 a 和 b 不同时，结果为 true
!	! a	!true 结果 false !false 结果 true	逻辑非，如果 a 为 true，结果为 false，反之结果为 true

示例代码：

```
public class TestLogicalOperation {
    public static void main(String[] args) {
        int i = 100;
        int j = 9;
        System.out.println(++i + i);
        System.out.println(i++ > 100 && j-- < 9);
        System.out.println(i + "\t" + j);
        System.out.println(i++ > 100 || j-- < 9);
        System.out.println(i + "\t" + j);
    }
}
```

代码运行结果：

```
202
false
102	8
true
103	8
```

&和&&、||和|的区别有以下几点。

- &&：短路与，如果左边为 false，则右边不参与运算，效率较高。
- &：逻辑与，不管左边是否为 false，右边都要参与运算，效率较低。
- ||：短路或，如果左边为 true，则右边不参与运算，效率较高。
- |：逻辑或，不管左边是否为 true，右边都要参与运算，效率较低。

3.6.5 位运算符

位运算符是指按照二进制的规则进行相关运算的运算符，共有七个运算符，如表 3-12 所示，除了按位取反“~”，其余的都是二元运算符。需要说明的是，所有的运算都是基于操作数的二进制补码形式进行运算的，原码、反码、补码的概念在 3.4.1 节中已经解释过。位运算符是比较抽象的运算符，对于初学者来说是个难点。

表 3-12 位运算符

运 算 符	运 算	范 例	细 节
<<	左移	3 << 2	移位后，空位补 0，被移除的高位丢弃，空缺位补 0。 提示：<< 在一定范围内，左移几位，相当于乘以 2 的几次方
>>	右移	3 >> 1	被移位的二进制最高位是 0，右移后，空缺位补 0；最高位是 1，空缺位补 1。 提示：>>在一定范围内，右移几位，相当于除以 2 的几次方并向下取整
>>>	无符号右移	3 >>>1	被移位二进制最高位无论是 0 或是 1，空缺位都用 0 补
&	与运算	6 & 3	二进制位进行&运算，只有当 1&1 时，结果是 1，否则结果是 0
|	或运算	6 | 3	二进制位进行 | 运算，只有当 0 | 0 时，结果是 0，否则结果是 1

续表

运算符	运算	范例	细节
^	异或运算	6 ^ 3	相同二进制位进行 ^ 运算，结果是 0^1^1=0，0^0=0； 不相同二进制位进行 ^ 运算，结果是 1^1^0=1，0^1=1
~	取反	~6	正数取反，各二进制码按补码各位取反； 负数取反，各二进制码按补码各位取反

注意。

（1）位运算符中没有无符号左移运算符“<<<”。

（2）当符号“&”“|”“^”左右两边为布尔类型时，为逻辑运算符；当符号“&”“|”“^”左右两边为数值类型时，为位运算符。

1. <<：左移

示例代码：

```
public class BitwiseOperatorsDemo1 {
    public static void main(String[] args) {
        System.out.println("3<<2 的结果为:" + (3 << 2));
    }
}
```

“3<<2”的左移结果如图 3-30 所示。

```
C:\Windows\System32\cmd.exe
E:\atguigu\javase\code\chapter03>javac BitwiseOperatorsDemo1.java

E:\atguigu\javase\code\chapter03>java BitwiseOperatorsDemo1
3<<2的结果为:12
```

图 3-30 “3<<2”的左移结果

“3<<2”的运算过程分析如图 3-31 所示。

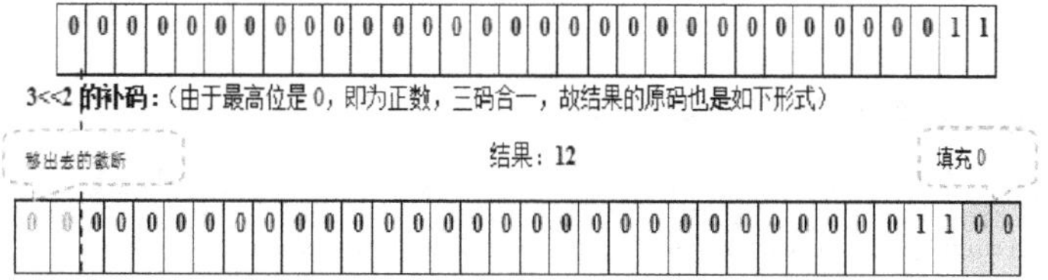

图 3-31 “3<<2”的运算过程分析

2. >>：右移

示例代码：

```
public class BitwiseOperatorsDemo2 {
    public static void main(String[] args) {
        System.out.println("-3>>2 的结果为:" + (-3 >> 2));
    }
}
```

“-3>>2”的右移结果如图 3-32 所示。

```
C:\Windows\System32\cmd.exe
E:\atguigu\javase\code\chapter03>javac BitwiseOperatorsDemo2.java

E:\atguigu\javase\code\chapter03>java BitwiseOperatorsDemo2
-3>>2的结果为:-1
```

图 3-32 “-3>>2”的右移结果

“-3>>2”的运算过程分析如图 3-33 所示。

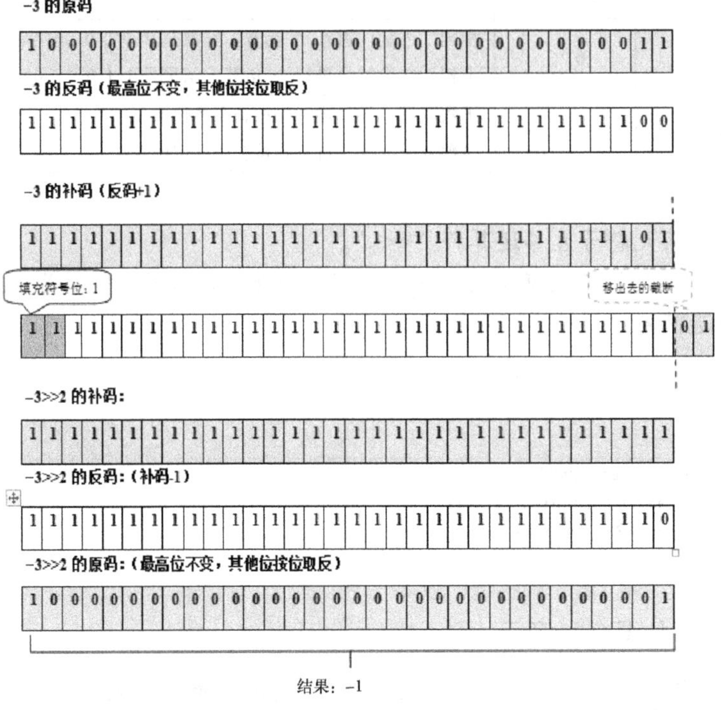

图 3-33 “3>>2”的运算过程分析

3. >>>：无符号右移

示例代码：

```
public class BitwiseOperatorsDemo3 {
    public static void main(String[] args) {
        System.out.println("-3>>>2 的结果为:" + (-3 >>> 2));
    }
}
```

“-3>>>2”的无符号右移结果如图 3-34 所示。

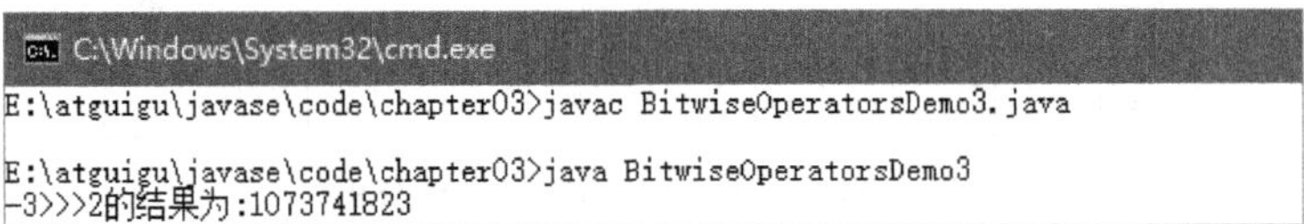

图 3-34 “-3>>>2”的无符号右移结果

“-3>>>2”的运算过程分析如图 3-35 所示。

图 3-35 “-3>>>2”的运算过程分析

4. &：与运算

示例代码：

```
public class BitwiseOperatorsDemo4 {
    public static void main(String[] args) {
        System.out.println("6&3 的结果为:" + (6 & 3));
    }
}
```

“6&3”的与运算结果如图 3-36 所示。

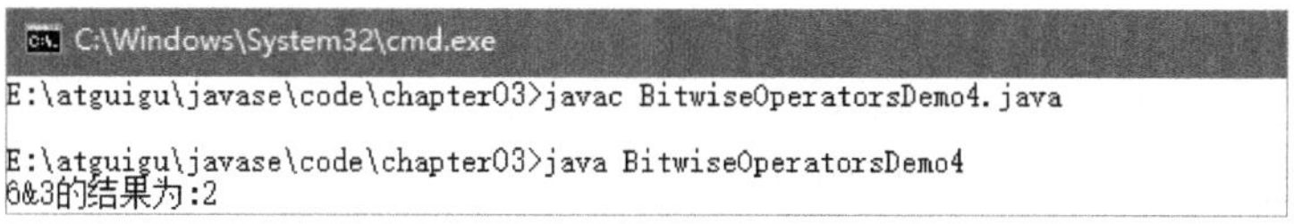

```
C:\Windows\System32\cmd.exe
E:\atguigu\javase\code\chapter03>javac BitwiseOperatorsDemo4.java

E:\atguigu\javase\code\chapter03>java BitwiseOperatorsDemo4
6&3的结果为:2
```

图 3-36 “6&3”的与运算结果

“6&3”的运算过程分析如图 3-37 所示。

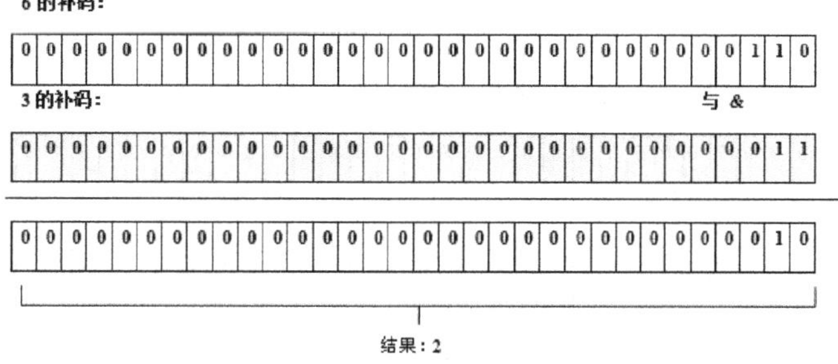

图 3-37 “6&3”的运算过程分析

5. |：或运算

示例代码：

```
public class BitwiseOperatorsDemo5 {
    public static void main(String[] args) {
        System.out.println("6|3 的结果为::" + (6 | 3));
    }
}
```

“6|3”的或运算结果如图 3-38 所示。

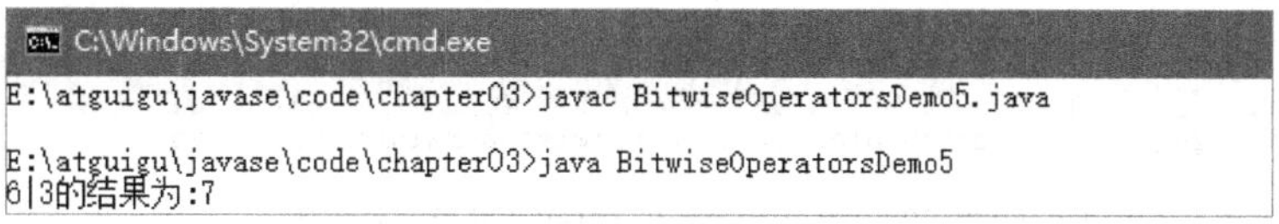

```
C:\Windows\System32\cmd.exe
E:\atguigu\javase\code\chapter03>javac BitwiseOperatorsDemo5.java

E:\atguigu\javase\code\chapter03>java BitwiseOperatorsDemo5
6|3的结果为:7
```

图 3-38 “6|3”的或运算结果

“6|3”的运算过程分析如图 3-39 所示。

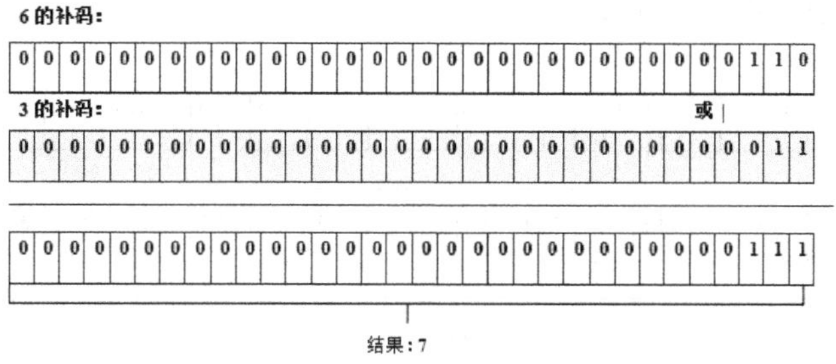

图 3-39 “6|3”的运算过程分析

6. ^：异或运算

示例代码：

```
public class BitwiseOperatorsDemo6 {
    public static void main(String[] args) {
        System.out.println("6^3 的结果为:"+(6^3));
    }
}
```

“6^3”的异或运算结果如图 3-40 所示。

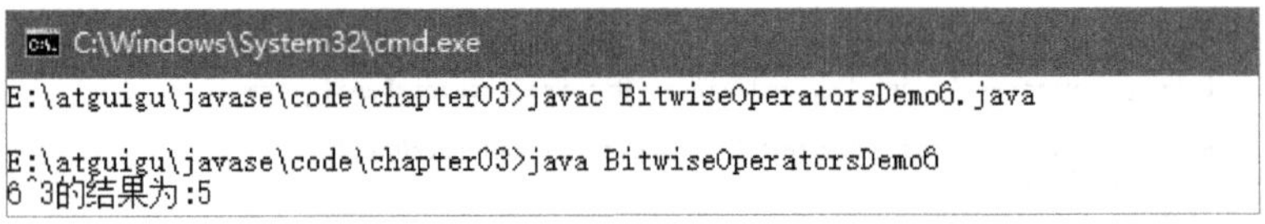

```
C:\Windows\System32\cmd.exe
E:\atguigu\javase\code\chapter03>javac BitwiseOperatorsDemo6.java

E:\atguigu\javase\code\chapter03>java BitwiseOperatorsDemo6
6^3的结果为:5
```

图 3-40 “6^3”的异或运算结果

“6^3”的运算过程分析如图 3-41 所示。

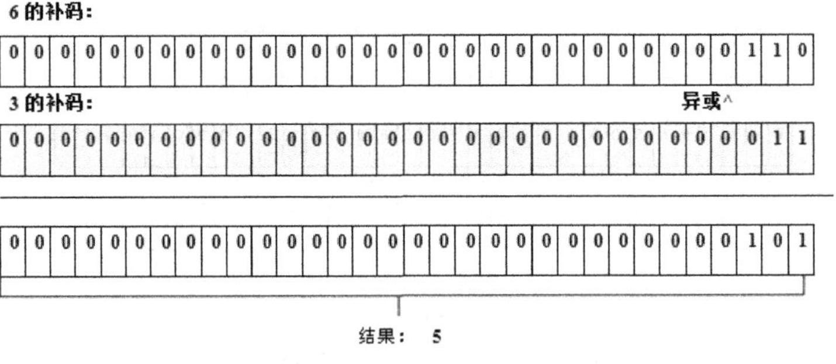

图 3-41 “6^3”的运算过程分析

7. ~：取反

示例代码：

```
public class BitwiseOperatorsDemo7 {
    public static void main(String[] args) {
        System.out.println("~6 的结果为:"+(~6));
    }
}
```

“~6”的取反运算结果如图 3-42 所示。

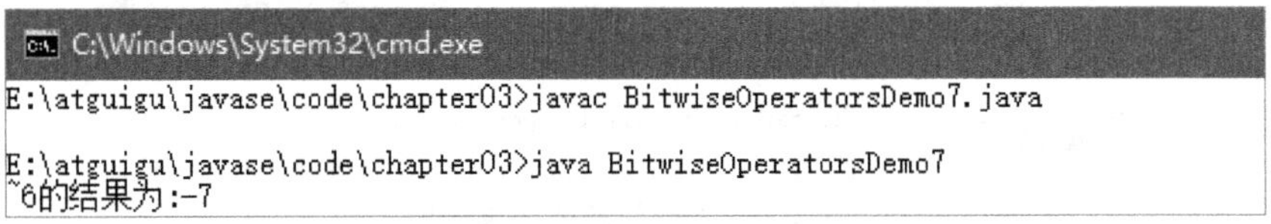

```
C:\Windows\System32\cmd.exe
E:\atguigu\javase\code\chapter03>javac BitwiseOperatorsDemo7.java

E:\atguigu\javase\code\chapter03>java BitwiseOperatorsDemo7
~6的结果为:-7
```

图 3-42 “~6”的取反运算结果

“~6”的运算过程分析如图 3-43 所示。

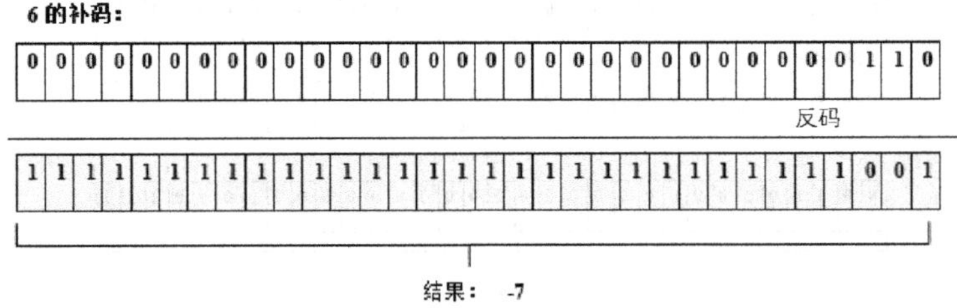

图 3-43 “~6”的运算过程分析

3.6.6　条件运算符

条件运算符是唯一的三元运算符，可以实现简单的条件判断。条件运算符的运算顺序是从左往右的。条件运算符的格式如图 3-44 所示。

(条件表达式)?表达式1：表达式2；

如果为true，则执行表达式1，并返回该结果

如果为false，则执行表达式2，并返回该结果

图 3-44　条件运算符的格式

当使用条件运算符时，要求表达式 1 和表达式 2 是同种类型或可以按自动类型提升为统一类型的，否则编译报错。

示例代码：

```
int a = 3;
double b = 2.0;
System.out.println(a>b?a:b);//输出结果：3.0
```

案例需求：

请使用条件运算符求出三个数中的最大值。

示例代码：

```
public class TestMax {
    public static void main(String[] args) {
        int a = 12;
        int b = 30;
        int c = -43;

        int max = (a > b) ? a : b;
        max = (max > c) ? max : c;
        System.out.println("三个数中的最大值为：" + max);
    }
}
```

3.6.7　运算符的优先级

运算符有不同的优先级，所谓优先级，是指表达式中的运算顺序。运算符的优先级如表 3-13 所示，上一行的运算符总会优先于下一行的运算符。

表 3-13　运算符的优先级

<table>
<tr><th>优　先　级</th><th>符　　号</th></tr>
<tr><td>1</td><td>++　--　~　!</td></tr>
<tr><td>2</td><td>*　/　%</td></tr>
<tr><td>3</td><td>+　-</td></tr>
<tr><td>4</td><td><<　>>　>>></td></tr>
<tr><td>5</td><td><　>　<=　>=　instanceof</td></tr>
<tr><td>6</td><td>==　!=</td></tr>
<tr><td>7</td><td>&</td></tr>
<tr><td>8</td><td>^</td></tr>
<tr><td>9</td><td>|</td></tr>
<tr><td>10</td><td>&&</td></tr>
<tr><td>11</td><td>||</td></tr>
<tr><td>12</td><td>?　:</td></tr>
<tr><td>13</td><td>=　*=　/=　%=</td></tr>
<tr><td>14</td><td>+=　-=　<<=　>>=</td></tr>
<tr><td>15</td><td>>>>=　&=　^=　|=</td></tr>
</table>

运算符优先级的口诀如下所示。

单目运算排第一；

乘除余二加减三；

移位四，关系五；

等和不等排第六；

位与、异或和位或；

短路与和短路或；

依次从七到十一；

条件排在第十二；

赋值一定是最后；

小括号的优先算。

3.6.8 标点符号

Java 语言中列出的 50 个关键字（含保留字）和 3 个特殊值的单词具有特殊意义，定义了 38 个运算符对应具体的运算指令，Java 规范中还规定了下画线“_”和美元符号“$”两个字符可以出现在标识符中，而斜线字符“\”字符用作转义。除此之外，Java 语言还包含了 12 个标点符号，如表 3-14 所示。

表 3-14　标点符号

标点符号	(	)	{	}	[	]
	;	,	.	...	@	::

- 小括号用于强制类型转换、表示优先运算表达式、方法参数列表。
- 大括号用于数组元素列表、类体、方法体、复合语句代码块边界符。
- 中括号用于数组。
- 分号用于结束语句。
- 逗号用于多个赋值表达式的分隔符和方法参数列表分隔符。
- 英文句号用于成员访问和包目录结构分隔符。
- 英文省略号用于可变参数。
- “@”用于注解。
- 双冒号用于方法引用。

各个标点符号的使用方法会在后续章节中一一揭晓。

3.7 本章案例

3.7.1 案例：实现算术运算

案例需求：

声明两个变量，用来存储两个整数，如 1 和 2。下面用算术运算符来求这两个整数的和、差、积、商、余数等。

示例代码：

```
class ArithmeticDemo {
    public static void main(String[] args){
        int a = 1;
        int b = 2;
```

```
        System.out.println("和:a + b = " + (a + b));
        System.out.println("差:a - b = " + (a - b));
        System.out.println("积:a * b = " + a * b);
        System.out.println("商:a / b = " + a / b);
        System.out.println("商:a / b = " + (double)a / b);
        System.out.println("余数:a % b = " + a % b);
    }
}
```

案例解析：

在输出结果时，对 a、b 进行求和与求差，需要先用括号括起来，否则同一优先级的运算符就会从左往右运算，而前面双引号表示的字符号就会导致接下来的“+”计算是字符串拼接，而不是数字求和，“-”计算对于字符串来说是不支持的，会出现编译失败。

人们容易忽视的情况是当两个整型数据相除时，结果也是整型，如果要得到数学意义上的结果，那么就需要对 a 或 b 进行强制类型提升。

算术运算是所有复杂计算的基础，就好比我们从小学习数学也是从加减乘除开始的，那么你掌握了吗？

3.7.2 案例：求一个三位数字各个位数上的和

案例需求：

声明一个变量，用来存储一个三位数的整数，请求出它各个位数上的和。例如，1、2、3 各个位数的和为 1+2+3=6。

示例代码：

```
class EachDigitSumDemo {
    public static void main(String[] args){
        int num = 521;
        int hundreds = num / 100 % 10;
        int tens = num / 10 % 10;
        int ones = num % 10;
        int sum = hundreds + tens + ones;
        System.out.println(num + "各个位数的和是: " + sum);
    }
}
```

案例解析：

大家要分清对应除“/”和模“%”。巧妙利用“/”和“%”可以帮我们解决很多复杂的问题，如判断某个数是否可以被另一个数整除等问题。

大家要知道的常识是余数一定比除数小，如%10 的正数结果在[0,9]。

3.7.3 案例：交换两个变量的值

案例需求：

声明两个变量，用来存储两个整数，如 1 和 2，现在请交换两个变量中的值。

示例代码 1：

```
class SwapVariableDemo1 {
    public static void main(String[] args){
        int a = 1;
        int b = 2;

        System.out.println("交换之前: a = " + a +",b = " + b);

        int temp = a;
        a = b;
```

```
        b = temp;

        System.out.println("交换之后: a = " + a +",b = " + b);
    }
}
```

示例代码 2：

```
class SwapVariableDemo2 {
    public static void main(String[] args){
        int a = 1;
        int b = 2;

        System.out.println("交换之前: a = " + a +",b = " + b);

        a = a ^ b;
        b = a ^ b;
        a = a ^ b;

        System.out.println("交换之后: a = " + a +",b = " + b);
    }
}
```

案例解析：

示例代码 1 的优点在于这种思路适用于任意数据类型，只要保证 temp 变量的数据类型与要交换的两个变量的数据类型一致即可。

示例代码 2 的优点在于运算效率高，但是对数据类型有严格的要求。

问题思考：你是否还有其他的实现方案呢？

交换两个变量的值，看起来很简单，但是是非常实用的一个小算法，如后面会讲到的排序：大家在通过 12306 网站或软件购票时，交换出发地与目的地的操作等操作，都离不开交换两个变量的值。

3.7.4 案例：判断某个年份是否是闰年

案例需求：

声明一个变量，用来存储一个年份，如 2021，请判断该年份是否是闰年？已知闰年的年份值需要满足两个条件中的一个：①能被 4 整除不能被 100 整除；②能被 400 整除。

示例代码：

```
class LeapYearDemo {
    public static void main(String[] args){
        int year = 2021;
        boolean result = year % 4 == 0 && year % 100 != 0 || year % 400 == 0;
        System.out.println(year + (result ? "是闰年" : "是平年"));
    }
}
```

案例解析：

在输出结果时，如果“?:”表达式与其他运算一起，那么要考虑到“?:”的运算符优先级比较低，需要加括号。

在处理日期相关的计算时，判断闰年的基本运算是经常要用的，需要熟练掌握判断一个年份是否是闰年的方法。

3.7.5 案例：将小写字母转为对应的大写字母

案例需求：

声明一个变量，用来存储一个小写的英文字母，如'a'，请求出其对应的大写形式。

示例代码：

```
class ToUpperCaseDemo {
    public static void main(String[] args){
        char letter = 'a';
        char upperCase = (char)(letter - 32);
        System.out.println(letter + "字母对应的大写形式是：" + upperCase);
    }
}
```

案例解析：

每个字符都有自己的编码值，而 ASCII 码表范围的 128 个字符的使用频率很高，特别是关于 26 个英文字母的大小写，数字 0～9 等特殊字符的编码值大家要熟练掌握。例如，字符'0'对应的编码值是 48，字符'1'对应的编码值是 49，依次类推；字符'A'对应的编码值是 65，字符'B'对应的编码值是 50，依次类推；字符'a'对应的编码值是 97，字符'b'对应的编码值是 98，依次类推。

巧妙利用大小写英文字母的编码值之间正好差 32 的特性，可以简化很多计算。

另外，初学者容易忽略的是 char 与 char 变量，或者 char 与 int 变量进行计算后的结果不再是 char，所以要把结果赋值给一个 char 变量时，必须进行强制类型转换。

3.8　本章小结

通过本章的详细介绍，相信大家已经熟悉了 Java 的基础语法，认识了 Java 的一些关键字和保留字，也了解了一些标识符，知道了 Java 的数据类型：整型（byte，short，int，long）、浮点型（float，double）、字符型（char）、布尔型，以及数据类型之间的自动类型转换和强制类型转换的关系。同时学到了数据类型之间的运算符：算数运算符、赋值运算符、比较运算符、逻辑运算符、位运算符、条件运算符，以及运算符间的优先级。这些内容就是 Java 基础语法的核心要素，虽然枯燥，但很实用。

第4章 流程控制语句结构

写程序的最终目的是为了解决日常生活和工作中的问题。日常生活和工作中做的事情和解决方法，需要有一定的步骤和流程。例如，炒一份土豆丝的流程如图 4-1 所示。

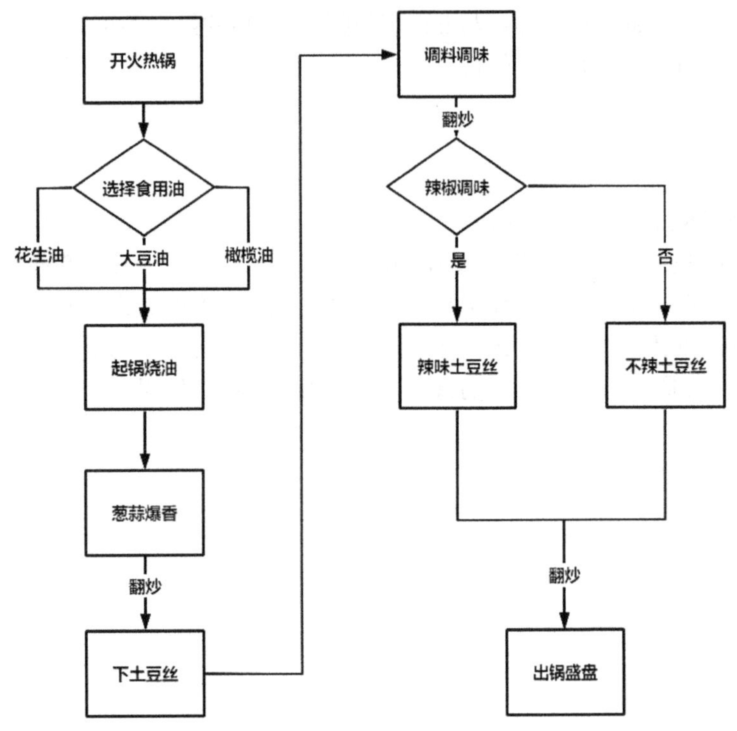

图 4-1　炒一份土豆丝的流程

从炒一份土豆丝的流程中我们可以发现其有按顺序依次执行的步骤，也可以发现这些步骤有选择的余地，如有吃辣的和不吃辣的，还有重复进行的步骤，如翻炒都是可以选择的。其实，不光是炒菜，可以试想一下，平时做事情的流程不就顺序、选择、重复三种情况吗？

在第 3 章我们学习了常量值、变量、运算符、表达式等概念，本章要重点讲解的概念是语句，它可以是一个单一的语句，也可以是用大括号括起来的复合语句。不管是一个单一的语句，还是一个复杂的复合语句，都是为了完成一个任务中的其中一个步骤。Java 中使用顺序结构、分支结构、循环结构，将多个语句组合在一起，以便实现和控制任务的执行流程。

4.1　顺序结构

顺序结构是所有流程控制语句结构中最基础的结构，顺序结构的程序从整体来看都是顺序执行的。

4.1.1　顺序结构的特点

Java 中的顺序结构指语句按照从上到下的编写顺序依次执行。顺序结构如图 4-2 所示。

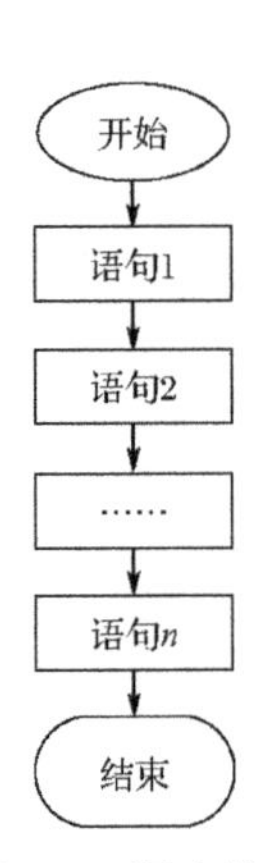

图 4-2　顺序结构

下面用简短的一段代码来说明顺序结构的执行特点。

示例代码：

```
public class TestStatement {
public static void main(String[] args){
    int x = 1;
    int y = 2;
    System.out.println("x = " + x);
    System.out.println("y = " + y);
    //对 x、y 的值进行修改
    y = 2 * x + y;
    x = x * 10;
    System.out.println("x = " + x);
    System.out.println("y = " + y);
    }
}
```

代码运行结果：

```
x = 1
y = 2
x = 10
y = 4
```

程序是从上往下执行的，前后两次打印的 x 和 y 值结果不同，因为第一次打印的 x 和 y 值在修改 x 和 y 之前，第二次打印的 x 和 y 值在修改 x 和 y 之后。第二次打印的 y 值是基于修改之前的 x 值计算的，所以，后面 x 的修改对 y 没有影响。

4.1.2 输出语句

我们学习的第一个语句就是输出语句。

示例代码：

```
System.out.println("内容");      //输出内容之后换行
System.out.print("内容");        //输出内容之后不换行
```

- System.out.println("内容");语句在输出括号中的内容后会换行，即光标移动到下一行行首。
- System.out.print("内容");语句在输出括号中的内容后不换行，即光标还停留在内容后。

无论是哪一种输出语句，括号中都只能有一个值，要么是一个常量值，要么是一个变量值，要么是一个表达式的计算结果。如果有多个值，那么应考虑使用运算符“+”将它们连接起来。

示例代码：

```
System.out.println("尚硅谷");
System.out.println(8);

String name = "尚硅谷";
int age = 8;
System.out.println(name);
System.out.println(age);

System.out.println("name = " + name);
System.out.println("age = " + age);

int a = 4;
int b = 3;
System.out.println(a > b ? a : b);
```

从上面的示例代码中，我们可以发现每个输出语句都输出了一个结果。

4.1.3 输入语句

为了使程序更灵活更丰富，下面给大家简单介绍如何实现在程序运行期间接收从控制台输入的数据。

示例代码：

```
import java.util.Scanner;                                  //①
public class TestInput {
    public static void main(String[] args){
        Scanner input = new Scanner(System.in);            //②

        System.out.print("请输入一个整数：");              //③
        int num = input.nextInt();                         //④

        System.out.println("num = " + num);
    }
}
```

案例解析：

上述代码的标号语句分析有以下几种。

（1）①是导包语句（包的概念参见第 8 章）。

（2）②就是用 Scanner 类声明了一个变量 input，从控制台接收键盘输入的数据都通过 input 变量调用相应的方法来完成（方法参见第 7 章）。这句代码中的变量名 input 可以自己命名，如把 input 换成 keyboard，下面所有用 input 变量的地方都换成 keyboard 即可，其他不变。

（3）③是简单的输出语句，用于让用户输入之前，提示用户要输入什么，有它界面会更友好。而且一定是先写③后写④，按顺序执行，即先提示输入什么，后接收用户输入。

（4）④是接收用户输入的一个 int 值，并且把这个值存放到 num 变量，因为之前没有声明过 num 变量，所以这里顺便也声明了一下 num 变量。

TestInput 类的运行效果如图 4-3 所示。

光标闪烁表示等待输入一个整数，如果不输入，那么程序就会出现阻塞现象，不往下执行。当完成输入（如输入 666）并回车确认之后，程序才往下执行，如图 4-4 所示。

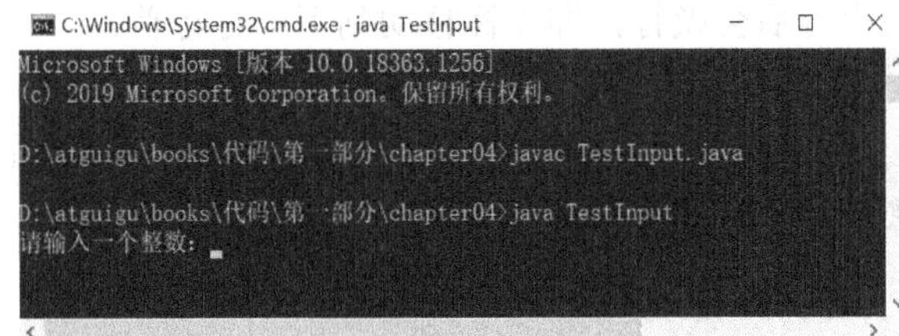

图 4-3　TestInput 类的运行效果（1）

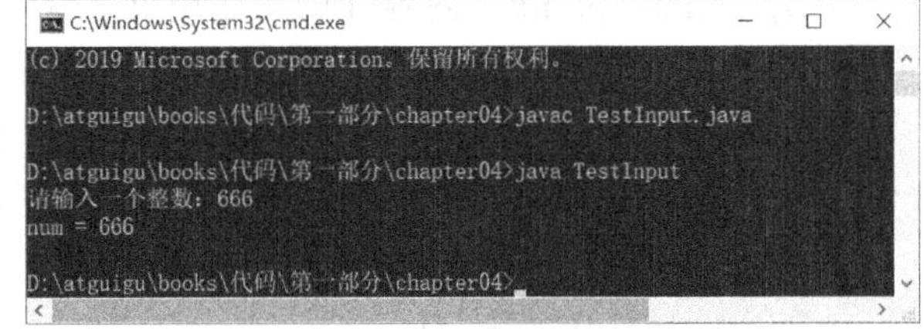

图 4-4　TestInput 类的运行效果（2）

无须重新修改和编译程序，再次运行就可以输入不同的值，如图 4-5 所示。

但是，如果输入其他数据类型（如输入小数 1.2），那么就会出现错误，案例中的语句④只能用于从控制台接收一个 int 值，因为 Java 是强类型语言，如图 4-6 所示。

```
C:\Windows\System32\cmd.exe
D:\atguigu\books\代码\第一部分\chapter04>javac TestInput.java

D:\atguigu\books\代码\第一部分\chapter04>java TestInput
请输入一个整数：666
num = 666

D:\atguigu\books\代码\第一部分\chapter04>java TestInput
请输入一个整数：8
num = 8
```

图 4-5　TestInput 类的运行效果（3）

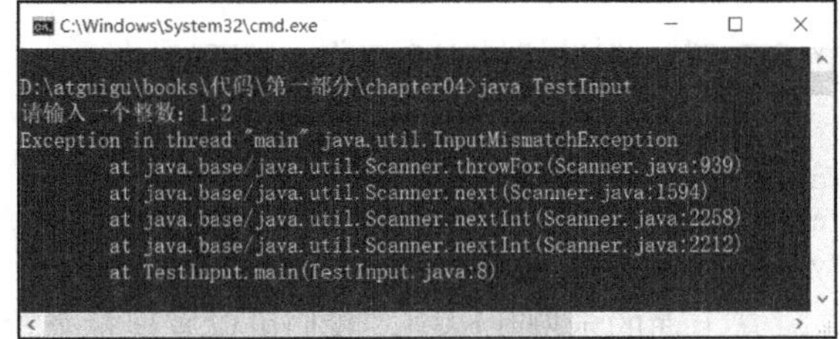

图 4-6　TestInput 类的运行效果（4）

4.1.4　案例：从键盘中输入个人信息

4.1.3 节介绍了如何从控制台中接收一个 int 值，如果要接收其他类型的数据，应怎么办呢？下面介绍几种常用数据类型的接收方式。

- Scanner 类型的变量.nextByte( )：用于接收一个 byte 值。
- Scanner 类型的变量.nextShort( )：用于接收一个 short 值。
- Scanner 类型的变量.nextInt( )：用于接收一个 int 值。
- Scanner 类型的变量.nextLong( )：用于接收一个 long 值。
- Scanner 类型的变量.nextFloat( )：用于接收一个 float 值。
- Scanner 类型的变量.nextDouble( )：用于接收一个 double 值。
- Scanner 类型的变量.nextBoolean( )：用于接收一个 boolean 值。
- Scanner 类型的变量.next( )：用于接收一个 String 字符串。
- Scanner 类型的变量.next( ).charAt(0)：用于接收一个 char 值。

案例需求：

用键盘输入自己的个人信息，并显示。

示例代码：

```
import java.util.Scanner;

public class InputInfoDemo {
    public static void main(String[] args){
        Scanner input = new Scanner(System.in);

        System.out.print("请输入姓名：");
        String name = input.next();

        System.out.print("请输入年龄：");
        int age = input.nextInt();

        System.out.print("请输入体重：");
        double weight = input.nextDouble();

        System.out.print("请输入婚否：");
        boolean marry = input.nextBoolean();

        System.out.print("请输入性别：");
        char gender = input.next().charAt(0);

        System.out.println("姓名：" + name);
        System.out.println("年龄：" + age + "岁");
        System.out.println("体重：" + weight + "斤");
        System.out.println("婚否：" + (marry ? "已婚" : "未婚"));
        System.out.println("性别：" + gender);
    }
}
```

InputInfoDemo 案例的运行效果如图 4-7 所示。

```
C:\Windows\System32\cmd.exe
Microsoft Windows [版本 10.0.18363.1316]
(c) 2019 Microsoft Corporation。保留所有权利。

D:\atguigu\books\代码\第一部分\chapter04>javac InputInfoDemo.java

D:\atguigu\books\代码\第一部分\chapter04>java InputInfoDemo
输入个人信息：
请输入姓名：谷姐
请输入年龄：18
请输入体重：100
请输入婚否：false
请输入性别：女

显示个人信息如下：
姓名：谷姐
年龄：18岁
体重：100.0斤
婚否：未婚
性别：女

搜狗拼音输入法 半 ：码\第一部分\chapter04>
```

图 4-7　InputInfoDemo 案例的运行效果

4.2 分支结构之 if...else

所谓分支结构，是指程序中出现了多种选择，即某些语句可能执行，可能不执行，是否执行要看条件是否满足。例如，程序可以从两条或多条路径中选择一条执行。例如，我们早上出门上班，可以选择打车，也可以选择坐公交，选择不同的方案，路线、时间、投入成本都会不同，如图 4-8 所示。

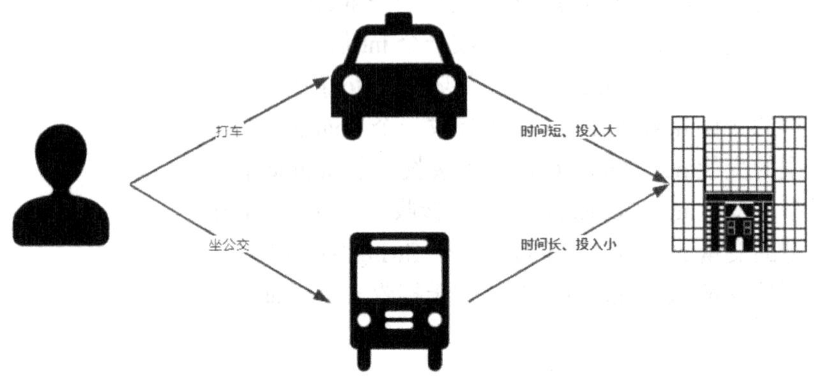

图 4-8 分支结构案例

Java 中的分支结构有两种：if 系列的条件判断和 switch 系列的选择结构。

if 系列的条件判断是通过布尔型的表达式或值进行条件判断的，最终选择执行一条路径，根据供选择路径的数量不同，if 系列的条件判断可分为三种形式，即单分支、双分支和多分支。

4.2.1 单分支条件判断 if

程序只有一个分支可选，条件成立就执行该对应的语句，不成立则不执行，如图 4-9 所示。

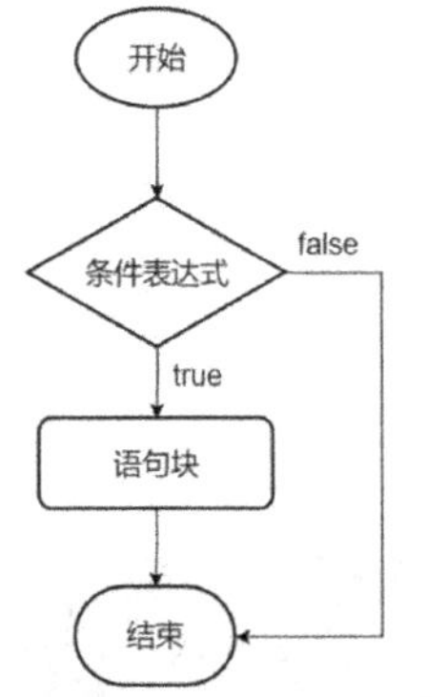

图 4-9 单分支条件判断结构

单分支条件判断 if 的语法如下所示：

```
if(条件表达式) {
   语句块
}
```

如果条件表达式成立（结果为 true），则执行大括号中的语句块；如果不成立（结果为 false），则跳过大括号中的语句块，直接执行语句块下的其他语句。

条件表达式的结果只能是布尔类型，支持如下几种形式。

- 布尔型的变量。
- 布尔型的常量值。
- 布尔型的表达式，如关系表达式、逻辑表达式。

语句块可以由零条或多条语句组成，如果里面仅有一条，则可以省略大括号，形式如下所示：

```
if (a > b)
System.out.println("a>b");
```

注意：如果语句块由多条语句组成，则不能省略大括号，具体如下所示。

```
if (a > b){
    System.out.println("a>b");
    System.out.println("a比b大" + (a - b));
}
```

案例需求：

Java 中“=”与“==”的区别。

示例代码：

```
boolean a = false;
if (a = true)
    System.out.println("尚硅谷 v5");
```

案例解析：

条件表达式要求结果类型为布尔型，而 a=true 的执行顺序为先将 true 赋值给 a，然后判断 a。而 a 属于布尔型，所以语法正确，并且结果为最新的赋值 true，结果为尚硅谷 v5。

4.2.2 案例：2 月份的总天数

案例需求：

用键盘输入一个年份值，输出该年 2 月份的总天数。

案例分析：

声明 2 个 int 型变量，一个表示年份 year，另一个表示 2 月份的总天数 daysOfFebruary，2 月份的总天数初始化为 28 天，如果年份是闰年，则修改总天数为 29 天。

如果是闰年，则有两种类型，一种是普通闰年，另一种是世纪闰年。公历年份是 4 的倍数，且不是 100 的倍数，为普通闰年；公历年份是整百数，且必须是 400 的倍数，为世纪闰年。

示例代码：

```
import java.util.Scanner;

public class DaysOfFebruaryDemo {
    public static void main(String[] args) {
        int daysOfFebruary = 28;
        Scanner input = new Scanner(System.in);

        System.out.print("请输入年份：");
        int year = input.nextInt();

        if ((year % 4 == 0 && year % 100 != 0) || year % 400 == 0) {
            daysOfFebruary++;
        }
        System.out.println(year + "年的 2 月份有" + daysOfFebruary +"天");
    }
}
```

4.2.3 双分支条件判断 if...else

双分支条件判断是在 if 判断的基础上增加与 if 判断条件表达式相反的代码执行块，这样就可以完成 true、false 的双向判断，并执行相应的代码执行块。

案例需求：

判断某个整数 num 是奇数还是偶数。

案例分析：

偶数是能被 2 整除的数，奇数是不能被 2 整除的数。

示例代码：

如果使用单分支语句解决此案例，则会是如下所示的代码。

```
if (num % 2 == 0){
   System.out.println(num + "是偶数");
}
if (num % 2 != 0){
   System.out.println(num + "是奇数");
}
```

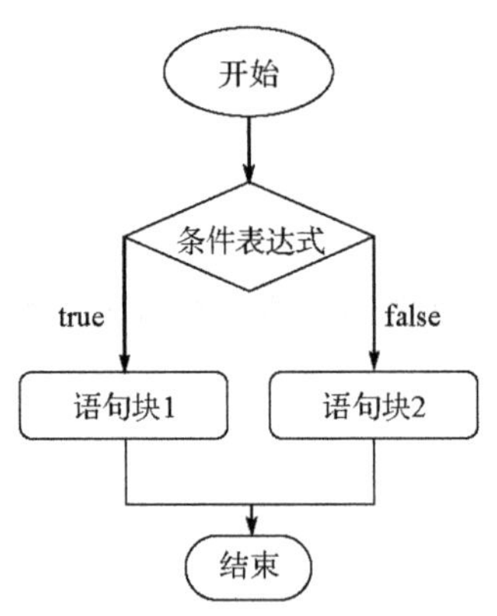

图 4-10　双分支条件判断结构

可以发现两个 if 的条件是“非此即彼”的关系，此时可以使用一个承上启下的关键词“else”，代表“否则”，用于连接 if 条件不满足的情况下要执行的语句。

程序从两条路径中选择一条去执行，要么执行语句块 1，要么执行语句块 2，如图 4-10 所示。

双分支条件判断 if...else 的语法如下所示：

```
if(条件表达式) {
    语句块 1;
} else {
    语句块 2;
}
```

上述案例代码的修改如下所示：

```
if (num % 2 == 0){
    System.out.println(num + "是偶数");
} else {
    System.out.println(num + "是奇数");
}
```

如果条件表达式成立（结果为 true），则执行语句块 1；如果条件表达式不成立（结果为 false），则执行语句块 2。

注意事项。

（1）条件表达式必须是布尔表达式（关系表达式或逻辑表达式）、布尔变量或常量。

（2）当语句块中只有一条执行语句时，可以省略大括号，但建议保留。

4.2.4　案例：平年、闰年

案例需求：

用键盘输入一个年份，判断是闰年还是平年。

示例代码：

```
import java.util.Scanner;

public class LeapYear {
    public static void main(String[] args){
        Scanner input = new Scanner(System.in);

        System.out.print("请输入年份: ");
        int year = input.nextInt();

        if ((year % 4 == 0 && year % 100 != 0) || year % 400 == 0) {
            System.out.println(year + "是闰年");
        } else {
            System.out.println(year + "是平年");
        }
    }
}
```

4.2.5　多分支条件判断 if...else if

除了 if...else 双分支结构，程序还可以从多条路径中选择一条去执行，也就是在 if...else 的基础上，增加多个条件表达式，判断这个表达式可以用 else if 完成，如图 4-11 所示。

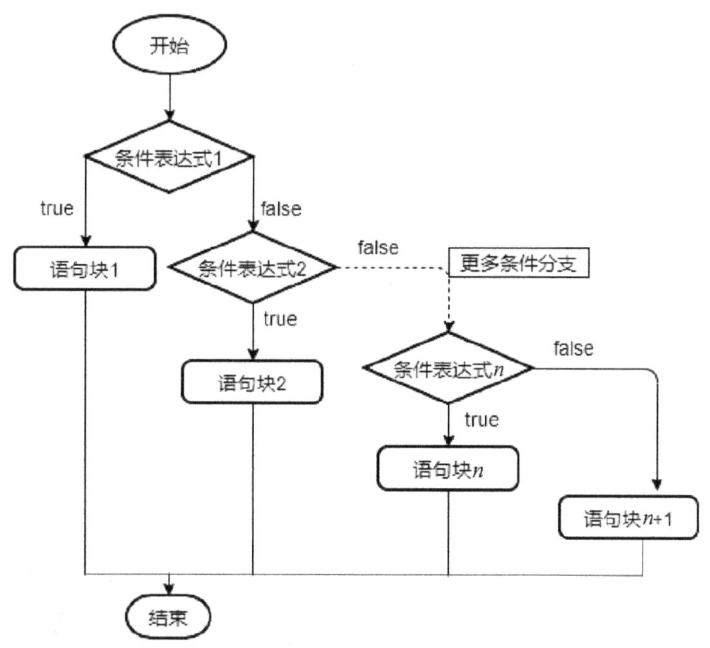

图 4-11　多分支条件判断结构

多分支 if...else if 条件判断语法如下：

```
if(条件表达式 1) {
    语句块 1;
} else if(条件表达式 2){
    语句块 2;
}
......
else {
    语句块 n;
}
```

如果条件表达式 1 成立，则执行语句块 1，否则继续判断条件表达式 2，如果条件表达式 2 成立，则执行语句块 2，依次类推，如果条件表达式都不成立，则执行 else 中的语句块 n+1。

注意事项。

（1）可以有多个 else if 语句块。

（2）单独的 else 语句块只能放在最后，不可以提到前面，根据实际情况，单独的 else 语句块是可选的。

示例代码：

```
int a = 100;
if (a > 90){
    System.out.println("A")
} else if (a > 80){
    System.out.println("B")
} else if (a > 60){
    System.out.println("C");
}
```

（3）else if 语句块中，else 关键字不可以省略，否则就不再是多分支。大家可以尝试分析一下以下两个代码的效果。

示例代码 1：

```
int a = 100;
if (a > 90){
```

```
    System.out.println("A");
} else if (a > 80){
    System.out.println("B");
} else if (a > 60){
    System.out.println("C");
}
```

示例代码 2：

```
int a = 100;
if (a > 90){
   System.out.println("A");
} if (a > 80){
   System.out.println("B");
} if (a > 60){
   System.out.println("C");
}
```

示例代码 1 中的代码如果满足了前面的条件，那么后面的条件就不会再判断，而示例代码 2 中的代码是无论前面的条件是否满足，后面的条件都要重新判断。

（4）当多个条件是互斥（没有交集）关系时，多个条件的顺序可以随意执行，即执行它们的先后顺序不会影响结果；当多个条件是包含（满足一个条件的情况完全包含在满足另一个条件的情况中，如≥90 分的成绩一定满足≥70 分）关系时，则按照“小上大下”或“子上父下”的条件编写，否则结果不同。

示例代码 1 互斥关系：

```
int a = 100;
if (a < 0 || a > 100){
   System.out.println("有误");
} else if (a >= 90 && a <= 100){
   System.out.println("A");
} else if (a >= 80 && a < 90){
   System.out.println("B");
} else if (a >= 60&& a < 80){
   System.out.println("C");
} else {
   System.out.println("D");
}
```

示例代码 2 包含关系：

```
int a = 100;
if (a < 0 || a > 100){
   System.out.println("有误");
} else if (a >= 90){
   System.out.println("A");
} else if (a >= 80){
   System.out.println("B");
} else if (a >= 60){
   System.out.println("C");
} else {
   System.out.println("D");
}
```

4.2.6 案例：征婚

案例需求：

大家都知道男大当婚，女大当嫁。那么女方家长要嫁女儿，当然要对男方提出一定的条件，如身高 180 厘米以上，富资产为一千万元（含）以上，帅。

- 如果满足帅，则为“我一定要嫁给他!”。
- 如果不帅，但资产为一千万元（含）以上，则为“还不错，至少衣食无忧”。
- 如果不帅，也不富，但身高满足 180cm 以上，则为“嫁吧，比上不足比下有余！”。
- 如果都不满足，则为“不嫁！”。

案例分析：

此案例涉及多分支条件的判断，使用 if...else if...else 结构。用键盘录入高、富、帅等基本信息，通过逻辑判断获取嫁与不嫁等结果。

示例代码：

```
import java.util.Scanner;

public class MarryHimDemo {
   public static void main(String[] args) {
      Scanner input = new Scanner(System.in);

      System.out.println("身高(单位:厘米): ");
      int height = input.nextInt();
      System.out.println("资产(单位:千万元): ");
      double money = input.nextDouble();
      System.out.println("帅吗(true/false): ");
      boolean isHandsome = input.nextBoolean();

      //以下为分支结构的语句
      if (isHandsome) {
            System.out.println("我一定要嫁给他！");
      } else if (money >= 1) {
            System.out.println("还不错，至少衣食无忧");
      } else if (height >= 180) {
            System.out.println("嫁吧，比上不足比下有余！");
      } else {
            System.out.println("不嫁！");
      }
   }
}
```

案例解析：

此案例相对比较简单，根据题设一步步实现逻辑即可。

4.2.7　案例：解方程

案例需求：

求 $ax^2+bx+c=0$ 方程的解，其中 a、b、c 分别为方程的参数。提示：可以使用系统函数 Math.sqrt(x) 求 x 的平方根。

案例分析：

（1）如果 $a\neq0$，那么该方程是一个一元二次方程，利用一元二次方程的判别式 $\Delta=b^2-4ac$，可以知道以下几点。

① 当 $b^2-4ac>0$ 时，一元二次方程有两个实数解：$x=\dfrac{-b\pm\sqrt{b^2-4ac}}{2a}$。

② 当 $b^2-4ac=0$ 时，一元二次方程有两个相同的实数解：$-\dfrac{b}{2a}$。

③ 当 $b^2-4ac<0$ 时，一元二次方程在实数范围内无解。

（2）如果 a=0 且 b≠0，那么该方程是一个一元一次方程，方程的解为：$x=-\frac{c}{b}$。

（3）如果 a=0 且 b=0，那么提示参数输入有误，无法构成方程。

示例代码：

```
import java.util.Scanner;

public class EquationTest {
    public static void main(String[] args) {
    Scanner input = new Scanner(System.in);

    System.out.print("请输入参数 a 的值: ");
    int a = input.nextInt();

    System.out.print("请输入参数 b 的值: ");
    int b = input.nextInt();

    System.out.print("请输入参数 c 的值: ");
    int c = input.nextInt();

    if (a != 0) {
        double d = b * b - 4 * a * c;
        if (d > 0) {
            int x1 = (-b + Math.sqrt(d)) / (2 * a);
            int x2 = (-b - Math.sqrt(d)) / (2 * a);
            System.out.println("一元二次方程有两个实数解: " + x1 + "," + x2);
        } else if (d == 0) {
            int x = -b / (2 * a);
            System.out.println("一元二次方程有两个相同的实数解: " + x);
        } else {        //d<0
            System.out.println("一元二次方程在实数范围内无解");
        }
    } else {            //即: a==0
        if (b != 0) {
            int x = -c / b;
            System.out.println("一元一次方程的解: " + x);
        } else {
            System.out.println("输入有误, a,b,c 不能构成一个方程");
        }
    }
  }
}
```

4.3 分支结构之 switch-case

switch-case 提供多分支程序结构语句。当多分支中的条件表达式是对同一个变量或表达式进行等值判断时，往往使用它代替实现。

4.3.1 分支结构 switch-case

switch 语句好比是多路开关，如图 4-12 所示。

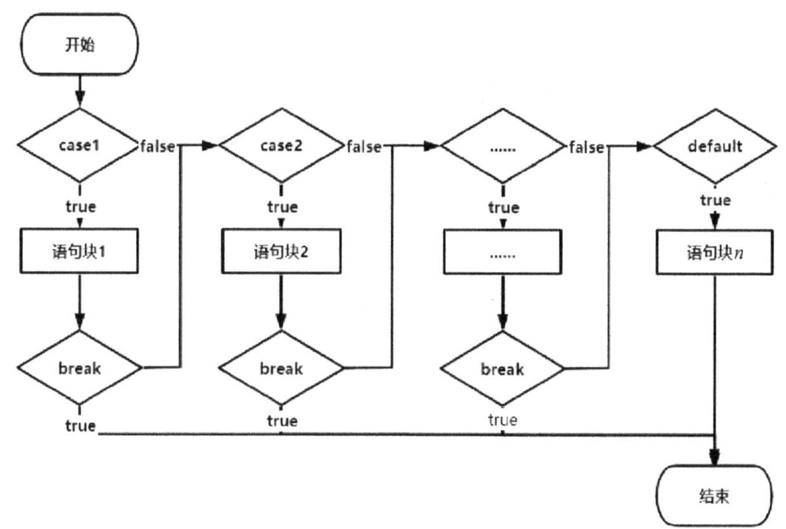

图 4-12　多路开关示例

其语法结构如下所示：

```
switch(变量或表达式){
   case 常量 1:
      语句 1;
      break;
   case 常量 2:
      语句 2;
      break;
      ......
   case 常量 N:
      语句 N;
      break;
   default:
      语句;
      break;
}
```

switch 结构的执行过程是先获取变量或表达式的值，然后从上往下依次匹配各个 case 后的常量值，判断是否与之相等。如果匹配成功，则执行 case 后的语句，直到遇见 break 或 switch 执行结束为止；如果匹配不成功，则执行 default 后的语句，直到遇见 break 或 switch 执行结束为止。

switch 的执行特点有着几个关键词：入口、出口、贯穿。

所谓入口，是指进入 switch 的某个分支开始执行，它有以下两种情况。

（1）如果 switch（变量或表达式）的值与某个 case 后面的常量值相匹配，那么就从这个 case 进入。

（2）如果 switch（变量或表达式）的值与所有 case 后面的常量值都不匹配，那么就从 default 进入。

所谓出口，是指结束 switch 结构的执行，它有以下两种情况。

（1）如果某个分支执行时遇到了 break 语句，那么就中断 switch 的执行。

（2）当遇到 switch 结构的结束标志“}”时就自动结束。

所谓贯穿，是指一旦找到入口，switch 结构可能从一个分支贯穿执行到下一个分支，直到遇到出口为止。无论与 case 还是与 default 匹配成功，在遇到 break 或 switch 结束大括号前，会一直贯穿向下执行，直到遇到出口为止。

另外，在使用 switch 结构时，还要注意以下几个事项。

（1）switch( )中的变量或表达式的类型在 JDK 5 前只能是 int 类型，或者 int 类型的兼容类型 byte、short、char，在 JDK 5 后开始支持枚举类型，在 JDK 7 后开始支持 String 类型。

示例代码：

```
double score = 98.5;
switch(score){//错误！ 不能是上述指定类型之外的其他类型！
    ....
}
```

（2）case 后只能是常量值，不能是变量或表达式。

示例代码：

```
int num = 99;
int a = 100;
int b = 99;
switch(num){
    case a://错误！case 后不能是变量！
    ....
}
```

（3）case 后的常量值不能重复。

示例代码：

```
int num = 100;
switch(num){
    case 100:
    case 100://错误！标签重复！
    ....
}
```

（4）case 语句块中如果没有 break，则将贯穿执行下面的 case 或 default 中的语句，不再判断是否相等。

案例需求：

比较下面两个代码的输出是否相同。

示例代码 1：

```
int a = 1;
int x = 100;
switch(a){
    case 1:
        x += 5;
        break;
    case 2:
        x += 10;
        break;
    case 3:
        x += 16;
        break;
}
System.out.println("x=" + x);
```

代码运行结果：

```
x=105
```

示例代码 2：

```
int a = 1;
int x = 100;
    switch(a){
        case 1:
            x += 5;
        case 2:
            x += 10;
        case 3:
            += 16;
```

```
    }
System.out.println("x=" + x);
```

代码运行结果：

```
x=131
```

案例解析：

在示例代码 1 中匹配 case 后，执行对应语句，遇到 break 时直接跳出，执行结束，得到 *x* 的结果为 105。而在示例代码 2 中由于每个 case 语句后都没有声明 break，当匹配到 case 后，执行完对应语句后，将依次往下执行 case 或 default 中的语句，直至最后，所以得到 *x* 的结果为 131。

default 代表缺省、默认，类似于备选项。default 的位置不一定是在 case 语句的下面，从语法上讲，可以将其调到 case 上面，但习惯上 default 在最后。不论 default 的位置在哪里，执行时依然是先匹配各个 case 后的常量值是否相等，如果不相等，才会进入 default。

案例需求：

以下语句是否正确？如正确，输出结果是多少？

```
public class TestDefault {
    public static void main(String[] args) {
        int x = 100;
        int a = 2;
        switch (a) {
            case 1:
                x += 5;
            default:
                x += 34;
            case 2:
                x += 10;
            case 3:
                x += 16;
        }
        System.out.println("x=" + x);
    }
}
```

案例解析：

编译正确，结果为 $x=126$。先判断是否有 case 可以匹配，找到 case 2 分支进入，语句中没有 break 语句，执行顺序会从 case 2 贯穿到 case 3，直到语句的最后。

如果将案例中 *a* 的值改为 4，那么结果又会怎样呢？

4.3.2 分支结构与条件判断的区别

通过前两个小节的学习，相信大家已经对 if 语句和 switch 语句有了一定的了解，它们有很多相似之处，那么在具体功能实现和逻辑处理上它们有哪些区别呢？接下来对 if 语句和 switch 语句进行详细比较。

（1）if 语句和 switch 语句的比较。

- switch 语句只支持常量值相等的分支判断，而 if 语句的支持更为灵活，任意的布尔表达式均可。
- switch 语句通常比一系列嵌套 if 语句效率更高，逻辑更加清晰。

（2）if 语句和 switch 语句的使用场景。

- switch 语句建议用来判断固定值，且此时的固定值的取值范围不大。
- if 语句建议用来判断区间或范围。
- switch 语句能做的，if 都能做，反过来则不行。

4.3.3 案例：判断这一天是当年的第几天

案例需求：

用键盘分别输入年、月、日，判断这一天是当年的第几天。

案例分析：

首先，我们搞清楚每个月分别有几天。

情况 1：月份 1、3、5、7、8、10、12 为 31 天。

情况 2：月份 4、6、9、11 为 30 天。

情况 3：月份 2 需要判断闰年还是平年，闰年为 29 天，平年为 28 天。

其次，需要清楚计算这一天是当年的第几天的方法，计算方法可以分为两部分。

第 1 部分：从 1 月到 month-1 月的满月天数。

第 2 部分：第 month 月的 day 天。

示例代码：

```
import java.util.Scanner;

public class DaysOfYearDemo {
    public static void main(String[] args) {
        //1. 从键盘中分别输入年、月、日
        Scanner input = new Scanner(System.in);

        System.out.print("年: ");
        int year = input.nextInt();

        System.out.print("月: ");
        int month = input.nextInt();

        System.out.print("日: ");
        int day = input.nextInt();

        //2. 声明一个变量 days，用来存储总天数
        int days = 0;

        //3. 累加[1,month-1]个月满月天数和第 month 月的 day 天
        switch(month){
            case 12:
                days += 30;//30 代表 11 月份的满月天数
                //这里没有 break，继续往下走，最终实现累加[1,11]月的满月天数
            case 11:
                days += 31;//31 代表 10 月的满月天数。
            case 10:
                days += 30;//9 月
            case 9:
                days += 31;//8 月
            case 8:
                days += 31;//7 月
            case 7:
                days += 30;//6 月
            case 6:
                days += 31;//5 月
            case 5:
                days += 30;//4 月
            case 4:
                days += 31;//3 月
            case 3:
```

```
            days += 28;//2月
            //4. 在这里考虑是否可能是 29 天
            if((year%4==0 && year%100!=0) || year%400==0){
                days++;//多加 1 天
            }
        case 2:
            days += 31;//1月
        case 1:
                                    days += day;//累加第 month 月的 day 天
    }

    //5. 输出结果
    System.out.println(year + "年" + month + "月" + day + "日是这一年的第" + days + "天");
  }
}
```

4.4　循环结构

循环结构是指在某些条件满足的情况下，反复执行某段代码的结构。循环结构由循环条件来判断继续执行某个功能还是退出循环。在实际生活中，也有很多类似的循环结构，如播放歌曲的单曲循环等。

不妨假设一种场景：打印 100 遍 “HelloWorld!”，不使用循环和使用循环的对比如表 4-1 所示。

表 4-1　不使用循环和使用循环的对比

不使用循环结构	使用循环结构

System.out.println(“HelloWorld！”);
System.out.println(“HelloWorld！”);
System.out.println(“HelloWorld！”);
……
	int i = 1;
	while (i <= 100) {
	System.out.println(“HelloWorld！”);
	i++;
	}

试想：如果换成 1000 遍？或者 30 遍呢？	
不足： 代码量大，冗余 不容易维护	只需将条件表达式中的 100 换一下即可！

通过学习上述内容，我们可以发现循环结构可以简化代码，同时可以提高代码的维护性。接下来对循环结构的基本概念进行全面学习。

（1）循环结构主要有以下三种形式。

① while 语句。

② do while 语句。

③ for 语句。

（2）循环结构的四要素。

① 初始化表达式。循环变量的初始化表达式。

② 循环条件。反复执行代码所需的条件，必须是布尔型。如果是 true，则执行循环体。如果是 false，则跳出循环体。如果没有条件，或者条件恒成立，则为死循环。

③ 循环体。反复执行的代码。

④ 迭代表达式。循环变量值的修改，只有不断地修改循环变量的值，才会使循环终止。

4.4.1 while 语句

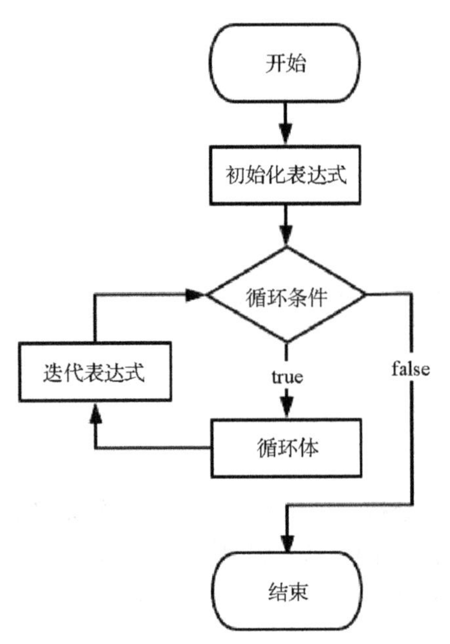

图 4-13 while 语句的执行流程

while 语句是一种先判断的循环结构，只要条件成立，就会执行大括号内的语句，直到条件不成立，while 循环结束。while 语句的执行流程如图 4-13 所示。

语法结构：

```
初始化表达式;
while(循环条件){
    循环体;
    迭代表达式;
}
```

while 语句循环条件的结果只能是布尔型的变量或值，这点和 if 语句的条件表达式相同。

循环语句块如果只有一条语句，则可以省略大括号。

案例需求：

打印 100 遍“HelloWorld！”。

案例分析：

- 声明一个变量表示遍数，如“int i=1;”；
- 找出需要重复执行的循环操作，即打印“HelloWorld！”；
- 再分析循环条件，遍数不够 100 就继续循环，即“while (i<=100)”；
- 每次循环都要修改遍数 i 的值，否则 i 的值永远是 1，那么循环条件就不可能终止，所以打印完“HelloWorld！”之后，需要进行 i++操作。

示例代码：

```
public class TestWhile {
    public static void main(String[] args){
        int i = 1;
        while (i <= 100){
            System.out.println("Hello World!");
            i++;
        }
    }
}
```

其核心代码的运行过程分析如下：

```
int i = 1;                      //①初始化表达式 i=1
while(i <= 100) {               //②循环条件 i<=100
    System.out.println(i);      //③循环体语句
    i++;                        //④迭代表达式 i++
}
```

执行顺序：①—②—③—④—②—③—④—⋯—②

while 语句在语法上类似 if 语句，但关键词不同，导致执行顺序存在很大差异。当循环条件②成立（结果为 true）时，则执行大括号中的语句③和④。当大括号中的语句执行结束时，将继续判断循环条件②是否成立（这点和 if 语句不同），如果成立，则将继续执行循环体语句③和④，以此类推，直到循环条件②不成立（结果为 false）！

4.4.2 案例：趣味折纸

案例需求：

世界最高山峰是珠穆朗玛峰，它的高度是 8848.86 米。假如我有一张足够大的纸，它的厚度是 0.1 毫米。请问我要对折多少次，才可以折成珠穆朗玛峰的高度？

案例分析：

首先，要注意单位不统一问题，可以全部换算为毫米，珠穆朗玛峰的高度是 8848860 毫米；其次，纸对折一次，则意味着厚度×2；如果用 paper 代表纸的厚度，则每循环一次就执行一次 paper *= 2；最后，使用一个 count 变量来存储折的次数，每循环一次，count++。

示例代码：

```
public class PaperFolding {
    public static void main(String[] args) {
        //定义一个计数器，初始值为 0
        int count = 0;

        //定义纸张厚度
        double paper = 0.1;

        //定义珠穆朗玛峰的高度
        int mountain = 8848860;

        //一直折叠，直到纸的厚度达到珠穆朗玛峰的高度
        while (paper <= mountain) {
            //循环的执行过程中每次纸张折叠，纸张的厚度要加倍
            paper *= 2;

            //在循环中执行累加，对应折叠了多少次
            count++;
        }
        //打印计数器的值
        System.out.println("需要折叠：" + count + "次");
    }
}
```

4.4.3 do…while 语句

do…while 语句实现的是先执行后判断的循环，没有入口条件，直接执行循环操作，再判断循环条件。整体来讲，do…while 语句大致同 while 语句，只是少了入口条件，do…while 语句的执行流程如图 4-14 所示。好比是忠臣向国王进言，是否要一个个地把奸臣都“杀掉”。如果是 while 语句，则“先奏后斩”；如果是 do…while 语句，则“先斩后奏”；如果国王同意杀掉奸臣，则“先斩后奏”和“先奏后斩”的效果都一样，但如果国王不同意杀掉奸臣，则“先斩后奏”至少杀掉了一个奸臣。

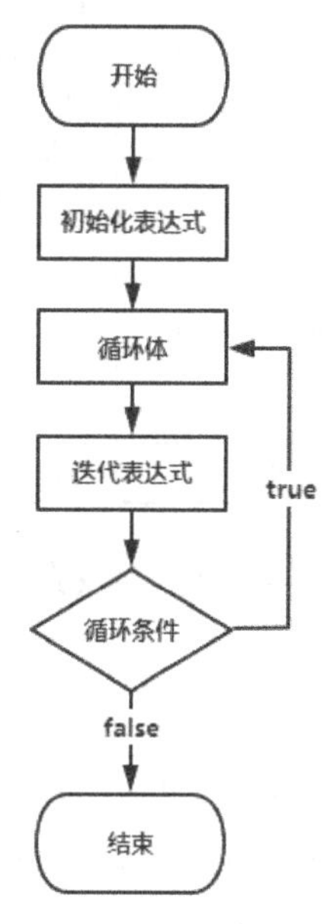

图 4-14　do…while 语句的执行流程

语法结构：

```
初始化表达式;
do {
   循环体;
   迭代表达式;
} while(循环条件);
```

do…while 语句的循环 4 要素与 while 语句相同，只是书写位置

发生了变化，需要注意的是 while 语句表达式后面的分号不能少。

案例需求：

用 do…while 结构实现打印 1～100 的整数。

示例代码：

```
public class TestDoWhile {
    public static void main(String[] args){
        int i = 1;
        do {
            System.out.println(i);
            i++;
        } while (i <= 100);
    }
}
```

根据 while 语句的使用说明，每个循环结构都应该具备循环 4 要素，则 do…while 语句核心代码的运行过程分析如下：

```
int i = 1;                          //①初始化表达式 i=1
do {
    System.out.print(i);            //③循环体语句
    i++;                            //④迭代表达式 i++
} while(i <= 100);                  //②循环条件 i<=100
```

执行顺序：①—③—④—②—③—④—②—…—②

先无条件执行循环体、迭代表达式，然后判断循环条件，如果循环条件成立，则将继续执行循环体语句、迭代表达式，依次类推，直到循环条件不成立！

如果第一次判断循环条件就不成立，那么 while 语句和 do…while 语句的执行次数会不相同。如果第一次判断循环条件都成立，那么 while 语句和 do…while 语句的执行次数是相同的。

分别使用 do…while 循环和 while 循环实现输出“尚硅谷”*n* 次，如表 4-2 所示。

表 4-2　do…while 循环和使用 while 循环对比

循 环 类 型	do…while 循环	while 循环

循环条件为 a>10	`int a = 1;`
	`do {`
	`System.out.println("尚硅谷");`
	`a++;`
	`} while(a>10);`
		`int a = 1;`
		`while(a>10){`
		`System.out.println("尚硅谷");`
		`a++;`
		`}`

结果	输出 1 次尚硅谷	输出 0 次尚硅谷

循环条件为 a<=10	`int a = 1;`
	`do {`
	`System.out.println("尚硅谷");`
	`a++;`
	`} while(a<=10);`
		`int a = 1;`
		`while(a<=10){`
		`System.out.println("尚硅谷");`
		`a++;`
		`}`

结果	输出 10 次尚硅谷	输出 10 次尚硅谷

4.4.4　案例：猜数字

案例需求：

随机生成一个[0,100)以内的整数，然后猜这个数字是多少，如果用键盘输入的数大了，则提示猜大了，如果小了，则提示猜小了，如果对了，则提示猜对了，并且结束，最后统计一共猜了多少次。提示：系统函数 Math.random( )可以返回一个[0,1)范围的 double 值。

案例分析：

（1）如果 Math.random( )可以得到一个[0,1)范围的 double 值，那么(int)(Math.random()* 100) 就可以得到[0,100)的整数值；

（2）循环继续的条件是猜的数字不等于键盘输入的数字。

示例代码：

```
import java.util.Scanner;

public class GuessNumber {
    public static void main(String[] args) {
        int num = (int)(Math.random()* 100);

        Scanner input = new Scanner(System.in);
        int guess;
        int count = 0; //记录猜数的次数
        do{
            System.out.print("请输入[0,100)的整数：");
            guess = input.nextInt();

            //输入一次，就表示猜了一次
            count++;

            if (guess > num){
                System.out.println("猜大了");
            } else if (guess < num){
                System.out.println("猜小了");
            } else {
                System.out.println("猜对了");
            }
        } while (num != guess);

        System.out.println("一共猜了：" + count+"次");
    }
}
```

特别提示：

初学者容易犯错的地方是 guess 变量的声明位置，如果把 guess 变量声明到 do{ }中，那么在 while( )中就无法使用 guess，因为超出其作用域。有的同学会担心 guess 变量未初始化问题，这里 do…while 语句是至少执行一次循环体，而 guess = input.nextInt()语句是一定会在 guess 判断之前被执行的，所以不会出现未初始化的问题。

4.4.5　for 语句

循环结构最开始设计的是 while 结构，即强调循环条件成立就执行语句，直到循环条件不成立。而引入 do…while 结构是为了满足至少执行一次循环体语句块的需求。但在使用过程中，有一种情况很常见，那就是循环条件是一个区间值，从几循环到几，每次修改循环变量的迭代语句也很有规律，为了满足这种需求，人们设计了 for 循环结构。for 循环结构的执行流程如图 4-15 所示。

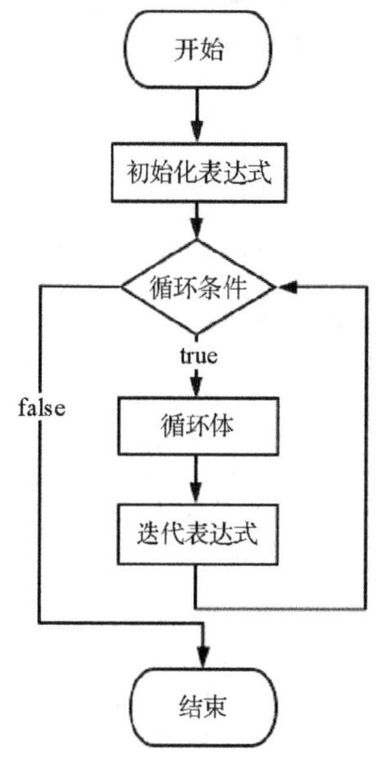

图 4-15　for 循环结构的执行流程

语法结构：

```
for(①循环变量初始化;②循环条件;④循环变量迭代更新表达式){
    ③循环体语句
```

```
}
```

for 循环结构的语法格式说明如下。

（1）两个分号必不可少，如果 for 括号中的三个表达式都省略，则相当于条件恒成立的“死循环”。

```
for(;;){
}
```

（2）循环变量初始化可以由多条变量初始化语句组成，中间用逗号隔开。循环变量更新也可以由多条更新语句组成，中间用逗号隔开。

```
for(int i=1,j=10; i<=10; i++,j--){
}
```

（3）循环条件部分为布尔型的表达式，当值为 false 时，退出循环。

案例需求：

使用 for 循环结构打印 1～100 的整数。

示例代码：

```
public class TestFor {
    public static void main (String[] args){
        for (int i = 1; i <= 100; i++){
            System.out.println(i);
        }
    }
}
```

案例解析：

for 循环结构和 while 一样，先执行循环变量初始化①，然后判断循环条件②是否成立。如果成立，则执行循环体语句③，接着进行循环变量迭代更新④，然后继续判断循环条件②是否成立。如果成立，则再次执行循环体语句③，再一次进行循环变量迭代更新④，再次判断循环条件②是否成立，以此类推，直到条件不成立。

4.4.6 案例：水仙花数

案例需求：

所谓水仙花数，是指一个三位数，其各个位上数字的立方和等于其本身。例如，153 = 1×1×1 + 5×5×5 + 3×3×3，现在要求输出所有的水仙花数。

案例分析：

（1）三位数的范围是[100, 999]；

（2）可以使用%和/求出各个位数上的数字，可以参考第 3 章的相关案例。

示例代码：

```
public class NarcissisticNumber {
    public static void main(String[] args) {
        //获取三位数，用 for 循环实现
        for (int num = 100; num < 1000; num++) {
            //获取三位数的百位、十位、个位
            int hundreds = num % 10;
            int tens = num / 10 % 10;
            int ones = num / 10 / 10 % 10;
            //判断这个三位数是否是水仙花数
            if ((hundreds * hundreds * hundreds +
                tens * tens * tens + ones * ones * ones) == num){
                System.out.println(num);
            }
        }
```

```
    }
}
```

4.4.7　三种循环语句的对比

while、do…while、for 三种循环语句的对比，如表 4-3 所示。

表 4-3　while、do…while、for 三种循环语句的对比

名　称	语　句

while	int i=1;
	while(i<=100){
	System.out.println(i);
	i++;
	}

do…while	int i=1;
	do{
	System.out.println(i);
	i++;
	} while(i<=100);

for	for(int i=1;i<=100;i++){
	System.out.println(i);
	}

（1）while、do…while、for 三种循环语句的相同点。

① 都能解决任何类型的循环题目，因为它们都能实现重复执行循环体代码的基本需求，即它们可以互换。就好比你可以穿一身衣服去任何场合，因为衣服的基本功能是遮羞蔽体。

② 都具备循环四要素，只是循环四要素的声明位置不相同。

（2）while、do…while、for 三种循环语句的不同点。

① 语法不同。

② 执行顺序不同。

a．while 和 for 语句：先判断后执行。

b．do…while 语句：先执行后判断。

（3）应用场景不同（不同的场合穿不同的衣服会更贴切一些）。

对于循环次数比较明显的，一般优先考虑使用 for 循环；对于循环次数不明显，而循环体至少执行一次的，可以考虑使用 do…while 循环，否则使用 while 循环。

4.4.8　嵌套循环

一个循环语句中又完整地嵌套了另一种循环语句，称为嵌套循环或多重循环，也就是一个循环结构的循环体也为循环结构。其中 for、while、do…while 均可以作为外层循环和内层循环。

外层循环如果循环一次，内层循环则需要循环一轮。

示例代码：

```
public class TestLoopNest {
    public static void main(String[] args){
        int m = 5;
        int n = 3;
        for (int i = 1; i <= m; i++){
            for (int j = 1; j <= n; j++){
                System.out.println("i = " + i + ", j = " + j);
```

```
            }
        }
    }
}
```

设外层循环次数为 *m* 次，内层为 *n* 次，则内层循环体实际上需要执行 *m***n* 次。嵌套循环语句的执行流程如图 4-16 所示。

4.4.9 案例：九九乘法表

案例需求：

九九乘法表如图 4-17 所示。

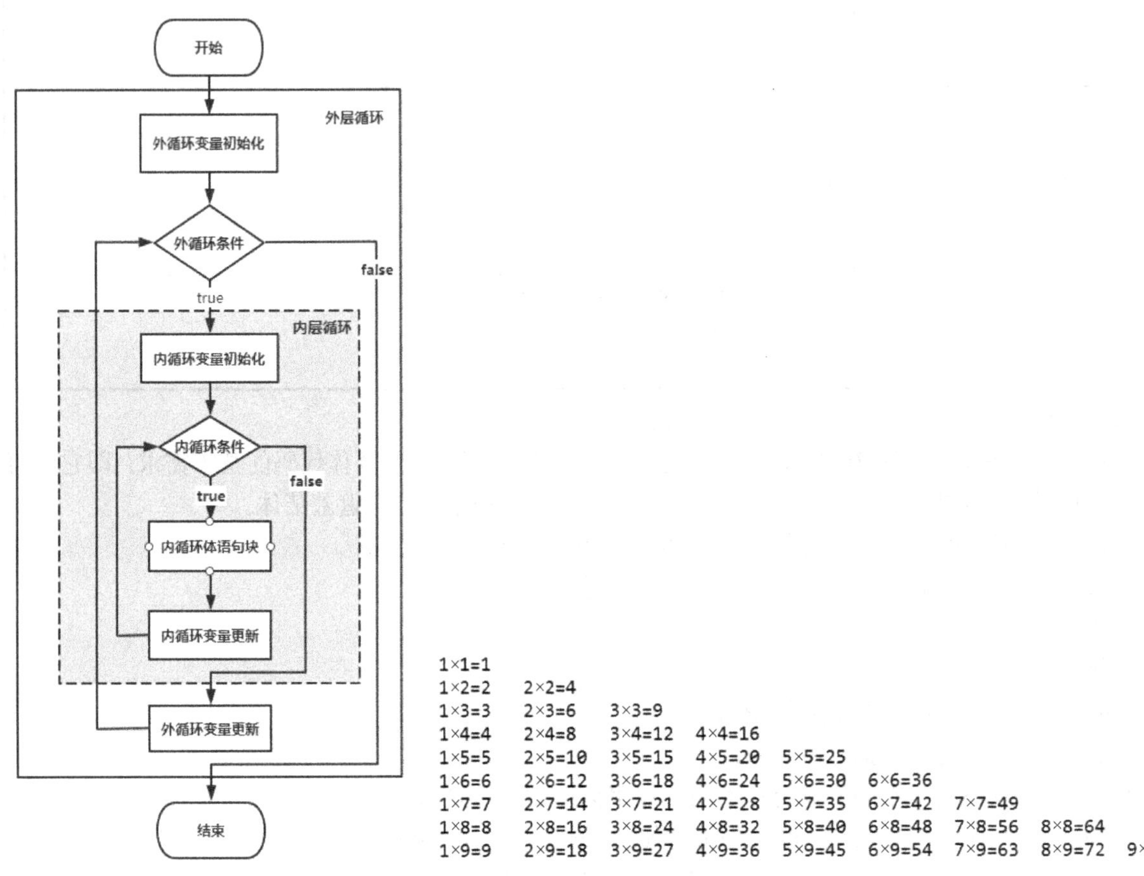

图 4-16　嵌套循环语句的执行流程

图 4-17　九九乘法表

案例分析：

一共有 9 行，第 *n* 行一共有 *n* 个式子。

示例代码：

```
public class MultiplicationTable {
    public static void main(String[] args) {
        for (int i = 1; i <= 9; i++) {
            for (int j = 1; j <= i; j++) {
                System.out.print(j + "*" + i + "=" + (i * j) + "\t");
            }
            System.out.println();
        }
    }
}
```

特别提示：

初学者容易犯错的地方是换行。内层循环的每次循环只是打印一个式子，打印完一个式子不着急换行。内层循环完成一轮循环后，意味着一行的所有式子都打印完了，才需要换行。外层循环从 1 循环到 9，表示一共有 9 行。

4.4.10　案例：完数

案例需求：

一个数如果恰好等于它的所有因子之和，这个数就称为完数。例如，6=1＋2＋3，请找出 1000 以内的所有完数。

案例分析：

（1）因子是指除去这个数本身的约数，如 6 的因子有 1、2、3，不包括 6；8 的因子有 1、2、4，不包括 8；5 的因子只有 1，不包括 5。

（2）在[1,1000]范围内找出每个数的所有因子，分别累加每个数的因子之和，然后用每个数的因子之和与这个数做比较，如果相等就是完数，否则就不是。例如，6 的因子之和是 1+2+3=6，与 6 相等，所以 6 是完数；8 的因子之和是 1+2+4=7，与 8 不相等，所以 8 不是完数。

示例代码：

```
public class PerfectNumber {
    public static void main(String[] args) {
        System.out.println("[1,1000]内的所有完数：");
        for (int i = 1; i <= 1000; i++){
            //（1）先找出 i 的所有的因子，并且累加它的所有因子
            int iSum = 0;
            //不包括 i 自己
            for (int j = 1; j < i; j++){
                //如果 j 能够把 i 整除了，j 就是 i 的因子
                if (i % j == 0){
                    iSum += j;
                }
            }
            //（2）判断因子之和与 i 是否相等，如果相等就是完数
            if (i == iSum){
                System.out.println(i);
            }
        }
    }
}
```

特别提示：

初学者容易犯的错误是把 iSum 定义到了外循环的外面。如果定义到外循环的外面，则需要在内循环开始前把 iSum 置为 0，否则累加的就不是某个 i 的因子之和，而是所有 i 的因子之和。

4.5　跳转语句

跳转语句就是在中途改变程序原本的执行过程的语句。例如，之前在学习 switch 时，会使用 break 提前结束 switch 的执行，否则一旦找到入口，switch 就会从入口一直往下执行直到遇到 switch 的结束“}”。那么在循环中，也可以使用 break 等关键字，提前结束循环结构的执行，而不是等到循环条件不成立才结束。

4.5.1 break 语句

break 的意思是中断。break 语句可以用于循环和 switch 结构，表示提前结束 switch 或当前循环。

示例代码 1：

```
public class BreakDemo {
    public static void main(String[] args) {
        int i = 1;
        while (i <= 10) {
            System.out.println("尚硅谷" + i);
            i++;
            if (i == 3) {
                break;
            }
        }
    }
}
```

break 语句结束当前 while 循环结构如图 4-18 所示。

```
C:\Windows\System32\cmd.exe
E:\atguigu\javase\code\chapter04>javac BreakDemo.java

E:\atguigu\javase\code\chapter04>java BreakDemo
尚硅谷1
尚硅谷2
```

图 4-18　break 语句结束当前 while 循环结构

案例解析：

当 i==3 时，则执行 break，跳出当前循环语句，所以会结束当前 while 循环。

示例代码 2：

```
class NestLoopBreakDemo {
    public static void main(String[] args){
        for (int i = 1; i <= 5; i++){
            for (int j=1; j <= 5; j++){
                System.out.print(i);
                if (i == j){
                    break;
                }
            }
            System.out.println();
        }
    }
}
```

嵌套语句案例的执行结果如图 4-19 所示。

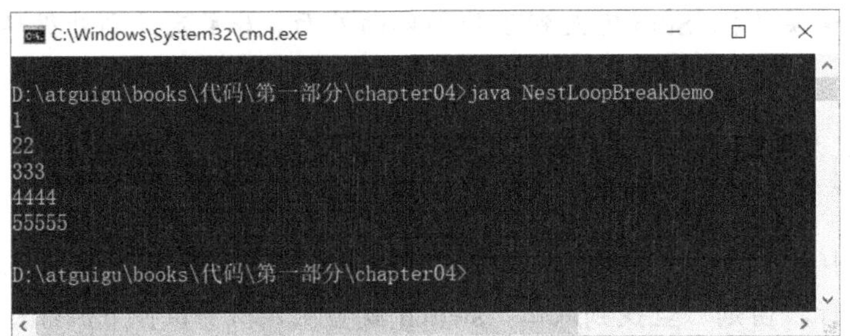

```
C:\Windows\System32\cmd.exe

D:\atguigu\books\代码\第一部分\chapter04>java NestLoopBreakDemo
1
22
333
4444
55555

D:\atguigu\books\代码\第一部分\chapter04>
```

图 4-19　嵌套语句案例的执行结果

案例解析：

当 i==j 时，则跳出所在的循环语句，注意跳出的是内层循环，因为 break 在内层循环中，不会结束外层循环。因此外层循环总体循环了 5 轮，内层循环每轮 i==j 就会提前结束。

如果希望在内层循环中直接结束外层循环，则可以搭配标签。可以给循环加标签，标签名的命名规则和变量名一致。

示例代码 3：

```
class BreakLabel{
    public static void main(String[] args){
        out:for (int i = 1; i <= 5; i++){
            in:for (int j = 1; j <= 5; j++){
                System.out.print(i);
                if (i == j){
                    break out;
                }
            }
            System.out.println();
        }
    }
}
```

break 结合标签的代码演示执行结果如图 4-20 所示。

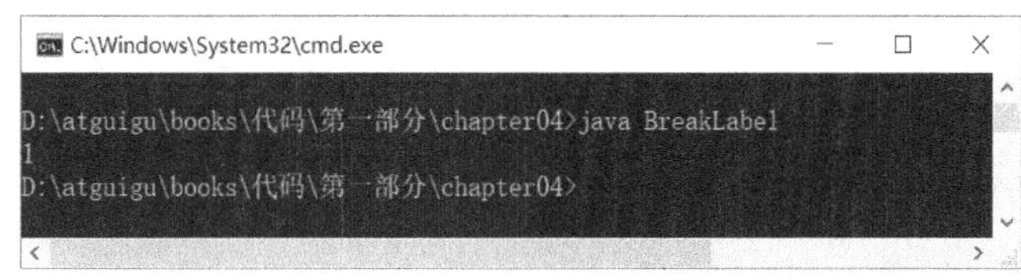

图 4-20　break 结合标签的代码演示执行结果

案例解析：

当语句运行到 break out;时会直接结束 out 标记的循环。

4.5.2　continue 语句

continue 的意思是继续。continue 语句只能用在循环当中，表示继续下一次循环，本次循环剩下的循环体语句将被跳过。

示例代码 1：

```
public class ContinueDemo {
   public static void main(String[] args) {
      int i = 1;
      while (i <= 5) {
         if (i == 3) {
            continue;
         }
         System.out.println("尚硅谷" + i);
         i++;
      }
   }
}
```

continue 代码演示的执行结果如图 4-21 所示。

案例解析：

当 i==3 时，则继续下一次循环，本次循环剩下的语句将被跳过，即当 i==3 时，没有执行尚硅谷 3，也没有执行 i++，因此 i 还是 3，下一次循环判断 i==3 仍然成立，又继续下一次循环，所以出现了死循环。

break 和 continue 的区别。

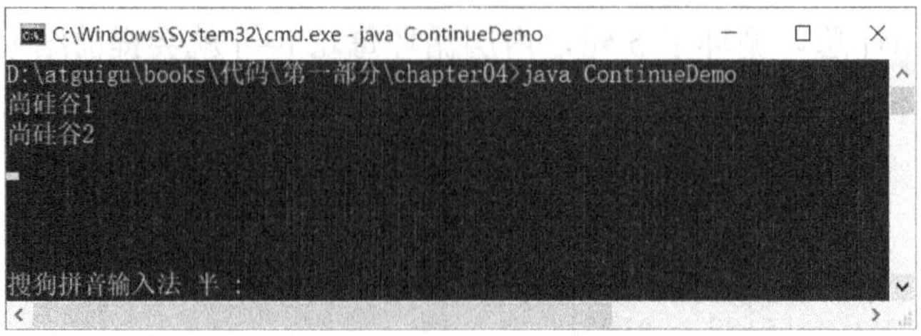

图 4-21　continue 代码演示的执行结果

- break 代表中断，终止的是本层循环；continue 代表继续，终止的是本次循环。
- break 可以用在循环语句或 switch 中，continue 只能用在循环语句中。

开发中还有一个注意点，在 break 或 continue 的后面不能声明执行语句，因为永远不可能被执行。一旦声明，编译报错。这也可以看作 break 和 continue 在使用上的一个共同点。

4.5.3 return 语句

return 表示返回。return 语句用在方法中的作用是结束所在方法，具体的使用规则将会在第 7 章进行详细讲解。

示例代码：

```
public class ReturnDemo {
    public static void main(String[] args) {
        for (int i = 1; i <= 5; i++){
            for (int j = 1; j <= 5; j++){
                System.out.print(i);
                if (i == j){
                    return;
                }
            }
            System.out.println();
        }
        System.out.println("尚硅谷");
    }
}
```

代码运行结果：

```
1
```

案例解析：

当 i==j 条件满足时，即当 i 和 j 都是 1 时，则执行 return;语句，结束当前 main 方法。main 方法都结束后，循环自然就会结束，循环下面的尚硅谷也不会打印。

4.5.4 案例：素数

案例需求：

找出 1～100 之间所有的素数。

案例分析：

（1）所谓素数是指质数，是指在大于 1 的自然数中，除 1 和它本身外不再有其他因子的自然数。

（2）反过来说，如果在[2, n-1]之间找到了一个 n 的因子，那么 n 就不是素数，甚至从数学的角度来说，在[2, $\sqrt{n}$] 之间如果找到了一个 n 的因子，那么 n 就不是素数。

示例代码：

```
public class PrimeNumber {
    public static void main(String[] args) {
```

```
        System.out.println("1-100之间的素数有：");
        for (int i = 2; i <= 100; i++){
            boolean flag = true; //用于记录 i 是否被除尽过
            for (int j = 2; j <= Math.sqrt(i); j++){
                if (i % j == 0){
                    flag = false; //flag 值一旦被修改，表示 i 被除尽
                    break;          //结束内层循环结构
                }
            }
            //如果 flag 值没有修改过，仍为 true，则表示 i 没有被除尽过，则是素数
            if(flag){
                System.out.println(i);
            }
        }
    }
}
```

4.6　综合案例

案例需求：

模拟基于文本界面的“家庭收支记账软件”。该软件能够记录家庭的收入、支出，并能够打印收支明细表，案例采用分级菜单方式。

功能说明：

（1）假设家庭起始的生活基本金为 10000 元；

（2）每次登记收入（菜单 2）后，收入的金额应累加到基本金上，并记录本次的收入明细，以便后续查询；

（3）每次登记支出（菜单 3）后，支出的金额应从基本金中扣除，并记录本次的支出明细，以便后续的查询；

（4）查询收支明细（ 菜单 1）时，将显示所有的收入、支出的明细列表；

（5）退出（菜单 4），选择是否退出系统。

实现功能的具体操作如下所示。

1．主菜单页面

```
-----------------家庭收支记账软件-----------------
          1 收支明细
          2 登记收入
          3 登记支出
          4 退    出
          请选择(1～4)：
```

2．登记收入

登记收入 1000 元，收入说明：劳务费。

操作步骤：

（1）控制台输入 2（登记收入）；

（2）弹出本次收入金额；

（3）输入 1000；

（4）控制台弹出本次收入说明；

（5）输入：劳务费。

备注：系统记录收入金额和收入说明内容。

```
------------------家庭收支记账软件------------------
            1 收支明细
            2 登记收入
            3 登记支出
            4 退    出
            请选择(1~4): 2
本次收入金额: 1000
本次收入说明: 劳务费_
```

3. 登记支出

登记支出 800 元，支出说明：物业费。

操作步骤：

（1）控制台输入 3（登记支出）；

（2）弹出本次支出金额；

（3）输入 800；

（4）控制台弹出本次支出说明；

（5）输入：物业费。

备注：系统记录收入金额和收入说明内容。

```
------------------家庭收支记账软件------------------
                    1 收支明细
                    2 登记收入
                    3 登记支出
                    4 退    出
                    请选择(1~4): 3
本次支出金额: 800
本次支出说明: 物业费_
```

4. 收支明细

操作步骤：

（1）控制台输入 1（收支明细）；

（2）弹出收支明细。

```
------------------家庭收支记账软件------------------
                    1 收支明细
                    2 登记收入
                    3 登记支出
                    4 退    出
                    请选择(1~4): 1
------------------当前收支明细记录------------------
收支    账户金额        收支金额        说    明
收入    11000           1000             劳务费
支出    10200           800              物业费
```

5. 退出

操作步骤：

（1）控制台输入 4（退出）；

（2）弹出确认是否退出（Y/N）；

（3）输入 Y，退出控制台；

（4）输入 N，保持页面不变。

```
------------------家庭收支记账软件------------------
                    1 收支明细
                    2 登记收入
                    3 登记支出
```

```
                    4 退    出
                    请选择(1~4)：4
确定要退出吗？Y/N  :Y
程序退出
```

备注：综合案例示例代码发布在尚硅谷官方公众号上，可以关注公众号“尚硅谷教育”领取。

4.7　本章小结

本章带大家学习了流程控制结构：顺序结构、分支结构、循环结构。实际上，一个完整的程序中这几种结构往往是密不可分的。

顺序结构区别于其他两种结构，顺序结构是伴随所有的 Java 程序存在的，在 Java 的编程体系中，默认的结构就是顺序结构，是自上而下的设计。

分支结构是有选择的语言控制，Java 中的分支结构包含两组关键字：if 和 switch。其中 if 包含三种结构：单分支结构、双分支结构和多分支结构，单分支结构和双分支结构的应用场景少一些。一旦涉及太多的选择，就需要使用多分支结构，但是多分支结构操作起来太过烦琐，不如 switch 结构简单明了，当然前提是 switch 结构能解决多分支的需求问题。

循环结构主要有三组关键字：do...while、for、while。do...while 实现的是先执行循环体和迭代表达式后判断的循环。while 在执行前先判断条件是否成立再执行循环体语句。for 和 while 一样是先判断条件是否成立再执行循环体语句，但是 for 的使用更加简洁。除以上三种循环结构，还有多重循环嵌套，也就是三种循环结构结合在一起使用。由于多重嵌套循环直接影响程序运行效率，所以在程序开发中不到万不得已的情况下，尽量避免使用嵌套循环。

这部分学习侧重逻辑思考，尤其是循环结构，大家在实际操作时，需要多思考规律，最后套用循环语法即可。

第5章 数组

通过第 3 章和第 4 章的学习，相信大家已经可以使用变量和流程控制语句结构解决比较复杂的问题，是不是已经体会到编程的快乐和成就感了呢？但是，随着要解决的问题的升级，如当同时处理更多的数据时，我们发现编程还是很麻烦的。本章将会给大家引入一个数组的概念，以使大家用一种简单的方式来处理更多的数据。

本章是围绕数组的内容进行讲解的，包括数组的概念、定义和使用，内存分析，常用算法及多维数组等方面的知识，同时会引入与数组相关的多个案例，让读者在相关案例中详细体会数组的易维护性和便捷性。数组是编程语言中最常见的一种数据结构，是我们今后学习集合、数据结构和算法的基础。有句话说：“程序等于数据结构加算法。”因此，数组的重要性不言而喻。

5.1 数组概述

数组（Array）是多个相同类型的数据按一定顺序排列的集合，并通过一个变量名对这一组数据进行统一命名，这个变量名被称为数组名然后通过编号的方式对这些数据进行使用和管理，这个变量名被称为下标或索引（Index）。数组中的每一个数据称为元素（Element）。而数组中元素的总个数被称为数组的长度（Length）。

数组和前面介绍的变量一样，也可以理解成容器，只是变量是保存一个数据的容器，数组是保存一组数据的容器。数组容器可以理解为一个个带有编号的格子，需要存放的数据放在对应的格子中，格子的个数决定了最多可以存放多少个数据，如图 5-1 所示。将每个格子中的数据称为数组元素，格子的编号称为数组的下标或索引，格子的个数称为数组的长度，通常系统通过数组下标来访问数组的元素。

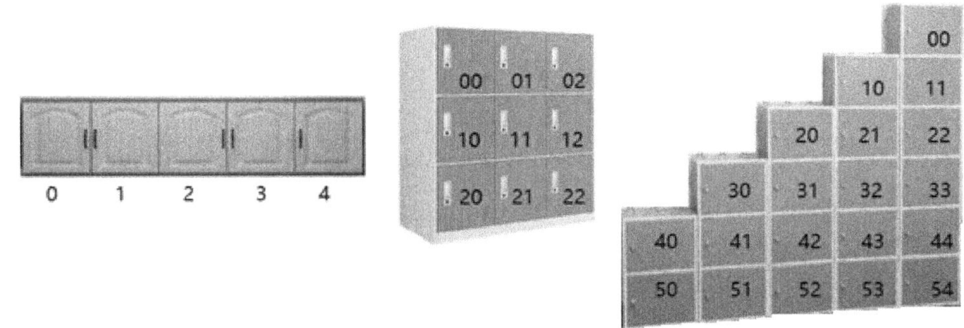

图 5-1 生活中的小格子

下面我们通过案例呈现不使用数组和使用数组两种情况下的编程模式，体会使用数组进行编码给开发者带来的便利。

案例需求：

需要存储一个小组的学员成绩，小组的人数及每个人的成绩用键盘输入，之后要显示这些成绩，并从成绩中找出最高分、最低分，并且把成绩从低到高排序。

示例代码：

```
import java.util.Scanner;

public class NoArray {
   public static void main(String[] args) {
         Scanner input = new Scanner(System.in);

         //用键盘输入 3 个学员的成绩
         System.out.print("请输入第 1 个学员的成绩：");
         int score1 = input.nextInt();

         System.out.print("请输入第 2 个学员的成绩：");
         int score2 = input.nextInt();

         System.out.print("请输入第 3 个学员的成绩：");
         int score3 = input.nextInt();

         //找出最高分
         int max = score1 > score2 ? score1 : score2;
         max = max > score3 ? max : score3;
         System.out.println("最高分是：" + max);

         //找出最低分
         int min = score1 < score2 ? score1 :score2 ;
         min = min < score3 ? min : score3;
         System.out.println("最低分是：" + min);

         //从低到高排序
         System.out.println("从低到高是：");
         if (score1 <= score2 && score2 <= score3){
             System.out.println(score1 +"," + score2 + "," + score3);
         } else if (score1 <= score3 && score3 <= score2){
             System.out.println(score1 +"," + score3 + "," + score2);
         } else if (score2 <= score1 && score1 <= score3){
             System.out.println(score2 +"," + score1 + "," + score3);
         } else if (score2 <= score3 && score3 <= score1){
             System.out.println(score2 +"," + score3 + "," + score1);
         } else if (score3 <= score1 && score1 <= score2){
             System.out.println(score3 +"," + score1 + "," + score2);
         } else {
             System.out.println(score3 +"," + score2 + "," + score1);
         }
   }
}
```

案例解析：

需要定义多个变量来存储多个人的成绩，如上所示的示例代码实现了 3 个小组学员的成绩管理，但其中有大量重复性代码，并且代码的灵活性和可维护性非常差。如果有更多的小组学员，从他们的成绩中找出最值，并将其排序将会是“噩梦”般的实现。

另外，如果小组学员人数想要在程序运行期间确定，那么编程一开始我们就无法确定要声明几个变量，从而造成代码无法实现。

如果使用数组，那么这个问题将会变得很简单。

示例代码：

```
import java.util.Scanner;

public class ArrayAdvantage {
   public static void main(String[] args) {
      Scanner input = new Scanner(System.in);

      System.out.print("请输入小组人数: ");
      int count = input.nextInt();

      // 定义数组，保存 count 个人的成绩
      // 数组的定义和使用在 5.2 节中详细介绍，这里只要知道是数组即可
      int[] scores = new int[count];

      // 输入 count 个人的成绩
      for (int i = 0; i < scores.length; i++) {
         System.out.print("请输入第" + (i+1) + "个学员的成绩: ");
         scores[i] = input.nextInt();
      }

      // 数组中找出最值，对数组元素进行排序等会在 5.3 节中详细介绍
      //找出最高分、最低分
      int max = scores[0];
      int min = scores[0];
      for (int i = 1; i < scores.length; i++){
            if (max < scores[i]){
                max = scores[i];
            }
            if (min > scores[i]){
                min = scores[i];
            }
      }

      //从低到高排序
      for (int i = 1; i < scores.length; i++){
            for (int j = 0; j < scores.length - i; j++){
                if(scores[j] > scores[j + 1]){
                     int temp = scores[j];
                     scores[j] = scores[j + 1];
                     scores[j + 1] = temp;
                }
            }
      }

      //输出结果
      System.out.println("最高分是: " + max);
      System.out.println("最低分是: " + min);
      System.out.println("从低到高是: ");
      for (int i = 0; i < scores.length; i++){
            System.out.println(scores[i]);
      }
   }
}
```

如上所示使用数组实现的代码，小组学员人数可以在程序运行期间确定，而且不管是多少人，示例代码都能实现成绩输入，找出最高分、最低分，最后将成绩按照从低到高的顺序输出。

本案例仅是让大家先感受一下数组的使用可以简化代码，并且可以增强代码的灵活性和可维护性。

5.2　一维数组

通过 5.1 节的代码演示，相信读者对数组已经产生了浓厚的兴趣，接下来我们将给读者全面介绍数组的定义和使用方法。

按照数据维度不同，数组可以分为一维数组、二维数组等；按照数组内部存储元素的数据类型不同，数组可以分为基本数据类型数组和引用数据类型数组。数组的分类如表 5-1 所示。

表 5-1　数组的分类

分 类 方 式	数 组 类 型
数据维度	一维数组、二维数组等
元素类型	基本数据类型数组、引用数据类型数组

基本数据类型数组是指数组元素是 8 种基本数据类型的值，引用数据类型数组是指数组元素中存储的是对象，也称为对象数组（对象数组请看第 7 章）。下面先从使用频率最高的一维数组开始学习。

5.2.1　一维数组的声明

数组的声明也称为数组的定义，就是告知计算机数组的元素类型和数组名，但并没有真正分配空间。

声明一维数组的方式主要有以下两种格式。

```
格式 1：元素数据类型[ ] 数组名;              // 推荐
格式 2：元素数据类型 数组名[ ];
```

例如，声明一个数组，数组名称为 elements，数据类型为 int，格式如下所示。

```
int[ ] elements;                    // 格式 1
int elements[ ];                    // 格式 2
```

推荐使用格式 1，因为格式 1 具有更好的语义性和可读性，同时符合定义变量的语法（数据类型 变量名），因为数组本身也是一种数据类型，所以格式 1 更容易被理解。需要特别注意的是，数组类型属于引用类型，声明数组仅表示定义了一个引用变量，这个引用变量还未指向任何有效的内存。因此这个数组还不能使用，只有对数组进行初始化后，才可以使用这个数组。

5.2.2　一维数组的初始化

所谓的初始化是指确定数组的长度和元素的值。因为只有确定了数组的长度，才能为数组开辟对应大小的内存空间。数组的初始化可以分为静态初始化和动态初始化。

1. 静态初始化

静态初始化就是在编译期间已经确定了要保存的元素。由于静态初始化直接指定了数组的元素，数组的长度可以根据指定的元素个数确定，所以不用单独指定数组的长度。静态初始化有两种格式，下面分别对两种格式进行说明。

（1）格式 1。

```
元素数据类型[ ] 数组名;                                    // 数组声明
数组名 = new 元素数据类型[ ]{元素 1,元素 2,...};            // 数组初始化
```

为了简化代码书写，在实际开发过程中将声明和初始化合并成一行代码，格式如下所示。

```
元素数据类型[ ] 数组名 = new 元素数据类型[ ]{元素 1,元素 2,...};
```

例如，声明一个数组，数组名称为 arr，数据类型为 int，同时给数组赋值 int 类型元素 1，3，5，7，9。其格式如下所示。

```
int[] arr;
arr = new int[]{1,3,5,7,9};
// 简化代码
```

```
int[] arr = new int[]{1,3,5,7,9};
```

（2）格式 2。

```
元素数据类型[] 数组名 = {元素 1,元素 2,...};         //数组声明并初始化
```

例如，声明一个数组，数组名称为 arr，数据类型为 int，同时给数组赋值 int 类型元素 1，3，5，7，9。其格式如下所示。

```
int[] arr = {1,3,5,7,9};
```

需要注意的是格式 2 不能像格式 1 那样先声明再进行初始化，如如下所示的代码就会报错。

```
int[] arr;
arr = {1,3,5,7,9};                                   //编译报错
```

如上所示代码的定义方式不符合数组的定义规则，程序会报错。

在以上两种语法格式中，要求大括号中的各元素用逗号隔开。元素可以重复，元素个数也可以是零个或多个。格式 2 是格式 1 的简化，二者没有本质的区别。

2．动态初始化

动态初始化仅是指定数组的长度，没有直接向数组中添加具体元素，这也是动态初始化与静态初始化的主要区别。动态初始化的语法格式如下所示。

```
元素数据类型[ ] 数组名;                          // 数组声明
数组名 = new 元素数据类型[长度];                 // 数组初始化
```

为了简化代码，在实际编码过程中将声明和初始化合并成一行代码，格式如下所示。

```
元素数据类型[] 数组名 = new 元素数据类型[长度];
```

例如，声明一个数组，数组名称为 arr，数据类型为 int，数组长度为 5，格式如下所示。

```
int[] arr;
arr = new int[5];
// 简化代码
int[] arr = new int[5];
```

3．数组的使用

完成数组的初始化后，接下来学习数组的使用。数组的使用如表 5-2 所示。

表 5-2　数组的使用

作　用	数 组 操 作	说　明
获取数组的长度	数组名.length	length 为数组的属性
获取数组中指定位置的元素	数组名[下标]	下标范围[0, 数组长度-1]
更新数组中指定位置的元素	数组名[下标] = 新的值	下标范围[0, 数组长度-1]

可以通过上表完成对数组的基本操作，详细操作方式看如下所示的示例代码。

示例代码：

```
// 创建数组
int[] arr = {1, 2, 3, 4, 5, 6, 7};

// 获取数组的长度
System.out.println("数组长度 : " + arr.length);

// 获取数组中下标 2 位置的元素
System.out.println("数组 2 位置元素 : " + arr[2]);

// 更新数组中下标 2 位置的元素
arr[2] = 8;
System.out.println("更新后数组 2 位置元素 : " + arr[2]);
```

代码运行结果：

```
数组长度：7
数组 2 位置元素：3
更新后数组 2 位置元素：8
```

代码解析：

通过上述示例代码可以发现一个问题，数组[2]位置的元素是 3，这是因为数组下标是从[0]开始的，数组下标与元素值的对应关系如表 5-3 所示。

表 5-3 数组下标与元素值对应关系

元 素 值	1	2	3	4	5	6	7
数 组 下 标	[0]	[1]	[2]	[3]	[4]	[5]	[6]

可以通过数组的长度，直接获取最后一个元素的值，如下所示。

```
//获取最后一个元素
arr[arr.length - 1]                    // 正确
arr[arr.length]                        // 错误
```

如果数组下标超出[0, 数组名.length-1]范围，则程序会出现“数组下标越界异常”的错误提示，如下所示。

```
Exception in thread "main" Java.lang.ArrayIndexOutOfBoundsException
```

5.2.3 数组元素默认值

Java 支持基本数据类型和引用数据类型的数组，在进行数组初始化时，如果没有指定数组元素的具体值，则数组元素将是默认值。不同数据类型元素的默认值如表 5-4 所示。

表 5-4 不同数据类型元素的默认值

元素数据类型	默 认 值
byte	0
short	0
int	0
long	0L
float	0.0f
double	0.0
char	\u0000（空字符）
boolean	false
引用数据类型（如 String）	null

示例代码：

```
public class ArrayTypesInit{
   public static void main(String[] args) {
      byte[] bArr = new byte[5];
      System.out.println(“byte 类型数组元素的默认值为：” + bArr[0]);
      short[] sArr = new short[5];
      System.out.println(“short 类型数组元素的默认值为：” + sArr[0]);
      int[] iArr = new int[5];
      System.out.println(“int 类型数组元素的默认值为：” + iArr[0]);
      long[] lArr = new long[5];
      System.out.println(“long 类型数组元素的默认值为：” + lArr[0]);
      float[] fArr = new float[5];
      System.out.println(“float 类型数组元素的默认值为：” + fArr[0]);
      double[] dArr = new double[5];
```

```
        System.out.println("double 类型数组元素的默认值为:" + dArr[0]);
        char[] cArr = new char[5];
        System.out.println("char 类型数组元素的默认值为:" + cArr[0]);
        boolean[] boolArr = new boolean[5];
        System.out.println("boolean 类型数组元素的默认值为:" + boolArr[0]);
        String[] strArr = new String[5];
        System.out.println("String 类型数组元素的默认值为:" + strArr[0]);
    }
}
```

代码运行结果：

```
byte 类型数组元素的默认值为：0
short 类型数组元素的默认值为：0
int 类型数组元素的默认值为：0
long 类型数组元素的默认值为：0
float 类型数组元素的默认值为：0.0
double 类型数组元素的默认值为：0.0
char 类型数组元素的默认值为：
boolean 类型数组元素的默认值为：false
String 类型数组元素的默认值为：null
```

5.2.4 一维数组的遍历

通过前两个小节的学习，相信大家已经可以声明一个数组，并且可以完成对数组的初始化操作，可以正式使用数组了。数组的使用，离不开对数组元素的访问，数组遍历就是对数组中的元素按顺序依次进行访问。接下来通过传统遍历和循环遍历两种方式对数组进行访问，用这两种方式的比较来体现循环遍历的精妙之处。

1. 传统遍历

示例代码：

```
public class ArrayElement {
    public static void main(String[] args){
        int[] arr = {10,20,30};
        System.out.println("arr 数组的第 1 个元素是：" + arr[0]);
        System.out.println("arr 数组的第 2 个元素是：" + arr[1]);
        System.out.println("arr 数组的第 3 个元素是：" + arr[2]);
    }
}
```

代码运行结果：

```
arr 数组的第 1 个元素是：10
arr 数组的第 2 个元素是：20
arr 数组的第 3 个元素是：30
```

数组的元素和之前的变量是一样的，每个元素都表示一个数据，所以挨个访问是能够实现的。但是在数组中元素非常多的情况下，传统遍历的方式就显得很不灵活了。

从如上所示的代码中可以看出，数组的下标是有规律的，因此对数组元素的访问，可以结合循环来简化代码，通过循环变量（如 i），控制数组的下标。

2. 循环遍历

示例代码：

```
public class ArrayForElement {
    public static void main(String[] args){
        int[] arr = {10,20,30};
        for (int i = 0; i < arr.length; i++){
            System.out.println("arr 数组的第" + i + "个元素是：" + arr[i]);
```

```
}
    }
}
```

代码运行结果：

```
arr 数组的第 0 个元素是：10
arr 数组的第 1 个元素是：20
arr 数组的第 2 个元素是：30
```

需要注意的是，如上所示的代码中的 for 循环初始化变量是从 0 开始的，因为数组下标是从 0 开始的，为避免出现数组下标越界问题，所以循环条件为 i < arr.length 或 i <= arr.length－1。

5.2.5　一维数组内存分析

当为数组初始化时，就会在堆中分配一整块连续的存储空间，系统根据元素的类型决定每个格子的大小，如 int 类型是 4 字节的宽度。根据元素的个数决定格子的数量，并将元素依次放在对应的空间中，格式如下所示。

```
int[] arr = {10,20,30,40,50};
```

一维数组的存储示例如图 5-2 所示。

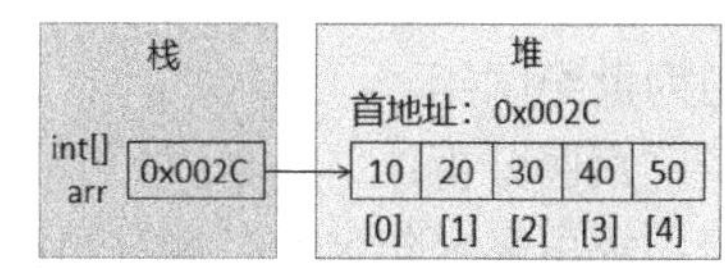

图 5-2　一维数组的存储示例

JVM 会给内存中的每字节都编有地址值，但具体的地址值我们很难记忆也不需要关心，只要知道数组引用（数组名）arr 中存储了第一个元素的地址值即可，其称为首地址。因为每个元素的宽度都是一样的，所以只要知道了首地址，加上距离首地址的偏移量，就可以找到数组的每个元素。就相当于你和几个好友一起住宾馆，房间都是挨着的，找到了第一个房间，再找其他的房间也就非常容易了。数组的第一个元素，距离首地址偏移[0]个格子，因此第一个元素的访问方式就是 arr[0]；数组的第二个元素，距离首地址偏移[1]个格子，因此第二个元素的访问方式就是 arr[1]，依次类推。

虽然数组名变量中实际存储的确实是数组对象的首地址，但是显示给用户看的并不是地址值，因为 Java 会对外隐藏内存地址信息。大家不妨试着打印数组名，可以发现显示的是数组的维度信息、元素类型及哈希值。

5.2.6　案例：遍历英文字母大小写

案例需求：

用一个数组存储 26 个英文字母的小写形式，遍历 26 个英文字母，以大写字母的形式输出。

案例分析：

（1）要存储 26 个英文字母，那么数组的元素类型是 char；

（2）26 个英文字母的编码值是连续的，因此元素的赋值可以是有规律的，可以使用循环赋值；

（3）大写英文字母与小写英文字母之间的编码值正好差 32。例如，“A”值为 65，则“a”值为 97，其他字母的差值也都如此。

示例代码：

```
public class LettersDemo {
    public static void main(String[] args) {
        char[] letters = new char[26];
        for (int i = 0; i < letters.length; i++) { //给数组元素分别赋值为'a','b','c',…
            letters[i] = (char)('a' + i);
        }
        for (int i = 0; i < letters.length; i++) {
            System.out.println(letters[i] + "→" + (char)(letters[i]  -32));
        }
```

```
    }
}
```

代码运行结果：

```
a→A
b→B
......
x→X
y→Y
z→Z
```

5.2.7 案例：打鱼还是晒网

案例需求：

假设张三从 1990 年 1 月 1 日当天开始执行三天打鱼两天晒网，五天一个周期，风雨无阻，不论节假日，那么如果李四想要约张三玩，就需要用键盘输入年、月、日，以判断这一天张三是在打鱼还是在晒网。

闰年：公历年份若是 4 的倍数，且不是 100 的倍数，则为普通闰年；公历年份若是 400 的倍数，则为世纪闰年。

案例分析：

求出××年××月××日距离 1990 年 1 月 1 日一共有几天，两个部分。

（1）距离 1990 年满年的天数，其中，平年是 365 天，闰年是 366 天。

（2）××年的××月××日距离当年 1 月 1 日的总天数。

可以把平年 12 个月的总天数存储在数组中，然后累加对应的元素值，此处还需要考虑是否是闰年，如果是闰年，则累加 2 月份总天数时，需要多加 1 天。

得到总天数后，总天数与 5 取模，若结果是 1、2、3，则就是在打鱼，否则就是在晒网。

示例代码：

```
import Java.util.Scanner;
public class FishingOrDryNet {
    public static void main(String[] args) {
        Scanner input = new Scanner(System.in);
        System.out.print("年: ");
        int year = input.nextInt();

        System.out.print("月: ");
        int month = input.nextInt();

        System.out.print("日: ");
        int day = input.nextInt();

        //days 表示总天数
        int days = day;//第 month 月的 day 天

        //[1990, year-1]年的满年天数
        for (int i = 1990; i < year; i++) {
            if ((i % 4 == 0 && i % 100 != 0) || i % 400 == 0) {
                days += 366;
            } else {
                days += 365;
            }
        }

        //第 year 年的[1,month-1]月的整满月天数
```

```
        int[] daysPerMonth = new int[]{31, 28, 31, 30, 31, 30, 31, 31, 30, 31, 30, 31};
        for (int i = 1; i < month; i++) {
            if (i == 2) {
                if ((year % 4 == 0 && year % 100 != 0) || year % 400 == 0) {
                    days++;
                }
            }
            days += daysPerMonth[i - 1];
        }

        //用总天数 % 5
        int result = days % 5;
        System.out.println(year + "年" + month + "月" + day +
                "日是在" + (result == 1 || result == 2 || result == 3 ? "打鱼" : "晒网"));
    }
}
```

代码运行结果：

```
年为 2022
月为 2
日为 28
2022 年 2 月 28 日是在打鱼
```

5.3　数组的算法

数组往往结合相应的算法使用，数组最常用的算法有元素特征值统计、最值查找、顺序查找、二分查找、冒泡排序等。

5.3.1　元素特征值统计

数组元素的特征值统计是非常基础的算法，常见的操作有统计数组中满足某特征元素的个数，如偶数的个数、素数的个数等，求元素的累加和，求所有元素的平均值等。

案例需求：

创建一个 double 数组并赋值，求出数组中的所有元素的和。

示例代码：

```
public class ArrayElementSum {
    public static void main(String[] args) {
        double[] scores = {99.5, 82.5, 65, 98, 87};

        double sum = 0; //记录总和
        for (int i = 0; i < scores.length; i++) {
            sum += scores[i];
        }
        System.out.println("总和：" + sum);
    }
}
```

代码运行结果：

```
总和：432.0
```

案例需求：

创建一个 int 数组并赋值，统计数组中偶数的个数。

示例代码：

```
public class ArrayEvenCount {
    public static void main(String[] args) {
```

```
        int[] arr = {3,6,8,1,23};

        int count = 0;  //记录偶数的个数
        for (int i = 0; i < arr.length; i++) {
            if(arr[i] % 2 == 0){
                count++;
            }
        }
        System.out.println("偶数的个数是: " + count);
    }
}
```

代码运行结果：

```
偶数的个数是：2。
```

5.3.2 最值查找

在众多的元素中，找到最大值和最小值，在实际开发中是非常重要的，如找到某次考试成绩的最高分和最低分，找到某个好评率最高的商品等。

案例需求：

找出数组中的最大值并输出。

示例代码：

```
public class ArrayMax {
    public static void main(String[] args) {
        int[] arr = {11, 20, 35, 24, 15};

        int max = arr[0];
        //用 max 与数组后面的元素一一比较
        for (int i = 1; i < arr.length; i++) {
            if (max < arr[i])
                max = arr[i];
        }
        System.out.println("max = " + max);
    }
}
```

代码运行结果：

```
max = 35
```

案例解析：

在众多的元素中找到最大值，可以使用“打擂台”的策略，先让第一个人上擂台，认为其是最厉害的，然后让第二个人和擂台上的人 PK，获胜者站在擂台上，以此类推，直到最后一个人 PK 结束，最后留在擂台上的人即为获胜者。同理，求最小值的方法与其一样。

5.3.3 顺序查找

在实际开发中，经常会遇到这样的需求，在一组已有的数据中查找某个目标值是否存在，如查找某个学员是否在某个小组中，查找是否有考满分的学生等。这种情况需要对数组中的元素进行遍历查找。

案例需求：

考试结束，组长录入了本组学员的信息。现在有学员要查找自己的成绩。例如，“谷姐”要查找她的成绩是多少。

提示：字符串引用数据类型，判断两个字符串是否相等使用(字符串 1).equals(字符串 2)的系统函数，该函数会返回 boolean 值。

案例分析：

（1）把姓名和成绩分别利用不同类型数组存储，要形成一一对应关系，即姓名数组和成绩数组在相同下标位置存储对应元素；

（2）先在姓名数组中，找到“谷姐”的下标，采用顺序查找的方式。可以声明一个变量 index 来表示“谷姐”的下标，一开始初始化为-1，因为正常的下标不会是-1，所以如果最后 index 的值仍然是-1，那么说明“谷姐”不在这个组中。

（3）如果 index 不是-1，那么就可以在成绩组中获取对应的成绩。

示例代码：

```
import Java.util.Scanner;

public class FindValueInArray {
    public static void main(String[] args) {
        Scanner input = new Scanner(System.in);

        System.out.print("请输入小组人数：");
        int count = input.nextInt();

        //分别定义存储学员姓名和成绩的数组
        String[] names = new String[count];
        int[] scores = new int[count];

        for (int i = 0; i < count; i++) {
            System.out.println("第" + (i + 1) + "个同学的信息：");
            System.out.print("姓名：");
            names[i] = input.next();

            System.out.print("成绩：");
            scores[i] = input.nextInt();
        }

        System.out.print("请输入要查找成绩的学员姓名：");
        String find = input.next();

        int index = -1;
        for (int i = 0; i < names.length; i++) {
            if (names[i].equals(find)) {//注意，字符串较为特殊
                index = i;
            }
        }

        if (index == -1) {
            System.out.println(find + "同学不在本小组");
        } else {
            System.out.println(find + "的成绩是" + scores[index]);
        }
    }
}
```

代码运行结果：

```
请输入小组人数：3
第 1 个同学的信息
姓名：张三
成绩：90
第 2 个同学的信息
姓名：李四
成绩：80
```

```
第 3 个同学的信息
姓名：谷姐
成绩：100
请输入要查找成绩的学员姓名：谷姐
谷姐的成绩是 100
```

5.3.4 二分查找

通过以上几节的学习我们可以知道，遍历数组的所有元素，可以查找某个元素是否存在，它在数组中的下标位置是多少。试想一下，平时翻字典时，除规规矩矩地从头到尾查找，我们还可以使用另外一种更快的查找方式，就是先从字典的大概中间页开始找，如果中间页没有，再从前半部分或后半部分继续使用刚才的查找方式，这就是所谓的折半查找法或二分查找法。大家再想一想，为什么翻字典可以使用这种方式呢？其实，这里隐含了一个前提条件，那就是字典中的字是有序的。因此，二分查找法只适用于数组的元素是有序的状态，对于数组的元素是无序的状态，二分查找法是不适用的。

二分查找法就是将数组中的所有元素一分为二，看最中间的元素是否与查找目标一致，如果一致，那么结束查找；如果目标元素比中间元素“大”，那么可以排除前半部分，去后半部分查找目标元素；如果目标元素比中间元素“小”，那么可以排除后半部分，去前半部分查找目标元素。当然，无论是去前半部分查找还是去后半部分查找，依旧重复刚才的操作，把要查找的数据一分为二，然后看最中间的元素是否与查找目标一致，依次类推。二分查找流程如图 5-3 所示。

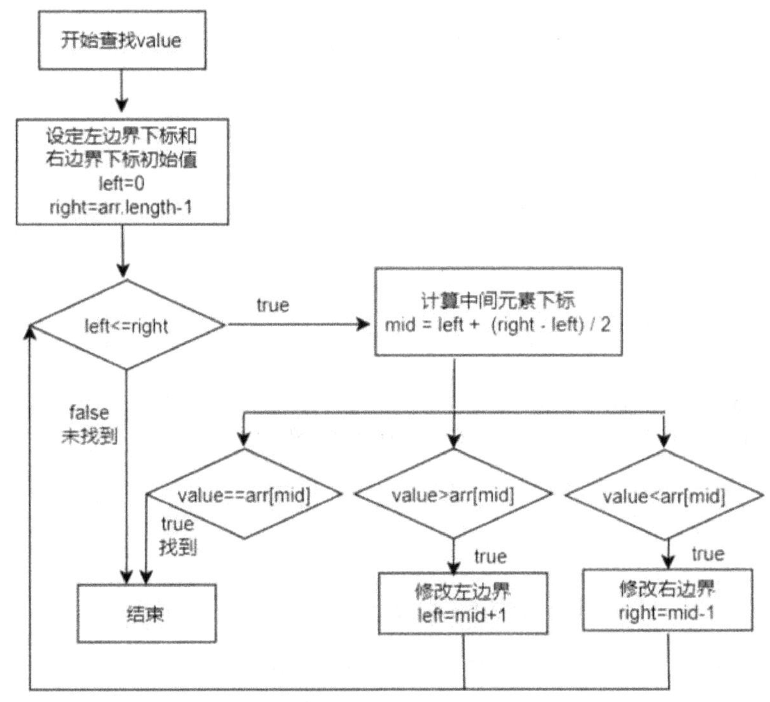

图 5-3 二分查找流程

案例需求：

查找数组中是否有指定的某个元素，如查找 35。

示例代码：

```
public class BinarySearch {
    public static void main(String[] args) {
        int[] arr = {1,4,8,23,40,50,85,90,95,100};
        int value = 35;
```

```
        int index = -1;
        int left = 0;
        int right = arr.length - 1;
        while (left <= right){
            int mid = (left + right)/ 2;
          if (value == arr[mid]){
             index = mid;
             break;//找到结束
          } else if (value > arr[mid]){//往右继续查找
             left = mid + 1;//移动左边界
          } else if (value < arr[mid]){//往左边继续查找
             right = mid - 1;//移动左右界
          }
        }
        if (index == -1){
          System.out.println(value + "不存在");
        } else {
          System.out.println(value + "的下标是" + index);
        }
    }
}
```

注意：能使用二分查找的数组必须是有序的，否则查找的结果是错误的。

案例解析：

第 1 次：left=0,right=9,mid=(left+rigth)/2=4, arr[mid]是 40，value 是 35，因此第 1 次没找到，value 比 40 小，所以修改 right=mid−1=3。

第 2 次：left=0,right=3,mid=(left+rigth)/2=1, arr[mid]是 4，value 是 35，因此第 2 次没找到，value 比 4 大，所以修改 left=mid+1=2。

第 3 次：left=2,right=3, mid=(left+rigth)/2=2, arr[mid]是 8，value 是 35，因此第 3 次没找到，value 比 8 大，所以修改 left=mid+1=3。

第 4 次：left=3,right=3, mid=(left+rigth)/2=3, arr[mid]是 23，value 是 35，因此第 4 次没找到，value 比 23 大，所以修改 left=mid+1=4。

第 5 次：判断循环条件 left<=right 不成立，循环结束，所以 index 仍然是−1，说明 value=35 不存在。

二分查找过程分析如图 5-4 所示。

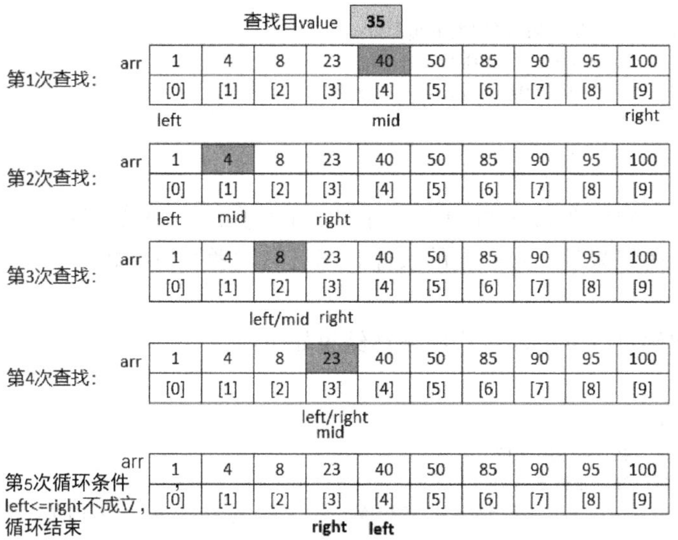

图 5-4　二分查找过程分析

5.3.5 冒泡排序

对一组数据进行排序实在是太常见了，如学生的成绩排名、商品按照价格排序、视频按照热度排名等。

数组的排序算法有很多，常见的有冒泡排序、直接选择排序、直接插入排序、希尔排序、堆排序、归并排序、快速排序等。评价一个排序算法的好坏往往有几个标准，如时间复杂度、空间复杂度、稳定性等，不同类型的排序算法适合不同类型的情景。

本节先给大家介绍一个经典的排序算法，那就是冒泡排序，它几乎是所有程序员必学的第一个排序算法。

冒泡排序的详细过程如下所示。

（1）比较相邻的两个元素，如果顺序错误就把它们交换过来。

（2）对每对相邻元素做同样的工作，从第一对到最后一对。

（3）每轮对越来越少的元素重复上面的步骤，直到没有任何一对元素需要比较。

案例需求：

将代码中待排序的数组按照从小到大的顺序排列。

示例代码：

```
public class BubbleSort {
    public static void main(String[] args) {
        double[] scores = {99.5, 82.5, 65, 98, 87};  //待排序的数组

                    //每执行一次 i，表示进行一轮待排序数组元素的比较
        for (int i = 1; i < scores.length; i++) {
                    //每轮待排序的元素都相应的减少，所以循环条件中 j 的边界值逐渐变小
            for (int j = 0; j < scores.length - i; j++) {
                    //因为需要从小到大排序，所以一旦发现前一个元素较大，则交换两个位置的元素

                if (scores[j] > scores[j + 1]) {
                    double temp = scores[j];
                    scores[j] = scores[j + 1];
                    scores[j + 1] = temp;
                }
            }
        }
                    //排序后，遍历已排好序的数组元素
        for (int i = 0; i < scores.length; i++) {
            System.out.println(scores[i]);
        }
    }
}
```

从以上的代码中可以发现在第 3 章中学习过的一个小算法，那就是交换两个变量的值，这个算法虽然很简单，但是对于排序来说，是必要的条件。忘记的读者可以回顾第 3 章的相关内容。

案例解析：

对上述冒泡排序代码进行分析，每次的循环结果如下所示。

第 1 轮结果。

```
第 1 次比较结果：{82.5, 99.5, 65, 98, 87}
第 2 次比较结果：{82.5, 65, 99.5, 98, 87}
第 3 次比较结果：{82.5, 65, 98, 99.5,87}
第 4 次比较结果：{82.5, 65, 98, 87, 99.5}    //本轮最大的 99.5 到达本轮参与比较的元素最后
```

第 2 轮结果。

```
第 1 次比较结果：{65, 82.5, 98, 87, 99.5}
```

```
第 2 次比较结果：{ 65, 82.5, 98,87, 99.5}
第 3 次比较结果：{ 65, 82.5, 87, 98, 99.5}  //本轮最大的 98 到达本轮参与比较的元素最后
```

第 3 轮结果。

```
第 1 次比较结果：{ 65, 82.5, 87, 98, 99.5}
第 2 次比较结果：{ 65, 82.5, 87,98, 99.5}  //本轮最大的 87 到达本轮参与比较的元素最后
```

第 4 轮结果。

```
第 1 次比较结果：{ 65, 82.5, 87, 98, 99.5}  //本轮最大的 82.5 到达本轮参与比较的元素最后
```

从上面的过程分析可以看出，经过前两轮就已经实现最终的排序了，这意味着上面的代码还可以再优化，那么如何优化呢，这里作为拓展问题，大家可以动手试一试！

5.3.6 快速排序

冒泡排序是最基础的排序算法，但是冒泡排序在性能上不见得是最优的。下面给大家讲解快速排序。快速排序是实际开发中最常用的排序算法之一，它的代码涉及方法的定义、调用和递归等概念，如果还未接触过方法等相关语法的读者，可以学习后面的章节后再回来看本节的内容。

快速排序的思想是通过一趟排序将待排序元素分割成独立的两部分，其中一部分的所有元素均比另一部分的所有元素小，然后对这两部分重复刚才的过程继续排序，直到整个序列有序。

示例代码：

```
public class QuickSort {
    public static void main(String[] args) {
        int[] data = {9, -16, 30, 23, -30, -49, 25, 21, 30};
        System.out.println("排序之前：");
        for (int i = 0; i < data.length; i++) {
            System.out.print(data[i]+" ");
        }

        quickSort(data);//调用实现快排的方法

        System.out.println("\n 排序之后：");
        for (int i = 0; i < data.length; i++) {
            System.out.print(data[i]+" ");
        }
    }

    public static void quickSort(int[] data) {
        subSort(data, 0, data.length - 1);
    }

    private static void subSort(int[] data, int start, int end) {
        if (start < end) {
            int base = data[start];
            int low = start;
            int high = end + 1;
            while (true) {
                while (low < end && data[++low] - base <= 0)
                    ;
                while (high > start && data[--high] - base >= 0)
                    ;
                if (low < high) {
                    //交换 data 数组[low]与[high]位置的元素
                    swap(data, low, high);
                } else {
                    break;
                }
```

```
            }
            //交换 data 数组[start]与[high]位置的元素
            swap(data, start, high);

            //经过代码[start, high)部分的元素 比[high, end]部分的小都小

            //通过递归调用，对 data 数组[start, high-1]部分的元素重复刚才的过程
            subSort(data, start, high - 1);
            //通过递归调用，对 data 数组[high+1,end]部分的元素重复刚才的过程
            subSort(data, high + 1, end);
        }
    }

    private static void swap(int[] data, int i, int j) {
        int temp = data[i];
        data[i] = data[j];
        data[j] = temp;
    }
}
```

案例解析：

第一轮：start=0,end=8，low=0,high=9， base= data[start]=data[0]=9。

计划将 data 数组[0,8]范围的元素分为两部分，左边部分的所有元素都比 9 小，右边部分的所有元素都比 9 大。

第 1 次：

在左边，从 low=0 的位置开始往右找第 1 个比 9 大的数的位置，找到了 low=2, data[low]=30；

在右边，从 high=9 的位置开始往左找第 1 个比 9 小的数的位置，找到了 high=5, data[high]=-49。

因为 low < high，所以交换 data[low]与 data[high]。

结果如下：[9, -16, -49, 23, -30, 30, 25, 21, 30]。

第 2 次：

在左边，从 low=2 的位置开始往右找第 1 个比 9 大的数的位置，找到了 low=3，data[low]=23；

在右边，从 high=5 的位置开始往左找第 1 个比 9 小的数的位置，找到了 high=4，data[high]=-30。

因为 low < high，所以交换 data[low]与 data[high]。

结果如下：[9, -16, -49, -30, 23, 30, 25, 21, 30]。

第 3 次：

在左边，从 low=3 的位置开始往右找第 1 个比 9 大的数的位置，找到了 low=4，data[low]=23；

在右边，从 high=3 的位置开始往左找第 1 个比 9 小的数的位置，找到了 high=3，data[high]=-30。

因为 low < high 不成立，所以不交换 data[low]与 data[high]。

第一轮结束，交换 data[start]与 data[high]位置的元素，这样可以得到在[start,end]范围，即[0,8]范围，data[high]左边的所有元素都比 data[high]小，右边的所有元素都比 data[high]大。

结果如下：[-30, -16, -49, 9, 23, 30, 25, 21, 30]。第一轮快速排序过程分析如图 5-5 所示。

接下来分别对[start, high-1]（[0,2]范围）的元素[-30, -16, -49]和[high+1, end]（[3,8]范围）的元素[23, 30, 25, 21, 30]重复上述过程。

下面对[start, high-1]（[0,2]范围）的元素[-30, -16, -49]的排序过程再次进行分析。

第二轮：start=0, end=high-1=2，low=0,high=3,base=data[start]=data[0]=-30。

计划将 data 数组[0,2]范围的元素分为两部分，左边的所有元素都比-30 小，右边的所有元素都比-30 大。

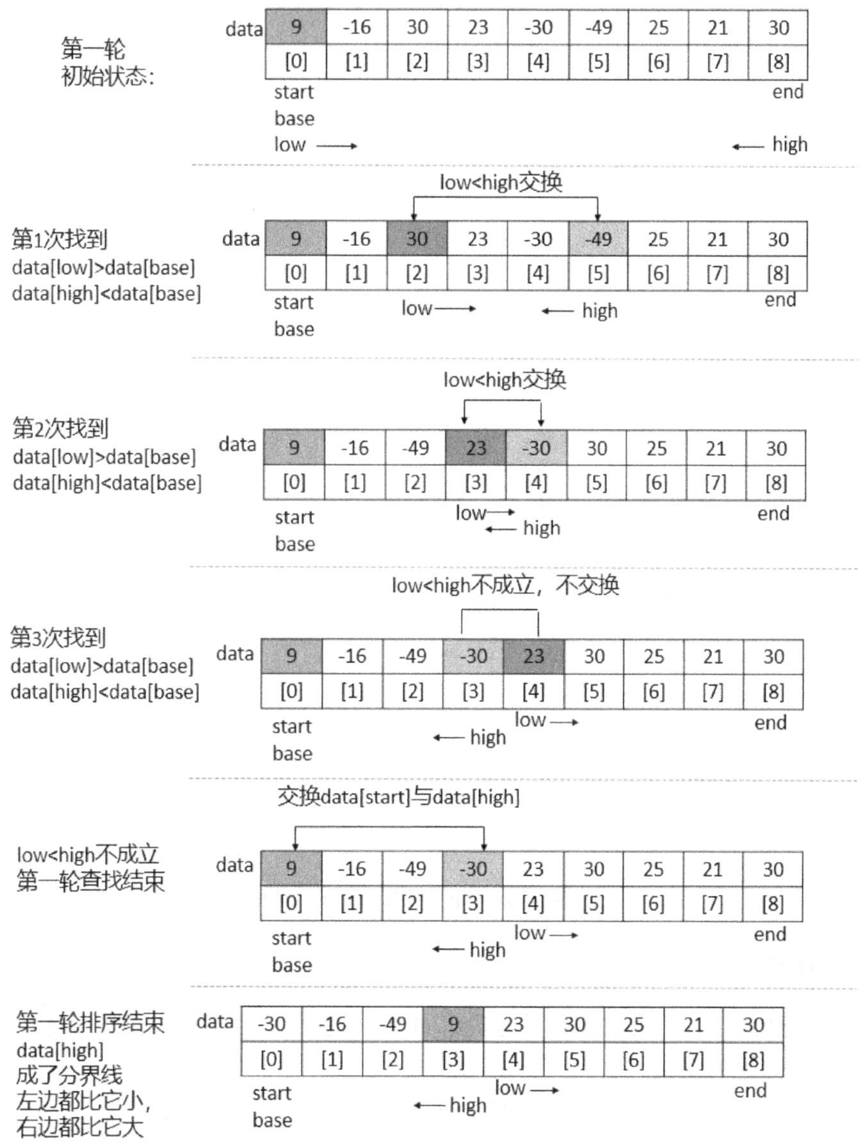

图 5-5　第一轮快速排序过程分析

第 1 次：

在左边，从 low=0 的位置开始往右找第 1 个比 9 大的数的位置，找到了 low=1，data[low]=−16；

在右边，从 high=3 的位置开始往左找第 1 个比 9 小的数的位置，找到了 high=2，data[high]=−49。

因为 low < high，所以交换 data[low]与 data[high]。

结果如下：[−30, −49, −16, 9, 23, 30, 25, 21, 30]。

第 2 次：

在左边，从 low=1 的位置开始往右找第 1 个比 9 大的数的位置，找到了 low=2，data[low]=−16；

在右边，从 high=2 的位置开始往左找第 1 个比 9 小的数的位置，找到了 high=1，data[high]=−49。

因为 low < high 不成立，所以不交换 data[low]与 data[high]。

第二轮结束，交换 data[start]与 data[high]位置的元素，这样在[start,end]范围，即[0,2]范围，data[high]左边的所有元素都比 data[high]小，右边的所有元素都比 data[high]大。

结果如下：[−49, −30, −16, 9, 23, 30, 25, 21, 30]。第二轮快速排序过程分析如图 5-6 所示。

剩下的过程与第一轮的过程类似，在此不再赘述，大家耐心推导就会明白快速排序的思想。

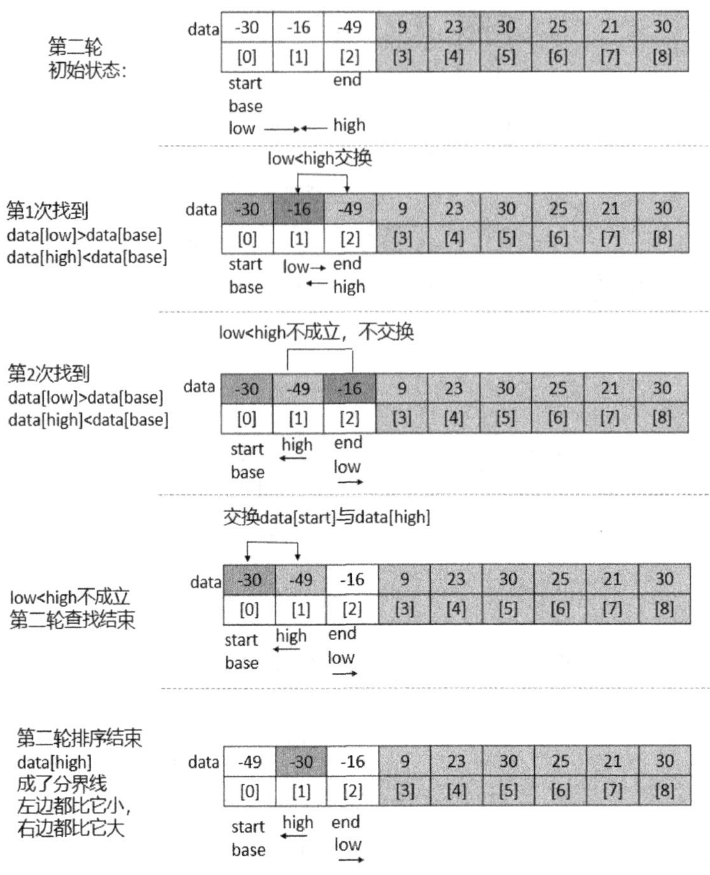

图 5-6　第二轮快速排序过程分析

5.3.7 数组的复制

为了更好地利用数组，后面我们还会学习数组的反转、扩容等。但是，在学习这些之前，先要搞清楚一个问题，那就是数组的复制。

在学习数组的复制之前，先重温下变量的赋值。大家先来看一段代码：

```
int a = 1;
int b = a;
System.out.println("a = " + a);
System.out.println("b = " + b);

b = 2;
System.out.println("a = " + a);
System.out.println("b = " + b);
```

这段代码很简单，b 变量一开始初始化为 a 变量的值，那么打印 a 和 b，它们的值是一样的，都是 1。之后修改了 b 的值为 2，再打印 a 和 b 的值，a 的值仍然是 1，而 b 的值变为 2。因为“int b = a;”这句代码将 a 变量中的数据值复制了一份给 b，但 a 和 b 是两个完全独立的变量。

接下来学习数组的复制，大家再来看一段代码：

```
int[] array1 = {2,3,5,7,11};
int[] array2 = array1;
System.out.print("遍历 array1:");
for (int i = 0; i < array1.length; i++) {
    System.out.print(array1[i] + ",");
}
System.out.println();
```

```
System.out.print("遍历 array2:");
for (int i = 0; i < array2.length; i++) {
       System.out.print(array1[i] + ",");
}
System.out.println();

array2[0] = 0;                         // ①

System.out.println("array2[0]修改为 0 之后：");
System.out.print("遍历 array1:");
for (int i = 0; i < array1.length; i++) {
   System.out.print(array1[i] + ",");
}
System.out.println("遍历 array2:");
for (int i = 0; i < array2.length; i++) {
   System.out.print(array2[i] + ",");
}
```

代码运行结果：

```
遍历 array1:2,3,5,7,11,
遍历 array2:2,3,5,7,11,
```

array2[0]修改为 0 之后：

```
遍历 array1:0,3,5,7,11,
遍历 array2:0,3,5,7,11,
```

在①代码之前和之后遍历数组 array1 和 array2，可以发现它们的元素竟然完全相同。从中我们可以发现一个意想不到的效果，array2 的更改竟然同时影响了 array1。那么 array1 和 array2 究竟是什么关系？

array1 和 array2 属于数组类型的引用变量，当通过“=”赋值时，array1 将地址赋值给了 array2，因此二者引用（指向）了同一个数组对象的内存空间，所以通过一个引用修改该对象的成员，会影响另外一个引用。这就好比是张三和李四手里都有一个遥控器，但操作的是同一台电视机，张三的操作当然会影响李四的观看。array1 和 array2 指向同一个数组的内存分析如图 5-7 所示。

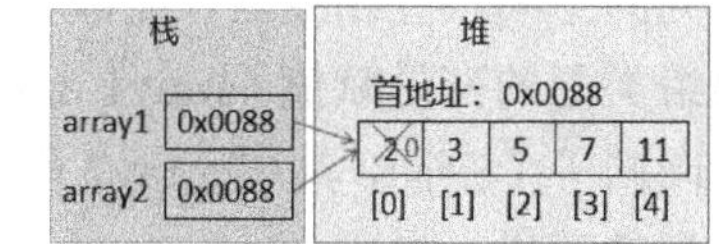

图 5-7　array1 和 array2 指向同一个数组的内存分析

修改上面的代码如下所示：

```
int[] array1 = {2,3,5,7,11};
int[] array3 = new int[array1.length];

for (int i = 0; i < array1.length; i++){
   array3[i] = array1[i];
}
// 遍历 array1 和 array3
System.out.print("array1 数组元素：");
for (int i = 0; i < array1.length; i++) {
   System.out.print(array1[i] + ",");
}
System.out.println();
System.out.print("array3 数组元素：");for(int i = 0; i < array3.length; i++) {
   System.out.print(array3[i] + ",");
}
System.out.println();

array3[0] = 0;                         // ②

System.out.println("array3[0]修改为 0 之后：");// 再次遍历 array1 和 array3
```

```
System.out.print("array1 数组元素：");
for (int i = 0; i < array1.length; i++) {
    System.out.print(array1[i] + ",");
}
System.out.println();
System.out.print("array3 数组元素：");
for (int i = 0; i < array3.length; i++) {
    System.out.print(array3[i] + ",");
}
```

代码运行结果：

```
array1 数组元素：2,3,5,7,11,
array3 数组元素：2,3,5,7,11,
array3[0]修改为 0 之后：array1 数组元素：2,3,5,7,11,
array3 数组元素：0,3,5,7,11,
```

此时，在②代码之前遍历数组 array1 和 array3，可以发现它们的元素完全相同，但在②代码之后遍历 array1 和 array3，array3 对[0]元素的修改和 array1 无关了。那么 array1 和 array3 究竟是什么关系？array1 和 array3 是完全独立的两个数组，只是一开始把 array1 的数组元素复制了一份放到了 array3 中。array1 和 array3 指向不同数组的内存分析如图 5-8 所示。

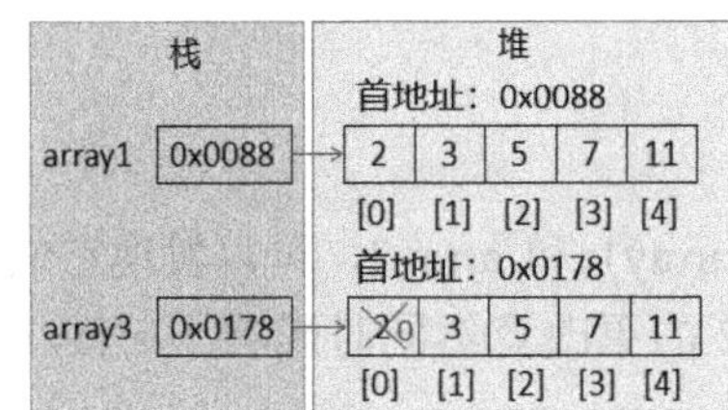

图 5-8　array1 和 array3 指向不同数组的内存分析

经过以上代码分析可得，基本数据类型的变量 a=b;语句将 b 变量的数据值复制一份给 a，两个变量指向不同的空间，互相独立，更改其中一个变量，不会影响另外一个变量。

数组类型的变量赋值，array1=array2;语句将 array2 变量中的地址值赋值一份给 array1，相当于两个引用指向同一个空间，其中 array2 引用对其成员进行更改，影响 array1。其他引用类型变量的赋值也和数组类型的变量一样。

5.3.8　元素的反转

在实际开发中，我们会遇到这样一个需求，那就是将一组数据的顺序反过来，或者将一组数据的其中一部分反过来，这样的操作，称为数组元素的反转。例如，将一个表格的数据逆序展示等。

案例需求：

将数组的元素进行反转。

案例分析：

思路一。可以借助一个新数组，然后把原来数组的元素，按照逆序依次复制到新数组中，这样就可以得到一个顺序相反的数组，然后让 arr 指向新数组。不过此时，相当于堆中有两个数组，在内存中占了 2 倍的空间。

思路二。可以直接在原数组中进行首尾对应位置交换，也可以得到逆序的数组。那么此时，需要交换数组的长度/2 次，而且不会占用 2 倍的空间。

思路一示例代码：

```
public class ArrayReverseDemo1 {
    public static void main(String[] args) {
        int[] arr = {1,2,3,4,5};
```

```
        System.out.print("反转前 arr 数组: ");
        for (int i = 0; i < arr.length; i++) {
           System.out.print(arr[i]+" ");
        }
        System.out.println();
        //反转: 借助一个新数组
        int[] newArr = new int[arr.length];
        for (int i = 0; i < newArr.length; i++) {
           newArr[i] = arr[arr.length-1-i];
        }
        //让 arr 指向新数组
        arr = newArr;

        System.out.print("反转后 arr 数组: ");
        for (int i = 0; i < arr.length; i++) {
           System.out.print(arr[i]+" ");
        }
        System.out.println();
    }
}
```

代码运行结果：

```
反转前 arr 数组: 1 2 3 4 5
反转后 arr 数组: 5 4 3 2 1
```

思路二示例代码：

```
public class ArrayReverseDemo2 {
    public static void main(String[] args) {
        int[] arr = {1,2,3,4,5};

        System.out.print("反转前 arr 数组: ");
        for (int i = 0; i < arr.length; i++) {
           System.out.print(arr[i]+" ");
        }
        System.out.println();

        //反转: 首尾交换法
        for (int i = 0; i < arr.length / 2; i++){
           int temp = arr[i];
           arr[i] = arr[arr.length-1-i];
           arr[arr.length-1-i] = temp;
        }

        System.out.print("反转后 arr 数组: ");
        for (int i = 0; i < arr.length; i++) {
           System.out.print(arr[i]+" ");
        }
        System.out.println();
    }
}
```

代码运行结果：

```
反转前 arr 数组: 1 2 3 4 5
反转后 arr 数组: 5 4 3 2 1
```

5.4 动态数组的实现

对数组的学习越深入，就越能发现数组的魅力，在很多情况下，都可以考虑使用数组解决问题。之前的数组学习，只是访问或查找数组的元素，修改数组元素的值，或者交换数组元素的顺序，不涉及数组元素个数的改变。如果在使用数组的过程中需要增加数组的元素，或者减少数组的元素，那么应该怎么办呢？这就需要我们了解动态数组的概念。

所谓动态数组，是指在程序运行期间实现数组元素个数会增加或减少。当然，我们是知道数组的长度一旦确定就不能改变这个原则的，那么应怎样实现数组元素个数的增加或减少呢？其实动态数组是通过创建新的数组来实现的。

首先，如果要增加数组的元素个数，那么就定义一个更长的数组；如果要减少数组的元素个数，就定义一个更短的数组。其次，把原来数组的元素复制到新数组对应位置。最后，让原数组变量指向新数组，从而在效果上实现了对数组元素的扩容或缩减。

讲解这个知识点的目的是让大家更好地理解数组的结构，后续我们可以发现核心类库的集合框架中已经有现成的动态数组类型供程序员使用，无须程序员操心扩容等问题。

5.4.1 数组元素的增加

案例需求：

现有一个数组，存储了一组图书，分别为《三国演义》《水浒传》《西游记》《红楼梦》。现在要用键盘输入新书，如《来尚硅谷学 Java》。

案例分析：

如果要增加新的元素，那么势必要对数组进行扩容，扩容的机制有多种，如来一个增加一个，或者扩容为原来的 1.5 倍或 2 倍等，最终选择哪种方案，要看实际的需求情况，因为每个方案都各有优缺点。扩容量太小，会导致扩容操作太频繁，就好比总搬家，不断复制数组元素会导致运算量增加；扩容量太大，又可能导致空间浪费。所以，我们要根据实际情况选择一个更适合当前需求的方案。以下选择扩容为 1.5 倍来演示整个过程。

这里有两个概念需要区分，一个是数组的容量 capacity，即数组的长度；另一个是数组实际存储元素的个数 size，当 size=capacity 时，说明数组已满。

示例代码：

```
import java.util.Scanner;

public class AddElement {
    public static void main(String[] args) {
        Scanner input = new Scanner(System.in);
        String[] books = {"三国演义", "水浒传", "西游记", "红楼梦"};
        int size = books.length;//数组实际存储的元素个数

        while (true) {
            System.out.print("请输入新添加的图书：");
            String addBook = input.next();

            if (size >= books.length) {
                int newLen = books.length + (books.length >> 1);//相当于 1.5 倍
                //创建新数组，容量为旧数组的 1.5 倍
                String[] newBooks = new String[newLen];
                //循环将旧数组中的每个元素赋值给新数组
                for (int i = 0; i < books.length; i++) {
                    newBooks[i] = books[i];
```

```
            }
            //books 指向新数组
            books = newBooks;
        }
        //将新元素添加到数组中，并且实际存储元素个数增加
        books[size++] = addBook;

        System.out.println("现有图书列表：");
        for (int i = 0; i < size; i++) {
            System.out.print(books[i] + "\t");
        }
        System.out.println();

        System.out.print("是否结束添加？(Y/N)");
        char confirm = input.next().charAt(0);
        if (confirm == 'y' || confirm == 'Y') {
            break;
        }
    }
  }
}
```

代码运行结果：

```
请输入新添加的图书：来尚硅谷学 Java
现有图书列表：
三国演义	水浒传	西游记	红楼梦	来尚硅谷学 Java
是否结束添加？(Y/N)y
```

案例解析：

上述核心代码的执行过程如下所示。

（1）创建一个新数组，长度是原来的 1.5 倍。数组容量扩充如图 5-9 所示。

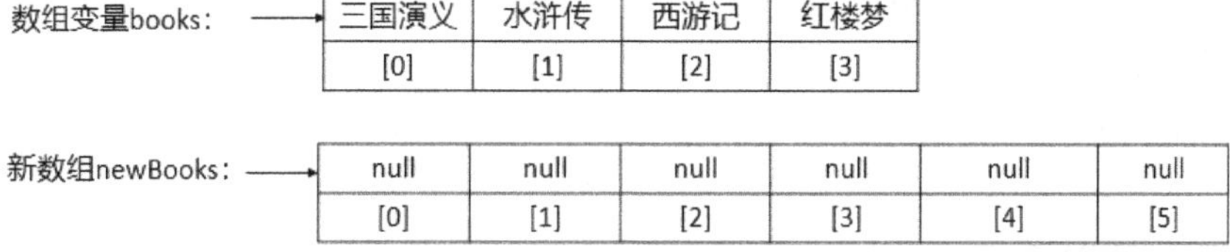

图 5-9　数组容量扩充

```
int newLen = books.length+(books.length>>1); //相当于 1.5 倍

//创建新数组，容量为旧数组的 1.5 倍
String[] newBooks = new String[newLen];
```

（2）将旧数组的元素依次赋值给新数组，并且将 books 指向新数组。复制旧数组的元素如图 5-10 所示。

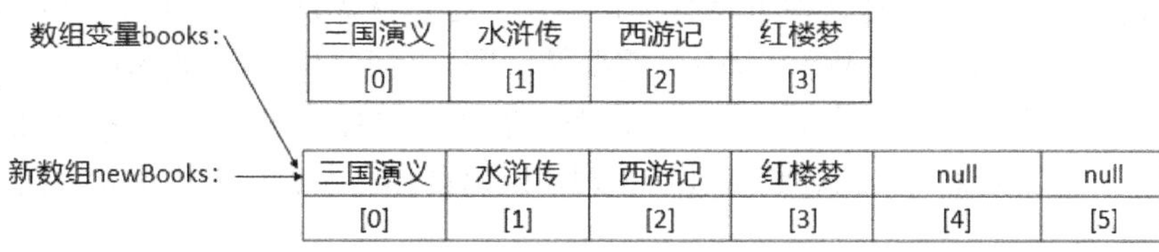

图 5-10　复制旧数组的元素

```
for (int i = 0;i < books.length;i++){
    newBooks[i] = books[i];
}
books = newBooks;
```

（3）将待添加的元素放在数组后续的空位置上，实际元素个数加 1。数组添加新元素如图 5-11 所示。

图 5-11　数组添加新元素

```
books [size++] = addBook;
```

以上案例是按顺序添加新元素的，如果往原有数组的指定位置 index（index 位置可以是[0, size]的任意位置）插入新元素，那么该如何实现呢。其实原理与顺序添加新元素很相似，如果原有数组已满，也是先扩容，只是在放置新元素之前，要先将插入位置 index 及其后面的元素往右移动。

示例代码：

```
int newLen = books.length+(books.length>>1); //相当于 1.5 倍

//创建新数组，容量为旧数组的 1.5 倍
String[] newBooks = new String[newLen];

//拷贝旧数组元素到新数组中
for (int i = 0;i < books.length;i++){
   newBooks[i] = books[i];
}
//books 指向新数组
books = newBooks;

//将 index 及其后面的元素往右移动，腾出 books[index]的位置放置新元素
int index = 0; //index 位置可以是[0, size]的任意位置，这里用[0]演示
for (int i = size; i > index; i--){
   books[i] = books[i - 1];
}
books[index] = addBook;
size++;
```

5.4.2　数组元素的删除

当需要往一个已经存满元素的数组中增加新元素时，势必需要先对数组扩容。反过来，当将一个数组的元素删除后，势必会有些位置空出来。那么要如何处理这些空出来的位置呢？

思路一：把空出来的位置用特殊值标记，如果是基本数据类型的元素则可以用 0 或-1 等特殊值做标记，如果是引用数据类型的元素则可以用 null 做标记。在下次添加新元素时，发现数组中有空位置，就可以直接把新元素放进去。这个过程有点像现在停车场的做法，有车走了，车位空出来，新来的车，发现哪里有空位置就停哪里。但是这种思路有个缺陷，就是每次添加新元素时，都要挨个遍历一下数组，然后找到空位置。就好比车进入停车场后，需要转一圈来找到空位置，效率很低，所以现在地下停车场都安装了指示灯，绿灯表示车位空，红灯表示车位有车，来提高用户查找空车位的速度。

思路二：当每次删除元素时，就对数组进行整理，让元素都靠左存储，要空就空出右边的位置，这样做有如下几点好处：

（1）当下次添加元素时，可以直接放到[size]位置，不用查找和遍历哪些是空的；

（2）要遍历所有元素，直接遍历前面[0,size-1]范围的元素即可；

（3）如果要对数组进行缩容，那么也可以方便地直接截取[0,size-1]位置的元素；

（4）同时，数组是有序的，可以保证后期新增加的元素都保存在现有元素的末尾。

案例需求：

现有一个数组，存储了一组图书，分别为：《三国演义》《水浒传》《西游记》《红楼梦》《儒林外史》《聊斋志异》。现用键盘输入要删除的图书名，然后把它从数组中删除。

案例分析：

（1）先找到要删除的图书在数组中的位置 index；

（2）将 index 后面的元素往前移动；

（3）然后将数组 size 减 1；

（4）最后将 size 位置置空。

示例代码：

```
import java.util.Scanner;

public class RemoveElement {
   public static void main(String[] args) {
      Scanner input = new Scanner(System.in);
      String[] books =
         {"三国演义", "水浒传", "西游记", "红楼梦", "儒林外史", "聊斋志异"};
      int size = books.length;//数组实际存储的元素个数

      while (true) {
         System.out.print("请输入要删除的图书：");
         String deleteBook = input.next();

         int index = -1;
         for (int i = 0; i < size; i++){
            if(books[i].equals(deleteBook)){
               index = i;
               break;
            }
         }

         if (index == -1){
            System.out.println("要删除的图书不存在");
         } else {
            for (int i = index + 1; i < size; i++){
               books[i - 1] = books[i];
            }
            books[--size] = null;
         }

         System.out.println("现有图书列表：");
         for (int i = 0; i < size; i++) {
            System.out.print(books[i] + "\t");
         }
         System.out.println();

         System.out.print("是否结束删除？(Y/N)");
         char confirm = input.next().charAt(0);
         if (confirm == 'y' || confirm == 'Y') {
            break;
         }
      }
   }
}
```

代码运行结果：

```
请输入要删除的图书：西游记
```

```
现有图书列表：
三国演义  水浒传    红楼梦    儒林外史  聊斋志异
是否结束删除？(Y/N)y
```

案例解析：

上述代码的执行过程如下所示。

（1）先在数组中找到要删除元素的索引位置 index，如要删除《西游记》，则查找要删除元素的索引如图 5-12 所示。

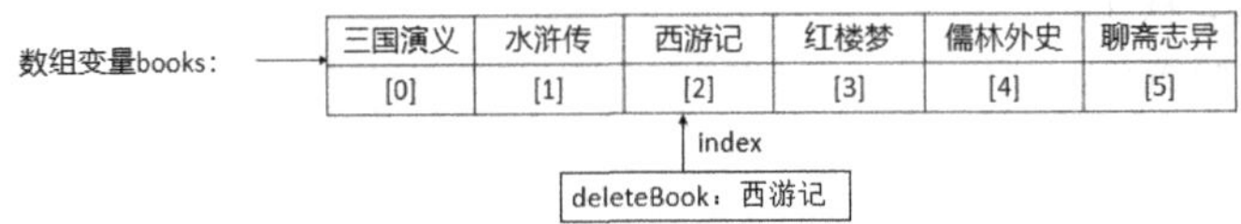

图 5-12　查找要删除元素的索引

示例代码：

```
int index = -1;
for (int i = 0; i < size; i++){
    if (books[i].equals(deleteBook)){
        index = i;
        break;
    }
}
```

（2）从 index 位置开始，直到最后一个元素，循环前移。数组元素前移如图 5-13 所示。

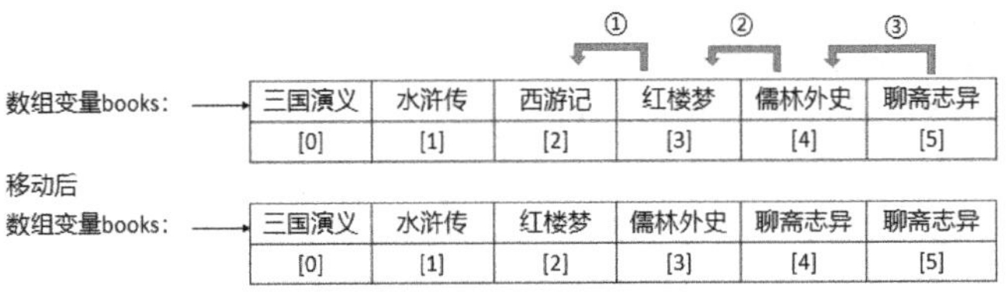

图 5-13　数组元素前移

示例代码：

```
for (int i = index + 1; i < size; i++){
    books[i - 1] = books[i];
}
```

（3）实际存储元素个数 size--，并将 size-1 位置置空。数组实际存储元素个数减少如图 5-14 所示。

数组变量books：

三国演义	水浒传	红楼梦	儒林外史	聊斋志异	null
[0]	[1]	[2]	[3]	[4]	[5]

图 5-14　数组实际存储元素个数减少

示例代码：

```
books[--size] = null;
```

如果想要将空的位置回收，即对数组进行缩容，那么可以定义一个新数组，长度为 size，然后将原来数组[0, size-1]范围的元素复制到新数组中，最后让数组变量指向新数组即可。根据这个思路，大家可以自己尝试一下。

5.5　多维数组

当要存储一组数据时，可以考虑使用一维数组，那么当有多组数据需要存储和处理时，就需要用到多维数组。一般来讲，二维数组就已经满足了很多场景下的需求。

二维数组实际上就是一维数组作为元素构成的新数组，里面的每个元素都是一个一维数组。我们往往将二维数组中一维数组的个数称为行数，将每个一维数组的元素个数称为列数。在 Java 中，二维数组不一定是规则的矩阵，即每个一维数组的列数不一定一样。

5.5.1 多维数组的声明

数组的标记是中括号，用一个中括号来表示一维数组，如果要声明二维数组，那么就需要用两个中括号来表示。

语法格式如下所示：

```
格式 1：元素数据类型[][] 数组名; //推荐
格式 2：元素数据类型[] 数组名[];
格式 3：元素数据类型 数组名[][];
```

示例代码：

```
int[][] arr;
int[] arr[];
int arr[][];
```

声明数组只是声明了一个变量，该变量还未初始化，在初始化之前，是没有值的，也不能正式使用。

5.5.2 多维数组的初始化

和一维数组一样，二维数组的初始化同样分为静态初始化和动态初始化。动态初始化又分为固定列数和不固定列数两种情况。

1. 静态初始化

所谓静态初始化，是指在编译期间，就确定了行数和列数，并且也明确了每个元素的值。

语法格式如下所示：

格式 1：

```
元素数据类型[][] 数组名 = new 元素数据类型[][]{{元素 1,元素 2,......},{元素 1,元素 2,......},......};
```

格式 2：

```
元素数据类型[][] 数组名 = {{元素 1, 元素 2,......},{元素 1,元素 2,...},......};
```

需要指出的是，此处已将声明和初始化合二为一，格式 1 可以将声明和初始化分开，但格式 2 不能分成两句代码来写，这点依然和一维数组的静态初始化一样。

示例代码：

```
int[][] arr =new int[][]{{10,20,30,40,50},{45,6,8}};
int[][] arr ={{10,20,30,40,50},{45,6,8}};
```

从如上所示的代码中可以看出，arr 中相当于有两个一维数组，分别是{10,20,30,40,50}和{45,6,8}，如果分别把{10,20,30,40,50}和{45,6,8}看成一个整体，那么 arr 就相当于有两个元素，即 arr.length 为 2。

第一个元素 arr[0] 的元素是{10,20,30,40,50}，而很明显 arr[0]又是一个一维数组，其长度为 5，即 arr[0].length 为 5，通常把 arr[0]称为二维数组的第一个元素。二维数组的第一个元素值如图 5-15 所示。

arr[0]:	10	20	30	40	50
下标:	[0]	[1]	[2]	[3]	[4]

图 5-15　二维数组的第一个元素值

第二个元素 arr[1]的元素值是{45,6,8}，而 arr[1]也是一个一维数组，其长度为 3，即 arr[1].length 为 3。二维数组的第二个元素值如图 5-16 所示。

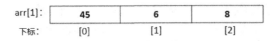

arr[1]:	45	6	8
下标:	[0]	[1]	[2]

图 5-16　二维数组的第二个元素值

数组类型的变量中存储的是数组的首地址，那么二维数组在内存中是如何存储的呢？二维数组静态初始化如图 5-17 所示。

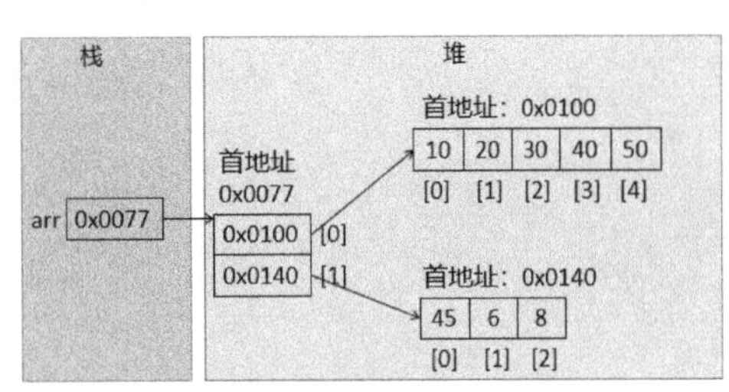

图 5-17　二维数组静态初始化

arr 是二维数组类型的变量，里面有两个元素，存储的是首地址，而 arr[0]和 arr[1]均是一个一维数组，因此 arr[0]和 arr[1]中仍然存储一维数组的首地址。通常把 arr[0]和 arr[1]称为行元素，arr[0]和 arr[1]的元素个数称为行的列数。那么，如果要访问最终的元素怎么办呢？这个时候就需要指定两个下标，一个行下标，一个列下标，如访问 30，则需要指定两个下标，即 arr[0][2]；如访问 45，则需要通过 arr[1][0]。

2. 动态初始化

所谓动态初始化，是指在对数组初始化时，只是确定数组的行数和列数，甚至行数和列数都需要在程序运行期间才能确定。当确定完数组的行数和列数之后，数组的元素是默认值。动态初始化又分为两种，一种是每行的列数可以相同，另一种是每行的列数可以不同。

语法格式 1：固定列数，即里面所有一维数组的元素个数是一致的。

```
元素数据类型[][]    数组名 =  new 元素数据类型[行数][列数];
```

示例代码：

```
int[][] arr = new int[3][2];
```

arr 指向一个长度为 3 的数组对象，其中的每个元素都为存储的一维数组的首地址号。每个一维数组中的元素都有默认值。二维数组动态初始化：固定列数如图 5-18 所示。

语法格式 2：不固定列数，即里面所有一维数组的元素个数可以不相同。

```
元素数据类型[][] 数组名  = new 元素数据类型[行数][];
```

注意，右边的第 2 个[ ]中不能写数字，必须空着。

示例代码：

```
int[][] arr = new int[3][];
```

arr 指向一个长度为 3 的数组对象，其中的每个元素都为存储的一维数组的首地址号。每个一维数组中的元素都有默认值。二维数组动态初始化：不固定列数如图 5-19 所示。

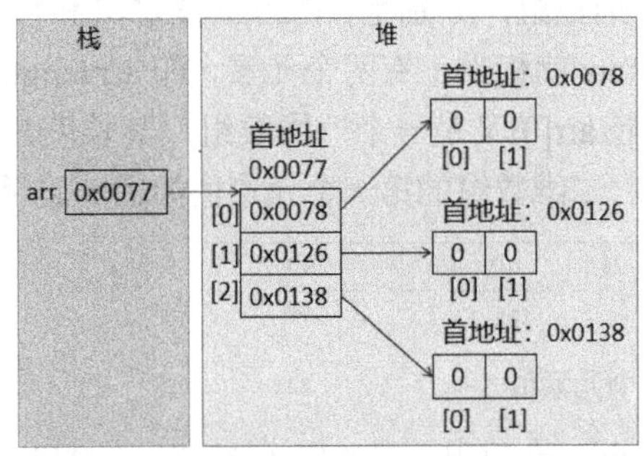

图 5-18　二维数组动态初始化：固定列数

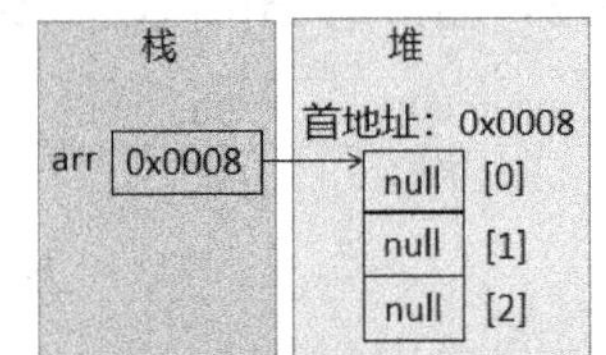

图 5-19　二维数组动态初始化：不固定列数

每个一维数组都还未分配空间，所以此时此刻二维数组的每个行元素都为 null，在使用时必须先为一维数组分配空间，然后才能访问二维数组的元素，否则会报 NullPointerException（空指针异常）。

示例代码：

```
arr[0]= new int[5];
arr[1]= new int[3];
arr[2] = new int[4];
```

给每行的一维数组重新申请存储空间后，才有位置存储元素的值。二维数组动态初始化：确定了每行的列数如图 5-20 所示。

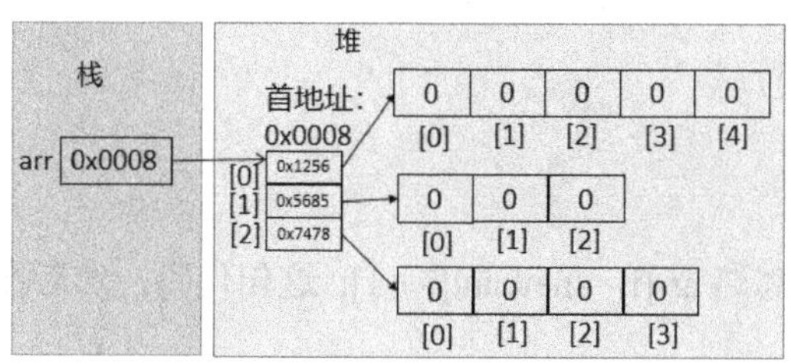

图 5-20　二维数组动态初始化：确定了每行的列数

5.5.3 案例：杨辉三角

案例需求：

使用二维数组存储 10 行杨辉三角的数字，并遍历显示。

1

1 1

1 2 1

1 3 3 1

1 4 6 4 1

1 5 10 10 5 1

……

案例分析：

杨辉三角的特征如下。

（1）第一行有 1 个元素，第 n 行有 n 个元素。

（2）每行的第一个元素和最后一个元素都是 1。

（3）从第三行开始，对于非第一个元素和最后一个元素的元素，其值满足如下条件。

arr[i][j] = arr[i − 1][j − 1] + arr[i − 1][j];

示例代码：

```
public class YangHuiDemo {
    public static void main(String[] args) {
        int[][] arr = new int[10][];

        //确定每行的列数，并确定每行的元素值
        for (int i = 0; i < arr.length; i++) {
            //第 1 行有 1 个元素，第 n 行有 n 个元素
            arr[i] = new int[i + 1];

            for (int j = 0; j < arr[i].length; j++) {
                // 每行的第一个元素和最后一个元素都是 1
                if (j == 0 || j == arr[i].length - 1) {
                    arr[i][j] = 1;
                } else {
      //从第三行开始，对于非第一个元素和最后一个元素的元素，其值满足如下条件：
                    arr[i][j] = arr[i - 1][j - 1] + arr[i - 1][j];
```

```
            }
        }
    }

    //遍历显示
    for (int i = 0; i < arr.length; i++) {
        for (int j = 0; j < arr[i].length; j++) {
            System.out.print(arr[i][j] + "\t");
        }
        System.out.println();
    }
  }
}
```

以上案例中，初学者容易忽略 arr[i] = new int[i + 1]; 这句代码，然后在运行时系统会报空指针异常。

5.5.4 案例：矩阵转置

在数学中，矩阵（Matrix）是一个按照长方形阵列排列的复数或实数集合。矩阵是高等数学中的常见工具，也常见于统计分析等应用数学学科中；在物理学中，矩阵在电路学、力学、光学和量子物理中都有应用；在计算机科学中，三维动画的制作也需要用到矩阵。矩阵的运算是数值分析领域的重要问题，其中一个矩阵的运算就是矩阵的转置，如图 5-21 所示。

$$\begin{bmatrix} 2 & 4 & 3 \\ 0 & -2 & 8 \end{bmatrix}^T = \begin{bmatrix} 2 & 0 \\ 4 & -2 \\ 3 & 8 \end{bmatrix}$$

图 5-21 矩阵的转置

案例需求：

现在要求随机产生一个 4 行 5 列的[1,100]整数组成的矩阵，遍历显示该矩阵的数据，然后将矩阵转置，再遍历显示转置后的矩阵数据。

提示：系统函数 Math.random( )可以产生[0,1)范围的小数。

案例分析：

（1）4 行 5 列的矩阵逆转后变为 5 行 4 列；

（2）新的矩阵的 arr[i][j]元素就是原矩阵的 arr[j][i]元素。

示例代码：

```
public class MatrixDemo {
    public static void main(String[] args) {
        int[][] arr = new int[4][5];

        for (int i = 0; i < arr.length; i++) {
            for (int j = 0; j < arr[i].length; j++) {
                arr[i][j] = (int) (Math.random() * 100 + 1); //用于生成1～100 随机数的操作
            }
        }

        System.out.println("原矩阵数据：");
        for (int i = 0; i < arr.length; i++) {
            for (int j = 0; j < arr[i].length; j++) {
                System.out.print(arr[i][j] + " ");
            }
            System.out.println();
        }
```

```
        //矩阵转置
        int[][] newArr = new int[arr[0].length][arr.length];
        for (int i = 0; i < newArr.length; i++) {
            for (int j = 0; j < newArr[i].length; j++) {
                newArr[i][j] = arr[j][i];
            }
        }

        System.out.println("转置后矩阵数据：");
        for (int i = 0; i < newArr.length; i++) {
            for (int j = 0; j < newArr[i].length; j++) {
                System.out.print(newArr[i][j] + " ");
            }
            System.out.println();
        }
    }
}
```

5.6 本章小结

通过本章的学习我们可以领略数组为开发者在程序编写时提供的便利。

数组的优势有如下几点。

- 将相同类型的数据进行集中存储，提高代码的可维护性。
- 使用数组进行编码，可以使代码更加简洁。
- 通过数组名加下标的方式可以快速访问元素，即使用数组方便对数据进行管理。

理解数组的概念后，从数组的类型、存储元素及下标索引等方面进行总结，数组具有如下几个特点。

- 数组本身是引用数据类型，而数组中的元素可以是任何数据类型，包括基本数据类型和引用数据类型。
- 创建数组对象会在内存中开辟一整个连续的空间，而数组变量名中引用的是这个连续空间的首地址。
- 数组的长度一旦确定，就不能修改。
- 可以直接通过下标（或索引）的方式访问指定位置的元素，速度很快。

本章由浅入深地讲解了数组的使用语法和其在内存中的存储方法。本章涉及数组的常用算法，如统计、查找、求最值、排序、反转等，并从高级应用层面上讲解了实现动态数组的方法，可以让读者无论从理解上还是从应用上都对数组有一个很好的掌握。数组也是 Java 学习中很重要的一部分，在后续的学习中还会出现其相关的使用场景。

第6章

开发工具 IntelliJ IDEA

经过前 5 章的学习，相信大家的“功力”已经提升了很多。随着所编写的程序越来越复杂，相信大家使用 Java 语法会越来越熟练，而不满足于目前使用文本编辑器的开发方式了。

第 6 章将给大家介绍一个强大的开发工具，它就是现在很流行的集成开发工具 IntelliJ IDEA，它比文本编辑器更为智能，可以大大提高开发效率。本章将从下载、安装、设置、项目的创建、开发运行、常用快捷键和代码模板，以及多模块的开发使用等方面来讲解 IntelliJ IDEA，让你能快速上手并熟练运用。

Java 的开发工具多种多样，最为简单和基本的就是之前使用过的文本编辑工具，如记事本、UltraEdit、EditPlus、NotePad++等。但是想要使开发更为高效和智能，一定要使用集成开发环境(Integrated Development Environment，IDE)。所谓集成开发环境，是指用于提供程序开发环境的应用程序，一般包括代码编辑器、编译器、调试器和图形用户界面等工具，其集成了代码编写功能、分析功能、编译功能、调试功能等一体化的开发软件服务套装。常见的 Java 集成开发工具有：IntelliJ IDEA、Eclipse、MyEclipse、NetBeans 等。

IntelliJ IDEA 被认为是目前 Java 开发效率最快、最流行的 IDE 工具之一。IntelliJ IDEA 整合了开发过程中实用的众多功能，包括智能提示错误、强大的调试工具、Ant、Java EE 支持、CVS 整合等，可以最大程度地加快开发的速度，功能简单而又强大，与其他一些繁冗而复杂的 IDE 工具形成了鲜明的对比。除此之外，根据现在的市场占有率来看，IntelliJ IDEA 的使用者最多，因此本书主要讲解 IntelliJ IDEA 的使用方法。

6.1 IntelliJ IDEA 概述

IntelliJ IDEA 简称 IDEA，是 JetBrains 公司的产品，JetBrains 公司的主要开发工具如表 6-1 所示。

表 6-1 JetBrains 公司的主要开发工具

产　品	作　用
WebStorm	用于开发 JavaScript、HTML5、CSS3 等前端技术
PyCharm	用于开发 python
PhpStorm	用于开发 PHP
RubyMine	用于开发 Ruby/Rails
AppCode	用于开发 Objective - C/Swift
CLion	用于开发 C/C++
DataGrip	用于开发数据库和 SQL
Rider	用于开发.NET
GoLand	用于开发 Go
Datalore	用于构建机器学习模型并在 Python 中创建丰富的可视化
IDEA	用于开发 Java

IDEA 是 Java 的集成开发工具。IDEA 在业界被公认为是最好的 Java 开发工具之一，尤其在智能代码助手、代码自动提示、重构、Java EE 支持、Ant、JUnit、CVS 整合、代码审查、创新的 GUI 设计等方面的功能可以说是超常的。IDEA 内置的工具和支持的框架如图 6-1 所示。

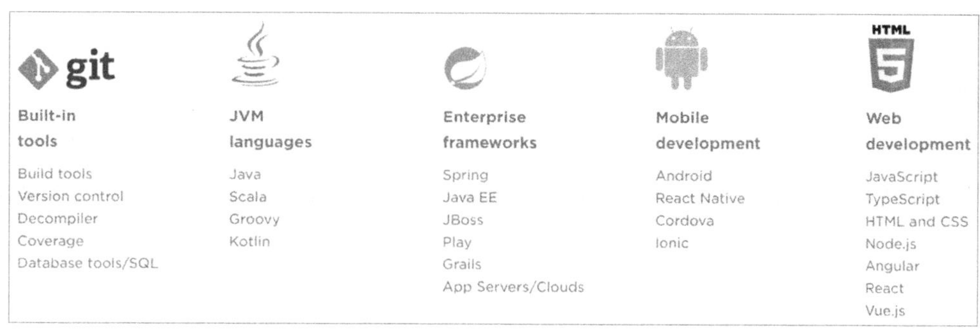

图 6-1　IntelliJ IDEA 内置的工具和支持的框架

6.2　下载与安装

了解 IDEA 的基本功能后，接下来我们可以在自己的计算机上安装 IDEA。本书之后的代码编写运行将全部使用 IDEA 完成。

6.2.1　下载

JetBrains 公司提供了两个 IDEA 版本：旗舰版（Ultimate）和社区版（Community）。IDEA 旗舰版与社区版的比较如图 6-2 所示。

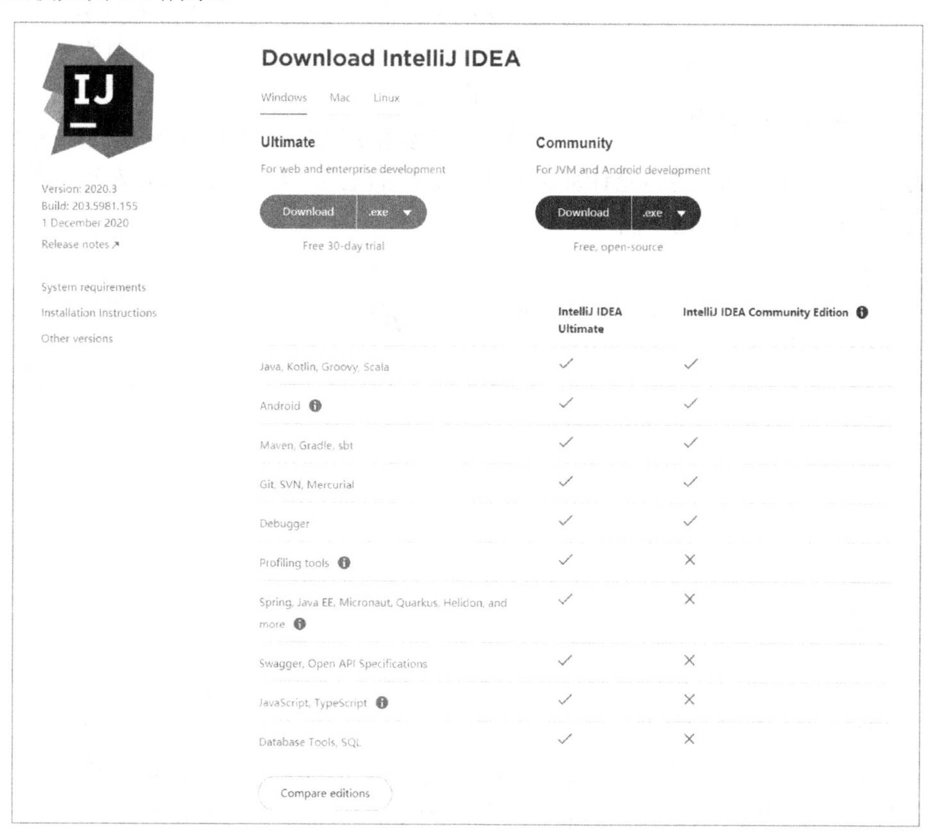

图 6-2　IDEA 旗舰版与社区版的比较

社区版的 IDEA 是免费的、开源的，但支持的功能相对较少；旗舰版则提供了较多的功能，但是是收费的，只能试用 30 天。学习 Java SE，使用社区版就够了，如果后期想要进行 Java EE 的开发，旗舰版的则更为合适。本书讲解的是社区版（2020.2.4）的 IDEA，之后 IDEA 的安装和操作都是基于该版本来演示的。

6.2.2 安装

在安装 IDEA 之前，先要检查一下计算机是否满足如下要求，本书基于 Windows 操作系统环境进行讲解，如果是其他操作系统，可以下载对应系统版本的 IDEA。IDEA 的安装环境和系统要求如图 6-3 所示。

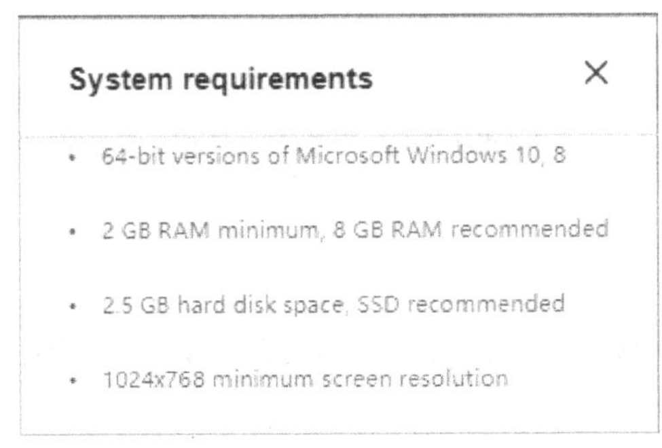

图 6-3 IDEA 的安装环境和系统要求

1. IDEA 的安装步骤

找到自己下载的 IDEA 的安装程序，Windows 系统平台对应的 IDEA 的安装程序是一个.exe 文件，如图 6-4 所示，双击这个文件即可开始安装。

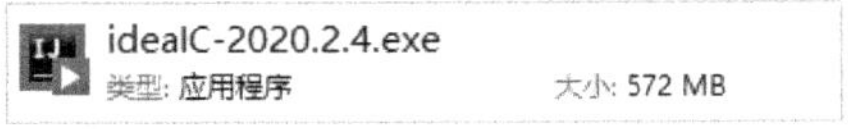

ideaIC-2020.2.4.exe
类型: 应用程序　大小: 572 MB

图 6-4 双击 IDEA 的安装程序

首先会弹出欢迎安装的界面，直接单击“Next”进行安装，如图 6-5 所示。

接下来需要指定 IDEA 的安装路径，如图 6-6 所示。IDEA 软件需要的磁盘空间相对较大，请检查计算机是否有足够的空间。如果想要 IDEA 运行得更快，那么还可以考虑安装到固态硬盘对应的空间中。

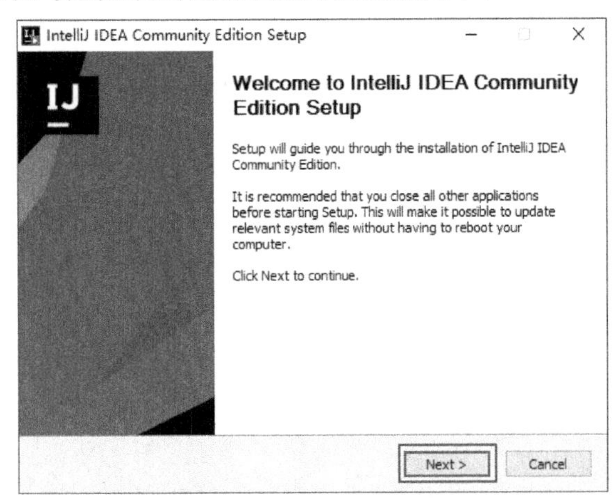

图 6-5 单击下一步继续安装

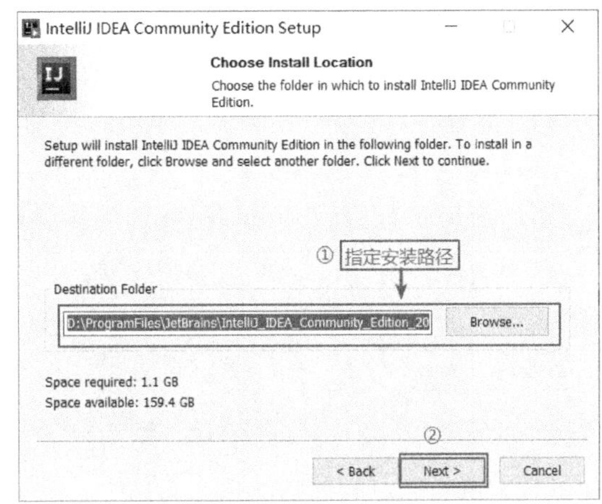

图 6-6 指定安装路径

这里想要提醒大家，可以将开发用的软件统一安装到一个目录下，并且每个软件都有自己独立的文件夹，安装目录尽量避免中文、空格等特殊字符。例如，本书选择的安装路径为“D:\ProgramFiles\JetBrains\IntelliJ_IDEA_Community_Edition_2020.2.4”。

选择操作系统的类型如图 6-7 所示。

- 确认操作系统类型是 32 位还是 64 位，如本书笔者的操作系统是 64 位 Windows10，所以勾选了“64-bit launcher”复选框，这样会在桌面上创建一个 64 位操作系统对应的 IDEA 启动快捷方式此。
- 是否自动在 Path 环境变量中加入 IDEA 的 bin 目录路径，建议勾选此复选框。
- 确认是否在上下文菜单（鼠标右键菜单）中增加“打开一个文件夹作为工程”的选项，暂时不选择。
- 确认是否与.java、.groovy、.kt 格式文件进行关联，建议初学者暂时选择不关联。
- 下载和安装 32 位操作系统的 IDEA 运行环境。如果你的计算机是 64 位操作系统，则不需要勾选。

下一步会提示创建 IDEA 在 Windows 开始菜单中的程序文件夹，默认是 JetBrains 目录，不建议修改，直接点击“Install”开始安装即可，如图 6-8 所示。

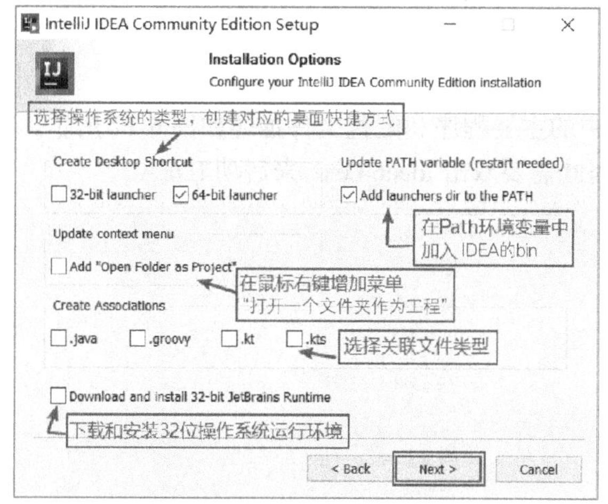

图 6-7　选择操作系统的类型

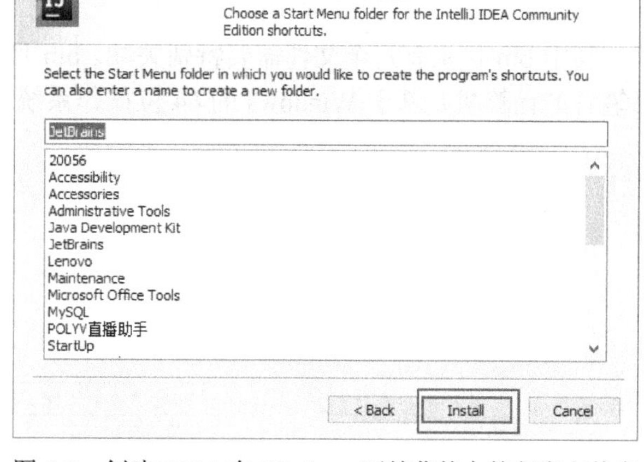

图 6-8　创建 IDEA 在 Windows 开始菜单中的程序文件夹

图 6-9 为 IDEA 开始安装界面，安装可能需要花费一点时间，请耐心等待。

IDEA 安装完成界面如图 6-10 所示。IDEA 安装完成会提示需要重启计算机，可以选择立即重启，也可以选择稍后手动重启。这里建议在使用和配置 IDEA 之前，一定要重启计算机。单击“Finish”就表示完成了 IDEA 的安装。

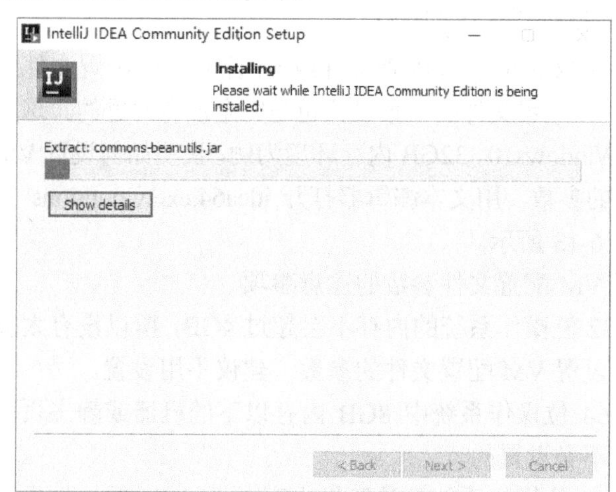

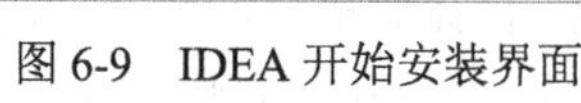

图 6-9　IDEA 开始安装界面

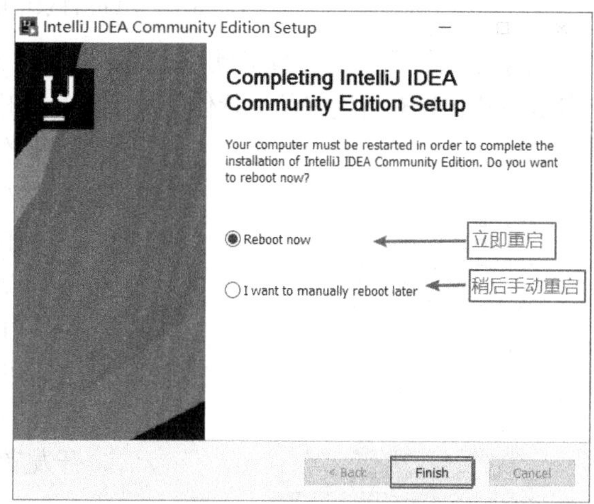

图 6-10　IDEA 安装完成界面

从安装上来看，IDEA 对硬件的要求似乎不是很高。可是在实际开发中并不是这样的，因为 IDEA 在执行时会有大量的缓存和索引文件，所以如果你正在使用 Eclipse / MyEclipse，想通过 IDEA 来解决计算机的卡顿、反应慢等问题，这基本上是不可能的，解决问题的办法应该是对自己的硬件设备进行升级。

2. IDEA 的安装目录结构

IDEA 开发软件的安装目录结构如图 6-11 所示。

- redist：可视化插件。
- lib：IDEA 依赖的类库。
- license：各个插件许可。
- plugins：插件。
- jbr：JetBrains Runtime，即 JetBrains 运行时的环境（2020.1 及以上版本为 jbr 目录，2019.3.×及以下版本为 jre32/64 目录）。
- bin：容器、执行文件和启动参数等。

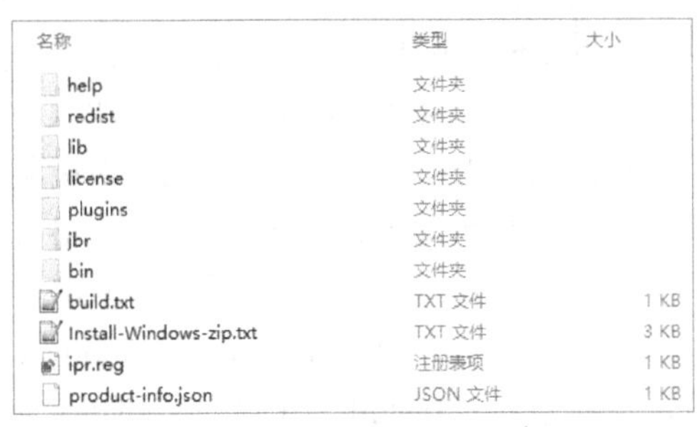

图 6-11　IDEA 开发软件的安装目录结构

其中 bin 目录有几个文件需要特别关注。bin 目录中的主要程序和配置文件描述如图 6-12 所示。本书笔者的计算机是基于 Windows 的 64 位操作系统，因此需要双击 idea64.exe 来启动 IDEA。

名称	类型	大小
breakgen.dll	应用程序扩展	80 KB
breakgen64.dll	应用程序扩展	91 KB
elevator.exe	应用程序	147 KB
format.bat	Windows 批处理文件	1 KB
fsnotifier.exe	应用程序	95 KB
fsnotifier64.exe	应用程序	109 KB
idea.bat	Windows 批处理文件	5 KB
idea.exe	应用程序	1,274 KB
idea.exe.vmoptions	VMOPTIONS 文件	1 KB
idea.ico	图标	348 KB
idea.properties	PROPERTIES 文件	12 KB
idea.svg	Chrome HTML Document	3 KB
idea64.exe	应用程序	1,298 KB
idea64.exe.vmoptions	VMOPTIONS 文件	1 KB
IdeaWin32.dll	应用程序扩展	85 KB
IdeaWin64.dll	应用程序扩展	96 KB

图 6-12　bin 目录中的主要程序和配置文件描述

大家可以根据自己计算机操作系统的类型，选择 32 位的 VM 配置文件或 64 位的 VM 配置文件进行参数设置，以获得更好的运行体验。当然，忽略 VM 配置文件的参数设置也是完全没有问题的。这里以 64 位 Windows10、32GB 内存环境为例，说明如何设置 VM 配置文件的参数，用文本编辑器打开 idea64.exe.vmoptions 文件，如图 6-13 所示。

idea64.exe.vmoptions - 记事本

文件(F) 编辑(E) 格式(O) 查看(V) 帮助(H)

```
-Xms128m
-Xmx750m
-XX:ReservedCodeCacheSize=240m
-XX:+UseConcMarkSweepGC
-XX:SoftRefLRUPolicyMSPerMB=50
-ea
-XX:CICompilerCount=2
-Dsun.io.useCanonPrefixCache=false
-Djdk.http.auth.tunneling.disabledSchemes=""
-XX:+HeapDumpOnOutOfMemoryError
-XX:-OmitStackTraceInFastThrow
-Djdk.attach.allowAttachSelf=true
-Dkotlinx.coroutines.debug=off
-Djdk.module.illegalAccess.silent=true
```

第14行，第39列　100%　Windows (CRLF)　UTF-8

图 6-13　在 64 位 Windows10、32GB 内存环境下 IDEA 的 VM 配置文件参数设置示例

设置 VM 配置文件参数的注意事项。

（1）32 位操作系统的内存不会超过 4GB，所以没有太多空间可以设置 VM 配置文件的参数，建议不用设置。

（2）64 位操作系统中 8GB 内存以下的机器或静态页面开发者是不必设置的。

（3）64 位操作系统且计算机内存大于 8GB 的，如果是开发大型 Java 项目或是 Android 项目，建议进行设置，常设置的就是以下 2 个参数。

- -Xms128m：表示初始的内存大小，增加该值可以提高 Java 程序的启动速度，16GB 内存的机器可尝试设置为-Xms512m。

- -Xmx750m：表示最大内存大小，提高该值，可以减少内存 Garbage 收集的频率，提高程序性能，16GB 内存的机器可尝试设置为-Xmx1500m。

6.3　初始化设置

完成安装配置后，接下来启动 IDEA。第一次启动 IDEA 时，需要做一些初始化设置和相应的配置。勾选阅读并同意用户协议复选框如图 6-14 所示，然后单击“Continue”。

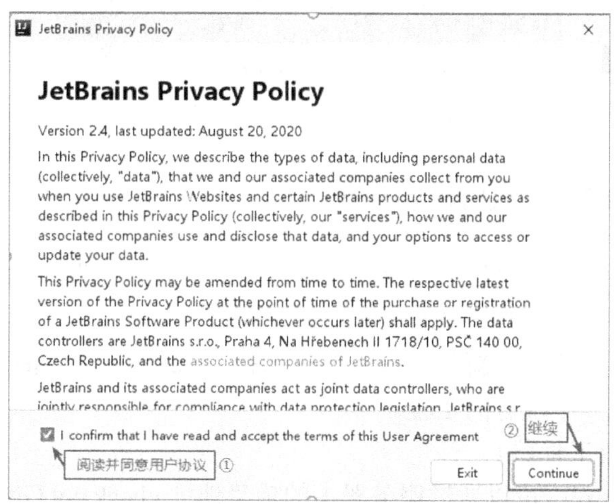

图 6-14　勾选阅读并同意用户协议复选框

接下来我们可以根据个人喜好进行选择，也可以单击“Skip Remaining and Set Defaults”（跳过，保留默认设置）。后面在设置中也可以再设置主题。设置界面主题风格如图 6-15 所示。

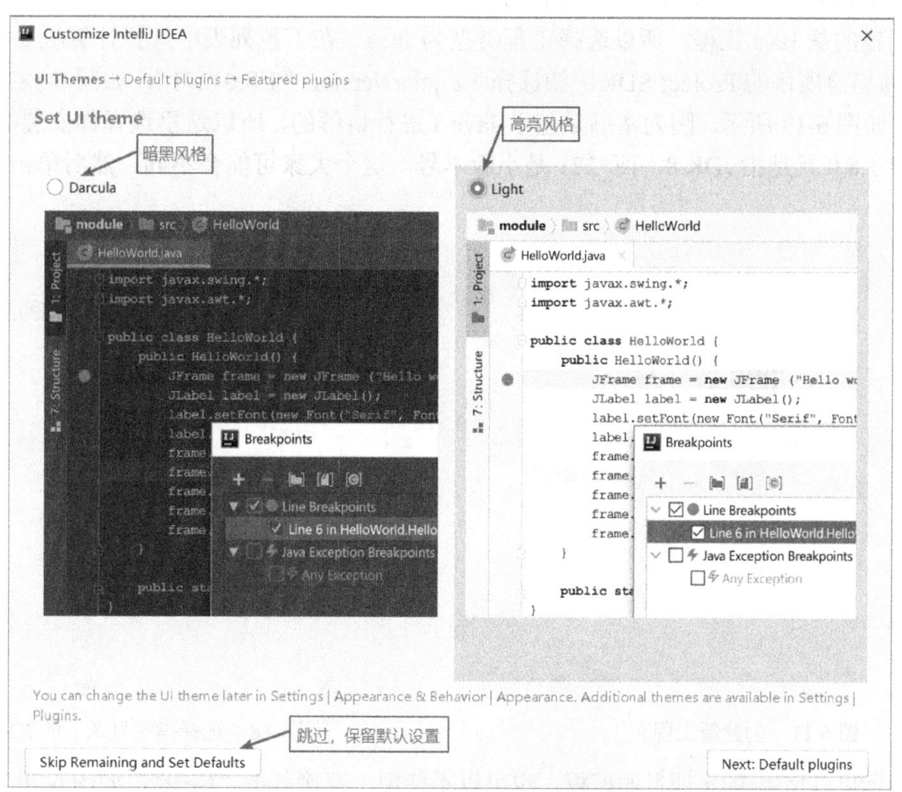

图 6-15　设置界面主题风格

界面主题风格设置完成之后，就会弹出 IDEA 的启动界面，如图 6-16 所示。

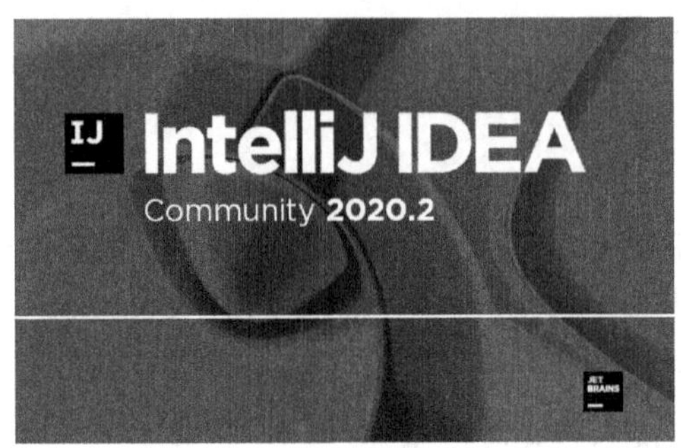

图 6-16　IDEA 的启动界面

6.4　快速创建并运行 Java 工程

第一次启动 IDEA 后，需要创建新工程或打开已有的工程进入开发界面。下面介绍使用 IDEA 创建 Java 工程的方法。IDEA 启动界面的几个选项介绍如下所示。

- Create New Project：创建一个新的工程，这里选择 Create New Project。
- Import Project：导入一个现有的工程。
- Open：打开一个已有工程。
- Get from Version Control：可以通过服务器上的项目地址 check out GitHub 上的项目或其他 Git 托管服务器上的项目。

1. 创建 Java 工程

单击“New Project”，创建新工程，如图 6-17 所示。

因为要创建的是 Java 工程，所以选择工程类型为 Java，在下拉列表中选择计算机上安装的某个版本的 JDK 作为当前项目的 Project SDK，如选择 1.8 java version “1.8.0_271”，如图 6-18 所示，选择后创建的结果，如图 6-19 所示。因为本书是基于 Java 8 进行讲解的，所以这里选择你安装的 JDK 对应版本即可，其中 1.8.0 就是指 JDK 8，而_271 是小版本号，这个大家可能会不同。然后单击“Next”继续下一步创建。

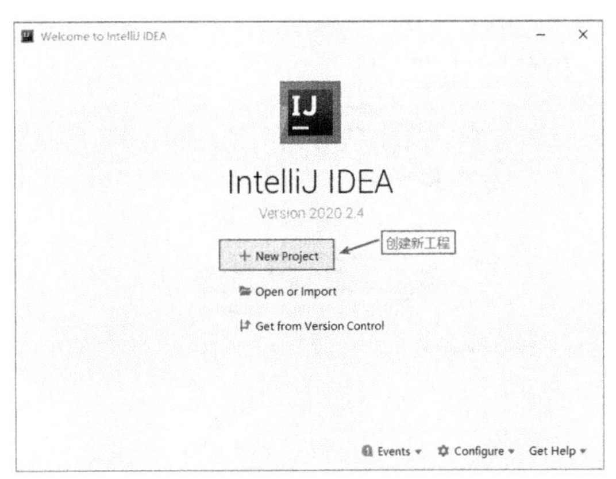

图 6-17　创建新工程

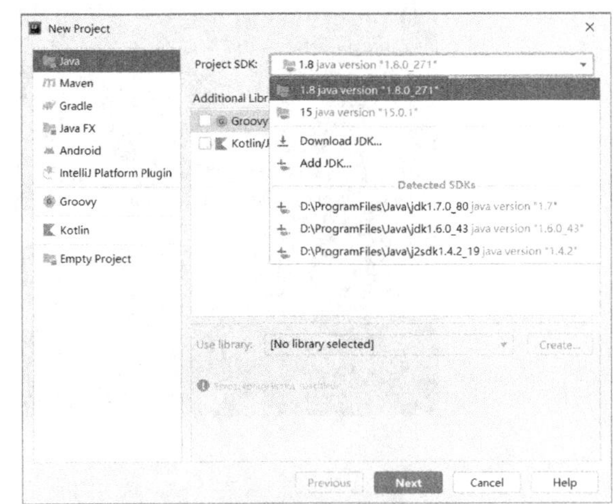

图 6-18　选择指定目录下的 JDK

这一步提示可以使用 Java 项目的模板，也可以不使用，直接单击“Next”，如图 6-20 所示。

这一步是指定工程名称和工程代码的存储路径，如图 6-21 所示。默认情况下，目录路径的最后一级就是工程名称，所以不用手动填写工程名称，直接选择工程代码的存储路径即可，如选择了“D:\atguigu\helloidea”，那么工程名称默认就是 helloidea。

单击“Finish”就可以正式进入 IDEA 的开发界面了，第一次进入会有每日信息提示页。你可以逐条查看，也可以单击“Close”。如果之后不想弹出每日信息提示页，则可以勾选“Don’t show tips”复选框，如图 6-22 所示。

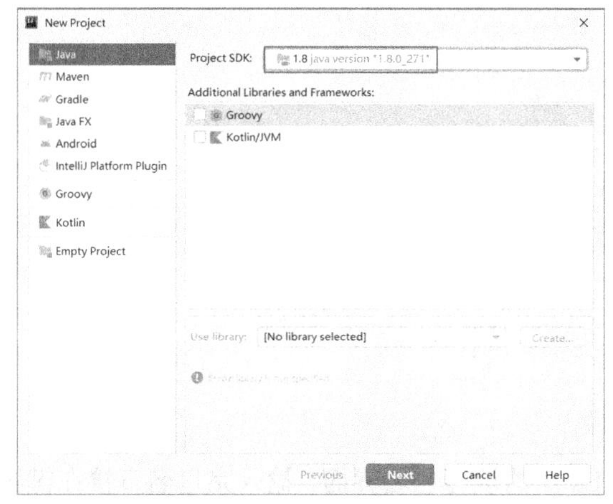

图 6-19　创建简单的 Java 工程

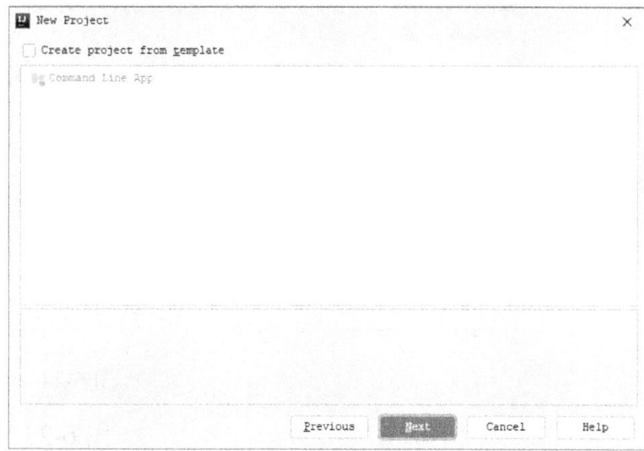

图 6-20　选择下一步

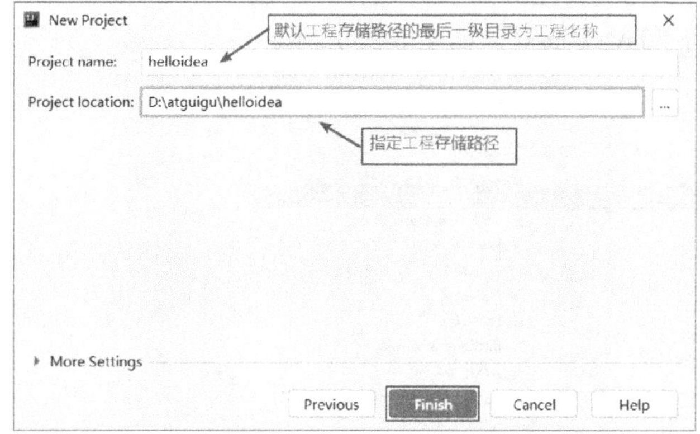

图 6-21　指定工程名称和工程代码的存储路径

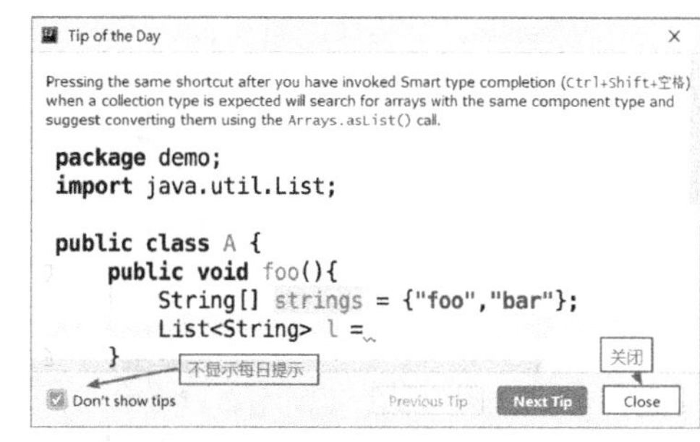

图 6-22　跳过提示

Java 工程创建完成如图 6-23 所示。

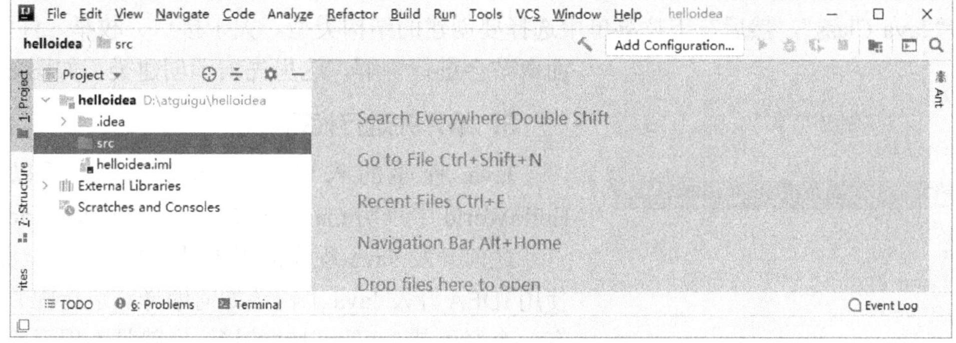

图 6-23　Java 工程创建完成

2. 创建 package 和 class

Java 工程创建完成后要在哪里写代码呢？大家可以在工程中看到一个 src 文件夹，它就是工程的源代码目录，以后所有 Java 代码的.java 源文件都会放到 src 目录中。为了便于对工程代码进行管理，通常不直接把.java 放到 src 的根目录下，而是先创建不同的 package（包），然后把.java 文件放在不同的 package 下（package 的介绍请看第 7 章）。

（1）在 src 目录下创建一个 package。在 src 目录下单击“New”，然后单击“Package”，如图 6-24 所示。

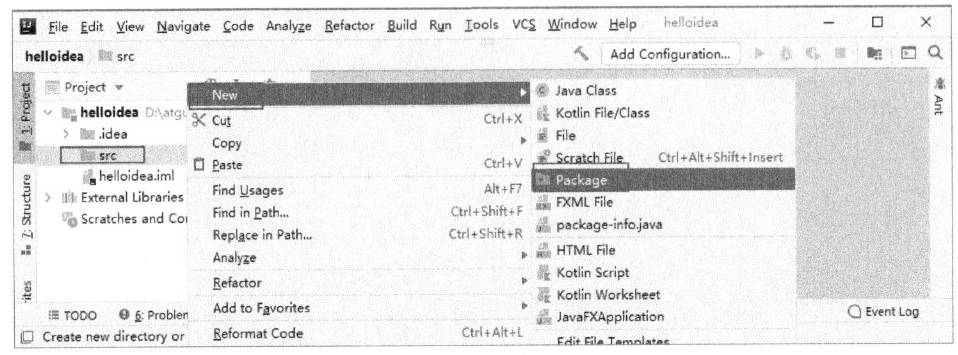

图 6-24　创建包

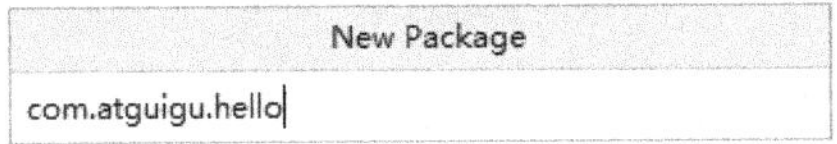

图 6-25　输入包名

图 6-25 为 IDEA 的填写包名界面，输入完包名直接在键盘中按回车键。

（2）在包下创建 Java 类，选择某个包，右键单击“New”，然后单击“Java Class”，如图 6-26 所示。

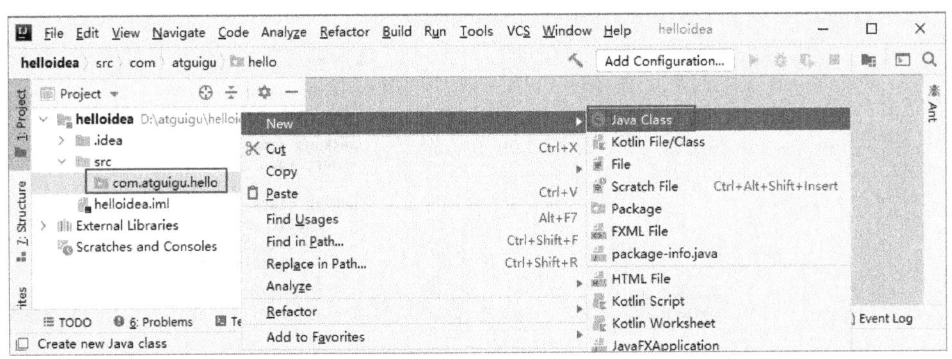

图 6-26　创建类

不管是创建 Class（类）、Interface（接口）、Enum（枚举），还是 Annotation（注解），都是单击“New”→“Java Class”，然后在下拉菜单中选择要创建的结构类型。关于接口、枚举、注解等概念后面章节会进行讲解，这里先演示创建类，如图 6-27 所示。

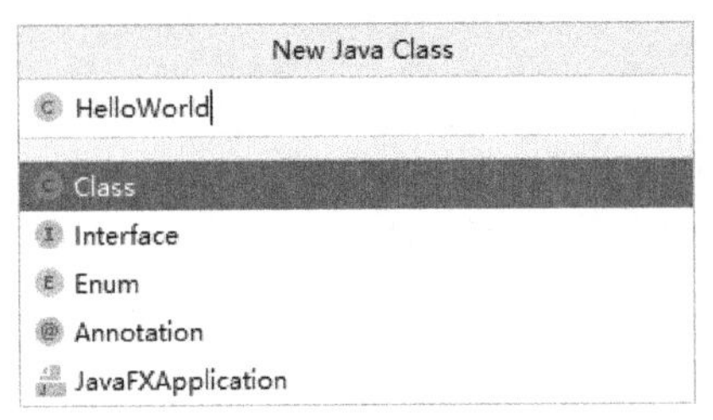

图 6-27　创建类

3. 编译并运行代码

Java 程序的入口是 main 方法，所以可以在类 HelloWorld 中声明 main 方法，输出“helloworld!”。

之前开发 Java 程序的步骤是编写、编译、运行。现在使用 IDEA 开发 Java 工程该如何编译和运行呢？使用 IDEA 有一个好处就是可以自动编译，也就是不用再输入 javac 命令进行编译。而且 IDEA 的运行也很方便，直接单击 main 方法左边的绿色运行按钮运行即可，IDEA 会弹出自带的控制台展示运行结果，如图 6-28 所示，这说明我们可以告别 cmd 命令行窗口了。另外，使用 IDEA 还有一个好处，就是写完代码后 IDEA 会自动保存。

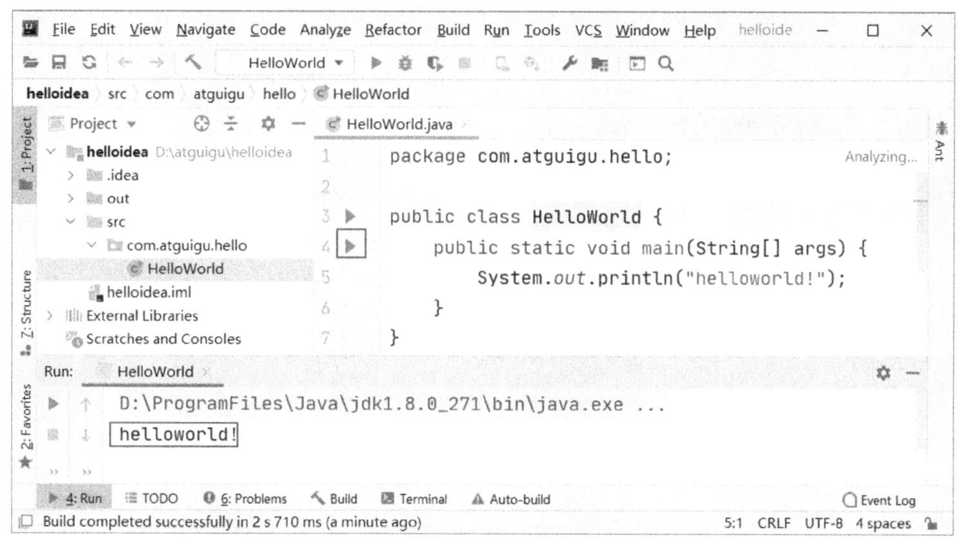

图 6-28　编辑并运行

6.5　详细设置

通过 6.4 节的学习，相信大家已经可以使用 IDEA 开发一个 Java 工程了。但是为了更好地使用 IDEA，最好还是在正式使用 IDEA 开发之前先做一些配置。IDEA 的所有详细设置都可以通过单击“File”菜单中的“Settings...”打开详细设置界面，如图 6-29 所示。然后选择对应的内容进行设置即可，如图 6-30 所示。

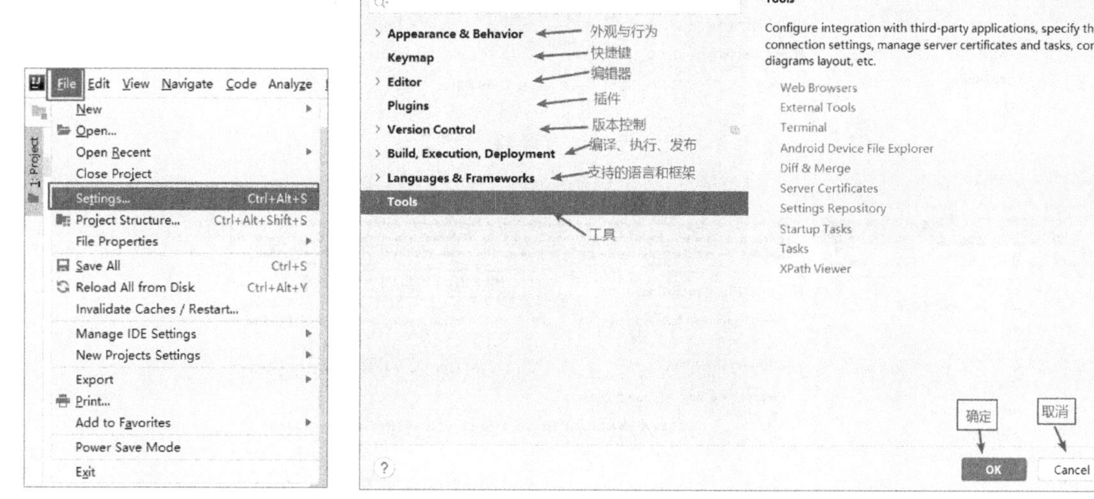

图 6-29　打开详细设置界面

图 6-30　Settings 设置窗口

6.5.1　字体大小设置

整天面对计算机是非常费眼的，因此选择合适的字体大小就显得尤为重要，可以减轻眼睛的疲劳度。单击“File”→“Settings...”→“Editors”，然后找到“Font”，选择自己喜欢的字体和大小即可，如图 6-31 所示，单击“Apply”表示立即应用新配置。

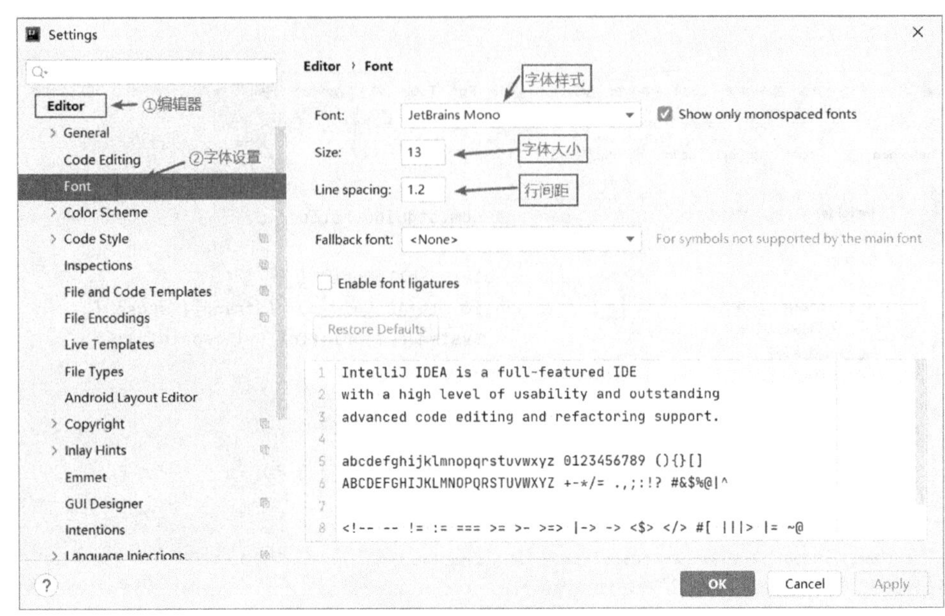

图 6-31　设置字体大小

6.5.2　字符编码设置

字符编码是编程人员一定会遇到，而且是非常令人头疼的问题，那么统一字符编码是每个工程开始前必须做的事情。单击“File”→“Settings...”→“Editors”，然后找到“File Encodings”，选择字符编码方式即可，如图 6-32 所示。如果没有特殊要求，工程字符编码统一都是 UTF-8，单击“Apply”表示立即应用新配置。

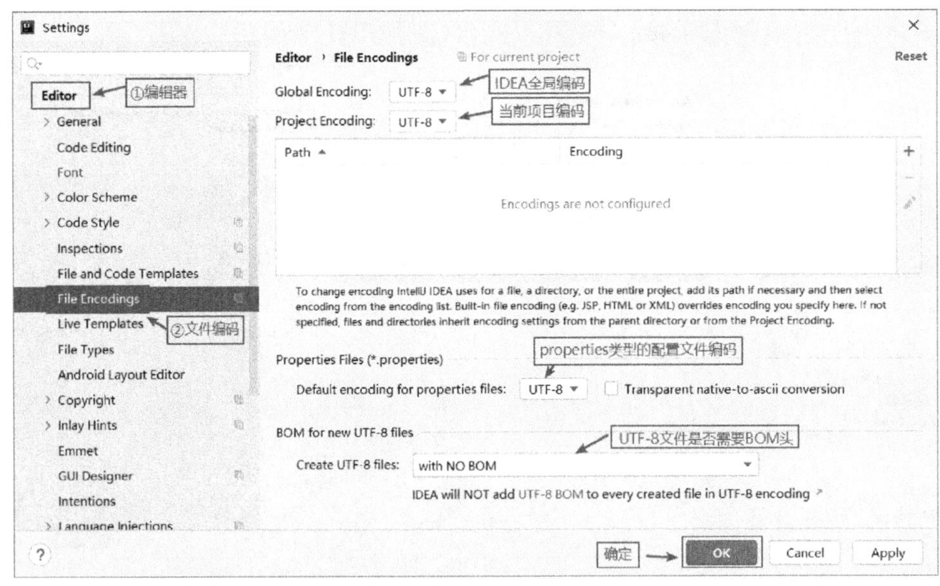

图 6-32　字符编码选择 UTF-8

6.5.3　大小写不敏感设置

IDEA 有代码自动提示功能，这个功能非常好用，但默认是严格区分大小写的，可以设置忽略大小写自动提示。单击“File”→“Settings...”→“Editor”→“Code Completion”，然后取消“Match case”前面的勾选，如图 6-33 所示。

在使用 IDEA 的过程中，如果突然发现自动提示等功能不灵了，那么有可能是不小心勾选了节电模式。可以在“File”下检查是否勾选了“Power Save Mode”，如果是，那么请去掉勾选，如图 6-34 所示。因为 IDEA 的自动提示等功能是要消耗系统资源的，所以当计算机电量不足，或者使用了节电模式时，IDEA 会牺牲自动提示等功能来减少电量的消耗。

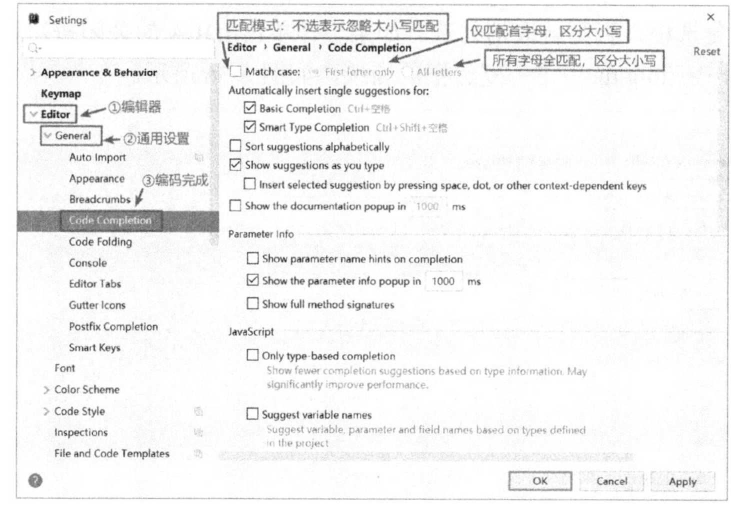

图 6-33　设置忽略大小写自动提示

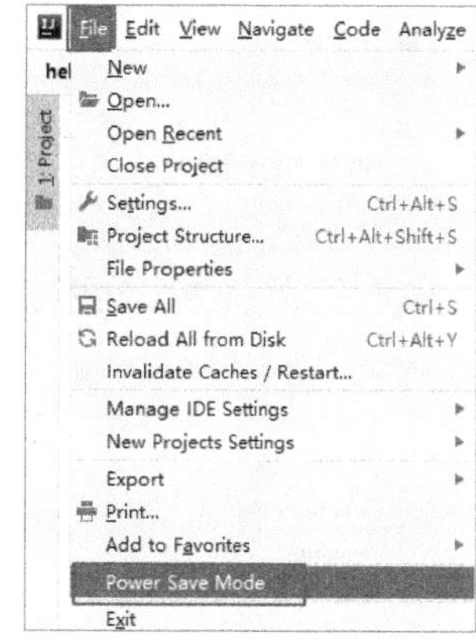

图 6-34　节电模式

6.5.4　自动导包

默认情况下，当使用非 java.lang 包的其他系统核心类时，需要手动导包。在 IDEA 中可以设置自动导包，设置后可以让开发更流畅和快速。如果遇到某个类在不同包出现重名时，IDEA 就无法确认要使用哪一个类，这时就仍然需要程序员进行手动确认。单击“File”→“Settings...”→“Editor”→“General”→“Auto Import”，勾选“Auto Import”下的两个复选框，如图 6-35 所示。

- “Add unambiguous imports on the fly”（动态导入明确的包）：该设置具有全局性。
- “Optimize imports on the fly”（优化动态导入的包）：该设置只对当前项目有效。

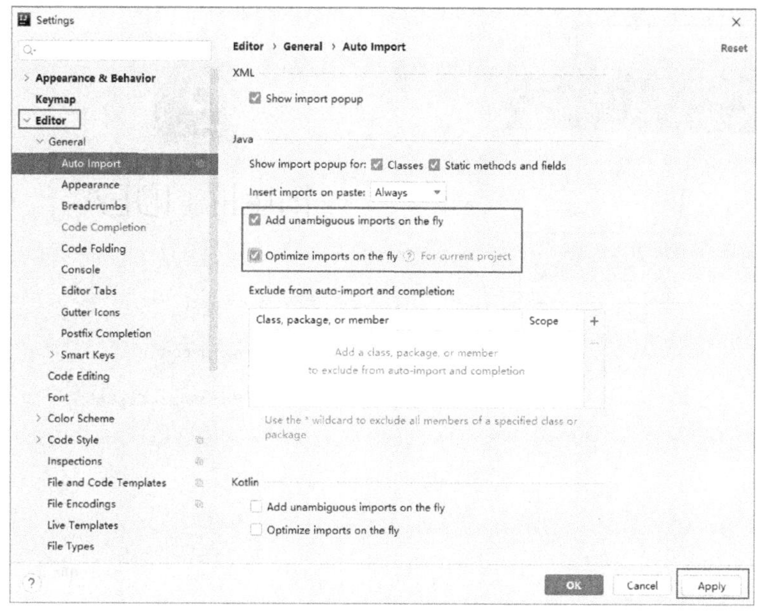

图 6-35　动态导入明确的包和优化动态导入的包

6.5.5 启动退出设置

默认情况下，每次启动 IDEA 时都是默认打开上次编辑的工程，退出时需要确认是否真的退出 IDEA。如果想要启动 IDEA，由自己选择编辑哪个工程，那么也可以做相应的设置。单击“File”→“Settings...”→“Appearance & Behavior”→“System Settings”，如果想要默认进入上次编辑的工程，那么就勾选“Reopen projects on startup”复选框，否则就取消勾选。如果当你单击 IDEA 的关闭按钮时想直接退出，那么就取消“Confirm before exiting the IDE”复选框的勾选，如图 6-36 所示。

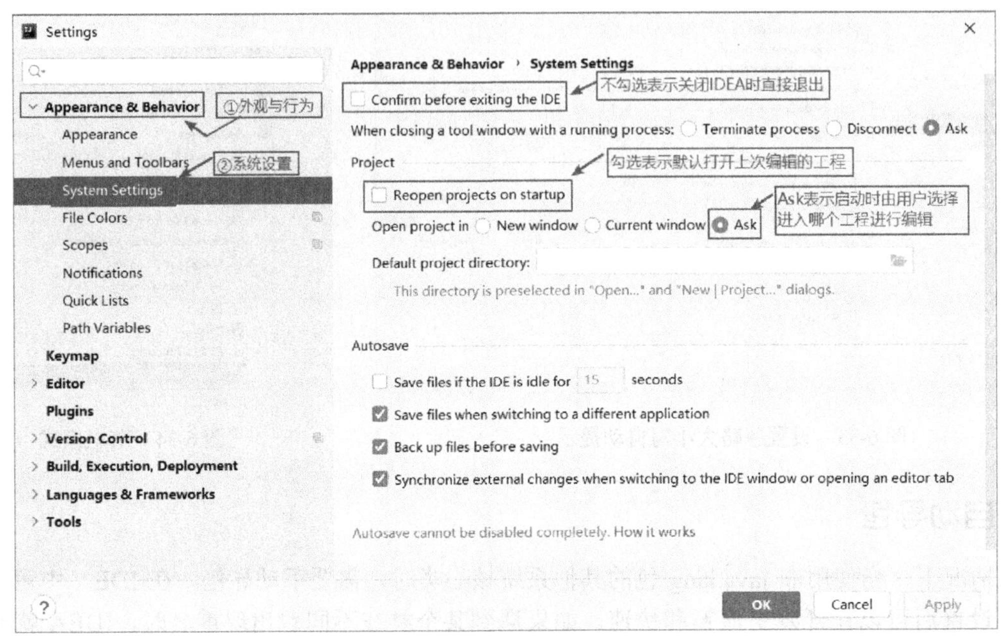

图 6-36 IDEA 启动和退出相关设置

如果取消勾选“Reopen project on startup”复选框，那么每次启动 IDEA 时就会出现如图 6-37 所示的界面。左边会列出所有工程，用户可以自己选择编辑哪个工程。

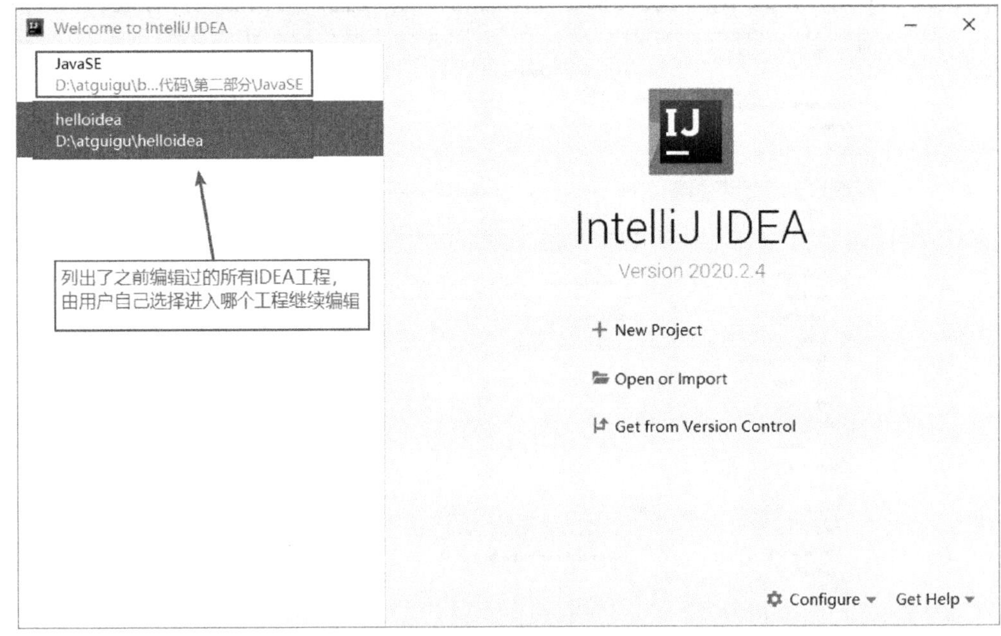

图 6-37 IDEA 启动时选择要编辑的工程

6.5.6　自动更新

默认情况下，IDEA 启动后会自动联网并检测当前版本是否有更新。如果计算机性能一般，网络条件不好，那么可以取消自动更新，如图 6-38 所示。单击“File”→“Settings...”→“Appearance & Behavior”→“System Settings”→“Updates”，取消勾选“Automatically check updates for xx”的复选框。

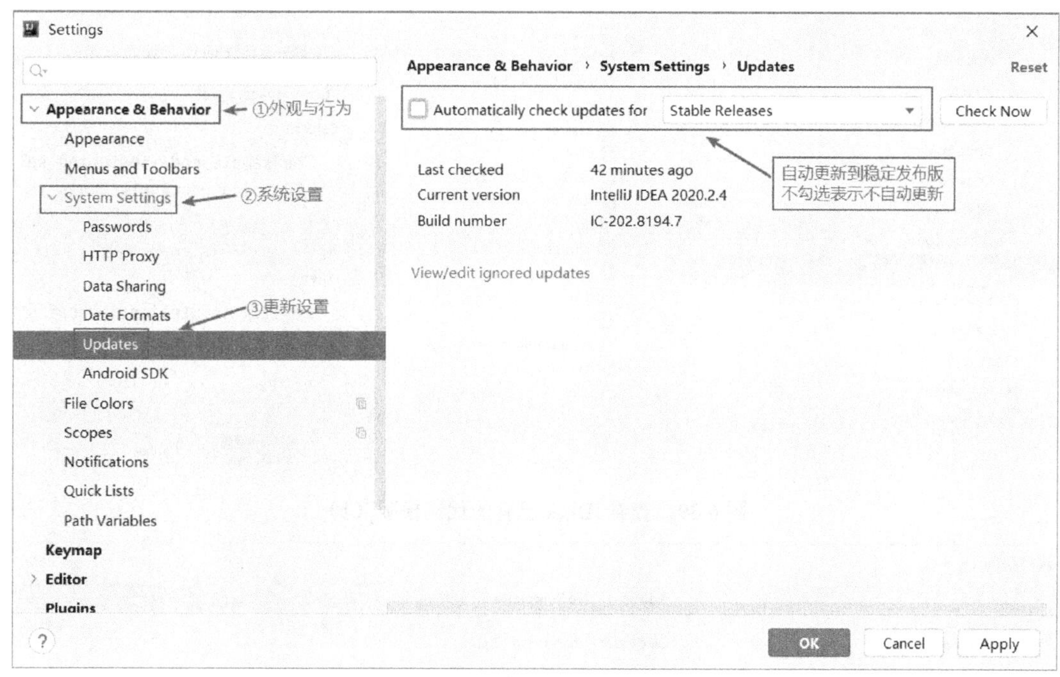

图 6-38　IDEA 自动更新设置

6.6　快速开发

在开发过程中，如果发现某些语句或代码出现的频率非常高，那么是否可以把这些语句和代码设计成模板，然后在下次使用时，直接套用模板呢？

经常使用计算机的人可以发现所有计算机软件都有快捷键，IDEA 自然也有快捷键，熟练运用这些快捷键，可以大大提高开发速度。

6.6.1　代码模板

所谓代码模板，是指配置一些常用代码字母缩写，在输入这些特定字母缩写时可以出现预定义的固定模式的代码，使得开发效率大大提高，也可以增加个性化。最简单的例子就是在 Java 类中输入 psvm 或 main 就会出现 public static void main(String[] args){}。常见的代码模板如下所示。

- main/psvm：主方法。
- sout/soutp/soutv/soutm：输出语句。
- for/fori/foreach：循环遍历。
- itar/iter/itco/itli：遍历迭代数组或集合。
- ifn/inn/对象.nn/对象.：是否为空或非空。

查看 IDEA 已有的代码模板单击“File”→“Settings...”→“Editor”→“General”→“Postfix Completion”，如图 6-39 所示，或者单击“Editor”→“Live Templates”，如图 6-40 所示。二者的区别是“Live Templates”可以自定义，“Postfix Completion”不可以自定义。

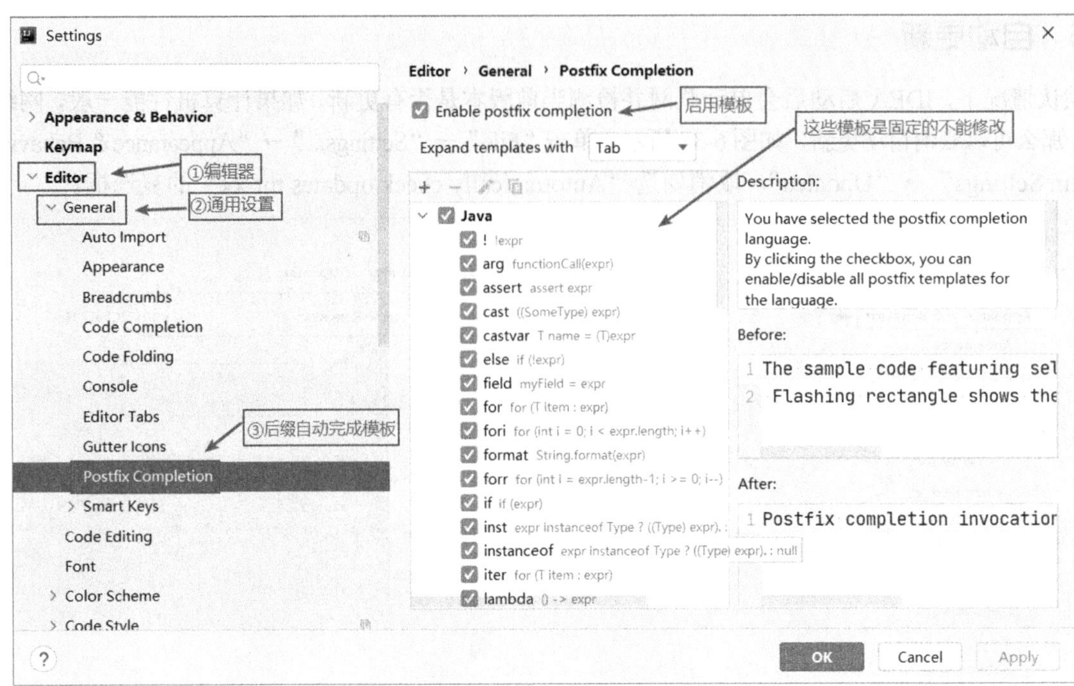

图 6-39　查看 IDEA 已有的代码模版（1）

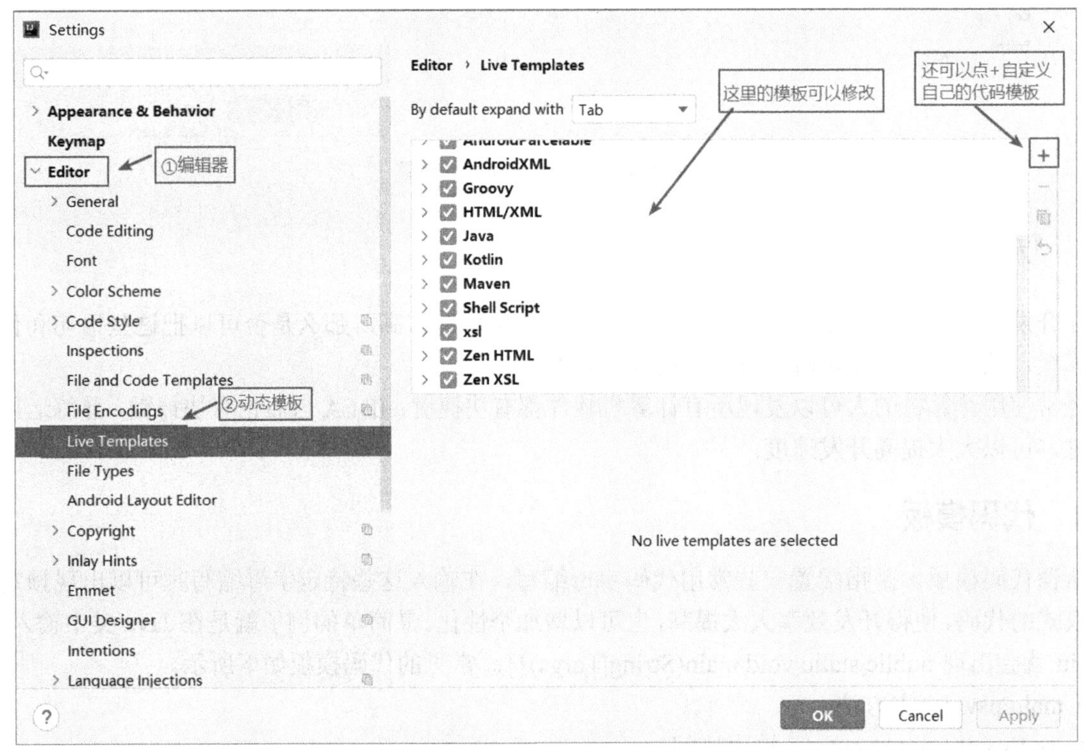

图 6-40　查看 IDEA 已有的代码模版（2）

由于篇幅有限本节就不具体展开讲解自定义代码模板的方法了。有兴趣的读者可以自行学习或观看尚硅谷 IDEA 的相关视频课程。

6.6.2　快捷键

熟练掌握各种快捷键可以加快开发速度。IDEA 的快捷键有很多，可以单击“File”→“Settings...”→

"Keymap"进行查找和修改对应的快捷键，如图 6-41 所示。

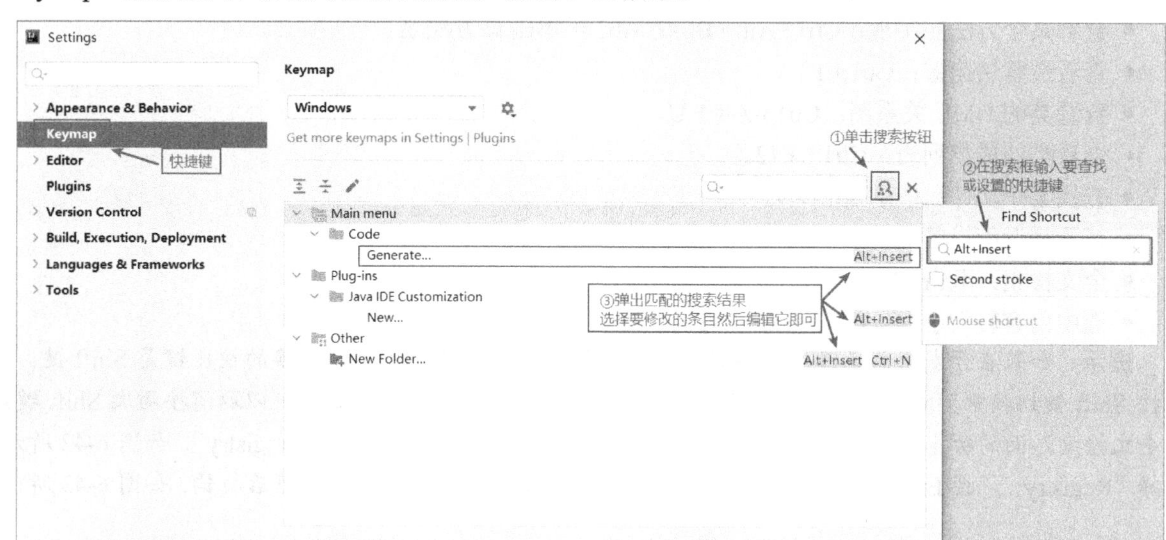

图 6-41　快捷键查看和修改界面

以下为常用的快捷键，可供参考。

- 运行：Shift + F10。
- 导入包和自动修正：Alt + Enter。
- 向下复制选中行：Ctrl +D。
- 删除选中行：Ctrl + Y。
- 剪切选中行：Ctrl + X。
- 行交换位置。与上面行交换位置：Ctrl + Shift + ↑。与下面行交换位置：Ctrl + Shift + ↓。
- 当前代码行与下一行代码之间插入一个空行，光标现在处于新加的空行上：Shift+Enter。
- 当前代码行与上一行代码之间插入一个空行，光标现在处于新加的空行上：Ctrl+Alt+Enter。
- 自动生成某个类的 Constructors、Getters、Setters、equals( ) and hashCode( )、toString( )等代码：Alt + Insert。
- 重写父类的方法：Ctrl + O。
- 实现接口的方法：Ctrl + I。
- 自动生成具有环绕性质的代码，如 if/else、for、do/while、try/catch、synchronized 等，使用前要先选择好需要环绕的代码块：Ctrl + Alt + T。
- 添加和取消注释。选中行加单行注释：Ctrl + /，再按一次取消；选中行加多行注释：Ctrl + Shift + /，再按一次取消。
- 将方法调用的返回值自动赋值给变量：Ctrl + Alt + V。
- 方法参数提示：Ctrl + P。
- 代码模板提示：Ctrl + J。
- 选中代码抽取封装为新方法：Ctrl+Alt+M。
- 重命名某个类、变量等：Shift+F6。
- 格式化代码：Ctrl+Alt + L。
- 删除导入的没用的包：Ctrl + Alt + O。
- 折叠/展开方法实现：Ctrl + Shift + −/+。

- 缩进或不缩进一次所选择的代码段：Tab / Shift+Tab。
- 查看某个方法的实现：Ctrl +Alt + B 或 Ctrl + 单击该方法名。
- 查看继承快捷键：Ctrl + H。
- 查看类的 UML 关系图：Ctrl + Alt + U。
- 查看类的成员列表：Ctrl + F12。
- 查找某个文件：Ctrl+Shift+N。
- 打开最近编辑的文件：Ctrl+E。
- 全文检索：双击 Shift。
- 选中内容转大小写：Ctrl + Shift + U。

提示：如果在开发中总是涉及中英文输入法的切换，而默认的中英文切换的快捷键是 Shift 键，但当按 Shift 键切换中英文等操作时，总是会不小心弹出全文检索界面，那么也可以取消按两次 Shift 键弹出全文检索界面的功能。按两次 Shift 键弹出搜索框，在 All 的搜索框中输入 “registry”，如图 6-42 所示，选择 “Registry...” 按 Enter 键，然后在 “ide.suppress.double.click.handler” 单选框后打钩，如图 6-43 所示。

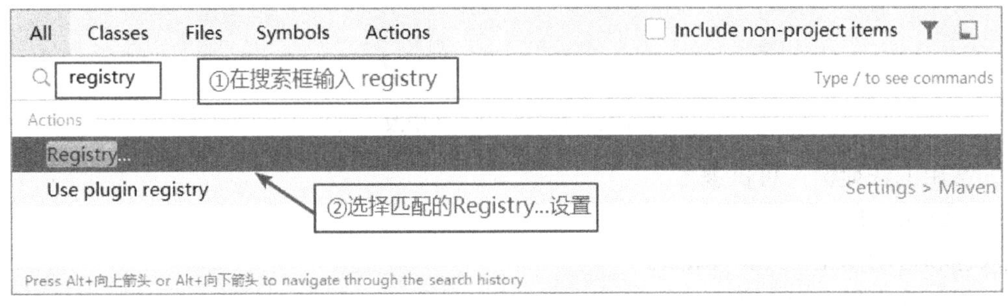

图 6-42　在 All 的搜索框中输入 “registry”

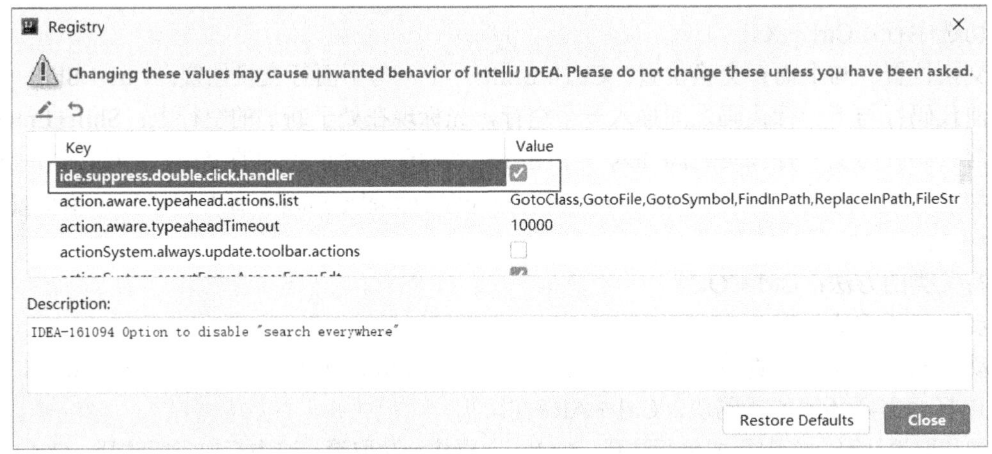

图 6-43　勾选 “ide.suppress.double.click.handler”

6.7　多模块的 IDEA 工程

第 6.4 节已经创建了一个 Java 工程，简单演示了 IDEA 最基本的使用。为了大家可以更好地学习以下各章内容，以及为后续学习实战项目开发打基础，本节会演示一个 Project（项目）下包括多个 Module（模块）的使用方法。

1. 创建 Project 工程

创建一个新工程来演示多模块开发，如图 6-44 所示。

这次选择创建 Empty Project（空工程），而不直接创建 Java 工程，如图 6-44 所示。这里的工程只是起到管理多个模块的作用。

虽然是空工程，但是仍然要指定工程的存储路径和名称，如图 6-46 所示，和之前一样，存储路径的最后一级默认就是项目名称。例如，选择将空工程存储在 D:\atguigu\books\JavaSE 目录下，那么工程的名称就自动设置为 JavaSE。

图 6-44 创建新工程

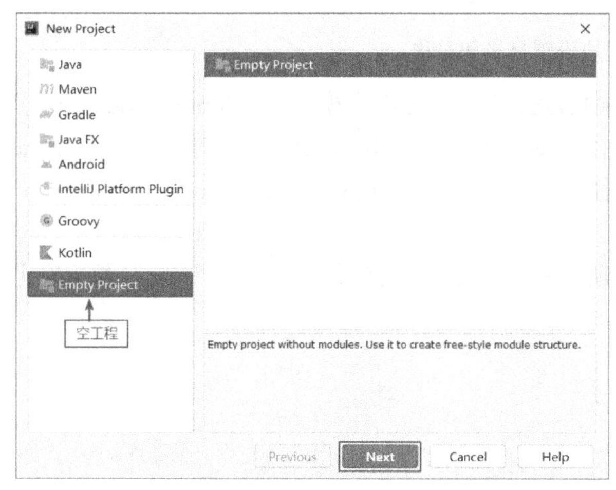

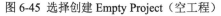

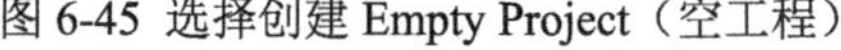
图 6-45 选择创建 Empty Project（空工程）

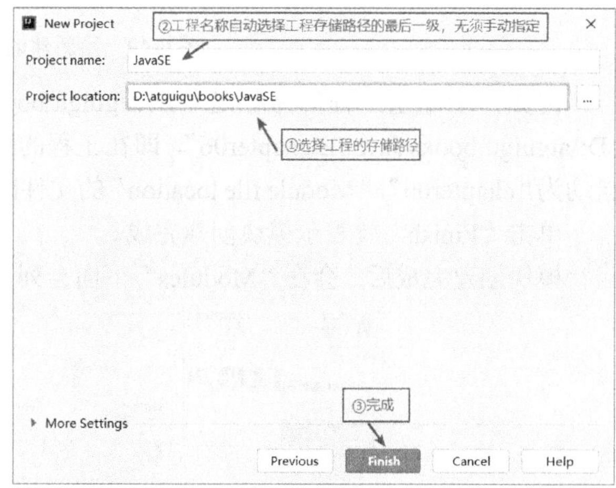

图 6-46 指定工程的存储路径和名称

2. 创建 Module（模块）

单独的空工程只是起到管理多个模块的作用，其下面没有 src 等结构。我们不在工程下直接编写代码，而是把代码放到一个一个模块中，所以必须再新建一个或多个模块才能正式开发，如图 6-47 所示，单击“File”→“Project Structure”→“Project Settings”→“Modules”创建模块。

这里的一个模块其实也相当于一个小的工程，可以独立运行，因此也需要指定模块的类型和 SDK 运行环境，如图 6-48 所示。多个模块也可以组成一个大的工程，分别代表一个工程不同的模块，本书暂时不涉及该部分内容。

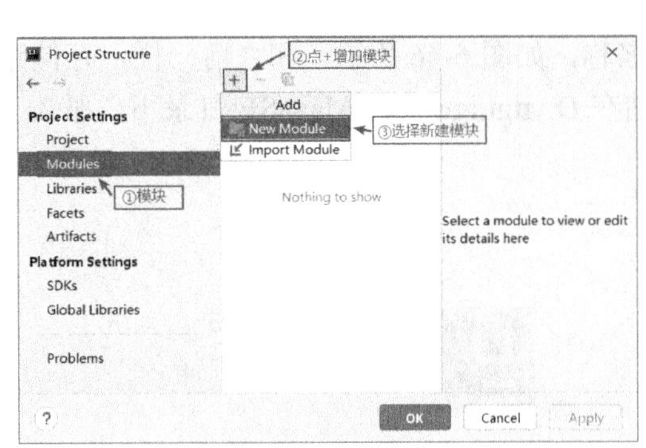

图 6-47 新建模块

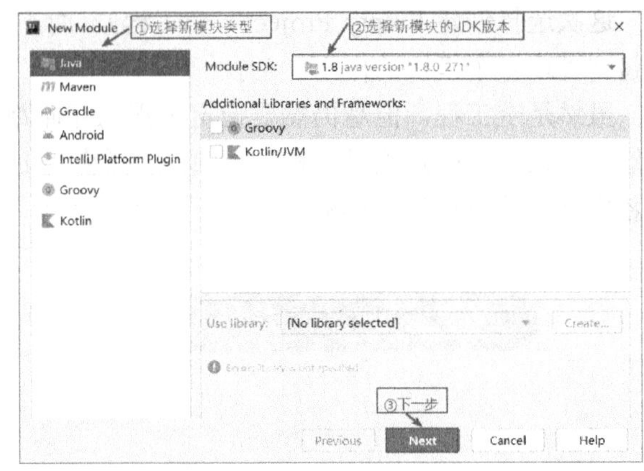

图 6-48 选择 Module 的工程类型和 SDK 运行环境

给新建的模块设置目录和名称如图 6-49 所示，一般直接设置 Content root，在刚才的工程路径下再创建一级目录。

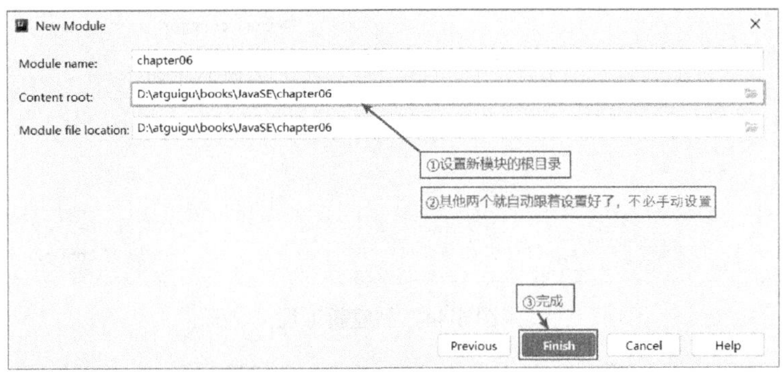

图 6-49 给新建的模块设置目录和名称

例如，刚才空工程的路径是“D:\atguigu\books\JavaSE”，现在新建模块的 Content root 设置为“D:\atguigu\books\JavaSE\chapter06”，即在工程的路径下增加了一级“chapter06”。此时“Module name”自动为“chapter06”，“Module file location”的文件路径自动修改为“D:\atguigu\books\JavaSE\chapter06”。

单击“Finish”就表示模块创建完成。

模块创建完成后，会在“Modules”下面会列出所有模块，如图 6-50 所示，单击“OK”表示确定。

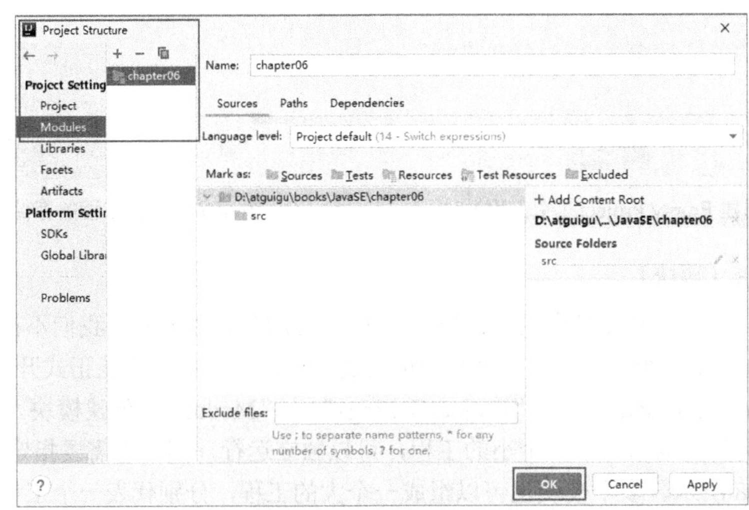

图 6-50 点击“OK”

3. 新建包和类

模块创建完成后，就可以在 src 下创建包和类进行开发了，如图 6-51 所示。输入包和类的名称如图 6-52 所示。

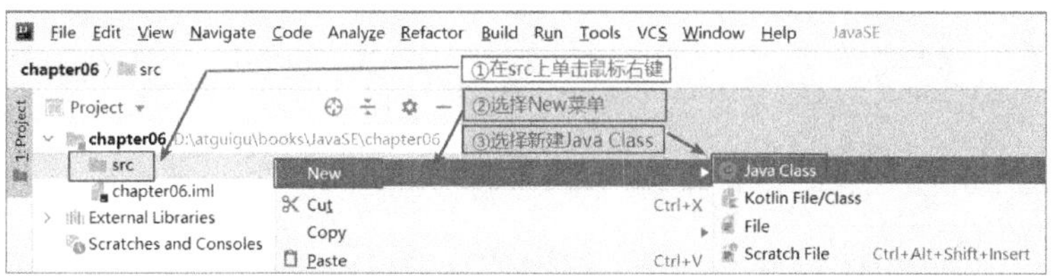

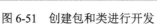

图 6-51　创建包和类进行开发

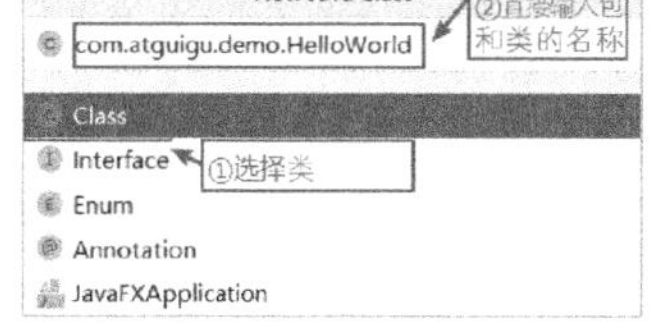

图 6-52　输入包和类的名称

用同样的方法，可以创建多个包和多个类，如图 6-53 所示。

4. 创建更多的模块

一个工程下是可以有多个模块的，可以一个模块独立运行，也可以几个模块协作运行，在实际的工程开发中，一个工程会包含多个模块，便于后期的维护和管理。虽然目前我们还只是在学习 Java SE 的基础语法，完全可以在一个模块下学习，但是为了更好地管理代码，我们给每章都单独建立一个模块，这样学习路线会更清晰。单击“File”→“New”→“Module...”，创建更多的模块，如图 6-54 所示。

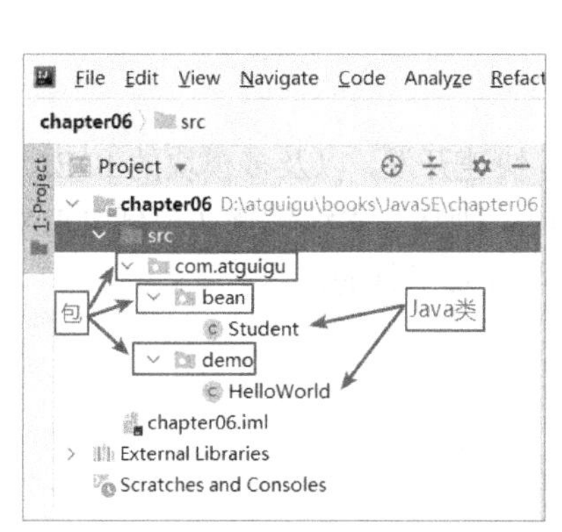

图 6-53　一个模块下多个包和多个类的创建

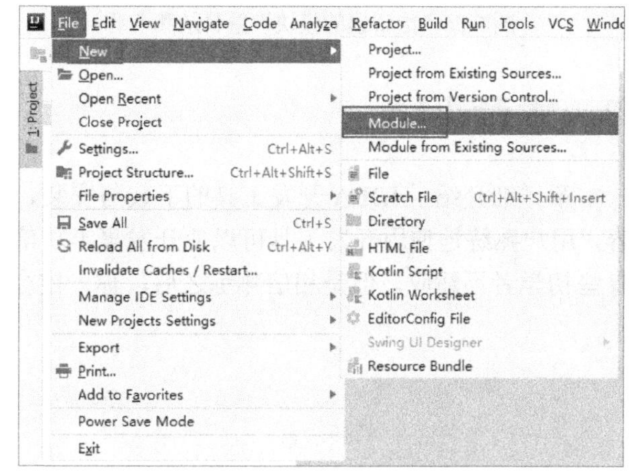

图 6-54　创建更多的模块

指定模块的类型和 SDK 运行环境如图 6-55 所示。

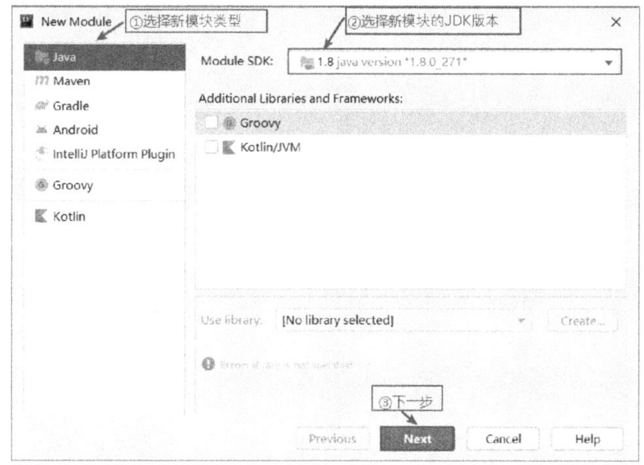

图 6-55　指定模块的类型和 SDK 运行环境

给新建的模块设置目录和名称如图 6-56 所示。设置新模块的 Content root，选择在刚才的工程路径下再创建一个新目录，如空工程的路径是 D:\atguigu\books\JavaSE，现在新建的模式路径是 D:\atguigu\books\JavaSE\chapter07，此时“Module name”自动是 chapter07，“Module file location”文件路径自动是 D:\atguigu\books\JavaSE\chapter07，它与 chapter07 的模块是并列关系。

多个模块的效果如图 6-57 所示。

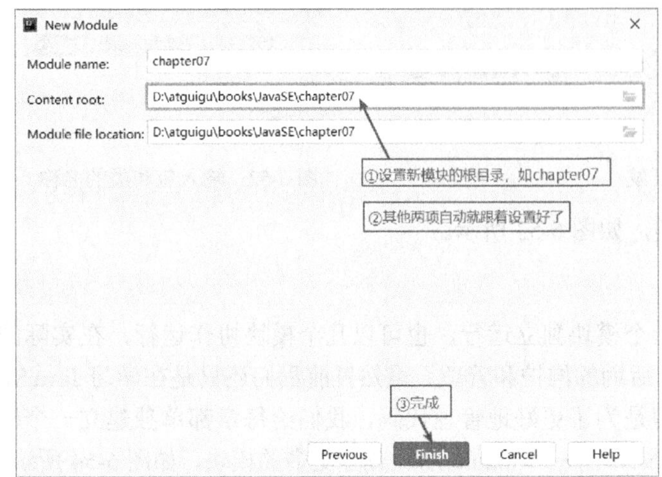

图 6-56　给新建的模块设置目录和名称

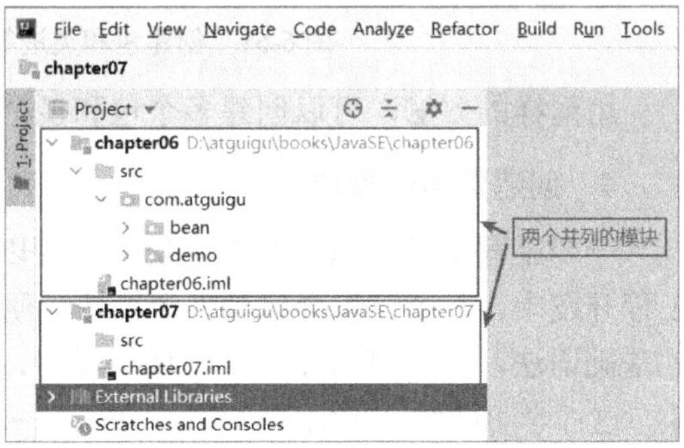

图 6-57　多个模块的效果

6.8　本章小结

本章详细介绍了 IDEA 开发工具的下载与安装、详细设置、快速开发，以及多模块的 IDEA 工程等内容，用户熟练地使用开发工具可以使开发事半功倍。在开发时，刚从文本编辑器切换到 IDEA，难免让有些初学者不适应，但是相信熟练之后，你一定会爱上 IDEA 开发工具的。

第7章 面向对象编程基础

Java 语言是面向对象的语言，学过 C 语言的读者在学习前面 6 章时可能还有些诧异，并没有感受到何为面向对象，似乎 Java 语言的很多语法都和 C 语言的语法很相似。确实是这样的，前面 6 章可以说是编程语言的基础，在不同的语言中相似度很高，也是最基本的概念，如果你之前学过其他的编程语言，那么前 6 章的学习对于你来说会比较轻松。虽然前 6 章并没有讲解面向对象的内容，但正是因为有了前 6 章的学习和实践，你才可以找到编程的感觉，并且让编程的思维火花在你脑中熠熠生辉，这给接下来的编程学习打下了坚实的基础。

从第 7 章开始你将认识到什么是面向对象编程，并且逐步培养面向对象的编程思想。本章将从 4 个部分进行讲解，第一部分是面向对象与面向过程的区别；第二部分是类与对象的概念和关系，声明类并创建对象的方法，声明和使用类的成员的方法；第三部分是特殊的方法：重载、可变参数、递归等；第四部分是对数组的深化讲解，从基本数据类型数组转型为对象数组。

当然，对于初学者来说，从前 6 章的学习转向本章面向对象的学习，一开始会有些不适应，因为前 6 章的代码结构基本上是一个类一个主方法搞定所有的事情，而从本章开始，你会发现代码被分散到了好几个类中。不过，还是那句话，只要多练习几次，很快你就能上手。

7.1 面向对象与面向过程

Java 语言是一门面向对象的编程语言，实际上是说，Java 语言的语法是基于面向对象的编程思想而设计的。那么，什么是面向对象的编程思想呢？面向对象的编程思想涉及软件开发的各个方面，如面向对象的分析（Object Oriented Analysis，OOA）、面向对象的设计（Object Oriented Design，OOD）及面向对象的编程实现（Object Oriented Programming，OOP）。编程思想的培养并不是靠几个概念就能培养的，这不是一朝一夕的事，它需要大量的实践来慢慢养成，我们先从面向对象的基础语法开始学起。

编程思想有很多种，最基础的就是面向对象和面向过程，因为很多人接触编程都是从 C 语言开始的，C 语言是面向过程的编程语言，所以面向过程和面向对象经常被放在一起做比较。

不管是面向对象还是面向过程，它们都属于解决问题的思考方式，下面举例来说明它们的不同。例如，开一个小饭馆，那么你每天需要思考和解决的问题是买菜、洗菜、切菜、做菜、上菜、收银，以及怎么把这些事情做好，这就是在用面向过程的思维解决问题。但当小饭馆变成了大酒店，你要思考的就不再是如何买菜、洗菜这些问题了，而是思考雇谁来买菜，雇谁来洗菜更好的问题，这就是在用面向对象的思维解决问题。

面向过程（Procedure Oriented Programming，POP）是以“过程”为中心的，遇到问题时，想的是解决问题的步骤，然后用函数把步骤一一实现，最后再依次调用。面向过程更侧重于“怎么做”，以执行者的角度思考问题，比较适合解决小型问题或底层问题。

面向对象（Object Oriented Programming，OOP）以“对象”为中心，遇到问题时，想的是需要哪些对象一起来解决问题，然后找到这些对象，并把它们组织在一起，然后取各家之所长来共同解决一个问题。面向对象更侧重于“谁来做”，以指挥者的角度思考问题，比较适合解决中大型问题。

并不是说面向对象的编程思想比面向过程的编程思想更高级，就好像语言间没有高低之分一样，只是在解决具体问题时，某种编程语言或编程思想更合适。之后大家还会接触函数式编程、面向服务编程、面向切面编程等，初学者暂且不用急于弄清楚这些编程思想的区别。

7.2 类与对象

面向对象的世界观认为世界是由各种各样具有自己的运动规律和内部状态的对象所组成的，不同对象之间的相互作用和通信构成了完整的现实世界。因此，人们应当按照现实世界的本来面貌来理解世界，直接通过对象及其相互关系来反映世界，这样建立起来的系统才符合现实世界的本来面目。在计算机编程中，使用面向对象的编程思想来分析问题需要从以下几个步骤思考。

- 根据问题需要，找到问题所针对的现实世界的实体。
- 从实体中寻找与解决问题相关的属性和功能，这些属性和功能就形成了概念世界的抽象实体。
- 把抽象的实体用计算机语言进行描述，形成计算机世界中的类，即借助程序语言，把类构造成计算机能够识别和处理的数据结构。
- 类实例化成计算机世界中的对象，对象是计算机世界中解决问题的最终工具。

7.2.1 类与对象的关系

将客观世界中存在的一切可以描述的事物称为对象（实体），也就是“万物皆对象”。例如，尚硅谷的谷哥、谷姐，楼下停的共享单车，桌子上的水杯，中午的外卖订单等都可以称为对象。这些众多的对象有些是有相同的属性和功能（或行为）的，按照属性和功能（或行为）等对它们进行分类、抽象，就形成了概念世界中的类。类实际上就是根据生活经验总结抽取出来的产物，相当于一组对象的类型。类和对象如图 7-1 所示。

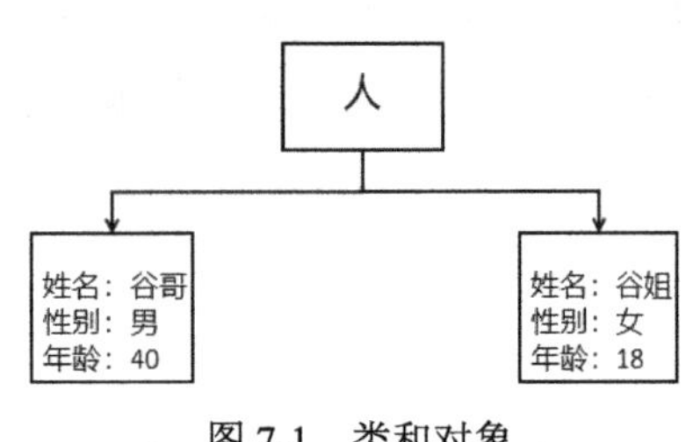

图 7-1　类和对象

我们可以理解为类等于抽象概念的人，对象等于实实在在的某个人。

类是抽象的，对象是具体的，类相当于创建对象的蓝图。例如汽车，类与对象的关系就如汽车设计图与汽车实物的关系。面向对象的程序实现需要通过类创建对应的实例化对象，来对应客观世界中的实体。

7.2.2 类的声明

将一组具有相同属性和功能（或行为）的对象归类抽象出类的概念，那么应怎么用 Java 语言来定义这个类呢？Java 语言中定义类的简单语法格式如下所示：

```
修饰符 class 类名 {
    0 个或多个属性定义
    0 个或多个构造器定义
    0 个或多个方法定义
    ...
}
```

在如上所示的语法格式中，修饰符可以是 public、final、abstract 等。关于每个修饰符的作用和用法，在后续章节中会陆续讲到。class 是定义类的关键字，类名就是一个标识符，如 Person 类、Student 类、Order 类等。

类可以包含 3 种最常见的成员，即属性、构造器、方法，3 种成员可以定义为 0 个或多个，如果 3 种成员都定义为 0 个，那么就相当于一个空类，语法上没问题，但是没有实际意义。当然类的成员除了这 3 种，还有内部类和代码块，这些在后续章节中会讲到。类中各个成员的排列顺序不同是没有任何影响的，但是习惯上人们会按照属性、构造器、方法的顺序去定义。

属性用来描述对象的数据特征，如姓名、年龄、颜色、价格等。同一个类的实体意味着有相同的数据特征，但每个对象的属性值都是独立的。例如，人这个类都有姓名属性，但大家的名字值不相同，一个叫“谷哥”，一个叫“谷姐”。

构造器用来创建和初始化对象。如果不定义任何构造器，那么编译器会自动生成一个默认的构造器，关于构造器的详细讲解请看第 8 章。本章重点讲解属性和方法。

方法用来描述对象的功能（或行为），调用对象的方法就是让对象完成一个动作或执行某个功能，如张三吃饭、获取某个圆的面积值等。

示例代码：

```
package com.atguigu.section02;      //包的定义

public class Person {
    String name;   //姓名属性的定义
    int age;            //年龄属性的定义
    char gender;        //性别属性的定义

    //吃饭方法的定义
    void eat(){
        if (age < 1){
            System.out.println(name + "喝奶");
        } else if (age > 80){
            System.out.println(name + "吃稀饭");
        } else {
            System.out.println(name + "吃饭");
        }
    }
}
```

上述代码演示了 Person 类的定义。属性和方法的定义在接下来的几节中会讲到，并会详细讲述其语法格式。接下来讲解代码第一行关于包的定义。关于包的定义虽然还未讲解，但是这里已经先用，是因为现在已经开始使用 IDEA 进行开发了，第 7 章的代码会统一放在 chapter07 这个模块（或工程）中。但是接下来我们会编写很多.java 文件，如果将其全部放在 src 根目录下，难免会出现重名等问题，不利于管理，因此将把 Person 类放在 com.atguigu. section02 这个包下，那么会有一句代码体现这个目录结构，它就是 package com.atguigu.section02;，如图 7-2 所示。关于包的详细讲解内容请看 8.4 节。

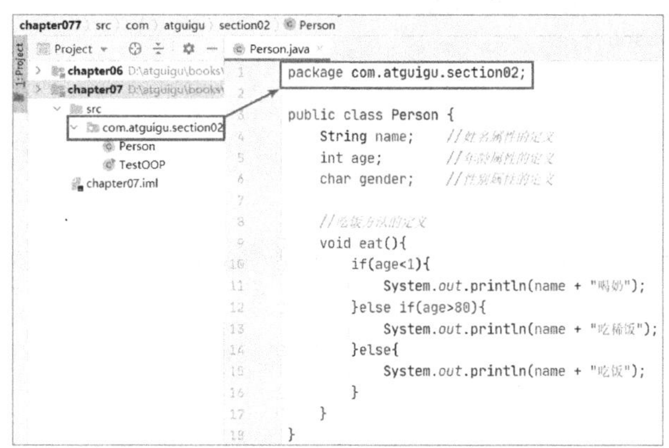

图 7-2　Person 类在 IDEA 中的目录结构

7.2.3 对象的创建

有了类就可以创建对象了。Java 语言是通过 new 关键字来创建对象的，语法格式如下所示：

```
new 类名();
```

如果没有给对象命名，那么该对象就是一个匿名对象，只能使用一次。如果想要让这个对象被使用多次，那么可以给这个对象命名，语法格式如下所示：

```
类名 对象名 = new 类名();
```

在如上所示的语法格式中，类名()其实是构造器，大家暂时可以先不管这个概念，第 8 章会详细讲解。

示例代码：

```
package com.atguigu.section02;

public class TestOOP {
    public static void main(String[] args) {
        //创建了两个 Person 对象
        Person p1 = new Person();
        Person p2 = new Person();
    }
}
```

细心的读者已经发现上述的代码与之前学习的变量的声明和初始化很相似，如下所示：

```
Person p1 = new Person();
int a = 10;
```

事实上，这两个代码确实有相同之处，如 Person 和 int 都是数据类型，p1 和 a 都是变量，“=”右边的内容是给左边的变量赋值用的。只不过 int 是基本数据类型，而 Person 是引用数据类型，赋给 a 的是数据值，赋给 p1 的是对象的引用，即对象的首地址。Java 语言把类当成一种自定义数据类型，可以使用类来声明变量，这种类型的变量统称为引用型变量。

上述的代码创建了两个对象，一个是 p1，另一个是 p2，那么应如何区分和使用它们呢？类是一个静态的概念，类本身不携带任何数据。对象是一个动态的概念，每个对象都存在着有别于其他对象的、属于自己的、独特的属性和行为，属性值可以随它自己的行为而发生改变（如在方法中修改指定对象的属性值），同样行为也可能因为属性值的不同而有所不同。

示例代码：

```
package com.atguigu.section02;

public class TestOOP {
    public static void main(String[] args) {
        //使用 Person 类创建了两个 Person 实例对象
        Person p1 = new Person();
        Person p2 = new Person();

        //操作 p1 对象的属性
        p1.name = "谷爷";
        p1.age = 100;
        p1.gender = '男';
        System.out.println("p1.name = " + p1.name + ", p1.age = " + p1.age + ", p1.gender = " +
p1.gender);

        //操作 p2 对象的属性
        p2.name = "谷姐";
        p2.age = 18;
        p2.gender = '女';
        System.out.println("p2.name = " + p2.name + ", p2.age = " + p2.age + ", p2.gender = " +
```

```
p2.gender);

        //调用 p1 的 eat()方法
        p1.eat();

        //调用 p2 的 eat()方法
        p2.eat();
    }
}
```

TestOOP 类的运行结果示意图如图 7-3 所示。

```
Run:  TestOOP
D:\ProgramFiles\Java\jdk1.8.0_271\bin\java.exe ...
p1.name = 谷爷, p1.age = 100, p1.gender = 男
p2.name = 谷姐, p2.age = 18, p2.gender = 女
谷爷吃稀饭
谷姐吃饭
```

图 7-3　TestOOP 类的运行结果示意图

7.3　类的成员之成员变量

成员变量即类声明的属性。属性是一种比较传统的说法，在 Oracle 官网中，也被称为 Filed 字段，用来描述事物的特征或属性。当然，也有人将属性和 Field 字段进行了严格的区分，属性特指可以 get/set 值的 Field，即属性≠Field，但是，对于初学者来说，暂时不用区分得那么详细。

7.3.1　成员变量的声明

成员变量是变量的一种，与之前我们学习的变量的不同之处在于，成员变量声明的位置不同，其语法格式如下所示：

```
修饰符 class 类名 {
    修饰符  数据类型 成员变量名;
}
```

上述语法格式说明成员变量是声明在类中方法外的。

- 成员变量的数据类型可以是任何基本数据类型（如 int、boolean）或任何引用数据类型（如类、数组等），数据类型不能省略。
- 成员变量名就是一个标识符，如 name 代表姓名，age 代表年龄等，成员变量名不能省略。
- 成员变量的修饰符可以有 private、protected、public、static、final、transient 等，修饰符也可以没有。每个修饰符的作用和用法会在后续章节中陆续讲到。

在对某一类实体的数据特征进行抽象的过程中，会遇到有些数据特征值是每个对象都是完全独立的，有些则是全局共享的。例如，在对所有中国人实体进行抽象时，可以发现所有中国人都有国籍、姓名、年龄、性别等数据特征，它们都需要声明对应的成员变量，但是其中的国籍值是全局共享的，都是“中国”，但是每个人的姓名、年龄、性别值是独立的、各不相同的。Java 语言中规定，如果某个数据特征值是该类所有实体对象共享的，那么该数据特征对应的成员变量就用 static 修饰，称为静态变量或类变量。反之，如果某个数据特征值对于该类的每个实体对象都是独立的，那么该数据特征对应的成员变量就不能用 static 修饰，称为实例变量。

Chinese 类的示例代码：

```
package com.atguigu.section03;//包的定义

public class Chinese {                //类名：中国人
    static String country;            //成员变量之静态变量
```

```
    String name;                          //成员变量之实例变量
    int age;                              //成员变量之实例变量
}
```

7.3.2 成员变量的访问

7.3.1 节已经声明了 Chinese 类的成员变量，Chinese 类中包含了静态变量 country 和实例变量 name、age，那么现在要如何使用这些成员变量呢？成员变量的使用说明如表 7-1 所示。

表 7-1 成员变量的使用说明

变 量 类 型	其他类的方法中	本类的静态方法中	本类的非静态方法中
静态变量	类名.为静态变量（推荐） 或 对象.为静态变量（不推荐）	直接访问	直接访问
实例变量	对象.为实例变量	不能访问	直接访问

下面先演示在其他类的方法中访问 Chinese 类中的成员变量，示例代码如下所示。关于在本类方法中访问静态变量和实例变量请看 7.4 节。

```
package com.atguigu.section03;

public class TestChineseField {
    public static void main(String[] args) {
        //实例变量不能通过“类名.”进行访问，以下两行代码不注释掉会编译报错
        //System.out.println("实例变量：Chinense.name = " + Chinese.name);
        //System.out.println("实例变量：Chinense.age = " + Chinese.age);

        //静态变量，可以通过“类名.”进行访问
        System.out.println("静态变量：Chinese.country = " + Chinese.country);

        Chinese c = new Chinese();
        //实例变量，需要通过“对象.”进行访问
        System.out.println("实例变量：c.name = " + c.name);
        System.out.println("实例变量：c.age = " + c.age);
        //静态变量，也可以通过“对象.”进行访问
        System.out.println("静态变量：c.country = " + c.country);
    }
}
```

如果上述代码的第 6、7 行不注释掉，则会发生编译报错，因为实例变量是不能通过“类名.”进行访问的，如图 7-4 所示。

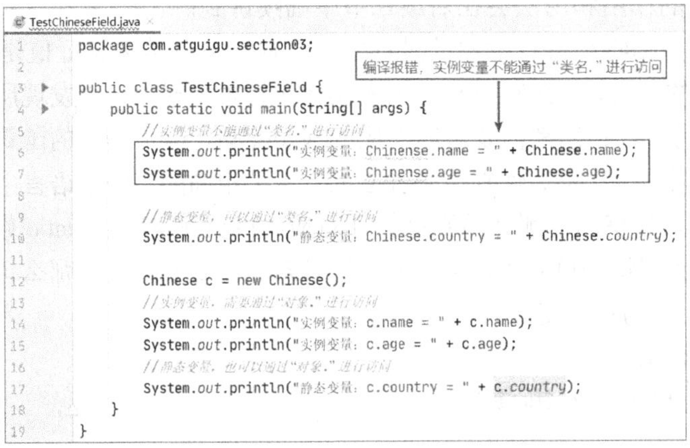

```
TestChineseField.java
1  package com.atguigu.section03;
2                                              编译报错，实例变量不能通过“类名.”进行访问
3  public class TestChineseField {
4      public static void main(String[] args) {
5          //实例变量不能通过“类名.”进行访问
6          System.out.println("实例变量：Chinense.name = " + Chinese.name);
7          System.out.println("实例变量：Chinense.age = " + Chinese.age);
8
9          //静态变量，可以通过“类名.”进行访问
10         System.out.println("静态变量：Chinese.country = " + Chinese.country);
11
12         Chinese c = new Chinese();
13         //实例变量，需要通过“对象.”进行访问
14         System.out.println("实例变量：c.name = " + c.name);
15         System.out.println("实例变量：c.age = " + c.age);
16         //静态变量，也可以通过“对象.”进行访问
17         System.out.println("静态变量：c.country = " + c.country);
18     }
19 }
```

图 7-4 TestChineseField 类的编译报错示意图

注释掉上述代码的第 6、7 行后，编译没有报错。成员变量的调用说明如表 7-2 所示。

表 7-2　成员变量的调用说明

调 用 者	静 态 变 量	实 例 变 量
类名	可以调用	不可以调用
对象	可以调用	可以调用

虽然静态变量可以通过“对象.”进行访问，但是不建议这么操作，因为这样会给其他读者在阅读代码时造成误解，初学者从一开始就养成按规范编写代码的习惯是非常重要的。

7.3.3　成员变量默认值

相信大家都记得，之前在 main 方法中声明变量后，直接通过变量名就可以使用变量，但是在使用变量之前还必须对变量进行手动初始化，否则会提示“变量还未初始化”。7.3.2 节的代码并没有发生代码报“变量还未初始化”的错误，编译通过后的运行结果如图 7-5 所示。

```
Run:  TestChineseField
D:\ProgramFiles\Java\jdk1.8.0_141\bin\java.exe ...
静态变量：Chinese.country = null
实例变量：c.name = null
实例变量：c.age = 0
静态变量：c.country = null
```

图 7-5　TestChineseField 类的运行结果示意图

这是因为成员变量会自动初始化为默认值，静态变量在类加载时初始化，实例变量在创建对象时初始化。成员变量的初始值如表 7-3 所示。

表 7-3 成员变量的初始值

成员变量类型	初　始　值
byte	0
short	0
int	0
long	0
float	0.0f
double	0.0
char	‘\u0000’
boolean	false
引用类型	null

当然也可以手动赋值，示例代码如下所示：

```
package com.atguigu.section03;

public class TestChinese {
    public static void main(String[] args) {
        Chinese.country = "中国";

        Chinese c1 = new Chinese();
        c1.name = "谷哥";
        c1.age = 32;

        Chinese c2 = new Chinese();
        c2.name = "谷姐";
        c2.age = 18;

        //输出各成员变量的值
        System.out.println("Chinese.country = " + Chinese.country);
        System.out.println("c1.country = " + c1.country);
        System.out.println("c1.name = " + c1.name);
        System.out.println("c1.age = " + c1.age);
```

```
        System.out.println("c2.country = " + c2.country);
        System.out.println("c2.name = " + c2.name);
        System.out.println("c2.age = " + c2.age);

        System.out.println("------------------------");
        //我们尝试通过 c1 修改 country 和 name 的值
        c1.country = "中华人民共和国";
        c1.name = "谷爷";

        //再次输出各成员变量的值
        System.out.println("Chinese.country = " + Chinese.country);
        System.out.println("c1.country = " + c1.country);
        System.out.println("c1.name = " + c1.name);
        System.out.println("c1.age = " + c1.age);
        System.out.println("c2.country = " + c2.country);
        System.out.println("c2.name = " + c2.name);
        System.out.println("c2.age = " + c2.age);
    }
}
```

```
Run:    TestChinese
D:\ProgramFiles\Java\jdk1.8.0_141\bin\java.exe ...
Chinese.country = 中国
c1.country = 中国
c1.name = 谷哥
c1.age = 32
c2.country = 中国
c2.name = 谷姐
c2.age = 18
----------------------
Chinese.country = 中华人民共和国
c1.country = 中华人民共和国
c1.name = 谷爷
c1.age = 32
c2.country = 中华人民共和国
c2.name = 谷姐
c2.age = 18
```

图 7-6 TestChinese 类的运行结果示意图

TestChinese 类的运行结果示意图如图 7-6 所示。

从程序运行结果可见，静态变量 country 的值是所有对象共享的，内存中有且仅有一份，当我们通过“c1.country = "中华人民共和国";”语句修改 c1 对象的 country 的值时，仍然会影响 Chinese.country 和 c2.country 的值，从运行结果可以看到它们的值也跟着修改为“中华人民共和国”了，这是因为这几个 country 值本质上就是同一个。而实例变量 name 的值是每一个对象独立的，当我们通过“c1.name = "谷爷";”语句修改了 c1 对象的 name 值时，结果并不会影响 c2 对象的 name 值，即 c2.name 值不变，仍然是“谷姐”。

7.3.4 对象的内存分析

我们通过前面章节的学习可以知道变量是代表内存的一个存储区域，那么成员变量值是存储在内存的哪里呢？应怎样通过对象访问到它们呢？

第 1 章讲过 Java 程序是在 JVM 中运行的。JVM 相当于一台虚拟的计算机，它模拟了计算机的内存，并且有自己独特的内存管理方式。在程序运行时，JVM 将内存分为 5 个部分：方法区、堆、虚拟机栈、本地方法栈、程序计数器。JVM 的内存示意图如图 7-7 所示，JVM 运行时的内存划分说明如表 7-4 所示。

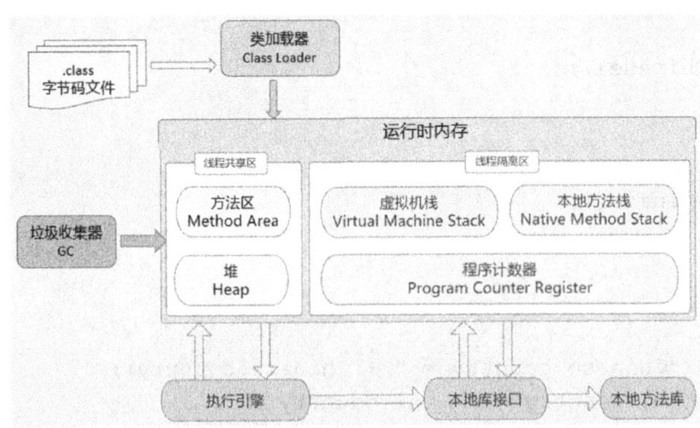

图 7-7 JVM 的内存示意图

表 7-4　JVM 运行时的内存划分说明

区域名称	描　述
程序计数器	模拟 CPU 中的一个特殊寄存器，指向每个线程下一条要执行指令的地址；具有自动增加的功能，即一条指令执行完后，自动指向下一条指令地址
本地方法栈	是程序调用了 native 的方法时，是本地方法执行期间的内存区域
虚拟机栈	存储正在执行的每个 Java 方法的局部变量表等，方法执行后，自动释放。平时提到内存的栈结构，指的就是虚拟机栈
堆	存储实例对象信息（包括数组对象），是线程共享的区域
方法区	存储已被虚拟机加载的类信息、常量、静态变量、即时编译器编译后的代码等数据

JVM 会给内存中的每字节都标记地址号，如果要访问连续的一块内存中的数据，那么只要找到它的首地址即可，这点在数组的学习时就已经说明过。而现在讨论的对象也是需要一块连续的存储空间来存储它多个成员变量的值的。说到底，数组的每个元素和长度也可以看成数组对象每个成员的变量。不同的是，数组的每个元素的宽度是一样的，而普通对象的每个成员变量因为数据类型不同，宽度也不同。之前说数组名中存储的是数组的首地址，那么对象名中存储的就是对象的首地址，通过首地址就可以访问这里每个成员变量的值。

Java 程序运行时，会将使用到的类信息也加载到内存的方法区中，并且用一个 Class 对象来表示，所有和这个类相关的信息都可以从 Class 对象中找到，当然这个 Class 对象也有首地址。在第 17 章中再对 Class 进行详细讲解。

下面来分析一下 7.3.3 节中 TestChinese 类部分代码的内存情况。

示例代码：

```
public class TestChinese {
    public static void main(String[] args) {
        Chinese.country = "中国";

        Chinese c1 = new Chinese();
        c1.name = "谷哥";
        c1.age = 32;

        Chinese c2 = new Chinese();
        c2.name = "谷姐";
        c2.age = 18;
}
```

TestChinese 类代码的内存示意图如图 7-8 所示。对象中除了存储当前对象的实例变量，还会记录当前对象所属类的 Class 对象地址。并且同一个类的不同对象间是独立的，互不影响，修改一个对象的实例变量，不影响其他的对象。所以在上述代码中如果把 c1 对象的 name“谷哥”修改为“谷爷”，不会影响 c2 对象的 name。一个类的静态变量是该类所有对象共享的，因此它只需要存储一份，和类信息一起存储在方法区。所有 Chinese 对象访问的静态变量 country 是同一块区域，所以 c1.country 修改了 country 的值，会影响 Chinese.country 和 c2.country 的值。

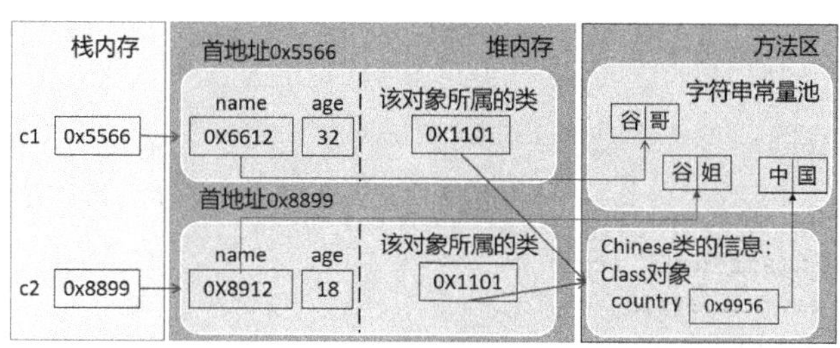

图 7-8　TestChinese 类代码的内存示意图

图 7-8 是 JDK6 版本中的结构。后续 JVM 内存结构的不同部分存储的数据做了相关调整（如字符串常量池存储位置在后续 JDK 版本中有所调整），但不影响其对实例变量、静态变量的理解。笔者为了便于大家理解核心知识，故选择使用上述版本。有兴趣的同学可以进一步学习 JVM 内存结构进行详细学习。

7.3.5 成员变量与局部变量的区别

静态变量、实例变量都是在类中直接声明的变量，都是成员变量，再加上之前讲到的在方法内声明的变量，到目前为止，我们总共学习了两种变量，一种是在方法中声明的局部变量；另一种是在方法外声明的成员变量。成员变量和局部变量的区别如表 7-5 所示。

表 7-5 成员变量和局部变量的区别

<table>
<tr><th colspan="3" rowspan="2">变　量</th><th colspan="2">成 员 变 量</th><th rowspan="2">局 部 变 量</th></tr>
<tr><th>静态变量</th><th>实例变量</th></tr>
<tr><td rowspan="7">项目</td><td colspan="2">声明位置</td><td colspan="2">方法外</td><td>方法或某个代码块中</td></tr>
<tr><td rowspan="2">修饰符</td><td>static</td><td>有</td><td>无</td><td>无</td></tr>
<tr><td>其他</td><td colspan="2">可以有很多修饰符</td><td>只能使用 final 修饰符</td></tr>
<tr><td colspan="2">存储位置</td><td>方法区</td><td>堆</td><td>栈</td></tr>
<tr><td colspan="2">默认值</td><td colspan="2">有默认值</td><td>没有默认值，必须手动赋值才能使用</td></tr>
<tr><td colspan="2">作用域</td><td colspan="2">本类中</td><td>有严格的作用域</td></tr>
<tr><td colspan="2">生命周期</td><td>一个类的所有对象共享，和类一起初始化，生命周期与类一致</td><td>每个对象都是独立的，在对象创建时分配内存并初始化，随着对象被回收而消亡，生命周期与对象一致</td><td>每次方法调用都是独立的，只在方法调用期间存活</td></tr>
</table>

7.3.6 案例：商品类与对象

案例需求：

做一个商品信息管理系统，目前需要展示的是商品的编号、名称、价格、库存等信息，请设计商品类，并创建几个商品对象来展示其信息。

示例代码：

商品类（Goods）。

```
package com.atguigu.section03;

public class Goods {
    String id;         //编号
    String title;      //名称
    double price;      //价格
    int stock;         //库存
}
```

测试类（TestGoods）。

```
package com.atguigu.section03;

public class TestGoods {
    public static void main(String[] args) {
        Goods javaBook = new Goods();
        javaBook.id = "1001024585";
        javaBook.title = "玩转 JavaSE";
```

```
        javaBook.price = 99.99;
        javaBook.stock = 1000;

        Goods htmlBook = new Goods();
        htmlBook.id = "1001023385";
        htmlBook.title = "玩转 Html5";
        htmlBook.price = 88.88;
        htmlBook.stock = 1000;

        System.out.println("商品编号\t\t 商品名称\t\t 价格\t\t 库存");
        System.out.println(javaBook.id+"\t" + javaBook.title + "\t" + javaBook.price + "\t" +
javaBook.stock);
        System.out.println(htmlBook.id+"\t" + htmlBook.title + "\t" + htmlBook.price + "\t" +
htmlBook.stock);
    }
}
```

测试类 TestGoods 的运行结果示意图如图 7-9 所示。

```
Run:    TestGoods
D:\ProgramFiles\Java\jdk1.8.0_271\bin\java.exe ...
商品编号        商品名称        价格      库存
1001024585    玩转JavaSE    99.99    1000
1001023385    玩转Html5     88.88    1000

Process finished with exit code 0
```

图 7-9　测试类 TestGoods 的运行结果示意图

7.3.7　案例：银行账户类与对象

案例需求：

谷粒银行管理系统需要存储每个银行的账户信息，包括账号、户名、身份证号、手机号、余额、利率等，其中利率是统一的，都是 0.035，请设计银行账户类，并创建不同的对象来展示信息。

示例代码：

银行账户类（BankAccount）。

```
package com.atguigu.section03;

public class BankAccount {
    static double rate;             //利率
    String id;                      //账号
    String name;                    //户名
    String cardId;                  //身份证号
    String tel;                     //手机号
    double balance;                 //余额
}
```

测试类（TestBankAccount）。

```
package com.atguigu.section03;

public class TestBankAccount {
    public static void main(String[] args) {
        BankAccount.rate = 0.035;
        BankAccount b1 = new BankAccount();
        b1.id = "100188880001";
        b1.name = "谷哥";
        b1.cardId = "110245198012012586";
        b1.tel = "13725845968";
        b1.balance = 100000;
```

```
        BankAccount b2 = new BankAccount();
        b2.id = "100188880002";
        b2.name = "谷姐";
        b2.cardId = "110245199812012586";
        b2.tel = "13725874158";
        b2.balance = 5000;

        System.out.println(BankAccount.rate);
        System.out.println(b1.id +"," + b1.name + "," + b1.cardId + "," + b1.tel + "," + b1.balance);
        System.out.println(b2.id +"," + b2.name + "," + b2.cardId + "," + b2.tel + "," + b2.balance);
    }
}
```

测试类 TestBankAccount 的运行结果示意图如图 7-10 所示。

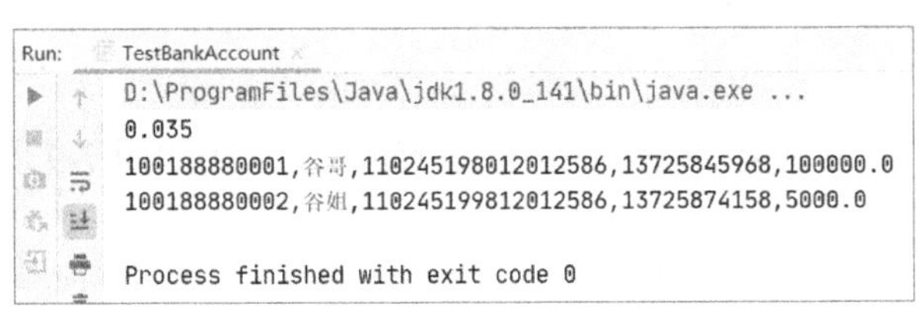

图 7-10　测试类 TestBankAccount 的运行结果示意图

7.4　类的成员之方法

方法（Method）又称函数（Function），代表一个独立的、可复用的功能，也就是将完成某个特定功能的一系列步骤封装到一起，对外暴露一个方法签名，供使用者调用，这样可以大大提高代码的重用性、扩展性和维护性。Java 语言中的方法不能独立存在，所有的方法都必须定义在类中，它是对象行为（或功能）特征的抽象。

7.4.1　方法的声明

方法作为类的成员，必须定义在类中，具体的语法格式如下所示：

```
修饰符 返回值类型 方法名 (参数列表) throws 异常列表 {
    方法体语句;
}
```

一个完整的、可以执行的方法由方法签名和方法体两部分构成。方法签名指的是“修饰符　返回值类型　方法名（参数列表）throws 异常列表{”，对于调用者来说通常只需要关注方法签名即可，不需要了解方法体具体是如何实现的。因为通过方法签名就可以明确方法的功能是什么，是否需要参数，最后可以得到什么结果，以及调用的方式，就好比之前使用 System.out.println(x)、Math.random()、Math.sqrt(x)等方法一样。

方法签名中体现了方法的 6 个要素。

（1）方法名就是一个标识符，在给方法命名时不能太随意，必须遵循“见名知意”的原则，因为方法名相当于方法的灵魂。例如，数学工具类中获取随机数的方法命名为 random，求某个数平方根的方法命名为 sqrt。

（2）一个方法的参数列表是可选的，但是无论是否有参数，方法的小括号都不能省略。参数相当于一个方法的“输入”，当某个功能的完成需要使用者传入数据时，就可以声明参数列表。例如，数学工具类中求某个数的平方根的方法——sqrt(double x)就需要使用者传入某个数给 x；反之，当某个功能的完成不需要使用者传入数据时，就不需要声明参数列表。例如，数学工具类中获取随机数的方法——random( )，就没有参数列表。参数列表的声明必须说明参数的数据类型和参数名，如果有多个参数，则每个参数之间用逗号进行分割，而参数的类型可以是基本数据类型，也可以是引用数据类型，如(double x)、(int a, int b)、(Person p)、(int[ ] arr)等。参数名就是一个标识符，在方法体{ }中就可以通过这个标识符使用调用者传入的参数值。

（3）一个方法的返回值类型是不能缺省的。返回值相当于一个方法的“输出”。当方法被调用后需要给调用者返回结果时，就需要在方法签名中明确该结果的类型，如数学工具类中求某个数的平方根的方法——double sqrt(double x)需要给调用者返回 x 的平方根结果，所以方法的返回值类型声明为 double。当然，这个结果可以是基本数据类型的值，也可以是一个对象，因此，方法的返回值类型可以是基本数据类型，也可以是引用数据类型。就算方法调用之后不需要给调用者返回结果也不能省略返回值类型，而是用 void 这个特殊类型表示。这里需要特别明确的是，一个方法至多只能有一个返回值，当有多个结果需要返回时，可以考虑将返回值类型声明为数组、集合等容器类型，然后将结果放到数组或集合容器中再返回容器。

（4）方法的修饰符可以有 private、protected、public、static、final、abstract 等，也可以没有。每个修饰符的作用和用法会在后续章节中陆续讲到。现阶段在学习声明方法时，我们可以不使用任何修饰符，或者先统一使用 public。

（5）throws 异常列表代表方法可能抛出的异常类型，完全是可选的，详细讲解参见第 10 章。

（6）方法体{ }是完成方法功能的代码实现，如果没有方法体，那么这个方法要么不能执行，要么什么也不执行。这里要特别说明的是，如果方法的返回值类型声明为 void 以外的其他类型，那么在方法体的大括号中必须要有“return 结果;”语句来结束这个方法，否则编译会报错；如果方法的返回值类型声明为 void，那么在方法体的大括号中就不需要，也不能写“return 结果;”语句，此时如果想要提前结束方法的执行可以使用“return ;”语句。因为“return”语句有结束当前方法执行的功能，所以“return”语句后面的语句是无法执行的。

根据方法是否声明了参数列表，以及返回值类型是否声明为 void，可以将方法分为 4 种形式。方法的分类表如表 7-6 所示。

表 7-6　方法的分类表

	无 返 回 值	有 返 回 值
无　参	void 方法名( ){ … }	返回值的类型　方法名( ){ … }
有　参	void 方法名(参数列表){ … }	返回值的类型　方法名(参数列表){ … }

根据方法是否有 static 修饰，可以将方法分为静态方法和非静态的实例方法。当方法的功能和类的实例对象无关时，可以把该方法声明为 static 的静态方法，这样在调用该方法时可以直接使用类名进行调用，如 Math.random( )，由 Math 发起对 random( )的调用。若不同的实例对象调用该方法的功能有差异，则该方法就不能声明为 static 的静态方法，而非静态的实例方法的调用必须使用对象，如 System.out.println(××)，由 System.out 对象发起对 println(××)方法的调用。大家不妨想一想，Java 主方法 main( )为什么是静态的呢？因为它只是作为 Java 程序的入口，和任何对象无关。

Person 类中声明 eat 非静态实例方法的示例代码如下所示：

```
package com.atguigu.section04;

public class Person {
    String name;            //属性定义
    int age;                //属性定义

    //方法定义
    public void eat(){
        if (age <= 1){
            System.out.println(name + "喝奶");
        } else if (age > 80){
            System.out.println(name + "吃稀饭");
        } else {
            System.out.println(name + "吃香的喝辣的");
```

```
        }
    }
}
```

自定义数组工具类 MyArrays 中声明 sort 和 toString 静态方法的示例代码如下所示：

```
package com.atguigu.section04;

public class MyArrays {
    //方法的功能：对任意整型数组实现从小到大排序
    public static void sort(int[] arr){
        if (arr == null || arr.length == 0){
            return ;
        }
        for (int i = 1; i < arr.length; i++){
            for (int j = 0; j < arr.length - i; j++){
                if (arr[j] > arr[j + 1]){
                    int temp = arr[j];
                    arr[j] = arr[j + 1];
                    arr[j + 1] = temp;
                }
            }
        }
    }

    //方法的功能：把整型数组的元素拼接为一个字符串返回
    public static String toString(int[] arr){
        if(arr == null || arr.length == 0){
            return "[]";
        }
        String elements = "[";
        for (int i = 0; i < arr.length; i++) {
            if (i < arr.length - 1){
                elements += arr[i] + ",";
            } else {
                elements += arr[i] + "]";
            }
        }
        return elements;
    }
}
```

7.4.2 方法的调用

方法也必须先声明后使用，而且方法体中代码不调用是不会执行的，调用一次执行一次。如何调用一个方法，需要从以下几个方面进行阐述。

首先，要看方法的修饰符，静态方法和非静态方法的调用说明如表 7-7 所示。关于其他修饰符对调用的影响，我们会在后续章节中陆续讲到。

表 7-7 静态方法和非静态方法的调用说明

	本类的静态方法中	本类的非静态方法中	其他类的方法中
静态方法	直接调用	直接调用	类名.静态方法（推荐） 或 对象.静态方法（不推荐）
非静态方法	不能调用	直接调用	对象.实例方法

其次，需要看被调用的方法是否有参数。如果被调用的方法在定义时并没有声明参数列表，则在

调用时也不能在小括号中传入参数；反之，如果被调用的方法在定义时声明了参数列表，则在调用时就必须在小括号中传入对应的类型和个数的参数值。这里要特别说明的是，无论是否传入参数，方法调用的小括号都不能省略。

最后，在调用时还要关注方法的返回值类型。如果被调用方法的返回值类型是 void，则表示方法没有结果返回，那么调用方法的语句就不能接收和处理返回值；而如果被调用方法的返回值类型不是 void，则表示方法有结果返回，那么调用方法的语句可以接收和处理返回值。

测试 7.4.1 节 Person 类的示例代码：

```
package com.atguigu.section04;

public class TestPerson {
    public static void main(String[] args) {
        Person p1 = new Person();
        p1.name = "小谷";
        p1.age = 1;
        p1.eat();

        Person p2 = new Person();
        p2.name = "谷姐";
        p2.age = 18;
        p2.eat();
    }
}
```

从上述示例代码中我们看到了 Person 类中 eat 方法的调用格式，首先 eat 方法是非静态方法，需要通过 Person 的对象进行调用；其次它没有声明参数列表，则调用时也没有传参；最后它的返回值类型是 void，因此调用方法的语句单独成一个语句。

测试 7.4.1 节中自定义数组工具类 MyArrays 的示例代码：

```
package com.atguigu.section04;

public class TestMyArrays {
    public static void main(String[] args) {
        int[] nums = {4,6,2,8,1};
        System.out.println("排序前: " + MyArrays.toString(nums));
        MyArrays.sort(nums);
        System.out.println("排序后: " + MyArrays.toString(nums));
    }
}
```

测试类 TestMyArrays 的运行结果示意图如图 7-11 所示。

```
Run:  TestMyArrays
D:\ProgramFiles\Java\jdk1.8.0_271\bin\java.exe
排序前: [4,6,2,8,1]
排序后: [1,2,4,6,8]

Process finished with exit code 0
```

图 7-11　测试类 TestMyArrays 的运行结果示意图

从上述示例代码中可以看到 MyArrays 类中 sort 方法和 toString 方法的调用格式。首先它们都是静态方法，则可以直接使用 MyArrays 类名进行调用；其次它声明了参数列表，而且都是 int[ ]类型，所以调用时给它传了一个同样是 int[ ]类型的数组 nums；最后 toString 方法的返回值类型是 String，因此可以打印该字符串，而 sort 方法的返回值类型是 void，因此调用方法的语句单独成一个语句。

7.4.3　方法的传参机制

方法的参数对于方法功能的实现是很重要的，那么在方法调用时参数值具体是如何传递的呢？为了弄清楚这个问题，首先要区分两个名词：形参和实参。形参，顾名思义，就是形式参数，它是指声明方法时在方法签名的“()”中声明的参数列表，只有数据类型和参数名，此时并没有具体的参数值；而实参就是实际参数的意思，它是指调用方法时在方法的“()”中传入的参数，可能是一个常量值，也可能是一个变量名或表达式，此时它是有具体值的。形参与实参示意图如图 7-12 所示。

```
public class TestParam {
    public static int sum(int a, int b) {形参：int a和 int b
        return a + b;
    }

    public static void main(String[] args) {
        System.out.println("1+2 = " + sum( a: 1, b: 2)); 实参：1和2

        int x = 10;
        int y = 20;
        System.out.println("x+y = " + sum(x,y)); 实参：x和y

        int a = 3;
        int b = 4;
        int c = 5;          实参：a*a 和 b*b
        if(sum( a: a*a,  b: b*b) == c*c){
            System.out.println(a+","+b+","+c+"构成一个直角三角形");
        }
    }
}
```

图 7-12　形参与实参示意图

下面要讨论参数是如何传递的。从图 7-12 中可以发现，实参会把值传递给形参，则被调用的方法的形参在方法功能执行期间就会有值。

当形参是基本数据类型时，实参会把自己的值拷贝一份给形参，即此时实参仅仅给形参传递了一个副本，那么这就意味着，在方法执行期间，对形参的修改完全不会影响实参。

示例代码：

```
package com.atguigu.section04;

public class TestPrimitiveTypesParam {
    public static void swap(int a, int b) {
        int temp = a;
        a = b;
        b = temp;
    }

    public static void main(String[] args) {
        int x = 1;
        int y = 2;
        swap(x, y);
        System.out.println("调用 swap 方法之后：");
        System.out.println("x = " + x);
        System.out.println("y = " + y);
    }
}
```

类 TestPrimitiveTypesParam 运行结果示意图如图 7-13 所示。

上述代码的运行结果显示在调用 swap 方法之后，实参 x 的值仍然是 1，y 的值仍然是 2，并没有因为在 swap 方法中交换了形参 a 和 b 的值而受到影响。下面来具体分析一下原理。

在 7.3.5 节中提到过局部变量的概念，并且局部变量的生命周期很短，只在方法调用期间存活，即每次方法调用局部变量都是独立的。这是因为每个方法在每次调用时，JVM 都会为它在栈中开辟独立的内存空间，这个过程称为“入栈”，而方法的局部变量就是存储在这个栈空间中的，当方法运行结束之后，该栈空间会立即释放，这个过程称为“出栈”，随着方法的出栈，存储在该栈中的局部变量随即消亡。本节讨论的形参就是方法的局部变量之一。

swap 方法和 main 方法参数传递过程分析图如图 7-14 所示。

```
Run:    TestPrimitiveTypesParam
D:\ProgramFiles\Java\jdk1.8.0_271\bin\java.exe ...
调用swap方法之后:
x = 1
y = 2

Process finished with exit code 0
```

图 7-13　类 TestPrimitiveTypesParam 运行结果示意图

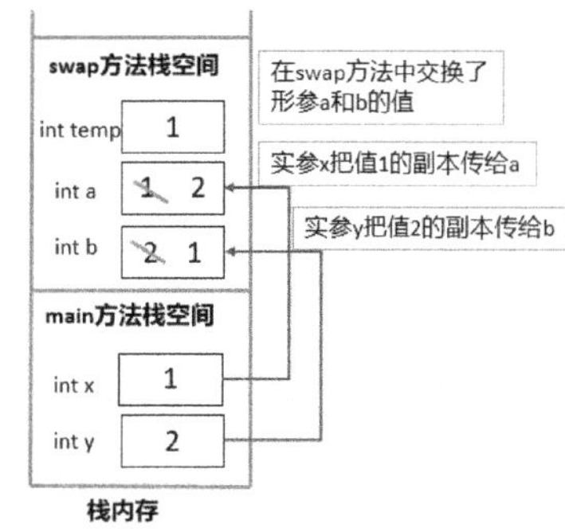

图 7-14　swap 方法和 main 方法参数传递过程分析图

从图 7-14 中可以看出，a 和 b 存储在 swap 方法的栈空间中，x 和 y 存储在 main 方法的栈空间中，当 swap 执行完成之后，就会释放对应的栈空间。而 x 和 y 只是把数据值的副本传递给了 a 和 b，所以 a 和 b 的改变对 x 和 y 没有影响。

那么当形参为引用数据类型时，实参给形参传递的是什么呢？引用数据类型变量中存储的是对象的引用，即对象的首地址，那么引用数据类型的实参传递给引用数据类型的形参自然是对象的地址值副本。而一旦持有了对象的首地址，就可以访问这个对象的所有信息，因此如果我们通过形参变量中保存的对象地址，访问和修改了对象中的数据，那么就会影响实参对象。

示例代码：

MyData 类示例代码。

```
package com.atguigu.section04;

public class MyData {
   int a;
}
```

测试类示例代码。

```
package com.atguigu.section04;

public class TestReferenceTypesParam {
   public static void change(MyData myData) {
      myData.a *= 2;
   }

   public static void main(String[] args) {
      MyData my = new MyData();
      my.a = 1;
      change(my);
      System.out.println("调用完 change 方法之后，my.a=" + my.a);
   }
}
```

TestReferenceTypesParam 类运行结果示意图如图 7-15 所示。

上述代码的运行结果显示在调用 change 方法之后，my.a 变成了 2。说明 change 方法修改形参 myData.a 影响了实参 my.a。change 方法和 main 方法参数传递过程分析图如图 7-16 所示。

从图 7-16 中可以看出，main 方法在调用 change 方法时，实参 my 将保存的 MyData 对象的首地址副本传给了形参 myData，这就意味着 change 方法的 myData 变量和 main 方法的 my 变量此时指向了堆中同一个 MyData 对象。然后在 change 方法中，通过形参 myData 变量访问并修改了堆中 MyData 对象的实例变量 a。虽然 change 方法运行结束之后，释放了 change 方法的栈内存空间，但是因为 main 中的 my 记录的是同一个 MyData 对象的首地址，所以当通过 my 来访问 my.a 时，结果已经变了。

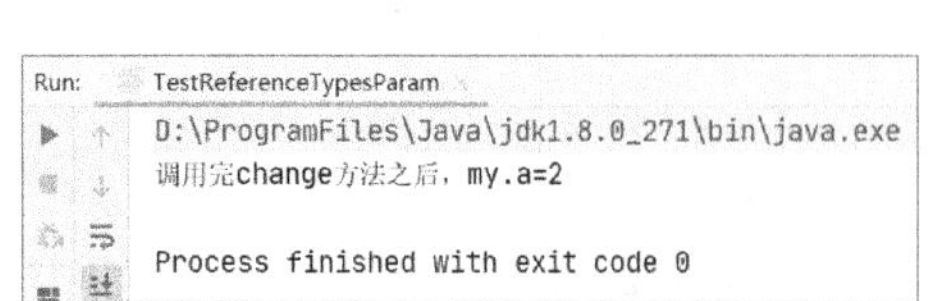

图 7-15 TestReferenceTypesParam 类运行结果示意图

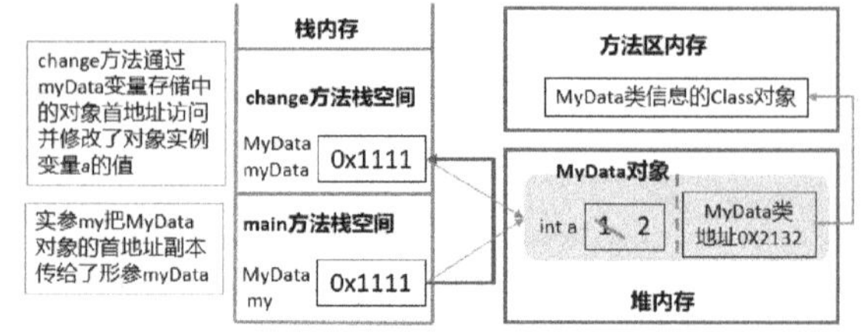

图 7-16 change 方法和 main 方法参数传递过程分析图

综上所述，在方法调用时，实参会将自己保持的值副本传递给形参。当参数类型为基本数据类型时，传递的是数据值副本，此时形参和实参是相互独立的，形参改变不影响实参。当参数类型为引用类型时，传递的是对象的地址值副本，此时形参和实参引用同一个对象，形参对对象成员的改变会影响实参对象。

弄清楚这点是很重要的，因为当把一个变量作为实参传递给某个方法的形参之后，我们要会判断这个变量中的数据会不会受到影响。

下面有一个看似很简单的面试题，却有很多应试者都掉到了“坑”里。

示例代码：

```
package com.atguigu.section04;

public class TestParamExam {
    public static void change(MyData myData) {
        myData = new MyData();
        myData.a = 2;
    }

    public static void main(String[] args) {
        MyData my = new MyData();
        my.a = 1;
        change(my);
        System.out.println("调用完 change 方法之后，my.a=" + my.a);
    }
}
```

TestParamExam 类运行结果示意图如图 7-17 所示。

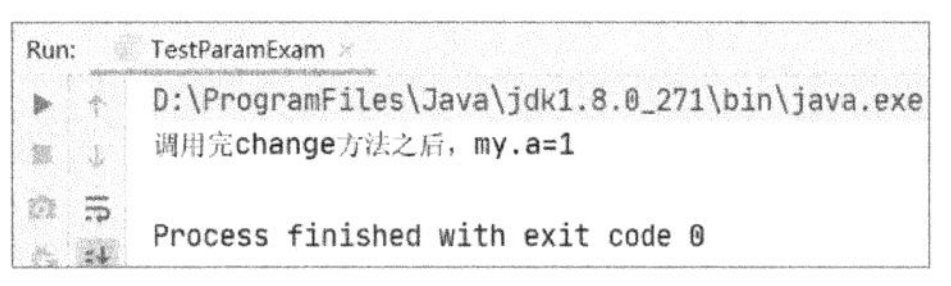

图 7-17 TestParamExam 类运行结果示意图

上述代码的运行结果显示“调用完 change 方法之后，my.a=1”，而不是我们心中预测的 2。这是因为很多应试者没有看到 change 方法中多了一句代码“myData = new MyData( );”。细想一下这句代码到底有什么“魔力”呢？下面我们通过画图的方式来分析一下。change 方法和 main 方法参数传递过程的分析图如图 7-18 所示。

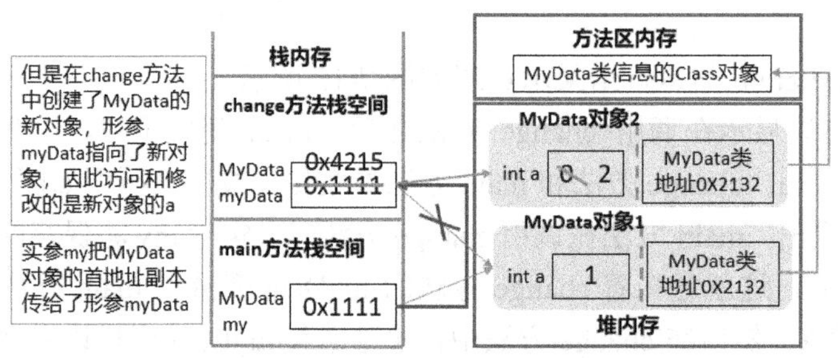

图 7-18 change 方法和 main 方法参数传递过程的分析图

从图 7-18 中可以看出，main 方法在调用 change 方法时，实参 my 把 MyData 对象的首地址副本传给了形参 myData，此时 change 方法的 myData 变量和 main 方法的 my 变量确实指向了堆中的同一个 MyData 对象。但是 change 方法中的代码"myData = new MyData();"，让形参 myData 指向了一个全新的对象，这就使得形参和实参指向同一个对象不成立了，所以 myData.a = 2 这句代码修改的是新对象的 a，而不是实参对象的 a。当 change 方法运行结束之后，释放了 change 方法的栈内存空间，而 main 中的 my 记录的是 MyData 对象的首地址，因此通过 my 来访问 my.a 时，结果仍然不变。这里顺便说一下，在 change 方法中创建的新的 MyData 对象，随着 change 方法运行的结束，再也没有任何引用指向这个新对象，它成为不可达对象，即垃圾对象，会被 GC（垃圾回收器）回收。

7.4.4　案例：圆类方法设计与调用

案例需求：

所有的圆都有半径值，每个圆的半径值都是独立的。对于圆，总是有求面积、求周长等功能需求。请设计圆类，并创建圆对象获取对应信息。提示：可以通过 Math.PI 来获取圆周率值。

示例代码如下。

圆类 Circle：

```
package com.atguigu.section04;

public class Circle {
    double radius;

    double area(){                          //计算圆的面积
        return Math.PI * radius * radius;
    }

    double perimeter(){                     //计算圆的周长
        return 2 * Math.PI * radius;
    }

    String detail(){                        //显示圆的基本信息
        return "半径：" + radius + "，面积：" + area() + "，周长：" + perimeter();
    }
}
```

测试类：

```
package com.atguigu.section04;

public class TestCircle {
    public static void main(String[] args) {
        Circle c1 = new Circle();
        c1.radius = 1.2;

        System.out.println("c1 的半径：" + c1.radius);
        System.out.println("c1 的面积：" + c1.area());
        System.out.println("c1 的周长：" + c1.perimeter());
        System.out.println("c1 的详细信息：" + c1.detail());

        Circle c2 = new Circle();
        c2.radius = 2.5;
        System.out.println("c2 的详细信息：" + c2.detail());
    }
}
```

TestCircle 类运行结果示意图如图 7-19 所示。

```
Run:  TestCircle
D:\ProgramFiles\Java\jdk1.8.0_271\bin\java.exe ...
c1的半径：1.2
c1的面积：4.523893421169302
c1的周长：7.5398223686155035
c1的详细信息：半径：1.2，面积：4.523893421169302，周长：7.5398223686155035
c2的详细信息：半径：2.5，面积：19.634954084936208，周长：15.707963267948966
```

图 7-19　TestCircle 类运行结果示意图

案例解析：

在上述示例代码中，把圆关于求面积、求周长的功能分别封装成了两个非静态方法。因为求面积和周长与圆的半径有关，而每个圆的半径值都是独立的，所以每个圆对象的面积和周长也是不同的，即求面积和周长依赖具体的圆对象。

初学者在设计求面积和周长的方法时，会设计为带参数的方法，如 double area(double r)。而上述代码并没有给方法声明参数，而是直接使用属性 radius，那是因为从语法角度来说，在本类中，非静态的方法可以直接使用本类的实例变量；从逻辑角度来说，求面积的功能是和具体的圆对象有关的，那么一定是使用当前圆对象自己的半径属性值，而不是在求圆面积时再从外面传值。有些初学者隐隐担心的是，如果圆对象的半径属性值没有赋值怎么办，那还能求面积吗？答案是肯定的，因为在创建圆对象时，半径属性值是有默认值 0.0 的，此处求面积可以用 0.0 的半径值求面积，语法上和逻辑上都没问题。

另外，圆类的 detail 方法调用了本类的 area 方法和 perimeter 方法直接获取圆的面积和周长，这充分体现了代码复用性。那么为什么要设计 3 个方法呢，直接通过 detail 方法不就可以获取圆对象的所有信息吗？这是因为不是所有场景都是直接获取圆对象的详细信息的，有时只需要求圆的面积，有时只需要获取圆的周长，设计 3 个方法来定义，对于使用者来说更灵活、更方便。请大家再次体会“每个方法都代表一个独立的可复用的功能”这句话的含义。

7.4.5　案例：数组工具类方法设计与调用

通过第 5 章的学习，我们掌握了很多关于数组的算法，这些算法的逻辑步骤基本上是固定的，那么是否可以将它们封装为方法，重复使用呢？下面我们就来尝试一下。

案例需求：

自定义一个数组工具类，里面包含以下几个方法。

方法 1：可以给任意整型数组实现从小到大排序。

方法 2：可以在任意整型数组中找出最大值。

方法 3：可以在任意整型数组中找出某个元素的下标，如果查找目标不存在，则返回-1。

方法 4：可以将任意整型数组指定范围 [start, end]的元素反转。

方法 5：可以从一个源数组复制指定长度的新数组。

方法 6：可以将任意整型数组的元素拼接为一个字符串返回，形式如[1,2,3,4]。

示例代码：

自定义数组工具类 ArrayTools。

```
package com.atguigu.section04;

public class ArrayTools {
    //方法 1：可以给任意整型数组实现从小到大排序
    public static void sort(int[] arr){
        if (arr == null || arr.length == 0){
            return ;
        }
```

```
    for (int i = 1; i < arr.length; i++){
        boolean flag = false;
        for (int j = 0; j < arr.length - i; j++){
            if(arr[j] > arr[j + 1]){
                int temp = arr[j];
                arr[j] = arr[j + 1];
                arr[j + 1] = temp;
                flag = true;
            }
        }
        if (!flag){
            break;
        }
    }
}

//方法 2：可以在任意整型数组中找出最大值；
public static int max(int[] arr){
    int max = arr[0];
    for (int i = 1; i < arr.length; i++) {
        if (max < arr[i]){
            max = arr[i];
        }
    }
    return max;
}

//方法 3：可以在任意整型数组中找出某个元素的下标，如果查找目标不存在，则返回-1；
public static int indexOf(int[] arr, int value){
    int index = -1;
    for (int i = 0; i < arr.length; i++) {
        if (arr[i] == value){
            index = i;
            break;
        }
    }
    return index;
}

//方法 4：可以将任意整型数组指定范围[start, end]的元素反转；
public static void reverse(int[] arr,int start, int end){
    for (int i = 0; i < (end - start) / 2; i++) {
        int temp = arr[i + start];
        arr[i + start] = arr[end - i];
        arr[end - i] = temp;
    }
}

//方法 5：可以从一个源数组复制指定长度的新数组；
public static int[] copyOf(int[] arr, int newLength){
    int[] newArr = new int[newLength];
    for (int i = 0; i < newArr.length && i < arr.length; i++) {
        newArr[i] = arr[i];
    }
    return newArr;
}

//方法 6：可以将任意整型数组的元素拼接为一个字符串返回，形式如[1,2,3,4]
public static String toString(int[] arr){
```

```
        if (arr == null || arr.length == 0){
            return "[]";
        }
        String elements = "[";
        for (int i = 0; i < arr.length; i++) {
            if (i < arr.length - 1){
                elements += arr[i] + ",";
            } else {
                elements += arr[i] + "]";
            }
        }
        return elements;
    }
}
```

测试类代码：

```
package com.atguigu.section04;

public class TestArrayTools {
    public static void main(String[] args) {
        int[] arr = {3,4,6,2,1};

        System.out.println("arr 数组的最大值：" + ArrayTools.max(arr));

        int value = 5;
        int index = ArrayTools.indexOf(arr, value);
        if (index == -1){
            System.out.println("value 在 arr 数组中不存在");
        } else {
            System.out.println("value 在 arr 数组中的下标是：" + index);
        }

        ArrayTools.reverse(arr, 1,3);
        System.out.println("反转[1,3]下标范围的元素后 arr：" + ArrayTools.toString(arr));

        int[] newArr = ArrayTools.copyOf(arr, 10);
        System.out.println("复制的新数组：" + ArrayTools.toString(newArr));

        ArrayTools.sort(arr);
        System.out.println("从小到大排序后的 arr：" + ArrayTools.toString(arr));
    }
}
```

TestArrayTools 类运行结果示意图如图 7-20 所示。

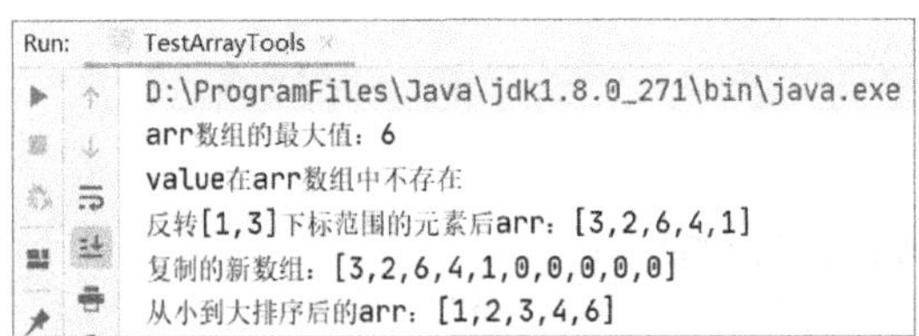

图 7-20 TestArrayTools 类运行结果示意图

在上述示例代码中，排序 sort 和反转 reverse 方法没有返回排序和反转后的数组，是因为数组是引用数据类型，对形参数组的排序和反转，相当于对实参数组的排序和反转，所以不需要返回。如果在实现反转过程中，采用的是借助新数组的方式（具体代码参见第 5 章），那么就必须返回反转后的新数组。就像 copyOf 复制数组的方法一样，因为复制时创建了新数组，所以必须返回新数组。相信通过本案例，大家对方法的参数列表、返回值会有更深的体会。

在 ArrayTools 这个数组工具类中，将所有方法都设计为 static 的静态方法，那是因为这些方法功能不依赖 ArrayTools 类的实例对象。在 Java 中，方法是不能独立存在的，它必须声明在类中，而且这些方法都是和数组操作有关的，因此把它封装在一个叫作 ArrayTools 的类中。

7.5 方法的重载

通过 7.4 节的学习，大家有没有体会到"每个方法都代表一个独立的可复用的功能"这句话的意义呢？方法名是一个方法的灵魂，因为看到它，我们就能清楚地了解这个方法的功能。这就出现了一个问题，当在同一个类中，需要声明两个功能一样但接收的参数不同的方法时，应怎么办呢？例如，在 7.4 节的数组工具类的案例中，所有方法都是针对整型数组的，并没有考虑其他类型的数组，但是在实际开发中，其他类型的数组也同样有排序和找最大值等需求，这意味着这些功能都具有可复用性。为解决这类问题，Java 语言也支持方法重载的形式。

7.5.1 重载方法的声明和调用

所谓方法的重载，就是在同一个类中，拥有两个或更多个名称相同但参数列表不同的方法，参数列表不同，可以是参数类型不同，也可以是参数的个数不同。这里要特别强调，方法的重载与返回值类型无关。

示例代码：

```java
package com.atguigu.section05;

public class MathTools {
    public static int max(int a, int b){
        //提示：打印语句本身和求最大值无关，它在这里的作用是在结果中可以看出这个方法被调用了
        System.out.println("方法：int max(int a, int b)");
        return a > b ? a : b;
    }

    public static double max(double a, double b){
        System.out.println("方法：double max(double a, double b)");
        return a > b ? a : b;
    }

    public static int max(int a, int b, int c){
        System.out.println("方法：int max(int a, int b, int c)");
        return max(max(a,b), c);
    }
}
```

测试类代码：

```java
package com.atguigu.section05;

public class TestMathTools {
    public static void main(String[] args) {
        System.out.println("3,5 中较大的是：" + MathTools.max(3,5));
        System.out.println("3.0,5.2 中较大的是：" + MathTools.max(3.0,5.2));
        System.out.println("3,5,2 中最大的是：" + MathTools.max(3,5,2));
    }
}
```

TestMathTools 类运行结果示意图如图 7-21 所示。

从运行结果中可以看出，当传入了两个 int 参数（3,5）时，编译器就会自动调用 int max(int a, int b)

这个方法；当传入两个 double 参数（3.0,5.2）时，编译器就会自动调用 double max(double a, double b)这个方法；当传入三个 int 参数（3,5,2）时，编译器就会自动调用 int max(int a, int b,int c)这个方法。也就是说，编译器会根据调用方法时传入的实参的类型和个数，找到最匹配的方法。

```
Run:    TestMathTools
D:\ProgramFiles\Java\jdk1.8.0_271\bin\java.exe ...
方法：int max(int a, int b)
3,5中较大的是：5
方法：double max(double a, double b)
3.0,5.2中较大的是：5.2
方法：int max(int a, int b, int c)
方法：int max(int a, int b)
方法：int max(int a, int b)
3,5,2中最大的是：5
```

图 7-21　TestMathTools 类运行结果示意图

特别说明，我们在调用 int max(int a, int b,int c)这个方法时，发现 int max(int a, int b)这个方法也被执行了两次，那是因为确实在 int max(int a, int b,int c)方法中先后调用了两次 int max(int a, int b)这个方法，一次是用它找出 a 和 b 中的较大者，然后再比较较大者与 c 的大小。这就体现了方法不调用不执行，调用一次执行一次这个道理。

那么，请读者思考一个问题，如果此时传入了两个参数（1, 2.0），那么编译器会报错吗，如果不会，编译器会选择哪个方法来执行呢？

示例代码：

```java
package com.atguigu.section05;

public class TestMathTools2 {
    public static void main(String[] args) {
        System.out.println("1,2.0 中较大的是: " + MathTools.max(1, 2.0));
    }
}
```

TestMathTools2 类运行结果示意图如图 7-22 所示。

```
Run:    TestMathTools2
D:\ProgramFiles\Java\jdk1.8.0_271\bin\java.exe ...
方法：double max(double a, double b)
1,2.0中较大的是：2.0

Process finished with exit code 0
```

图 7-22　TestMathTools2 类运行结果示意图

从上述代码的运行结果中可以看出，编译器选择了 double max(double a, double b)这个方法。这是因为（1,2.0）无法匹配(int a, int b)，而(double a, double b)虽然不是完全匹配，但可以兼容（1, 2.0）。

如果传入三个参数（1.5,2.0,3.1）呢？

示例代码：

```java
package com.atguigu.section05;

public class TestMathTools3 {
    public static void main(String[] args) {
        System.out.println("1.5,2.0,3.1 中较大的是: " + MathTools.max(1.5,2.0,3.1));
    }
}
```

上述代码会出现编译错误。这是因为(int a, int b)、(int a, int b, int c)和(double a, double b)都无法匹配（1.5,2.0,3.1），因此编译器找不到合适的方法来执行，所以就会报错。TestMathTools3 类编译错误示意图如图 7-23 所示。

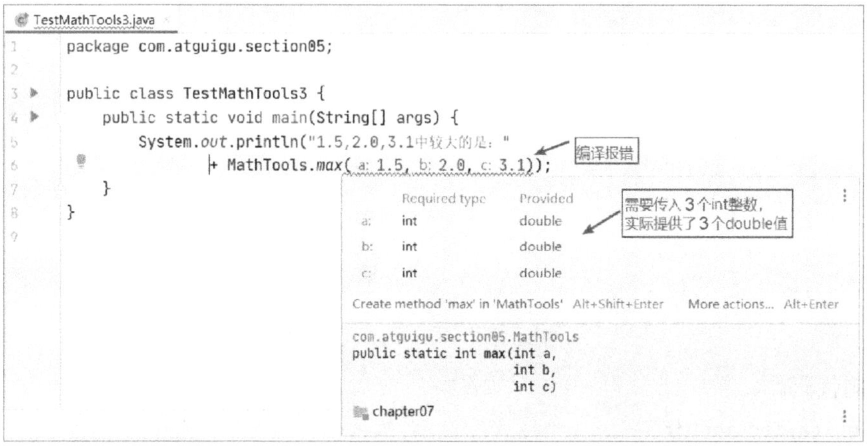

```
TestMathTools3.java
package com.atguigu.section05;

public class TestMathTools3 {
    public static void main(String[] args) {
        System.out.println("1.5,2.0,3.1中较大的是："
                + MathTools.max( a: 1.5, b: 2.0, c: 3.1));
    }
}
```

编译报错

	Required type	Provided
a:	int	double
b:	int	double
c:	int	double

需要传入3个int整数，实际提供了3个double值

Create method 'max' in 'MathTools'　Alt+Shift+Enter　More actions...　Alt+Enter

```
com.atguigu.section05.MathTools
public static int max(int a,
                      int b,
                      int c)
```

chapter07

图 7-23　TestMathTools3 类编译错误示意图

方法的重载形式是很常见的，如 System.out.println()方法就是典型的重载方法，其声明形式如下所示：

```
public void println()
public void println(boolean x)
public void println(char x)
public void println(char[ ] x)
public void println(float x)
public void println(double x)
public void println(int x)
public void println(long x)
public void println(Object x)
public void println(String x)
```

所以可以通过 System.out.println()方法输出各种数据类型的数据。

7.5.2　案例：求三角形面积

案例需求：

求三角形面积有很多种方法，一种是（底*高）/2，另一种是海伦公式，其他的方法暂不讨论。现在要求设计一个图形工具类，分别用这两种方法来求三角形的面积。

案例分析：

（1）两种方法都是求三角形面积，功能一样，所以都命名为 triangleArea；

（2）两种方法需要的参数不同，通过（底*高）/2 的公式计算，需要两个参数；通过海伦公式计算，需要三个参数，分别为三角形的三条边长。这里要提醒大家，三角形的三条边有个要求，那就是任意两边之和必须大于第三边。

示例代码：

图形工具类 GraphicTools 示例代码。

```
package com.atguigu.section05;

public class GraphicTools {
   public static double triangleArea(double base, double height){
      if (base <= 0 || height <= 0){
         System.out.println("参数错误");
         return 0.0;
      }
      return base * height;
   }
```

```
    public static double triangleArea(double a, double b, double c){
        if (a <= 0 || b <= 0 || c <= 0){
            System.out.println("参数错误");
            return 0.0;
        }
        if (a + b <= c  || b + c <= a || a + c <= b){
            System.out.println("参数错误");
            return 0.0;
        }
        double p = (a + b + c) / 2;
        return Math.sqrt(p * (p - a) * (p - b) * (p - c));
    }
}
```

测试类示例代码。

```
package com.atguigu.section05;

public class TestGraphicTools {
    public static void main(String[] args) {
        System.out.println("底为 1.0，高为 2.0 的三角形面积是："
                + GraphicTools.triangleArea(1.0,2.0));
        System.out.println("边长为 3,4,5 的三角形面积是："
                + GraphicTools.triangleArea(3,4,5));
    }
}
```

7.6 特殊参数

方法的特殊参数包括命令行参数和可变参数，特殊参数在进行数据传递时有特殊的意义。

7.6.1 命令行参数

命令行参数主要指 main 方法中的 String[ ]（字符串数组），main 方法的声明如下所示：

```
public static void main(String[] args) {}
```

public 和 static 表示修饰符，public 表示是公共的，即任意位置可见，static 表示该方法的调用不用所在类的实例对象。void 表示 main 方法执行结束并没有结果返回。main 是方法名，表示最主要的方法。String[ ] args 是方法的参数列表。一个方法如果声明了参数列表，在调用时必须传入对应类型和个数的实参，那么 main 的参数列表该怎么传入呢？

示例代码：

```
public class TestCommandParam  {
    public static void main(String[] args){
        System.out.println("main 方法参数 args 数组的长度：" + args.length);
        for (int i = 0; i < args.length; i++){
         System.out.println("第" + (i+1) + "个参数值：" + args[i]);
        }
    }
}
```

在文本编辑器中输入上述的代码，保存为 TestCommandParam.java 文件，用 javac 编译后，用 java 命令运行，如图 7-24 所示。

从图 7-24 的运行结果中可以看出，args 数组的长度为 0，这就说明当没有给 main 传入实参时，Java 执行器就自动给 main 方法传入了一个长度为 0 的 String[ ]实参。

如果此时要给 main 方法传入参数，那么应怎么传呢？当运行“java 主类名”命令时，Java 程序就会自动调用主类的 main 方法，因此，如果要给 main 方法传入参数，那么只能在运行 java 命令时传入，所以给 main 方法传入的实参又称为命令行参数。传递方式如下所示：

```
java 主类名 参数值 1  参数值 2  参数值 3 ......
```

在主类名后可以直接写要传入的参数值，多个参数值之间用空格分隔，再次运行如上代码。TestCommandParam 类的运行结果（2）如图 7-25 所示。

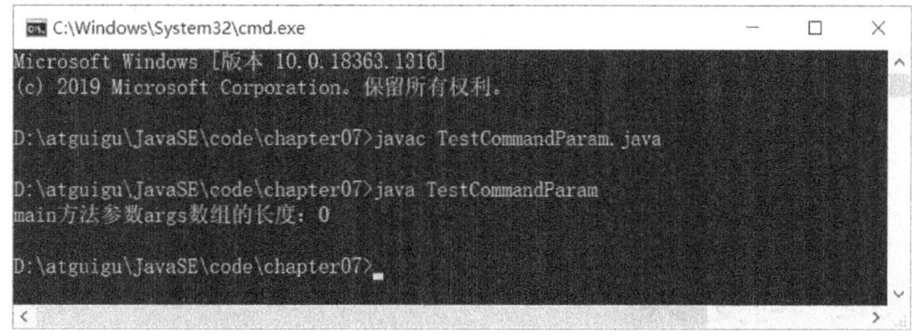

图 7-24　TestCommandParam 类的运行结果（1）

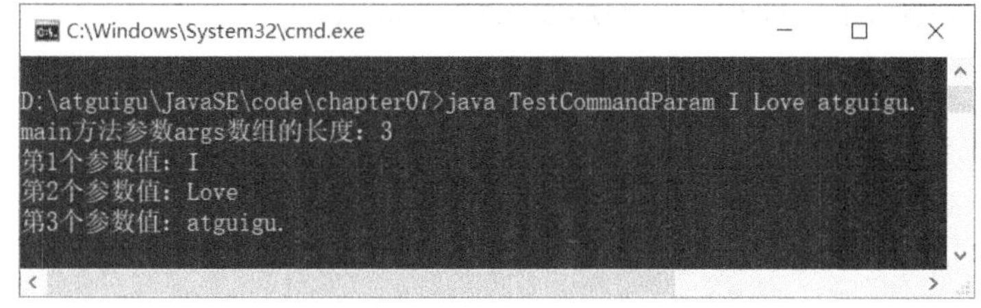

图 7-25　TestCommandParam 类的运行结果（2）

从图 7-25 的运行结果中可以看出，在运行 java 命令时传入了 3 个参数值，这 3 个参数值被依次放入了 args 数组的元素中。

以上演示的是在命令行窗口中给 main 传入实参，那么如果在 IDEA 中运行 Java 程序，该怎么给 main 方法传入实参呢？

第一步：在运行某个主类的 main 方法之前，先设置运行参数，如图 7-26 所示。在“Run”中找到“Edit Configurations...”打开运行参数的设置界面，在右边的“Main class:”文本框中输入要运行的主类，需要具体到包、类名，然后在“Program arguments:”文本框中输入要给 main 传的实参，各个参数值间仍然使用空格分隔，最后单击“OK”。

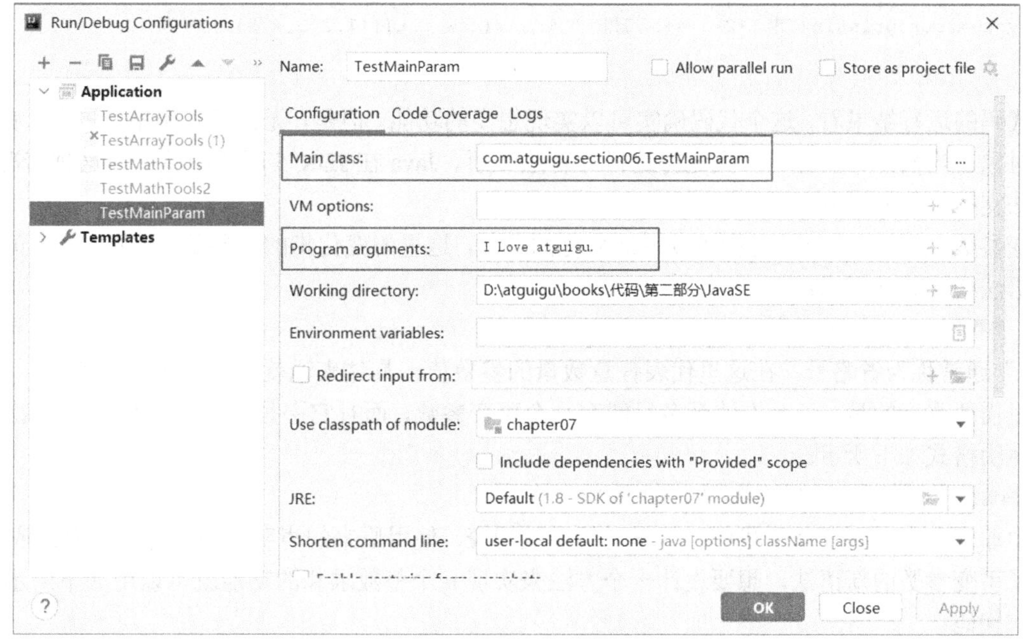

图 7-26　TestMainParam 类运行参数设置

第二步：和之前一样单击 main 左边的绿色运行按钮即可。TestMainParam 类运行结果如图 7-27 所示。

虽然，在实际开发中，给 main 传参并不是很常用，但是其作为 Java 程序最重要的一个方法，我们还是有必要了解它的每部分内容的。

```
Run:    TestMainParam
D:\ProgramFiles\Java\jdk1.8.0_271\bin\java.exe ...
main方法参数args数组的长度：3
第1个参数值：I
第2个参数值：Love
第3个参数值：atguigu.
```

图 7-27 TestMainParam 类运行结果

7.6.2 可变参数

方法的参数代表调用者在使用该方法时必须传入的数据，我们在声明一个方法时，就要确定参数的类型和个数。但有时，我们还无法确定参数的具体个数，如想要设计一个方法，可以实现 *n* 个整数求和的功能。当然，有些读者已经想到解决办法了，即把方法的形参设计为 int[ ]。

示例代码：

```
package com.atguigu.section06;

public class TestArrayParam {
    public static int sum(int[] arr){
        int result = 0;
        for (int i = 0; i < arr.length; i++) {
            result += arr[i];
        }
        return result;
    }

    public static void main(String[] args) {
        System.out.println("求 0 个整数和： " + sum(new int[]{}));
        System.out.println("求 1 个整数和： " + sum(new int[]{5}));
        System.out.println("求 1+2+3 的和： " + sum(new int[]{1,2,3}));
        System.out.println("求 1+2+3+4+5 的和： " + sum(new int[]{1,2,3,4,5}));
    }
}
```

从代码的运行结果看，这个代码确实可以实现想要的功能。但是，无论求几个整数的和，都必须创建数组对象。当然，不止你一个人觉得这样写有些麻烦。Java 在 JDK 5 版本中就针对这种情况提供了新的语法支持，称为可变参数。

可变参数，顾名思义，就是指可以灵活变化的参数，这里的变化指的是参数个数的变化。可变参数的声明语法格式如下所示：

```
数据类型... 参数名
```

“...”通常称为省略号，在这里代表任意数量的参数值，具体来说就是 0~*n* 个参数值。

这里需要强调的是，一个方法至多只能有一个可变参数，而且它必须是方法参数列表的最后一个。具体的声明格式如下所示：

```
修饰符 返回值类型  方法名（非可变参数列表，数据类型... 参数名）{ }
```

其中非可变参数列表就是我们之前学习的参数列表，使用原来的声明和使用方法，现在依然不变。

有了可变参数的新语法，想要设计一个方法来实现 *n* 个整数求和的功能就可以用如下所示代码。

示例代码：

```
package com.atguigu.section06;

public class TestVarParam {
    public static int sum(int... nums){
        int result = 0;
        for (int i = 0; i < nums.length; i++) {
            result += nums[i];
```

```
        }
        return result;
    }

    public static void main(String[] args) {
        System.out.println("求 0 个整数和: " + sum());
        System.out.println("求 1 个整数和: " + sum(5));
        System.out.println("求 1+2+3 的和: " + sum(1,2,3));
        System.out.println("求 1+2+3+4+5 的和: " + sum(1,2,3,4,5));
        System.out.println("求 1+2+3+4+5 的和: " + sum(new int[]{1,2,3,4,5}));
    }
}
```

TestVarParam 类运行结果示意图如图 7-28 所示。

```
Run:    TestVarParam ×
D:\ProgramFiles\Java\jdk1.8.0_271\bin\java.exe ...
求0个整数和: 0
求1个整数和: 5
求1+2+3的和: 6
求1+2+3+4+5的和: 15
求1+2+3+4+5的和: 15
```

图 7-28　TestVarParam 类运行结果示意图

上述代码也能实现需求，但是它比之前使用 int[ ]数组类型的参数方便，在调用时不需要创建数组对象，当然如果你想要创建数组对象也可以。在声明可变参数的方法中，对于可变参数的使用与之前使用数组的一样即可。

7.6.3　案例：*n* 个字符串拼接

案例需求：

设计一个方法，可以实现将 *n* 个字符串拼接起来，每个字符串之间使用指定的字符进行分割。

示例代码：

```
package com.atguigu.section06;

public class TestStringConcat {
    public static String concat(char separator, String... args){
        String result = "";
        for (int i = 0; i < args.length; i++) {
            if (i == 0){
                result += args[i];
            } else {
                result += separator + args[i];
            }
        }
        return result;
    }
    public static void main(String[] args) {
        System.out.println("0 个字符串拼接: " + concat(','));
        System.out.println("1 个字符串拼接: " + concat(',', "atguigu"));
        System.out.println("3 个字符串拼接: " + concat(',', "I","Love","atguigu"));
    }
}
```

TestStringConcat 类运行结果示意图如图 7-29 所示。

案例解析：

从上述代码中可以看出 concat 方法的“char separator”参数属于非可变参数，因此每次在调用时，该参数必须传入实参值，而“String... args”参数属于可变参数，因此在调用时，可以传入 0~*n* 个对应类型的实参值。

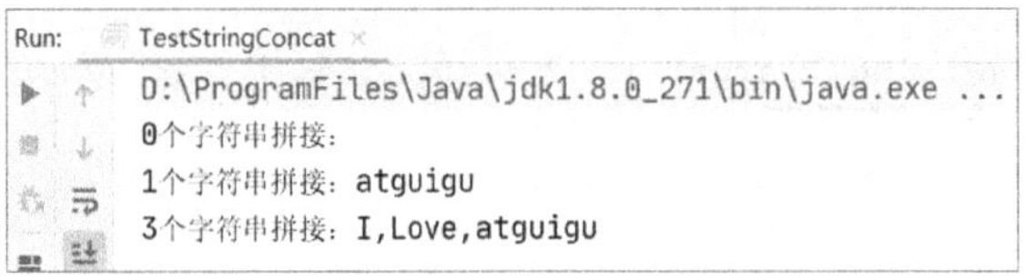

```
Run:    TestStringConcat
D:\ProgramFiles\Java\jdk1.8.0_271\bin\java.exe ...
0个字符串拼接:
1个字符串拼接: atguigu
3个字符串拼接: I,Love,atguigu
```

图 7-29 TestStringConcat 类运行结果示意图

7.7 方法的递归调用

到目前为止，相信大家对方法的声明和调用已经很熟悉了。不过，大家有没有发现，每次声明完一个方法后，都是在另一个方法中调用它。那么，一个方法能不能在自己的方法体中调用自己呢？答案是可以的，这就是接下来我们要讲的递归。

7.7.1 递归调用

方法的递归调用就是指一个方法直接或间接地出现了自己调用自己的情况。

示例代码：

```java
package com.atguigu.section07;

public class TestError {
    public static void main(String[] args) {
        method();
    }

    public static void method(){
        System.out.println("method方法被调用...");
        method();
    }
}
```

TestError 类运行结果示意图如图 7-30 所示。

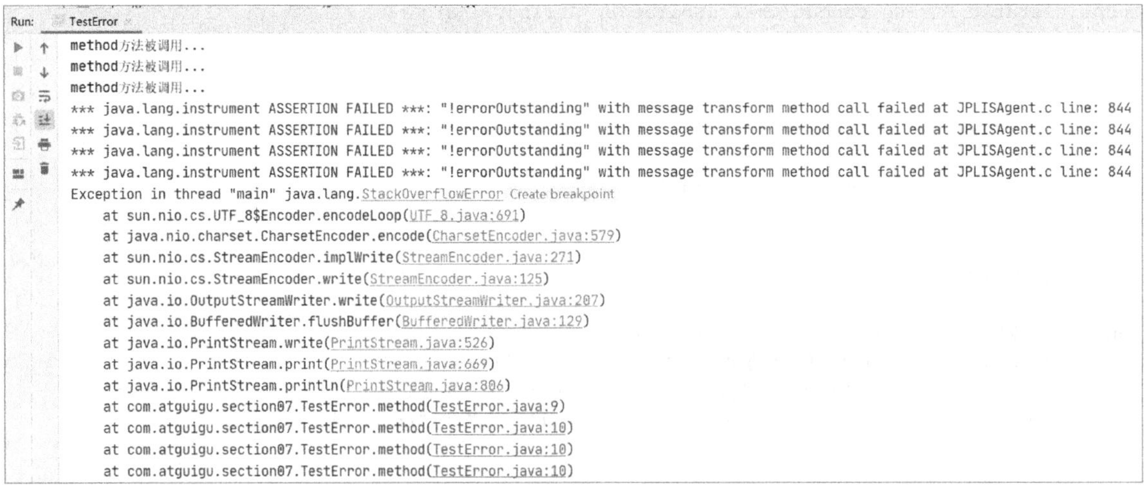

```
Run:    TestError
method方法被调用...
method方法被调用...
method方法被调用...
*** java.lang.instrument ASSERTION FAILED ***: "!errorOutstanding" with message transform method call failed at JPLISAgent.c line: 844
*** java.lang.instrument ASSERTION FAILED ***: "!errorOutstanding" with message transform method call failed at JPLISAgent.c line: 844
*** java.lang.instrument ASSERTION FAILED ***: "!errorOutstanding" with message transform method call failed at JPLISAgent.c line: 844
*** java.lang.instrument ASSERTION FAILED ***: "!errorOutstanding" with message transform method call failed at JPLISAgent.c line: 844
Exception in thread "main" java.lang.StackOverflowError Create breakpoint
    at sun.nio.cs.UTF_8$Encoder.encodeLoop(UTF_8.java:691)
    at java.nio.charset.CharsetEncoder.encode(CharsetEncoder.java:579)
    at sun.nio.cs.StreamEncoder.implWrite(StreamEncoder.java:271)
    at sun.nio.cs.StreamEncoder.write(StreamEncoder.java:125)
    at java.io.OutputStreamWriter.write(OutputStreamWriter.java:207)
    at java.io.BufferedWriter.flushBuffer(BufferedWriter.java:129)
    at java.io.PrintStream.write(PrintStream.java:526)
    at java.io.PrintStream.print(PrintStream.java:669)
    at java.io.PrintStream.println(PrintStream.java:806)
    at com.atguigu.section07.TestError.method(TestError.java:9)
    at com.atguigu.section07.TestError.method(TestError.java:10)
    at com.atguigu.section07.TestError.method(TestError.java:10)
    at com.atguigu.section07.TestError.method(TestError.java:10)
```

图 7-30 TestError 类运行结果示意图

上述代码在 method 方法中又调用了自己，这就是递归调用。但是上述代码在运行时出现了栈内存溢出错误“java.lang.StackOverflowError”。方法每次调用，JVM 都会在栈中给它开辟一块独立的内存空间用来存储方法运行期间的相关数据和信息，即入栈，直到方法运行结束才会释放这块内存空间，即出栈。上述调用显然是有问题的，因为每次 method 方法调用都会入栈，但是每次 method 方法想要出栈都必须等运行结束之后。可是第一次 method 方法的结束要等它调用的第二次 method 方法运行结束之后，而第二次 method 方法的结束要等它调用的第三次 method 方法运行结束之后，以此类推就出现了死循环，最后将内存消耗殆尽。

因此，必须避免这种无限递归的情况。具体的解决方法就是：递归必须发生在特定条件下，或者递归一定要向已知方向递归。

例如，数学中有个著名的数列，叫斐波那契数列（Fibonacci），它满足如下规律：

$$
\begin{aligned}
&f(0) = 1\\
&f(1) = 1\\
&f(2) = f(0) + f(1) = 2\\
&f(3) = f(1) + f(2) = 3\\
&f(4) = f(2) + f(3) = 5\\
&\ldots\\
&f(n) = f(n\text{-}2) + f(n\text{-}1)
\end{aligned}
$$

即一个数等于前两个数之和。

下面用递归调用的方式来实现斐波那契数列的计算。

```
package com.atguigu.section07;

public class TestFibonacci {
    public static long fibonacci(int n){
        if (n <= 1){
            return 1;
        } else {
            return fibonacci(n - 2) + fibonacci(n - 1);
        }
    }
    public static void main(String[] args) {
        System.out.println("fibonacci(10)=" + fibonacci(10));
    }
}
```

TestFibonacci 类运行结果示意图如图 7-31 所示。

```
Run:    TestFibonacci ×
D:\ProgramFiles\Java\jdk1.8.0_271\bin\java.exe ...
fibonacci(10)=89
```

图 7-31　TestFibonacci 类运行结果示意图

上述代码就在 fibonacci 方法中出现了自己调用自己的递归使用，但是 fibonacci 并没有无条件递归，它只有在 n>1 的情况下才会出现递归调用，当 n<=1 时就返回明确的值，这也相当于是递归的终止条件。

7.7.2　案例：猴子吃桃

案例需求：

猴子第一天摘下若干个桃子，当即吃了摘下桃子的一半，还不过瘾，又多吃了一个。第二天又将剩下的桃子吃掉了一半，随后又多吃了一个。以后猴子每天都吃了前一天剩下桃子的一半多一个。到第 10 天，猴子发现只剩下一个桃子了。请问猴子第一天摘了多少个桃子？

案例分析：

如果用 peach(int n)方法来返回第 n 天桃子的数量，那么第 10 天桃子的个数为 1，即 peach(10) 返回 1。第 9 天桃子的个数为（第 10 天的桃子 +1）*2，即 peach(9)返回(peach(10)+1)*2。第 8 天桃子的个数为（第 9 天的桃子 +1）*2，即 peach(8)返回(peach(9)+1)*2。依次类推，第 1 天桃子的个数为（第 2 天的桃子 +1）* 2，即 peach(1)返回(peach(2)+1)*2。

示例代码：

```
package com.atguigu.section07;

public class TestPeach {
    public static int peach(int n){
        if (n > 10){
            return 0;
        }
        if (n == 10){
            return 1;
        }
        return (peach(n + 1) +1) * 2;
    }

    public static void main(String[] args) {
        System.out.println("猴子第一天共摘了" + peach(1) + "个桃子");
    }
}
```

TestPeach 类运行结果示意图如图 7-32 所示。

```
Run:    TestPeach
D:\ProgramFiles\Java\jdk1.8.0_271\bin\java.exe ...
猴子第一天共摘了1534个桃子
```

图 7-32　TestPeach 类运行结果示意图

7.7.3　案例：走台阶

案例需求：

现在某栋楼一共有 n 级台阶，人们在跨台阶时每步只能跨 1 级或 2 级，试问走完 n 级台阶共有多少种走法？

案例分析：

如果用 step(int n) 方法来返回走 n 级台阶共有几种走法的问题，那么，n=1, step(1)应该返回 1。n=2, step(2)应该返回 2，一级一级走，或者直接跨 2 级。n=3,step(3)应该返回 step(1) + step(2)。最后一步要么从第 1 级直接跨 2 级上到第 3 级，要么从第 2 级跨 1 级上到第 3 级。至于前面是怎么走到第 1 级的，用 step(1)表示，怎么走到第 2 级的，用 step(2)表示。依次类推，step(n)应该返回 step(n−2) + step(n−1)。

示例代码：

```
package com.atguigu.section07;

public class TestStep {
    public static int step(int n) {
        if (n <= 0) {
            return 0;
        }
        if (n == 1 || n == 2) {
            return n;
        }
        return step(n - 2) + step(n - 1);
```

```
    }

    public static void main(String[] args) {
        System.out.println("10 级台阶共有：" + step(10) +"种走法");
    }
}
```

TestStep 类运行结果示意图如图 7-33 所示。

```
Run:    TestStep
D:\ProgramFiles\Java\jdk1.8.0_271\bin\java.exe ...
10级台阶共有：89种走法
```

图 7-33　TestStep 类运行结果示意图

7.8　对象数组的使用

在第 5 章我们学习过数组的类型及数组有关的一系列算法操作，数组也可以存储对象类型数据，接下来我们站在对象的角度对数组进行进一步学习。

7.8.1　对象数组

数组是用来表示一组数据的集合，如果把一组对象存储到数组中，那么就构成了对象数组。下面重点来讨论一下一维对象数组的声明和使用，二维对象数组的声明和使用与之是一样的。

一维对象数组的声明格式如下所示：

```
类名[ ]  数组名;
```

对象数组和之前数组的声明格式是一样的，只是元素类型从基本数据类型换成了引用数据类型。声明完数组后，下面就该对数组进行初始化了，格式如下所示：

```
// 形式一：静态初始化
数组名 = new 类名[ ]{对象 1,  对象 2, …};

//形式二：动态初始化
数组名 = new 类名[长度];
```

如果声明和初始化合成一句，那么还可以用如下格式：

```
// 形式三：静态初始化
类名[ ]  数组名 = {对象 1,  对象 2,  …};

//形式四：动态初始化
类名[ ]  数组名 = new 类名[长度];
```

案例需求：

现在有 5 个圆对象，它们的半径是 1～5cm，现在请输出它们的半径、面积和周长。

示例代码：

圆类（Circle）示例代码：

```
package com.atguigu.section08;

public class Circle {
    double radius;

    double area(){
        return Math.PI * radius * radius;
    }

    double perimeter(){
```

```
        return 2 * Math.PI * radius;
    }

    String detail(){
        return "半径：" + radius + "，面积：" + area() + "，周长：" + perimeter();
    }
}
```

测试类示例代码：

```
package com.atguigu.section08;

public class TestCircleArray {
    public static void main(String[] args) {
        Circle[] circles = new Circle[5];
        for (int i = 0; i < circles.length; i++) {
            circles[i] = new Circle();
            circles[i].radius = i + 1;
            System.out.println(circles[i].detail());
        }
    }
}
```

TestCircleArray 类运行结果示意图如图 7-34 所示。

```
Run:  TestCircleArray
D:\ProgramFiles\Java\jdk1.8.0_271\bin\java.exe ...
半径：1.0，面积：3.141592653589793，周长：6.283185307179586
半径：2.0，面积：12.566370614359172，周长：12.566370614359172
半径：3.0，面积：28.274333882308138，周长：18.84955592153876
半径：4.0，面积：50.26548245743669，周长：25.132741228718345
半径：5.0，面积：78.53981633974483，周长：31.41592653589793
```

图 7-34　TestCircleArray 类运行结果示意图

在上述代码中初学者容易犯错的地方有如下两个。

（1）忘了 circles[i] = new Circle();。如果没有这步代码，那么运行时后面的代码就会报“NullPointerException 空指针异常”，这是因为 circle[i]元素在手动初始化之前的默认值是 null。有些读者会问，Circle[ ] circles = new Circle[5];代码难道没有创建 Circle 对象吗？是的，这步代码并没有创建 Circle 对象，它创建的是 Circle[ ]，其类型是数组对象，所有的元素都是默认值 null。

（2）对“circles[i].属性”和“circles[i].方法”的形式很陌生。初学者在刚接触对象数组时，会觉得这种形式有点奇怪。但是，只要你仔细想一想，现在数组的元素 circles[i]代表的是一个 Circle 的对象，那么只要是 Circle 类型的对象，就可以通过点“.”来访问 Circle 的属性和方法。

7.8.2　对象数组的内存分析

下面我们来分析对象数组在内存中的存储方式，以便可以更好地掌握对象数组的使用方法。TestCircleArray 示例代码的内存分析如图 7-35 所示。

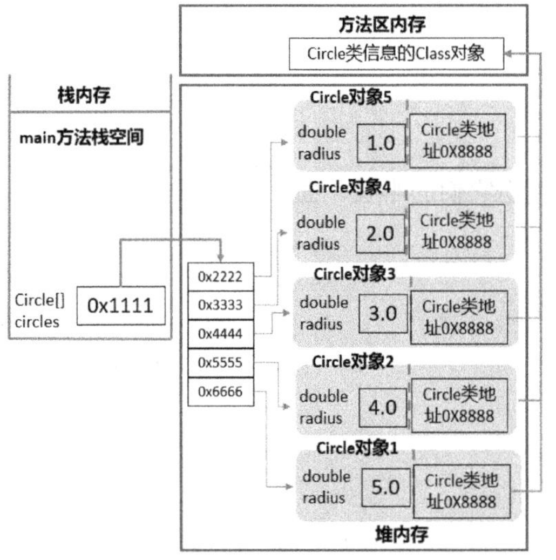

图 7-35　TestCircleArray 示例代码的内存分析

从图 7-35 中可以看出，circles 数组变量中存储了 Circle[ ]数组对象的首地址，该数组对象长度为 5，每个元素都相当于 Circle 类型的变量，用来存储 Circle 对象的首地址。在创建 Circle[ ]数组对象时，所有元素的默认值都是 null，所以必须通过 new Circle( )才能创建一个 Cirde 对象，然后把对象的首地址放到数组的元素中。而 circles[i]可以获取某个 Cirde 对象的首地址，因此通过"circles[i]."就可以访问该 Cirde 对象的实例变量和方法。

7.8.3 案例：员工信息管理

案例需求：

尚硅谷要做一个简易版的员工信息管理系统，首先要用键盘输入每个员工的基本信息，包括编号、姓名、薪资、电话等信息，之后按照薪资从低到高排序后遍历显示员工信息。

案例分析：

（1）首先要声明一个员工类（Employee），包含员工变量的编号、姓名、薪资、电话等信息，在 Employee 类中提供一个方法 detail( )，用于返回员工的详细信息。

（2）在测试类中声明一个 Employee[ ]数组，用于存储多个员工信息。

示例代码：

员工类 Employee 示例代码。

```
package com.atguigu.section08;

public class Employee {
    int id;                 //编号
    String name;            //姓名
    double salary;          //薪资
    String tel;             //电话

    String detail(){
        return "编号：" + id + "，姓名：" + name + "，薪资：" + salary + "，电话：" + tel;
    }
}
```

测试类示例代码。

```
package com.atguigu.section08;

import java.util.Scanner;

public class TestEmployee {
    public static void main(String[] args) {
        Scanner input = new Scanner(System.in);

        Employee[] employees = new Employee[2];
        for (int i = 0; i < employees.length; i++) {
            employees[i] = new Employee();
            employees[i].id = i + 1;

            System.out.println("请输入第" + (i+1) + "个员工的信息");
            System.out.print("姓名：");
            employees[i].name = input.next();

            System.out.print("薪资：");
            employees[i].salary = input.nextDouble();

            System.out.print("电话：");
            employees[i].tel = input.next();
        }

        for (int i = 1; i < employees.length; i++){
            for (int j = 0; j < employees.length - i; j++){
```

```
                if (employees[j].salary > employees[j + 1].salary){
                    Employee temp = employees[j];
                    employees[j] = employees[j + 1];
                    employees[j + 1] = temp;
                }
            }
        }

        for (int i = 0; i < employees.length; i++) {
            System.out.println(employees[i].detail());
        }
    }
}
```

TestEmployee 类运行结果示意图如图 7-36 所示。

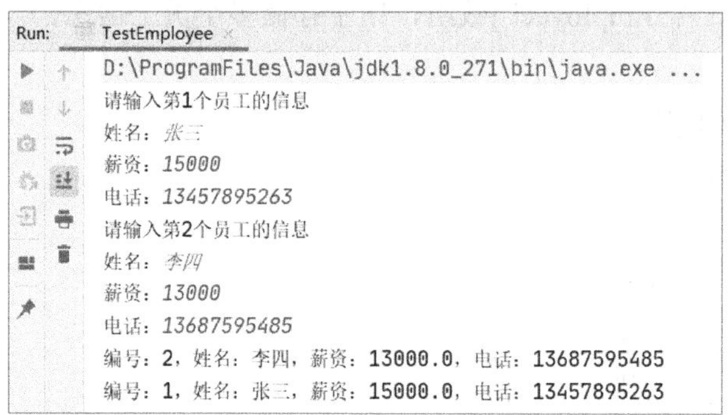

图 7-36　TestEmployee 类运行结果示意图

7.9 本章小结

从本章开始，我们已正式跨入面向对象编程的大门。通过本章的学习，我们可以知道什么是类，什么是对象，类与对象的关系是什么，并且掌握了类的声明和对象的创建。类中最重要的两个成员（成员变量和成员方法）也在本章进行了详细的讲解。本章作为面向对象编程的基础，对后面几个章节的学习是至关重要的，因此读者一定要反复阅读和练习本章内容。

第8章 面向对象编程进阶

第 7 章让我们领略了面向对象编程的风采，就像登上了万里长城的第一个烽火台，虽还未看到全貌，但已能从中感受到它磅礴的气势。第 8 章的学习将会带你登上一个又一个的高峰，虽然途中会有蜿蜒曲折，但一定能让你由衷地感叹其巧夺天工的设计。

第 8 章主要围绕三个部分进行讲解，一是面向对象的三个基本特征，即封装、继承、多态；二是包，之前我们已经接触过它，本章会详细介绍；三是再给大家介绍类的另外两个成员，即构造器和代码块，就此揭开类或实例初始化过程的神秘面纱。

8.1 类的成员之构造器

构造器的英文名称为 Constructor，顾名思义就是用来构造对象的。

8.1.1 构造器的声明

Java 中的每个类都有自己的构造器。如果程序员没有手动编写构造器，那么编译器将会为类提供一个默认的无参构造器，当然也可以手动声明构造器。需要注意的是，一旦手动编写了构造器，那么编译器就不会再自动添加默认的无参构造器。

构造器的声明语法格式如下所示：

```
【修饰符】 class 类名{
    【修饰符】 类名(参数列表) 【throws 异常列表】{
        语句;
    }
}
```

从上述语法格式中可以看出，构造器的声明语法格式和之前我们学习的方法的格式非常相似，所以构造器往往也被称为构造方法，也是被调用时才会执行，不调用时不执行。

以下是对构造器语法格式的几点说明。

- 构造器的修饰符只能是 public、protected、缺省、private，不能有其他修饰符，关于 public 等权限修饰符的作用请看 8.2 节。需要说明的是，如果是编译器自动提供的默认无参构造，那么其权限修饰符和 class 前面的权限修饰符一致。
- 构造器的名称必须和类名完全一致，包括大小写形式。
- 构造器的参数列表作用和声明方式与成员方法一致。如果没有声明参数列表，则称为无参构造器或空参构造器，否则就称为有参构造器。
- 构造器签名中没有返回值类型，也不能写 void，这也是构造器在形式上与成员方法最大的区别。
- throws 异常列表代表构造器可能抛出的异常类型完全是可选的，详细讲解请看第 10 章。

可以在一个类中声明多个构造器，多个构造器之间就构成了重载关系。它们的名称相同，但参数列表不同。

示例代码：

```
package com.atguigu.section01;

public class Employee {
    int id;
    String name;
    int age;
    String tel;

    public Employee() {
    }

    public Employee(int i, String n) {
        id = i;
        name = n;
    }

    public Employee(int i, String n, int a, String t) {
        id = i;
        name = n;
        age = a;
        tel = t;
    }

    public String detail(){
        return "编号：" + id +"，姓名：" + name + "，年龄：" + age + "，电话：" + tel;
    }
}
```

上述代码的 Employee 类中声明了 3 个构造器。

8.1.2 构造器的使用

当通过关键字 new 创建对象时，必须要指定调用构造器来创建对象。语法格式如下所示：

```
// 调用无参构造创建对象
new 类名();

// 调用有参构造创建的对象
new 类名(参数值列表);
```

调用 8.1.1 节中 Employee 类不同构造器创建对象的示例代码如下所示：

```
package com.atguigu.section01;

public class TestEmployeeConstructor {
    public static void main(String[] args) {
        Employee e1 = new Employee();
        System.out.println(e1.detail());

        Employee e2 = new Employee(2,"谷姐");
        System.out.println(e2.detail());

        Employee e3 = new Employee(3,"谷哥",40,"13745820000");
        System.out.println(e3.detail());
    }
}
```

在上述代码中分别调用了 Employee 类不同的构造器来创建对象，我们发现在有参构造中直接通过构造器的参数为对象的实例变量进行了初始化，这样方便了很多。

初学者容易犯错的地方是，有参构造既能实现创建对象，又能给创建的对象进行实例变量初始化，那是不是只需要全参构造器就可以了呢？答案是否定的。其实重载多个构造器的形式，是为了适应多种应用场景，让使用者有更多的选择。实际开发中并不是每次创建对象时都能给所有实例变量赋值的，有时只有部分必填数据，甚至有时仅需要快速地创建对象，而不着急为实例变量赋值。

8.1.3 案例：矩形类构造器的设计

案例需求：

所有矩形都有长、宽的属性值需求，也都有求面积、周长和获取矩形对象的详细信息的功能需求。

示例代码：

矩形类（Rectangle）的示例代码。

```
package com.atguigu.section01;

public class Rectangle {
    double length;
    double width;

    public Rectangle() {
    }

    public Rectangle(double l, double w) {
        length = l;
        width = w;
    }

    public double area(){
        return length * width;
    }

    public double perimeter(){
        return 2 * (length + width);
    }

    public String detail(){
        return "长方形的长：" + length + "，宽：" + width
                + "，面积：" + area() + "，周长：" + perimeter();
    }
}
```

测试类示例代码。

```
package com.atguigu.section01;

public class TestRectangle {
    public static void main(String[] args) {
        Rectangle r1 = new Rectangle();
        System.out.println("r1 矩形对象创建时的信息：" + r1.detail());
        r1.length = 1;
        r1.width = 2;
        System.out.println("r1 矩形对象赋值后的信息：" + r1.detail());

        Rectangle r2 = new Rectangle(3,5);
        System.out.println("r2 矩形对象的信息：" + r2.detail());
    }
}
```

经过本节的学习，相信大家已经掌握了构造器的声明和使用。我们也已学习了最常用和基础的 3 个关于类的成员：成员变量（属性）、成员方法、构造器。虽然，类的成员的声明顺序可以随意排列，但还是要提醒一下读者，习惯上大家都会遵循成员变量、构造器、成员方法的声明顺序排列，统一的代码格式有助于提高团队协助开发的效率。

```
【修饰符】class 类名{
    0 个或多个属性定义
    0 个或多个构造器定义
    0 个或多个方法定义
    ...
}
```

8.2 面向对象的基本特征之封装性

现在的人们几乎每天都在网购，而收包裹和拆包裹成了人们一个新的快乐源泉。快递包裹就是生活中封装的体现，它的好处在于安全、方便，可以隐藏细节等。实际上，Java 中的封装也有这样的好处。

8.2.1 封装的体现

封装性是面向对象的三大基本特征之一，主要指将对象的状态信息隐藏在对象内部，不允许外部程序直接访问对象内部信息，而是通过该类提供的方法来实现对内部信息的操作和访问。

之前当创建好一个类的对象以后，可以通过“对象.属性”的方式直接操作和访问对象的属性。但是，这样就相当于完全暴露了对象的状态信息，使用者可以随意操作对象的属性，这是不符合安全性要求的。例如，我们声明了一个圆类 Circle，它有一个半径属性 radius 和一个求面积的方法 area( )，示例代码如下所示：

```
package com.atguigu.section02;

public class Circle {
    double radius;
    public double area(){
        return Math.PI * radius * radius;
    }
}
```

测试类示例代码：

```
package com.atguigu.section02;

public class TestCircle {
    public static void main(String[] args) {
        Circle circle = new Circle();
        circle.radius = -1.5;
        System.out.println("圆面积：" + circle.area());
    }
}
```

从上述代码中可以看出，将圆对象的半径设置为-1.5，这在语法上完全没有问题，但是明显违反了逻辑。这就说明需要对 radius 的操作和访问有所限制，让使用者按照限制的方式来使用 radius。

例如，修改圆 Circle 类代码如下所示：

```
public class Circle {
    private double radius;

    public void setRadius(double r){
        if (r <= 0){
```

```
            System.out.println("圆的半径不能设置为 0 或负数");
            return ;
        } else {
            radius = r;
        }
    }

    public double getRadius(){
        return radius;
    }

    public double area(){
        return Math.PI * radius * radius;
    }
}
```

测试类代码如下所示：

```
package com.atguigu.section02;

public class TestCircle {
    public static void main(String[] args) {
        Circle circle = new Circle();
//      circle.radius = -1.5;       //编译报错
        circle.setRadius(-1.5); //半径并没有被赋值为-1.5
        System.out.println("圆的半径值：" + circle.getRadius());
        System.out.println("圆面积：" + circle.area());

        circle.setRadius(1.5);
        System.out.println("圆的半径值：" + circle.getRadius());
        System.out.println("圆面积：" + circle.area());
    }
}
```

从上述代码中可以看出，在其他类中不能通过“圆对象.radius”的方式直接操作半径，而是必须通过“圆对象.setRadius(值)”和“圆对象.getRadius( )”的方式来操作和访问半径值。这样就可以在 set 或 get 方法中加入想要的逻辑控制代码，使得代码更安全。

上述代码演示了给属性加 private 关键字修饰的方法，从而限制了外部对 radius 属性的访问，同时增加了 setRadius 和 getRadius 方法，让使用者按照设计的方式来操作 radius 属性，这就是 Java 封装性的体现之一。而且通常情况下，我们会将 setRadius 和 getRadius 方法的修饰符设置为 public，这是为什么呢？

8.2.2　访问权限修饰符

Java 是通过在类或类的成员前面加访问权限修饰符，从而控制它们的可见性范围的。

Java 提供了 3 个访问权限修饰符，即 private、protected 和 public，另外还有一个缺省（默认）的情况（不使用任何访问权限修饰符），如图 8-1 所示。

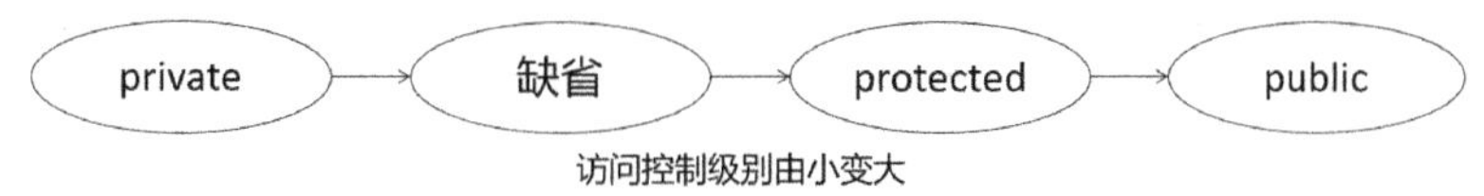

图 8-1　访问权限修饰符可见性范围从小到大的顺序

（1）private：代表私有，仅可用于修饰类的成员（包括属性和方法、构造器等），代表该类的成员只能在本类中被直接访问。

（2）缺省：可用于修饰类或类的成员，当不使用任何访问权限修饰符来声明类或类的成员时，则表示缺省权限修饰符；代表该类或类的成员只能在本类或同一个包的其他类中被直接访问，又称为包访问权限修饰符。关于包的介绍，请参考 8.4 节。

（3）protected：代表受保护，仅可用于修饰类的成员，代表该类的成员只能在本类中，本包中的所有类，以及其他包的子类可以直接访问。关于父类、子类的介绍，请参考 8.5 节。

（4）public：代表公共，可用于修饰类或类的成员，这是一个宽松的访问控制级别，代表被修饰的类或成员，可以在任意位置被访问，不管是否在同一个包中或是否具有父子类关系。

private、缺省、protected、public 的访问控制级别如表 8-1 所示：

表 8-1　private、缺省、protected、public 的访问控制级别表

修 饰 符	类 内 部	同 一 个 包	不同包的子类	任 何 位 置
private	√			
缺省	√	√		
protected	√	√	√	
public	√	√	√	√

访问权限修饰符的总结有以下几点。

- 在类的声明前仅可以使用 public 权限修饰符或缺省（不加任何访问权限修饰符），不能使用 protected 和 private 权限修饰符（这里说的类不包括内部类，关于内部类请参考 9.5 节）。
- 类的成员，包括属性、方法、构造器等的声明，可以使用上述 4 种权限修饰符。

示例代码：

```
package com.atguigu.section02;

public class Employee {
   private String name;              // 姓名
   private int age;                  // 年龄
   private boolean marry;            // 是否已婚

   public Employee() {
   }

   public Employee(String n, int a, boolean m) {
      name = n;
      age = a;
      marry = m;
   }

   public String getName() {
      return name;
   }

   public void setName(String n) {
      name = n;
   }

   public int getAge() {
      return age;
   }

   public void setAge(int a) {
      age = a;
   }

   public boolean isMarry() {
```

```
        return marry;
    }

    public void setMarry(boolean m) {
        marry = m;
    }

    public String detail(){
        return "姓名：" + name + "，年龄：" + age + "，婚否：" + marry;
    }
}
```

一般情况下，类、构造器、方法都使用 public 修饰，而属性都使用 private 修饰，再为属性提供一对公共的 get/set 方法。当然，所有权限修饰符的选择都需要根据实际情况来定。

这里需要特别说明的是，标准 get/set 方法的命名是在属性的前面加 get/set，并且把属性名称的首字母修改为大写形式，如 name 的 get 方法命名为 getName，set 的方法命名为 setName。但是如果某个属性是 boolean 类型的，则其 get 方法习惯把 get 换成 is，如属性 marry 是 boolean 类型的，其 get 方法命名为 isMarry，set 方法仍然命名为 setMarry。

另外，请读者注意，静态变量的 get/set 方法也是静态的。

8.2.3 案例：矩形类的封装

案例需求：

所有矩形都有长、宽的属性值需求，也都有求面积、周长，获取矩形的详细信息的功能需求。

示例代码：

下面对 8.1.3 节案例的代码进行改进，增加对矩形类的封装设计。

```
package com.atguigu.section02;

public class Rectangle {
    private double length;      //长度
    private double width;       //宽度

    public Rectangle() {
    }

    public Rectangle(double l, double w) {
        if (l <= 0 || w <= 0){
            System.out.println("矩形的长和宽不能为 0 或负数");
        } else {
            length = l;
            width = w;
        }
    }

    public double getLength() {
        return length;
    }

    public void setLength(double l) {
        if (l <= 0){
            System.out.println("矩形的长不能为 0 或负数");
        } else {
            length = l;
        }
    }
```

```
    public double getWidth() {
        return width;
    }

    public void setWidth(double w) {
        if (w <= 0){
            System.out.println("矩形的宽不能为 0 或负数");
        } else {
            width = w;
        }
    }
    //计算矩形的面积
    public double area(){
        return length * width;
    }
    //计算矩形的周长
    public double perimeter(){
        return 2 * (length + width);
    }

    public String detail(){
        return "长方形的长：" + length + "，宽：" + width + "，面积：" + area() + "，周长：" + perimeter();
    }
}
```

测试类的示例代码：

```
package com.atguigu.section02;

public class TestRectangle {
    public static void main(String[] args) {
        Rectangle r = new Rectangle();
        r.setLength(3);
        r.setWidth(2);
        System.out.println(r.detail());
    }
}
```

上述代码给矩形类的长和宽加了 private 权限修饰符，这样从外部就不能直接访问它们，而只能通过公共的 set/get 方法来访问。

在刚接触构造器和 get/set 方法时，有些初学者容易产生以下两个疑问。

第一个疑问是，前面学习了使用构造器可以直接在创建对象时为属性赋值，那为什么还需要再提供 set 方法呢？答案是当你使用无参构造创建对象时，如果没有给某个属性赋值，此时该属性只是默认值，那么后期可以通过 set 方法给该属性赋具体值；或者是已经在创建时给对象的某个属性赋值，那么后期需要修改属性值就需要通过调用对象的 set 方法来完成。

第二个疑问是，是不是所有类中的成员变量都要私有化，并且提供 get/set 方法呢？答案是否定的。虽然大多数情况都是要私有化的，但不代表全部的类都要这么做。对于刚接触 get/set 方法的初学者来说，区分哪些类需要哪些类不需要，暂时还有点困难，这就需要读者在之后的学习中多学习高质量的代码，特别是各种源码，从中体会和领悟。

8.3 this 关键字

平时人们在说话、写文章时，都有会用到这个、那个、你、我、他等代词，这些代词在具体的上下文语境中才能看出它代表什么，使用代词也使人们的交流更简洁、更顺畅。在 Java 中，有时候也需要这样的代词，如 this。

8.3.1　this 关键字的使用场景

this 在 Java 中表示当前对象的意思，如果在构造器中出现对变量或方法的调用，那么它表示正在创建（new）的实例对象；如果在成员方法中出现对变量或方法的调用，那么它表示正在调用当前方法的实例对象。

此外，this 还可以在构造器中使用，表示调用当前类中的其他重载的构造器，格式为“this(形参列表)”。

示例代码：

```
package com.atguigu.section03;

public class Circle {
    private double radius;

    public Circle() {
        System.out.println("一个圆对象被创建");
    }

    public Circle(double radius) {
        this();
        this.radius = radius;
    }

    public double getRadius() {
        return radius;
    }

    public void setRadius(double radius) {
        this.radius = radius;
    }

    public double area(){
        return Math.PI * radius * radius;
    }

    public String detail(){
        return "半径: " + radius + ", 面积: " + this.area();
    }
}
```

测试类示例代码：

```
package com.atguigu.section03;

public class TestCircle {
    public static void main(String[] args) {
        Circle circle = new Circle(1.5);
        System.out.println(circle.detail());
    }
}
```

在上述的 Circle 的有参构造器和 setRadius 方法中，大家可以看到 this.radius 的使用形式，那么这里为什么要使用 this.radius 呢？

8.1 节和 8.2 节在声明构造器和 set 方法的参数列表时，参数名特意不与类的成员变量重名，而本示例代码的构造器和 set 方法的参数名与成员变量 radius 重名，如果此时在构造器和 set 方法中直接使用 radius 变量，如出现“radius = radius;”语句，那么“=”左右两边的 radius 是指形参变量 radius 还是实例变量 radius 呢？这就出现了歧义。如果让编译器选择，那么编译器会遵循就近原则，它们都指的是形参变量 radius。当然，读者该问了，那就不要重名不就可以了吗？在第 3 章讲解标识符时我们就提到过，变量等标识符的命名规范很重要的一条就是见名知意，而此处构造器和 set 方法的形参变量的作用明显也是代表半径值，所以命名为 radius 是符合命名规范且更有助于代码阅读的。为了能解决这个不可避免的重名带来的歧义问题，就用 this.radius 代表当前对象的成员变量。因此，在构造器和 set 方法中，“this.radius = radius;”这句语句中“=”的左边表示当前对象的成员变量，右边表示形参变量 radius。

聪明的你肯定也发现了，在 getRadius、area、detail 等方法中，并没有在 radius 方法前面加“this.”，这是因为这些方法中没有重名的歧义问题，所以就不需要加了，当然加上也不会错，省略后会显得代码更简洁。

另外，在 detail 方法中，通过“this.area()”的形式访问了当前对象的求面积方法，其实这里完全是可以省略“this.”的，之前这样做的原因是关于 area( )方法没有重名的困扰。

在 Circle 类的有参构造器中，“this( );”语句在这里的作用表示调用本类的无参构造。在测试类中本来是调用有参构造来创建 Circle 对象的，结果发现无参构造的代码也执行了。有读者会问，那么这里创建了几个对象呢？答案是一个，当用 new 关键字创建对象时，无论几个构造器被执行，一个 new 就代表一个实例对象被创建。当然，这里只是为了演示在一个构造器中是可以调用另外一个构造器的，并不是说以后写代码都要如此，除非你确实要执行另一个构造器中的代码。

综上所述，this 关键字的使用形式有以下 3 种。

- this.成员变量：代表访问当前对象的某个成员变量。当在某个构造器或方法中，如果有参数等局部变量与成员变量重名时，那么就可以使用 this.成员变量来实现与局部变量的区别。
- this.成员方法：代表调用当前对象的某个成员方法。成员方法的访问完全可以省略“this.”。
- this(参数列表)：代表调用当前类的某个构造器。如果想要在一个构造器中调用另一个构造器，那么就可以使用该形式。其中 this()表示调用无参构造，this(实参列表)表示调用对应的有参构造。

关于 this 关键字的使用，有以下两点需要强调。

- this 关键字不能出现在静态方法和静态代码块中（关于静态代码块参见 8.7 节）。因为 this 代表当前对象，而静态方法中是没有当前对象的。如果在静态方法中出现静态变量与局部变量重名时，应怎么区分呢？请使用“类名.静态变量”的形式来表示访问的是静态变量而不是局部变量。
- this 关键字调用本类的构造器时，必须出现在构造器代码的首行。而且不要在所有构造器首行都出现 this(…)的语句，这样就会出现死循环递归调用。

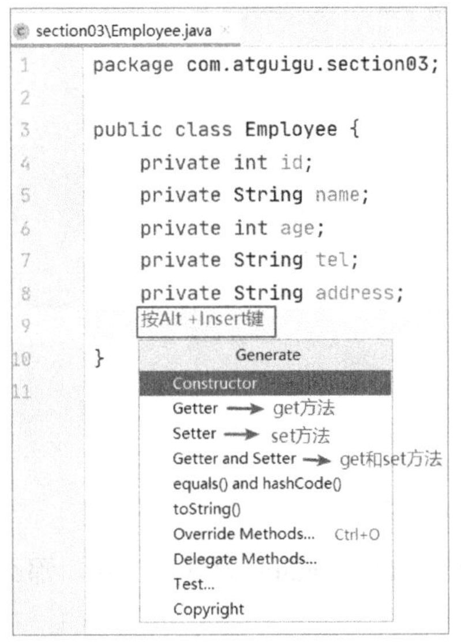

图 8-2 选择自动生成构造器和 get/set 方法

到目前为止，大家有没有发现每个类的构造器和 get/set 方法都是很有规律性的，在 IDEA 等集成开发工具中都会提供它们的代码模板，下面讲解在 IDEA 中使用这些代码模板快速生成构造器和 get/set 方法的方法。

当声明完一个类的成员变量之后，就可以在它们下面按快捷键 Alt + Insert（IDEA 默认快捷键）或选择“Code”菜单的“Generate…”选项，这时系统就可以弹出自动生成构造器和 get/set 方法等的选择，如图 8-2 所示。

8.3.2　案例：矩形类代码的改进

案例需求：

所有矩形都有长、宽的属性值需求，也都有求面积、周长，获取矩形对象的详细信息的功能需求。请设计矩形类，并对矩形类做适当的封装。

示例代码：

继续对 8.2 节案例的代码进行改进，代码如下所示：

```
package com.atguigu.section03;

public class Rectangle {
    private double length;
    private double width;

    public Rectangle() {
    }

    public Rectangle(double length, double width) {
        if (length <= 0 || width <= 0) {
            System.out.println("矩形的长和宽不能为 0 或负数");
        } else {
            this.length = length;
            this.width = width;
        }
    }

    public double getLength() {
        return length;
    }

    public void setLength(double length) {
        if (length <= 0) {
            System.out.println("矩形的长不能为 0 或负数");
        } else {
            this.length = length;
        }

    }

    public double getWidth() {
        return width;
    }

    public void setWidth(double width) {
        if (width <= 0) {
            System.out.println("矩形的宽不能为 0 或负数");
        } else {
            this.width = width;
        }
    }

    public double area() {
        return length * width;
    }

    public double perimeter() {
        return 2 * (length + width);
    }
```

```
    public String detail() {
        return "长方形的长: " + length + ", 宽: " + width + ", 面积: " + area() + ", 周长: " + perimeter();
    }
}
```

8.3.3 案例：银行账户类的改进

案例需求：

谷粒银行管理系统需要存储每个银行账户的信息，包括账号、户名、身份证号、手机号、余额、利率等，其中利率是统一的，都是 0.035，请设计银行账户类，并注意属性的封装。建议使用 IDEA 等集成开发工具的代码模板自动生成构造器和 get/set 方法等来提高效率。

示例代码：

```
package com.atguigu.section03;

public class BankAccount {
    private static double rate;           //利率
    private String id;                    //账号
    private String name;                  //户名
    private String cardId;                //身份证号
    private String tel;                   //手机号
    private double balance;               //余额

    public BankAccount() {
    }

    public BankAccount(String id, String name, String cardId, String tel, double balance) {
        this.id = id;
        this.name = name;
        this.cardId = cardId;
        this.tel = tel;
        this.balance = balance;
    }

    public static double getRate() {
        return rate;
    }

    public static void setRate(double rate) {
        BankAccount.rate = rate;
    }

    public String getId() {
        return id;
    }

    public void setId(String id) {
        this.id = id;
    }

    public String getName() {
        return name;
    }

    public void setName(String name) {
        this.name = name;
    }
```

```
    public String getCardId() {
        return cardId;
    }

    public void setCardId(String cardId) {
        this.cardId = cardId;
    }

    public String getTel() {
        return tel;
    }

    public void setTel(String tel) {
        this.tel = tel;
    }

    public double getBalance() {
        return balance;
    }

    public void setBalance(double balance) {
        this.balance = balance;
    }
}
```

测试类示例代码：

```
package com.atguigu.section03;

public class TestBankAccount {
    public static void main(String[] args) {
        BankAccount.setRate(0.035);
        System.out.println("银行利率：" + BankAccount.getRate());

        BankAccount ba = new BankAccount("100188880001",
                "谷姐","110245198012012586","13725845968",10000);
        System.out.println("余额：" + ba.getBalance());
    }
}
```

从上述代码中可以看出，所有私有化的属性都提供了标准的 get/set 方法，在构造器和 set 方法中，与参数重名的实例变量前面都加了“this.”。

而静态变量 rate 利率的 get/set 方法也是静态的，在 setRate 方法中使用“BankAccount.rate”表示访问的是静态变量 rate，区别于参数 rate。

技能提升：为什么 this 关键字只能在构造器和非静态方法中使用，而不能在静态方法中使用呢？

因为每个方法的调用其实都会记录当前方法的调用者，这个也会在方法栈空间中记录。

非静态方法中有个隐含的参数，就是 this，它就是方法的调用者对象。因此，在非静态方法中可以使用 this，通过它可以访问当前对象的实例变量，当然也可以访问静态变量，因为当前实例变量中会记录它所属的类，从而找到方法区的静态变量。

而静态方法中没有这个隐含的 this 参数，只有所属类对象，而因为类是无法反向找到实例对象的，所以在静态方法中是不能出现 this 关键字的，也就不能访问对象的实例变量。同样在静态方法中也不能调用非静态方法，因为此时缺失调用非静态方法需要的隐含参数 this。

TestBankAccount 类中代码方法的调用分析如图 8-3 所示。

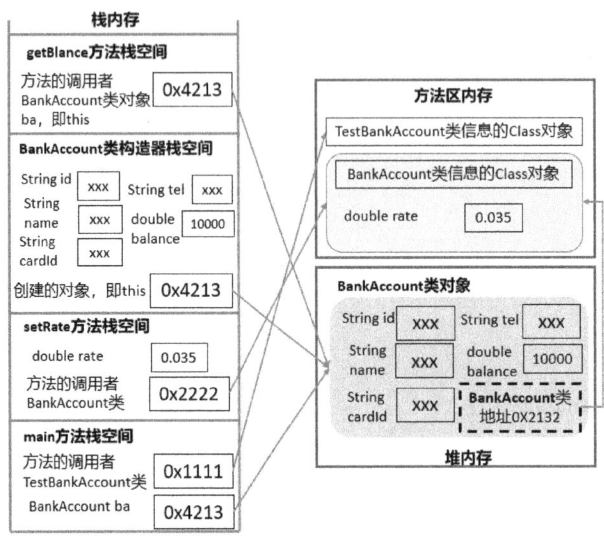

图 8-3　TestBankAccount 类中代码方法的调用分析

8.3.4　什么是 JavaBean

JavaBean 是指用 Java 语言写的可重用组件，简单地说，它就是一个遵循某种规范的 Java 类。JavaBean 需要遵循如下几个标准。

- 类是具体的、公共的。
- 必须包含公共的无参构造器。
- 属性私有化且有对应的标准公共 get、set 方法。

示例代码：

```
package com.atguigu.section03;

public class Employee {
    private int id;                    //员工编号
    private String name;               //员工姓名
    private int age;                   //员工年龄
    private String tel;                //员工电话
    private String address;            //员工地址

    public Employee() {
    }

    public Employee(int id, String name) {
        this.id = id;
        this.name = name;
    }

    public Employee(int id, String name, int age, String tel, String address) {
        this(id,name);
        this.age = age;
        this.tel = tel;
        this.address = address;
    }

    public int getId() {
        return id;
    }
```

```
    public void setId(int id) {
        this.id = id;
    }

    public String getName() {
        return name;
    }

    public void setName(String name) {
        this.name = name;
    }

    public int getAge() {
        return age;
    }

    public void setAge(int age) {
        this.age = age;
    }

    public String getTel() {
        return tel;
    }

    public void setTel(String tel) {
        this.tel = tel;
    }

    public String getAddress() {
        return address;
    }

    public void setAddress(String address) {
        this.address = address;
    }
}
```

8.4　包的使用

生活中人们会把不同季节的衣服放在柜子的不同隔层中，这样找起来会更方便。人们在使用计算机时，会把文件进行分类，如把照片放在一个文件夹，把学习资料放在一个文件夹，把工作文档放在一个文件夹，这样可以方便日后查找和管理。Java 中包的作用就类似于柜子的隔层和计算机中的文件夹。

Oracle 公司的 JDK、各种软件厂商，以及我们自己开发的过程中产生了大量的各种用途的类，类名重复是有极大可能的。为了处理这种重名问题，Java 允许在类名前通过一个前缀来限定这个类，也就是包（Package）机制，也方便了类文件的管理。

8.4.1　包的声明

很多初学者认为，只要把编写的.java 源文件或编译后的.class 文件放在某个目录下，这个目录名就自动成了这个类的包名。实则不然，Java 中必须使用包来声明类所属的包，包语句应该放在源文件的首行，每个源文件只能有一个包定义语句。

包语句的语法格式如下所示：

```
package 顶层包名.子包名;
```

关于包的命名也应该遵循相应的命名规则和规范，包名应该全部由小写字母组成，习惯上采用域名倒置的写法，如 com.atguigu.bean。如果有多级包目录结构，那么应使用“.”来分割。在同一个包下，不能命名同名的类，不管它们是否在同一个.java 源文件中；在不同的包下，才可以命名同名的类。

特别注意：java.开头的包是 Java 语言核心类库专用的，如 java.lang 包，java.util 包等，在自己命名时，千万不要用 java.开头的包名，否则运行会报错。

示例代码：

```
package com.atguigu.section04;

public class TestPackage {
    public static void main(String[] args) {
        System.out.println("当前类的包是 com.atguigu.section04");
    }
}
```

如果是在 IDEA 中，那么 TestPackage 类的.java 文件就必须放在对应的包目录下，否则编译报错，图 8-4 所示是正确的声明语句与文件目录结构。例如，TestPackage 类上面的 package 语句是“package com.atguigu.section04;”，那么 TestPackage 类的.java 文件就在“com.atguigu.section04”文件夹目录下。

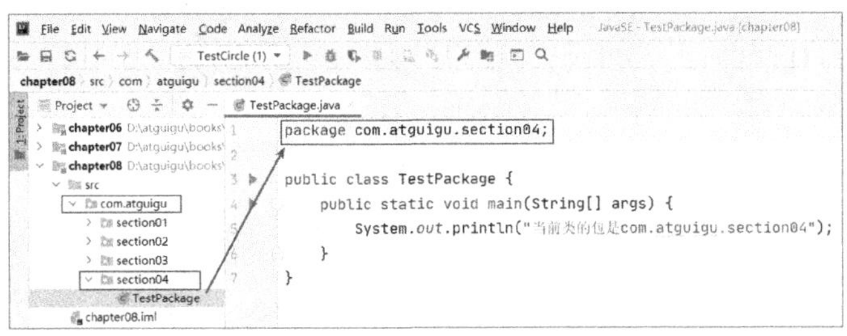

图 8-4　IDEA 中 TestPackage 类在 com.atguigu.section04 包下

如果在文本编辑器中编写上述代码，那么该如何编译对应的源文件呢？代码如下所示：

```
javac -d . TestPackage.java
```

在上述编译命令中，“-d”用于设置编译生成 class 文件的保存位置，而“.”代表当前路径。使用该命令编译“TestPackage.java”，可以发现当前路径下创建对应的目录结构 com/atguigu/ section04 中有一个 TestPackage.class。这是为了解决同名类的问题，Java 规定位于包中的类，在文件系统中也必须有与包名层次相同的目录结构。

那么在命令行该如何运行该 TestPackage 类呢？首先，定位到“com”的上级目录下，然后运行如下命令即可。

```
java com.atguigu.section04.TestPackage
```

命令行下编译和运行 com.atguigu.section04.TestPackage 类如图 8-5 所示，否则会报“找不到或无法加载主类××”的错误。

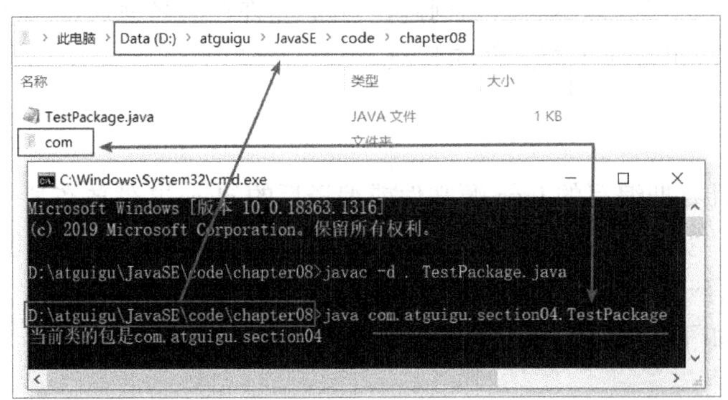

图 8-5　命令行下编译和运行 com.atguigu.section04.TestPackage 类

综上所述，Java 的包机制需要以下两个方面的保证。

（1）源文件中使用包语句指定包名。

（2）class 文件必须放在对应的包路径下。

8.4.2　使用其他包的类

除使用 java.lang 包下的类型，凡是使用其他包中的 Java 类，都必须使用 import 语句来引入指定包下的类，否则就必须在代码中使用“包名.类名”的全限定名来使用某个类。import 语句的作用就是告诉编译器到哪里寻找类。

import 语句的语法格式如下所示：

```
import 包名.类名;
或
import 包名.*;
```

- “*”代表该包中的所有类。
- import 语句必须在包语句下，在所有的类声明语句上。
- import 语句可以有多句，而且没有顺序要求。
- import 语句只能导入 public 声明的类，如果某个类的权限修饰符是缺省的，则无法通过 import 语句实现跨包使用。而且也只能使用 public 类中权限修饰符大于缺省的类成员。

定义一个学生类（Student）的示例代码如下所示：

```
package com.atguigu.section04.bean;

public class Student {
}
```

使用不同包的类的示例代码如下所示：

```
package com.atguigu.section04;

import com.atguigu.section04.bean.Student;

import java.time.LocalDate;
import java.util.*;
import java.io.File;

public class TestImport {
    public static void main(String[] args) {
        Scanner input = new java.util.Scanner(System.in);
        Date date = new Date();
        LocalDate today = LocalDate.now();
        File file = new File("d:/Hello.java");
        Student student = new Student();
    }
}
```

从上述代码中可以看出，哪怕学生类（Student）是在 section04 包的子包 bean 中，在 TestImport 类中使用它时也仍然需要导包，即只要包语句声明的包不完全相同，就表示是不同包的类。在上述代码中因为 Scanner 和 Date 都在 java.util 包下，所以当使用同一个包的多个类时，可以使用“import 包.*;”语句来简化导包语句。

下面讲解一种比较特殊的情况，那就是当需要使用不同包下的同名类时的处理方法。例如，在 java.util 包下有一个日期类（Date），在 java.sql 包下也有一个日期类（Date），如果代码中要同时使用这两个类时，应怎么办呢？只能一个使用 import 语句，另一个使用全名称方式，否则编译器无法区分这两个类，示例代码如下所示：

```
package com.atguigu.section04;

import java.util.Date;

public class TestDate {
    public static void main(String[] args) {
        Date d1 = new Date(); //指的是java.util.Date
        Date d2 = new Date(); //指的是java.util.Date

        java.sql.Date d3 = new java.sql.Date(1000000);
    }
}
```

从 JDK 5 以后，增加了一种静态导入的新语法，即 import 配合 static 的使用方法，这可以让一个类使用另一个类的静态成员的代码更简洁。

示例代码：

```
package com.atguigu.section04;

import static java.lang.Math.*;

public class TestStaticImport {
    public static void main(String[] args) {
        System.out.println("圆周率：" + PI);
        System.out.println("求 9 的平方根：" + sqrt(9));
        System.out.println("获取随机数：" + random());
    }
}
```

在上述代码中可以发现，原来在使用 Math 类的静态成员时，都需要加“Math.”，而现在全部省略了“Math.”，那是因为“import static java.lang.Math.*;”语句的作用，可以像使用本类的成员一样来使用 Math 类的静态成员。

8.4.3 常用包介绍

JDK 提供了很多核心类，按类的功能不同，将其放在不同的包下，扩展类都放在 javax 包及子包下。

Java 提供了大量的基础类，因此 Oracle 也为这些基础类提供了相应的 API（Application Programming Interface，应用程序编程接口）文档，用于告诉开发者如何使用这些类及这些类中包含的方法。

基础的常用包有以下几个。

（1）java.lang：包含 Java 的核心的基础类型，如 String、Math、Integer、System 类等。

（2）java.net：包含执行与网络相关的 API。

（3）java.io：包含能表示文件和目录的 File 类及各种数据读/写相关的功能类。

（4）java.util：包含实用工具类，如集合框架类、数组工具类、旧版时间日期 API 等。

（5）java.time：包含新版日期时间 API。

（6）java.text：包含 Java 文本格式化相关的 API。

（7）java.lang.reflect：包含一些与反射相关的 API。

（8）java.sql：包含 Java 进行 JDBC 数据库编程的相关 API。

（9）java.util.function：是 Java 8 新增的包，包含与函数式编程相关的接口。

（10）java.util.stream：也是 Java 8 新增的包，包含与 Stream 相关的 API。

当然 JDK 核心类库中的包远不止这些，在学习时需要循序渐进，先了解一部分，再延伸到其他部分。

8.4.4 案例：员工信息管理

案例需求：

尚硅谷要做一个简易版的员工信息管理系统，首先从键盘中输入每个员工对象的基本信息，包括编号、姓名、薪资、电话等，之后按照薪资从低到高排序之后遍历显示员工对象信息。

案例分析：

这个案例在第 7 章的 7.8.3 节已经写过，现在要对它进行改进。

改进 1：员工类（Employee）声明在 com.atguigu.section04.bean 包下，并且要做合理的封装，声明多个构造器，提供返回员工详细信息的 detail( )方法。

改进 2：将员工数组（Employee[ ]）定义在 com.atguigu.section04.service 包下的 EmployeeService 管理类，该类提供一个添加员工的方法，该方法可以实现不断往数组中添加员工，当数组已满时，可以将数组扩容为之前容量的 1.5 倍；另外，提供一个返回所有员工对象的方法。为了记录当前数组中实际存储员工对象的个数，在 EmployeeService 类中增加一个 int 类型的成员变量 total。

改进 3：在 com.atguigu.section04.TestEmployee 测试类的 main 中实现从键盘中输入员工对象信息，并封装为员工对象，添加到 EmployeeService 类的数组，之后获取添加的所有员工对象，然后排序并输出。

示例代码：

com.atguigu.section04.bean.Employee 类。

```
package com.atguigu.section04.bean;

public class Employee {
    private int id;                         //编号
    private String name;                    //姓名
    private double salary;                  //薪资
    private String tel;                     //电话

    public Employee() {
    }

    public Employee(int id, String name, double salary, String tel) {
        this.id = id;
        this.name = name;
        this.salary = salary;
        this.tel = tel;
    }

    public int getId() {
        return id;
    }

    public void setId(int id) {
        this.id = id;
    }

    public String getName() {
        return name;
    }

    public void setName(String name) {
        this.name = name;
    }
```

```
    public double getSalary() {
        return salary;
    }

    public void setSalary(double salary) {
        this.salary = salary;
    }

    public String getTel() {
        return tel;
    }

    public void setTel(String tel) {
        this.tel = tel;
    }
    //获取员工信息
    public String detail(){
        return "编号：" + id + "，姓名：" + name + "，薪资：" + salary + "，电话：" + tel;
    }
}
```

com.atguigu.section04.service.EmployeeService 类。

```
package com.atguigu.section04.service;

import com.atguigu.section04.bean.Employee;

public class EmployeeService {
    private Employee[] all;
private int total;

    //构造器中对员工数组进行初始化
    public EmployeeService(){
        all = new Employee[2];
    }

    //将指定的员工添加到数组，如果数组已满，则进行扩容，扩容后再添加
    public void addEmployee(Employee employee){
        if (total >= all.length){
            //扩容
            Employee[] newArr = new Employee[all.length + (all.length>>1)];
            for (int i = 0; i < all.length; i++){
                newArr[i] = all[i];
            }
            all = newArr;
        }
        all[total++] = employee;
    }

    //获取所有员工构成的数组
    public Employee[] getAll(){
        Employee[] result = new Employee[total];
        for (int i = 0; i < total; i++){
            result[i] = all[i];

        }
        return result;
    }
}
```

com.atguigu.section04.test.TestEmployee 类。

```
package com.atguigu.section04.test;

import com.atguigu.section04.bean.Employee;
import com.atguigu.section04.service.EmployeeService;

import java.util.Scanner;

public class TestEmployee {
   public static void main(String[] args) {
      Scanner input = new Scanner(System.in);
      EmployeeService es = new EmployeeService();

      while(true){
         System.out.println("请输入新添加的员工的信息");
         System.out.print("编号：");
         int id = input.nextInt();

         System.out.print("姓名：");
         String name = input.next();

         System.out.print("薪资：");
         double salary = input.nextDouble();

         System.out.print("电话：");
         String tel = input.next();

         Employee employee = new Employee(id,name,salary,tel);
         es.addEmployee(employee);

         System.out.print("是否继续添加，输入 Y/y 表示继续：");
         char confirm = input.next().charAt(0);
         if (confirm != 'y' && confirm != 'Y'){
            break;
         }
      }

        //对数组元素进行排序
      Employee[] employees = es.getAll();
      for (int i = 1; i < employees.length; i++){
         for (int j = 0; j < employees.length - i; j++){
            if(employees[j].getSalary() > employees[j+1].getSalary()){
               Employee temp = employees[j];
               employees[j] = employees[j + 1];
               employees[j + 1] = temp;
            }
         }
      }

      for (int i = 0; i < employees.length; i++) {
         System.out.println(employees[i].detail());
      }
   }
}
```

8.5　面向对象的基本特征之继承性

继承一词大家并不陌生，有继承遗产、继承优良传统、继承先烈的遗志等说法，这些说法中的继承都有延续之前已有的物质或精神的含义。

8.5.1 为什么需要继承

在生活中有继承，可以让前辈或先人的物质和精神得以延续，并且发扬光大。Java 中也可以借鉴这个操作，使原有的代码可以得到复用和扩展。

根据业务需要，有程序员设计了一个 Person 类，代码如下所示：

```
package com.atguigu.section05.demo1;

public class Person {
   private String name;        //姓名
   private int age;            //年龄

   public String getBasicDetail(){
      return "姓名：" + name + "，年龄：" + age;
}
}
```

根据业务需要，又添加了一个 Student 类，代码如下所示：

```
package com.atguigu.section05.demo1;

public class Student {
   private String name;        //姓名
   private int age;            //年龄
   private int score;          //成绩

   public String getBasicDetail(){
      return "姓名：" + name + "，年龄：" + age;
   }

   public String getDetail(){
      return getBasicDetail() + "，成绩：" + score;
   }

   public void study(){
      System.out.println("good good study, day day up!");
   }
}
```

可以看出，Person 类、Student 类具备共同的属性和方法，即 name、age、getBasicDetails( )，代码重复较多。那么应如何提高代码的重用性呢？改进后的 Student 类的代码如下所示：

```
package com.atguigu.section05.demo1;

public class Student extends Person {
   private int score;     //成绩

   public String getDetail(){
      return getBasicDetail() + "，成绩：" + score;
   }
   public void study(){
      System.out.println("good good study, day day up!");
   }
}
```

改进后的代码比之前精简了很多，这使用的是 Java 中的继承。试想，如果需要继续添加一个新的 Employee 类，按原来的方式，则需要再次添加重复的属性和方法的定义，但现在只需要使用继承，大大提高了代码的维护性，代码如下所示：

```
package com.atguigu.section01.demo1;
```

```
public class Employee extends Person {
    private double salary;      //薪资

    public String getDetail(){
        return getBasicDetail() + ", 薪资: " + salary;
    }

    public void work(){
        System.out.println("good good work, many many money!");
    }
}
```

代码的复用对所有的编程语言都很重要。C 语言是通过函数来复用代码，Java 语言中的问题都是围绕着类展开的，所以复用已有类显得非常重要。继承是面向对象中显著的一个特性，继承可以实现类代码的复用。被继承的类称为父类（SuperClass），从父类派生的类称为子类（SubClass）。父类中可以体现所有子类的共同特征，可以从父类中派生出更多的子类，并且在父类的基础上扩展新特征。总体来说继承的好处有以下几点。

- 减少了代码的冗余，提高了代码的复用性。
- 继承的出现让类与类间产生了关系，可以表示 is-a 的关系，如 The student class is a subcategory of human beings. ，学生是人的一个子类别。
- 便于功能的扩展，有可维护性。
- 为面向对象的多态性的使用提供了前提（关于多态性请参考 8.6 节）。

8.5.2 如何实现类的继承

Java 中的继承是通过关键字 extends 来实现的。extends 有继承、扩展、延伸的意思，正好代表了 Java 继承的意义，即对代码的复用和扩展。

类继承的语法格式如下所示：

```
【修饰符】class Subclass extends Superclass{}
```

- SuperClass：父类，又叫基类、超类，父类中体现的是所有子类的共同特征。
- SubClass：子类，又叫派生类，是在父类基础上派生出的新类别，子类可以扩展新特征。
- extends：继承、扩展。子类不是父类的子集，而是对父类的扩展，这是从属性和行为的角度来说的，子类的属性和行为特征数量 >= 父类的属性和行为特征数量。但是如果从事物的概念范围来说，父类所表示的事物范围>子类所表示的事物范围，如 Animal 类中声明的属性和行为数量 <= Dog 等子类，但是 Animal 类表示的事物范围>Dog 类。弄清楚这一点对于理解继承和多态至关重要。

8.5.3 类继承性的特点

从 8.5.1 节和 8.5.2 节的学习中我们已经知道了继承的必要性，以及通过 extends 关键字可以实现类的继承，那么类的继承具有哪些特点呢？

1. Java 只支持单继承，不支持多重继承

这句话的意思是一个子类只能有一个直接父类，但是父类仍然可以有它的父类，那么父类的父类对于子类来说就是间接父类。不过一个父类可以同时派生出多个子类。父类与子类的继承关系如图 8-6 所示。

```
class SubDemo extends Demo{}              √
class SubDemo extends Demo1,Demo2 {}          ×
```

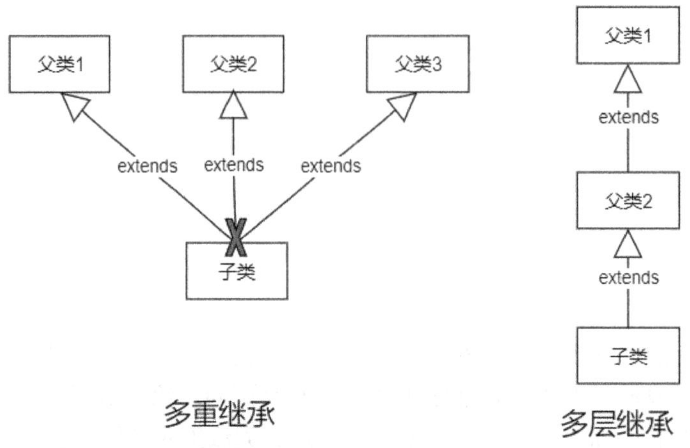

图 8-6　父类与子类的继承关系

2. 不能滥用继承

虽然继承可以实现代码的复用，但是不能为了代码的复用就滥用继承。子类和父类之间必须满足"is-a"的关系。例如，Cat is a Animal，所以 Cat 继承 Animal 是成立的。Bird is not a Book，所以 Bird 继承 Book 不成立。

3. 所有类都直接或间接继承了 Object 类

如果某个类没有明确用 extends 声明它继承哪个父类，那么它的父类默认就是 java.lang.Object 类，也就是 Object 类是类层次结构的根父类，所有类的对象都具备 Object 类的方法。类与 Object 类的继承关系如图 8-7 所示。

图 8-7　类与 Object 类的继承关系

4. 子类会继承父类所有的属性和方法

父类中的成员（属性和方法），无论是公有（Public）还是私有（Private），都会被子类继承。因为从逻辑角度来说，属性和方法代表的是事物的数据和行为（或功能）特征，而父类中的所有事物特征也是子类事物所共同拥有的。但是从语法角度来看，子类不能对继承的父类私有成员直接进行访问，但可通过继承的公有方法来访问，如图 8-8 所示。

图 8-8　子类访问父类的方法

5. 子类必须调用父类的构造器

父类的构造器，子类不能继承。试想，如果子类可以继承父类的构造器，那么也就具备了创建父类对象的能力，这违背 Java 的设计规范，也是不科学的。

但是子类的构造器中必须隐式或显式地调用直接父类的构造器，这是因为在创建子类对象时，需要先调用父类构造器，为父类声明的属性进行初始化。子类虽然从父类中继承了属性，但是如何初始化应该由父类的构造器做主，子类只需也必须调用父类构造器。这里需要特别注意的是，此处虽然调用了父类的构造器，但是并没有创建父类的对象。

（1）默认情况下，子类中所有的构造器都会调用父类的空参构造器。

当通过 new 调用子类构造器创建子类对象时，我们可以发现父类空参构造器中的语句也被执行了，这是因为子类的构造器会默认访问父类的空参构造器。

示例代码：

父类示例代码。

```
package com.atguigu.section05.demo2;

public class Person {
   private String name;          //姓名
   Person(){
      System.out.println("父类的无参构造");
   }

   public Person(String name) {
      this.name = name;
      System.out.println("父类的有参构造");
   }

   public void setName(String name) {
      this.name = name;
   }
}
```

子类示例代码。

```
package com.atguigu.section05.demo2;

public class Student extends Person {
   private int score;          //成绩

   public Student() {
      System.out.println("子类无参构造");
   }

   public Student(String name, int score) {
      setName(name);
      this.score = score;
      System.out.println("子类有参构造");
   }
}
```

测试类示例代码。

```
package com.atguigu.section05.demo2;

public class ConstructorCallTest1 {
   public static void main(String[] args) {
      Student s1 = new Student();

      System.out.println();

      Student s2 = new Student("张三", 89);
   }
}
```

子类默认调用父类无参构造器代码的演示效果如图 8-9 所示。

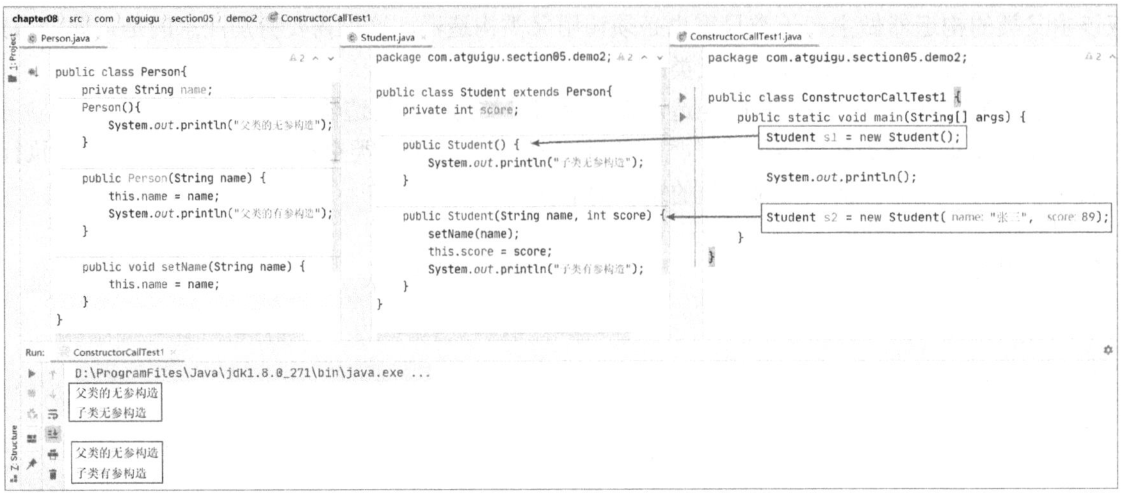

图 8-9 子类默认调用父类无参构造器代码的演示效果

（2）当父类中没有空参数的构造器时，子类必须手动编写构造器，而且在子类的构造器的首行必须通过 this(参数列表)或 super(参数列表)语句指定调用本类或父类中相应的构造器。

示例代码：

父类示例代码。

```
package com.atguigu.section05.demo3;

public class Person {
    private String name;
    private int age;

    public Person(String name, int age) {
        this.name = name;
        this.age = age;
        System.out.println("父类有参构造");
    }
}
```

子类示例代码。

```
package com.atguigu.section05.demo3;

public class Student extends Person {
    private int score;

    public Student(String name, int age) {
        super(name, age);
        System.out.println("子类有参构造 1");
    }

    public Student(String name, int age, int score) {
        this(name, age);
        this.score = score;
        System.out.println("子类有参构造 2");
    }
}
```

测试类示例代码。

```
package com.atguigu.section05.demo3;

public class ConstructorCallTest2 {
```

```
    public static void main(String[] args) {
        Student s1 = new Student("张三", 23);

        System.out.println();

        Student s2 = new Student("李四", 24, 89);
    }
}
```

父类没有无参构造器时，子类调用父类有参构造器代码的演示效果如图 8-10 所示。

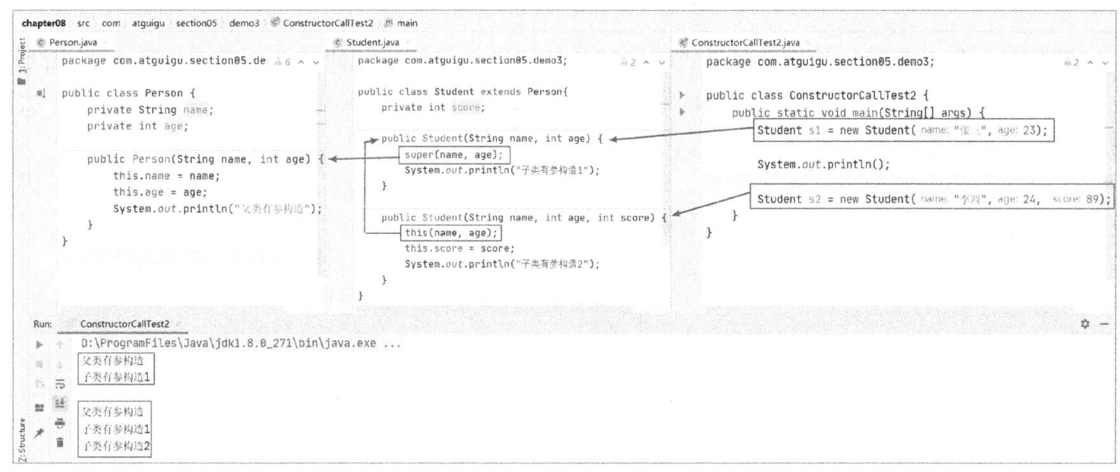

图 8-10　父类没有无参构造器时，子类调用父类有参构造器代码的演示效果

（3）如果父类中没有无参构造器，子类没有手动编写构造器或在子类构造器首行没有使用 this(参数列表)或 super(参数列表)语句指定调用本类或父类中相应的构造器，则编译报错。

示例代码：

父类示例代码。

```
package com.atguigu.section05.demo4;

public class Person {
    private String name;
    private int age;

    // 父类没有无参构造，只声明了如下的构造器
    public Person(String name, int age) {
        this.name = name;
        this.age = age;
        System.out.println("父类有参构造");
    }
}
```

子类示例代码 1。

```
package com.atguigu.section05.demo4;

public class Student extends Person {
    private int score;

    // 子类构造器中没有明确调用父类的有参构造
    public Student(String name, int age) {
        System.out.println("子类有参构造 1");
    }
     // 子类构造器中没有明确调用父类的有参构造
    public Student(String name, int age, int score) {
```

```
        this.score = score;
        System.out.println("子类有参构造 2");
    }
}
```

子类示例代码 2。

```
package com.atguigu.section05.demo4;

//没有声明构造器
public class Employee extends Person {
}
```

父类没有无参构造器，子类没有显式调用父类构造器编译错误代码的演示效果如图 8-11 所示。

从报错的情况来看，子类的构造器首行没有使用 this(参数列表)或 super(参数列表)语句时，会默认调用父类中空参的构造器。

（4）虽然子类需要调用直接父类的构造器，但是父类也会调用自己的直接父类的构造器，因此从效果上看，子类对象的创建会导致所有父类对应的构造器被执行。

子类调用父类构造器代码的演示效果如图 8-12 所示。

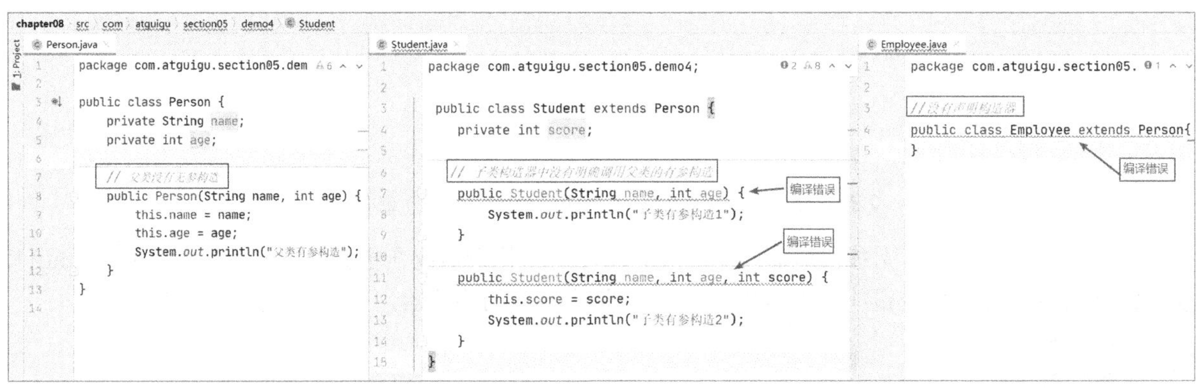

图 8-11　父类没有无参构造器，子类没有显式调用父类构造器编译错误代码的演示效果

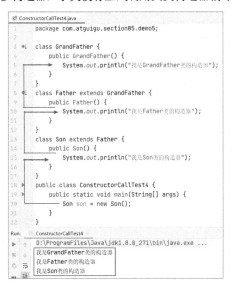

```
package com.atguigu.section05.demo5;

class GrandFather {
    public GrandFather() {
        System.out.println("我是GrandFather类的构造器");
    }
}
class Father extends GrandFather {
    public Father() {
        System.out.println("我是Father类的构造器");
    }
}
class Son extends Father {
    public Son() {
        System.out.println("我是Son类的构造器");
    }
}
public class ConstructorCallTest4 {
    public static void main(String[] args) {
        Son son = new Son();
    }
}
```

```
D:\ProgramFiles\Java\jdk1.8.0_271\bin\java.exe ...
我是GrandFather类的构造器
我是Father类的构造器
我是Son类的构造器
```

图 8-12　子类调用父类构造器代码的演示效果

从子类必须调用父类的构造器来看，保留一个类的无参构造是非常有必要的。

在上述关于继承特点的讲解中我们使用了 super 关键字，提前使用了新知识，想必很多读者对此一知半解。这里先讲解另一个概念：方法的重写。在 8.5.5 节再总结 super 关键字的使用。

8.5.4 方法的重写

父类的所有方法都会被继承到子类中，但有时父类中某些方法的实现不适用于子类对象，子类可以根据需要对从父类中继承的方法进行改造，称为方法的重写（Override）。重写以后，当创建子类对象后，通过子类对象调用父类中的同名、同参数的方法时，实际执行的是子类重写父类的方法。

示例代码：

父类（Person）示例代码。

```
package com.atguigu.section05.demo6;

public class Person {
   private String name;
   private int age;

   public Person() {
   }

   public Person(String name, int age) {
      this.name = name;
      this.age = age;
   }

   public String detail(){
      return "姓名: " + name + ", 年龄: " + age;
   }
}
```

子类（Student）示例代码。

```
package com.atguigu.section05.demo6;

public class Student extends Person {
   private int score;

   public Student() {
   }

   public Student(String name, int age, int score) {
      super(name, age);
      this.score = score;
   }

   public String detail() {
      return super.detail() + ", 成绩: " + score;
   }
}
```

测试类示例代码。

```
package com.atguigu.section05.demo6;

public class TestStudent {
   public static void main(String[] args) {
      Person person = new Person("谷哥", 40);
      System.out.println(person.detail());

      Student student = new Student("谷姐",18,95);
      System.out.println(student.detail());
   }
}
```

在上述子类 Student 中，重写了父类的 detail 方法。并且在子类 Student 的 detail 方法中，通过 super.detail( )调用了父类被重写的 detail 方法，这里必须加“super.”，否则就是递归调用，会出现无条件死循环递归。

从上述代码的运行结果中可以发现，通过 Person 对象调用的 detail 方法执行的是父类 Person 中的 detail 方法，而通过 Student 对象调用的 detail 方法执行的是子类 Student 中重写的 detail 方法。

在第 7 章中我们学习过一个非常相似的概念，叫方法的重载，这两个概念初学者容易混淆。方法的重载是指声明了两个或多个方法名相同，形参列表不同的方法，和返回值类型无关；方法的重写是指子类重写父类的方法，重写时要求必须遵循以下几个要求。

（1）保持方法名不变。

（2）形参列表不变。

（3）如果返回值类型是基本数据类型或 void，则必须保持不变；如果返回值类型是引用数据类型，则要求子类重写方法的返回值类型要小于等于父类被重写方法返回值类型，即要么一样，要么子类重写方法的返回值类型是父类被重写方法的返回值类型的子类。

（4）权限修饰符则要求子类重写方法的权限修饰符的范围必须大于等于父类被重写方法的权限修饰符的范围，而且父类被重写的方法必须是在子类中可见的，即权限修饰符不能是 private，跨包下不能是缺省。

（5）方法抛出的异常类型则要求子类重写方法抛出的异常类型要小于等于父类被重写方法抛出的异常类型，即子类重写方法抛出的异常类型可以是父类被重写方法抛出的异常类型的子类。如果父类被重写方法没有抛出编译时受检异常，则子类重写方法也不能抛出编译时受检异常。关于异常请参考第 10 章。

（6）父类被重写方法不能是 static、final 等修饰的方法。关于 final 请参考第 9 章。

方法的重写和方法的重载的区别如表 8-2 所示。

表 8-2　方法的重写和方法的重载的区别

项	方法的重载	方法的重写
发生范围	同一个类或父类、子类	父类、子类
方法名	必须相同	必须相同
参数列表	必须不同	必须相同
返回类型	无要求	基本数据类型和 void，必须相同； 引用数据类型，满足<=即可
访问权限修饰符	无要求	>=，但是被重写方法必须在子类中可见，即不能是 private，父类、子类跨包则不能是缺省
其他修饰符	无要求	不能是 static、final
抛出的异常类型	无要求	<=，但被重写方法如果未抛出编译时受检异常，则重写时也不能抛出编译时受检异常

8.5.5 super 关键字

之前我们学习过 Java 中的一个代词 this，它在上下文中代表当前对象。基于当前继承的上下文环境，我们再介绍一个代词 super，它表示父类，即通过它可以在子类中引用父类的相关成员，如 8.5.3 节中出现了子类结构中使用 super 关键字调用父类中的构造器的情况。但是仅能通过 super 关键字引用父类在子类中可见的成员，即被引用成员的权限修饰符不能是 private，父类、子类跨包不能是缺省。

和 this 关键字相似，super 关键字的使用也有三种形式。

（1）super.成员变量：通常情况下，父类中声明的成员变量只要在子类中就是可见的，不需要通过

“super.”也是可以访问到的。但是如果当子类中声明了和父类同名的成员变量时，那么就需要通过“super.”来表示访问父类声明的成员变量。

示例代码：

父类示例代码。

```
package com.atguigu.section05.demo7;

public class Person {
   protected String id;              //表示身份证号
   protected String name;            //表示姓名

   public Person(String id, String name) {
      this.id = id;
      this.name = name;
   }
}
```

子类示例代码。

```
package com.atguigu.section05.demo7;

public class Student extends Person {
   private String id;                //表示学号

   public Student(String id, String name, String no) {
      super(id, name);
      this.id = no;
   }

   public String detail(){
      return "学号："+ id + "，姓名：" + name + "，身份证号：" + super.id;
   }
}
```

测试类示例代码。

```
package com.atguigu.section05.demo7;

public class TestStudent {
   public static void main(String[] args) {
      Student student = new Student("110254199012012586","张三","1001");
      System.out.println(student.detail());
   }
}
```

提示：如果父类、子类中声明了同名的属性，而在子类中如果想使用父类中的同名属性，则需要使用 super.属性的方式。否则，默认调用的就是子类中声明的同名属性。在上述代码中只是为了演示 super.属性的使用，但是开发中一定要避免父类、子类声明重名的成员变量，这会降低代码的阅读性，提高代码的错误率。

（2）super.成员方法：通常情况下，父类中声明的成员方法只要在子类中就是可见的，不需要通过“super.”也是可以访问到的。但是如果子类重写了父类的某个方法时，那么想要在子类中调用父类被重写的方法，则必须加“super.”来表示引用的是父类被重写的方法。

（3）super( )或 super(实参列表)：通常情况下，在子类的构造器中默认的是调用父类的无参构造器，即 super( )或 super(实参列表)这句代码完全是可以省略的，但是如果父类没有无参构造器，则子类必须手动编写构造器，而且必须在子类构造器的首行通过 super( )或 super(实参列表)明确指明调用的是父类哪个有参构造器，否则编译不通过。

关于 super 关键字的使用，有以下几点要特别强调。

- super 关键字也不能出现在静态方法和静态代码块中（静态代码块可参考 8.7 节），因为 super 和 this 一样都是和实例有关的。
- super 关键字调用父类的构造器时，必须出现在子类构造器代码的首行，而且仅限于调用直接父类的构造器。
- super 关键字引用父类的成员变量或成员方法时，不仅限于访问直接父类，可以一直往上追溯，直到找到为止，可以追溯到 Object 类。

super 和 this 有很多相似的地方，super 和 this 的对比如表 8-3 所示。

表 8-3 super 和 this 的对比

关键字	意思	访问属性/成员变量	访问成员方法	访问构造器
this	当前对象	先从本类声明的成员变量列表中找，如果没有找到，则从直接父类中找，如果直接父类中没有，则一直往上追溯，继续从间接父类中找，直到找到为止，可以追溯到 Object 类	先从本类声明的方法列表中找，如果没有，则从直接父类中找，如果直接父类中没有，则继续往上追溯，从间接父类中找，直到找到为止，可以追溯到 Object 类	仅限于在本类声明的构造器列表中找，如果没有找到指定参数列表的构造器，则直接编译报错
super	父类的	访问父类的属性，如果直接父类中没有，则一直往上追溯，继续从间接父类中找，直到找到为止，可以追溯到 Object 类	访问父类的方法，如果直接父类中没有，则继续往上追溯，从间接父类中找，直到找到为止，可以追溯到 Object 类	仅限于在直接父类的构造器列表中找，如果直接父类中没有指定参数列表的构造器，则直接编译报错

再次强调无论是通过 this 还是通过 super，从父类中查找的成员，都必须是在子类中可见的。

8.5.6 案例：员工和学生信息管理

案例需求：

尚硅谷要做一个简易版的员工和学生信息管理系统，需要保存的员工信息有姓名、电话、身份证号、薪资，需要保存的学生信息有姓名、电话、身份证号、成绩，请设计相关的类，创建员工和学生对象后，显示他们的信息。

案例分析：

案例中员工和学生有相同的数据特征：姓名、电话、身份证号，因此可以抽取一个共同的父类 Person，然后员工（Employee）和学生（Student）都继承 Person 类。

示例代码：

Person 类示例代码。

```
package com.atguigu.section05.demo8;

public class Person {
   private String name;        //姓名
   private String tel;         //电话
   private String cardId;      //身份证号

   public Person() {
   }

   public Person(String name, String tel, String cardId) {
      this.name = name;
      this.tel = tel;
      this.cardId = cardId;
   }
```

```
    public String getName() {
        return name;
    }

    public void setName(String name) {
        this.name = name;
    }

    public String getTel() {
        return tel;
    }

    public void setTel(String tel) {
        this.tel = tel;
    }

    public String getCardId() {
        return cardId;
    }

    public void setCardId(String cardId) {
        this.cardId = cardId;
    }

    public String detail(){
        return "姓名: " + name + ", 电话: " + tel + ", 身份证号: " + cardId;
    }
}
```

员工类示例代码。

```
package com.atguigu.section05.demo8;

public class Employee extends Person {
    private double salary;          //薪资

    public Employee() {
    }

    public Employee(String name, String tel, String cardId, double salary) {
        super(name, tel, cardId);
        this.salary = salary;
    }

    public double getSalary() {
        return salary;
    }

    public void setSalary(double salary) {
        this.salary = salary;
    }

    public String detail() {
        return super.detail() + ", 薪资: " + salary;
    }
}
```

学生类示例代码。

```
package com.atguigu.section05.demo8;
```

```
public class Student extends Person {
   private int score;

   public Student() {
   }

   public Student(String name, String tel, String cardId, int score) {
      super(name, tel, cardId);
      this.score = score;
   }

   public int getScore() {
      return score;
   }

   public void setScore(int score) {
      this.score = score;
   }

   public String detail() {
      return super.detail() + ", 成绩: " + score;
   }
}
```

测试类示例代码。

```
package com.atguigu.section05.demo8;

public class TestPerson {
   public static void main(String[] args) {
      Employee employee = new Employee("谷哥","13457851111",
            "110254198912012547",10000);
      System.out.println(employee.detail());

      Student student = new Student("谷姐","13457852222",
            "110254200012012547",88);
      System.out.println(student.detail());
   }
}
```

8.6 面向对象基本特征之多态性

在 Java 中，多态指的是一个对象的多种类型。例如，Animal animal = new Cat();，引用变量 animal 有两个类型：一个是声明时的类型 Animal，称为编译时类型；另一个是对象的实际类型 Cat，称为运行时类型。编译时类型和运行时类型不一致，所以就出现了所谓的多态性（Polymorphism）。这种声明为父类的变量指向子类对象的形式被称为多态引用。多态引用的语法格式如下所示：

```
父类类型 变量 = 子类对象;
```

为了进行区分，把之前变量的引用形式称为本态引用，语法格式如下所示：

```
本类类型 变量 = 本类的对象;
```

8.6.1 对象的多态性表现

当使用多态引用之后，通过该变量访问引用对象的成员变量、成员方法将会出现什么现象呢？

示例代码：

父类 Animal 的示例代码。

```
package com.atguigu.section06;

public class Animal {
    public void eat(){
        System.out.println("eat~~");
    }
}
```

子类 Cat 的示例代码。

```
package com.atguigu.section06;

public class Cat extends Animal {
    public void eat() {
        System.out.println("猫吃鱼");
    }
    public void catchMouse(){
        System.out.println("猫抓老鼠");
    }
}
```

测试类的示例代码。

```
package com.atguigu.section06;

public class TestAnimal {
    public static void main(String[] args) {
        Animal cat = new Cat();
        cat.eat();                  //执行的是子类重写的方法
//        cat.catchMouse();         //编译报错
    }
}
```

从上述示例代码中，我们可以发现在测试类中通过 cat 变量调用 eat( )方法执行的是子类 Cat 重写过的 eat( )方法。

另外，如果通过 cat 变量调用 Cat 类扩展的 catchMouse( )方法时，则编译报错，无法调用。

由此，可以得出，cat 变量在编译时是按照声明的类型 Animal 处理的，因此无法调用 Cat 类扩展的 catchMouse( )方法，但是运行时是按照实际的类型 Cat 处理的，因此执行的是 Cat 重写的 eat( )方法。总之当出现多态引用时，编译时变量看父类，运行时变量看子类。

以下两种情况，不满足多态性的表现。

示例代码：

```
package com.atguigu.section06;

public class TestSpecial {
    public static void main(String[] args) {
        Father father = new Son();
        System.out.println("father.a = " + father.a); //访问的仍然是父类的 a
        father.method(); //执行的仍然是父类的 method
    }
}
class Father {
    int a = 1;
    public static void method(){
        System.out.println("父类的静态方法");
    }
}
class Son extends Father {
    int a = 2;
    public static void method(){
```

```
        System.out.println("子类的静态方法");
    }
}
```

代码运行结果：

```
father.a = 1
父类的静态方法
```

上述代码的运行结果并没有如预期中出现：father.a = 2 和子类的静态方法。这是因为静态方法是不能被重写的，对于 father 变量来说，编译时确定为 Father 类型，那么 father.method( )就确定为访问 Father 类的 method 方法了。而成员变量也没有重写，即此时对象中有两个成员变量的值，一个是父类声明的 a，另一个是子类声明的 a。对于 father 变量来说，编译时确定为 Father 类型，那么 father.a 就确定为访问的是父类声明的 a。总之静态方法和成员变量没有多态性，它们只看变量编译时的类型，对象的多态性是针对重写的方法来说的。

8.6.2 多态性的应用

对象的多态性对于编写代码有什么意义呢？它可以增强代码的灵活性。

例如，所有的图形都具有求面积的功能，但是每种图形求面积的功能实现都不相同，如果此时要统一管理多个不同类型的图形对象，有了对象的多态性就很方便。

示例代码：

图形父类（Graphic）的示例代码。

```
package com.atguigu.section06;

public class Graphic {
    //求几何图形的面积，并返回
    public double area(){
        return 0.0;
    }
}
```

代码解析：

看到上述代码，有些读者会疑惑，在 area( )方法中为什么要返回 0.0 呢，这似乎没有任何意义。是的，这里返回 0.0，只是为了让代码编译通过，如果省略“return 0.0;”这句代码，编译会不通过，因为按照方法的语法规则，它将是不完整的。那么能否在 Graphic 类中省略 area( )方法呢？答案是不能。因为从逻辑意义上来说，父类需要体现所有子类共同的行为（或功能）特征，而所有的图形确实都有求面积的功能。从语法角度来说，返回 0.0 是为实现多态调用做铺垫的，如果 Graphic 类中没有 area( )方法，那么通过 Graphic 类的变量调用 area( )的方法，编译就会报错。

图形子类圆（Circle）的示例代码：

```
package com.atguigu.section06;

public class Circle extends Graphic {
    private double radius;      //半径

    public Circle() {
    }

    public Circle(double radius) {
        this.radius = radius;
    }

    public double getRadius() {
        return radius;
```

```
    }

    public void setRadius(double radius) {
        this.radius = radius;
    }

    public double area() {
        return Math.PI * radius * radius;
    }
}
```

图形子类矩形（Rectangle）的示例代码：

```
package com.atguigu.section06;

public class Rectangle extends Graphic {
    private double length;          //长
    private double width;           //宽

    public Rectangle() {
    }

    public Rectangle(double length, double width) {
        this.length = length;
        this.width = width;
    }

    public double getLength() {
        return length;
    }

    public void setLength(double length) {
        this.length = length;
    }

    public double getWidth() {
        return width;
    }

    public void setWidth(double width) {
        this.width = width;
    }

    public double area() {
        return length * width;
    }
}
```

上述的子类中都重写了父类的 area( )方法。

测试类示例代码：

```
package com.atguigu.section06;

public class TestGraphic {
    public static void main(String[] args) {
        Graphic[] arr = new Graphic[4];

        //多态引用
        // arr[i]编译时是 Graphic 类型，
        //实际运行时是 Circle 或 Rectangle 类型
        arr[0] = new Circle(1.5);
```

```
        arr[1] = new Circle(1.2);
        arr[2] = new Rectangle(1,3);
        arr[3] = new Rectangle(2,2);

        for (int i = 0; i < arr.length; i++) {
            //通过 arr[i]可以调用 area()方法
            //因为编译时 arr[i]是 Graphic 类型，它有 area 方法
            //但是运行时执行的是 Circle 或 Rectangle 重写的 area 方法
            System.out.println(arr[i].area());
        }
    }
}
```

如果没有多态性，那么就无法使用 Graphic 数组来统一管理它所有子类的对象。

如果现在要声明一个图形工具类（GraphicTools），它里面包含一个方法，可以查看各种图形的面积。

示例代码：

```
package com.atguigu.section06;

public class GraphicTools {
    public static void showArea(Graphic graphic){
        System.out.println("该图形面积：" + graphic.area());
    }
}
```

测试类示例代码：

```
package com.atguigu.section06;

public class TestGraphicTools {
    public static void main(String[] args) {
        GraphicTools.showArea(new Circle(1.5));
        GraphicTools.showArea(new Rectangle(2,3));
    }
}
```

案例解析：

从上述代码中可以看出，在调用 GraphicTools 类的 showArea 方法时，传入的实参对象可以是 Circle 对象，也可以是 Rectangle 对象，这也是多态性的体现。因为在 GraphicTools 类的 showArea 方法中，形参声明为 Graphic 类型，那么它编译时的类型就是 Graphic 类型，可以调用 area 方法，但是运行时因为传入的实参对象不同，执行的是子类对象重写的 area 方法，这样使这个方法代码功能更强大。如果没有多态性，那么就必须编写多个重载方法来接收不同图形对象。

8.6.3 向上转型与向下转型

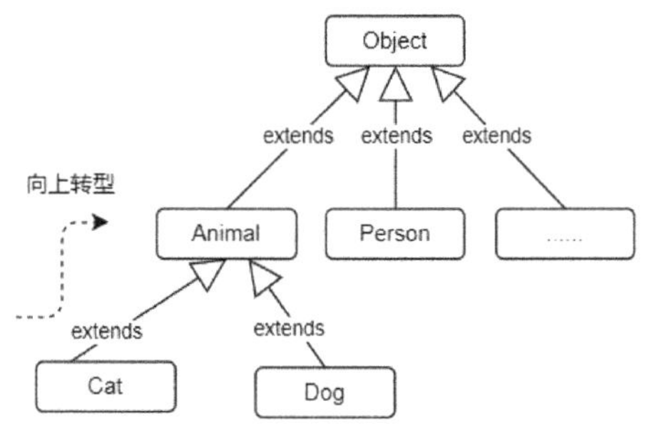

图 8-13 向上转型案例

"Animal animal = new Cat( );"这种将子类对象赋值到父类变量的过程，称为向上转型（Upcasting）。"转型"（Cast）这个名词的灵感来自模型铸造的塑模动作，而"向上"（Up）这个名词来源于继承图的典型布局方式，通常基类在顶部，而子类在其下部散开。因此，转型为一个基类，也就是在继承图中向上移动，即"向上转型"，如图 8-13 所示。

与之相反的就是向下转型（Downcasting）。代码如下所示：

```
Animal animal = new Cat();          //向上转型
Cat cat = (Cat)animal;              //向下转型
```

从上述代码中可以看出向下转型需要使用强制类型转换符( )，这是因为向下转型是有风险的，就

如同把 double 类型的值赋值给 int 类型的变量一样，从范围大的类型转换为范围小的类型时必须使用强制类型转换符“()”。

从 8.6.2 节我们知道，为了使用对象的多态性优势，往往需要把对象放到父类的变量中，这个时候向上转型就自动完成了，而且也是安全的。那么什么时候需要向下转型呢？8.6.1 节已经说明了，当对象使用多态引用形式时，通过父类的变量只能访问父类中声明的成员，无法访问子类扩展的成员，因此假设希望在编译时，能够访问实际子类对象的成员和在子类中扩展的成员时，就需要向下转型。

示例代码：

```
package com.atguigu.section06;

public class TestDownCasting {
    public static void main(String[] args) {
        Animal cat = new Cat();
        cat.eat();

        //如果需要调用 cat 的 catchMouse()方法,则需要向下转型
        ((Cat)cat).catchMouse();
    }
}
```

上述代码通过对 cat 变量进行向下转型来调用 Cat 类扩展的 catchMouse( )方法。

之前提过，成员变量没有重写，如果当父类、子类声明了同名的成员变量时，子类对象中就有两个同名的成员变量，如果要分别访问，那么只能通过向上转型和向下转型的方式来访问。

示例代码：

```
package com.atguigu.section06;

public class TestDownCasting2 {
    public static void main(String[] args) {
        Base b = new Sub();
        System.out.println("Base 的 a = " + b.a);          //1
        System.out.println("Sub 的 a = " + ((Sub)b).a);   //2 向下转型

        Sub s = new Sub();
        System.out.println("Base 的 a = " + ((Base)s).a);//1 向上转型
        System.out.println("Sub 的 a = " + s.a);          //2
    }
}
class Base {
    int a = 1;
}
class Sub extends Base {
    int a = 2;
}
```

8.6.4 instanceof 关键字

我们在 8.6.3 节学习了向上转型和向下转型，当把子类对象/变量赋值给父类的变量时就自动发生向上转型，这个过程是安全的。但是当把父类的变量重新赋值给子类的变量时，就必须进行强制的向下转型操作，这个操作是有风险的。

现有父类 Animal 和它的两个子类 Cat 和 Dog。

示例代码：

```
package com.atguigu.section06;

public class TestDownCasting3 {
```

```
    public static void main(String[] args) {
        Animal animal1 = new Cat();
        Cat cat1 = (Cat) animal1;  //安全

        Animal animal2 = new Animal();
        Cat cat2 = (Cat) animal2;  //① 运行报错：ClassCastException

        Animal animal3 = new Dog();
        Cat cat3 = (Cat) animal3;  //② 运行报错：ClassCastException
    }
}
```

在上述代码中，①和②代码都会发生运行时异常，运行报错 ClassCastException，这是因为 animal2 和 animal3 变量中存储的对象的实际类型并不属于 Cat 类型。有些读者会问，那么为什么编译会通过呢？这是因为编译时只检测到 animal2 和 animal3 是 Animal 类型，是 Cat 的父类，所以在语法上可以向下转型。

Java 中为了避免向下转型出现异常的风险，提供了一个关键字 instanceof，用于判断某个对象是否属于某个类型的实例。语法格式如下所示：

```
对象  instanceof  ×××类型
```

上述的表达式结果只能是 true 或 false。如果对象属于该类型，则返回 true，反之则返回 false。建议在向下转型之前，使用 instanceof 先进行判断，只有判断返回 true 的向下转型才安全，否则都会报 ClassCastException 类型转换异常的错误。

示例代码：

```
package com.atguigu.section06;

public class TestInstanceof {
    public static void main(String[] args) {
        takeCare(new Cat());
    }

    public static void takeCare(Animal animal){
        animal.eat();
        if (animal instanceof Cat){
            Cat cat = (Cat) animal;
            cat.catchMouse();
        } else if (animal instanceof Dog){
            Dog dog = (Dog) animal;
            dog.watchHouse();
        }
    }
}
```

8.6.5 案例：图形对象管理

案例需求：

圆形、矩形、三角形是常见的三种图形，现有一个圆形、一个矩形、一个三角形共三个对象，请按照面积从小到大排序，如果面积相同，则按照周长从小到大排序，并显示图形的详细信息。

案例分析：

从案例需求中可以分析出所有图形都必须具备求面积、周长和返回图形详细信息的功能，因此需要抽取一个它们的公共父类，即形状类（Shap），并在 Shap 类中包含求面积、周长和返回图形详细信息的功能方法。然后圆形、矩形、三角形分别继承 Shap 类，并重写求面积、周长和返回图形详细信息的功能方法。最后将三个图形对象放到 Shap 类的数组中，对它们进行统一管理。

示例代码：

父类 Shap 的示例代码。

```
package com.atguigu.section06.demo;

public class Shap {
   public double area(){
      return 0.0;
   }
   public double perimeter(){
      return 0.0;
   }
   public String detail(){
      return "面积：" + area() + "，周长：" + perimeter();
   }
}
```

子类 Circle 的示例代码。

```
package com.atguigu.section06.demo;

public class Circle extends Shap {
   private double radius;

   public Circle() {
   }

   public Circle(double radius) {
      this.radius = radius;
   }

   public double getRadius() {
      return radius;
   }

   public void setRadius(double radius) {
      this.radius = radius;
   }

   public double area() {
      return Math.PI * radius * radius;
   }

   public double perimeter() {
      return 2 * Math.PI * radius;
   }

   public String detail() {
      return "圆半径：" + radius + "，" + super.detail();
   }
}
```

子类 Recatangle 的示例代码。

```
package com.atguigu.section06.demo;

public class Rectangle extends Shap {
   private double length;
   private double width;

   public Rectangle() {
   }
```

```
    public Rectangle(double length, double width) {
        this.length = length;
        this.width = width;
    }

    public double getLength() {
        return length;
    }

    public void setLength(double length) {
        this.length = length;
    }

    public double getWidth() {
        return width;
    }

    public void setWidth(double width) {
        this.width = width;
    }

    public double area() {
        return length * width;
    }

    public double perimeter() {
        return 2 * (length + width);
    }

    public String detail() {
        return "矩形的长：" + length + "，宽" + width + "，" + super.detail();
    }
}
```

子类 Triangle 的示例代码。

```
package com.atguigu.section06.demo;

public class Triangle extends Shap {
    //定义三条边的长度
    private double a;
    private double b;
    private double c;

    public Triangle() {
    }

    public Triangle(double a, double b, double c) {
        this.a = a;
        this.b = b;
        this.c = c;
    }

    public double getA() {
        return a;
    }

    public void setA(double a) {
        this.a = a;
    }
```

```
    public double getB() {
        return b;
    }

    public void setB(double b) {
        this.b = b;
    }

    public double getC() {
        return c;
    }

    public void setC(double c) {
        this.c = c;
    }

    public double area() {
        double p = (a + b + c) / 2;
        return Math.sqrt(p * (p - a) * (p - b) * (p - c));
    }

    public double perimeter() {
        return a + b + c;
    }

    public String detail() {
        return "三角形的边长1: "+ a + ", 边长2: " + b + ", 边长3: " + c + ", " + super.detail();
    }
}
```

测试类示例代码。

```
package com.atguigu.section06.demo;

public class TestShap {
    public static void main(String[] args) {
        Shap[] shaps = new Shap[3];
        shaps[0] = new Circle(2.0);
        shaps[1] = new Triangle(3,4,5);
        shaps[2] = new Rectangle(2,3);

          //对数组中的多个图形进行排序
        for (int i = 1; i < shaps.length; i++){
            for (int j = 0; j < shaps.length - i; j++){
                boolean flag = false;
                if(shaps[j].area() > shaps[j + 1].area()){
                    flag = true;
                } else if (shaps[j].area() == shaps[j + 1].area()){
                    if(shaps[j].perimeter() > shaps[j+1].perimeter()){
                        flag = true;
                    }
                }
                if(flag){
                    Shap temp = shaps[j];
                    shaps[j] = shaps[j + 1];
                    shaps[j + 1] = temp;
                }
            }
        }
```

```
        for (int i = 0; i < shaps.length; i++) {
            System.out.println(shaps[i].detail());
        }
    }
}
```

在上述代码中，关于各种图形的边长没有加有效性验证，感兴趣的同学，可以尝试在代码中加上这部分。

8.6.6 企业面试题

阅读如下所示代码，请分析并写出运行结果。

示例代码：

```
package com.atguigu.section06.exam;

public class MethodTest {
    public static void main(String[] args) {
        Base base = new Sub();
        base.method(new Son());
    }
}
class Base {
    public void method(Father father){
        System.out.println("Base 的 method");
    }
}
class Sub extends Base{
    public void method(Son son){
        System.out.println("Sub 的 method");
    }
}
class Father {

}
class Son extends Father {

}
```

上述代码的运行结果是 Base 的 method。

案例解析：

很多读者会有疑问，不是说多态引用执行的是子类重写的方法吗，这里为什么没有执行 Sub 子类"重写"的 method 方法呢？仔细观察代码，Sub 子类的 method 方法是对 Base 父类的 method 方法的重写吗？显然不是，因为重写方法要求方法名和形参列表必须一致。

8.7 类的成员之代码块

到目前为止，相信大家对类中三个基础的成员——成员变量、成员方法和构造器已经非常熟悉了。接下来给大家介绍类的一个特殊成员：代码块。

代码块，顾名思义就是一整段代码的一小块，它属于某个功能的一部分。广义上来说，任何一小段代码都可以称为代码块，如一个 for 循环的循环体"{ }"，一个 if 条件的"{ }"等都可以称为代码块，但本节讨论的代码不是普通方法中的一小段代码，而是定义在方法和构造器外的一段独立代码。这部分代码既不属于构造器，也不属于成员方法，是初始化代码的一部分。

8.7.1　代码块的语法

通常我们把独立定义在类中，但是又在构造器和成员方法之外的一段有大括号括起来的代码结构称为代码块，其语法格式如下所示：

```
【修饰符】 class 类名 {
    【static】{
        代码块的语句;
    }
}
```

在上述语法格式中显示，可以在代码块的“{ }”前面加 static，如果加了 static，则称为静态代码块，否则称为非静态代码块。

因为代码块的作用是和类初始化或对象初始化有关的，或者说代码块是类初始化或对象初始化的一部分，因此代码块又称为初始化块，静态代码块称为静态初始化块，非静态代码块称为实例初始化块。

在静态代码块中，只能访问本类的静态变量和静态方法，不能访问本类的非静态实例变量和非静态成员方法，也不能在静态代码块中使用 this 和 super 关键字。

在非静态代码块中，可以访问本类的所有成员也可以使用 this 和 super 关键字。

8.7.2　类的初始化

我们定义完类之后，会被编译为对应的 class 字节码文件，这些字节码文件存放在硬盘的某个位置。当 Java 程序运行时，会将使用到的相关类加载到 JVM 的方法区内存中，这时系统会对类进行初始化操作。

类的初始化操作本质上是执行一个<clinit>()的类初始化方法，这个方法是由编译器根据相关代码组装而成的，不是由程序员直接声明的。其中“cl”代表类，“init”代表初始化。

编译器在编译时，会将类中有关静态变量的显式赋值和静态代码块的代码按照顺序组装到<clinit>()的类初始化方法中，每个类有且只有一个<clinit>()的类初始化方法，它包含 0~*n* 条语句。

当类加载器加载某个类后，会调用<clinit>()类初始化方法对类进行初始化。<clinit>()类初始化方法的执行特点有如下两个。

- 每个类的初始化方法只会执行一次。
- 如果子类在初始化过程中发现父类还未初始化，会先初始化父类，再初始化子类。

示例代码：

```java
package com.atguigu.section07.demo1;

public class ClassInitializeTest {

    public static void main(String[] args) {
        Sub s1 = new Sub();
        System.out.println("-----------------");
        Sub s2 = new Sub();
    }
}

class Base {
    static {
        System.out.println("Base 类的静态代码块");
    }
}
```

```
class Sub extends Base {
    static {
        System.out.println("Sub类的静态代码块");
    }
}
```

上述代码的运行结果如下所示，从而可以证明每个类的初始化过程只会发生一次，而且父类初始化先于子类初始化。

代码运行结果：

```
Base类的静态代码块
Sub类的静态代码块
-----------------
```

8.7.3 案例：类初始化

请写出如下所示代码的运行结果，并尝试分析类初始化过程。

示例代码：

```
package com.atguigu.section07.demo2;

public class ClassInitializeTest {
    public static void main(String[] args){
        Son.test();
        System.out.println("-----------------------------");
        Son.test();
    }
}
class Father {
    protected static int num;
    protected static int a = getNumber();
    static {
        System.out.println("Father(1): a="+a);
    }
    public static int getNumber(){
        System.out.println("Father:getNumber(): a="+a);
        return ++num;
    }
}
class Son extends Father {
    private static int b = getNumber();
    static {
        System.out.println("Son(1): ,b="+b);
    }
    private static int c = getNumber();
    static {
        System.out.println("Son(2): ,b="+b +",c="+c);
    }

    public static int getNumber(){
        System.out.println("Son:getNumber(): a="+a + ",b="+b +",c="+c);
        return ++num;
    }

    public static void test(){
        System.out.println("Son:test(),a="+b+",c="+c);
    }
}
```

代码运行结果：

```
Father:getNumber(): a=0
Father(1): a=1
Son:getNumber(): a=1,b=0,c=0
Son(1): ,b=2
Son:getNumber(): a=1,b=2,c=0
Son(2): ,b=2,c=3
Son:test(),a=2,c=3
----------------------------
Son:test(),a=2,c=3
```

从上述代码的运行结果中可以看出，第一次使用子类时，会先加载并初始化子类，但是在初始化子类时又发现它的父类还未初始化，所以会先完成父类的初始化，然后完成子类的初始化。在第二次使用子类时，因为类已经初始化过了，所以就不再需要对类进行初始化了，直接使用即可。类的初始化就是执行对应类的<clinit>类初始化方法。这里要说明的是，在对静态变量显式赋值之前，它们都是默认值。

编译器对父类重新组装之后的代码分析，如图 8-14 所示。

```
class Father{
    protected static int num;
    protected static int a = getNumber();
    static{
        System.out.println("Father(1): a="+a);
    }
    public static int getNumber(){
        System.out.println("Father:getNumber(): a="+a);
        return ++num;
    }
}
```

⇨

```
class Father{
    protected static int num;
    protected static int a;
    <clinit>(){
        a = getNumber();
        System.out.println("Father(1): a="+a);
    }
    public static int getNumber(){
        System.out.println("Father:getNumber(): a="+a);
        return ++num;
    }
}
```

图 8-14　编译器对父类代码的重新组装的分析

编译器对子类重新组装之后的代码分析，如图 8-15 所示。

```
class Son extends Father {
    private static int b = getNumber();
    static{
        System.out.println("Son(1): ,b="+b);
    }
    private static int c = getNumber();
    static{
        System.out.println("Son(2): ,b="+b +",c="+c);
    }

    public static int getNumber(){
        System.out.println("Son:getNumber(): a="+a + ",b="+b +",c="+c);
        return ++num;
    }

    public static void test(){
        System.out.println("Son:test(),a="+b+",c="+c);
    }
}
```

⇨

```
class Son extends Father {
    private static int b;
    private static int c;
    <clinit>(){
        b = getNumber();
        System.out.println("Son(1): ,b="+b);
        c = getNumber();
        System.out.println("Son(2): ,b="+b +",c="+c);
    }

    public static int getNumber(){
        System.out.println("Son:getNumber(): a="+a + ",b="+b +",c="+c);
        return ++num;
    }

    public static void test(){
        System.out.println("Son:test(),a="+b+",c="+c);
    }
}
```

图 8-15　编译器对子类代码的重新组装的分析

以上代码只是为了说明类初始化过程，所以故意编写得比较复杂，实际开发中的代码比以上代码简单清晰得多。

此时，如果使用 IDEA 进行 Debug，那么是可以看到在类初始化时<clinit>类初始化方法被调用的，如在父类的静态代码块中打个断点，Debug 运行测试类，程序运行到断点处停下，如图 8-16 所示。

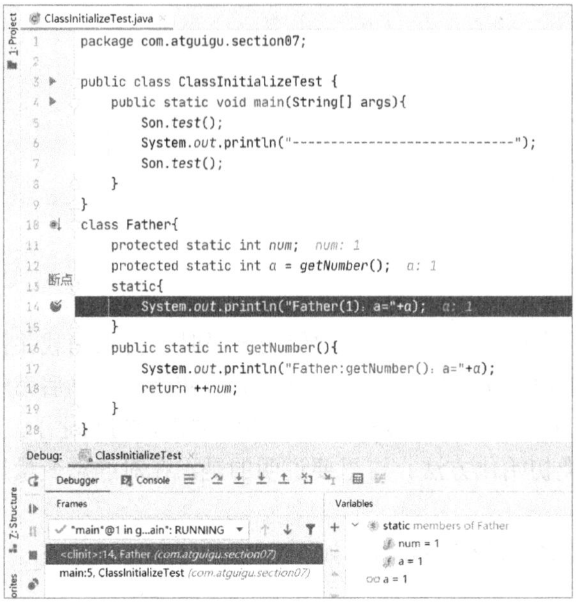

```
package com.atguigu.section07;

public class ClassInitializeTest {
    public static void main(String[] args){
        Son.test();
        System.out.println("----------------------------");
        Son.test();
    }
}
class Father{
    protected static int num;   num: 1
    protected static int a = getNumber();   a: 1
    static{
        System.out.println("Father(1): a="+a);   a: 1
    }
    public static int getNumber(){
        System.out.println("Father:getNumber(): a="+a);
        return ++num;
    }
}
```

图 8-16　类初始化代码 Debug 的示意图

8.7.4　对象的初始化

每次在创建一个新对象时，JVM 都会在堆中开辟一块内存空间，用来存储该对象的相关信息，并且完成对实例对象的初始化操作。非静态代码块也是用来进行对象初始化的。

示例代码：

```
package com.atguigu.section07.demo3;

public class TestBlock {
    public static void main(String[] args) {
        Demo d1 = new Demo();
        System.out.println("d1.a = " + d1.getA());

        System.out.println("--------------------------");
        Demo d2 = new Demo(2);
        System.out.println("d2.a = " + d2.getA());
    }
}
class Demo {
    private int a;

    {
        a = 1;
        System.out.println("非静态代码块");
    }

    public Demo(){
        System.out.println("无参构造");
    }

    public Demo(int a){
        this.a = a;
        System.out.println("有参构造");
    }

    public int getA() {
```

```
        return a;
    }
}
```

上述代码的运行结果如下所示，从中我们可以看出每次创建对象时系统也都会执行非静态代码块，而且非静态代码块也可以完成对实例变量的初始化。

代码运行结果：

```
非静态代码块
无参构造
d1.a = 1
--------------------------
非静态代码块
有参构造
d2.a = 2
```

其实对实例对象的初始化操作都是通过执行对应的<init>方法来完成的，其中“init”代表初始化(initialize)。每个类都至少包含一个<init>方法，具体有多少个<init>方法是由程序员编写的构造器数量来决定的。

<init>方法不是由程序手动定义的，它也是在编译器对类进行编译时，编译器根据类的相关结构自行组装而成的，每个构造器最终都会编译生成一个<init>方法。当然，<init>方法中的代码不只是构造器中的代码，而是由以下 4 个部分组成的。

（1）super( )或 super(实参列表)：构造器首行的代码。

（2）非静态实例变量的显式赋值语句。

（3）实例初始化块。

（4）构造器中除 super( )或 super(实参列表)外剩下的代码。

每个实例初始化方法中都会有一份（1）、（2）、（3），加上对应构造器中的代码构成对应的实例初始化方法，并且（1）永远在首行，（4）永远在最后，而（2）、（3）按照在 Java 类中的编写顺序，按原顺序组装。

特别需要说明的是，原来说 super( )和 super(实参列表)代表父类的无参构造器和有参构造器，其实本质上是对应父类无参构造器和有参构造器对应的<init>方法。

当使用 new 调用某个构造器创建实例对象时，其实就是执行该构造器对应的<init>方法，而在子类构造器中首行的 super( )或 super(实参列表)的执行就会导致父类对应<init>方法被执行。每次 new 对象时，都会执行对应的实例初始化方法<init>。

示例代码：

```
package com.atguigu.section07.demo4;

public class InitializeTest {

    public static void main(String[] args) {
        Sub s1 = new Sub();
        System.out.println("------------------");
        Sub s2 = new Sub();
    }
}

class Base {
    {
        System.out.println("Base 类的非静态代码块");
    }
    public Base() {
        System.out.println("Base 父类构造器");
```

```
    }
}

class Sub extends Base {
    {
        System.out.println("Sub 类的非静态代码块");
    }
    public Sub(){
        super();
        System.out.println("Sub 子类无参构造器");
    }
}
```

代码运行结果：

```
Base 类的非静态代码块
Base 父类构造器
Sub 类的非静态代码块
Sub 子类无参构造器
-----------------
Base 类的非静态代码块
Base 父类构造器
Sub 类的非静态代码块
Sub 子类无参构造器
```

可以证明每次 new 对象时，系统都会执行对应的实例初始化方法<init>。

8.7.5 案例：对象初始化

请写出如下所示代码的运行结果，并尝试分析对象初始化过程。

示例代码：

```
package com.atguigu.section07.demo5;

public class InitTest {
    public static void main(String[] args) {
        Sub s1 = new Sub();
        System.out.println("---------------");
        Sub s2 = new Sub(2);
    }
}
class Base {
    public Base() {
        System.out.println("我是 Base 父类构造器");
    }
    {
        System.out.println("我是 Base 的初始化代码块");
    }
}
class Sub extends Base {
    private int a = getNumber();
    public Sub(){
        System.out.println("我是 Sub 子类无参构造器");
    }
    {
        System.out.println("我是 Sub 的初始化代码块");
        System.out.println("我正在创建 Sub 类（或其子类）的实例对象");
    }

    public Sub(int a) {
        this.a = a;
```

```
        System.out.println("我是 Sub 子类有参构造器");
    }

    public int getNumber(){
        System.out.println("Sub:getNumber(): a="+a);
        return 1;
    }
}
```

代码运行结果：

```
我是 Base 的初始化代码块
我是 Base 父类构造器
Sub:getNumber(): a=0
我是 Sub 的初始化代码块
我正在创建 Sub 类（或其子类）的实例对象
我是 Sub 子类无参构造器
--------------
我是 Base 的初始化代码块
我是 Base 父类构造器
Sub:getNumber(): a=0
我是 Sub 的初始化代码块
我正在创建 Sub 类（或其子类）的实例对象
我是 Sub 子类有参构造器
```

在测试类中，第一次调用 Sub 类的无参构造创建了实例对象，其实就是执行 Sub 类无参构造对应的实例初始化方法<init>( )。在 Sub 类无参构造首行并没有写 super( )或 super(实参列表)，其实是省略了 super( )，它就代表父类 Base 无参构造对应的实例初始化方法<init>( )。

第二次调用 Sub 类的有参构造创建了实例对象，其实就是执行 Sub 类有参构造对应的实例初始化方法<init>(int a)。在 Sub 类有参构造首行写了 super(实参列表)，其实就是代表父类 Base 有参构造对应的实例初始化方法<init>(int a)。

父类、子类代码重新组装分析如图 8-17 所示。

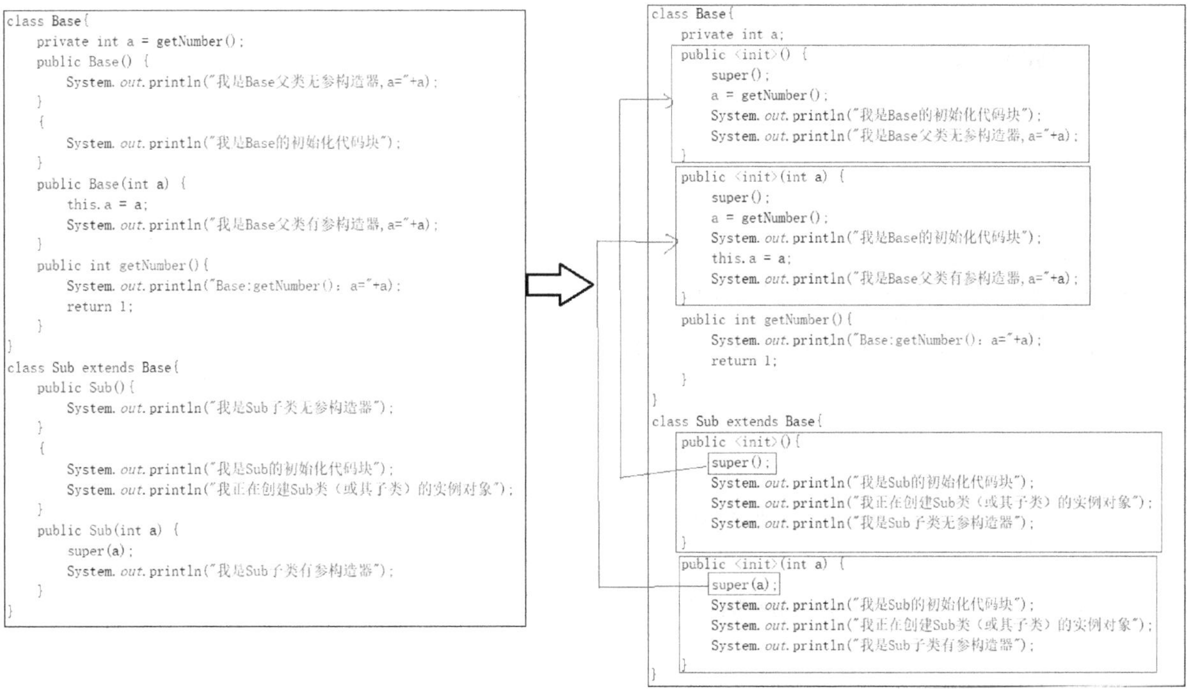

```
class Base{
    private int a = getNumber();
    public Base() {
        System.out.println("我是Base父类无参构造器, a="+a);
    }
    {
        System.out.println("我是Base的初始化代码块");
    }
    public Base(int a) {
        this.a = a;
        System.out.println("我是Base父类有参构造器, a="+a);
    }
    public int getNumber(){
        System.out.println("Base:getNumber(): a="+a);
        return 1;
    }
}
class Sub extends Base{
    public Sub(){
        System.out.println("我是Sub子类无参构造器");
    }
    {
        System.out.println("我是Sub的初始化代码块");
        System.out.println("我正在创建Sub类（或其子类）的实例对象");
    }
    public Sub(int a) {
        super(a);
        System.out.println("我是Sub子类有参构造器");
    }
}
```

```
class Base{
    private int a;
    public <init>() {
        super();
        a = getNumber();
        System.out.println("我是Base的初始化代码块");
        System.out.println("我是Base父类无参构造器, a="+a);
    }
    public <init>(int a) {
        super();
        a = getNumber();
        System.out.println("我是Base的初始化代码块");
        this.a = a;
        System.out.println("我是Base父类有参构造器, a="+a);
    }
    public int getNumber(){
        System.out.println("Base:getNumber(): a="+a);
        return 1;
    }
}
class Sub extends Base{
    public <init>(){
        super();
        System.out.println("我是Sub的初始化代码块");
        System.out.println("我正在创建Sub类（或其子类）的实例对象");
        System.out.println("我是Sub子类无参构造器");
    }
    public <init>(int a) {
        super(a);
        System.out.println("我是Sub的初始化代码块");
        System.out.println("我正在创建Sub类（或其子类）的实例对象");
        System.out.println("我是Sub子类有参构造器");
    }
}
```

图 8-17　父类、子类代码重新组装分析

如果在 Base 类的代码块中某句语句前打一个断点，Debug 运行到此处时会停下，可以观察到在执行 Sub 类的<init>方法时，先去调用执行了 Base 类的<init>方法，如图 8-18 所示。

以上代码只是为了说明对象的实例初始化过程，所以故意编写得比较复杂，在实际开发中，很少编写非静态代码块，实例变量的初始化基本上都在构造器中完成。

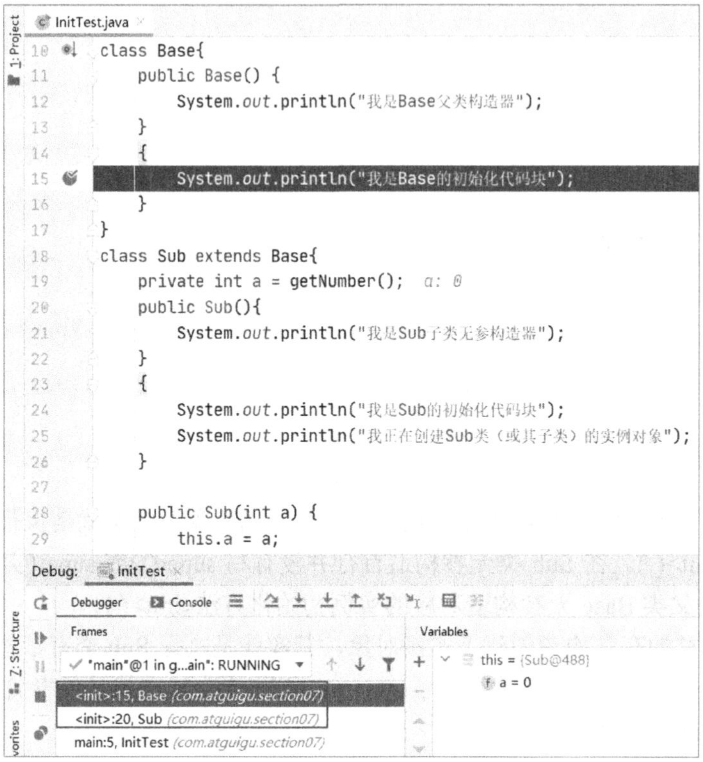

图 8-18　实例化过程 Debug 的示意图

8.7.6　企业面试题

请写出如下程序的运行结果。

示例代码：

```
package com.atguigu.section07.demo6;

public class InitializeTest {
    public static void main(String[] args) {
        Sub s1 = new Sub();
        System.out.println("------------------");
        Sub s2 = new Sub();
    }
}
class Base {
    {
        System.out.println("Base 类的非静态代码块");
    }
    static {
        System.out.println("Base 类的静态代码块");
    }
}
class Sub extends Base {
    {
        System.out.println("Sub 类的非静态代码块");
```

```
    }
    static {
        System.out.println("Sub 类的静态代码块");
    }
}
```

代码运行结果：

```
Base 类的静态代码块
Sub 类的静态代码块
Base 类的非静态代码块
Sub 类的非静态代码块
----------------------
Base 类的非静态代码块
Sub 类的非静态代码块
```

从上述代码的运行结果中可以看出，一个类一定先完成类初始化，然后才能进行实例初始化。

8.8 本章小结

经过本章的学习，相信你对面向对象的理解肯定又上了好几个台阶。本章比第 7 章要难得多，如果你看完之后，对于本章的内容还有些疑惑，可以反复多看几遍，因为本章也是面向对象的核心内容。

本章内容中最重要的是包的定义和导入、构造器的声明和使用，以及对面向对象的三个基本特征（封装性、继承性、多态性）的理解和应用，还有 this 和 super 两个关键字的使用。至于类和实例对象的初始化则相对较复杂且抽象，更难理解。初学者可以先多把精力放在代码的编写和功能实现上，初始化过程可以慢慢理解。同时，对于初学者来说，代码块先理解即可，毕竟实际开发中编写代码块的频率较低。

第9章 面向对象高级编程

第 7 章和第 8 章重点讲解了类的内部成员结构、面向对象的三大特征、对象实例化的过程等。不知道你在面对面向对象编程时，是否从一无所知、望洋兴叹转变到信手拈来、游刃有余。要知道“冰冻三尺非一日之寒”，大家在理解知识点本身的同时，一定要多实践、多写代码。当然，前面的内容主要针对的是面向对象编程的语法，如果要设计代码复用性高、可读性好、可灵活扩展、维护成本低的高内聚低耦合的程序，那么仅学习前面的内容还是不够的，笔者在第 9 章将带领大家站在更高层面来理解面向对象编程的思想。

在本章我们将给大家介绍几个高级特性，分为以下几个主题：final 和 native 关键字的使用、使用 abstract 声明抽象方法和抽象类、更抽象类型接口的声明与实现、类的另类成员之内部类的设计和语法，以及 JDK 5 引入的两种特殊 Java 类型之枚举和注解的使用。掌握了这些内容，将有助于你理解和进行面向对象的分析和设计（OOD/OOA），更好地在遵循面向对象设计原则的基础上进行面向对象的编程实现（OOP），从而编写出更优秀的 Java 程序。

9.1 final 关键字

final 代表最终，不可更改的意思。当希望某个变量的值在整个程序运行期间保持不变时，如圆周率（PI）是一个固定的值，无论在何时何地访问它，它的值都是一样的，这样的变量在 Java 中需要使用 final 关键字来修饰。这个变量可以是静态变量，可以是实例变量，也可以是局部变量。

例如，Math.PI 源代码，示例如下所示：

```
public static final double PI = 3.14159265358979323846;
```

也就是说，使用 final 修饰的变量的值是不可修改的，因此把 final 声明的变量也归入常量。关于常量的定义，有以下几个需要注意的点。

（1）通常常量名都是大写字母组成的标识符，多个单词之间使用下划线“_”进行分割，如 PI、MAX_VALUE 等。

（2）所有常量必须手动初始化。之前我们学习过局部变量在使用之前必须手动初始化，否则编译不通过，而成员变量如果没有手动初始化则取默认值。而现在不管是局部变量还是成员变量，只要使用 final 修饰之后，都一定要手动初始化，否则编译不通过。

（3）final 修饰的成员变量是没有 set 方法的，因为它不能修改值，所以不需要提供 set 方法。

关于 final 修饰的成员变量在哪些位置可以进行手动赋值，这里我们一并举例说明。

示例代码：

```
package com.atguigu.section01;

public class Demo {
   static final int A = 1;     //①
```

```
    static final int B;
    static {
        B = 2;                              //②
    }
    final int C = 3;                        //③

    final int D;
    {
        D = 4;                              //④
    }
    final int E;

    public Demo() {
        E = 5;                              //⑤
    }

    public Demo(int E) {
        this.E = E;                         //⑥
    }
}
```

从上述代码中可以看出，静态常量的初始化可以在声明后直接赋常量值，如语句①所示，也可以在静态代码块中进行初始化，如语句②所示。而非静态的实例常量的初始化可以在声明后直接赋常量值，如语句③所示，也可以在非静态代码块中进行初始化，如语句④所示，也可以在每个构造器中进行初始化，如语句⑤和⑥所示。在实际开发中，实例常量一般在构造器中进行初始化比较多。

如果是基本数据类型的变量用 final 修饰，那么表示该变量的数据值不能被修改；如果是引用数据类型的变量用 final 修饰，那么表示该变量的地址值不能被修改，即该变量不能再指向新的对象。至于对象的属性值是否可以修改，要看该对象所属的类声明属性有没有加 final，如果没有，则表示属性值可以修改，否则就不能修改。

final 除了可以修饰变量，在 Java 中还可以修饰方法，如果某个方法在返回值类型前面加了 final 这个修饰符，那么表示这个方法不允许子类进行重写，也就是最终版的意思。当然，子类可以继承该方法，只是不能重写。

另外，如果某个类不只是某个方法不能被重写，而是希望不能有任何子类继承和扩展它，那么还可以给这个类加 final 修饰，即在类前面加 final 修饰符。例如，常见的 Math 类、String 类、System 类等都是 final 修饰的。有时候可以把这样的类比喻成太监类。

综上所述。

（1）final 修饰的变量值不能被修改。

（2）final 修饰的方法可以被继承但不能被子类重写。

（3）final 修饰的类不能被继承。

示例代码：

```
package com.atguigu.section01;

public class TestFinal {
    public static void main(String[] args) {
        final int VALUE = 10;
        VALUE = 20;
    }
}
class Father {
    public final void method(){
        System.out.println("父类的 final 方法");
    }
```

```
}
class Son extends Father {
    public final void method(){
        System.out.println("子类重写父类 final 方法");
    }
}

final class Base {

}
//让 Sub 继承 final 类 Base
class Sub extends Base {

}
```

final 修饰的类、方法、变量违反约定操作的编译错误示意图如图 9-1 所示。

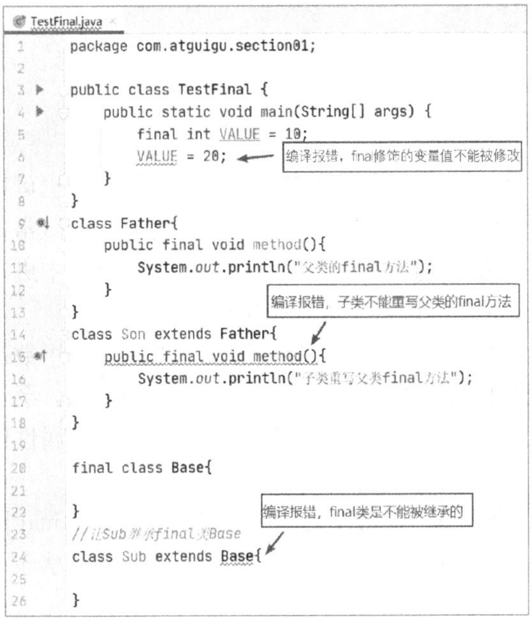

```
TestFinal.java
package com.atguigu.section01;

public class TestFinal {
    public static void main(String[] args) {
        final int VALUE = 10;
        VALUE = 20;   ← 编译报错，final修饰的变量值不能被修改
    }
}
class Father{
    public final void method(){
        System.out.println("父类的final方法");
    }
}                       编译报错，子类不能重写父类的final方法
class Son extends Father{
    public final void method(){
        System.out.println("子类重写父类final方法");
    }
}

final class Base{

}                       编译报错，final类是不能被继承的
//让Sub继承final类Base
class Sub extends Base{

}
```

图 9-1　final 修饰的类、方法、变量违反约定操作的编译错误示意图

9.2　native 关键字

native 代表本地、原生。Java 编写的程序属于应用层，中间隔着 JVM 和操作系统，是不能直接针对硬件编程的。所以，当 Java 程序需要与 Java 外面的环境进行交互，如 Java 需要与底层（如操作系统或某些硬件）交换信息，Java 就需要调用一些本地方法来实现，有些本地方法是由 JVM 提供的，有些本地方法是由外部的动态链接库（External Dynamic Link Library）提供，然后被 JVM 调用的。本地方法就是 Java 与外部环境交流的一种机制，它提供了一个非常简洁的接口，系统无须了解 Java 应用之外的烦琐细节，就能简单实现想要的功能。例如，无须知道键盘输入的数据如何被放到 JVM 的内存中，或者 Java 程序数据的内容如何在屏幕显示，等等，只要简单调用某些 native 方法就可以快速实现。

Oracle 官网提供的“Java 语言规范”一文中这样描述本地方法：“A native method is a Java method whose implementation is provided by non-java code。”其表达的内容为本地方法的方法体实现由非 Java 语言实现，如 C 或 C++。

Object 类、System 类、Thread 类等系统基础类中就有大量的 native 方法，Objejct 类中部分 native 方法的示例代码：

```
package java.lang;

public class Object {

    private static native void registerNatives();
    static {
        registerNatives();
    }

    public final native Class<?> getClass();
```

```
    public native int hashCode();

    // ...... 省略其他代码
}
```

上述代码中每个方法的作用，暂时我们可以先不用了解，后续章节中会有讲解。这里我们只要知道这些 native 方法的方法体实现不在 Java 层面，所以它们只有方法签名，没有方法体{}，在方法签名的后面直接使用分号“;”结束。

native 方法的存在并不会对其他类调用这些 native 方法产生任何影响，实际上调用 native 方法的其他类甚至不知道它所调用的是一个 native 方法，JVM 将控制调用 native 方法的所有细节。甚至，子类继承包含 native 方法的类后，还可以选择对 native 方法进行重写，前提是该 native 方法不是 static 和 final 修饰的，而且在子类中是可见的。

9.3 abstract 关键字

随着子类越来越多，或者继承层次越来越多，我们会发现父类变得更通用。父类要体现所有子类的共同特征，在设计某些方法（行为特征或功能）时，我们发现在父类中无法给出合理的具体实现，而应该交由子类来实现，那么这样的方法就应该设计为抽象方法，而包含抽象方法的类就必须为抽象类。从另一个角度说，当父类表现为更通用的概念类，以至于创建它的实例对象没有实际意义，那么这样的父类就算没有抽象方法，也应该设计为抽象类。

在 Java 中使用关键字 abstract 表示抽象。

9.3.1 抽象方法

所谓的抽象方法，就是指没有方法体实现代码的方法，它仅具有一个方法签名。抽象方法的语法格式如下所示：

```
【访问权限修饰符】 abstract 返回值类型 方法名(参数列表) 【throws 异常列表】;
```

从上述语法格式中可以看出，抽象方法没有方法体，所以在方法签名后直接使用“;”结束。这点和本地方法有点像，但是它们的意义完全不同，本地方法的方法体是在 Java 以外的地方实现的，而抽象方法的方法体是在子类中实现的。因此，本地方法可以用 private、static、final 修饰，但是抽象方法不允许使用这些修饰符，否则子类将无法重写并实现抽象方法。

另外要说明的是，只允许在抽象类和接口中声明抽象方法，否则将发生编译错误。那为什么要有这个规定呢？我们会在讲完抽象类的特点之后进行回答。此外，关于接口的内容请看 9.4 节。

示例代码：

```
package com.atguigu.section03;

public class TestAbstractMethod {
    public abstract void method();
}
```

在非抽象类中声明抽象方法编译错误的示意图如图 9-2 所示。

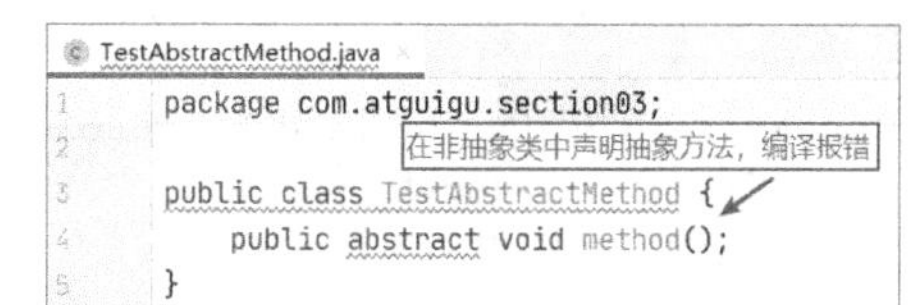

图 9-2　在非抽象类中声明抽象方法编译错误的示意图

9.3.2 抽象类

Java 规定如果一个类中包含抽象方法，则该类必须设计成抽象类。当然，也并非所有的抽象类都包含抽象方法，当某个父类表现为更通用的概念类，以至于创建它的实例对象没有实际意义时，那么这样的父类就算没有抽象方法，也应该设计为抽象类。

抽象类的语法格式如下所示：

```
【权限修饰符】 abstract class 类名{

}
```

抽象类也是类，所有类的成员在抽象类中都可以声明。

但是抽象类与普通类还是有区别的，具体体现在以下几个方面。

（1）抽象类不能直接实例化，即不能直接创建抽象类的对象。这是因为抽象类中可能包含抽象方法，而抽象方法没有方法体可以执行。说到创建对象，有些读者会立刻想到构造器，而且认为抽象类既然不能创建对象，那就没有构造器。这样的想法是错误的，虽然不能直接创建抽象类的对象，但是子类在创建对象时，一定会调用父类的构造器，为抽象类中声明的实例变量进行初始化。因此，无论类是否是抽象的，一定会有构造器。或者可以说，任何 Java 中的类内部都一定有构造器。

为什么抽象方法所在的类一定需要声明为抽象类呢？如果不声明为抽象类，则此类就可以实例化，但是得到的对象对抽象方法的调用是无意义的，因为没有任何方法体。

（2）抽象类不能使用 final 修饰，因为抽象类是必须被子类继承的，否则它就失去了存在的意义，这与 final 正好矛盾。

（3）子类继承抽象类之后，如果子类不再是抽象类，那么子类必须重写抽象父类的所有抽象方法，否则编译报错。

案例需求：

声明一个父类 Graphic，它表示图形，包含如下两个抽象方法。

- 用于计算图形的面积：public abstract double area( );。
- 用于返回图形的详细信息：public abstract String detail( )。

再声明它的两个子类，一个是矩形（Rectangle），另一个是圆形（Circle），分别实现上面的抽象方法。在测试类的 main 方法中，创建一个 Graphic 类型的数组，里面存储了几个矩形和圆形的对象，并且按照它们的面积从小到大排序后，遍历输出每个图形的信息。

示例代码：

父类 Graphic 示例代码。

```java
package com.atguigu.section03;

public abstract class Graphic {
    public abstract double area();
    public abstract String detail();
}
```

子类 Rectangle 示例代码。

```java
package com.atguigu.section02;

public class Rectangle extends Graphic {
    private double length;          //长
    private double width;           //宽

    public Rectangle(double length, double width) {
        this.length = length;
        this.width = width;
    }

    public double area() {
        return length * width;
    }
```

```
    public String detail() {
        return "长方形的长：" + length + "，宽：" + width + "，面积是：" + area();
    }
}
```

子类 Circle 示例代码。

```
package com.atguigu.section03;

public class Circle extends Graphic {
    private double radius;

    public Circle(double radius) {
        this.radius = radius;
    }

    public double area() {
        return Math.PI * radius * radius;
    }

    public String detail() {
        return "圆的半径是：" + radius + "，面积是：" + area();
    }
}
```

测试类示例代码。

```
package com.atguigu.section03;

public class GraphicTest {
    public static void main(String[] args) {
        Graphic[] arr = new Graphic[4];
        arr[0] = new Rectangle(2,4);
        arr[1] = new Rectangle(1,2);
        arr[2] = new Circle(1.5);
        arr[3] = new Circle(2.0);

        //使用冒泡排序方法进行排序，读者也可以尝试使用其他排序方法
        for (int i = 1; i < arr.length; i++){
            for (int j = 0; j < arr.length - i; j++){
                if (arr[j].area() > arr[j + 1].area()){
                    Graphic temp = arr[j];
                    arr[j] = arr[j + 1];
                    arr[j + 1] = temp;
                }
            }
        }

        //遍历输出图形的信息
        for (int i = 0; i < arr.length; i++) {
            System.out.println(arr[i]. detail());
        }
    }
}
```

在上述代码中，子类 Rectangle 和子类 Circle 中必须重写父类 Graphic 的两个抽象方法，否则编译不通过。

虽然不能直接创建抽象类 Graphic 的对象，但是可以创建 Graphic[ ] 对象数组，然后把它的元素存放在子类的实例对象中。

当通过 arr[i]调用 area()和 detail()方法时，编译器会去抽象类中找是否声明了这两个方法，如果没有声明，那么将会发生找不到该方法的编译错误，但是运行时是执行子类重写的 area()和 detail()方法，这里又体现了多态性的使用。

9.3.3 案例：模板设计模式

设计模式（Design Pattern）是一套被反复使用且多数人知晓的，经过分类总结整理的代码设计经验。

Scott Mayers 在其著作 *Effective C++*中就曾经说过："C++老手和 C++新手的区别就是前者手背上有很多伤疤。"即所谓的"大神"都是靠踩过很多坑，一路摸爬滚打成长起来的。

设计模式是程序员在面对同类软件工程设计问题时总结出来的有用的经验。设计模式代表了最佳的实践。这些通用解决方案是众多软件开发人员经过相当长一段时间的试验总结出来的。因此，设计模式不局限于某种编程语言，C++、Java、Python、PHP 等都可以使用设计模式。因为设计模式不是具体的代码，而是问题的解决方案。

在编写软件过程中，程序员面临着来自耦合性、内聚性、可维护性、可扩展性、重用性、灵活性等多方面的挑战，而设计模式让程序（软件）具有以下特点。

- 代码重用性高（相同功能的代码，不用多次编写）。
- 可读性好易理解（编程规范性，便于其他程序员的阅读和理解）。
- 可扩展性好（当需要增加新的功能时，非常方便，维护成本低，称为可维护）。
- 可靠性高（当增加新的功能后，对原来的功能没有影响）。
- 使程序呈现高内聚、低耦合的特性。

总之，设计模式包含了面向对象的精髓："懂了设计模式，你就懂了面向对象分析和设计（OOA/D）的精要。"

20 多年前，软件设计领域的 4 位大师 GOF（Gang of Four，即 Erich Gamma、Richard Helm、Ralph Johnson 和 John Vlissides）通过论著《设计模式：可复用面向对象软件的基础》阐述了设计模式领域的开创性成果，他们在这本书中提出了 23 种设计模式，其提出的模板设计模式经过这么多年，仍然被广泛使用。本书旨在讲解 Java SE 的基础语法，因此对于设计模式，只是简单涉猎，而不重点讲解，如果大家想要进一步深入学习设计模式，可以关注尚硅谷的官方微信和谷粒学院相关专题视频。

抽象类是从多个具体类中抽象出来的父类，具有更高层次的抽象。抽象类体现的是一种模板模式（Template Pattern）的设计思想。模板模式应该包含两部分，一部分是已经实现好的，让子类直接可以重用的结构（普通方法）；另一部分是没有实现的，交给子类重写的结构（抽象方法）。例如，生活中使用的简历模板、论文模板等，一部分是已经确定好的，另一部分是由使用者自己填写的。

模板模式的特点是在抽象模板类中定义一个操作的算法骨架，将算法的一些步骤延迟到子类中，使子类可以在不改变该算法结构的情况下重新定义该算法的某些特定步骤，是一种类行为型模式。

案例演示：

计算任意一段代码的运行时间。

案例分析：

实现这个功能的步骤是可以确定的。

第一步，获取开始时间；

第二步，执行某段代码；

第三步，获取结束时间；

第四步，计算时间差。

在上述步骤中，唯一不能确定的是执行某段代码，这个需要由使用者决定。因此，将执行某段代码声明为一个抽象方法，由使用者给出具体实现。

模板类示例代码：

```
package com.atguigu.section03;

public abstract class CalTimeTemplate {
   public final long getTime(){//模板方法
      //1. 获取开始时间
      long start = System.currentTimeMillis();

      //2. 运行××代码：这个是不确定的
      doWork();

      //3. 获取结束时间
      long end =  System.currentTimeMillis();

      //4. 计算时间差
      return end - start;
   }

   protected abstract void doWork();//抽象方法
}
```

子类示例代码：

```
package com.atguigu.section03;

public class MyCalTime extends CalTimeTemplate {
   protected void doWork(){
      int[] arr = {3,5,7,2,1,5,7,3,8,2};

      //使用冒泡排序方法进行排序
      for (int i = 1; i < arr.length; i++){
         for (int j = 0; j < arr.length - i; j++){
            if(arr[j] > arr[j+1]){
               int temp = arr[j];
               arr[j] = arr[j+1];
               arr[j+1] = temp;
            }
         }
      }

      System.out.println("排序后：");
      for (int i = 0; i < arr.length; i++) {
         System.out.print(arr[i]+" ");
      }
      System.out.println();
   }
}
```

测试类示例代码：

```
package com.atguigu.section03;

public class TemplateTest {
   public static void main(String[] args) {
      CalTimeTemplate c = new MyCalTime();
      System.out.println("耗时：" + c.getTime());
   }
}
```

通过上述的代码可以看出，模板设计模式中最重要的就是抽象模板类，它给出了计算任意一段代码的运行时间的算法骨架，而将其中不确定的子操作用抽象方法表示，并由子类给出了具体实现。

9.3.4 案例：员工工资系统

案例需求：

编写工资系统，实现不同类型员工按月发放工资。员工类型（Employee）分为正式工（SalariedEmployee）和小时工（HourlyEmployee）。具体要求如下所示。

（1）定义 Employee 类，包含以下几方面内容。

- private 成员变量 name 和 birthday，其中 birthday 为 MyDate 类的对象。
- abstract 方法为 double earnings( )，其返回值表示当月发放工资值。
- String toString( )方法输出对象的 name 和 birthday 及当月发放工资值。

（2）定义 MyDate 类，包含以下几方面内容。

- private 成员变量 year、month、day。
- toDateString( )方法返回日期对应的字符串：××××年××月××日。

（3）定义 SalariedEmployee 类继承 Employee 类，实现按月计算工资的员工，包含以下几个要求。

- private 成员变量 monthlySalary（月薪）。
- 实现父类的抽象方法 earnings( )，该方法返回 monthlySalary 值。
- String toString( )方法输出对象类型及 name 和 birthday，以及当月发放工资值。

（4）参照 SalariedEmployee 类定义 HourlyEmployee 类，实现按小时计算工资的员工，包括以下几个要求。

- private 成员变量 wage（每小时的报酬）和 hour（小时数）。
- 实现父类的抽象方法 earnings( )，该方法返回 wage*hour 值。
- String toString( )方法输出对象类型及 name 和 birthday，以及当月发放工资值。

（5）定义 PayrollSystem 类，创建 Employee 类的数组并初始化，该数组存放各类雇员对象，输出各个员工对象类型、name、birthday，以及当月发放工资值。当从键盘中输入本月月份值后，如果本月是某个 SalariedEmployee 对象的生日，则给该员工的工资增加 100 元。

示例代码：

MyDate 类示例代码。

```
package com.atguigu.section03;

public class MyDate {
   private int year;
   private int month;
   private int day;

   public MyDate(int year, int month, int day) {
      this.year = year;
      this.month = month;
      this.day = day;
   }

   public int getYear() {
      return year;
   }

   public void setYear(int year) {
      this.year = year;
   }

   public int getMonth() {
      return month;
```

```
    }

    public void setMonth(int month) {
        this.month = month;
    }

    public int getDay() {
        return day;
    }

    public void setDay(int day) {
        this.day = day;
    }

    public String toDateString(){
        return year + "年" + month + "月" + day + "日";
    }
}
```

父类 Employee 类示例代码。

```
package com.atguigu.section03;

public abstract class Employee {
   private String name;
   private MyDate birthday;

    public Employee(String name, MyDate birthday) {
        this.name = name;
        this.birthday = birthday;
    }

    public String getName() {
        return name;
    }

    public void setName(String name) {
        this.name = name;
    }

    public MyDate getBirthday() {
        return birthday;
    }

    public void setBirthday(MyDate birthday) {
        this.birthday = birthday;
    }

    public abstract double earnings();

    public String toString(){
        return "姓名：" + name + "，生日：" + birthday.toDateString() + "，本月薪资：" + earnings();
    }
}
```

子类 SalariedEmployee 类示例代码。

```
package com.atguigu.section03;

public class SalariedEmployee extends Employee {
    private double monthlySalary;
```

```
    public SalariedEmployee(String name, MyDate birthday, double monthlySalary) {
        super(name, birthday);
        this.monthlySalary = monthlySalary;
    }

    public double getMonthlySalary() {
        return monthlySalary;
    }

    public void setMonthlySalary(double monthlySalary) {
        this.monthlySalary = monthlySalary;
    }

    public double earnings() {
        return monthlySalary;
    }

    public String toString() {
        return "SalariedEmployee类型员工: " + super.toString();
    }
}
```

子类 HourlyEmployee 类示例代码。

```
package com.atguigu.section03;

public class HourlyEmployee extends Employee {
    private double wage;
    private double hour;

    public HourlyEmployee(String name, MyDate birthday, double wage, double hour) {
        super(name, birthday);
        this.wage = wage;
        this.hour = hour;
    }

    public double getWage() {
        return wage;
    }

    public void setWage(double wage) {
        this.wage = wage;
    }

    public double getHour() {
        return hour;
    }

    public void setHour(double hour) {
        this.hour = hour;
    }

    public double earnings() {
        return wage * hour;
    }

    public String toString() {
        return "HourlyEmployee类型员工: " + super.toString();
    }
}
```

测试类 PayrollSystem 类示例代码。

```
package com.atguigu.section03;

import java.util.Scanner;

public class PayrollSystem {
    public static void main(String[] args) {
        Employee[] arr = new Employee[3];
        arr[0] = new SalariedEmployee("张三",new MyDate(1980,1,1), 32000);
        arr[1] = new SalariedEmployee("李四",new MyDate(2000,12,12), 11000);
        arr[2] = new HourlyEmployee("王五",new MyDate(1975,5,6), 50, 20);

        Scanner input = new Scanner(System.in);
        System.out.print("请输入当月月份值: ");
        int month = input.nextInt();

        for (int i = 0; i < arr.length; i++) {
            if(arr[i] instanceof SalariedEmployee && arr[i].getBirthday().getMonth() == month) {
                SalariedEmployee se = (SalariedEmployee) arr[i];
                se.setMonthlySalary(se.getMonthlySalary() + 100);
            }
            System.out.println(arr[i].toString());
        }
    }
}
```

上述案例中，初学者容易犯错的地方有以下两个。

一个是关于员工对象的生日类型的赋值不知道怎么处理，要么忘了赋值，要么 MyDate 类型不知道怎么处理。请读者记住一点，若变量是基本数据类型，则赋值为对应的数据值；若变量是引用数据类型，则赋值为对应类型的对象。

另一个是关于员工类型的判断和向下转型处理，因为只给当月过生日的 SalariedEmployee 类型的员工加 100 元，所以必须判断对象是否是 SalariedEmployee 类型，并且只有向下转型才能调用 setMonthlySalary 和 getMonthlySalary 方法。

9.4 接口

Java 中的接口和抽象类代表的都是抽象类型，是需要提出的抽象层的具体表现。面向对象的编程，如果要提高程序的复用率，增加程序的可维护性和可扩展性，那么就必须是面向抽象的编程。在 Java 8 之前，接口中的方法只能声明抽象方法，是比抽象类还要抽象的类型。Java 8 之后的接口中允许声明静态方法和默认方法，与抽象类更靠近，但是它们之间还是有很大区别的。

9.4.1 接口的好处

不妨以一个生活案例来解释什么是接口。例如，一台计算机从厂家生产好后，这台计算机就不应该被随意撬开并修改里面的零件，这解释了“开放—封闭原则”中的“对修改关闭”。但这台计算机必须能方便地插入鼠标、外置键盘、外置存储设备……因此厂家在计算机外部做了几个 USB 插槽，这相当于在告诉外界“如果你想要插鼠标，那么就去买一个能插入 USB 接口的鼠标”，当然鼠标厂家也必须遵守 USB 接口规范，设计出能插入 USB 接口的鼠标产品，这解释了“开放—封闭原则”中的“对扩展开放”。这样一台计算机出厂之后，内部就不会被随意撬开修改，对外又可以方便地连接任何可以插入 USB 接口的外接设备。这就是生活中常见并且稳妥的接口设计行为。

从如上所示的案例中可以看出接口除代表连接口，还代表了一组规则规范，或一种约定。接口的主要目的是给不相关的事物提供通用的处理服务，Java 中的接口是指对协定进行定义的引用类型，其他类型用以实现接口，以保证它们支持某些操作，也就是接口是实现解耦合的最好方式。

下面从编码的角度来说明接口的好处。运动员和学生两个系列的类的关系图如图 9-3 所示。

现在有了新的需求，足球运动员类和大学生类都添加“学英语”的新技能，但是篮球运动员类和小学生类不添加，应该如何实现？

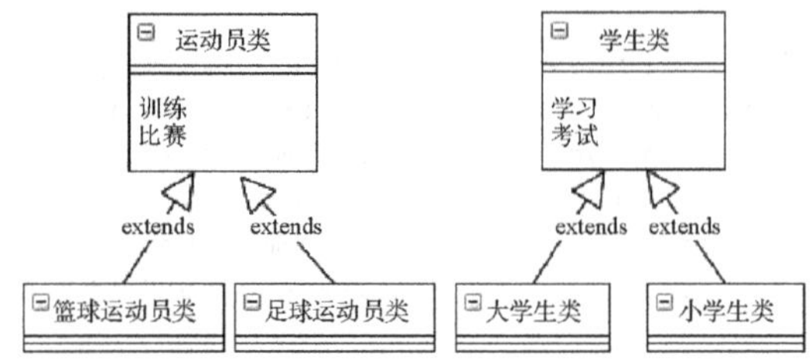

图 9-3　运动员和学生两个系列的类的关系图

思考 1：新添加一个具有“学英语”方法的类，让足球运动员类和大学生类继承。

- 因为 Java 中的类有单继承性限制，不允许一个类同时继承多个直接父类，所以这种方式行不通。

思考 2：新添加一个具有“学英语”方法的类，让运动员类和学生类继承。

- 这样会强制运动员类和学生类下面所有的子类都必须具有该方法，而需求中要求篮球运动员类和小学生类不添加“学英语”的新技能。

思考 3：足球运动员类和大学生类分别扩展“学英语”方法。

- 此时因为足球运动员类和大学生类没有共同父类，如果需要针对“学英语”这个行为特征进行统一管理，那么是无法使用多态性特征的，所以这种方式也不完美。

思考 4：声明一个接口规范，该接口规范中包含“学英语”的方法，然后让足球运动员类和大学生类都实现这个接口，以支持该方法技能，如图 9-4 所示。

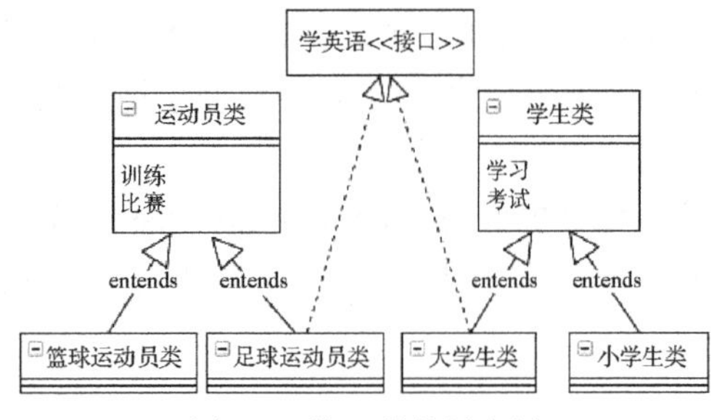

图 9-4　接口的使用案例

Java 中的类有单继承性限制，接口也是类似于抽象类的引用数据类型，不影响子类继承父类的单继承性的限制问题，同时支持多实现。此时实现类和接口之间不再是“is-a”的关系，只要满足“like-a”或“has-a”的关系即可，大大提高了灵活性。例如，在武侠剧中，如果某人想学一种武功（技能），但要求必须成为该门派的弟子，甚至要求不能再学习其他门派的武功，这个条件就很苛刻，导致很多人会望而却步。但如果没有这样苛刻的条件，而仅是一个“想要学”，一个“愿意教”，那么这个事情就会变得很简单。可以把这种武功（技能）封装在接口中，这样它就能被多个类直接实现，那么这种武功（技能）也能发扬光大。

综上所述，接口的好处有以下两点。

（1）解决了 Java 单继承性限制问题。

（2）降低了耦合性，使类和接口之间不再是“is-a”的关系，仅是“like-a” 或“has-a”的关系，如大学生有说英语的技能。

9.4.2　接口的声明

Java 的接口是使用 interface 关键字来声明的，具体的语法格式如下：

```
【修饰符】interface 接口名 {
    接口的成员列表;
}
```

其中外部接口的【修饰符】只能是 public 或缺省。在 Java 8 之前，接口的成员只能有以下 3 种，接口中没有构造器等其他成员：

- 公共的静态常量，声明时可以省略 public static final。

- 公共的抽象方法，声明时可以省略 public abstract。
- 公共的静态内部接口，声明时可以省略 public static（关于内部接口的内容请看 9.5 节）。

示例代码：

```
package com.atguigu.section04;

public interface Usb {
    //最大传输速率为 500MB/s，省略了 public static final
    long MAX_SPEED = 500 * 1024 * 1024;

    //抽象方法，省略了 public abstract
    void read();

    void write();
}
```

因为接口是比抽象类还抽象的类型，所以接口类型不能直接实例化，即不能直接创建接口的对象，否则编译报错。创建接口对象编译报错示意图如图 9-5 所示。

```
TestCreateUsbObject.java
package com.atguigu.section04;

public class TestCreateUsbObject {
    public static void main(String[] args) {
        Usb usb = new Usb();
    }
}
```

直接创建接口的对象，编译报错

图 9-5　创建接口对象编译报错示意图

9.4.3　接口的扩展与实现

标准（或规则）存储的意义就是被遵守，同样接口存在的意义就是被其他类实现。在 Java 中使用关键字 implements 来实现接口，类实现接口的语法格式如下所示：

```
【修饰符】class 类名【extends 父类】implements 接口 1,接口 2,...{

}
```

从如上所示的语法格式中可以看出以下几点。

- 如果子类既要继承父类又要实现接口，那么继承父类在前，实现接口在后，把继承父类的类称为子类，把实现某个接口的类称为该接口的实现类。
- 一个子类只能继承一个父类，但是可以同时实现多个接口，即 Java 只支持单继承但支持多实现，多个接口之间使用逗号“,”分割。

另外，要注意，接口和抽象类一样都是抽象类型，所以实现类在实现接口时，如果实现类不是抽象类，则必须实现接口的所有抽象方法，否则编译不通过。类实现接口未重写抽象方法编译报错示意图如图 9-6 所示。

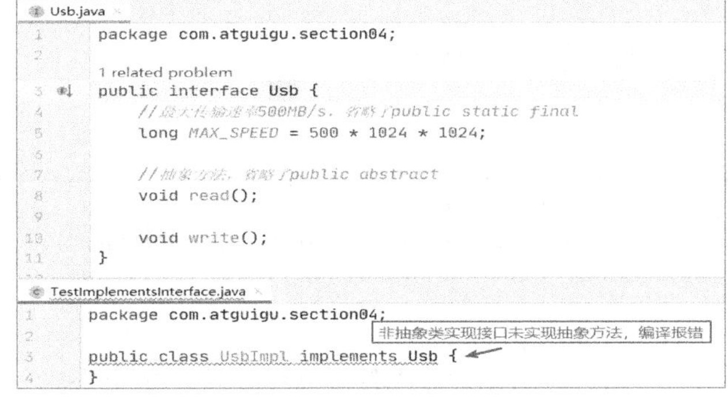

图 9-6　类实现接口未重写抽象方法编译报错示意图

接口声明与实现案例关系如图 9-7 所示。

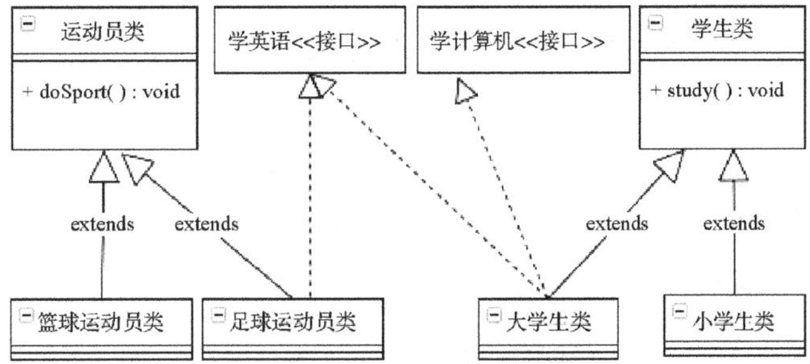

图 9-7　接口声明与实现案例关系

示例代码：

学习英语接口示例代码。

```
package com.atguigu.section04;

public interface LearnEnglish {
    void learnEnglish();              //学习英语的技能
}
```

学习计算机接口示例代码。

```
package com.atguigu.section04;

public interface LearnComputer {
    void learnComputer();         //学习编程的技能
}
```

运动员父类示例代码。

```
package com.atguigu.section04;

public abstract class Sporter {
    public abstract void train();  //训练的方法
    public abstract void play();   //比赛的方法
}
```

篮球运动员类示例代码。

```
package com.atguigu.section04;

public class BasketballPlayer extends Sporter{
    public void train() {
        System.out.println("篮球运动员：篮球训练");
    }
    public void play() {
        System.out.println("篮球运动员：打篮球比赛");
    }
}
```

足球运动员类示例代码。

```
package com.atguigu.section04;

public class FootballPlayer extends Sporter implements LearnEnglish{
    public void train() {
        System.out.println("足球运动员：进行足球训练");
    }

    public void play() {
        System.out.println("足球运动员：打足球比赛");
    }

    public void learnEnglish() {
        System.out.println("足球运动员：学习比赛英语");
    }
}
```

学生类示例代码。

```
package com.atguigu.section04;

public abstract class Student {
    public abstract void study();  //学习的方法
    public abstract void test();   //测验的方法
}
```

小学生类示例代码。

```
package com.atguigu.section04;

public class Pupil extends Student{
    public void study() {
        System.out.println("小学生：good good play, day day happy");
    }
    public void test() {
        System.out.println("小学生：轻松拿 100 分");
    }
}
```

大学生类示例代码。

```
package com.atguigu.section04;

public class UniversityStudent extends Student implements LearnEnglish,LearnComputer{
    public void study() {
        System.out.println("大学生：good good study, day day up");
    }
    public void test() {
        System.out.println("大学生：能拿 60 分就万岁了");
    }

    public void learnEnglish() {
        System.out.println("大学生：学习听说读写");
    }

    public void learnComputer() {
        System.out.println("大学生：学习计算机操作");
    }
}
```

测试类示例代码。

```
package com.atguigu.section04;

public class InterfaceTest {
    public static void main(String[] args) {
        System.out.println("----------所有运动员对象-------------");
        Sporter[] sporters = new Sporter[2];
        sporters[0] = new BasketballPlayer();
        sporters[1] = new FootballPlayer();
        for (int i = 0; i < sporters.length; i++) {
            sporters[i].train();
            sporters[i].play();
        }

        System.out.println("----------所有学生对象-------------");
        Student[] students = new Student[2];
        students[0] = new Pupil();
        students[1] = new UniversityStudent();
        for (int i = 0; i < students.length; i++) {
            students[i].study();
            students[i].test();
            if (students[i] instanceof LearnComputer) {
                ((LearnComputer) students[i]).learnComputer();
            }
        }

        System.out.println("----------所有学英语的对象-------------");
```

```
        LearnEnglish[] arr = new LearnEnglish[2];
        arr[0] = new FootballPlayer();
        arr[1] = new UniversityStudent();
        for (int i = 0; i < arr.length; i++) {
            arr[i].learnEnglish();
        }
    }
}
```

从上述代码中可以看出，类可以同时实现多个接口，而且实现类必须重写接口的所有抽象方法。

另外，接口类型的变量可以与接口的实现类对象构成多态引用，就如同父类与子类的关系一样。为了区分父类、子类，可以把接口类型与实现类的关系比作“干爹与干儿子”的关系，一个儿子只能有一个血缘上的亲爹（继承的父类），但是可以有多个干爹（实现的接口）。

在 Java 中，类除了能同时实现多个接口，还支持一个接口可以同时继承多个父接口，语法格式如下所示：

```
【修饰符】interface 子接口 extends 父接口 1,父接口 2,...{
}
```

下面演示接口的多继承。

示例代码：

可读接口示例代码。

```
package com.atguigu.section04;

public interface Readable {
    void read();
}
```

可写接口示例代码。

```
package com.atguigu.section04;

public interface Writeable {
    void write();
}
```

USB 设备接口示例代码。

```
package com.atguigu.section04;

public interface UsbDevice extends Readable,Writeable {
    void work();
}
```

U 盘示例代码。

```
package com.atguigu.section04;

public class USBFlashDisk implements UsbDevice {
    public void work() {
        System.out.println("存储数据");
    }

    public void read() {
        System.out.println("读数据");
    }

    public void write() {
        System.out.println("写数据");
    }
}
```

测试类示例代码。

```
package com.atguigu.section04;

public class USBFlashDiskTest {
   public static void main(String[] args) {
      USBFlashDisk up = new USBFlashDisk();
      up.read();
      up.write();
      up.work();
   }
}
```

从上述代码中可以看出，子接口继承了父接口后，会继承父接口的抽象方法，因此实现类要实现所有父接口的抽象方法。

综上所述，类、接口之间的关系有以下几点。

- 类和类之间是单继承。
- 接口和接口之间是多继承。
- 类和接口之间是多实现。
- 继承关系使用 extends，实现接口关系使用 implements。

9.4.4 Java 8 对接口的改进

从 Java 8 版本之后，你可以为接口添加静态方法和默认方法，从技术角度来说，这是完全合法的，只是它看起来违反了接口作为一个抽象定义的理念。随着 JDK 版本的不断升级，我们发现了以下几个问题。

- 在 JDK 的核心类库中，出现了越来越多 Collection/Collections 或 Path/Paths 这种成对的接口和类，这些工具类中的方法，都是为与它成对的接口的类型的对象服务的，但是因为原来接口中不允许定义具体方法，所以不得不单独再用一个类来装这些方法。这就给后期的维护增加了难度，即降低了可维护性。
- 随着 JDK 版本的不断升级，之前版本设计的接口，难免考虑不周全，需要增加新的方法，但是如果按照之前的语法，只能增加抽象方法，那么对于已经实现了这些接口的所有实现类来说，它们就会全部面临修改问题，即降低了可扩展性。

因此 Java 8 的编写人员决定对接口的语法进行改进，允许在接口中声明公共的静态方法和公共的默认方法。

（1）静态方法：使用 public static 关键字修饰，其中 public 可以省略，static 不能省略。另外，接口中的静态方法，实现类不会继承，只能通过“接口名.静态方法”的方式进行调用。

接口中静态方法声明的语法格式如下所示：

```
【修饰符】 interface 接口{
   【public】static 返回类型 方法名(参数列表){
       方法体语句代码;
   }
}
```

（2）默认方法：使用 public default 关键字修饰，其中 public 可以省略，default 不能省略。另外，默认方法只能通过接口的实现类对象来调用。实现类会继承接口的默认方法，而且如果需要可以选择对其进行重写。Java 8 API 中的 Collection、List、Comparator 等接口新增了很多默认方法。

接口中默认方法声明的语法格式如下所示：

```
【修饰符】 interface 接口{
   【public】 default 返回类型 方法名(参数列表){
```

```
        方法体语句代码;
    }
}
```

接口中声明静态方法和默认方法示例代码：

```
package com.atguigu.section04;

public interface MyInterface {
    void fun();                     //抽象方法，这里省略了 public abstract

    static void method() {          //静态方法，这里省略了 public
        System.out.println("我是接口中的静态方法");
    }

    default void solve() {          //默认方法，这里省略了 public
        System.out.println("我是接口中的默认方法");
    }
}
```

实现类示例代码：

```
package com.atguigu.section04;

public class MyImpl implements MyInterface {
    public void fun() {
        System.out.println("实现类实现接口的抽象方法");
    }

    public void solve() {           //注意这里没有也不能写 default
        System.out.println("实现类重写接口的默认方法");
    }
}
```

测试类示例代码：

```
package com.atguigu.section04;

public class MyInterfaceTest {
    public static void main(String[] args) {
        MyInterface.method();       //调用接口的静态方法

        MyInterface my = new MyImpl();
        my.fun();                   //调用接口的抽象方法
        my.solve();                 //调用接口的默认方法，执行的是实现类重写的代码
    }
}
```

从上述代码中可以看出，接口中静态方法是通过“接口名.静态方法”的方式调用的，而默认方法是通过“实现类对象.默认方法”的方式调用的。

另外，当实现类要对接口的默认方法进行重写时，就不用在方法的返回值类型前加 default 了，因为默认方法是接口中的概念，在类中并没有默认方法。

接口的默认方法到了实现类中，就是一个普通方法了，那么就会出现以下几个冲突问题。

情况 1：A 类继承父类，又实现接口。如果父类中出现了与接口的默认方法签名相同的方法，那么当用 A 类的实例对象调用该方法时，最终执行的是父类的，还是接口的？

答案：执行的是父类的，遵循父类优先原则。

示例代码：

```
package com.atguigu.section04;

package com.atguigu.section04;
```

```
public class JDK8InterfaceTest {
    public static void main(String[] args) {
        A a = new A();
        a.method();
    }
}

class Super {
    public void method() {
        System.out.println("我是父类的 method 方法");
    }
}

interface Inter {
    //省略了 public
    default void method() {
        System.out.println("我是接口中的 method 方法");
    }
}

class A extends Super implements Inter {
}
```

代码运行结果：

```
我是父类的 method 方法
```

情况 2：B 类实现了多个接口。如果多个接口中出现了方法签名相同的默认方法，那么访问通过 B 类的实例对象调用该方法，最终执行的是哪个接口？

答案：要求类 B 必须重写该方法，否则产生编译错误。方法重写后调用方法时执行的一定是重写后的方法体。

示例代码：

父接口 MyInter1 的示例代码。

```
package com.atguigu.section04;

public interface MyInter1 {
    //省略 public
    default void method() {
        System.out.println("我是接口 MyInter1 的方法");
    }
}
```

父接口 MyInter2 的示例代码。

```
package com.atguigu.section04;

public interface MyInter2 {
    //省略 public
    default void method() {
        System.out.println("我是接口 MyInter2 的方法");
    }
}
```

实现类完全重写两个接口的默认方法，实现类 B 的示例代码。

```
package com.atguigu.section04;

public class B implements MyInter1,MyInter2 {
    public void method() {
```

```
        System.out.println("实现类重写接口的默认方法");
    }
}
```

实现类保留其中一个接口的默认方法实现，实现类 C 的示例代码。

```
package com.atguigu.section04;

public class C implements MyInter1, MyInter2 {
    public void method() {
        MyInter1.super.method();
    }
}
```

从上述代码中可以看出要保留其中一个接口的默认方法实现，需要通过“接口名.super.默认方法”的方式来调用某个父接口的默认方法。

9.4.5 案例：排序接口 Sortable

案例需求：

有一个学生类（Student）包含：姓名、成绩等属性。现有一个学生数组，需要实现按照学生成绩从大到小排序。

有一个教师类（Teacher）包含：姓名、薪资等属性。现有一个教师数组，需要实现按照教师薪资从小到大排序。

有一个课程类（Course）包含：编号、名称等属性。现有一个课程数组，需要实现按照课程编号从小到大排序。

案例分析：

从本案例的三个小要求中我们可以发现它们有两个共同的需求，那就是实现排序和遍历数组，那么，是否可以把数组排序和数组遍历功能抽取出来，实现代码的复用呢？回答是肯定的。但是，有个问题，它们排序的依据不同，应怎么解决这个问题呢？

先设计一个接口 Sortable，凡是要比较大小的对象类型都要实现该接口，该接口包含一个抽象方法 int sort(Object obj)。规定：当前对象大于 obj 时，返回正整数；当前对象小于 obj 时，返回负整数；当前对象等于 obj 时，返回零。

示例代码：

Sortable 接口示例代码。

```
package com.atguigu.section04.demo5;

public interface Sortable {
    int sort(Object obj);
}
```

那么现在就可以编写数组排序的工具类，示例代码如下所示。

```
package com.atguigu.section04.demo5;

public class MyArrays {
    //数组排序
    public static void bubbleSort (Object[] arr){
        for (int i = 1; i < arr.length; i++){
            for (int j = 0; j < arr.length-i; j++){
                Sortable left = (Sortable) arr[j];
                Object right = arr[j + 1];
                if (left.sort(right) > 0){
                    Object temp = arr[j];
                    arr[j] = arr[j + 1];
```

```
                arr[j + 1] = temp;
            }
         }
      }
   }

   //数组遍历
   public static void iterate (Object[] arr) {
      for (int i = 0; i < arr.length; i++) {
         System.out.println(arr[i].toString());
      }
   }
}
```

所有要比较大小的对象类型都分别实现 Sortable 接口。

示例代码：

学生类示例代码。

```
package com.atguigu.section04.demo5;

public class Student implements Sortable {
   private String name;             //姓名
   private int score;               //成绩

   public Student(String name, int score) {
      this.name = name;
      this.score = score;
   }

   public String toString() {
      return "Student{name=" + name +", score=" + score + "}";
   }

   //重写接口的 sort 抽象方法
   public int sort(Object obj) {
      return -(this.score - ((Student) obj).score);
   }
}
```

教师类示例代码：

```
package com.atguigu.section04.demo5;

public class Teacher implements Sortable {
   private String name;             //姓名
   private double salary;           //薪资

   public Teacher(String name, double salary) {
      this.name = name;
      this.salary = salary;
   }

   public String toString() {
      return "Teacher{name=" + name + ", salary=" + salary + "}";
   }

   //重写接口的 sort 抽象方法
   public int sort(Object obj) {
      return Double.compare(salary, ((Teacher) obj).salary);
   }
}
```

课程类示例代码。

```
package com.atguigu.section04.demo5;

public class Course implements Sortable {
   private int id;                        //编号
   private String title;                  //名称

   public Course(int id, String title) {
      this.id = id;
      this.title = title;
   }

   public String toString() {
      return "Course{id=" + id + ", title=" + title + "}";
   }

   //重写接口的 sort 抽象方法
   public int sort(Object obj) {
      return this.id - ((Course) obj).id;
   }
}
```

学生数组测试类示例代码。

```
package com.atguigu.section04.demo5;

public class StudentTest {
   public static void main(String[] args) {
      Student[] arr = new Student[3];
      arr[0] = new Student("张三", 89);
      arr[1] = new Student("李四", 100);
      arr[2] = new Student("王五", 99);

      MyArrays.bubbleSort (arr);        //数组排序
      MyArrays.iterate (arr);           //数组遍历
   }
}
```

教师数组测试类示例代码。

```
package com.atguigu.section04.demo5;

public class TeacherTest {
   public static void main(String[] args) {
      Teacher[] arr = new Teacher[3];
      arr[0] = new Teacher("谷哥", 12000);
      arr[1] = new Teacher("谷姐", 11000);
      arr[2] = new Teacher("谷妹", 13000);

      MyArrays. bubbleSort (arr);       //数组排序
      MyArrays. iterate (arr);          //数组遍历
}
}
```

课程数组测试类示例代码。

```
package com.atguigu.section04.demo5;

public class CourseTest {
   public static void main(String[] args) {
      Course[] arr = new Course[3];
      arr[0] = new Course(2,"Java");
```

```
        arr[1] = new Course(1,"大数据");
        arr[2] = new Course(3,"H5");

        MyArrays. bubbleSort (arr);        //数组排序
        MyArrays. iterate (arr);           //数组遍历
    }
}
```

提示：其实 JDK 核心类库中有与如上所示案例功能类似的接口和类，它们分别是 java.lang.Comparable 接口和 java.util.Arrays 数组工具类（后续章节中会讲解），实际应用中编程人员不需要自己设计 Sortable 接口和 MyArrays 工具类。

9.5 内部类

因为类的定义是一类具有相同特性的事物的抽象描述。一般情况下我们会把类定义成一个独立的程序单元，但有的情况下会把一个类放在另一个类的内部。例如，当一个事物（即一个类结构）的内部还包括另一个事物，即还有一个完整的类结构进行描述，而这个内部事物又只为外部事物提供服务，或者它的使用必须依赖外部类的结构，不能单独使用时，那么这个内部事物最好使用内部类表示。例如，人的身体和大脑，用 Body 类来描述身体，用 Head 类来表示复杂的大脑部分，此时 Head 类就需要声明为 Body 类的内部类。身体（Body 类）的内部需要大脑（Head 类）对象来协调工作。如果 Head 类单独声明，那么就表示 Head 类可以脱离 Body 类来使用，而且此时也无法直接操作 Body 类的私有成员。如果 Head 类声明到 Body 类的里面，那么就表示 Head 类只为 Body 类服务。另外，其作为 Body 类的内部成员，就可以直接访问其私有成员，以便更好地协调工作。Java 中有很多这样的应用场景，如第 12 章要学习的集合和迭代器等。内部类的学习一直是初学者的一个难点，需要读者对之前面向对象的语法比较熟练，否则容易弄混。不过本节的内容也是相对较独立的一个部分，读者学习时要是有困难，也可以暂时跳过本节，先学习其他内容。

为了方便描述，我们做了以下几个规范。

- 定义在其他类内部的类，称为内部类（或叫嵌套类）。
- 包含内部类的类，称为外部类（或叫宿主类）。

Java 是从 JDK 1.1 开始引入内部类的，内部类可以看作类的第五大成员。类的五大成员分别为成员变量、成员方法、构造器、初始化代码块、内部类。内部类的作用有以下几点。

- 提供了更好的封装，可以把内部类隐藏在外部类之内，让其他类按照要求的方式访问该类。
- 内部类与外部类可以直接访问对方的私有成员。

根据声明位置和方式的不同，内部类可以分为两大类别，共有四种形式。

（1）在成员位置上：定义在类体中，方法的外面。

非静态成员内部类（没用 static 关键字修饰）。

静态成员内部类（使用 static 关键字修饰）。

（2）在局部位置上：定义在方法或代码块内部。

局部内部类（有类名）。

匿名内部类（无类名）。

9.5.1 成员内部类

类在成员位置上的内部类称为成员内部类，但是我们平时所说的成员内部类一般指的是非静态的成员内部类，而静态成员内部类直接称为静态内部类。

成员内部类的声明格式如下所示：

```
【修饰符】class 外部类 {
    【修饰符】 class  成员内部类 {
        //成员内部类的成员列表
    }
}
```

成员内部类也是类，但它又是另一个类的成员，因此它肯定有一些特别之处。要想学好它，其实只要在声明和使用成员内部类的时候，分别从它是类又是成员这两个身份来思考即可。

（1）成员内部类的修饰符：从它是类的角度来说，成员内部类的修饰符可以有 final、abstract；从它是类的成员角度来说，成员内部类的修饰符可以有 public、protected、缺省、private、static 等。

（2）成员内部类作为一个类，也有自己的字节码文件，只是它的字节码文件名是“外部类名$内部类名.class”。

（3）成员内部类作为一个类，可以有自己的父类和实现的接口。

（4）成员内部类作为一个类，可以有自己的类成员，但是非静态的成员内部类中是不允许声明自己的静态成员的，除了从父类继承的静态成员及 final 的静态常量。这是因为非静态成员内部类本身作为外部类的非静态成员，它的使用是依赖外部类的实例对象的，而静态成员的访问一律和实例对象无关，否则就破坏了规则。只有在静态成员内部类中才可以声明自己的静态成员。

（5）成员内部类作为外部类的成员，在成员内部类中就可以直接访问外部类的成员，包括私有的。但是有一点，在静态成员内部类中是不允许直接访问外部类的其他非静态成员的，因为缺少外部类的实例对象。

此时，当成员内部类和外部类的成员重名时，仍然遵循就近原则。如果需要在成员内部类中表示访问的是外部类成员，则通过以下方式访问。

- 非静态成员内部类：通过“外部类名.this.成员”访问。
- 静态内部类：通过“外部类名.成员”访问。

（6）成员内部类作为外部类的成员，在外部类中当然也可以直接访问成员内部类的所有成员，包括私有的。

- 访问内部类的非静态成员：先创建内部类的对象，然后通过内部类的对象访问。
- 访问内部类的静态成员：可以直接访问“静态内部类名.静态成员”。

（7）如果成员内部类的权限修饰符允许，那么在外部类的外面也可以使用成员内部类，但是必须依赖外部类。访问方式如下所示。

- 非静态成员内部类：先通过外部类的对象来创建内部类的对象，然后再通过内部类的对象访问内部类的成员
- 静态内部类：访问静态内部类的静态成员，直接“外部类名.内部类名.静态成员”。
- 访问静态内部类的非静态成员：先创建静态内部类的对象，然后通过对象访问内部类的成员。

示例代码：

外部类和内部类示例代码。

```
package com.atguigu.section05.demo1;

public class Outer {
    private static int a;
    private int b;

    //普通内部类，非静态内部类
    class Inner1{
        private int c;
        public void method(){
            System.out.println("非静态内部类的非静态方法");
```

```
            System.out.println("a = " + a);    //直接使用外部类的私有成员
            System.out.println("b = " + b);    //直接使用外部类的私有成员
        }
    }

    //静态内部类
    static class Inner2 {
        public void method(){
            System.out.println("静态内部类的非静态方法");
            System.out.println("a = " + a);    //直接使用外部类的私有成员
            //编译报错，因为 Inner2 是静态的，而 b 是非静态的
            //System.out.println("b = " + b);
        }
        public static void fun(){
            System.out.println("静态内部类的静态方法");
            System.out.println("a = " + a);
            //编译报错，因为 Inner2 是静态的，而 b 是非静态的
            //System.out.println("b = " + b); //编译报错
        }
    }

    public void test(){
        Inner1 inner1 = new Inner1();
        //直接使用内部类的私有成员
        //需要内部类 Inner1 的对象，因为 c 和 method 是非静态的
        System.out.println(inner1.c);
        inner1.method();

        Inner2 inner2 = new Inner2();
        inner2.method();           //需要内部类 Inner2 的对象，因为 method 是非静态的

        Inner2.fun();              //不需要 Inner2 的对象，因为 fun 是静态的
    }
}
```

测试类示例代码。

```
package com.atguigu.section05.demo1;

public class MemberInnerTest {
    public static void main(String[] args) {
        //Inner1 的使用依赖于外部类 Outer 的对象
        Outer outer = new Outer();
        Outer.Inner1 inner1 = outer.new Inner1();
        inner1.method();

        //Inner2 的使用不依赖于外部类 Outer 的对象
        Outer.Inner2 inner2 = new Outer.Inner2();
        inner2.method();

        Outer.Inner2.fun();
    }
}
```

虽然我们初次接触成员内部类会觉得很陌生，但是它仍然在面向对象的语法范畴内，只是对它要从类和成员两个身份解读。关于静态和非静态的理解只要抓住一个点即可，就是静态的不需要实例对象，而非静态的需要实例对象。

在上述测试类中，当在外部类中访问非静态内部类时，需要外部类的实例对象才能创建非静态内部类的实例对象，这点在语法格式上是有点别扭的，如“Outer.Inner1 inner1 = outer.new Inner1( );”，可

以把它稍微改进一下，这样会让代码看起来简单一些。

首先，修改 Outer 类的代码，增加一个 getInner1( )的方法。

示例代码：

```
package com.atguigu.section05.demo1;

public class Outer {

   // 因为篇幅问题，这里将原来 Outer 类中的其他代码省略了

   public Inner1 getInner1() {
      return new Inner1();
   }
}
```

然后测试类中就可以用以下方式访问内部类 Inner1。

示例代码：

```
package com.atguigu.section05.demo1;

public class MemberInnerTest2 {
   public static void main(String[] args) {
      //Inner1 的使用依赖外部类 Outer 的对象
      Outer outer = new Outer();
      Outer.Inner1 inner1 = outer.getInner1();
      inner1.method();
   }
}
```

这样就避免了在“对象.”后面再用 new 这种奇怪的形式。

9.5.2 案例：汽车与发动机

案例需求：

有一个汽车（Car）类，包含属性为 oilVolume（油量）、发动机，包含方法为启动 start( )、停止 stop( )、行驶 drive( )方法。

车内有发动机（Engine）类，定义为私有内部类，包含：发动 on( )、熄火 off( )、工作 work( )方法，还包含是否能正常工作的 flag 标记。

当 oilVolume<=0 时，发动机无法正常工作，反之可以正常工作。

当启动汽车时，就会调用发动机的 on( )方法，当停止汽车时，就会调用发动机的 off( )方法，当汽车行驶时，发动机一直工作 work( )。

示例代码：

汽车和发动机示例代码。

```
package com.atguigu.section05.demo2;

public class Car {
   private Engine engine;      //发动机
   private double oilVolume;   //油量

   public Car() {
      this.engine = new Engine();
   }

   public void setOilVolume(double oilVolume) {
      this.oilVolume = oilVolume;
```

```
    }

    public void start() {
        engine.on();
    }

    public void drive() {
        while (engine.flag) {
            engine.work();
        }
    }

    public void stop() {
        engine.off();
    }

    private class Engine {
        private boolean flag;

        void on() {
            System.out.println("发动机启动");
            flag = true;
        }

        void off() {
            System.out.println("发动机关闭");
            flag = false;
        }

        void work() {
            if (oilVolume <= 0) {
                flag = false;
                return;
            }
            System.out.println("发动机工作");
            oilVolume--;
        }
    }
}
```

测试类示例代码。

```
package com.atguigu.section05.demo2;

public class CarTest {
    public static void main(String[] args) {
        Car car = new Car();
        car.setOilVolume(5);
        car.start();
        car.drive();
        car.stop();
    }
}
```

9.5.3 局部内部类

定义在方法体或代码中的内部类称为局部内部类。局部内部类分为有名字的局部内部类和没有名字的局部内部类，本节讨论的是有名字的局部内部类，没有名字的类非常特殊，所以在下一节单独讨论。

局部内部类的声明格式如下所示：

```
【修饰符】class 外部类 {
    【修饰符】返回值类型 方法名(形参列表){
        //定义在方法体中的内部类
        【修饰符】 class  内部类 {
          //局部内部类的成员列表;
        }
    }
}
```

局部内部类因为定义在方法体或代码中，地位等同于局部变量，所以它的声明和使用有很多限制。

（1）局部内部类因为在局部位置上，所以不能加任何访问权限修饰符和 static，但局部内部类前面可以用 abstract 或 final 修饰。

（2）局部内部类也是类，因此它也有自己的字节码文件，只不过它的字节码文件名是“外部类名$局部内部类名编号.class”，因为同一个外部类的不同方法中可以声明同名的局部内部类，所以在局部内部类名的后面要使用编号进行区分。

（3）局部内部类也是类，因此它可以有自己的父类和父接口。

（4）局部内部类也是类，它可以声明静态成员以外的所有成员。

（5）局部内部类因为在局部位置上，所以它的作用域在其所在的方法或代码块内，而且遵循前向引用原则，先声明后使用。

（6）在局部内部类中可以使用外部类的成员，但是是否能使用外部类的非静态成员要受到局部内部类所在的方法或代码块的约束，如果所在方法是静态方法，则无法使用外部类的非静态成员。

（7）局部内部类作为方法体的一部分，因此在局部内部类中还可以使用所在方法体的局部变量，但是该局部变量必须是 final 声明的，即只能使用方法体中的常量，Java 8 之前我们必须手动加 final，Java 8 之后系统会自动加 final。

局部内部类作用域的范围很小，此时为它命名就很浪费，所以往往直接使用匿名内部类。所以，在本书中局部内部类仅作为简单了解，不需要花费太多时间学习。

9.5.4 匿名内部类

匿名内部类的使用是很常见的。匿名内部类，顾名思义就是没有名字的类。匿名内部类是一次性的，必须在声明类的同时直接创建对象，所以它的语法格式非常特殊。匿名内部类的语法格式如下所示。

```
//形式一
new 父类名(){
    类体
}

//形式二
new 父类名(实参列表){
    类体
}


//形式三
new 父接口(){
    类体
}
```

匿名内部类是一种特殊的内部类，它的声明和使用都非常特别。

（1）由于匿名内部类没有类名，因此在定义时必须依托父类或父接口。在子类的构造器的首行必须明确调用父类的哪个构造器，在如上所示的语法格式中，形式一和形式三表示在匿名子类中调用父类的无参构造器，形式二表示在匿名子类中调用父类的有参构造器，而且形式三没有提到父类名，那么它的父类就是 Object 类。

（2）匿名内部类声明的同时可直接创建对象，所以它没有任何修饰符。

（3）匿名内部类也是类，它也有自己的字节码文件，只不过它的字节码文件名是“外部类名$编号.class”。

（4）匿名内部类中可以定义自己的非静态成员，但没有办法编写构造器。不过在实际开发中，很少会在匿名内部类中定义过多的成员，通常只是重写父类或父接口的某个方法。

（5）匿名内部类也是局部内部类的一种，因此可以使用所在方法体的局部变量，但是该局部变量必须是 final 声明的，Java 8 之前必须手动加 final，Java 8 之后系统会自动加 final。

（6）在匿名内部类中也可以使用外部类的成员，但是是否能使用外部类的非静态成员要受到匿名内部类所在的方法或代码块的约束，如果所在方法是静态方法，则无法使用外部类的非静态成员。

当声明并创建完匿名内部类的对象之后，应怎么通过该对象访问它的成员呢？有以下两种形式：

```
//形式一
匿名内部类对象.成员

//形式二
父类/父接口 变量 = 匿名内部类对象;
变量.成员
```

形式一可以调用匿名内部类扩展的成员，但是只能访问一个成员，因为该对象是一次性的。

形式二可以通过该变量访问多个成员，但是只能访问匿名内部类中重写父类或父接口的方法，因为多态特征的影响，其无法访问自己扩展的成员。

示例代码：

```
package com.atguigu.section05.demo3;

public class TestAnonymousInner {
    public static void main(String[] args) {
        //这里不是 Object 类的对象，而是 Object 匿名子类的对象
        new Object(){
            public void method(){
                System.out.println("匿名内部类的方法");
            }
        }.method();

        System.out.println("--------------------");

        MyInter my = new MyInter() {
            public void method() {
                System.out.println("重写父接口的 method 方法");
            }

            public void fun() {
                System.out.println("重写父接口的 fun 方法");
            }
        };
        my.method();
        my.fun();
    }
}

interface MyInter{
    void method();
    void fun();
}
```

9.5.5 案例：排序接口 Comparator

案例需求：

有一个学生类包含编号、姓名、年龄、成绩等属性，现在有一个学生数组，存储了多个学生对象，对学生对象数组按以下要求排序。

按照编号从小到大排序。

按照年龄从小到大排序。

按照成绩从高到低排序。

案例分析：

从本案例的三个小要求中，可以发现有两个共同的需求，就是实现排序和遍历数组，那么是否可以把数组排序和数组遍历功能抽取出来，实现代码的复用呢？答案是肯定的。但是，有个问题，学生排序的依据不同，应怎么解决这个问题呢？

我们打算设计一个不一样的排序接口，即 Comparator，凡是要比较大小的对象类型都要实现该接口，该接口包含一个抽象方法：int sort(Object obj1，Object obj2)。规定：当 obj1 大于 obj2 时，返回正整数；当 obj1 小于 obj2 时，返回负整数；当 obj1 等于 obj2 时，返回零。

示例代码：

Comparator 接口示例代码。

```
package com.atguigu.section05.demo4;

public interface Comparator {
    int sort(Object o1, Object o2);
}
```

那么现在可以编写数组排序的工具类，示例代码如下：

```
package com.atguigu.section05.demo4;

package com.atguigu.section05.demo4;

public class MyArrays {
    public static void bubbleSort(Object[] arr, Comparator comparator){
        for (int i = 1; i < arr.length; i++){
            for (int j = 0; j < arr.length - i; j++){
                if(comparator.sort(arr[j], arr[j+1]) > 0){
                    Object temp = arr[j];
                    arr[j] = arr[j+1];
                    arr[j+1] = temp;
                }
            }
        }
    }

    public static void iterate(Object[] arr){
        for (int i = 0; i < arr.length; i++) {
            System.out.println(arr[i].toString());
        }
    }
}
```

学生类示例代码。

```
package com.atguigu.section05.demo4;

public class Student {
    private int id;
```

```
    private String name;
    private int age;
    private int score;

    public Student(int id, String name, int age, int score) {
        this.id = id;
        this.name = name;
        this.age = age;
        this.score = score;
    }

    public int getId() {
        return id;
    }

    public String getName() {
        return name;
    }

    public int getAge() {
        return age;
    }

    public int getScore() {
        return score;
    }

    public String toString() {
        return "Student{id=" + id + ", name=" + name + ", age=" + age + ", score=" + score + "}";
    }
}
```

测试类示例代码。

```
package com.atguigu.section05.demo4;

public class StudentTest {
    public static void main(String[] args) {
        Student[] arr = new Student[5];
        arr[0] = new Student(1, "张三", 23, 83) ;
        arr[1] = new Student(2, "李四", 24, 94) ;
        arr[2] = new Student(3, "王五", 25, 65) ;
        arr[3] = new Student(4, "谷哥", 28, 100) ;
        arr[4] = new Student(5, "谷姐", 18, 88) ;

        System.out.println("按照年龄从小到大排序：");
        MyArrays.bubbleSort(arr, new Comparator() {
            public int sort(Object o1, Object o2) {
                return ((Student)o1).getAge() - ((Student)o2).getAge();
            }
        });
        MyArrays.iterate(arr);

        System.out.println("---------------------------");
        System.out.println("按照成绩从高到低排序：");
        MyArrays.bubbleSort(arr, new Comparator() {
            public int sort(Object o1, Object o2) {
                return ((Student)o2).getScore() - ((Student)o1).getScore();
            }
        });
        MyArrays.iterate(arr);
```

```
        System.out.println("-------------------------");
        System.out.println("按照编号从小到大排序：");
        MyArrays.bubbleSort(arr, new Comparator() {
            public int sort(Object o1, Object o2) {
                return ((Student)o1).getId() - ((Student)o2).getId();
            }
        });
        MyArray s.iterate(arr);
    }
}
```

提示：JDK 核心类库中有与如上所示案例功能类似的接口和类，所以在实际应用中不需要我们自己设计 Comparator 接口和 MyArrays 工具类。JDK 核心类库中的分别是 java.util.Comparator 接口和 java.util.Arrays 数组工具类（后续章节中会讲解）。

9.6 枚举

在实际开发中，我们会遇到一种情况：某个类只有一组固定的值，如性别只有男、女；季节只有春、夏、秋、冬；状态只有播放、暂停、停止。此时我们不能只依赖程序员自身的警惕性保证在使用这些类时，其对象是固定值中的一个。程序员自身的警惕性来源于一种共同的约定，而不是编程语言所强制的。如果程序员不够警惕或在人员变动时没有及时沟通，那么就很容易出现问题。

因此我们需要通过某种语法来限定这个类的对象，这就是枚举类。在 JDK 5.0 之前，需要手动实现枚举类，比较麻烦；在 JDK 5.0 中系统提供了 enum 关键字，可以快速而且简便地创建枚举类。

9.6.1 使用 class 定义枚举类

在 JDK 5.0 之前，要让某个类成为枚举类，只能在声明类的时候做一些限定。此时，关键有以下两个问题。

- 一个是不能让某个类的对象随意被创建，因此需要将构造器私有化。
- 另一个是需要提供已经创建好的一组对象供别人使用，因此需要把创建好的对象用 public static final 的常量形式表示。public static final 表示这些常量对象可以在任意位置直接通过枚举类名直接访问。

案例需求：

声明一个季节类，它包含名称和描述两个属性，并且只能有 4 个对象，即春、夏、秋、冬。

示例代码：

```
package com.atguigu.section06.demo1;

public class Season {
    private String name;                    //名称
    private String description;             //季节描述

    //本类内部创建对象，并用公共静态常量形式表示
    public static final Season SPRING = new Season("春天", "鸟语花香");
    public static final Season SUMMER = new Season("夏天", "烈日炎炎");
    public static final Season AUTUMN = new Season("秋天", "秋高气爽");
    public static final Season WINTER = new Season("冬天", "银装素裹");

    //构造器私有化
    private Season(String name, String description) {
        super();
        this.name = name;
```

```
        this.description = description;
    }
    public String getName() {
        return name;
    }
    public String getDescription() {
        return description;
    }

    public String toString() {
        return "Season{name=" + name + ", description=" + description + "}";
    }
}
```

测试类示例代码：

```
package com.atguigu.section06.demo1;

public class SeasonTest {
    public static void main(String[] args) {
        Season spring = Season.SPRING;   //直接获取枚举类对象，不能也不用自己new
        System.out.println(spring.toString());
    }
}
```

从如上的示例代码中我们可以看出，通过特殊的方式，可以让一个普通类变成枚举类，但是在声明常量对象时，我们会发现有很多冗余代码，因此 JDK 5.0 就对此进行了改进。

9.6.2 使用 enum 定义枚举类

JDK 5.0 新增了一个 enum 关键字（与 class、interface 关键字地位相同），用于定义枚举类，大大简化了代码。

枚举类声明的语法格式如下所示：

```
【修饰符】 enum  枚举类名 【implements 接口1,接口2......】{
    枚举常量对象列表
}

或

【修饰符】 enum  枚举类名 【implements 接口1,接口2......】{
    枚举常量对象列表;
    其他成员列表
}
```

关于新的枚举类声明格式，我们要做如下说明。

（1）枚举类的所有常量对象必须在枚举类的首行全部列出，建议使用大写形式来命名这些常量对象，它们其实就是使用 public static final 修饰的常量。

（2）枚举类本质上是一种类，它一样可以有自己的属性、方法等，有一个默认的私有构造器，如果要手动定义构造器，那么构造器的权限修饰符只能是 private，其中 private 可以省略。

（3）枚举类中如果除了常量对象没有其他成员，那么常量对象列表后可以不用加分号，反之，如果后面还有其他成员，那么常量对象列表后必须加分号。

（4）枚举类隐式继承了 java.lang.Enum 类，根据 Java 单继承的特性，枚举类不能再继承其他类。当然枚举类可以实现自己需要的接口，同样支持多实现，并且如果需要，那么每个枚举对象还可以独立重写接口的抽象方法。

（5）Java 5.0 之后，switch(表达式)开始支持枚举类型。

示例代码：

```
package com.atguigu.section06.demo2;

public interface Display {
   void show();
}
```

季节枚举类示例代码：

```
package com.atguigu.section06.demo2;

public enum Season implements Display{
   SPRING  ("春天","鸟语花香"){
      public void show() {              //单独重写 show 方法
         System.out.println("春天鸟语花香，万物复苏！");
      }
   },
   SUMMER  ("夏天","烈日炎炎"),
   AUTUMN  ("秋天","秋高气爽"),             //使用有参构造创建对象
   WINTER  ;                               //使用无参构造创建对象

   private String title;                   //名称
   private String description;             //季节描述

   //所有构造器私有化
   Season(){

   }
   Season(String title, String description) {
      this.title = title;
      this.description = description;
   }

   public String getDescription() {
      return description;
   }

   //统一实现接口，重写 show 方法
   public void show() {
      System.out.println(title + ":" + description);
   }
}
```

测试类示例代码：

```
package com.atguigu.section06.demo2;

public class SeasonTest {
   public static void main(String[] args) {
      Season spring = Season.SPRING;
      spring.show();

      Season summer = Season.SUMMER;
      summer.show();
   }
}
```

枚举类从父类 enum 中继承了一些常见方法，如表 9-1 所示。

表 9-1　枚举类的常见方法

方 法 名	详 细 描 述
枚举 valueOf(String name)	静态方法，将枚举常量格式的字符串转换成枚举类型对象
String toString( )	返回枚举常量名，可以重写该方法
枚举类型[ ] values	静态方法，以数组形式返回该枚举类中所有的常量对象
String name( )	返回枚举常量名，不能重写该方法
int ordinal( )	返回枚举常量定义的次序号，起始为 0

9.6.3　案例：星期枚举类

案例需求：

声明一个枚举类 Week，包含 7 个常量对象，声明一个方法，即 public static Week getByValue(int value)，其中星期一对应的 value 为 1，星期二对应的 value 为 2，依次类推。在测试类中，用键盘输入一个 1～7 的星期值，获取和打印对应的星期对象的名称和序号，并且如果是 MONDAY，则输出对应的中文星期一，依次类推。

示例代码：

```
package com.atguigu.section06.demo3;

public enum Week {
    MONDAY,TUESDAY,WEDNESDAY,THURSDAY,FRIDAY,SATURDAY,SUNDAY;

    public static Week getByValue(int value){
        Week[] all = Week.values();
        if(value >= 0 && value < all.length){
            return all[value - 1];
        }
        return null;
    }
}
```

测试类示例代码：

```
package com.atguigu.section06.demo3;

import java.util.Scanner;

public class WeekTest {
    public static void main(String[] args) {
        Scanner input = new Scanner(System.in);
        System.out.print("请输入星期值：");
        int value = input.nextInt();

        Week week = Week.getByValue(value);
        if (week != null) {
            System.out.println("名称：" + week.name());
            System.out.println("序号：" + week.ordinal());
        }

        switch (week){
            case MONDAY:
                System.out.println("星期一");break;
            case TUESDAY:
                System.out.println("星期二");break;
            case WEDNESDAY:
                System.out.println("星期三");break;
```

```
        case THURSDAY:
            System.out.println("星期四");break;
        case FRIDAY:
            System.out.println("星期五");break;
        case SATURDAY:
            System.out.println("星期六");break;
        case SUNDAY:
            System.out.println("星期七");break;
        default:
            System.out.println("输入有误");
        }
    }
}
```

从如上的示例代码中可以看出，JDK 5.0 之后可以在 switch 的 case 后面直接写枚举常量对象名。

9.7 注解

从 JDK 5.0 开始，Java 增加了对元数据（MetaData）的支持，也就是注解（Annotation）。注解其实就是代码中的特殊标记，这些特殊标记可以在编译、类加载、运行时被读取，并执行相应的处理。通过使用注解，程序员可以在不改变原有逻辑的情况下，在源文件中嵌入一些补充信息。

注解可以像修饰符一样被使用，可用于修饰包、类、构造器、方法、成员变量、参数、局部变量的声明，这些信息被保存在注解的"name=value"键值对中。

在 Java SE 中，注解的使用目的比较简单，如标记过时的功能、忽略警告等。在 Java EE、Android 中注解占据了更重要的位置，如用来配置应用程序的任何切面，配置事务，代替 Java EE 旧版中所遗留的烦冗代码和 XML 配置，等等。

一个完整的注解应该包含以下三个部分。

（1）注解的声明。

（2）注解的使用。

（3）注解信息的读取和处理。

对于初学者来说，应从注解的使用开始学习。注解信息的读取请看反射章节。

9.7.1 注解的使用

绝大多数情况下，我们只是需要使用某个注解，而不用关心它的声明和读取，而注解的使用也非常简单，其语法格式如下所示：

```
@注解名

或

@注解名(name = value)
```

下面先介绍三个系统预定义的、基本的注解的使用，如下所示。

- @Override：标记某个方法是重写父类或父接口的方法，该注解只能标记在重写的方法上面，这是常用的一个注解。
- @Deprecated：标记某个程序元素（类、方法等）已过时，在 JDK 的核心类库中有大量的类和方法被标记为已过时，请程序员不要再使用这些已过时的类或方法，如 java.util.Date 类中就有大量已过时的方法。
- @SuppressWarnings：标记在需要抑制编译器警告的程序元素上。

示例代码：

```
package com.atguigu.section07;

public class TestAnnotation {
   @SuppressWarnings("deprecated") //抑制因为使用过时方法 method 弹出的警告
   public static void main(String[] args) {
      Flyable.fei();

      Flyable bird = new Bird();
      bird.fly();
   }
}

interface Flyable {
   @Deprecated                        //标记 fei 方法已过时，不建议程序员使用
   static void fei(){
      System.out.println("我要飞的更高~~~");
   }
   void fly();
}
class Bird implements Flyable {

   @Override                          //重写父接口的 fly 方法
   public void fly() {
      System.out.println("展翅高飞");
   }
}
```

有些读者可能会疑惑，之前在重写父类或父接口的方法时，并没有加@Override 注解，重写也依然成立，那么加@Override 注解有什么用呢？

（1）可以让代码阅读性更好，如果看到某个方法标记了@Override 注解，那么我们就可以知道这是一个重写方法，而不是子类自己扩展的方法。

（2）如果加了@Override 注解，那么编译器将会对该方法做格式检查，方法的签名必须严格遵循重写方法的要求，关于重写方法的要求请看 8.5.4 节，否则有可能我们认为自己在重写某个方法，实则并不是。

示例代码：

```
package com.atguigu.section07;

public class TestOverride {
   public static void main(String[] args) {
      Father father = new Son();
      father.method("hello");
   }
}
class Father {
   public void method(Object obj) {
      System.out.println("父类的 method 方法");
   }
}
class Son extends Father {
   public void method(String str){
      System.out.println("子类的 method 方法");
}
}
```

上述代码的运行结果是“父类的 method 方法”，而不是预期的“子类的 method 方法”，那是因为

子类中的 method 方法违反了重写的要求，因为没有标记@Override 注解，编译器解读在子类上新扩展了一个方法，与从父类中继承的方法构成了重载方法，所以以后请在所有重写的方法上面标记@Override 注解。

技能提升：

有些读者会有疑问，既然是重载，那么测试类中“father.method("hello");”语句应该与子类中的 method 方法更匹配，那怎么执行的是父类的方法呢？那是因为父类变量在编译时是 Father 类型，因此它匹配的是父类的 method 方法，运行时是子类，但是执行一定是子类重写的 method，而此处子类并没有重写 method 方法，所以仍然执行父类中的 method。

9.7.2 元注解

注解是标记在类、方法、变量等上的解释性元素。其中有一种特殊的注解，它是在声明注解时，标记在被声明的注解上，对声明的新注解做解释说明的，这种用于给注解类型做解释说明的注解，称为元注解。

JDK 5.0 之后提供了以下四个元注解。

（1)Retention：用于解释新声明注解的保留策略。使用 Retention 注解时必须用枚举类 RetentionPolicy 的三个常量对象之一来指定具体的保留策略。

枚举类 RetentionPolicy 的示例代码如下所示：

```
package java.lang.annotation;

public enum RetentionPolicy {
    SOURCE, CLASS, RUNTIME
}
```

- SOURCE：保留在源码阶段，编译器编译后直接丢弃该注解信息。
- CLASS：保留在字节码阶段，即该注解会由编译器记录在类文件中，但不需要在运行时由 VM 保留。这也是注解声明的默认保留策略，即如果某个注解声明时未加 Retention，注解则默认保留策略是 CLASS。
- RUNTIME：保留到运行期间，即在运行期间仍然可以读取该注解，程序员自定义的注解都使用这个策略，因为必须保证在程序运行期间使用反射读取到该注解信息。

（2）Target：用于解释新声明的注解可以使用在什么位置。使用 Target 注解时必须用枚举类的常量对象们来指定具体的位置。如果某个注解声明时没有加 Target 注解，则表示所有位置都可以。

枚举类的示例代码如下：

```
package java.lang.annotation;

public enum ElementType {
   TYPE, FIELD, METHOD, PARAMETER, CONSTRUCTOR, LOCAL_VARIABLE, ANNOTATION_TYPE,
 PACKAGE, TYPE_PARAMETER, TYPE_USE
}
```

- TYPE：代表类、接口、枚举。
- FIELD：属性。
- METHOD：方法。
- PARAMETER：形参。
- CONSTRUCTOR：构造器。
- LOCAL_VARIABLE：局部变量。
- ANNOTATION_TYPE：注解类型。

- PACKAGE：包。
- TYPE_PARAMETER：类型参数。
- TYPE_USE：类型使用。

（3）Documented：用于解释新声明注解用在某个包、类、方法等上面后，当使用 javadoc 工具提取文档注释生成的 API 文档时，是否将对应的注解信息也读取到 API 文档。加@Documented 的注解其@Retention 的 RetentionPolicy 值必须为 RUNTIME 才有意义。

（4）Inherited：用于解释新声明注解用在某个类、方法等上面后是否可以被其子类继承，即如果父类上面或父类的某个成员标记了@Inherited 修饰的注解之后，该注解会被子类继承。

下面来看一下 JDK 源码中关于@Override、@Deprecated 的声明代码。

@Override 声明的示例代码：

```
package java.lang;

import java.lang.annotation.*;

@Target(ElementType.METHOD)
@Retention(RetentionPolicy.SOURCE)
public @interface Override {
}
```

从上述代码中可以看出@Override 注解只保留在 SOURCE 阶段，即只能被编译器读取，之后将读取不到该注解的信息。而且@Override 注解只能标记在 METHOD 的上面，不能用在其他位置。

@Deprecated 声明的示例代码：

```
package java.lang;

import java.lang.annotation.*;
import static java.lang.annotation.ElementType.*;

@Documented
@Retention(RetentionPolicy.RUNTIME)
@Target(value={CONSTRUCTOR, FIELD, LOCAL_VARIABLE, METHOD, PACKAGE, PARAMETER, TYPE})
public @interface Deprecated {
}
```

从上述代码中可以看出@Deprecated 注解可以保留到 RUNTIME 阶段，即无论是在编译、类加载、程序运行时都可以读取到该注解的信息。而且@Deprecated 注解可以标记在构造器、属性、局部变量、方法、包、形参、类或接口的声明上面，不能用在其他位置。标记了@Deprecated 注解的类、方法等，在 API 文档中也会体现。

9.7.3 自定义注解

除了使用系统预定义的注解，还可以声明自己的注解类型。自定义注解的语法格式如下：

```
@元注解
【修饰符】@interface 注解名{
    返回值类型 方法名() default 默认返回值;
}
```

在 Java 中注解被看作一种特殊的接口，使用@interface 关键字进行声明。注解中可以没有任何成员，也可以声明一个或多个抽象方法。这里的抽象方法比较特殊，不能声明参数列表，返回值类型只能使用八大基本数据类型、String 类型、枚举类型、Class 类型及上述类型的数组类型，不能是 Void 类型或其他类型。

可以在抽象方法的( )后面加“default 值”来指明该抽象方法的默认返回值。如果抽象方法后面没有指定默认返回值，那么使用该注解时必须通过“方法名=值”的形式为该抽象方法指定返回值；反之，如果指定了默认返回值，那么使用该注解时可以不需要再为抽象方法指定返回值。

如果注解只有一个抽象方法，那么建议抽象方法名为 value。value 名的抽象方法在使用该注解时可以省略“value=”而直接指定返回值。

自定义注解示例代码：

```
package com.atguigu.section07;

import java.lang.annotation.ElementType;
import java.lang.annotation.Retention;
import java.lang.annotation.RetentionPolicy;
import java.lang.annotation.Target;

@Target(ElementType.METHOD)
@Retention(RetentionPolicy.RUNTIME)
public @interface MyAnnotation {
    String value() default "atguigu";
}
```

使用自定义注解示例代码：

```
package com.atguigu.section07;

public class MyClass {
    //因为 value 抽象方法有默认返回值，这里省略了指定返回值
    @MyAnnotation                                    //①
    public void method(){
        System.out.println("hello annotation: method");
    }

    //标准的为注解抽象方法指定返回值格式
    @MyAnnotation(value = "Java")
    public void way(){                               //②
        System.out.println("hello annotation: way");
    }

    //因为注解的抽象方法名是 value，这里省略了 value=
    @MyAnnotation("尚硅谷")                          //③
    public void fun(){
        System.out.println("hello annotation: fun");
    }
}
```

从上述代码中可以看出，自定义注解@MyAnnotation 只能标记在方法上面，并且可以保留到程序运行期间，可以在程序运行期间使用反射读取该注解的信息（反射读取注解信息的代码请看第 17 章）。

自定义注解@MyAnnotation 的抽象方法在声明时指定默认返回值为“atguigu”，因此在使用@MyAnnotation 注解时，可以不再为其指定返回值，如上述代码中①所示。当然，也可以为其另指定返回值，如上述代码中②或③所示。但是，如果在声明 value()抽象方法时，没有加 default “atguigu”，那么使用@MyAnnotation 时就不能使用形式①了。

到目前为止，大家还没能看出自定义的注解的作用，那是因为它必须结合注解的读取与处理代码才有意义。标记在 method 和 fun 方法上的@MyAnnotation 信息必须被反射代码读取后，才能编写具体的逻辑代码来说明它的意义。

9.7.4 注解的新特性

Java 8 的新特性中有两个新特性是关于注解的，一个是类型注解，另一个是可重复的注解。

在 Java 8 之前，注解只能在声明的地方使用，如声明类的上面、声明方法的上面等，Java 8 扩展了注解的使用范围。为支持新特性，Java 8 在 ElementType 中新增的两个常量对象（TYPE_USE 和 TYPE_PARAMETER）用来描述注解的新场合，这样注解就可以应用在任何地方。

代码演示 1：在创建类实例时使用注解。

```
new@Interned MyObject();
```

代码演示 2：在类型转换时使用注解。

```
myString = (@NonNull String) str;
```

代码演示 3：在 implements 实现接口时使用注解。

```
class UnmodifiableList<T> implements@Readonly List<@Readonly T> { ... }
```

代码演示 4：在 throw exception 声明时使用注解（关于异常的 throws 参考第 10 章）

```
void monitorTemperature() throws@Critical TemperatureException { ... }
```

对类型注解的支持，增强了通过静态分析工具发现错误的能力。原来只能在运行时发现的问题可以提前在编译时被排查出来。虽然 Java 8 本身没有自带类型检测的框架，但是可以通过使用 Checker Framework 这样的第三方工具自动检查和确认软件的缺陷，提高生产效率。

另外，Java 8 以前的版本在使用注解时有一个限制是，相同的注解在同一位置只能使用一次，不能使用多次。Java 8 引入了重复注解机制，这样相同的注解可以在同一地方使用多次，重复注解机制本身必须用@Repeatable 注解标记。实际上，重复注解不是一个语言上的改变，只是编译器层面的改动，技术层面仍然是一样的。

使用重复注解，代码演示：

自定义注解 MyAnn 示例代码，注解@MyAnn 不能重复使用。

```
package com.atguigu.section07;

public @interface MyAnn {
    String value();
}
```

自定义注解 AnnArray 示例代码，其抽象方法的返回值类型是 MyAnn 注解的数组类型。

```
package com.atguigu.section07;

public @interface AnnArray {
    MyAnn[] value();
}
```

使用 AnnArray 注解示例代码。

```
package com.atguigu.section07;

public class TestBeforeJava8 {
    @AnnArray({@MyAnn("atguigu"),@MyAnn("尚硅谷")})
    public void method() {
        System.out.println("hello method");
    }
}
```

Java 8 之后，我们给自定义注解 MyAnn 标记了@Repeatable 注解，此时它就可以重复使用，还指明了重复的注解被存放在@ AnnArray 注解中。

```
package com.atguigu.section07;

import java.lang.annotation.Repeatable;

@Repeatable(AnnArray.class)
public @interface MyAnn {
```

```
    String value();
}
```

使用 AnnArray 注解示例代码。

```
package com.atguigu.section07;

public class TestAfterJava8 {
    @MyAnn("atguigu")
    @MyAnn("尚硅谷")
    public void method(){
        System.out.println("hello method");
    }
}
```

重复注解只是一种简化写法，这种简化写法是一种假象。多个重复注解其实会被作为“容器”注解 AnnArray 的 value 成员的数组元素处理。

9.8 案例：不可扩容与可扩容数组容器

案例背景：

存储一组对象是开发中非常基础的需求，现在要求自行设计一些容器，可以用来存储一组对象。为了适应不同的用户需求，现提供两种容器：一种是不可扩容的数组容器（FixedArray），即一旦确定容量，就不能修改；另一种是可扩容的数组容器（ExtensibleArray），即一开始确定的容量只是初始化容，后面因为元素个数不断增加，可以实现自动扩容，所以每次自动扩容为原来的 1.5 倍。

案例需求：

（1）现有一个容器接口 Container，其包含三种抽象方法。

- void add(Object obj)：添加一个新元素。
- void remove(int index)：删除[index]位置的元素。
- void set(int index, Object obj)：替换[index]位置的元素。

（2）为了统一容器的遍历方式，提供一个 Viewable 接口，该接口包含一种抽象方法，即 Viewer createView( )，可以返回一个查看器。遍历容器统一使用 Viewer 查看器对象来完成。

（3）其中查看器（Viewer）是另一种接口类型，它包含两个方法。

- 一种是 boolean hasNext( )，判断是否还有元素可查看。
- 另一种是 Object next( )，返回下一个元素。

（4）数组容器中有一个抽象父类 Array。

- 包含两个 protected 修饰的成员变量，一个 Object[ ]类型的数组的 elements，用来存储数据，另一个是 int 类型的 total，用来记录实际存储的元素个数。
- 包含一个构造器，即 Array(int initialCapacity)，根据 initialCapacity 来确定 elements 数组的初始化容量。
- 包含一个方法，即 int size( )，返回实际存储的对象个数。
- 要求 Array 父类实现容器接口（Container），其中 add 方法交由两个子类实现，remove 和 set 方法在 Array 中给出具体实现代码。
- 要求在 Array 类中提供一个内部类 InnerViewer，它实现查看器接口（Viewer），该内部类的对象可用于遍历查看 Array 类容器对象的元素。为了实现遍历，该内部类中需要声明一个成员变量 cursor，记录当前遍历的元素下标。
- 要求 Array 父类实现 Viewable 接口，并实现 Viewable 接口抽象方法 Viewer createView( )，该方法返回 InnerViewer 的对象。

（5）两种数组容器均要求继承 Array 抽象父类。

示例代码：

容器接口（Container）示例代码。

```
package com.atguigu.section08;

public interface Container {
    void add(Object obj);
    void remove(int index);
    void set(int index, Object obj);
}
```

可查看接口（Viewable）示例代码。

```
package com.atguigu.section08;

public interface Viewable {
    Viewer createView();
}
```

查看器接口（Viewer）示例代码。

```
package com.atguigu.section08;

public interface Viewer {
    boolean hasNext();
    Object next();
}
```

数组容器抽象父类 Array 示例代码。

```
package com.atguigu.section08;

public abstract class Array implements Container,Viewable {
    protected Object[] elements;
    protected int total;

    public Array(int initialCapacity) {
        elements = new Object[initialCapacity];
    }

    public int size(){
        return total;
    }

    @Override
    public void remove(int index) {
        if (index < 0 || index >= total){
            System.out.println(index + "元素不存在");
            return;
        }
        for (int i = index; i < total-1; i++) {
            elements[i] = elements[i+1];
        }
        elements[total-1] = null;
    }

    @Override
    public void set(int index, Object obj) {
        if (index < 0 || index >= total){
            System.out.println(index + "元素不存在");
            return;
        }
```

```
        elements[index] = obj;
    }

    @Override
    public Viewer createView() {
        return new InnerViewer();
    }

    private class InnerViewer implements Viewer {
        private int cursor;

        @Override
        public boolean hasNext() {
            return cursor < total;
        }

        @Override
        public Object next() {
            return elements[cursor++];
        }
    }
}
```

不可扩容数组容器 FixedArray 示例代码。

```
package com.atguigu.section08;

public class FixedArray extends Array {
    public FixedArray(int initialCapacity) {
        super(initialCapacity);
    }

    @Override
    public void add(Object obj) {
        if (total >= elements.length){
            System.out.println("容器已满");
            return;
        }
        elements[total++] = obj;
    }
}
```

可扩容数组容器 ExtensibleArray 示例代码。

```
package com.atguigu.section08;

public class ExtensibleArray extends Array {
    public ExtensibleArray(int initialCapacity) {
        super(initialCapacity);
    }

    @Override
    public void add(Object obj) {
        if (total >= elements.length) {
            Object[] newArray = new Object[elements.length + (elements.length >> 1)];
            for (int i = 0; i < elements.length; i++) {
                newArray[i] = elements[i];
            }
            elements = newArray;
        }
        elements[total++] = obj;
    }
```

```
}
```

测试不可扩容数组容器 FixedArray 示例代码。

```
package com.atguigu.section08;

public class TestFixedArray {
    public static void main(String[] args) {
        FixedArray box = new FixedArray(3);
        box.add("尚硅谷");
        box.add("谷姐");
        box.add("谷哥");
        box.add("atguigu");
        System.out.println("元素个数：" + box.size());
        box.remove(0);
        System.out.println("元素个数：" + box.size());
        box.set(1,"谷妹");
        System.out.println("所有元素如下：");
        Viewer view = box.createView();
        while (view.hasNext()){
            System.out.println(view.next());
        }
    }
}
```

测试可扩容数组容器 ExtensibleArray 示例代码。

```
package com.atguigu.section08;

public class TestExtensibleArray {
    public static void main(String[] args) {
        ExtensibleArray box = new ExtensibleArray(3);
        box.add("尚硅谷");
        box.add("谷姐");
        box.add("谷哥");
        box.add("atguigu");
        System.out.println("元素个数：" + box.size());
        box.remove(0);
        System.out.println("元素个数：" + box.size());
        box.set(1,"谷妹");
        System.out.println("所有元素如下：");
        Viewer view = box.createView();
        while (view.hasNext()){
            System.out.println(view.next());
        }
    }
}
```

9.9　本章小结

随着本章学习的结束，本书对面向对象核心内容的介绍就已经告一段落了。当然，并不是说面向对象编程（OOP）的学习已经全部完成。这就相当于我们在学习代数的过程中，现已讲完了加、减、乘、除、乘方、开方、整数、小数、分数等基本的概念和运算，但是代数的学习远远不止这些内容，后面的内容是基于这些基本的概念和运算展开并加深的。因此，如果对第 7、8、9 章的内容和概念你有不明白的地方，那么一定要反复阅读和练习。

第10章 异常和异常处理

随着我们在编程这条道路上不断深入，中途除了可以欣赏到风景，领略到人情，还会遇到磕磕绊绊、沟沟坎坎。刚开始我们在遇到错误和问题时，可能会如临大敌、惊慌失措，但后来就会见怪不怪。有句话说得好，所有我经历过的挫折最终都成了我的盔甲，那些没能打倒我们的，终将使我们更加强大！

无论你是“小白”还是“大神”，在开发过程中发生错误都是非常正常的，编程中的错误可以总结为三种。第一种是语法错误，一旦发生语法错误，必须修正，否则编译不通过。对于初学者来说，解决语法错误是第一关，对于语法错误，大家只需要按照语法规则逐条检查，随着我们使用语法的熟练度不断提高，这部分错误会越来越少，而大家对这部分的技能提升也是最快的。第二种是逻辑错误，编译器检查不出来，运行也不报错，但运行结果就是不对，对这种错误必须仔细分析需求，重新设计代码。用合理的算法步骤来实现用户的需求，这和之前用数学知识解应用题的道理是一样的，需要多练。第三种是异常，在整个程序运行期间，用户的操作或运行环境问题会导致程序运行异常，如果没有使用对应的异常处理方式进行合理处理，那么一旦发生异常就会导致程序崩溃。第10章将会给大家介绍什么是异常，以及该如何合理地处理它们，才能使程序更健壮。

10.1 异常体系结构

在使用计算机语言进行项目开发的过程中，即使程序员把代码写得尽善尽美，在系统的运行过程中仍然会遇到一些问题，因为很多问题不是靠代码就能避免的，如客户输入数据的格式问题、读取文件是否存在、网络是否始终保持通畅等。

10.1.1 什么是异常

Java 将程序执行过程中发生的不正常情况称为异常。一方面，如果异常处理不得当，很有可能会导致程序崩溃；另一方面，异常处理机制已经成为衡量一门计算机语言是否成熟的标准之一。Java 使用统一的异常机制来提供一致的错误报告模型，从而使程序更加健壮。

编程的错误分为语法错误、逻辑错误、异常三种，其中语法错误和逻辑错误不属于异常。因为如果发生语法错误，Java 程序根本无法运行；而如果发生逻辑错误，Java 程序也不可能得到正确的结果。我们说的异常是指程序既没有语法错误，也没有逻辑错误，而是在运行过程中遇到一些程序以外的错误，导致 Java 程序发生异常，从而导致 Java 程序崩溃。我们在编程过程中，就是要尽量考虑到这些异常情况，并编写合理的异常处理代码，这样即使程序发生异常，也不会导致程序崩溃。

10.1.2 异常的分类

对于错误，一般有两种解决方法：一种是遇到错误就终止程序的运行；另一种是程序员在编写程序时，就先考虑错误的检测、错误消息的提示，以及错误的处理。那么 Java 是如何表示不同的异常情况，又是如何让程序员得知，并处理错误的呢？

Java 将程序执行时可能发生的错误（Error）或异常（Exception），都封装成了类，作为 java.lang.Throwable 的子类，即 Throwable 是所有错误或异常的超类。Throwable 类中定义了子类通用的方法，当错误或异常发生时，则会创建对应异常类型的对象并且抛出。为什么子类又分为错误和异常呢？显然，二者的特点是不同的。

（1）错误：指的是 Java 虚拟机无法解决的严重问题，一般不编写针对性的代码进行处理。常见的基础错误类型表如表 10-1 所示。

表 10-1　常见的基础错误类型表

错　误　类	说　　明
VirtualMachineError	虚拟机错误，如栈内存溢出、内存溢出等
StackOverflowError	栈内存溢出
OutOfMemoryError	内存溢出
NoClassDefFoundError	无法找到某个类定义错误
UnsupportedClassVersionError	不支持该字节码版本错误，一般是编译时的 JDK 版本高于运行时的 JDK 版本导致的

（2）异常：指其他因编程错误或偶然的外在因素导致的一般性问题，可以使用针对性的代码进行处理。常见的基础异常类型表如表 10-2 所示。

表 10-2　常见的基础异常类型表

异　常　类	说　　明
NullPointerException	空指针异常
FileNotFoundException	文件找不到异常
IOException	数据输入输出（读/写）异常
ClassCastException	类型转换异常
SQLException	数据库 SQL 语句执行异常

异常的种类有很多，而有些异常对于思维严谨、经验丰富的程序员来说，都是可以避免的，如空指针异常、类型转换异常、数组下标越界异常等，Java 将这些异常归为运行时异常（RuntimeException）。因为这些异常发生的概率太高，而且一个合格的程序员都会时刻警惕它们，从而通过相应的判断或特殊的处理来避开它们，所以，针对运行时异常，Java 编译器将不会给出任何“你的程序代码可能发生某种运行时异常，你必须处理它”这样的校验和提醒，因此运行时异常又称为非受检异常。

示例代码：

```
package com.atguigu.section01;

public class TestArrayIndexOutOfBoundsException {
    public static void main(String[] args) {
        int[] arr = {1,2,3,4,5};
        数组下标越界异常（ArrayIndexOutOfBoundsException）
        //下面的语句运行时会发生
        System.out.println(arr[5]);
    }
}
```

虽然以上代码编译正常，但是在运行时发生了数组下标越界异常（ArrayIndexOutOfBoundsException）。数组下标越界异常示意图如图 10-1 所示。

还有一些异常，就算程序员经验再丰富，也很难控制，如网络连接中断、用户指定读取的文件丢失、写文件时发现磁盘空间不足等。针对这些异常，Java 编译器则会帮助程序员进行校验和提醒，一旦编写了相关的代码，编译器就会提醒“你的程序很可能发生××异常，你必须编写相应的处理代码”，而如果你此时不听建议，仍然不处理，那么编译就会不通过。这些异常称为受检异常。

```
TestArrayIndexOutOfBoundsException.java
package com.atguigu.section01;

public class TestArrayIndexOutOfBoundsException {
    public static void main(String[] args) {
        int[] arr = {1,2,3,4,5};
        //下面的语句运行时会发生ArrayIndexOutOfBoundsException数组下标越界异常
        System.out.println(arr[5]);
    }
}
Run: TestArrayIndexOutOfBoundsException
D:\ProgramFiles\Java\jdk1.8.0_271\bin\java.exe ...
Exception in thread "main" java.lang.ArrayIndexOutOfBoundsException Create breakpoint : 5
    at com.atguigu.section01.TestArrayIndexOutOfBoundsException.main(TestArrayIndexOutOfBoundsException.java:7)
```

图 10-1　数组下标越界异常示意图

示例代码：

```
package com.atguigu.section01;

import java.io.FileInputStream;

public class TestFileNotFoundException {
    public static void main(String[] args) {
        FileInputStream fis = new FileInputStream("d:/atguigu.jpg");
    }
}
```

上述代码编译报错，提醒"new FileInputStream("d:/atguigu.jpg");"，即可能发生文件找不到异常（FileNotFoundException），并给出处理建议（关于 FileInputStream 的具体作用请看 IO 流章节，这里只要暂时了解它和文件读取有关即可），如图 10-2 所示。此时，编译器并没有真正检验"d:/atguigu.jpg"是否存在，它只是提醒你可能不存在。退一步讲，就算编译器此刻检验了"d:/atguigu.jpg"文件存在，并不代表在运行时这个文件仍然存在，所以编译器会强制要求你按照建议提前做好不存在的处理。

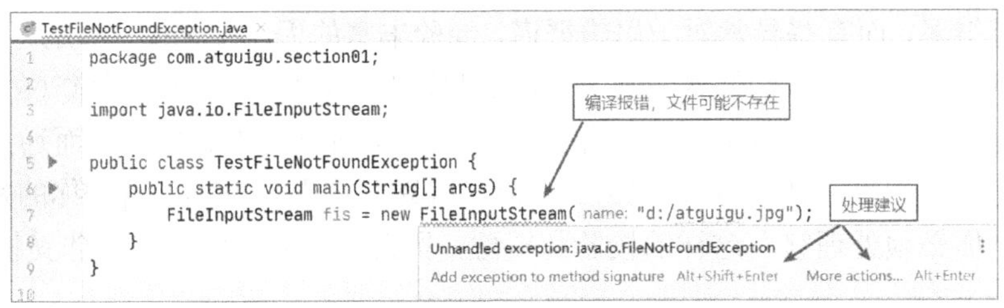

图 10-2　提醒可能发生文件找不到异常示意图

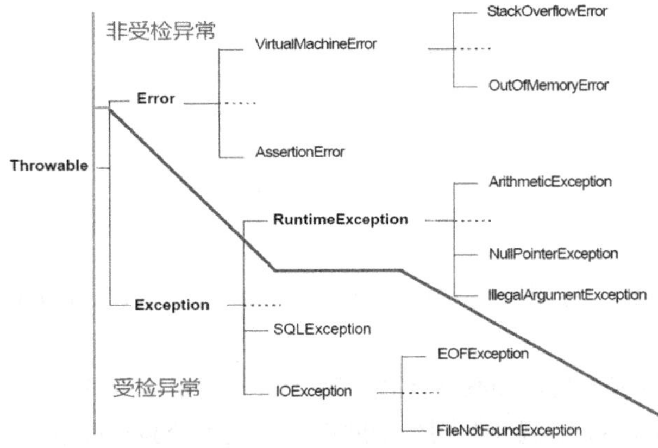

图 10-3　异常分类示意图

在整个异常体系结构中，除了 Error 和 RuntimeException 及其子类属于非受检异常类型，剩下的都是受检异常类型，包括 Throwable 和 Exception 两个类型本身，如图 10-3 所示。当然，无论是受检异常类型还是非受检异常类型，一旦发生异常又没有代码处理该异常，就会导致程序崩溃。

10.1.3　常见的异常和错误类型

在前面的学习过程中，大家一定遇到过很多异常和错误类型了，现在重新来认识一下它们吧。

（1）ArrayIndexOutOfBoundsException：数组下标越界异常。

按照我们的学习顺序，大家之前遇到的第一个异常很可能是数组下标越界异常。当访问数组元素时，必须指定数组元素的下标，而如果下标指定超过[0, 数组的长度-1]时，就一定会发生数组下标越界异常。

示例代码：

```
package com.atguigu.section01;

public class TestArrayIndexOutOfBoundsException {
   public static void main(String[] args) {
      int[] arr = {1,2,3,4,5};
      //下面的语句运行时会发生数组下标越界异常（ArrayIndexOutOfBoundsException）
      System.out.println(arr[5]);
   }
}
```

（2）NullPointerException：空指针异常。

空指针异常可以说是 Java 中出现十分频繁也异常让人头疼的一个异常之一。因为 Java 语言是面向对象的编程语言，所以只要在使用对象的地方，都可能发生空指针异常。一旦发生空指针异常，就说明此时被访问对象为 null，这种情况包括以下几种。

- 调用 null 的实例方法。
- 访问或修改 null 的成员变量。
- 将 null 作为一个数组，获得其长度。
- 将 null 作为一个数组，访问或修改里面的元素。
- 将 null 作为异常抛出。

示例代码：

```
package com.atguigu.section01;

public class TestNullPointerException {
   public static void main(String[] args){
      Programmer programmer = new Programmer();

      //此处会产生空指针异常,因为 programmer.coumputer 为 null
      System.out.println(programmer.getComputer().getBrand());

      Programmer[] programmers = new Programmer[3];
      //此处也会发生空指针异常，因为 programmers[0]此时为 null
      System.out.println(programmers[0].getComputer());
   }
}

class Programmer {
   private String name;
   private Computer computer;

   public String getName() {
      return name;
   }

   public void setName(String name) {
      this.name = name;
   }
```

```
    public Computer getComputer() {
        return computer;
    }

    public void setComputer(Computer computer) {
        this.computer = computer;
    }
}

class Computer {
    private String brand;                         //品牌

    public void setBrand(String brand){
        this.brand = brand;
    }
    public String getBrand(){
        return brand;
    }
}
```

因此，在使用对象时，要时刻警惕该对象是否为 null，或者在使用对象之前加 if(xx != null)的条件判断。

（3）ClassCastException：类型转换异常。

当试图将对象强制转换为它不属于的类型时，系统就会抛出该异常，所以在强制类型转换之前建议使用 instanceof 关键字进行判断，从而避免类型转换异常。

示例代码：

```
package com.atguigu.section01;

public class TestClassCastException {
    public static void main(String[] args) {
        Animal dog = new Dog();
        //以下代码一定会发生 ClassCastException 异常
        Cat cat1 = (Cat) dog;

        Animal animal = new Animal();
        //以下代码也一定会发生 ClassCastException 异常
        Cat cat2 = (Cat) animal;
    }
}
class Animal {

}
class Cat extends Animal {

}
class Dog extends Animal {

}
```

（4）ArithmeticException：算术异常。

当进行一些数学运算时，如果违反了一些规则，就会发生算术异常。例如，两个整数相除，除数为 0 时，就会发生算术异常。所以，在编写数学运算相关的代码时，一定要严格遵守各种数学运算规则。

示例代码：

```
package com.atguigu.section01;

import java.util.Scanner;
```

```
public class TestArithmeticException {
    public static void main(String[] args) {
        Scanner input = new Scanner(System.in);

        System.out.print("请输入被除数：");
        int a = input.nextInt();

        System.out.print("请输入除数：");
        int b = input.nextInt();

        //当除数输入 0 时，下面的代码就会发生算术异常
        System.out.println("商：" + a / b);
    }
}
```

（5）InputMismatchException：输入不匹配异常。

我们之前使用 Scanner 类不同的 next 方法接收键盘输入的各种数据类型数据，但是 Java 语言是强类型语言，每种数据类型的宽度（字节数）是不同的，所以如果你输入的数据类型与要接收数据的类型不一致，那么将会发生输入不匹配异常。当检测到输入不匹配异常时，可以做相应的处理，让用户重新输入。

示例代码：

```
package com.atguigu.section01;

import java.util.Scanner;

public class TestInputMismatchException {
    public static void main(String[] args) {
        Scanner input = new Scanner(System.in);

        System.out.print("请输入一个整数：");
        int num = input.nextInt(); //当输入非整数时，就会报输入不匹配异常

        System.out.println("num = " + num);
    }
}
```

（6）NumberFormatException：数字格式化异常。

当应用程序试图将字符串转换成一种数值类型，但该字符串不能转换为适当格式时，就会抛出数据格式化异常。在实际开发中，通常使用文本框接收用户输入的数据，而文本框中输入的数据不管是文字还是数字，都只能按字符串处理，然后在程序中需要转换为需要的数据类型，如转换为整数类型。

如下所示的代码为用 String 接收一个整数，模拟用文本框接收一个整数。

示例代码：

```
package com.atguigu.section01;

import java.util.Scanner;

public class TestNumberFormatException {
    public static void main(String[] args) {
        Scanner input = new Scanner(System.in);

        System.out.print("请输入一个整数：");
        String str = input.next();

        //下面的代码用于把接收的字符串转换为整数
        // 如果字符串中存储的不是一个整数值时就会发生数字格式化异常
```

```
        int num = Integer.parseInt(str);
        System.out.println("num = " + num);
    }
}
```

（7）StackOverflowError：栈内存溢出错误。

方法在调用时会有一个“入栈”的过程，即需要在栈中开辟一块独立的内存空间用来存储该方法的局部变量等信息，直到方法运行结束才会“出栈”，即释放该内存空间。当方法调用层次太多，特别是递归调用时，就容易发生栈内存溢出错误。下面用一个极端的例子来演示栈内存溢出错误，即无限递归。

示例代码：

```
package com.atguigu.section01;

public class TestStackOverflowError {
    public static void main(String[] args) {
        method();
    }
    public static void method(){
        System.out.println("method方法~~");
        method();         //无限递归，发生StackOverflowError栈内存溢出错误
    }
}
```

（8）OutOfMemoryError：内存溢出错误。

因为在内存溢出或没有可用的内存提供给垃圾回收器时，Java 虚拟机无法再给一个新对象分配内存，所以将会抛出内存溢出错误。对于初学者来说，一开始编写的案例不会太复杂，不太容易报该错误。当应用程序的业务比较复杂或同时在线人数太多等导致内存不够时，才会发生该错误。

数组不断扩容的示例代码：

```
package com.atguigu.section01;

public class TestOutOfMemoryError {
    public static void main(String[] args) {
        int[] arr = new int[5];
        while (true){
            arr = new int[arr.length * 2];//数组扩容
            System.out.println(arr.length);
        }
    }
}
```

每个计算机的配置不同，分配给 JVM 的内存大小自然也不同，下面为了演示该错误，我们修改一下 JVM 的参数，调整一下 JVM 的内存大小。依次单击 IDEA 开发工具的“Run”→“Edit Configurations ...”，打开配置界面，如图 10-4 所示。

第一步：在“Main class：”文本框中填写要运行的主类名。

第二步：在“VM options：”文本框中填写如下参数：

```
-Xms5m -Xmx5m
```

其中-Xms 指的是 JVM 初始分配的内存大小，-Xmx 指的是 JVM 最大分配的内存大小，5m 指的是 5 兆。

第三步：单击“OK”确定。

然后运行上面的示例代码，这时我们可以发现发生了内存溢出错误“java.lang.OutOfMemoryError: Java heap space”。

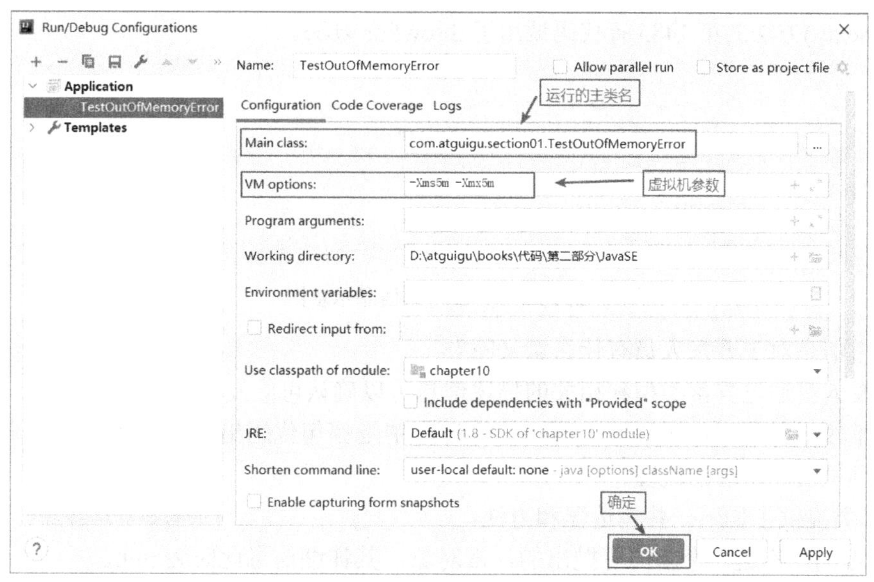

图 10-4　VM options 设置示意图

10.1.4　异常信息的查看

当程序发生异常时，Java 会抛出一个对应类型的对象，那么当控制台打印了一个异常对象的相关信息之后，该如何查看呢？

一个异常对象的信息包括以下几种。

（1）异常的类型。

（2）相关的描述信息，有的异常对象没有描述信息。

（3）异常的堆栈跟踪信息，即异常在哪里发生的，又经历过哪些方法。

示例代码：

```
package com.atguigu.section01;

import java.util.Scanner;

public class TestInputMismatchException {
    public static void main(String[] args) {
        Scanner input = new Scanner(System.in);

        System.out.print("请输入一个整数: ");
        int num = input.nextInt(); //当输入非整数时，就会报输入不匹配异常

        System.out.println("num = " + num);
    }
}
```

以上代码运行时，如果输入 1.5，就会发生输入不匹配异常（InputMismatchException），如图 10-5 所示。

从如上所示的异常信息中可以看出，异常对象的类型是 java.util.InputMismatchException，此处没有 message 相关信息，该程序运行时在 Scanner 类的 throwFor 方法的第 864 行代码发生异常，创建并抛出了异常对象，异常对象被抛给 Scanner 类的 next 方法，然后到达 nextInt 方法，最后到达 main 方法，一路上都没有对该异常对象进行处理，所以程序崩溃。异常对象的堆栈跟踪信息其实说明了程序调用的过程，即 main 的第 10 行代码调用了 Scanner 对象的 nextInt( )方法，在该方法的第 2076 行代码又调用 Scanner 的另一个重载的 nextInt( )方法，在该方法的第 2117 行代码又调用了 Scanner 类的 next( )

方法，最后在 next( )方法的第 1485 行代码调用了 throwFor 方法。

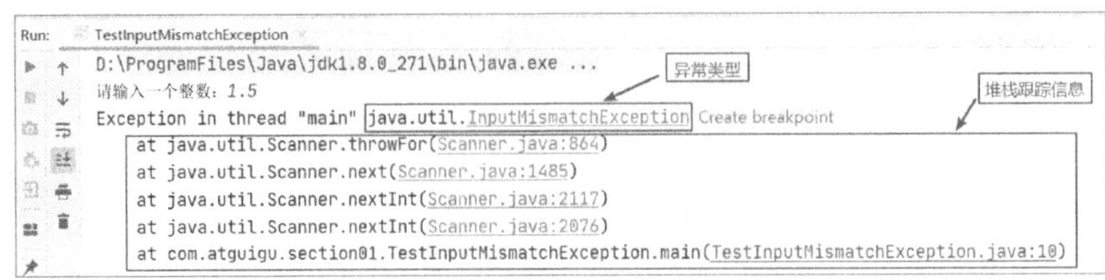

图 10-5 异常对象信息示意图

上面的异常信息对于开发人员有什么意义呢？

第一，开发人员通过异常类型和相关的描述信息可以确认可能发生了什么错误。

第二，从堆栈跟踪信息中可以看出程序运行过程中是哪句代码出现了问题，以此来定位应该修改哪里，或者在哪里给出合理的处理。

Throwable 类提供了如下一些构造器和方法。

- Throwable( )：构造一个新的可抛出的异常对象，其详细信息此时为 null。
- Throwable(String message)：构造一个具有指定详细信息的新异常对象。
- Throwable(Throwable cause)：构造一个具有指定原因的新异常，用于一个异常是由另一个异常引起的情况。
- Throwable(String message, Throwable cause)：构造一个具有指定详细信息和原因的新异常对象。
- Throwable getCause( )：获取引起异常的原因。
- String getMessage( )：获取异常的详细信息。
- void printStackTrace( )：用标准错误的样式打印异常类型、描述信息及堆栈跟踪信息。

上面仅列出部分方法，详细方法请看 API 说明文档。Throwable 类的所有方法在各种异常和错误类型中都会被继承。通常情况下，异常对象的创建是由 JVM 来完成的，但是，如果需要，也可以手动创建异常对象，也可以调用相应的方法来获取和打印异常信息。

10.2 异常处理

无论发生哪种异常，如果程序不处理，都会导致 Java 程序崩溃。有些异常可以通过合理的判断等方式避免，但有些异常是无法避免的，只能通过 Java 提供的异常处理方式进行处理。

通常情况下，异常处理方式有以下三种。

（1）在当前方法发生异常的代码处直接捕获并处理。这种方式对于调用方来说，可能完全不知道被调用方法发生了异常。

（2）在当前方法中不处理，直接抛给调用方处理。这种方式会导致当前方法运行中断，退回到调用方的调用代码处进行处理。

（3）当某些代码不满足语法要求或业务逻辑时，可以手动创建符合语法要求的异常对象，然后抛出。除此之外，在当前方法中捕获了某个异常对象时，也可以将异常对象包装为新类型后再抛给调用方处理。

Java 提供了五个与异常处理相关的关键字，它们是 try、catch、finally、throw、throws。

10.2.1 try-catch-finally

Java 中的异常对象，可以通过 try-catch 结构进行捕获处理。

（1）try-catch 的语法结构如下所示：

```
try {
```

```
    ......    //可能产生异常的代码
} catch(异常类型1  e ){
    ......    //当 try 中产生异常类型 1 的异常对象时的处置代码
} catch(异常类型2  e ){
    ...... //当 try 中产生异常类型 2 的异常对象时的处置代码
}
    ...... //可以有更多个 catch 分支
```

当程序中的某段代码可能发生异常时，可以用 try 结构进行包围。如果 try 结构中的代码没有发生异常，那么程序将正常运行完 try 结构中的代码，不会理会任何 catch 分支。但是，如果 try 结构中的代码发生了异常，则首先会中断 try 结构中剩下代码的执行，并抛出对应的异常对象，交由 catch 分支去匹配，catch 分支从上到下匹配异常对象的类型，一旦匹配成功，就执行该分支，剩下的 catch 分支不会被执行。此时如果所有的 catch 分支都不匹配，那么相当于该异常对象没有被捕获到，自动抛给调用方来处理。

示例代码：

```
package com.atguigu.section02.demo1;

import java.util.InputMismatchException;
import java.util.Scanner;

public class TestTryCatch {
    public static void main(String[] args) {
        Scanner input = new Scanner(System.in);

        while(true) {
            try {
                System.out.print("请输入整数被除数：");
                int a = input.nextInt();

                System.out.print("请输入整数除数：");
                int b = input.nextInt();

                int result = a / b;
                System.out.println("商是：" + result);
                break;
            } catch (ArithmeticException e) {
                e.printStackTrace(); //用标准错误的格式打印异常对象的详细信息
                System.out.println("除数不能为0");
            }
            System.out.println("请重新输入！");
        }

        System.out.println("程序结束！");
    }
}
```

情况一：try 结构中的代码没有异常发生，运行结果如下。

```
请输入整数被除数：9
请输入整数除数：3
商是：3
程序结束！
```

从上面的运行结果中可以看出，try 结构中的代码正常运行，没有执行 catch 分支，try-catch 下面的代码也正常运行。

情况二：try 结构中代码发生异常，但是异常被 catch 分支捕获，运行结果如下。

```
请输入整数被除数：9
请输入整数除数：0
```

```
除数不能为 0
java.lang.ArithmeticException: / by zero
    at com.atguigu.section02.TestTryCatch.main(TestTryCatch.java:18)
请重新输入！
请输入整数被除数：9
请输入整数除数：3
商是：3
程序结束！
```

从上面的运行结果中可看出，try 结构中的“int result = a / b;”语句发生了异常，try 结构中剩下的语句就没有机会执行，此时因为发生的是算术异常（ArithmeticException），它与 catch 分支要捕获的异常正好匹配，所以进入了 catch 分支运行。这就表示异常对象已被捕获处理，所以 try-catch 下面的语句也正常运行，循环没有被中断，进行第二次输入。

情况三：try 结构中代码发生异常，而且异常没有被 catch 分支捕获，运行结果如下。

```
请输入整数被除数：1.5
Exception in thread "main" java.util.InputMismatchException
    at java.util.Scanner.throwFor(Scanner.java:864)
    at java.util.Scanner.next(Scanner.java:1485)
    at java.util.Scanner.nextInt(Scanner.java:2117)
    at java.util.Scanner.nextInt(Scanner.java:2076)
    at com.atguigu.section02.TestTryCatch.main(TestTryCatch.java:13)
```

从上面的运行结果中可以看出，try 结构中“int a = input.nextInt( );”语句发生了异常，try 结构中剩下的语句就没有机会执行，此时因为发生的是 InputMismatchException，它与 catch 分支要捕获的异常类型不匹配，相当于异常对象没有被捕获，最终导致了当前方法的终止，即 try-catch 下面的代码也没有机会运行。由于以上代码是在 main 方法中，所以 main 方法的终止就相当于整个 Java 程序都终止了。

当然，对于上面的案例，可以多加一个 catch 分支，以捕获和处理 InputMismatchException，如下所示：

```
package com.atguigu.section02.demo1;

import java.util.InputMismatchException;
import java.util.Scanner;

public class TestTryCatch {
   public static void main(String[] args) {
      Scanner input = new Scanner(System.in);

      while(true) {
         try {
            System.out.print("请输入整数被除数：");
            int a = input.nextInt();

            System.out.print("请输入整数除数：");
            int b = input.nextInt();

            int result = a / b;
            System.out.println("商是：" + result);
            break;
         } catch (ArithmeticException e) {
            e.printStackTrace();//用标准错误的格式打印异常对象的详细信息
            System.out.println("除数不能为 0");
         } catch (InputMismatchException e) {
            e.printStackTrace();//用标准错误的格式打印异常对象的详细信息
            System.out.println("被除数和除数都必须是整数！");
            input.nextLine(); //读取流中的非整数数据，否则死循环
         }
         System.out.println("请重新输入！");
      }
```

```
        System.out.println("程序结束！");
    }
}
```

对于多个 catch 分支来说，如果各自捕获的异常类型之间没有包含关系（没有父子类关系），那么 catch 分支的顺序不影响结果；如果多个 catch 分支捕获的异常类型之间有包含关系（有父子类关系），那么必须要求子类型的 catch 分支在上，父类型的 catch 分支在下。

从上面案例的分析结果来看，如果 try 结构中的代码没有发生异常，那么 try-catch 结构下面的代码一定是会被执行的；如果 try 结构中的代码发生了异常，而 catch 分支捕获了异常，那么 try-catch 结构下面的代码也是会被执行的；如果 try 结构中的代码发生了异常，而 catch 分支没有捕获到该异常，那么 try-catch 结构下面的代码将没有机会被执行。但是，有些 try-catch 结构下面的代码希望无论 try 结构中是否发生异常，也不管 catch 分支是否捕获到异常，甚至即使 try 结构或 catch 分支中有 return 语句，都一定能够继续执行，如 IO 流的关闭、网络连接的断开等代码，这就需要使用 finally 块。

（2）try-catch-finally 的语法格式如下所示：

```
try {
    ......     //可能产生异常的代码
} catch(异常类型1  e ){
    ......     //当try结构中产生异常类型1的异常对象时的处置代码
} catch(异常类型2  e ){
    ...... //当try结构中产生异常类型2的异常对象时的处置代码
}
    ...... //可以有更多个catch分支
finally {
    ......     //无论是否发生异常，也不管上面的catch分支是否可以捕获到异常，都要执行的语句
}
```

案例需求：

声明一个枚举类 Week，包含七个常量对象；声明一个方法——public static Week getByValue(int value)，其中星期一对应的 value 为 1，星期二对应的 value 为 2，依次类推。在测试类中，从键盘中输入一个 1～7 的星期值，如果是 MONDAY，则输出对应的中文星期一，依次类推。

示例代码：

枚举类 Week 示例代码。

```
package com.atguigu.section02.demo1;

public enum Week {
    MONDAY,TUESDAY,WEDNESDAY,THURSDAY,FRIDAY,SATURDAY,SUNDAY;

    public static Week getByValue(int value){
        Week[] all = Week.values();
        if (value >= 0 && value <= all.length){
            return all[value - 1];
        }
        return null;
    }
}
```

测试类示例代码。

```
package com.atguigu.section02.demo1;

import java.util.Scanner;

public class TestTryCatchFinally {
    public static void main(String[] args) {
```

```
        Scanner input = new Scanner(System.in);

        try {
            System.out.print("请输入星期值：");
            int weekValue = input.nextInt();

            Week week = Week.getByValue(weekValue);
            System.out.println("week=" + week.name());
            return ; //这里故意加 return; 语句，来演示是否可以阻止 finally 块的执行
        } catch (InputMismatchException e) {
            e.printStackTrace();
        } finally {
            System.out.println("程序结束!");
        }
    }
}
```

情况一：正常输入，try 结构中代码没有发生异常，运行结果如下所示。

```
请输入星期值：1
week=MONDAY
程序结束!
```

情况二：输入小数，导致 try 结构中代码发生 InputMismatchException，catch 分支捕获到该异常，运行结果如下所示。

```
请输入星期值：1.5
程序结束!
java.util.InputMismatchException
    at java.util.Scanner.throwFor(Scanner.java:864)
    at java.util.Scanner.next(Scanner.java:1485)
    at java.util.Scanner.nextInt(Scanner.java:2117)
    at java.util.Scanner.nextInt(Scanner.java:2076)
    at com.atguigu.section02.TestTryCatchFinally.main(TestTryCatchFinally.java:12)
```

情况三：输入 1～7 以外的值，导致 try 结构中代码发生 NullPointerException，catch 分支无法捕获到该异常，运行结果如下。

```
请输入星期值：8
程序结束!
Exception in thread "main" java.lang.NullPointerException
    at com.atguigu.section02.TestTryCatchFinally.main(TestTryCatchFinally.java:15)
```

从上面程序的运行结果中可以看出，无论 try 结构中是否发生异常，不管 catch 分支是否捕获到异常，也不管 try 结构和 catch 分支中的 return 语句是否被执行，finally 中的语句块都会被执行。

10.2.2 案例：数组元素的查找

案例需求：

请编写一个数组工具类，包含一个静态方法，该静态方法实现可以在一个 int[ ]数组中查找某个 value 值的功能，如果 value 值存在，则返回它第一次出现的下标；如果 value 值不存在则返回-1；如果传入的数组是 null，则报异常并返回-2。无论结果怎么样，该方法结束之前都打印“查找结束”。

示例代码：

MyArrays（数组工具类）示例代码。

```
package com.atguigu.section02.demo2;

public class MyArrays {
    public static int indexOf(int[] arr, int value){
        try {
```

```
            for (int i = 0; i < arr.length; i++) {
                if(arr[i] == value){
                    return i;
                }
            }
            return -1;
        } catch (Exception e) {
            e.printStackTrace();
            return -2;
        } finally {
            System.out.println("查找结束");
        }
    }
}
```

情况一：正常找到下标，测试代码如下。

```
package com.atguigu.section02.demo2;

public class MyArraysTest1 {
    public static void main(String[] args) {
        int index = MyArrays.indexOf(new int[]{1, 2, 3, 4}, 2);
        System.out.println("index = " + index);
    }
}
```

上述代码的运行结果如下。

```
查找结束
index = 1
```

情况二：找不到元素，但是没有发生异常，测试代码如下。

```
package com.atguigu.section02.demo2;

public class MyArraysTest2 {
    public static void main(String[] args) {
        int index = MyArrays.indexOf(new int[]{1, 2, 3, 4}, 5);
        System.out.println("index = " + index);
    }
}
```

上述代码的运行结果如下。

```
查找结束
index = -1
```

情况三：运行发生异常，且异常被捕获，测试代码如下。

```
package com.atguigu.section02.demo2;

public class MyArraysTest3 {
    public static void main(String[] args) {
        int[] arr = null;
        int index = MyArrays.indexOf(arr, 5);
        System.out.println("index = " + index);
    }
}
```

上述代码的运行结果如下。

```
java.lang.NullPointerException
    at com.atguigu.section02.demo2.MyArrays.indexOf(MyArrays.java:7)
    at com.atguigu.section02.demo2.MyArraysTest3.main(MyArraysTest3.java:6)
查找结束
index = -2
```

如果在 MyArrays 类的 indexOf 方法中的 finally 块中加“return -3;”，结果会怎样呢？

示例代码：

```
package com.atguigu.section02.demo2;

public class MyArrays {

    public static int indexOf(int[] arr, int value){
        try {
            for (int i = 0; i < arr.length; i++) {
                if(arr[i] == value){
                    return i;
                }
            }
            return -1;
        } catch (Exception e) {
            e.printStackTrace();
            return -2;
        } finally {
            System.out.println("查找结束");
            return -3;
        }
    }
}
```

此时再运行上面的三个测试类，则可以发现所有情况中的 index 结果都是-3，也就是 try、catch 中的 return 语句全部失效了，这是因为 finally 中的代码一定会执行，它会覆盖之前返回的结果。

10.2.3 关键字：throws

如果某段代码可能发生异常，并且也非常清楚如何处理该异常，那么使用 try-catch 结构是最直接的。但是有时候，在当前方法中，无法确定如何处理该异常，那么可以将 throws（异常信息）抛给上一级处理。就如同在平时的生活或工作中，有些问题在我们的职责和能力范围内可以处理，那么就直接处理，没必要事事都上报，然而有些问题超过了我们的职责和能力范围，就必须上报交由上级处理。当然，交由上级处理的方式只是说在当前方法中不处理，并不是从头到尾都不用处理，而是由上级或上级的上级来处理，否则一旦发生该异常，仍然会导致程序崩溃。

在声明某个方法时，可以通过 throws 在方法签名中明确需要调用方警惕和处理的异常类型，语法格式如下：

```
【修饰符】 class 类名 {
    //抽象方法或native方法
    【修饰符】 返回值类型  方法名(【参数列表】) 【throws 异常列表】;

    //其他方法
    【修饰符】 返回值类型  方法名(【参数列表】) 【throws 异常列表】{
        方法体代码;
    }
}
```

方法声明时【throws 异常列表】是可选的，只有当前方法可能发生某种异常，而确实又无法处理时，才需要在方法签名中加“throws 异常列表”。throws 关键字后面可以接一个或多个异常类型。如果有多个异常类型，则使用逗号分割，多个异常类型之间的顺序可以随意。throws 后面跟的异常类型，可以是方法中可能产生的异常类型本身或其父类异常类型。例如，方法中可能会产生 ArithmeticException，那么方法声明时可以抛出 ArithmeticException 或 RuntimeException 或 Exception。

如果在当前方法体中可能发生的异常是运行时异常，即非受检异常，那么编译器不会提醒我们使用 try-catch 处理或通过 throws 抛给调用方处理，这个时候就只能由程序员自己保持警惕性，并决定该如何处理它们。如果在当前方法体中可能发生的异常是编译时异常，即受检异常，那么编译器会强制要求使用 try-catch 处理或通过 throws 抛给调用方处理，否则编译不通过。

示例代码：

```
package com.atguigu.section02.demo3;

import java.io.FileInputStream;
import java.io.FileNotFoundException;
import java.util.Scanner;

public class TestThrows {
    public static void main(String[] args) {
        Scanner input = new Scanner(System.in);
        while (true) {
            try {
                System.out.print("请指定要读取的文件: ");
                String filePathName = input.next();
                readFile(filePathName);
                break;
            } catch (FileNotFoundException e) {
                e.printStackTrace();
                System.out.println("文件不存在");
                System.out.println("请重新指定");
            }
        }
    }

    public static void readFile(String filePathName) throws FileNotFoundException {
        FileInputStream fis = new FileInputStream(filePathName);
        // 此处暂时省略具体读文件代码
    }
}
```

如果在 readFile 方法编写时，既不使用 try-catch 处理 FileNotFoundException，又不使用 throws 处理，那么将会发生编译错误。方法体中可能发生受检异常编译错误示意图如图 10-6 所示。

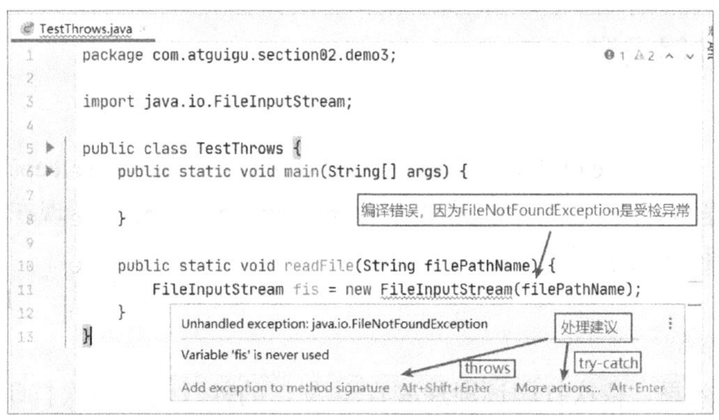

图 10-6　方法体中可能发生受检异常编译错误示意图

另外，如果一个子类要重写父类的方法，那么 throws 后面的异常列表就有要求。

（1）如果被重写的方法并没有 throws 抛出受检异常，那么重写子类的方法时也不能在 throws 后面抛出受检异常。但是可以抛出非受检异常，因为编译器不会检查非受检异常。

（2）如果被重写的方法使用 throws 抛出受检异常，那么重写子类的方法时要么 throws 抛出和被重写的方法 throws 抛出一样的受检异常类型，要么 throws 抛出的异常类型是被重写的方法 throws 抛出的异常类型的子类。

示例代码：

父类 Base 示例代码。

```
class Base {
    public void method() throws IOException {
        //省略方法体代码
    }
    public void fun(){
        //省略方法体代码
    }
}
```

子类 Sub1 示例代码，编译通过。

```
class Sub1 extends Base {
    @Override
    public void method() throws FileNotFoundException {//可以，因为 FileNotFoundException 是 IOException 的子类
        //省略方法体代码
    }
    public void fun() throws RuntimeException{ //可以，因为编译器只检测受检异常
        //省略方法体代码
    }
}
```

子类 Sub2 示例代码，编译报错。

```
class Sub2 extends Base {
    @Override
    public void method() throws Exception { //编译报错，因为 Exception > IOException
        //省略方法体代码
    }

    @Override
    public void fun() throws Exception{ //编译报错，因为被重写方法没有抛出受检异常
        super.fun();
    }
}
```

10.2.4 案例：倒计时几秒

案例需求：

在 java.lang 包下有一个 Thread 类，该类中有一个静态方法，即 void sleep(long millis)，其作用是可以让程序暂停 millis（毫秒），该方法可能抛出一个 InterruptedException。现在设计一个 countDown 方法，可以实现倒计时几秒的效果。

案例分析：

（1）1 秒 =1000 毫秒。

（2）倒计时几秒的效果，依次打印逐渐递减直至为 0 的秒数值，两次打印之间调用 sleep(1000)方法来实现休眠 1 秒。

示例代码：

```
package com.atguigu.section02.demo4;

public class TestSleep {
    public static void main(String[] args) {
        try {
            countDown(5);
```

```
        } catch (InterruptedException e) {
            e.printStackTrace();
            System.out.println("倒计时出错");
        } finally {
            System.out.println("倒计时结束");
        }
    }

    public static void countDown(int seconds) throws InterruptedException {
        for (int i = seconds; i >= 0; i--){
            System.out.println(i + "秒");
            Thread.sleep(1000);
        }
    }
}
```

10.2.5 关键字：throw

前面遇到的异常都是由 JVM 判断某段代码满足了特定的异常条件后，创建并抛出对应类型的异常。其实，我们也可以自己创建异常并且抛出。例如，当某段代码不满足语法要求或业务逻辑时，我们就可以手动创建并抛出符合当前语法要求或业务逻辑的异常对象。

创建异常对象使用关键字 new，抛出异常对象使用关键字 throw，具体的语法格式如下所示：

```
//形式一：
异常类型  异常对象 = new 异常类型(实参列表);
throw 异常对象;

//形式二：
throw new 异常类型(实参列表);
```

案例需求：

声明一个图形工具类，包含一个 void printRectangle(int line, int column, char sign)方法，该方法可以实现打印 line 行 column 列由 sign 所接收的字符组成的矩形，但是要求 line 和 column 必须为正整数，sign 必须为 ASCII 表范围内的可见字符（可见字符编码的范围为[33,126]），否则抛出 IllegalArgumentException（非法参数异常）。在测试类中从键盘中输入行数、列数及组成矩形的符号，调用图形工具类的 printRectangle 进行测试并加上异常处理代码。

示例代码：

图形工具类示例代码。

```
package com.atguigu.section02.demo5;

public class GraphicTools {
    public static void printRectangle(int line, int column, char sign){
        if (line <= 0){
            throw new IllegalArgumentException("line 必须为正整数");
        }
        if (column <= 0){
            throw new IllegalArgumentException("column 必须为正整数");
        }
        if (sign < 33 || sign > 126){
            throw new IllegalArgumentException("sign 必须为可见字符");
        }
        for (int i = 1; i <= line; i++){
            for (int j = 1; j <= column; j++){
                System.out.print(sign);
            }
            System.out.println();
```

```
            }
        }
    }
```

测试类示例代码。

```
package com.atguigu.section02.demo5;

import java.util.Scanner;

public class TestGraphicTools {
    public static void main(String[] args) {
        Scanner input = new Scanner(System.in);

        while (true) {
            try {
                System.out.print("请输入 line 的值：");
                int line = input.nextInt();

                System.out.print("请输入 column 的值：");
                int column = input.nextInt();

                System.out.print("请输入 sign 的符号：");
                char sign = input.next().charAt(0);

                GraphicTools.printRectangle(line, column, sign);
                break;
            } catch (Exception e) {
                System.out.println("请重新输入，原因是" + e.getMessage());
            }
        }
    }
}
```

在上述代码中，当 line、column、sign 等参数不满足当前的逻辑要求时，我们使用 new 关键字创建了 IllegalArgumentException 异常对象，并用 throw 关键字将其抛出。因为 IllegalArgumentException 是非受检异常，因此在 printRectangle 方法中，编译器没有要求进行 try-catch 或 throws，但是最终在 main 方法中还是要加 try-catch 处理的，否则一旦发生异常，程序将崩溃。

另外，在当前方法中捕获某个异常对象后，也可以将异常对象包装为新类型后再抛给调用方处理。例如，子类在重写父类方法时，父类被重写的方法没有 throws 受检异常，这个时候按照重写要求，子类在重写方法时也不能有 throws 受检异常。但是此时在子类重写方法时出现了受检异常，而该异常在当前方法中又无法处理，必须抛给调用方处理，这个时候就可以将受检异常包装为非受检异常，然后抛出。

示例代码：

```
package com.atguigu.section02.demo5;

import java.io.FileInputStream;
import java.io.FileNotFoundException;

public class TestThrow {
    public static void main(String[] args) {
        Father f = new Son();
        try {
            f.method("d:/HelloWorld.java");
        } catch (Exception e) {
            e.printStackTrace();
        }
```

```
    }
}
abstract class  Father {
    public abstract void method(String str);
}
class Son extends Father {
    @Override
    public void method(String str) {
        try {
            FileInputStream fis = new FileInputStream(str);
                //……
        } catch (FileNotFoundException e) {
            throw new RuntimeException(e);
        }
    }
}
```

在上述代码中，父类重写的方法没有 throws 抛出受检异常，那么子类的重写方法中也不能抛出受检异常，但是现在子类在重写方法时，“new FileInputStream(str)”代码抛出了 FileNotFoundException，该异常应该抛给调用方处理，所以应先使用 try-catch 捕获该异常，然后在 catch 中将其包装为 RuntimeException 抛出，这样才能通过编译。

初学者对于 throw 和 throws 两个关键字很容易搞混，以下是它们的区别。

- throws：可看作 try-catch-finally 之外的另一种处理异常的方式。在方法声明处，指明可能抛出的一个或多个异常类型，并由方法的调用方进行进一步处理。
- throw：可看作自动生成并抛出异常对象之外的另一种生成并抛出异常对象的方式，属于手动抛出。在方法体内使用，后面跟异常对象。如果程序执行时运行了 throw 结构，则需要进一步考虑使用 try-catch 或 throws 进行处理。

10.2.6　案例：取款和存款异常

案例需求：

声明一个银行账户类，包含账号、户主名、余额等属性，其中账号和户主名设计为不能修改，并为三个属性提供 get 方法。提供一个有参构造，可以为三个属性初始化。另外设计以下三个功能方法。

- String detail( )：可以返回账户详细信息。
- void save(double money)：可以用于存款，当传入的 money<=0 时，抛出 IllegalArgumentException（非法参数异常），提示“存款金额不能为 0 或负数”。
- void withdraw(double money)：可以用于取款，当传入的 money<=0 时，抛出 IllegalArgumentException（非法参数异常），提示“取款金额不能为 0 或负数”；当传入的 money>balance 时，抛出 UnsupportedOperationException（不支持该操作的异常），并提示“余额不足，不支持本次取款操作”。

示例代码：

隐含账户类（Account）示例代码。

```
package com.atguigu.section02.demo5;

public class Account {
    private final String id;
    private final String name;
    private double balance;

    public Account(String id, String name, double balance) {
        this.id = id;
```

```
        this.name = name;
        this.balance = balance;
    }

    public String getId() {
        return id;
    }

    public String getName() {
        return name;
    }

    public double getBalance() {
        return balance;
    }

    public String detail(){
        return "账号：" + id + "，户主：" + name + "，余额：" + balance;
    }

    public void save(double money){
        if (money <= 0){
            throw new IllegalArgumentException("存款金额不能为 0 或负数");
        }
        balance += money;
    }

    public void withdraw(double money){
        if (money <= 0){
            throw new IllegalArgumentException("取款金额不能为 0 或负数");
        }
        if (money > balance){
            throw new UnsupportedOperationException("余额不足，不支持本次取款操作");
        }
        balance -= money;
    }
}
```

测试类示例代码。

```
package com.atguigu.section02.demo5;

public class TestAccount {
    public static void main(String[] args) {
        Account account = new Account("11024521542","刚哥",12000);
        System.out.println("当前账号信息：" + account.detail());
        try {
            account.save(20000);
            System.out.println("存款成功");
        } catch (Exception e) {
            System.out.println("存款失败，原因是：" + e.getMessage());
        } finally {
            System.out.println("当前账号信息：" + account.detail());
        }

        try {
            account.save(-20000);
            System.out.println("存款成功");
        } catch (Exception e) {
            System.out.println("存款失败，原因是：" + e.getMessage());
        } finally {
```

```
            System.out.println("当前账号信息：" + account.detail());
        }

        try {
            account.withdraw(50000);
            System.out.println("取款成功");
        } catch (Exception e) {
            System.out.println("取款失败，原因是：" + e.getMessage());
        } finally {
            System.out.println("当前账号信息：" + account.detail());
        }

        try {
            account.withdraw(10000);
            System.out.println("取款成功");
        } catch (Exception e) {
            System.out.println("取款失败，原因是：" + e.getMessage());
        } finally {
            System.out.println("当前账号信息：" + account.detail());
        }
    }
}
```

10.2.7　Java 7 对异常处理的改进

Java 7 对异常处理进行了两个实用的小改进，一个是一个 catch 分支可以捕获多个异常类型；另一个是增加了一种新的 try-catch 语法形式以支持自动关闭资源。

（1）多异常捕获。

JDK 7 以前，每个 catch 块只能捕获一种类型的异常，但从 JDK 7 开始，一个 catch 块可以捕获多种类型的异常。

- 当捕获多种类型的异常时，多种异常类型之间用竖线“|”隔开。
- 当捕获多种类型的异常时，异常变量有隐式的 final 修饰，因此程序不能对异常变量重新赋值。

示例代码：

```
package com.atguigu.section02.demo6;

import java.util.InputMismatchException;
import java.util.Scanner;

public class MultiExceptionTest {
    public static void main(String[] args) {
        Scanner input = new Scanner(System.in);

        while(true) {
            try {
                System.out.print("请输入整数被除数：");
                int a = input.nextInt();

                System.out.print("请输入整数除数：");
                int b = input.nextInt();

                int result = a / b;
                System.out.println("商是：" + result);
                break;
            } catch (ArithmeticException | InputMismatchException e) {
                e.printStackTrace();
                System.out.println("请重新输入");
```

```
            }
        }
    }
}
```

（2）自动关闭资源的 try 语句。

在实际的项目开发中，我们可能需要用到一些与外部设备有关的资源对象，如 IO 流、数据库连接等，这些资源对象除在 JVM 中会占用对象需要的内存，在 JVM 之外的 OS 内存中也有相应的数据，而这部分内存，JVM 的 GC 是无法回收的。所以，当使用完这些资源对象之后，就需要调用对应的 close() 方法彻底释放资源内存，而这部分代码一般都在 finally 块中进行编写。通常，这部分关闭资源的代码会让程序显得很臃肿，因此在 JDK 7 中引入了 try-with-resource 的新特性来简化代码（具体使用请参考 14.5 节）。

10.3 异常类型的扩展

虽然 JDK 的核心类库中已经声明了很多异常类型供我们使用，但是有时候我们仍然找不到一个能准确表达我们意图的异常类型，如我们希望年龄满足 0～120 岁的条件，否则就报“年龄异常”，或者当登录时，如果用户名或密码错误，我们想要抛出“用户名或密码异常”的类型等。针对这种情况，Java 允许程序员扩展自己的异常类型。

10.3.1 自定义异常类型

异常类型虽然也是一个 Java 类，但不是所有的 Java 类都可以作为异常类型的。Java 规定异常或错误的类型必须继承现有的 Throwable 或其子类。因为只有当对象是 Throwable（或其子类之一）的实例时，才能通过 Java 虚拟机或 throw 语句抛出。类似地，只有此类或其子类之一才可以是 catch 子句中的参数类型。通常我们会继承 Exception 或 RuntimeException，而继承 RuntimeException 的异常是非受检异常，继承 Exception 的异常是受检异常。此外，为了方便地创建异常对象，我们还可以提供多个构造器。另外还需要提供一个序列化版本 ID（序列化版本 ID 本章先不讨论，具体使用请参考第 14 章）。

自定义 AgeIllegalException（年龄非法异常）示例代码：

```
package com.atguigu.section03;

public class AgeIllegalException extends Exception {

    public AgeIllegalException() {
    }

    public AgeIllegalException(String message) {
        super(message);
    }
}
```

测试类示例代码：

```
package com.atguigu.section03;

import java.util.Scanner;

public class AgeTest {
    public static void main(String[] args) {
        Scanner input = new Scanner(System.in);

        while (true) {
            try {
```

```
            System.out.println("请输入年龄：");
            int age = input.nextInt();
            if (age > 120 || age < 0) {
               throw new AgeIllegalException("年龄必须在[0,120]之间！");
            }
            System.out.println("年龄：" + age);
            break;
         } catch (AgeIllegalException e) {
            System.out.println("请重新输入，原因是：" + e.getMessage());
         }
      }
   }
}
```

注意：自定义异常对象只能通过 throw 语句手动抛出，之后才能通过 try-catch 处理或 throws 抛给调用方。

10.3.2 案例：登录异常

案例需求：

输入用户名和密码，判断用户名是否为“谷姐”，同时密码为“123”。如果用户名或密码错误则抛出 LoginException。

自定义 LoginException 示例代码：

```
package com.atguigu.section03;

public class LoginException extends RuntimeException{
   public LoginException() {
      super();
   }
   public LoginException(String message) {
      super(message);
   }
}
```

测试类示例代码：

```
package com.atguigu.section03;

import java.util.Scanner;

public class LoginTest {
   public static void main(String[] args) {
      Scanner input = new Scanner(System.in);

      System.out.println("请输入用户名：");
      String username = input.next();

      System.out.println("请输入密码：");
      String password = input.next();

      try {
         login(username, password);
         System.out.println("登录成功！");
      } catch (Exception e) {
         System.out.println("登录失败，原因是："+e.getMessage());
      }
   }

   public static void login(String username,String password) {
```

```
        if(!("谷姐".equals(username)))
            throw new LoginException("用户名不存在！");
        if(!("123".equals(password)))
            throw new LoginException("密码不正确");
    }
}
```

10.4 本章小结

通过本章的学习，我们可以发现异常对象主要由以下两种方式生成。

- 由虚拟机自动生成。在程序运行过程中，如果虚拟机检测到程序发生了问题，那么就会在后台自动创建一个对应异常类型的实例对象并自动抛出。此种方式创建的异常对象是 JDK 核心类库中预定义的异常。
- 由开发人员手动创建。如果创建好的异常对象不抛出对程序没有任何影响，和创建一个普通对象一样，但是一旦通过 throw 关键字抛出后就和 JVM 抛出异常对象一样。用户自定义的异常类型必须手动 new，然后使用 throw 语句抛出。当然，如果需要，开发人员也可以用 new 来手动创建并抛出 JDK 核心类库中的异常。

无论异常对象是 JVM 创建并抛出的，还是由开发人员手动 new 并通过 throw 语句抛出的，最终都要在当前方法体中通过 try-catch 进行处理，或者由 throws 让调用方进行 try-catch 处理，如果不处理，则会导致程序终止。

Java 的异常机制使程序中的异常处理代码和正常业务代码分离，可以保证程序代码更加优雅，并提高程序的健壮性。Java 中的异常处理主要依赖 try、catch、finally、throw 和 throws 这几个关键字。

第11章 常用类

经过前面 10 章的学习，相信大家已经掌握了 Java 语言的绝大部分语法，是不是使你学习 Java 的信心大增？本书除了教大家 Java“武功秘籍”的基本招式，还会给大家介绍很多好用的“兵器”，这样方能提高大家的战斗力。JDK 在核心类库中提供了大量好用的 API 供开发人员使用，有了它们，我们就不用赤手空拳地上战场了。

当然，对于初学者来说，我们不需要也没办法一口气学完 JDK 核心类库中所有的 API。本章将给大家介绍几个简单实用的 API，主要包括：Object 类（根父类）、包装类、String 类、可变字符序列、Arrays 类（数组工具类）、自然排序接口 Comparable 和定制排序接口 Comparator、数学相关类、日期类等。

对于已经掌握面向对象语法的读者来说，常用类的学习可以说比较简单，只要知道某个类或接口的作用，就可以根据相应的语法规则使用它们。但是，想要用好它们，或者说可以熟练地使用它们来解决实际的问题，也是需要经过一番练习的。

11.1 Object 类

java.lang.Object 类是类层次结构的根类，每个类（除了 Object 类本身）都使用 Object 类作为超类。一个类如果没有显式声明继承另一个类，则相当于默认继承了 Object 类。换句话说，Object 类的变量可以接收任意类型的对象。Java 规定 Object[]可以接收任意类型对象的数组，但是不能接收基本数据类型的数组。

示例代码：

```
package com.atguigu.section01.demo1;

public class TestObject {
    public static void main(String[] args) {
        Object obj1 = new Object();
        Object obj2 = "小谷";
        Object obj3 = new TestObject();
        Object obj4 = new int[5];//编译通过，此时把数组对象当成一个普通对象赋值给 obj4

        Object[] arr1 = new Object[3];
        Object[] arr2 = new String[3];
        Object[] arr3 = new int[5];//编译报错，因为 int[]不是对象数组
    }
}
```

Object 类只有一个默认的空参构造器，所有类的对象创建最终都会通过 super()语句调用到 Object 类的无参构造器中。如果一个类没有显式继承另一个类，那么在它的构造器中出现的 super()语句表示调用的就是 Object 类的无参构造器。

Object 类是其他类的根父类，因此 Object 类的所有方法都会继承到子类中，包括数组对象，了解 Object 类的方法就非常重要。Object 类中的主要方法如表 11-1 所示。

表 11-1 Object 类中的主要方法

序　号	方 法 名	描　述
1	toString	返回对象的字符串形式
2	equals	比较两个对象的内容是否相等
3	hashCode	获取对象的 hash 码值
4	clone	创建并返回对象的一个副本
5	finalize	回收对象时，做一些清除操作
6	getClass	返回对象运行时的类型
7	wait/wait(time)	当前线程等待直到被唤醒或时间结束
8	notify/notifyAll	唤醒当前对象监视器下等待的单个或所有线程

考虑到学习知识的层次性，本章暂时不讲解和线程相关的 wait 和 notify 系列的五个方法，具体请参考第 15 章。

11.1.1 toString 方法

对于初学者来说，Object 类中最实用的方法应该是 toString 方法，该方法的源码如下所示：

```
public String toString() {
   return getClass().getName() + "@" + Integer.toHexString(hashCode());
}
```

toString 方法的作用是返回对象的字符串形式，也就是任意类型对象想转换成 String 类型，都可以调用 toString 方法。toString 方法的原型返回的是一个类似地址值的字符串，不够简明并且对于开发人员来讲该字符串的信息没有意义，所以建议子类在重写该方法时，返回一个简明易懂的信息表达式，一般为对象的属性信息。

示例代码：

没有重写 toString( )之前的 Person 类示例代码。

```
package com.atguigu.section01.demo1;

public class Person {
   private String name;        //姓名
   private int age;                //年龄
   public Person(String name, int age) {
      super();
      this.name = name;
      this.age = age;
   }
}
```

测试类示例代码。

```
package com.atguigu.section01.demo2;

public class ToStringTest {
   public static void main(String[] args) {
      Person per = new Person("康师傅",32);
      System.out.println("【1】:"+per);
      System.out.println("【2】:"+per.toString());
   }
}
```

代码运行结果：

```
【1】:com.atguigu.section01.demo2.Person@1b6d3586
【2】:com.atguigu.section01.demo2.Person@1b6d3586
```

从上述运行结果来看，当我们打印一个对象时，调用 toString 方法和不调用 toString 方法的最终打印结果都是一样的。这说明当我们使用 System.out.println 或 System.out.print 方法打印对象时，会默认调用对象的 toString 方法。其实在 Java 中当一个对象与字符串进行拼接时，也会自动调用该对象的 toString 方法。

另外，toString 方法默认返回的是“全类名+@+对象的哈希值”，很多初学者会把对象的哈希值直接称为对象的地址值，但它不完全等价于地址值。

重写 toString 方法之后的 Person 类示例代码：

```
package com.atguigu.section01.demo2;

public class Person {
    private String name;
    private int age;
    public Person(String name, int age) {
        super();
        this.name = name;
        this.age = age;
    }

    @Override
    public String toString() {
        return "Person{" + "name=" + name + ", age=" + age + "}";
    }
}
```

重新运行刚才的测试类代码发现运行结果变为如下所示：

```
【1】:Person{name=康师傅, age=32}
【2】:Person{name=康师傅, age=32}
```

相比之前打印的结果，这种形式的结果对于我们来说更有意义，所以建议大家在编写类时，特别是在编写 Javabean 时，尽量都重写 toString 方法。

11.1.2　equals 方法

在之前的练习中提到过，比较两个基本数据类型的值是否相等应使用“==”，而比较两个字符串的内容是否相等应使用 equals 方法。

示例代码：

```
package com.atguigu.section01.demo3;

import java.util.Scanner;

public class TestEquals {
    public static void main(String[] args) {
        Scanner input = new Scanner(System.in);

        System.out.print("请输入整数 a 的值: ");
        int a = input.nextInt();

        System.out.print("请输入整数 b 的值: ");
        int b = input.nextInt();

        System.out.println("整数 a 和 b 是否相等: " + (a==b));
```

```
        System.out.print("请输入字符串 str1 的内容: ");
        String str1 = input.next();

        System.out.print("请输入字符串 str2 的内容: ");
        String str2 = input.next();

        System.out.println("整数字符串 str1 和 str2 是否==: " + (str1 == str2));
        System.out.println("整数字符串 str1 和 str2 是否相等: " + (str1.equals(str2)));
    }
}
```

这是因为对于基本数据类型来说，变量中存储的是数据值，所以直接用“==”比较即可。对于引用数据类型来说，变量中存储的是对象的首地址，所以直接用“==”比较时，只是比较两个对象的首地址是否相等，而不是比较两个对象的内容是否相等。

如果要比较两个对象的内容是否相等，则需要调用 equals 方法，该方法在 Object 类中的源码如下所示：

```
    public boolean equals(Object obj) {
        return (this == obj);
    }
```

Object 类中该方法的作用是比较两个对象的内容是否相等。从上面的代码中可以看出，在 Object 类中，默认实现的 equals 方法与“==”的效果是一样的。

示例代码：

没有重写 Person 类的示例代码。

```
package com.atguigu.section01.demo3;

public class Person {
    private String name;
    private int age;

    public Person(String name, int age) {
        super();
        this.name = name;
        this.age = age;
    }
}
```

测试类示例代码。

```
package com.atguigu.section01.demo3;

public class TestPersonEquals {
    public static void main(String[] args) {
        Person per1 = new Person("康师傅", 32);
        Person per2 = new Person("康师傅", 32);
        System.out.println(per1 == per2);
        System.out.println(per1.equals(per2));
    }
}
```

上面代码的运行结果并没有如我们预期的那样是“false”和“true”，而是“false”和“false”。

正如前面看到的那样，Object 类中默认实现的 equals 方法也是通过“==”判断对象是否相等。而对于引用类型变量，“==”判断的不是属性信息，而是二者引用的是否是同一个对象，也就是地址是否相等。一般来讲，开发人员希望判断的是两个对象的属性内容是否相等，所以往往需要重写 equals 方法。

我们可以选择手动重写，也可以使用 IDE 开发工具提供的模板重写。IDE 开发工具中的 equals 方法和 hashCode 方法都是一起重写的（hashCode 方法请参考 11.1.3 节），操作如下所示。

第一步：在要重写 equals 方法和 hashCode 方法的位置按 Alt+Insert 快捷键，然后选择“equals( ) and hashCode( )”方法，如图 11-1 所示。

第二步：选择使用哪个模板来生成 equals 方法和 hashCode 方法，如图 11-2 所示。

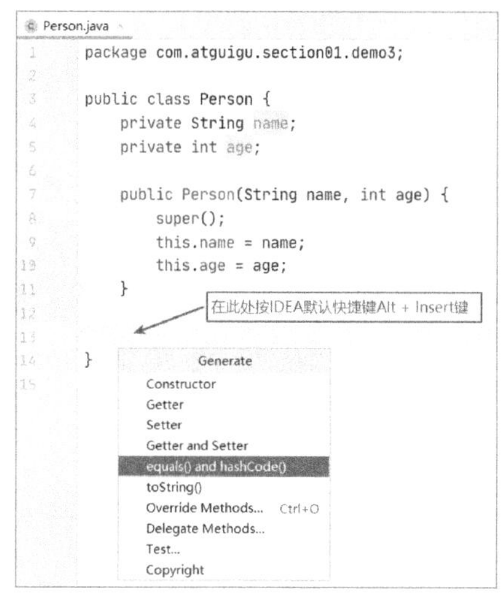

图 11-1　重写 equals 方法和 hashCode 方法

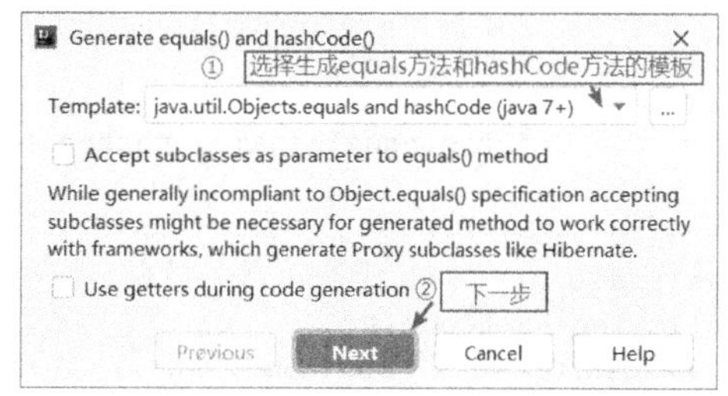

图 11-2　模板的选择

第三步：选择哪些属性可以参与 equals 方法比较，如图 11-3 所示。

第四步：选择哪些属性可以参与 hashCode 值计算，如图 11-4 所示。这步选择的属性基本与上一步选择的属性是一样的，具体原因请看 hashCode 方法的相关内容。

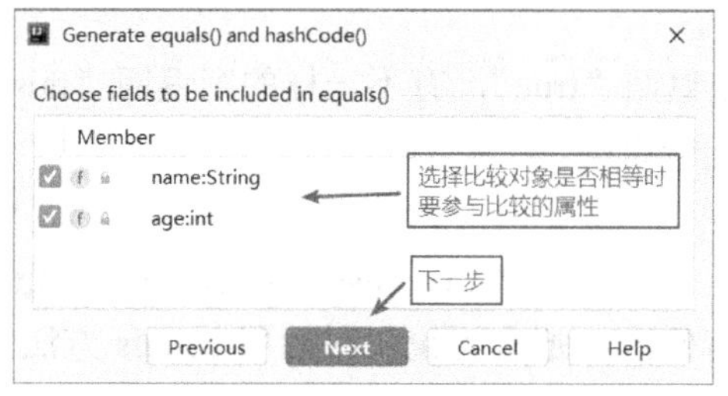

图 11-3　选择属性参与 equals 方法比较

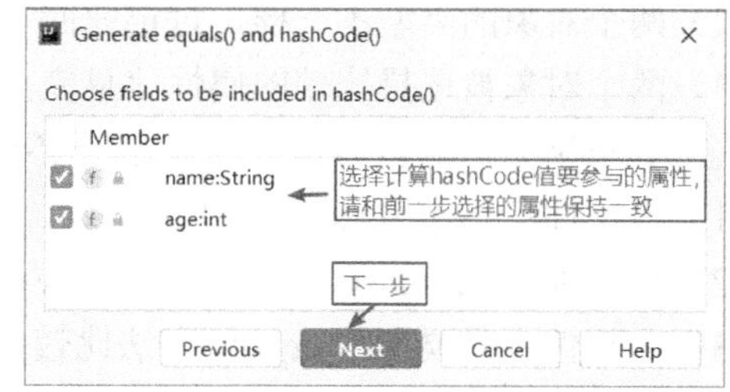

图 11-4　选择属性参与 hashCode 值计算

第五步：如果对象中的属性有引用数据类型，那么还需要选择对象中的非空属性，如果该属性可能为 null，那么就不勾选，如图 11-5 所示。

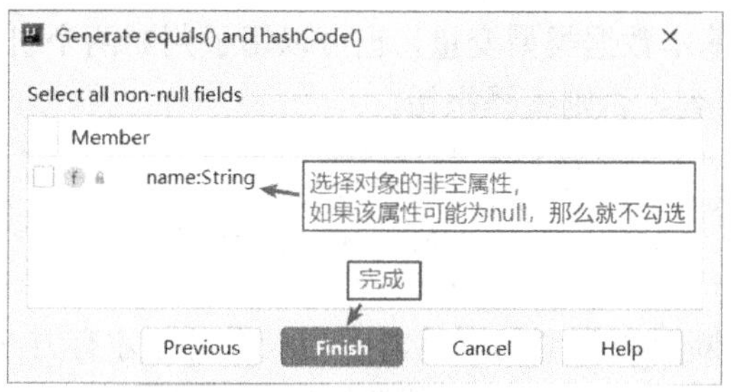

图 11-5　选择非空属性

Person 类代码重写了 equals 方法和 hashCode 方法之后的示例代码：

```
package com.atguigu.section01.demo3;

import java.util.Objects;
```

```
public class Person {
    private String name;
    private int age;

    public Person(String name, int age) {
        super();
        this.name = name;
        this.age = age;
    }

    @Override
    public boolean equals(Object o) {
        if (this == o) return true;
        if (o == null || getClass() != o.getClass()) return false;
        Person person = (Person) o;
        return age == person.age &&
                Objects.equals(name, person.name);
    }

    @Override
    public int hashCode() {
        return Objects.hash(name, age);
    }
}
```

再次运行上述的测试类，发现运行结果是“false”和“true”。

从上面模板中生成的 equals 方法代码主要分为三个方面。

（1）两个对象的地址一样，肯定返回“true”。

（2）两个对象的类型不一样，肯定返回“false”。

（3）两个对象被选择比较的属性信息完全一样，肯定返回“true”，有不一样的则返回“false”。

关于 equals 方法的重写，Java 规定一定要遵循如下几个原则。

（1）自反性：x.equals(x)返回“true”。

（2）传递性：x.equals(y)返回“true”，y.equals(z)返回“true”，则 x.equals(z)也应该返回“true”。

（3）一致性：只要参与 equals 方法比较的属性值没有修改，那么无论何时调用 equals 方法的结果应该都是一致的。

（4）对称性：x.equals(y)与 y.equals(x)的结果应该一致。

（5）非空对象.equals(null)的结果一定是 false。

关于“==”和 equals 方法的区别，总结如下。

- “==”可用于判断两个基本数据类型变量，也可以用于判断两个引用类型变量。但都需要保证判断双方的类型一致或兼容，否则编译报错。

```
System.out.println(1.5 == 1); //编译正确，结果为false
System.out.println(1.5 == true);//编译报错，因为类型不兼容
System.out.println("john" == new Date()); //编译报错，因为类型不兼容
System.out.println(new Student()==new Person());//已知Student是Person的子类，编译正确！结果为false
```

- equals 方法只能用于判断引用类型的变量，因为只有对象才有方法，默认判断的是对象的内容，如果重写 Object 类的 equals 方法，则一般判断的是对象的内容是否相等。

11.1.3 hashCode 方法

重写 equals 方法时，一般都会带上 hashCode 方法，该方法在 Object 类中的源码如下所示：

```
public native int hashCode();
```

hashCode 方法的说明有以下几点：

（1）hashCode 方法用于返回对象的哈希码值。支持此方法是为了提高哈希表（如 java.util.Hashtable 提供的哈希表）的性能，因此，目前大家只要知道 hashCode 值是一个整数值即可，至于哈希表等概念在后面的集合章节会讲解。

（2）hashCode 在 Object 类中有 native 修饰，是本地方法，该方法的方法体不是 Java 实现的，是由 C/C++实现的，最后编译为.dll 文件，然后由 Java 调用。

示例代码：

Person 类的示例代码。

```
package com.atguigu.section01.demo4;

public class Person {
    private String name;
    private int age;

    public Person(String name, int age) {
        super();
        this.name = name;
        this.age = age;
    }
}
```

测试类示例代码。

```
package com.atguigu.section01.demo4;

public class HashCodeTest {
    public static void main(String[] args) {
        Person per1 = new Person("康师傅", 32);
        Person per2 = new Person("康师傅", 32);
        System.out.println(per1.hashCode());
        System.out.println(per2.hashCode());
        System.out.println(per1.equals(per2));
    }
}
```

代码运行结果：

```
460141958
1163157884
false
```

我们也可以重写 hashCode 方法，手动重写或使用 IDE 开发工具提供的模板重写，具体操作见 equals 方法重写。hashCode 方法重写时要满足如下几个要求。

（1）如果两个对象调用 equals 方法返回 true，那么要求这两个对象的 hashCode 值一定是相等的。

（2）如果两个对象的 hashCode 值不相等，那么要求这两个对象调用 equals 方法一定是 false。

（3）如果两个对象的 hashCode 值相等，那么这两个对象调用 equals 方法可能是 true，也可能是 false。

重写 Person 类的 hashCode 和 equals 方法示例代码：

```
package com.atguigu.section01.demo4;

import java.util.Objects;

public class Person {
    private String name;
    private int age;
```

```
    public Person(String name, int age) {
        super();
        this.name = name;
        this.age = age;
    }

    @Override
    public boolean equals(Object o) {
        if (this == o) return true;
        if (o == null || getClass() != o.getClass()) return false;
        Person person = (Person) o;
        return age == person.age &&
                Objects.equals(name, person.name);
    }

    @Override
    public int hashCode() {
        return Objects.hash(name, age);
    }
}
```

再次运行上述的测试类示例代码，运行结果如下：

```
746115565
746115565
true
```

大家运行一下如下所示代码，看看有什么发现。

```
package com.atguigu.section01.demo4;

public class TestStringHashCode {
    public static void main(String[] args) {
        System.out.println("Aa".hashCode());
        System.out.println("BB".hashCode());
        System.out.println("CC".hashCode());
    }
}
```

上述代码的运行结果是不是让你有点吃惊，因为“Aa”与“BB”字符串的 hashCode 值竟然是相等的。

由此可见 Java 中 hashCode 值遵循如下常规协定。

- 如果两个对象的 hashCode 值是不相等的，那么这两个对象一定不相等。
- 如果两个对象的 hashCode 值是相等的，那么这两个对象不一定相等。

11.1.4 getClass 方法

第 8 章曾提到过对象有编译时类型与运行时类型两种类型，而且编译时类型可能与运行时类型不一致。编译时类型就是变量声明时的类型，那么如何在运行时获取某个变量中对象的运行时类型呢，Object 类为我们提供了一个 getClass 方法，可以获取对象的运行时类型。该方法在 Object 类中的源码如下所示：

```
public final native Class<?> getClass();
```

关于该方法返回值类型 Class<?>的具体介绍请参考第 17 章。

示例代码：

```
package com.atguigu.section01.demo5;

public class GetClassTest {
```

```
    public static void main(String[] args) {
        listen(new Dog());
        listen(new Cat());
    }

    public static void listen(Animal animal){
        System.out.println("The animal is a " + animal.getClass());
        animal.shut();
    }
}
abstract class Animal {
    public abstract void shut();
}
class Dog extends Animal {
    @Override
    public void shut() {
        System.out.println("汪汪汪~");
    }
}
class Cat extends Animal {
    @Override
    public void shut() {
        System.out.println("喵喵喵~");
    }
}
```

在上述代码的 listen 方法中，animal 变量的编译时类型是 Animal，而运行时类型变量由传入的实参对象决定，可能是 Dog，也可能是 Cat。

11.1.5 clone 方法

开发中如果需要复制一个对象，则可以使用 Object 类提供的 clone 方法。该方法在 Object 类中的源码如下所示：

```
protected native Object clone() throws CloneNotSupportedException;
```

调用该方法时可以创建并返回当前对象的一个副本。从源码中可以发现该方法的权限修饰符是 protected，说明默认 Object 类中的 clone 方法只能在 java.lang 包或其他包的子类中调用。因此，如果在测试类中要通过自定义类的对象来调用 clone 方法，则必须重写该方法。这里要注意的是，如果要重写该方法，则子类必须实现 java.lang.Cloneable 接口，否则会抛出 CloneNotSupportedException。

示例代码：

Person 类示例代码。

```
package com.atguigu.section01.demo6;

import java.util.Objects;

public class Person implements Cloneable {
    private String name;
    private int age;

    public Person(String name, int age) {
        super();
        this.name = name;
        this.age = age;
    }

    @Override
    public Object clone() throws CloneNotSupportedException {
```

```
        return super.clone();
    }

    @Override
    public boolean equals(Object o) {
        if (this == o) return true;
        if (o == null || getClass() != o.getClass()) return false;
        Person person = (Person) o;
        return age == person.age &&
                Objects.equals(name, person.name);
    }

    @Override
    public int hashCode() {
        return Objects.hash(name, age);
    }
}
```

测试类示例代码。

```
package com.atguigu.section01.demo6;

public class CloneTest {
    public static void main(String[] args) {
        try {
            Person per = new Person("谷姐",18);
            Object clone = per.clone();
            System.out.println(per == clone);
            System.out.println(per.equals(clone));
        } catch (CloneNotSupportedException e) {
            e.printStackTrace();
        }
    }
}
```

上述代码的运行结果分别为“false”和“true”。

11.1.6 finalize 方法

对于初学者来说，finalize 方法是最没机会接触到的方法，简单了解一下即可。Object 类中 finalize 方法的源码如下所示：

```
protected void finalize() throws Throwable {}
```

finalize 方法是 Object 类中的 protected 方法，子类可以重写该方法以实现资源清理工作，GC 在回收对象之前会调用该方法，即该方法不是由开发人员手动调用的。

当对象变成不可达时，即对象成为需要被回收的垃圾对象时，GC 会判断该对象是否覆盖了 finalize 方法，若未覆盖，则直接将其回收。若对象未执行过 finalize 方法，则将其放入 F-Queue 队列，由一个低优先级线程执行该队列中对象的 finalize 方法。执行完 finalize 方法后，GC 会再次判断该对象是否可达，若不可达，则进行回收，否则对象复活，复活后的对象下次回收时，将不再放入 F-Queue 队列，即不再执行其 finalize 方法。

Java 语言规范并不能保证 finalize 方法会被及时执行，而且根本不能保证它们会被执行。所以不建议用 finalize 方法完成非内存资源清理工作以外的任务。

到目前为止，我们学习了三个非常相似的单词，即 final、finally、finalize，有一道经典的面试题就是考查这三者的区别，初学者不要搞混它们。final 是修饰符，用它修饰的变量值不可更改，即为常量，用它修饰的方法不能被子类重写，用它修饰的类不能被继承；finally 是配合 try-catch 用于异常处理的，当某段代码要求无论 try 中代码是否发生异常且 catch 是否捕获到异常都要执行时，就放在 finally 块中。

11.2　包装类

Java 语言是面向对象的语言，所以很多 API 和新特性都是基于面向对象的思想和语法设计的，但是在程序中又有很多数据都是用基本数据类型来表示的，这就非常不方便。实际上，Sun 公司早就考虑过这个问题，于是特别为基本数据类型量身定做了一套对应的引用类型，这套引用类型本身的值就是基本数据类型的值，只是多了属性和方法，就像一个普通人经过经纪公司“包装”后，就可以有更多的资源一样，所以我们将其称为包装类。基本数据类型和包装类的对应如图 11-6 所示。

通过看源码或 API 文档，我们可以知道包装类在 java.lang 包下，而且所有包装类都是 final 修饰的，即不能被继承。里面维护的基本数据类型的变量 value，也是 final 修饰的，不能更改，即一旦创建对象，其内容就不能修改。包装类主要分为三种不同类型：数值类型（Byte、Short、Integer、Long、Float 和 Double）、Character 类型、Boolean 类型。

读者可能会有疑问，为什么 Java 语言当初不直接使用包装类来代替基本数据类型，使其成为纯面向对象的语言呢？Java 语言最初保留基本数据类型的主要考量是性能。从占用内存空间来看，基本数据类型有着明显的优势，如图 11-7 所示，而且基本数据类型不涉及垃圾回收的问题；从运行时间来看，测试同样的算法代码时基本数据类型明显快很多，由于篇幅问题，这里就不展示具体的测试过程了。所以，综合考量，Java 语言既保留了基本数据类型，又提供了包装类来使得基本数据的数据与面向对象的语法相对接，使 Java 语言成了非常有特色的双类型语言。

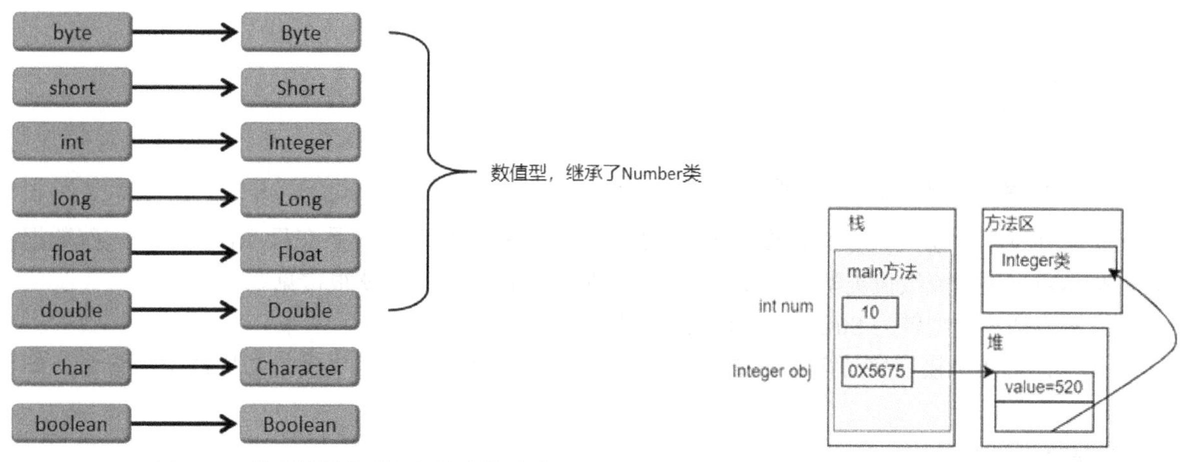

图 11-6　基本数据类型和包装类的对应　　　图 11-7　基本数据类型和包装类的内存

11.2.1　数值类型

数值类型包括 Byte、Short、Integer、Long、Float 和 Double，它们有一些共同点。

1. 数值类型的包装类都有共同的父类

数值类型的包装类都继承自 Number 类，Number 类是抽象类，要求它的子类必须实现如下六个方法。

- byte byteValue( )：将当前包装的对象转换为 byte 类型的数值。
- short shortValue( )：将当前包装的对象转换为 short 类型的数值。
- int intValue( )：将当前包装的对象转换为 int 类型的数值。
- long longValue( )：将当前包装的对象转换为 long 类型的数值。
- float floatValue( )：将当前包装的对象转换为 float 类型的数值。
- double doubleValue( )：将当前包装的对象转换为 double 类型的数值。

通过这六个方法，数值类型的包装类可以互相转换这六种数值，但是需要注意的是当大范围的数值转换为小范围的数值时，可能会溢出或损失精度。

2. 创建对象的方式相同

包装类是引用数据类型，那么应如何创建包装类的对象呢？数值类型的包装类创建对象的方式通常有两种。

方式一：通过调用构造器，每个数值类型的包装类都有两个构造器。以 Integer 类为例，Integer 的构造器如下所示。

- Integer(int value)：通过指定一个数值构造 Integer 对象。
- Integer(String s)：通过指定一个字符串 s 构造对象（要求 s 是十进制字符串表示的数值，否则会报异常）。

示例代码：

```
Integer obj1 = new Integer(100);
Integer obj2 = new Integer("100");
```

方式二：从 JDK 1.5 之后，可以通过调用包装类的 valueOf 静态方法，将一个基本数据类型的值或字符串转换为数值类型的包装类对象。以 Integer 类为例，Integer 类的 valueOf 如下所示。

- Integer valueOf(int i)：返回一个表示指定 int 值的 Integer 实例。
- Integer valueOf(String s)：返回保存指定 String 值的 Integer 对象，要求 s 是十进制字符串表示的数值，否则会报异常。

示例代码：

```
Integer obj1 = Integer.valueOf(100);
Integer obj2 = Integer.valueOf("100");
```

3. 基本数据类型和 String 类型之间的转换

在实际开发中，输入和输出的数据通常都是文本形式的字符串，但是在程序计算中，这些数据都需要是基本数据类型或数值类型的包装类，那么它们之间的类型转换就很常见。

（1）基本数据类型转为 String 类型通常有两种方式。

方式一：直接拼接空字符串。在 Java 中，任意数据类型与字符串拼接的结果都是字符串，如下所示。

```
int intValue = 10;
String strValue = intValue+"";
```

方式二：调用 String 类型的 valueOf 静态方法，如下所示。

```
int intValue = 10;
String strValue = String.valueOf(intValue);
```

（2）String 类型转换为基本数据类型，需要调用包装类的静态方法 parseXxx 方法来实现，如下所示。

```
String strValue1 = "521";
int i = Integer.parseInt(strValue1);

String strValue2 = "1.5";
double d = Double.parseDouble(strValue2);
```

4. 其他常量与方法

当我们想要在程序中表示某个数值类型不能超过该类型能表示的最大值或最小值时，可以通过包装类来获取对应数值类型的最大值和最小值。

- MIN_VALUE：表示某数值类型的最小值。
- MAX_VALUE：表示某数值类型的最大值。

当我们需要比较两个数值类型的大小时，可以使用包装类的 compare 方法代替“>”“<”“==”等运算符号，特别是浮点数。

- static int compare(int x, int y)：Integer 类中用于比较两个 int 值大小的静态方法，如果 x 大于 y，则返回正整数；如果 x 小于 y，则返回负整数；如果 x 等于 y，则返回 0。
- static int compare(double d1, double d2)：Double 类中用于比较两个 double 值大小的静态方法，建议 double 类型的数据在比较大小时使用它，而不是直接使用“>”“<”“==”运算符。如果 d1 大于 d2，则返回正整数，如果 d1 小于 d2，返回负整数，如果 d1 等于 d2，则返回 0。

Integer 包装类中还有几个十进制和其他进制转换的方法。

- static String toBinaryString(int i)：Integer 类中用于返回某 int 值的二进制值。
- static String toOctalString(int i)：Integer 类中用于返回某 int 值的八进制值。
- static String toHexString(int i)：Integer 类中用于返回某 int 值的十六进制值。

11.2.2　Character 类型

Character 类型是 char 类型的包装类，用于处理字符数据。

1．创建对象

将一个 char 类型的基本数据类型值包装为 Character 类型的对象通常有两种方式。

方式一：通过构造器 Character(char value)创建一个新的 Character 对象。

方式二：通过调用静态方法 Character valueOf(char value)返回该 char 值的 Character 对象。

示例代码：

```
Character obj1= new Character('a');
Character obj2= Character.valueOf('a');
```

2．char 类型和 String 类型之间的转换

虽然说 char 类型用于表示单个字符，String 类型用于表示多个字符组成的字符串，但我们仍然无法直接将一个 char 类型的数据直接赋值给 String 类型的变量，或者将一个只有单个字符的字符串直接赋值给 char 类型的变量，即它们不能直接相互赋值，仍然需要经过类型转换。

（1）将 char 类型转换为 String 类型的方式通常有两种。

方式一：直接拼接空字符串来实现，如下所示。

```
char cValue = 'a';
String str = cValue+"";
```

方式二：通过调用 String 类型的 valueOf 方法来实现，如下所示。

```
char cValue = 'a';
String str = String.valueOf(cValue);
```

（2）将 String 类型转换为 char 类型则可以调用 String 类型的 char charAt(int index)方法来获取字符串中的某个字符，其中 index 为某字符在字符串中的索引下标，第一个字符的下标从 0 开始，如下所示。

```
String sValue = "hello";
char c = sValue.charAt(0);   //c 中获取的字符是'h'字符
```

3．Character 类型的部分常量和方法

在开发中经常有关于字符的判断、大小写转换等操作，Character 类型给我们提供了以下几种现成的方法。

- MIN_VALUE：表示最小编码值的字符。
- MAX_VALUE：表示最大编码值的字符。

- char charValue( )：返回此 Character 类型对象的值。
- static boolean isLetter(char ch)：判断该字符是否为字母。
- static boolean isDigit(char ch)：判断该字符是否为数字。
- static boolean isUpperCase(char ch)：判断是否为字母的大写形式。
- static boolean isLowerCase(char ch)：判断是否为字母的小写形式。
- static char toLowerCase(char ch)：将字符转为小写形式。
- static char toUpperCase(char ch)：将字符转为大写形式。

11.2.3 Boolean 类型

Boolean 类型是 booelan 类型的包装类，用来处理布尔值“true”或“false”。

1. 创建对象

将一个 boolean 值或“true”和“false”字符串转为 Boolean 类型的对象有以下两种方式。

方式一：通过构造器创建一个 Boolean 类型对象。

- Boolean(boolean value)：通过一个 boolean 值创建 Boolean 类型对象。
- Boolean(String s)：将“true”和“false”字符串转换为 Boolean 类型对象。

方式二：通过 Boolean 类型的静态方法 valueOf 将一个 boolean 值或“true”和“false”字符串转为 Boolean 类型对象。

- Boolean valueOf(boolean b)：将一个 boolean 值转换为 Boolean 类型对象。
- Boolean valueOf(String s)：将“true”和“false”字符串转换为 Boolean 类型对象。

2. boolean 类型和 String 类型之间的转换

boolean 类型与 String 类型的转换也很简单。

（1）将 boolean 类型转换为 String 类型的方式有两种。

方式一：通过拼接空字符串，如下所示。

```
boolean bValue = true;
String s = bValue+"";
```

方式二：通过调用 String 类型的静态方法 valueOf 来实现，如下所示。

```
boolean bValue = true;
String s = String.valueOf(bValue);
```

（2）将 String 类型转换为 boolean 类型，如下所示。

```
String sValue = "true";
boolean b = Boolean.parseBoolean(sValue);
```

11.2.4 装箱与拆箱

包装类和对应的基本数据类型之间必须可以自由转换，这样才能方便地在程序中既能符合面向对象的语法，又能发挥基本数据类型的优势，Java 确实保证了这点。我们将基本数据类型转换成包装类的过程称为装箱，反过来，将包装类转换成基本数据类型的过程称为拆箱。

在 JDK 5.0 版本之前，需要通过调用构造器或静态方法 valueOf 实现，称为手动装或拆箱。

（1）手动装箱的方式有两种，以 Integer 类型为例。

方式一：通过调用构造器，如下所示。

```
int intValue = 100;
Integer obj = new Integer(intValue);
```

方式二：通过调用静态方法 valueOf，如下所示。

```
int intValue = 100;
Integer obj = Integer.valueOf(intValue);
```

（2）手动拆箱直接调用对应包装类的××Value( )方法即可，以 Integer 类型为例，如下所示。

```
Integer obj = new Integer(100);
int value = obj.intValue();
```

JDK 5.0 版本提供了更为简单的方式实现包装类和对应基本数据类型之间的转换，称为自动装箱和自动拆箱。但是自动装箱与自动拆箱只能发生在对应的类型之间，如 Integer 类型只能与 int 类型实现自动装箱与自动拆箱。

（1）自动装箱，以 Integer 类型和 int 类型为例，如下所示。

```
int intValue = 100;
Integer obj = intValue;
```

（2）自动拆箱，以 Integer 类型和 int 类型为例，如下所示。

```
Integer obj = new Integer(100);
int value =obj;
```

如下代码会发生编译错误，因为 Double 类型与 int 类型之间不是对应关系。

```
Double dValue = 100;
```

11.2.5 案例：员工信息管理

案例需求：

员工类包含姓名、薪资、年龄等属性，请合理封装，重写 toString 方法。现在要求创建多个员工对象放在员工数组中，并按照薪资排序。另外，如果属性是基本数据类型，则请用对应的包装类代替。

示例代码：

员工类（Employee）示例代码。

```
package com.atguigu.section02;

public class Employee {
   private String name;
   private Double salary;
   private Integer age;
   private Character gender;

   public Employee(String name, Double salary, Integer age, Character gender) {
      this.name = name;
      this.salary = salary;
      this.age = age;
      this.gender = gender;
   }

   public String getName() {
      return name;
   }

   public void setName(String name) {
      this.name = name;
   }

   public Double getSalary() {
      return salary;
   }
```

```
    public void setSalary(Double salary) {
        this.salary = salary;
    }

    public Integer getAge() {
        return age;
    }

    public void setAge(Integer age) {
        this.age = age;
    }

    public Character getGender() {
        return gender;
    }

    public void setGender(Character gender) {
        this.gender = gender;
    }

    @Override
    public String toString() {
        return "Employee{name=" + name + ", salary=" + salary + ", age=" + age + ", gender=" +
gender + "}";
    }
}
```

测试类示例代码。

```
package com.atguigu.section02;

public class TestEmployee {
    public static void main(String[] args) {
        //创建员工数组，并给数组元素赋值
        Employee[] arr = new Employee[3];
        arr[0] = new Employee("谷哥",32000.0,35, '男');
        arr[1] = new Employee("谷姐",11000.0,18,'女');
        arr[2] = new Employee("小白",8000.0,23,'男');

        //数组元素从小到大排序
        for (int i = 1; i < arr.length; i++){
            for (int j = 0; j < arr.length - i; j++){
                if(Double.compare(arr[j].getSalary(),arr[j + 1].getSalary()) > 0){
                    Employee temp = arr[j];
                    arr[j] = arr[j + 1];
                    arr[j + 1] = temp;
                }
            }
        }
        //遍历数组元素
        for (int i = 0; i < arr.length; i++) {
            System.out.println(arr[i]);
        }
    }
}
```

上述示例代码中，在使用 Employee 有参构造创建对象时，salary 必须传入 double 值，否则不支持自动装箱。

另外，关于 salary 的比较请使用 Double 包装类的 compare 方法代替直接使用“>”“<”“==”运算符号。

11.2.6　案例：计算两个整数的和

案例需求：

从命令行接收两个整数，计算它们的和，考虑相应的异常情况并做处理。

示例代码：

```
package com.atguigu.section02;

public class TestSum {
    public static void main(String[] args) {
        try {
            int a = Integer.parseInt(args[0]);
            int b = Integer.parseInt(args[1]);
            int sum = a + b;
            System.out.println("sum = " + sum);
        } catch (NumberFormatException e) {
            System.out.println("参数必须是整数");
        } catch (ArrayIndexOutOfBoundsException e){
            System.out.println("参数必须是两个整数");
        }
    }
}
```

运行方式请参考 7.6.1 节，这里不再赘述。

11.2.7　包装类的缓存对象

包装类是引用数据类型，而且对象不可变，也就意味着如果在计算过程中值变了，就会产生新对象，那么这势必会增加空间和时间成本，为了节省内存、提高性能，Java 5 引入了包装类的缓存机制。例如：在[-128,127]范围内的 Integr 对象，就可以使用共享缓存对象以便减少重复的对象。两种浮点数类型的包装类 Float 和 Double 并没有实现常量池缓存技术。其他包装类缓存对象的范围如表 11-2 所示。有读者会疑惑为什么不把所有数据都缓存起来，把所有数据都缓存起来是不明智的，因为会占用太多内存，Java 只选择缓存使用频率最高范围的数值对象。

表 11-2　其他包装类缓存对象的范围

序　号	包 装 类	缓 存 范 围
1	Byte	[−128, 127]
2	Short	[−128, 127]
3	Integer	[−128, 127]
4	Long	[−128, 127]
5	Character	[0, 127]
6	Boolean	true 和 false

当使用自动装箱或包装类的静态方法 valueOf 获取包装对象时，如果其值在缓存范围内，则会先返回缓存对象。如果是使用 new 创建的对象，则不会使用缓存对象。

案例需求：

请写出下面代码的运行结果。

```
package com.atguigu.section02;

public class TestCache {
    public static void main(String[] args) {
        Integer i = new Integer(1);
        Integer j = new Integer(1);
```

```
        System.out.println(i == j);//【1】
        Integer m = 1;
        Integer n = 1;
        System.out.println(m == n); //【2】
        Integer x = 128;
        Integer y = 128;
        System.out.println(x == y); //【3】
        int a = 127;
        Integer b = 127;
        System.out.println(a == b); //【4】
        int c = 128;
        Integer d = 128;
        System.out.println(c == d); //【5】
    }
}
```

上面代码的运行结果为【1】false、【2】true、【3】false、【4】true、【5】true。

在 Integer 类型对象使用“==”判断是否相等时，会有以下三种情况。

情况一：两个都是 Integer 类型，其中只要有一个操作数使用 new，则结果肯定为 false。

情况二：如果两个操作数都是直接赋值，相当于底层调用了 Integer.valueOf(int i)方法，进行自动装箱操作。需要先判断 i 的值是否在-128~127，如果在，则直接从缓存 IntegerCache.cache 数组中获取；如果不在，则需要重新创建对象。

情况三：如果一个操作数为 int 类型，另一个操作数为 Integer 类型，就会进行自动拆箱，那么判断的肯定是值，如果值相等则结果为 true。

11.3 String 类

字符串虽然不是基本数据类型，但可以说是使用最频繁的基础类型之一。从第一个 Java 程序 HelloWorld 开始，我们就已离不开字符串 String 类，因此很有必要对 String 类做个详细的介绍。

String 类位于 java.lang 包中，用于保存一组字符序列，这组字符序列又称为字符串，由 0 个或多个字符组成。

11.3.1 字符串的特点

我们之前写的每个程序都在使用 String 类，似乎对它已经非常熟悉了，其实不然，或许它是我们最熟悉的陌生类。 String 类及其对象是非常有特色的，可谓是精心设计过的，下面一起来看一下 String 类都有哪些特点。

（1）正是因为 String 类使用太频繁，所以 Java 底层给 String 类做了很多特殊的支持。首先，String 类除可以像其他普通类一样使用构造器和静态方法 valueOf 来创建对象，还可以像基本数据类型那样直接赋值。String 类的 API 中明确指出了 Java 程序中的所有字符串字面值，即用双引号引起来的字符序列（如 "abc"），它们都可以作为此类的实例实现。另外，Java 还提供了对字符串串联符号（+），以及将其他对象转换为字符串的特殊支持，即任意数据类型与字符串进行“+”拼接的结果都是字符串，以及任意对象都可以通过 toString( )方法转换为字符串。不得不说，绝对没有任何一种数据类型像 String 类一样有如此特殊的照顾，代码如下所示。

```
package com.atguigu.section03.demo1;

import java.util.Date;

public class TestCreateString {
    public static void main(String[] args) {
```

```
        String s1 = new String("hello");        //通过构造器创建 String 对象
        String s2 = String.valueOf(666);        //通过静态方法 valueOf 方法获取 String 对象
        String s3 = "hello";                    //直接用""表示字符串
        String s4 = 521 + "";                   //使用+与字符串拼接得到 String
        String s5 = new Date().toString();//调用 toString 方法得到 String
    }
}
```

（2）从 API 或源码中可以看到 String 类本身是 final 修饰的，这就意味着 String 类不能被继承。String 类的声明如下所示。

```
public final class String implements java.io.Serializable, Comparable<String>, CharSequence{
    private final char value[];

    private int hash;

    //因为篇幅问题，没有全部展示出来
}
```

（3）String 类的对象用于表示一串字符序列，这串字符序列其实是用一个私有的数组 char[ ] value 进行存储的，而且该数组的声明也加了 final 声明，那么这就意味着我们无法对数组进行扩容等操作。纵观 String 类所有方法的设计，凡是涉及字符串修改的方法，只要修改了字符串的内容，都会将结果用一个新的 String 类对象返回。因此，我们说字符串对象是不可变的。

（4）正因为字符串对象是不可变的，所以 JVM 专门为字符串提供了一个常量池，凡是放在常量池中的字符串对象都可以共享，如下所示。

```
package com.atguigu.section03.demo1;

public class TestString {
    public static void main(String[] args) {
        String s1 = "hello";
        String s2 = "hello";
        System.out.println(s1 == s2);
    }
}
```

上面代码的结果令人吃惊，竟然会返回“true”。这是因为 s1 和 s2 指向的都是常量池中的同一个字符串对象，所以它们的内存地址是同一个。

当然，并不是所有方式得到的字符串都放在常量池中，如下所示。

```
package com.atguigu.section03.demo1;

public class TestStringCompare {
    public static void main(String[] args) {
        String s1 = new String("hello");
        String s2 = new String("hello");
        String s3 = "hello";
        System.out.println(s1 == s2);
        System.out.println(s1 == s3);
    }
}
```

上面的代码都是返回“false”，说明它们分别指向了不同的对象。

那么哪些字符串对象是放在常量池中的呢？

（1）直接"..."得到的字符串对象放在常量池。

（2）直接"..." + "..."拼接的字符串对象放在常量池。

（3）两个指向"..."的 final 常量拼接结果放在常量池。

（4）所有字符串对象.intern()方法得到的结果放在常量池。

除以上四种方式，其他方式得到的字符串结果都在堆中。

示例代码如下：

```
package com.atguigu.section03.demo1;

public class TestStringPool {
    public static void main(String[] args) {
        String s1 = "helloworld";        //常量池
        String s2 = "hello" + "world"; //"" + ""在常量池
        final String s3 = "hello";
        final String s4 = "world";
        String s5 = s3 + s4;//指向""的常量 + 指向""的常量在常量池
        String s6 = "hello";
        String s7 = "world";
        String s8 = (s3 + s4).intern();//字符串对象.intern()的结果都在常量池

        System.out.println(s1 == s2);
        System.out.println(s1 == s5);
        System.out.println(s1 == s8);

        System.out.println("------------------------------");
        String s9 = s6 + s7;
        String s10 = s6 + "world";
        String s11 = new String("hello");
        String s12 = s11 + "world";
        String s13 = String.valueOf(new char[]{'h','e','l','l','o','w','o','r','l','d'});
        String s14 = "hello".concat("world");

        System.out.println(s1 == s9);
        System.out.println(s1 == s10);
        System.out.println(s1 == s12);
        System.out.println(s1 == s13);
        System.out.println(s1 == s14);
    }
}
```

上面代码中分割线以上都返回“true”，分割线以下都返回“false”。

从上述示例代码中可以看出，如果使用的是字符串常量，并且内容相同，那么通过共享字符串对象就可以减少系统开销。但是，如果在程序中频繁使用字符串变量拼接或修改字符串，那么每次都会得到新的字符串对象，就会导致系统效率低下，因此 Java 另外提供了两个可变字符序列 StringBuffer 和 StringBuilder 供系统使用（具体请参考 11.4 节）。

11.3.2 字符串对象的内存分析

通过 11.3.1 节我们知道字符串对象非常特殊，那么它们在内存中是如何存储的呢？

示例代码：

```
String s = "hello";
```

上面代码中的"hello"在字符串常量池中，一个字符串常量的内存分析如图 11-8 所示。

示例代码：

```
String s1 = "hello";
String s2 = "hello";
```

上面代码中的 s1 和 s2 是共享常量池中的同一个字符串对象，共享同一个字符串常量的内存分析如图 11-9 所示。

图 11-8　一个字符串常量的内存分析

图 11-9　共享同一个字符串常量的内存分析

示例代码：

```
String s = "hello";
s = "world";
```

上面代码中的 s 分别指向了常量池中的两个字符串对象，两个字符串常量的内存分析如图 11-10 所示。

示例代码：

```
String s = new String("hello");
```

上面的代码本质上有两个字符串对象，new 出来的在堆中，"hello"在常量池中，一个在常量池一个在堆的字符串内存分析如图 11-11 所示。

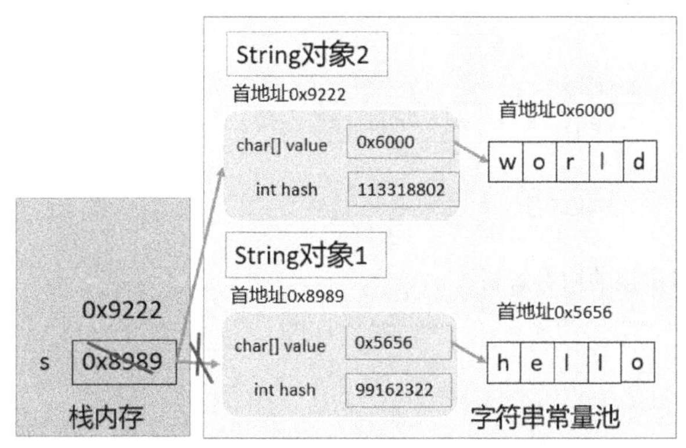

图 11-10　两个字符串常量的内存分析

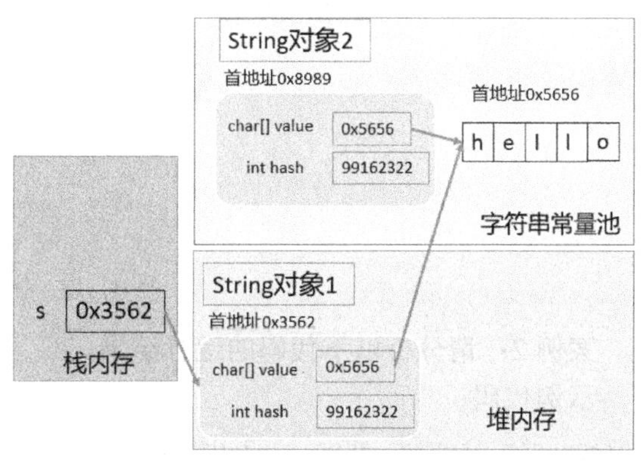

图 11-11　一个在常量池一个在堆的字符串内存分析

示例代码：

```
String s1 = new String("hello");
String s2 = new String("hello");
```

上面代码有三个字符串对象，每次创建都会在堆中产生新对象，而"hello"在常量池中是可以共享的，两个在堆一个在字符串常量池的内存分析如图 11-12 所示。

通过对内存的分析，你是不是对字符串对象的存储更清晰了呢？这个技能将有助于你理解一些代码性能优化的策略。对于初学者来说，学习性能优化还有点为时过早，但是刻意地去关注和积累它还是有必要的。

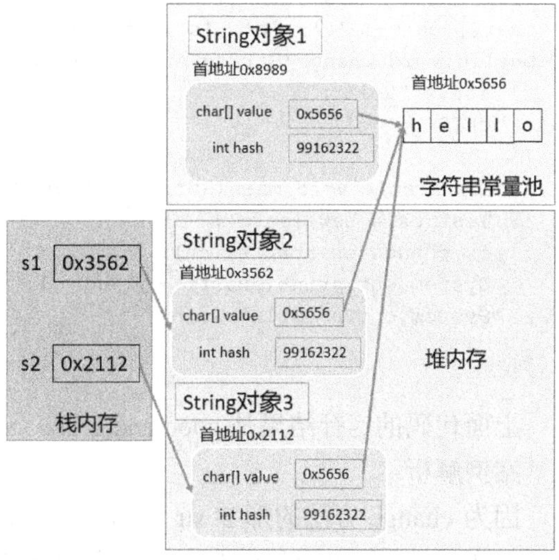

图 11-12　两个在堆一个在字符串常量池的内存分析

11.3.3　案例：企业面试题

各大企业也非常注重对字符串的理解，因此各种面试题层出不穷，主要集中在两方面，一方面是关于字符串对象的特点，另一方面就是关于字符串的相关处理。

案例 1：以下代码有几个字符串对象，分别在哪里？

示例代码：

```
String s = "hello";
s = s+"world";
```

案例解析：

上面代码共产生了三个字符串对象，第一个对象是常量池中的“hello”，第二个对象是常量池中的“world”，第三个对象是堆中的“helloworld”，如图 11-13 所示。

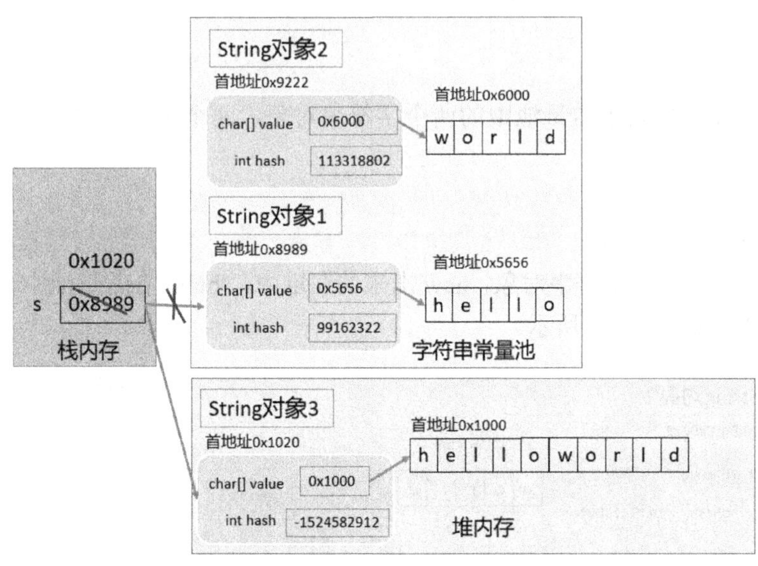

图 11-13　字符串拼接的内存解析

案例 2：请分析以下代码的运行结果。

示例代码：

```
package com.atguigu.section03.demo2;

public class Test {
    String str = new String("good");
    char[] ch = { 't', 'e', 's', 't' };
    public void change(String str, char ch[]) {
        str = "test";
        ch[0] = 'g';
    }
    public static void main(String[] args) {
        Test ex = new Test();
        ex.change(ex.str, ex.ch);
        System.out.print(ex.str + " and ");
        System.out.println(ex.ch);
    }
}
```

上面代码的运行结果是 good and gest。

案例解析：

因为 change 方法的形参 str 为引用类型，所以实参传递的是字符串对象的地址，但由于 String 类的不可变特性，所以形参更改为“test”，则相当于指向了新字符串对象“test”，和原来的实参对象无关。形参 ch 也是引用类型，传递的是数组对象的地址，此时形参和实参指向同一个数组对象，经过 ch[0] = 'g'代码之后，相当于实参数组修改元素，案例解析内容如图 11-14 所示。

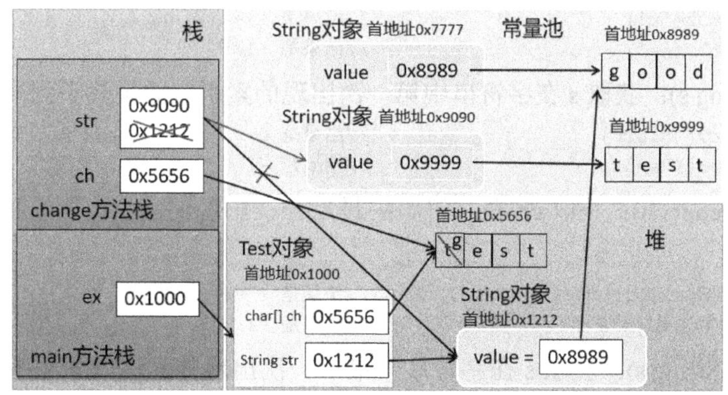

图 11-14　案例解析内存

需要注意的是，图 11-14 中的字符串地址值没有严格按照 hashCode 方法调用后得到，而是为剖析题目方便，随机赋的值。

11.3.4 String 类的常见方法

String 类是使用最频繁的类之一，关于字符串的各种处理也是作为开发人员的必备技能，所以熟练掌握 String 类的常见方法就显得非常重要。

温馨提示：因为 String 类对象的不可变性，所以凡是涉及对字符串对象修改的方法，请一定要接收方法返回的新字符串对象，否则原字符串对象是不会被修改的。

- boolean equals(Object obj)：用于判断两个字符串内容是否完全相等，严格区分大小写，该方法对 Object 类的 equals 进行了重写，如下所示。

```
String s1 = "hello";
String s2= new String("hello");
String s3 = new String("Hello");
System.out.println(s1.equals(s2));          //结果是 true
System.out.println(s1.equals(s3));          //结果是 false
```

- boolean equalsIgnoreCase(String anotherString)：用于判断两个字符串内容是否完全相等，不区分大小写，如下所示。

```
String s1 = "hello";
String s2= new String("hello");
String s3 = new String("Hello");
System.out.println(s1.equalsIgnoreCase (s2));  //结果是 true
System.out.println(s1.equalsIgnoreCase (s3));  //结果是 true
```

- int compareTo(String anotherString)：用于比较两个字符串的大小，严格区分大小写，并且依次比较每个字符的编码值，直到比较出结果，该方法是重写 java.lang.Comparable 接口的方法，说明 String 类支持自然排序（自然排序请参考 11.5.2 节）。如果当前字符串比 anotherString 大，则返回正整数；如果小，则返回负整数；如果等于，则返回 0，如下所示。

```
"hello".compareTo("Hello")                  //结果是 32
```

- int compareToIgnoreCase (String anotherString)：用于比较两个字符串的大小，不区分大小写，如下所示。

```
"hello".compareToIgnoreCase ("Hello")       //结果是 0
```

- int length( )：返回值字符串的长度，如下所示。

```
"hello".length()                            //结果是 5
```

- int indexOf(char ch)：获取 ch 在字符串中第一次出现的索引，如果找不到则返回-1，如下所示。

```
"luckylucy".indexOf('u')                    //结果是 1
"hungrydog".indexOf('a')                    //结果是 -1
```

- int indexOf(String s)：获取 s 在字符串中第一次出现的索引，如果找不到则返回-1，如下所示。

```
"luckylucy".indexOf("luc")                  //结果是 0
"hungrydog".indexOf("angry")                //结果是 -1
```

- int lastIndexOf(char ch)：获取 ch 在字符串中最后一次出现的索引，如果找不到则返回-1，如下所示。

```
"luckylucy".lastIndexOf("u")                //结果是 6
"hungrydog".lastIndexOf("a")                //结果是 -1
```

- int lastIndexOf(String s)：获取 s 在字符串中最后一次出现的索引，如果找不到则返回-1，如下所示。

```
"luckylucy".lastIndexOf("luc")              //结果是 5
"hungrydog".lastIndexOf("angry")            //结果是 -1
```

- String substring(int beginIndex)：返回一个新的字符串，它是此字符串的一个子字符串。该子字符串从指定索引处的字符开始，直到此字符串末尾，如下所示。

```
"unhappy".substring(2)                      //结果是 "happy"
"Harbison".substring(3)                     //结果是 "bison"
"emptiness".substring(9)                    //结果是一个空字符串 ""
```

- String substring(int beginIndex,int endIndex)：返回一个新的字符串，它是此字符串的一个子字符串。该子字符串从指定 beginIndex 开始，直到索引 endIndex-1 结束，子字符串的长度为 endIndex-beginIndex，如下所示。

```
"hamburger".substring(4, 8)                 //结果是 "urge"
"smiles".substring(1, 5)                    //结果是 "mile"
```

- boolean startsWith(String prefix)：判断字符串是否以指定前缀 prefix 开始，如下所示。

```
"www.atguigu.com".startsWith("www")         //结果是 true
```

- boolean endsWith(String suffix)：判断字符串是否以指定后缀 suffix 结尾，如下所示。

```
"www.atguigu.com".endsWith("www")           //结果是 false
```

- char[ ] toCharArray( )：将字符串转换成 char[ ]，如下所示。

```
"hello".toCharArray()                       //结果是 char[]类型的{'h','e','l','l','o'}
```

- char charAt(int index)：返回指定索引位置[index]的字符，如下所示。

```
"hello".charAt(1)                           //结果是 'e'
```

- String trim( )：去掉前面空白和尾部空白，如下所示。

```
"  he  llo  ".trim()                        //结果是 "he  llo"
```

- String toUpperCase( )：将字符串中的字符全部转换成大写，如下所示。

```
"helloJohn".toUpperCase()                   //结果是 "HELLOJOHN"
```

- String toLowerCase( )：将字符串中的字符全部转换成小写，如下所示。

```
"HELLOjohn".toLowerCase()                   //结果是 "hellojohn"
```

- String concat(String str)：在当前字符串后面拼接 str，返回一个新字符串，如下所示。

```
"hello".concat("john")                      //结果是 "hellojohn"
```

- String intern( )：当调用 intern 方法时，如果常量池中已经包含一个等于（用 equals(Object obj) 方法确定）此 String 对象的字符串，则返回常量池中的字符串。否则，将此 String 对象添加到常量池中，并返回新 String 对象的引用，如下所示。

```
package com.atguigu.section03.demo3;
```

```
public class TestIntern {
   public static void main(String[] args) {
      String s1 = "hello";
      String s2 = "world";
      String s3 = (s1 + s2).intern();
      String s4 = "helloworld";
      System.out.println(s3 == s4);          //true
   }
}
```

- byte[ ] getBytes( )：使用平台的默认字符集将此 String 编码为 byte 序列，并将结果存储到一个新的 byte 数组中。
- byte[ ] getBytes(String charsetName) throws UnsupportedEncodingException：使用指定的字符集将此 String 编码为 byte 序列，并将结果存储到一个新的 byte 数组中，如下所示。

```
package com.atguigu.section03.demo3;

import java.io.UnsupportedEncodingException;
import java.util.Arrays;

public class StringEncodingTest {
   public static void main(String[] args) throws UnsupportedEncodingException {
         String str = "尚硅谷";
         byte[] gbkBytes = str.getBytes("GBK");
         System.out.println("GBK: " + Arrays.toString(gbkBytes));
         byte[] utfBytes = str.getBytes("UTF-8");
         System.out.println("UTF-8: " + Arrays.toString(utfBytes));
   }
}
```

代码运行结果：

```
GBK: [-55, -48, -71, -24, -71, -56]
UTF-8: [-27, -80, -102, -25, -95, -123, -24, -80, -73]
```

getBytes 方法是将字符串转为字节序列，这个过程称为编码，在数据的存储和传输过程中，一定会涉及编码过程。反过来，当需要显示字符串内容时，就需要进行解码，因为开发人员只能看懂字符，看不懂字节，解码的过程可以使用以下构造器完成。

- String(byte[ ] bytes)：通过使用平台的默认字符集解码指定的 byte 数组，构造一个新的 String。
- String(byte[ ] bytes,int offset,int length)：通过使用平台的默认字符集解码指定的 byte 数组，构造一个新的 String。
- String(byte[ ] bytes,String charsetName) throws UnsupportedEncodingException：通过使用指定的 charset 字符集解码指定的 byte 数组，构造一个新的 String。
- String(byte[ ] bytes, int offset, int length, String charsetName) throws UnsupportedEncoding Exception：通过使用指定的字符集解码指定的 byte 子数组，构造一个新的 String。

示例代码：

```
package com.atguigu.section03.demo3;

import java.io.UnsupportedEncodingException;
import java.util.Arrays;

public class StringDecodingTest {
   public static void main(String[] args) throws UnsupportedEncodingException {
         byte[] gbkBytes = "让天下没有难学的技术".getBytes("GBK");
         System.out.println("GBK: " + Arrays.toString(gbkBytes));
         System.out.println(new String(gbkBytes,"UTF-8"));
```

```
        byte[] bytes = "让天下没有难学的技术".getBytes("ISO8859-1");
        System.out.println("ISO8859-1: " + Arrays.toString(bytes));
        System.out.println(new String(bytes,"ISO8859-1"));
    }
}
```

代码运行结果：

```
GBK: [-55, -48, -71, -24, -71, -56, -56, -61, -52, -20, -49, -62, -61, -69, -45, -48, -60, -47, -47, -89, -75, -60, -68, -68, -54, -11]
�й����������û�����Ѧ�]���
ISO8859-1: [63, 63, 63, 63, 63, 63, 63, 63, 63, 63, 63, 63, 63]
?????????????
```

我们可以发现运行结果中出现了乱码，当我们对字节序列进行解码时，如果编码方式选择的不对应，或者字节序列不完整都会出现乱码。当我们把之前用 GBK 编码方式进行编码后的字节序列，使用 GBK 编码方式再解码是可以正常显示字符的，但是如果使用 UTF-8 编码方式进行解码就会出现乱码。当我们把中文字符通过 ISO8859-1 编码方式进行编码后再通过 ISO8859-1 编码方式进行解码也会出现乱码，因为 ISO8859-1 编码方式是单字节编码，无法表示中文，用它对中文进行编码的过程中就会丢失字节，所以用不完整的字节在解码就是乱码。

- boolean matches(String regex)：判断某字符串是否匹配给定的正则表达式，如下所示。

```
"110526200012085675".matches("(^\\d{15}$)|(^\\d{18}$)|(^\\d{17}(\\d|X|x)$)") 结果是 true
```

所谓正则，就是文本规则的意思，如上面的正则用于判断该字符串是否是一个身份证号码，而身份证号码是由 15 位数字或 18 位数字或 17 位数字加 X 构成的字符串，在开发过程中类似于这样的校验很常见。由于正则并非是 Java 中的语法，它是独立的一种语法，所以在前端 JS，或者在其他编程语言中都可以使用，大家如果有兴趣，可以关注尚硅谷的谷粒学院获取对应视频，因为篇幅问题这里就不详述了。

- String[ ] split(String regex)：根据给定文本或正则表达式的匹配拆分此字符串，如下所示。

```
"开源|协作|创新".split("\\|")                    结果是：[开源，协作，创新]
```

- String replace(CharSequence target, CharSequence replacement)：使用指定的字面值替换序列替换此字符串所有匹配字面值目标序列的子字符串。该替换从字符串的开头朝末尾执行，如用“b”替换字符串“aaa”中的“aa”将生成“ba”而不是“ab”。
- String replaceFirst(String regex,String replacement)：使用给定的 replacement 替换此字符串匹配给定的正则表达式的第一个子字符串。
- String replaceAll(String regex,String replacement)：使用给定的 replacement 替换此字符串所有匹配给定的正则表达式的子字符串。

示例代码：

```
"atguigu".replace("gu", "**")                  结果是：at**i**
"a1t2g3u4i5g6u".replaceFirst("\\d","")         结果是：at2g3u4i5g6u
"a1t2g3u4i5g666u".replaceAll("\\d","")         结果是：atguigu
```

字符串的方法很多，如果想要学好这些方法，建议大家可以分为几个步骤学习：第一步，弄清楚单个方法的作用；第二步，通过实践灵活并熟练地使用这些方法解决问题；第三步，可以查看源码，看高手们是怎么实现这个功能的。

11.3.5 案例：String 算法考查

在实际开发中，针对字符串的各种操作是非常常见的。所以，企业面试也时不时会把针对字符串的算法操作作为考核面试人员技术基本功的必备项。这里列出三个针对 String 的企业面试真题，一起来学习一下吧。

案例 1：在字符串中找出连续最长数字串，返回这个字符串的长度，并打印最长数字串。例如：abcd12345cd125se123456789yht25t，返回最长字符串的长度为 9，打印最长数组串是 123456789。

示例代码：

```
package com.atguigu.section03.demo4;

public class Exer1 {
    public static void main(String[] args) {
        String str = "abcd12345cd125se123456789yht25t";

        //去掉最前和最后的字母
        str = str.replaceAll("^[a-zA-Z]+", "");
        str = str.replaceAll("[a-zA-Z]+$", "");

        //按照字母拆分多个数字串
        //[a-zA-Z]表示字母范围，+表示一次或多次
        String[] strings = str.split("[a-zA-Z]+");

        String max = "";
        for (String string : strings) {
            if(string.length() > max.length()) {
                max = string;
            }
        }
        System.out.println("最长的数字串是：" + max + "，它的长度为：" + max.length());
    }
}
```

案例 2：获取一个字符串在另一个字符串中出现的次数，如获取 ab 在 abababkkcadkabkebfkabkskab 中出现的次数是 6。

示例代码：

```
package com.atguigu.section03.demo4;

public class Exer2 {
    public static void main(String[] args) {
        String str1="ab";
        String str2="abababkkcadkabkebfkabkskab";
        System.out.println("ab 出现的次数为：" + count(str1,str2));
    }

    public static int count(String str1,String str2){
        int count =0;
        while(true){
            int index = str2.indexOf(str1);
            if (index !=-1){
                count++;
                str2 = str2.substring(index + str1.length());
            } else {
                break;
            }

        }
        return count;
    }
}
```

案例 3：获取两个字符串中最大的相同子串，如 str1 = abcwerthelloyuiodef; str2 = cvhellobnm，它们

最大相同子串是 hello。

示例代码：

```
package com.atguigu.section03.demo4;

public class Exer3 {
    public static void main(String[] args) {
        String str=findMaxSubString("abcwerthelloyuiodef","cvhellobnm");
        System.out.println("最大相同子串是: " + str);
    }

    //提示：将短的那个串进行长度依次递减，得到的子串与较长的串比较
    public static String findMaxSubString(String str1,String str2){
        String result="";

        String mixStr = str1.length()<str2.length()?str1:str2;
        String maxStr = str1.length()>str2.length()?str1:str2;

        //外循环控制从左到右的下标，内循环控制从右到左的下标
        for (int i = 0;i < mixStr.length();i++){
            for (int j = mixStr.length();j >= i;j--){
                String str=mixStr.substring(i, j);
                if (maxStr.contains(str)){
                    //找出最大相同子串
                    if (result.length() < str.length()){
                        result = str;
                    }
                }
            }
        }
        return result;
    }
}
```

当然，字符串处理相关的面试题很多，这里篇幅有限无法一一列举，重要的是大家要熟悉 String 类常用方法的功能，这样才能灵活应用。

11.4 可变字符序列

11.3 节中反复强调 String 类对象是不可变的，一旦修改就会产生新对象，如果涉及频繁修改或拼接则效率很低。所以如果一个字符串需要经常更新，就应该考虑使用可变字符序列 StringBuffer 和 StringBuilder，它们都在 java.lang 包下。

11.4.1 可变字符序列的常用方法

StringBuffer 与 StringBuilder 的 API 完全兼容，也就是它们除类型不同，构造器参数类型和提供相关功能的方法几乎是一样的，读者不妨自己打开 API 对比一下。下面以 StringBuffer 为例，给大家演示一下常用方法的使用。关于它们的区别，请参考 11.4.2 节。

StringBuffer 类的对象只能通过调用构造器来创建，StringBuffer 类提供了以下构造器。

- StringBuffer( )：初始容量为 16 的字符串缓冲区。
- StringBuffer(int size)：构造指定容量的字符串缓冲区。
- StringBuffer(String str)：将内容初始化为指定字符串内容。

StringBuffer 类中也维护了一个 char[ ]类型的数组，也就是字符串缓冲区，里面保存了字符串内容，但是该数组没有使用 final 修饰，也就是可以进行扩容等操作。

表 11-3 是 StringBuffer 类的常见方法，有一些方法和 String 类的方法相同。

表 11-3 StringBuffer 类的常见方法

序 号	方 法 定 义	描 述
1	StringBuffer append(String s)	在原有的 StringBuffer 类中追加 s，实际上该方法为重载方法，参数类型可以为任意类型
2	StringBuffer insert(int offset,String s)	在指定的索引 offset 处，插入 s，实际上该方法为重载方法，第二个参数类型可以为任意类型
3	StringBuffer replace (int start,int end,String str)	在指定索引范围内，替换子字符串为 str，索引范围： start <= index < end
4	StringBuffer delete(int start, int end)	删除指定索引范围内的子字符串，索引范围：Start <= index < end
5	int indexOf(String str)	查找指定字符串 str 第一次出现的索引，如果找不到，则返回-1
6	int indexOf (String str,int fromIndex)	从指定位置 fromIndex 处开始查找字符串 str 第一次出现的索引，如果找不到，则返回-1
7	StringBuffer reverse( )	反转字符序列
8	int length( )	获取内容的长度
9	String toString( )	重写了 Object 类的 toString( )方法，返回 StringBuffer 中保存的字符串内容
10	StringBuffer substring(int start)	截取从指定索引 start 处的字符串，包含 start 处的字符
11	StringBuffer substring(int start,int end)	截取指定索引范围内的字符串，包含 start 处，但不包含 end 处的字符

字符串的拼接可谓是开发中最常见的操作之一。如果是 String 类的字符串，那么直接使用“+”拼接，或者调用 concat 方法进行拼接。如果使用 StringBuffer 或 StringBuilder 类，则需要调用 append 方法实现拼接，它支持各种数据类型与字符串的拼接。就像字符串的拼接结果仍然是字符串一样，这样可以通过连续“+”或连续 concat 实现不断拼接，StringBuffer 或 StringBuilder 类的 append 方法，返回的依然是一个 StringBuffer 或 StringBuilder 对象，所以可以一直调用 append 方法，形成一个链式调用，从而实现连续拼接。

示例代码：

```
package com.atguigu.section04;

public class AppendTest {
    public static void main(String[] args) {
        StringBuffer buffer = new StringBuffer("hello");
        buffer.append("尚硅谷")
                .append(99.9)
                .append(true)
                .append('棒')
                .append(100);
        System.out.println(buffer);
    }
}
```

使用 StringBuffer 或 StringBuilder 类还可以在字符串中间插入新的字符串，或者删除和替换字符串中间的某一部分。

示例代码：

```
package com.atguigu.section04;

public class InsertReplaceDeleteTest {
    public static void main(String[] args) {
        StringBuffer buffer = new StringBuffer("尚硅谷棒");
        buffer.insert(3,"非常");            //在索引 3 处插入“非常”
        System.out.println(buffer);
```

```
        buffer.replace(3,5,"确实");      //从索引 3 到 4 处用“确实”替换
        System.out.println(buffer);
        buffer.delete(3,5);              //删除索引从 3 到 4 处结束
        System.out.println(buffer);
    }
}
```

StringBuffer 或 StringBuilder 类还提供了一个 String 类没有且好用的方法，那就是反转。

示例代码：

```
package com.atguigu.section04;

public class ReverseTest {
    public static void main(String[] args) {
        StringBuffer buffer = new StringBuffer("看来你信不棒级超谷硅尚");
        buffer.reverse();
        System.out.println(buffer);
    }
}
```

案例需求：

设计方法，实现将 double 类的价格 1234567.89 转换成 1,234,567.89。

示例代码：

```
package com.atguigu.section04;

import java.util.Scanner;

public class StringBufferTest9 {
    public static void main(String[] args) {
        Scanner input = new Scanner(System.in);
        System.out.println("请输入商品名：");
        String name = input.next();
        System.out.println("请输入商品价格：");
        double price = input.nextDouble();
        String formatPrice = formatPrice(price);
        System.out.println(name+"\t"+formatPrice);
    }
    public static String formatPrice(double price) {
        //1.将 double 类型转换成 StringBuffer
        StringBuilder buffer  = new StringBuilder(String.valueOf(price));
        //2.在指定的位置插入逗号
        int index = buffer.lastIndexOf(".");//.的索引
        for (int i = index - 3;i > 0;i -= 3) {
            buffer.insert(i, ',');
        }
        return buffer.toString();
    }
}
```

11.4.2 字符串与可变字符序列的区别

有些读者开始疑惑了，从 11.4.1 节看，可变字符序列似乎和 String 类间没有什么区别，都是实现对一串字符序列的各种处理。下面我们来分析一下 String 类与可变字符序列间到底有什么区别。

示例代码：

```
package com.atguigu.section04;

public class DifferentTest {
    public static void main(String[] args) {
```

```
        String s = "hello";
        s = s.concat("world").concat("atguigu").concat("java");
        System.out.println(s);

        System.out.println("----------------");
        StringBuffer buffer = new StringBuffer("hello");
        buffer.append("world").append("atguigu").append("java");
        System.out.println(buffer);
    }
}
```

从上面代码的运行结果看，似乎没有什么区别，但是底层的时空消耗绝对是不同的，如图 11-15 所示。

String 类的对象是不可变的，只要修改就会产生新对象，所以频繁拼接时空消耗大。String 类的变量 s 指向的地址在整个拼接过程中一直在发生变化。

StringBuffer 类是可变字符缓存区，每次都是在原对象基础上修改，时空消耗相对较低。StringBuffer 类的变量 buffer 指向的地址在整个拼接过程中没有发生变化，仅仅是对象的内容发生了变化。

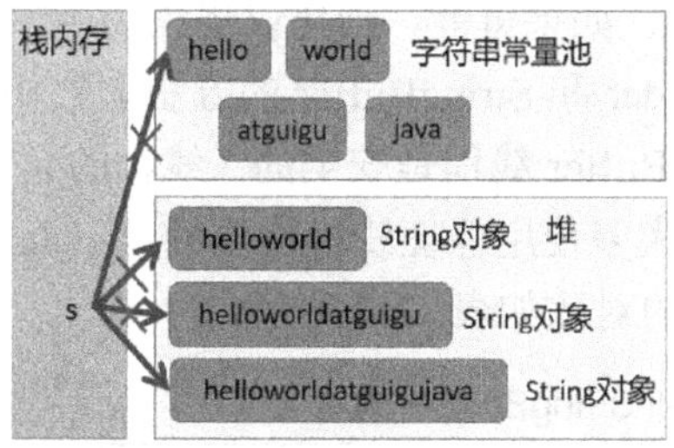

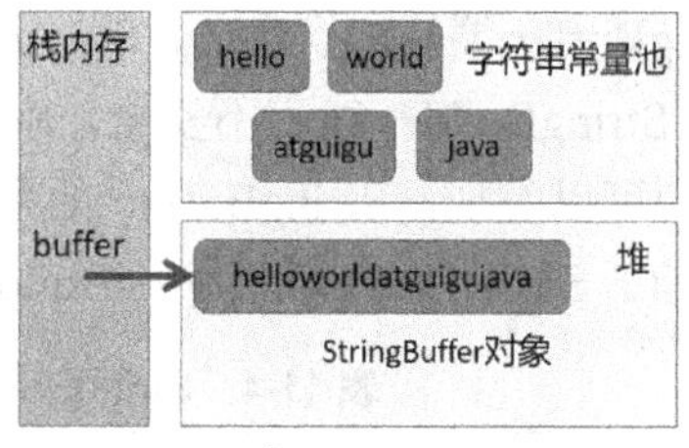

图 11-15　两种字符串拼接简易内存示意图

下面就 String、StringBuilder 和 StringBuffer 拼接字符串的效率做个对比。

示例代码：

```
package com.atguigu.section04;

public class TimeConsumingTest {
    public static void main(String[] args) {
        long startTime = 0L;
        long endTime = 0L;

        startTime = System.currentTimeMillis();
        StringBuffer buffer = new StringBuffer("");
        for (int i = 0; i < 20000; i++) {
            buffer.append(String.valueOf(i));
        }
        endTime = System.currentTimeMillis();
        System.out.println("StringBuffer 的执行时间：" + (endTime - startTime));

        startTime = System.currentTimeMillis();
        StringBuilder builder = new StringBuilder("");
        for (int i = 0; i < 20000; i++) {
            builder.append(String.valueOf(i));
        }
        endTime = System.currentTimeMillis();
        System.out.println("StringBuilder 的执行时间：" + (endTime - startTime));

        startTime = System.currentTimeMillis();
        String text = "";
        for (int i = 0; i < 20000; i++) {
            text = text + i;
```

```
        }
        endTime = System.currentTimeMillis();
        System.out.println("String 的执行时间: " + (endTime - startTime));
    }
}
```

代码运行结果：

```
StringBuffer 的执行时间：10
StringBuilder 的执行时间：1
String 的执行时间：1054
```

不仅是拼接，可变字符序列所有对字符串的修改都是在原有对象上修改的，那是因为 StringBuffer 和 StringBuilder 的内部 char[ ]数组不是 final 修饰的，它的默认初始化长度是 16，当字符串内容超过 16 时，就会自动扩容。

那么，StringBuffer 和 StringBuilder 又有什么区别呢？

直到 JDK 1.5 时，官方才推出 StringBuilder，该类被设计用作 StringBuffer 的一个简易替换，用在字符串缓冲区被单个线程使用时（这种情况很普遍）。如果可能，则建议优先使用该类，因为在大多数实现中，它比 StringBuffer 要快。换言之，StringBuilder 和 StringBuffer 的方法大致相同，使用方法也一样，主要区别在于 StringBuilder 线程不安全，StringBuffer 线程是安全的（线程的具体内容请参考第 15 章）。通过源码我们可以发现，StringBuffer 的方法大多使用保证线程安全的 synchronized 关键字，而 StringBuilder 并没有。StringBuffer 和 StringBuilder 的对比如表 11-4 所示。

表 11-4　StringBuffer 和 StringBuilder 的对比

字　符　串	引 入 版 本	线程安全（同步）	效　　率
StringBuffer	JDK 1.0	安全（同步）	低
StringBuilder	JDK 1.5	不安全（不同步）	高

11.4.3　案例：字符串指定部分反转

案例需求：

将字符串中指定部分进行反转，如将字符串“abcdefgho”的[2,6)部分反转，结果为“abfedcgho”。

示例代码：

```
package com.atguigu.section04;

public class Exer {
    public static void main(String[] args) {
        String str = "abcdefgho";
        System.out.println(stringReverse(str, 2, 6));
        System.out.println(stringBuilderReverse(str, 2, 6));
    }

    //使用 String 方式进行反转
    public static String stringReverse(String str, int start, int end) {
        char[] array = str.toCharArray();
        for (int i = start, j = end - 1; i < j; i++, j--) {
            char temp = array[i];
            array[i] = array[j];
            array[j] = temp;
        }
        String s = new String(array);
        return s;
    }

    //使用 StringBuilder 方式进行反转
```

```
    public static String stringBuilderReverse(String str, int start, int end) {
        StringBuilder builder = new StringBuilder(str);
        String middle = new StringBuilder(str.substring(start,end)).reverse().toString();
        return builder.replace(start,end,middle).toString();
    }
}
```

11.5　Arrays 类

瑞士计算机科学家尼古拉斯•沃斯在 1984 年获得图灵奖时说过一句话"Programs =Algorithm+Data Structures"，即程序=算法+数据结构，而丰富的数据结构的实现，其底层物理结构只有两种，一种是线性存储结构（最经典的就是数组），另一种是链式存储结构。第 5 章详细讲解了数组的使用，以及各种常见的数组算法，可见数组在编程中具有很重要的地位。为了简化对数组的操作，JDK 1.2 在 java.util 包下增加了一个 Arrays 类（数组工具类），里面提供了一系列静态方法，用于对数组进行排序、查找等。Arrays 类常见方法如表 11-5 所示。

表 11-5　Arrays 类常见方法

序　号	方 法 定 义	描　述
1	String toString(int[ ] arr)	将数组的各元素进行拼接，最终返回数组格式的字符串
2	void sort(int[ ] arr)	对指定的 int 型数组按数字升序进行排序
3	void sort(Object[ ] a)	根据元素的自然顺序对指定对象数组按升序进行排序
4	void sort(Object[ ] a,Comparator c)	根据指定比较器产生的顺序对指定对象数组进行排序
5	int binarySearch(int[ ] arr,int key)	通过二分查找法，搜索有序的 arr 数组中是否存在 key 元素，返回索引，如果找不到则返回负数。如果数组无序，则结果不确定
6	int binarySearch(Object[ ] a,Object key)	使用二分搜索法来搜索指定数组，以获得指定对象。在进行此调用之前，必须根据元素的自然顺序对数组进行升序排序（通过 sort(Object[ ] obj)方法）。如果没有对数组进行升序排序，则结果是不确定的
7	int binarySearch(Object[ ] a,Object key, Comparator c)	使用二分搜索法来搜索指定数组，以获得指定对象。在进行此调用之前，必须根据同一个比较器（通过 sort(Object[ ] obj, Comparator c) 方法）对数组进行升序排序。如果没有对数组进行排序，则结果是不确定的
8	int[]copyOf(int[ ] original, int newLength)	复制数组，返回的新数组长度是 newLength
9	boolean equals(int[ ] a1,int[ ] a2)	判断两个数组的元素是否都相等
10	boolean equals(Object[ ] a, Object[ ] a2)	判断两个数组的元素是否都相等，依赖于元素的 equals 方法

表 11-5 中的方法提供了多种重载形式，除了支持 int[ ]，还支持其他各种类型的数组，甚至也支持对象数组，因为本书篇幅有限就不一一列出了，下面给出部分方法的演示。

11.5.1　toString 方法：转换字符串

使用数组存储数据之后，查看所有数组元素是最基本的需求，之前我们不得不使用 for 循环进行遍历。有了 Arrays 类之后，可以使用 Arrays 的 toString 方法，快速地返回数组的所有元素内容。该方法返回的字符串格式为[元素 1,元素 2,…]，该方法为重载方法，参数类型支持任意类型的数组。

下面以常用的整型数组为例，进行代码演示。

示例代码：

```
package com.atguigu.section05.demo1;

import java.util.Arrays;

public class ToStringTest {
```

```
    public static void main(String[] args) {
        int[] arr = {1,5,3,2,4};
        System.out.println("数组元素有：" + Arrays.toString(arr));
    }
}
```

代码运行结果：

```
数组元素有：[1, 5, 3, 2, 4]
```

11.5.2 sort 方法：自然排序

对数组元素的排序可谓能难倒一堆初学者，但是如果不谈实现代码，仅从实现排序效果来说还是非常简单的。Arrays 类提供了 sort 方法用于对各种类型的数组进行升序排序。

排序一般分为自然排序和定制排序（定制排序参考第 11.5.3 节）。

所谓自然排序，是指基本数据类型的数组就是按照数值本身的大小进行排序；对象数组的自然排序就是元素本身已经实现 java.lang.Comparable 接口的 compareTo 方法，即对象本身具有了可比较性，所以在排序时，按着元素本身的比较规则（compareTo 方法的实现）进行排序。该方法为重载方法，支持除 boolean 类型的任意类型元素。

下面将分别以常用的整型数组和对象数组类型为例，进行代码演示。

案例 1：整数数组的自然排序，具体代码如下所示。

```
package com.atguigu.section05.demo2;

import java.util.Arrays;

public class ArraysSortTest1 {
    public static void main(String[] args) {
        int[] arr = {5,2,1,4,3};
        Arrays.sort(arr);
        System.out.println(Arrays.toString(arr));
    }
}
```

代码运行结果：

```
[1, 2, 3, 4, 5]
```

案例 2：对象数组的自然排序，以 Person[ ]为例，当然需要先定义好 Person 类，具体代码如下所示。

```
package com.atguigu.section05.demo2;

public class Person implements Comparable {
    private String name;
    private int age;

    public Person(String name, int age) {
        this.name = name;
        this.age = age;
    }
    //重写 toString 方法
    @Override
    public String toString() {
        return "Person [name=" + name + ", age=" + age + "]";
    }
    //重写 compareTo 方法-按年龄比较大小
    @Override
    public int compareTo(Object o) {
        Person p = (Person) o;
        return this.age - p.age;
```

```
    }
}
```

测试类示例代码。

```
package com.atguigu.section05.demo2;

import java.util.Arrays;

public class ArraysSortTest2 {
    public static void main(String[] args) {
        Person[] pers = {new Person("john", 12),
                        new Person("lily", 23),
                        new Person("lucy", 5),
                        new Person("jack", 20),
                        new Person("rose", 18)};
        Arrays.sort(pers);
        for (int i = 0; i < pers.length; i++) {
            System.out.println(pers[i]);
        }
    }
}
```

代码运行结果：

```
Person [name=lucy, age=5]
Person [name=john, age=12]
Person [name=rose, age=18]
Person [name=jack, age=20]
Person [name=lily, age=23]
```

如果 Person 类没有实现 Comparable 接口，则会抛出 ClassCastException（类型转换异常），因为 Arrays.sort 方法底层会将 Person 元素进行转型，转换为 Comparable 接口类型然后调用 compareTo 方法。前面我们学习的八大包装类型、String 类型都已经实现了 Comparable 接口，所以可以直接排序。

11.5.3 sort 方法：定制排序

所谓定制排序，是指不管数组元素本身是否已经实现 Comparable 接口的 compareTo 方法，在排序时都使用定制比较器的比较规则进行排序。定制比较器是指 java.util.Comparator 接口的实现类对象，包含抽象方法 int compare(Object obj1, Object obj2)，定制排序器只支持对象数组。

下面以 Person[ ]为例进行演示，Person 类是否实现 Comparable 接口并无要求，具体代码如下所示：

```
package com.atguigu.section05.demo3;

public class Person {
    private String name;
    private int age;

    public Person(String name, int age) {
        this.name = name;
        this.age = age;
    }

    public int getAge() {
        return age;
    }

    @Override
    public String toString() {
        return "Person [name=" + name + ", age=" + age + "]";
    }
```

```
}
```

测试类示例代码：

```
package com.atguigu.section05.demo3;

import java.util.Arrays;
import java.util.Comparator;

public class ArraysSortTest3 {
    public static void main(String[] args) {
        Person[] pers = {new Person("john", 12),
                new Person("lily", 23),
                new Person("lucy", 5),
                new Person("jack", 20),
                new Person("rose", 18)};

        System.out.println("按照年龄进行排序：");
        Arrays.sort(pers, new Comparator() {
            @Override
            public int compare(Object o1, Object o2) {
                return ((Person) o1).getAge() - ((Person) o2).getAge();
            }
        });

        for (int i = 0; i < pers.length; i++) {
            System.out.println(pers[i]);
        }

        System.out.println("按照姓名进行排序：");
        Arrays.sort(pers, new Comparator() {
            @Override
            public int compare(Object o1, Object o2) {
                return ((Person) o1).getName().compareTo(((Person) o2).getName());
            }
        });

        for (int i = 0; i < pers.length; i++) {
            System.out.println(pers[i]);
        }
    }
}
```

代码运行结果：

```
按照年龄进行排序：
Person [name=lucy, age=5]
Person [name=john, age=12]
Person [name=rose, age=18]
Person [name=jack, age=20]
Person [name=lily, age=23]
按照姓名进行排序：
Person [name=jack, age=20]
Person [name=john, age=12]
Person [name=lily, age=23]
Person [name=lucy, age=5]
Person [name=rose, age=18]
```

上述代码使用了匿名内部类的方式实现了 Comparator 接口，使得代码更紧凑。

11.5.4 binarySearch 方法：查找

第 5 章中讲过如果对一个已经有序的数组进行元素查找，那么二分查找的效率要远远高于顺序查找。Arrays 类提供了二分查找的直接实现方法 binarySearch，我们直接调用即可。当然该方法返回正确结果的前提是待查找的数组已经排好序，否则结果是不确定的。对象数组要求元素必须支持自然排序或指定了定制比较器对象。

下面以整型数组为例，进行代码演示，具体代码如下所示：

```
package com.atguigu.section05.demo4;

import java.util.Arrays;

public class BinarySearchTest {
    public static void main(String[] args) {
        int[] arr = {1,3,5,7,9};
        System.out.println("5 在数组中的下标：" + Arrays.binarySearch(arr, 5));
    }
}
```

代码运行结果：

```
5 在数组中的下标：2
```

11.5.5 copyOf 方法：数组复制

数组扩容等操作通常都涉及数组的复制操作，Arrays 类的 copyOf 方法和 copyOfRange 方法可以满足不同场合的排序。

下面以常用的整型数组为例，进行代码演示，具体代码如下所示：

```
package com.atguigu.section05.demo5;

import java.util.Arrays;

public class CopyOfTest {
    public static void main(String[] args) {
        int[] a = {5,2,1,4,3};

        int[] newArr1 = Arrays.copyOf(a, a.length-2);
        System.out.println("长度为原数组长度-2 的新数组：" + Arrays.toString(newArr1));

        int[] newArr2 = Arrays.copyOf(a, a.length+2);
        System.out.println("长度为原数组长度+2 的新数组：" + Arrays.toString(newArr2));
    }
}
```

代码运行结果：

```
长度为原数组长度-2 的新数组：[5, 2, 1]
长度为原数组长度+2 的新数组：[5, 2, 1, 4, 3, 0, 0]
```

11.5.6 equals 方法：判断数组的元素是否相等

如果需要比较两个数组的元素是否完全相等，那么可以直接使用 Arrays 类的 equals 方法来比较，该方法为重载方法，参数类型支持任意类型的数组。如果是基本数据类型，则直接比较数组的长度和元素值；如果是引用数据类型，则比较数组的长度及每个元素的 equals 方法。

下面以对象数组为例，进行代码演示。

Person 类代码如下所示：

```
package com.atguigu.section05.demo6;

import java.util.Objects;

public class Person {
    private String name;
    private int age;

    public Person(String name, int age) {
        this.name = name;
        this.age = age;
    }
    @Override
    public String toString() {
        return "Person [name=" + name + ", age=" + age + "]";
    }

    @Override
    public boolean equals(Object o) {
        if (this == o) return true;
        if (o == null || getClass() != o.getClass()) return false;
        Person person = (Person) o;
        return age == person.age &&
                Objects.equals(name, person.name);
    }

    @Override
    public int hashCode() {
        return Objects.hash(name, age);
    }
}
```

测试类示例代码：

```
package com.atguigu.section05.demo6;

import java.util.Arrays;

public class ArraysEqualsTest {
    public static void main(String[] args) {
        Person[] arr1 = {new Person("john",12),
                    new Person("lily",23),
                    new Person("lucy",5),
                    new Person("jack",20),
                    new Person("rose",18)};
        Person[] arr2 = {new Person("john",12),
                    new Person("lily",23),
                    new Person("lucy",5),
                    new Person("jack",20),
                    new Person("rose",18)};
        System.out.println(Arrays.equals(arr1, arr2));
    }
}
```

11.5.7 案例：左奇右偶

案例需求：

现在有一个长度为 10 的数组{ 26, 67, 49, 38, 52, 66, 7, 71, 56, 87}，先要求将所有的奇数放在数组的左侧，所有的偶数放在数组的右侧，并且把所有的奇数实现从小到大排列，所有的偶数也实现从小到大排列，结果如{7, 49, 67, 71, 87, 26, 38, 52, 56, 66}。

示例代码：

```
package com.atguigu.section05.demo7;

import java.util.Arrays;

public class OddLeftEvenRight {
    public static void main(String[] args) {
        int[] arr = {26, 67, 49, 38, 52, 66, 7, 71, 56, 87};
        int left = 0;
        int right = arr.length - 1;
        while (left < right) {
            while (arr[left] % 2 != 0){
                left++;
            }
            while (arr[right] % 2 == 0) {
                right--;
            }
            if (left < right) {
                int temp = arr[left];
                arr[left] = arr[right];
                arr[right]= temp;
            }
        }
        Arrays.sort(arr,0, left);
        Arrays.sort(arr,right+1, arr.length);
        System.out.println(Arrays.toString(arr));
    }
}
```

11.5.8　案例：动态数组

案例需求：

请设计一个可以实现动态扩容的数组容器（MyArrayList），每次扩容为原来的 1.5 倍。现有一个容器接口（Container），它包含如下抽象方法。

（1）void add(Object obj)：添加一个新元素。

（2）void add(int index, Object obj)：在指定位置[index]添加一个新元素。

（3）void remove(int index)：删除[index]位置的元素。

（4）void remove(Object obj)：删除指定元素，如果有多个重复的，则只删除第一个元素。

（5）void set(int index, Object obj)：替换[index]位置的元素。

（6）void set(Object obj, Object newObj)：替换第一个找到的 obj 元素 newObj。

（7）boolean contain(Object obj)：查找某个元素是否存在。

（8）int indexOf(Object obj)：查找某个元素在数组容器中的下标，如果不存在则返回-1。

（9）Object get(int index)：返回[index]位置的元素。

（10）int size( )：返回实际存储元素个数。

（11）Object[ ] getAll( )：返回实际存储的所有元素。

案例分析：

（1）数组必须先初始化后使用，所以创建数组容器对象时，必须先确定数组的初始化容量，这个容量可以通过构造器的参数传入。

（2）数组的容量不等于数组实际存储元素的个数，因此在容器中需要定义一个变量（如 total）来记录实际存储元素的个数。

（3）添加时，如果数组已满，即 total>=数组的长度，那么需要先扩容，后添加新元素，可以使用 Arrays.copyOf 方法实现扩容。

（4）使用 add(int index, Object obj)添加方法时，除了扩容，还要考虑移动元素以腾出[index]位置放新元素，可以使用 System.arraycopy 方法实现移动元素。

（5）删除元素时，需要考虑移动元素，让所有有效存储元素靠数组左侧存放，即中间不留空位置，这样方便后期的管理。

（6）用户指定的 index 不一定合法，需要做校验，如果不合理则可以抛出异常处理。

（7）多个方法之间有很多重复性代码，可能涉及提取重复代码重构成一个内部方法然后调用，避免代码冗余。

示例代码：

容器接口（Container）示例代码。

```
package com.atguigu.section05.demo8;

public interface Container {
    void add(Object obj); //添加一个新元素

    void add(int index, Object obj); //在指定位置[index]添加一个新元素

    void remove(int index); //删除[index]位置的元素

    void remove(Object obj); //删除指定元素，如果有多个重复的，则只删除第一个元素

    void set(int index, Object obj); //替换[index]位置的元素

    void set(Object obj, Object newObj); //替换第一个找到的 obj 元素 newObj

    boolean contain(Object obj); //查找某个元素是否存在

    int indexOf(Object obj); //查找某个元素在数组容器中的下标，如果不存在则返回-1

    Object get(int index); //返回[index]位置的元素

    int size(); //返回实际存储元素个数

    Object[] getAll(); //返回实际存储的所有元素
}
```

动态数组容器（MyArrayList）示例代码。

```
package com.atguigu.section05.demo8;

import java.util.Arrays;

public class MyArrayList implements Container {
    private Object[] all;  //数组容器
    private int total;     //记录中存储数据的个数

    //有参构造器中指定数组初始长度
    public MyArrayList(int initialCapacity) {
        if (initialCapacity <= 0){
            throw new IllegalArgumentException("初始化容量必须是大于 0 的整数");
        }
        all = new Object[initialCapacity];
    }

    @Override
```

```
    public void add(Object obj) {
        grow();
        all[total++] = obj;
    }

    private void grow() {
        if (total >= all.length) {
            all = Arrays.copyOf(all, all.length + (all.length>>1));
        }
    }

    @Override
    public void add(int index, Object obj) {
        if (index < 0 || index > total){
            throw new IndexOutOfBoundsException(index + "越界");
        }
        grow();
        System.arraycopy(all, index, all, index+1, total-index);
        all[index] = obj;
        total++;
    }

    @Override
    public void remove(int index) {
        checkIndex(index);
        System.arraycopy(all, index+1, all, index, total-index-1);
        all[--total] = null;
    }

    private void checkIndex(int index){
        if (index < 0 || index >= total){
            throw new IndexOutOfBoundsException(index + "越界");
        }
    }

    @Override
    public void remove(Object obj) {
        int index = indexOf(obj);
        if (index != -1){
            remove(index);
        }
    }

    @Override
    public void set(int index, Object obj) {
        checkIndex(index);
        all[index] = obj;
    }

    @Override
    public void set(Object obj, Object newObj) {
        int index = indexOf(obj);
        if (index != -1){
            set(index, newObj);
        }
    }

    @Override
    public boolean contain(Object obj) {
        return indexOf(obj) != -1;
```

```
    }

    @Override
    public int indexOf(Object obj) {
        if (obj == null) {
            for (int i=0; i < total; i++) {
                if (all[i] == null) {
                    return i;
                }
            }
        } else {
            for (int i = 0; i < total; i++){
                if(obj.equals(all[i])){
                    return i;
                }
            }
        }
        return -1;
    }

    @Override
    public Object get(int index) {
        checkIndex(index);
        return all[index];
    }

    @Override
    public int size() {
        return total;
    }

    @Override
    public Object[] getAll() {
        return Arrays.copyOf(all, total);
    }
}
```

测试类示例代码。

```
package com.atguigu.section05.demo8;

import java.util.Arrays;

public class TestMyArrayList {
    public static void main(String[] args) {
        MyArrayList my = new MyArrayList(3);
        my.add("开源");
        my.add("协作");
        my.add(1,"java");
        my.add("创新");
        my.add("协作");
        my.add("共赢");
        System.out.println("现在数组中元素个数：" + my.size());
        Object[] all = my.getAll();
        System.out.println(Arrays.toString(all));

        System.out.println("-------------------------");
        my.remove(1);
        System.out.println("删除[1]元素后数组中元素个数：" + my.size());
        all = my.getAll();
        System.out.println(Arrays.toString(all));
```

```
        System.out.println("--------------------------");
        my.remove("协作");
        System.out.println("删除第一个协作后数组中元素个数: " + my.size());
        all = my.getAll();
        System.out.println(Arrays.toString(all));

        System.out.println("--------------------------");
        my.set(0,"开放");
        my.set("共赢","win");
        System.out.println("替换[0]与共赢后数组中元素个数: " + my.size());
        all = my.getAll();
        System.out.println(Arrays.toString(all));

        System.out.println("--------------------------");
        System.out.println("数组中是否存在创新: " + my.contain("创新"));
        System.out.println("创新在容器中的下标: " + my.indexOf("创新"));
        System.out.println("[2]元素是: " + my.get(2));
    }
}
```

11.6　数学相关类

在实际开发中，数字的处理也是非常常见的。如果项目涉及一些数学运算，或者对数字有特殊的精度要求时，那么就更需要使用数学相关类的 API。

JDK 中的数学相关类有 java.lang.Math 类，以及 java.math 包的 BigInteger 和 BigDecimal 类等。

11.6.1　Math 类

Math 类中包含了一些数学常量值，以及用于执行基本数学运算的方法，如初等指数、对数、平方根和三角函数等，其方法的参数和返回值类型一般为 double 类型，如表 11-6 所示。

表 11-6　Math 类常量字段和部分常用方法

序　号	字 段 定 义	描　述
1	static double E	2.718281828459045
2	static double PI	3. 141592653589793
3	static double abs(double a)	返回 a 的绝对值
4	static double round(double a)	返回 a 四舍五入后的值
5	static double floor(double a)	向下取整
6	static double ceil(double a)	向上取整
7	static double random()	返回[0, 1) 的随机值
8	static double max(double a,double b)	返回 a 和 b 的较大值
9	static double min(double a,double b)	返回 a 和 b 的较小值

该类的方法较简单，下面通过代码一一演示。

代码演示一：求绝对值方法（abs），如下所示。

```
System.out.println(Math.abs(-5.5));          //结果: 5.5
```

代码演示二：向下取整方法（floor），如下所示。

```
System.out.println(Math.floor(-5.123)); //结果: -6.0
```

代码演示三：向上取整方法（ceil），如下所示。

```
System.out.println(Math.ceil(-5.123)); //结果: -5.0
```

代码演示四：求近似值方法（round），如下所示。

```
System.out.println(Math.round(-5.5));   //结果：-5
```

实际上求近似值方法的底层代码总结为 Math.round(a)等价于 Math.floor(a+0.5)。

代码演示五：获取[0,1)范围的随机值（random），如下所示。

```
System.out.println(Math.random());      //结果：0.8445278702393619
```

代码演示六：获取两个数字中的较大者（max），如下所示。

```
System.out.println(Math.max(3,6));      //结果：6
```

代码演示七：获取两个数字中的较小者（min），如下所示。

```
System.out.println(Math.min(5.6,7.5)); //结果：5.6
```

11.6.2 BigInteger 类

Integer 类作为 int 的包装类，能存储的数值范围为 $-2^{31}\sim2^{31}-1$，BigInteger 类的数值范围较 Integer 类、Long 类的数值范围要大得多，可以支持任意精度的整数。BigInteger 类位于 java.math 包下，和数值包装类一样，继承了 Number 类。

BigInteger 类是引用数据类型，但不是包装类，不支持自动装箱与拆箱，因此如果需要用它来表示整数，则需要通过指定的构造器来创建它的对象。例如，BigInteger(String val)构造器可以将整数的十进制字符串表示形式转换为 BigInteger 对象，如下所示。

```
BigInteger bVal = new BigInteger("1234567890");
```

BigInteger 类是引用数据类型，所以不支持直接使用“+” “-”等运算符进行算术运算，如果需要完成 BigInteger 对象的计算，必须调用相应的方法来完成，如表 11-7 所示。

表 11-7　BigInteger 常见方法

序　号	方法定义	描　述
1	BigInteger add(BigInteger val)	加，返回 this 与 value 的和
2	BigInteger subtract(BigInteger val)	减，返回 this 与 value 的差
3	BigInteger multiply(BigInteger val)	乘，返回 this 与 value 的乘积
4	BigInteger divide(BigInteger val)	除，结果只保留整数部分
5	BigInteger remainder(BigInteger val)	获取 this % val 的结果
6	BigInteger max(BigInteger val)	获取较大值
7	BigInteger min(BigInteger val)	获取较小值

示例代码：

```
package com.atguigu.section06;

import java.math.BigInteger;

public class BigIntegerTest {
    public static void main(String[] args) {
        BigInteger b1 = new BigInteger("12345678901234567");
        BigInteger b2 = new BigInteger("1000000000000000");
        System.out.println("b1+b2=" + b1.add(b2));
        System.out.println("b1-b2=" + b1.subtract(b2));
        System.out.println("b1*b2=" + b1.multiply(b2));
        System.out.println("b1/b2=" + b1.divide(b2));
        System.out.println("b1%b2=" + b1. remainder (b2));
        System.out.println("b1,b2 中 max: " + b1.max(b2));
        System.out.println("b1,b2 中 min: " + b1.min(b2));
    }
}
```

11.6.3　BigDecimal 类

一般的 Float 类和 Double 类可以用来做一般的科学计算或工程计算，但在商业计算等对求数字精度要求比较高的场合中，就不能使用 Float 类和 Double 类，可以考虑使用 BigDecimal 类。BigDecimal 类支持任何精度的定点数。

同样 BigDecimal 类不是包装类，故不支持自动装箱与拆箱，如果要用它表示数字，则只能通过对应的构造器来创建对象。

- BigDecimal (String val)：将数字的十进制字符串表示形式转换为 BigDecimal 对象。
- BigDecimal (double val)：将 double 类转换为 BigDecimal 类。

示例代码：

```
BigDecimal bVal = new BigDecimal ("1234567890.12345");
BigDecimal bVal = new BigDecimal(1234567.890);
```

同样，要对 BigDecimal 对象进行数学运算，也要调用相应的方法来完成，如表 11-8 所示。

表 11-8　BigDecimal 类常见方法

序　号	方 法 定 义	描　述
1	BigDecimal add(BigDecimal val)	加
2	BigDecimal subtract(BigDecimal val)	减
3	BigDecimal multiply(BigDecimal val)	乘
4	BigDecimal divide(BigDecimal val,int roundingMode)	除（注：浮点数的除法运算如果不能除尽，则需要指定舍入模式，否则会导致 ArithmeticException）
5	BigDecimal max(BigDecimal val)	获取较大值
6	BigDecimal min(BigDecimal val)	获取较小值

示例代码：

```
package com.atguigu.section06;

import java.math.BigDecimal;

public class BigDecimalTest {
    public static void main(String[] args) {
        BigDecimal b1 = new BigDecimal("1234567890123456 7.230");
        BigDecimal b2 = new BigDecimal("10000000000000000.12");
        System.out.println(b1.add(b2));
        System.out.println(b1.subtract(b2));
        System.out.println(b1.multiply(b2));
        System.out.println(b1.divide(b2,BigDecimal.ROUND_CEILING));
        System.out.println(b1.max(b2));
        System.out.println(b1.min(b2));
    }
}
```

11.6.4　Random 类

在 Math 类中已经提供了 random()方法来获取一个随机值，但是该方法只能返回[0,1)的小数，如果要获取一个其他基本数据类型的随机值，则需要做相应的换算等操作，比较麻烦。JDK 在 java.util 包中单独提供了一个 Random 类供开发人员使用，该类提供了获取多种数据类型的随机值方法，Random 类的部分方法如表 11-9 所示。

表 11-9 Random 类的部分方法

序 号	方法定义	描 述
1	Random( )	构造器
2	boolean nextBoolean( )	获取一个随机 boolean 值
3	double nextDouble( )	获取一个[0,1)的随机 double 值
4	float nextFloat( )	获取一个[0,1)的随机 float 值
5	int nextInt( )	获取一个随机 int 取值范围内的值
6	int nextInt(int n)	获取一个[0, *n*)的随机 int 值
7	long nextLong( )	获取一个随机 long 取值范围内的值

案例需求：

请随机产生 10 个[0,100)的整数值，并按照从小到大排序后输出。

示例代码：

```
package com.atguigu.section06;

import java.util.Arrays;
import java.util.Random;

public class TestRandom {
    public static void main(String[] args) {
        int[] arr = new int[10];
        Random random = new Random();
        for (int i = 0; i < arr.length; i++) {
            arr[i] = random.nextInt(100);
        }
        Arrays.sort(arr);
        System.out.println(Arrays.toString(arr));
    }
}
```

11.6.5 案例：企业面试题

案例需求：

请使用 Math 类相关的 API，计算在-10.8～5.9 范围内绝对值大于等于 6 或小于等于 2 的整数有多少个？

示例代码：

```
package com.atguigu.section06;

public class TestMath {
    public static void main(String[] args) {
        double min = -10.8;
        double max = 5.9;
        int count = 0;
        for (double i = Math.ceil(min); i <= max; i++) {
            if (Math.abs(i) >= 6 || Math.abs(i) <= 2) {
                count++;
            }
        }
        System.out.println("满足条件的数字个数为：" + count + " 个");
    }
}
```

11.7　日期类

在程序的开发中我们经常会遇到日期类型的操作，Java 对日期类型的操作提供了很好的支持。在最初的版本下，java.lang 包中的 System.currentTimeMillis( );可以获取当前时间与协调时间（UTC）1970 年 1 月 1 日午夜之间的时间差（以毫秒为单位测量）。我们往往通过调用该方法计算某段代码的耗时。

示例代码：

```
package com.atguigu.section07.demo1;

public class TestTime {
    public static void main(String[] args) {
        long start  = System.currentTimeMillis(); //记录当前时间对应的毫秒数(时间戳)
        long sum = 0;
        for (int i = 1; i <= 1000000; i++) {
            sum += i;
        }
        System.out.println("sum = " + sum);
        long end = System.currentTimeMillis();    //记录当前时间对应的毫秒数(时间戳)
        System.out.println("耗时: "+(end-start)+"ms");
    }
}
```

11.7.1　第一代日期类

第一代日期时间 API 相对较简朴，主要有 java.util.Date 及和日期时间格式化有关的 java.text.DateFormat 及其子类。

1. Date 类

JDK 1.0 就在 java.util 包下提供了 Date 类用于表示特定的瞬间，可以精确到毫秒。

通过 API 或源码，可以看出 Date 类的大部分方法已经过时，已被第二代日期类 Calendar 代替，剩下的 Date 类常见方法，如表 11-10 所示。

表 11-10　Date 类常见方法

序　号	方 法 定 义	描　述
1	Date( )	返回一个代表当前系统时间的 Date 对象，精确到毫秒
2	Date(long date)	返回一个距离 UTC 时间 date 毫秒的新日期对象，精确到毫秒
3	int compareTo(Date anotherDate)	比较两个日期的大小
4	long getTime( )	返回自 1970 年 1 月 1 日 00:00:00 GMT 以来此 Date 对象表示的毫秒数
5	String toString( )	把此 Date 对象转换为以下形式的 String：dow mon dd hh:mm:ss zzz yyyy 其中：dow 是一周中的某一天(Sun, Mon, Tue, Wed, Thu, Fri, Sat)

示例代码：

```
package com.atguigu.section07.demo2;

import java.util.Date;

public class DateTest {
    public static void main(String[] args) {
        Date date = new Date();
        System.out.println("现在系统日期时间值是: " + date);
        long time = date.getTime();
        System.out.println("当前时间距离 UTC 时间的毫秒数: " + time);
    }
}
```

2．SimpleDateFormat 类

通过刚才 Date 类的代码演示，我们可以发现取得的时间是一个非常精确的时间。但是因为其显示的格式没有考虑国际化问题，如该格式不符合中国人查看时间的格式习惯，因此需要对其进行格式化操作。java.text.SimpleDateFormat 类可以实现格式化操作，它是 java.text.DateFormat 的子类。

创建 SimpleDateFormat 类的对象非常简单，可以使用如下构造器。

- SimpleDateFormat( )：用默认的模式和默认语言环境的日期格式符号构造 SimpleDateFormat。
- SimpleDateFormat(String pattern)：用给定的模式和默认语言环境的日期格式符号构造 SimpleDateFormat。
- SimpleDateFormat(String pattern, Locale locale)：用给定的模式和给定语言环境的日期格式符号构造。

模式即一个日期转换模板格式，在模式中通过特定的日期标记可以将一个日期格式中的日期数字提取出来，常见的日期格式化模板如表 11-11 所示，其他标记可参考 API。

表 11-11　常见的日期格式化模板

序　号	标　记	描　述
1	y	年，年份是 4 位数字，使用 yyyy 表示
2	M	年中的月份，月份是 2 位数字，使用 MM 表示
3	d	月中的天数，天数是 2 位数字，使用 dd 表示
4	H	一天中的小时数（24 小时），小时是 2 位数字，使用 HH 表示
5	m	小时中的分钟数，分钟是 2 位数字，使用 mm 表示
6	s	分钟中的秒数，秒是 2 位数字，使用 ss 表示
7	S	毫秒数，毫秒数是 3 位数字，使用 SSS 表示

SimpleDateFormat 类主要用于将 Date 日期转换为字符串，或者将某个字符串转换为 Date 对象，其常见方法如表 11-12 所示。

表 11-12　SimpleDateFormat 类常见方法

方 法 定 义	描　述
format	将一个 Date 格式转化为日期/时间字符串，此方法为继承的父类 DateFormat 的方法
parse	从给定字符串的开始解析文本，以生成一个日期，此方法为继承的父类 DateFormat 的方法

示例代码：

```
package com.atguigu.section07.demo3;

import java.text.ParseException;
import java.text.SimpleDateFormat;
import java.util.Date;

public class SimpleDateFormatTest {
    public static void main(String[] args) throws ParseException {
        SimpleDateFormat sdf = new SimpleDateFormat("yyyy年MM月dd日HH小时mm分钟ss秒S毫秒");
        System.out.println("使用指定格式的日期字符串：" + sdf.format(new Date()));
        String str = "2021年1月15日 06小时44分钟05秒123毫秒";
        Date date = sdf.parse(str);
        System.out.println("日期对象：" + date);
    }
}
```

11.7.2 第二代日期类

Date 类用于返回日期对象，不适合获取日历字段，由于该类的设计问题，我们发现设置和获取日历字段的方法都已经过时，如设置今年是 2018 年，我们通过 getYear( )方法获取，竟然取得 118。设置和获取日历字段的方法，被 JDK 1.1 推出的 Calendar 类代替。

java.util.Calendar 类是一个抽象类，它为特定瞬间与一组诸如 YEAR、MONTH、DAY_OF_MONTH、HOUR 等日历字段之间的转换提供了一些方法，并为操作日历字段（如获得下星期的日期）提供了一些方法，如表 11-13 所示。

表 11-13 Calendar 类常见方法

序号	方法定义	描述
1	static getInstance( )	使用默认时区和语言环境获得一个日历，也可以通过 getInstance(TimeZone time, Locale loc)或指定时区和语言环境的日历
2	get(int field)	获取指定的日历字段
3	set(int year, int month, int date, int hourOfDay, int minute, int second)	设置字段 YEAR、MONTH、DAY_OF_MONTH、HOUR、MINUTE 和 SECOND 的值

示例代码：

```
package com.atguigu.section07.demo4;

import java.util.Calendar;
import java.util.Locale;
import java.util.TimeZone;

public class CalendarTest {
    public static void main(String[] args) {
        Calendar c = Calendar.getInstance(TimeZone.getTimeZone("Asia/Shanghai"), Locale.CHINA);
        System.out.println("年：" + c.get(Calendar.YEAR));
        System.out.println("月：" + (c.get(Calendar.MONTH) + 1));//1 月从 0 开始
        System.out.println("日：" + c.get(Calendar.DAY_OF_MONTH));
        System.out.println("小时：" + c.get(Calendar.HOUR));
        System.out.println("分钟：" + c.get(Calendar.MINUTE));
        System.out.println("秒：" + c.get(Calendar.SECOND));
    }
}
```

上述代码中的 TimeZone 表示时区，Locale 表示语言环境。例如，TimeZone.getTimeZone ("Asia/Shanghai")表示“亚洲/上海”时区，Locale.CHINA 表示中国语言环境。

11.7.3 第三代日期类

如果可以跟别人说：“我们在 1640966400000 见面，别晚了！”那么就再简单不过了。但是我们希望时间与昼夜和四季有关，于是事情就变得复杂了。前面我们介绍了第一代日期类（Date 类）和第二代日期类（Calendar 类）。但发现依然有很多问题。

- 可变性：像日期和时间这样的类应该是不可变的，某一个日期时间对象都只能代表某一个特定的瞬间。
- 偏移性：Date 类中的年份是从 1900 开始的，月份都是从 0 开始的，这不符合常规编程习惯。

- 格式化：用于日期格式化及解析的 SimpleDateFormat 只对 Date 类有用，Calendar 类则不行。
- 它们也不是线程安全的。
- 不能处理闰秒等。由于地球自转的不均匀性和长期变慢性（主要由潮汐摩擦引起的），所以在世界时（民用时）和原子时之间相差超过到±0.9 秒时，人们就把协调世界时向前拨 1 秒（负闰秒，最后一分钟为 59 秒）或向后拨 1 秒（正闰秒，最后一分钟为 61 秒）。目前，全球已经进行了 27 次闰秒，均为正闰秒。最近一次闰秒是北京时间 2017 年 1 月 1 日 7 时 59 分 59 秒（时钟显示 07:59:60）。

Java 8 中引入的 java.time 纠正了过去的缺陷，将来很长一段时间内它都会为我们服务，这就是第三代日期 API。Java 8 吸收了 Joda-Time 的精华，以一个新的开始为 Java 创建优秀的 API。新的 java.time 中包含了所有关于本地日期（LocalDate）、本地时间（LocalTime）、本地日期时间（LocalDateTime）、时区（ZonedDateTime）和持续时间（Duration）的类。历史悠久的 Date 类也新增了 toInstant( )方法，用于把 Date 类转换成新的表示形式。

第三代日期 API，包含 68 个新的公开类型，大多数开发者只会用到其中很少的一部分。接下来，我们将对最常用的几个类型进行介绍。

1．LocalDate、LocalTime、LocalDateTime 类

新版日期时间 API 中最常用的莫过于本地化日期 API 了，这三个类都代表日期对象，只是包含的日历字段不同，相当于 Calendar 类的代替。

java.time.LocalDate 类：代表一个只包含年、月、日的日期对象，如 2007-12-03。LocalDate 类常见方法如表 11-14 所示。

表 11-14　LocalDate 类常见方法

序　号	方 法 定 义	描　述
1	static LocalDate now( )	返回默认时区下的当前日期对象
2	int getYear( )	返回年份，从-999999999-01-01～+999999999-12-31
3	int getMonth( )	返回月份，1～12
4	int getDayOfMonth( )	返回日期，1～31
5	LocalDate parse (CharSequence text)	按默认格式解析字符串为 LocalDate 的日期对象
6	LocalDate parse(CharSequence text,DateTimeFormatter formatter)	按指定格式解析字符串为 LocalDate 的日期对象

java.time.LocalTime 类：代表一个只包含小时、分钟、秒的日期对象，如 13:45.30.123456789。LocalTime 类常见方法如表 11-15 所示。

表 11-15　LocalTime 类常见方法

序　号	方 法 定 义	描　述
1	static LocalTime now( )	返回默认时区下的当前时间对象
2	int getHour( )	返回小时，0～23
3	int getMinute( )	返回分钟，0～59
4	int getSecond( )	返回秒，0～59
5	LocalTime parse(CharSequence text)	按默认格式解析字符串为 LocalTime 的日期对象
6	LocalTime parse(CharSequence text,DateTimeFormatter formatter)	按指定格式解析字符串为 LocalTime 的日期对象

java.time.LocalDateTime 类：代表一个包含年、月、日、小时、分钟、秒的日期对象，如 2007-12-03T10:15:30。LocalDateTime 类常见方法如表 11-16 所示。

表 11-16　LocalDateTime 类常见方法

序　号	方 法 定 义	描　述
1	static LocalDateTime now( )	返回默认时区下的当前日期对象
2	int getYear( )	返回年份，-999999999-01-01～+999999999-12-31
3	int getMonth( )	返回月份，1～12
4	int getDayOfMonth( )	返回日期，1～31
5	int getHour( )	返回小时，0～23
6	int getMinute( )	返回分钟，0～59
7	int getSecond( )	返回秒，0～59
8	LocalDateTime　parse(CharSequence text)	按默认格式解析字符串为 LocalDateTime 的日期对象
9	LocalDateTime parse(CharSequence text,DateTimeFormatter formatter)	按指定格式解析字符串为 LocalDateTime 的日期对象

可以发现，LocalDate、LocalTime、LocalDateTime 类的常见方法类似，使用也大致相同。

下面以 LocalDateTime 为例进行代码演示，具体代码如下所示。

```
package com.atguigu.section07.demo5;

import java.time.LocalDateTime;

public class LocalDateTimeTest {
    public static void main(String[] args) {
        //1.创建一个日期对象
        LocalDateTime now = LocalDateTime.now();
        //2.获取日历字段
        System.out.println("年: " + now.getYear());
        System.out.println("月: " + now.getMonthValue());
        System.out.println("月: " + now.getMonth());
        System.out.println("日: " + now.getDayOfMonth());
        System.out.println("小时: " + now.getHour());
        System.out.println("分钟: " + now.getMinute());
        System.out.println("秒: " + now.getSecond());
    }
}
```

2. Instant 类

在处理时间和日期时，我们通常会想到年、月、日、时、分、秒。然而，这只是时间的一个模型，是面向人类的。第二种通用模型是面向计算机的，在此模型中，时间线中的一个点表示一个整数，这有利于计算机处理。在 UNIX 中这个数从 1970 年开始，以秒为单位；同样在 Java 中也是从 1970 年开始的，但以毫秒为单位。

java.time 包通过值类型 Instant 提供机器视图，不提供处理人类意义上的时间单位。Instant 类表示时间线上的一点，不需要任何上下文信息，例如，时区。从概念上讲，它只是简单地表示自 1970 年 1 月 1 日 0 时 0 分 0 秒（UTC）开始的秒数。因为 java.time 包是基于纳秒计算的，所以 Instant 类的精度可以达到纳秒级。（1 ns = 10^{-9} s）1 秒= 1000 毫秒=10^6 微秒=10^9 纳秒。Instant 类常见方法如表 11-17 所示。

表 11-17　Instant 类常见方法

序　号	方 法 定 义	描　述
1	static Instant now( )	静态方法，返回默认 UTC 时区的 Instant 类的对象
2	static Instant ofEpochMilli(long epochMilli)	静态方法，返回在 1970-01-01 00:00:00 基础上加上指定毫秒数之后的 Instant 类的对象

续表

序　号	方法定义	描　述
3	static OffsetDateTime atOffset (ZoneOffset offset)	结合即时的偏移来创建一个 OffsetDateTime
4	long toEpochMilli( )	返回 1970-01-01 00:00:00 到当前时间的毫秒数，即时间戳

Instant 类可以和第一代日期 Date 类进行互相转换，具体代码如下所示。

```
package com.atguigu.section07.demo6;

import java.time.Instant;
import java.util.Date;

public class InstantTest {
    public static void main(String[] args) {
        //1.创建一个 Instant 对象
        Instant now = Instant.now();
        System.out.println("now = " + now);
        //2.转换方法
        //① Instant → Date
        Date d = Date.from(now);
        System.out.println("d = " + d);
        //② Date → Instant
        Instant instant = d.toInstant();
        System.out.println("instant = " + instant);
    }
}
```

3. DateTimeFormatter 类

java.time.format.DateTimeFormatter 类提供了格式化日期的方法，这个类和第一代日期的 SimpleDateFormat 类似，但 SimpleDateFormat 只能格式化 Date 类，对 Calendar 类无效。DateTimeFormatter 可以格式化 LocalDate、LocalTime、LocalDateTime 及 Instant 类。DateTimeFormatter 类常见方法如表 11-18 所示。

表 11-18　DateTimeFormatter 类常见方法

序　号	方法定义	描　述
1	static DateTimeFormatter ofPattern(String pattern)	静态方法，返回一个 DateTimeFormatter 对象
2	String format(TemporalAccessor t)	格式化一个日期、时间，返回字符串
3	TemporalAccessor parse(CharSequence text)	将指定格式的字符序列解析为一个日期、时间

TemporalAccessor 是 java.time.temporal 包下的接口，LocalDate、LocalTime、LocalDateTime、Instant 都实现了该接口。常见日期模板标记如表 11-19 所示。

表 11-19　常见日期模板标记

序　号	标　记	描　述
1	y	年，年份是 4 位数字，使用 yyyy 表示
2	M	年中的月份，月份是 2 位数字，使用 MM 表示
3	d	月中的天数，天数是 2 位数字，使用 dd 表示
4	H	一天中的小时数（24 小时），小时是 2 位数字，使用 HH 表示
5	m	小时中的分钟数，分钟是 2 位数字，使用 mm 表示
6	s	分钟中的秒数，秒是 2 位数字，使用 ss 表示
7	S	毫秒数，毫秒数是 3 位数字，使用 SSS 表示
8	a	am-pm-of-day

下面以 LocalDateTime 日期的格式为例，进行代码演示，具体代码如下所示。

```
package com.atguigu.section07.demo7;

import java.time.*;
import java.time.format.DateTimeFormatter;

public class DateTimeFormatterTest {
    public static void main(String[] args) {
        LocalDateTime now = LocalDateTime.now();
        DateTimeFormatter dtf = DateTimeFormatter.ofPattern("yyyy-MM-dd a hh小时mm分钟ss秒");
        //格式化日期（日期 ——>文本）
        String format = dtf.format(now);
        System.out.println(format);
        //解析字符串为日期（文本 ——>日期）
        String s = "2018-08-08 下午 05小时06分钟43秒";
        LocalDateTime parse = LocalDateTime.parse(s,dtf);
        System.out.println(parse);
    }
}
```

11.8 本章小结

本章带领大家认识了 JDK 提供的一些开发中常见的类和方法，大家在日后开发中直接使用现成的即可，争取达到“信手拈来”的程度。当然，查阅 API 的能力也需要锻炼，本章列举的仅仅是浩瀚类库中的一部分，更多预定义类型的使用还需要读者自行查阅 API 来学习和获取。

第12章 集合

我们学习过的常用类越多，就像打仗之前武器、粮草准备得越多一样，胜算也会越多，心里也会越踏实。接下来再给大家介绍一个常用类大家族，有了它们，不仅能让你的代码编写更流畅，还会让你的“内功”更加精进。

Java 集合是一种特别有用的工具类，可以用于存储数量不等的多个对象，并可以实现常用的数据结构，如栈、队列、链表、哈希表等，除此之外，Java 集合还可以保存具有映射关系的关联数据。

Java 集合大致可以分为 Set、List 和 Map 三种体系。Java 集合就是一种容器，我们可以把多个对象“丢进”该容器。在 Java 5 之前，Java 集合会丢失容器中所有对象的数据类型，把所有对象向上转型为 Object 类处理；在 Java 5 增加了泛型之后，Java 集合可以记住容器中对象的数据类型，从而可以编写出更简洁、更健壮的代码，泛型请参考第 13 章。本章不仅会介绍集合框架中常用的类型，还会深入集合源码进行分析，让你对数据结构及面向对象的编程思想有更深刻的理解。

12.1 集合概述

集合相较于数组来讲，可以被理解成一种更高级的容器，更适合存储数量不确定的多个对象，并可以实现常用的数据结构，如栈、队列等，还可用于保存具有映射关系的关联数组，满足各种数据存储需求。为了更好地理解集合的特点，我们不妨先回顾下前面讲解过的数组。

12.1.1 数组回顾

数组可用于存储一组基本数据类型，也可以用于存储一组对象。元素之间的逻辑关系是线性的，底层的物理结构是顺序结构，即元素是依次按顺序存储的。当我们创建一个数组容器的对象时，会一次申请一大段连续的空间，所有数据存储在这个连续的空间中紧密排布，不能有间隔。在整个数组使用期间，数组的长度是固定的，是不能修改的，除非创建新的数组。

元素是基本数据类型的数组的存储示意图如图 12-1 所示。

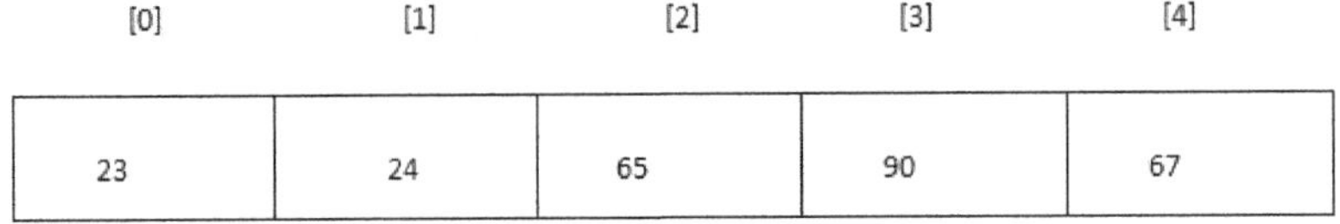

图 12-1　元素是基本数据类型的数组的存储示意图

元素是引用数据类型的数组的存储示意图如图 12-2 所示。

正因为数组的元素是连续存储的，而且每个元素都有索引，所以在数组中根据索引来访问元素的效率是极高的。但是同样是因为这个特点，当我们需要在数组中添加和删除元素时，如果不是针对末尾元素的删除和插入那么就会涉及移动元素，这是会消耗一定性能的。另外，我们无法直接判断数组中实际存储元素的个数，需要单独定义变量，如定义变量 total 用来记录实际元素的个数。

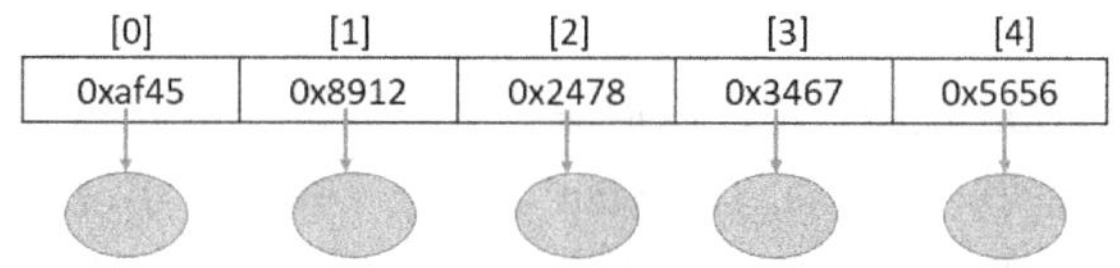

图 12-2 元素是引用数据类型的数组的存储示意图

数组的元素插入过程示意图如图 12-3 所示，数组的元素插入后示意图如图 12-4 所示。

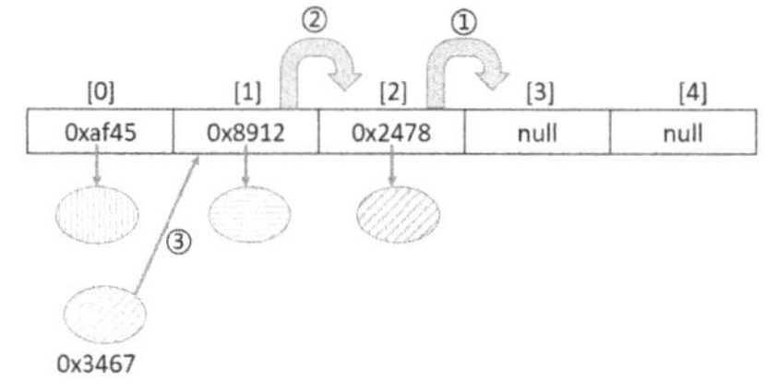

图 12-3 数组的元素插入过程示意图

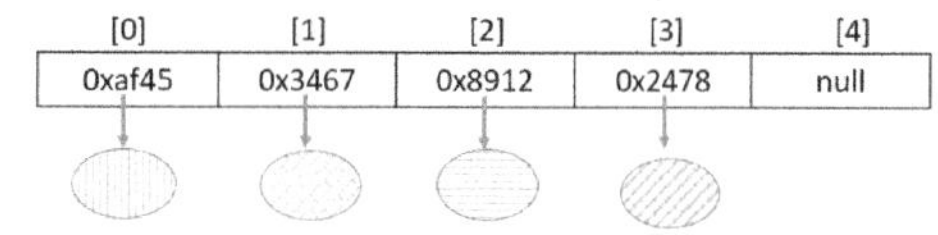

图 12-4 数组的元素插入后示意图

数组的元素删除过程示意图如图 12-5 所示，数组的元素删除后示意图如图 12-6 所示。

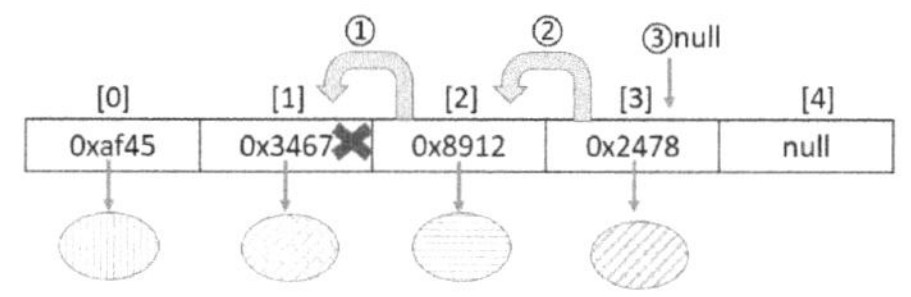

图 12-5 数组的元素删除过程示意图

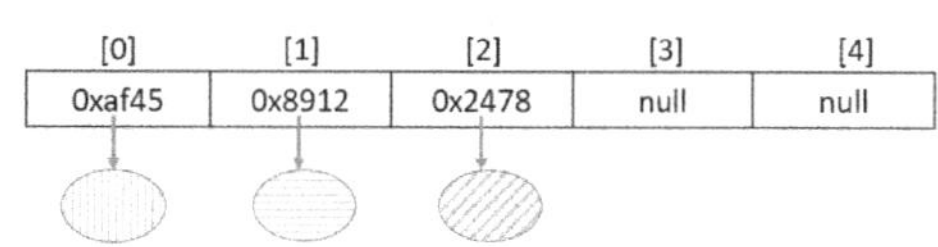

图 12-6 数组的元素删除后示意图

12.1.2 集合框架集

集合是为了满足用户多样化数据的逻辑关系而设计的，一系列不同于数组的，可变的聚合抽象数据类型，这些接口和类都在 java.util 包中，其类型很丰富，因此通常把这一组 API 统称为集合框架集。

集合框架集大致分为两大系列：一个是 Collection 系列，另一个是 Map 系列。

Collection 集合框架中的接口和类主要用于存储和操作一个一个的对象，称为单列集合。java.util.Collection 是该系列中的根接口，提供了一系列方法供继承或实现。JDK 不提供此接口的任何直接实现，而是提供了更具体的子接口（如 Set 和 List、Queue）实现。此接口类型通常用来传递集合，并在需要最大普遍性的地方操作这些集合。

（1）List：有序的 Collection（也称序列）。此接口的用户可以对列表中每个元素的插入位置进行精确控制。用户可以根据元素的整数索引（在列表中的位置）访问元素，并搜索列表中的元素。

（2）Queue：队列通常以 FIFO（先进先出）的方式排序各个元素。不过优先级队列和 LIFO 队列（或堆栈）除外，前者根据系统提供的比较器或元素的自然顺序对元素进行排序，后者按 LIFO（后进先出）的方式对元素进行排序。

（3）Set：一个不包含重复元素的 Collection。更确切地讲，Set 不包含满足 e1.equals(e2) 结果为 true 的元素对象 e1 和 e2，并且最多包含一个 null 元素。正如其名，此接口模仿了数学上的 Set 抽象（高中的集合概念）。其中 SortedSet 进一步提供了关于元素的总体排序的 Set，这些元素使用其自然顺序进行排序，或者根据通常在创建有序 Set 时提供的 Comparator 进行排序。该 Set 的迭代器将按元素升序遍历 Set，并提供了一些附加的操作来实现这种排序。

Collection 系列集合常用接口和类的关系如图 12-7 所示。

Map 集合框架中的接口和类主要用于存储和操作由键映射到值的键值对（key、value）。java.util.Map 是根接口，一个 Map 中不能包含重复的键，每个键最多只能映射到一个值。读者或许有疑问，如果一个键想要映射到多个值怎么办？那就把多个值放到一个 Collection 容器或数组中，然后统一由一个 key 映射。

Map 接口提供三种 Collection 视图，允许以键集、值集或键—值映射关系集的形式查看某个映射的内容。一些映射实现可明确保证其顺序，如 TreeMap 类；另一些映射实现则不保证其顺序，如 HashMap 类。SortedMap 进一步提供关于键的总体排序的 Map，该映射是根据键的自然顺序进行排序的，或者根据通常在创建有序映射时提供的 Comparator 进行排序。

Map 系列集合常用接口和类的关系如图 12-8 所示。

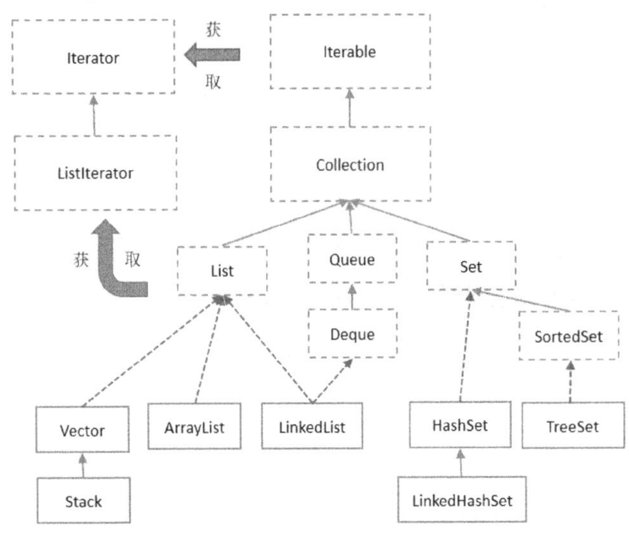

图 12- 7　Collection 系列集合常用接口和类的关系

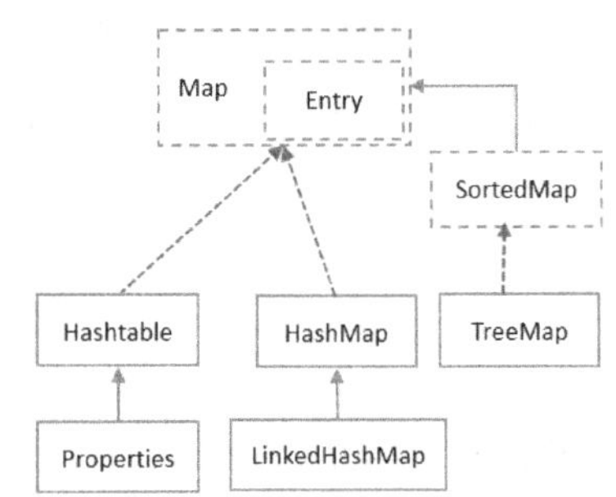

图 12- 8　Map 系列集合常用接口和类的关系

12.2　Collection 集合

Collect 是收集的意思，Collection 就是收集器的意思，表示收集对象的容器。数组既可以存储一组基本数据类型的数据，又可以存储一组对象，而 Collection 集合只能存储对象。如果你把基本数据类型的数据存储到 Collection 集合中，其就会自动被装箱为对应包装类的对象。

12.2.1　Collection 集合的方法

java.util.Collection 作为根接口，规范了这个系列的集合最通用的操作；作为容器，最通用的操作自然是对元素的增、删、改、查、遍历。但是在 Collection 的根接口中没有体现修改方法，这是因为实现类在底层实现上差异太大，各自针对元素的修改方法的签名不同，所以在 Collection 中没有统一，而在更具体的子接口 List 等中才有体现。下面分类介绍一下 Collection 接口的部分方法。

（1）添加元素。

- add(Object obj)：添加一个元素对象到当前集合中。
- addAll(Collection other)：添加 other 集合中的所有元素对象到当前集合中，当前集合相当于成了它们的并集，即 this = this ∪ other。

（2）删除元素。

- boolean remove(Object obj)：从当前集合中删除第一个找到的与 obj 对象相等的元素，比较非空对象是否相等依赖于元素的 equals 方法。
- boolean removeAll(Collection coll)：从当前集合中删除所有与 coll 集合中元素相等的元素，相当于从当前集合中删除它们的交集，即 this = this − this ∩ coll，其中 this 代表调用 removeAll 方法的当前集合。

- boolean retainAll(Collection coll)：当前集合仅保留与 cou 集合中元素相等的元素，相当于当前集合中仅保留两个集合的交集，即 this = this ∩ coll。
- void clear( )：清空当前集合元素。

（3）判断元素。

- boolean isEmpty( )：判断当前集合是否为空集合。
- boolean contains(Object obj)：判断当前集合中是否存在一个与 obj 对象相等的元素。
- boolean containsAll(Collection c)：判断 cou 集合中的元素是否在当前集合中都存在，即 c 集合是否是当前集合的子集。

（4）查看。

- int size( )：获取当前集合中实际存储的元素个数。
- Object[ ] toArray( )：返回包含当前集合中所有元素的数组。
- Iterator iterator( )：返回遍历当前集合元素的迭代器。

下面通过示例代码来演示上述方法的使用。

12.2.2 案例：增加和删除元素

Collection 接口没有直接的实现类，它的实现类都是更具体的子接口的实现类，下面暂时用 ArrayList 集合对象来演示 Colleciton 方法的使用，ArrayList 是我们在之前章节接触的动态数组的一种实现。

示例代码：

案例 1，一个一个添加元素的示例代码。

```
package com.atguigu.section02;

import java.util.ArrayList;
import java.util.Collection;

public class CollectionAddTest {
    public static void main(String[] args) {
        Collection coll = new ArrayList();//ArrayList 是 Collection 的子接口 List 的实现类
        coll.add("张三");
        coll.add("李四");
        coll.add("王五");
        coll.add("张三");

        System.out.println("coll 集合元素的个数：" + coll.size());
    }
}
```

案例 2，一次添加多个元素的示例代码。

```
package com.atguigu.section02;

import java.util.ArrayList;
import java.util.Collection;

public class CollectionAddAllTest {
    public static void main(String[] args) {
        Collection coll = new ArrayList();
        coll.add(1);
        coll.add(2);

        System.out.println("coll 集合元素的个数：" + coll.size());
```

```
        Collection other = new ArrayList();
        other.add(1);
        other.add(2);
        other.add(3);

        coll.addAll(other);
        //coll.add(other);
        System.out.println("coll 集合元素的个数：" + coll.size());
    }
}
```

当使用集合时，如果未使用泛型，那么就容易用错 add 和 addAll 方法，请注意 coll.addAll(other)与 coll.add(other)的意义是完全不同的，如图 12-9 所示。如果你学习了泛型，并可以正确使用泛型，那么就完全可以避免该错误，关于泛型请参考第 13 章。

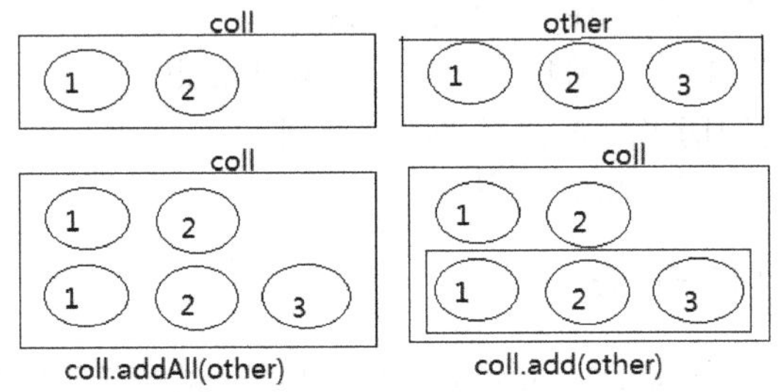

图 12-9　coll.addAll(other)与 coll.add(other)的区别

coll.add(other)把 other 集合对象当成一个普通对象添加到 coll 集合，coll.addAll(other)把 other 集合对象当成一个容器，然后把容器中的每个元素对象添加到 coll 集合。

案例 3，删除一个元素的示例代码。

```
package com.atguigu.section02;

import java.util.ArrayList;
import java.util.Collection;

public class CollectionRemoveTest {
    public static void main(String[] args) {
        Collection coll = new ArrayList();
        coll.add("张三");
        coll.add("李四");
        coll.add("王五");
        coll.add("张三");

        System.out.println("coll 集合元素的个数：" + coll.size());
        coll.remove("张三");//删除一个元素
        System.out.println("coll 集合元素的个数：" + coll.size());
    }
}
```

案例 4，删除多个元素的示例代码，如删除两个集合的交集。

```
package com.atguigu.section02;

import java.util.ArrayList;
import java.util.Collection;

public class CollectionRemoveAllTest {
    public static void main(String[] args) {
        Collection coll = new ArrayList();
        coll.add(1);          //自动装箱为包装类对象
```

```
        coll.add(2);
        coll.add(3);
        coll.add(4);
        coll.add(5);
        System.out.println("coll 集合元素的个数：" + coll.size());//5

        Collection other = new ArrayList();
        other.add(1);
        other.add(2);
        other.add(8);

        coll.removeAll(other);//从 coll 中删除与 other 集合的所有交集元素
        System.out.println("coll 集合元素的个数：" + coll.size());//3
    }
}
```

案例 5，删除多个元素的示例代码，如保留两个集合的交集。

```
package com.atguigu.section02;

import java.util.ArrayList;
import java.util.Collection;

public class CollectionRetainAllTest {
    public static void main(String[] args) {
        Collection coll = new ArrayList();
        coll.add(1);
        coll.add(2);
        coll.add(3);
        coll.add(4);
        coll.add(5);
        System.out.println("coll 集合元素的个数：" + coll.size());    //5

        Collection other = new ArrayList();
        other.add(1);
        other.add(2);
        other.add(8);

        coll.retainAll(other);   //仅在 coll 中保留 coll 与 other 集合的交集元素
        System.out.println("coll 集合元素的个数：" + coll.size());   //2
    }
}
```

12.2.3 foreach 循环遍历

Java 5 在 java.lang 包增加了一个 Iterable 接口，实现这个接口允许对象成为 foreach 语句的目标。同时 Java 5 让 Collection 接口继承了 Iterable 接口，因此 Collection 系列的集合就可以直接使用 foreach（循环遍历）。foreach 的语法格式如下所示：

```
for(元素的类型  迭代变量 : 数组/集合名称){
     //每一次循环迭代变量依次代表集合中的一个元素
}
```

Java 5 之后，所有数组默认都支持 foreach 循环遍历，而对于集合来说，只有实现了 Iterable 接口的集合才能使用 foreach 循环遍历。foreach 循环变量中没有控制循环次数的变量（如 i），循环的次数完全由数组或集合中的元素个数决定。所以 foreach 循环遍历又被称为增强版的 for 循环，也就是 for 循环的进阶版，代码更简洁，效率更高。

使用 foreach 循环遍历 Collection 集合的示例代码：

```
package com.atguigu.section02;

import java.util.ArrayList;
import java.util.Collection;

public class CollectionForeachTest {
    public static void main(String[] args) {
        Collection coll = new ArrayList();
        coll.add(1);
        coll.add(2);
        coll.add(3);
        coll.add(4);

        //foreach 循环 4 次，obj 每一次代表一个元素
        for (Object obj : coll) {
            System.out.println(obj);
        }
    }
}
```

foreach 循环遍历只适用于查看/查找集合中的元素，不能在遍历集合时有任何影响集合元素个数的操作，否则会报异常或操作结果将不确定，详细请参考 12.6.6 节。

12.2.4 Iterator 迭代器遍历

因为 Collection 接口继承了 java.lang.Iterable 接口，那么 Collection 系列中所有的集合类也都具备了 iterator( )方法，用以返回一个 java.util.Iterator 接口的实现类对象，该对象用于迭代集合中的元素。其实上面的 foreach 循环底层也是调用 Iterator 迭代器的方法实现遍历过程的。

Iterator 仅适用于遍历集合，其本身并不提供承装对象的能力，如果需要创建 Iterator 对象，则必须有一个被迭代的集合。集合对象每次调用 iterator( )方法都会得到一个全新的迭代器对象，默认迭代器的游标都在集合的第一个元素位置。

Iterator 迭代器的常用方法有以下几种。

- boolean hasNext( )：如果仍有元素可以迭代，则返回 true。
- Object next( )：返回迭代的下一个元素。在调用 it.next( )方法之前必须要调用 it.hasNext( )进行检测。若不调用，且下一条记录无效，则直接调用 it.next( )会抛出 NoSuchElementException。
- void remove( )：从迭代器指向的 Collection 中移除迭代器返回的最后一个元素。如果还未调用 next 方法或在上一次调用 next 方法之后已经调用了 remove 方法，那么再调用 remove 方法就会报 IllegalStateException。

使用 Iterator 迭代器遍历 Collection 集合的示例代码：

```
package com.atguigu.section02;

public class Student {
    private int Id;
    private String name;

    public Student(int id, String name) {
        Id = id;
        this.name = name;
    }

    public int getId() {
        return Id;
    }
```

```
    public void setId(int id) {
        Id = id;
    }

    public String getName() {
        return name;
    }

    public void setName(String name) {
        this.name = name;
    }
}
```

测试类示例代码：

```
package com.atguigu.section02;

import java.util.ArrayList;
import java.util.Collection;
import java.util.Iterator;

public class CollectionIteratorTest {
    public static void main(String[] args) {
        Collection c = new ArrayList();
        c.add(new Student(1, "张三"));
        c.add(new Student(2, "李四"));
        c.add(new Student(3, "王五"));
        c.add(new Student(4, "赵六"));
        c.add(new Student(5, "钱七"));

        Iterator iterator = c.iterator();
        while(iterator.hasNext()){
            Student next = (Student) iterator.next();
            //例如：要删除学号为 1 的学生对象
            if(next.getId()==1){
                iterator.remove();
            }
        }
    }
}
```

下面我们简单分析一下 Iterator 的工作原理，因为上面的案例中使用的是 ArrayList 集合，它是动态数组的实现，所以初始化容量为 10。

第一步：Iterator iter = list.iterator(); 此时迭代器的游标 cursor 指向集合的第一个元素，即 cursor=0，lastRet 代表刚刚迭代过的元素下标，一开始默认值是-1，如图 12-10 所示。

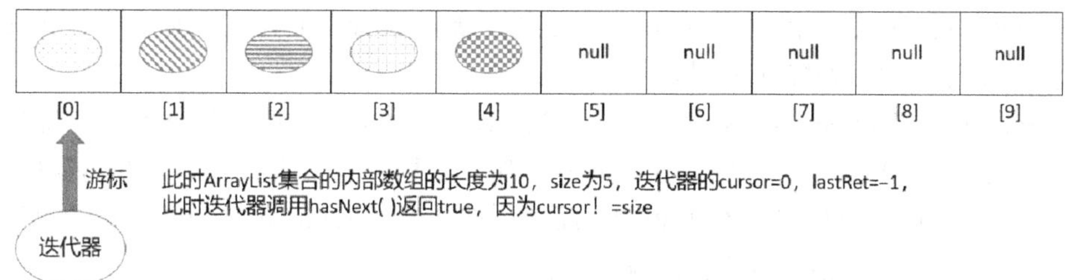

图 12-10　迭代器的工作原理（1）：list.iterator( )

第二步：iter.next( )返回的是游标指向的[0]元素，随后游标指向了第二个元素，即 cursor=1，lastRet 则代表刚刚迭代过的元素下标，即 lastRet 从[-1]修改为[0]，如图 12-11 所示。

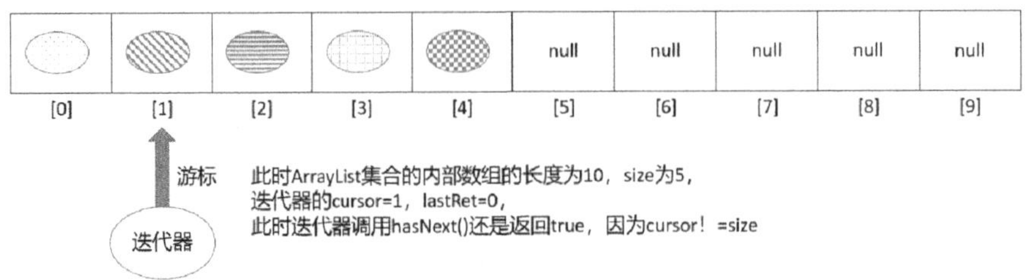

图 12-11　迭代器的工作原理（2）：iter.next( )

第三步：iter.remove( )删除的是刚才迭代过的元素，即[lastRet=0]指向的元素。因为[0]元素被删除，后面的元素将会向左移动，刚才的第二个元素变为第一个元素，所以游标必须回退一步，即 cursor 回到[0]的位置。而[lastRet]代表的是刚才遍历过的元素，已经不存在，所以 lastRet 重置为-1，如图 12-12 所示。

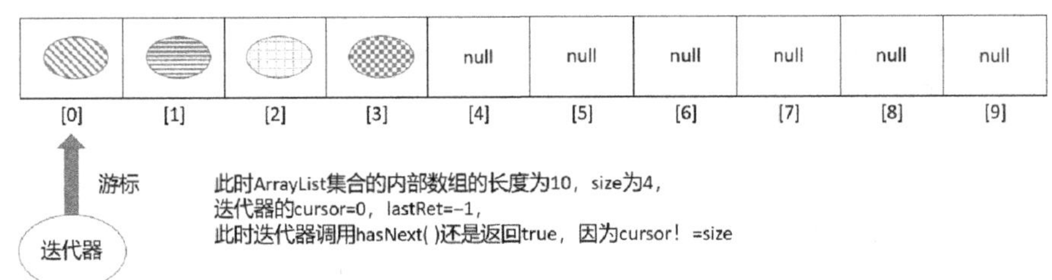

图 12-12　迭代器的工作原理（3）：iter.remove( )

第四步：iter.next( )返回的是游标指向的[0]元素，随后游标指向下一个元素，即 cursor=1，而 lastRet 则代表刚才迭代过的元素下标，即 lastRet 从[-1]修改为[0]，如图 12-13 所示。

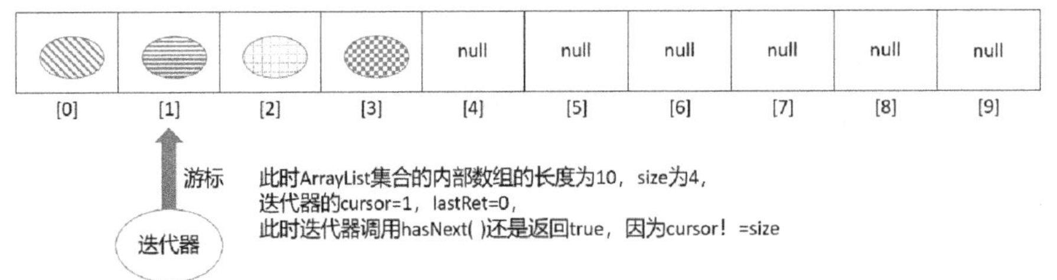

图 12-13　迭代器的工作原理（4）：iter.next( )

后面的步骤就不一一阐述了，和上述过程一样，直到调用 hasNext( )方法判断 cursor!=size 条件不成立，集合迭代遍历过程结束。

12.2.5　集合元素的删除

既然 Collection 接口中已经提供了 remove 方法用于删除集合中的元素，那么为什么在迭代器中还要提供一个 remove 方法用来删除元素呢？

例如，当我们在 Collection 集合中存储了 10 个[0,100)之间的整数时，现在有一个需求是删除其中的偶数对象，如果使用 Collection 接口的 remove 方法那么就意味着我们必须事先知道哪些是偶数对象，然后逐一删除，这在实际开发中是很有限制的。而使用迭代器的 remove 方法就意味着可以一边遍历一边判断该元素是否是偶数，如果是偶数就再删除它。

示例代码：

```
package com.atguigu.section02;

import java.util.ArrayList;
```

```
import java.util.Collection;
import java.util.Iterator;
import java.util.Random;

public class RemoveElementTest {
    public static void main(String[] args) {
        Collection coll = new ArrayList();

          //向集合中添加 10 个元素
        Random random = new Random();
        for (int i = 1; i <= 10; i++) {
            coll.add(random.nextInt(100));
        }
        System.out.println("集合中的元素有: " + coll);

          //使用迭代器遍历集合，并删除指定要求的集合元素
        Iterator iterator = coll.iterator();
        while (iterator.hasNext()){
            Integer num = (Integer) iterator.next();
            if (num % 2==0){
                iterator.remove();
            }
        }
        System.out.println("删除偶数后: " + coll);
    }
}
```

12.2.6 案例：员工信息管理

案例需求：

尚硅谷要做一个简易版的员工信息管理系统，首先要从键盘中输入每个员工的基本信息，包括编号、姓名、薪资、电话等信息，之后遍历显示这些员工信息。

示例代码：

员工类（Employee）示例代码。

```
package com.atguigu.section02;

public class Employee {
    private int id;                    //编号
    private String name;               //姓名
    private double salary;             //薪资
    private String tel;                //电话

    public Employee() {
    }
     //有参构造:包含所有成员变量
    public Employee(int id, String name, double salary, String tel) {
        this.id = id;
        this.name = name;
        this.salary = salary;
        this.tel = tel;
    }
     //声明各个成员变量的 get/set 方法
    public int getId() {
        return id;
    }

    public void setId(int id) {
```

```
      this.id = id;
   }

   public String getName() {
      return name;
   }

   public void setName(String name) {
      this.name = name;
   }

   public double getSalary() {
      return salary;
   }

   public void setSalary(double salary) {
      this.salary = salary;
   }

   public String getTel() {
      return tel;
   }

   public void setTel(String tel) {
      this.tel = tel;
   }
   //重写toString方法
   public String toString(){
      return "编号：" + id + "，姓名：" + name + "，薪资：" + salary + "，电话：" + tel;
   }
}
```

测试类示例代码。

```
package com.atguigu.section02;

import java.util.ArrayList;
import java.util.Collection;
import java.util.Scanner;

public class TestEmployee {
   public static void main(String[] args) {
      Collection coll = new ArrayList();
      Scanner input = new Scanner(System.in);

      while(true){
         System.out.println("请输入新添加的员工的信息");
         System.out.print("编号：");
         int id = input.nextInt();

         System.out.print("姓名：");
         String name = input.next();

         System.out.print("薪资：");
         double salary = input.nextDouble();

         System.out.print("电话：");
         String tel = input.next();

         coll.add(new Employee(id,name,salary,tel));
```

```
            System.out.print("是否继续添加，输入 Y/y 表示继续：");
            char confirm = input.next().charAt(0);
            if (confirm != 'y' && confirm != 'Y') {
                break;
            }
        }

        for (Object o : coll) {
            System.out.println(o);
        }
    }
}
```

12.3 List 集合

Collection 接口没有提供直接的实现类，而是提供了更加具体的子接口的实现类，其中一个最常用的子接口就是 List 接口。List 集合中的元素是有序的、可重复的，就像银行的客服，给每个来办理业务的客户分配序号：第一个来的是张三，客服给他分配的是 0；第二个来的是李四，客服给他分配的是 1。依次类推，最后一个序号应该是“总人数-1”，这点类似数组的下标，如图 12-14 所示。但是张三可以重复领取两个号码，这些领取了号码的客户，有序并且可能重复。

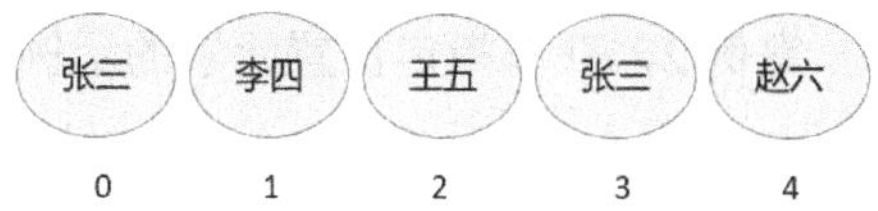

图 12-14　List 集合存储示例

温馨提示：Java SE 中 List 名称的类型有两个，一个是 java.util.List（集合接口），另一个是 java.awt.List（图形界面的组件），使用时注意不要导错包。

List 集合关心元素是否有序，而不关心元素是否重复，请大家记住这个原则，如张三可以领取两个号码。

12.3.1 List 接口的方法

List 除可以从 Collection 集合继承的方法，List 集合中还添加了一些根据索引来操作集合元素的方法。之前我们说 Collection 接口中没有提供修改元素的方法，而 List 接口中提供了根据元素的下标索引位置来修改元素的方法 set，下面列出了 List 接口新增的方法。

（1）添加元素。

- void add(int index, Object element)：在[index]位置添加一个元素。
- boolean addAll(int index, Collection eles)：在[index]位置添加多个元素。

（2）获取元素。

- Object get(int index)：获取[index]位置的元素。
- List subList(int fromIndex, int toIndex)：获取[fromIndex, toIndex)范围的元素。

（3）获取元素索引。

- int indexOf(Object obj)：获取 obj 在 List 集合中首次出现的索引位置，如果不存在则返回-1。
- int lastIndexOf(Object obj)：获取 obj 在 List 集合中最后出现的索引位置，如果不存在则返回-1。

（4）删除和替换元素。

- Object remove(int index)：删除[index]位置的元素。
- Object set(int index, Object element)：替换[index]位置的元素为 element。

这里要提醒读者的是，因为 List 接口是 Collection 接口的子接口，因此之前 Collection 接口的方法，List 接口也同样适用，Collection 集合的遍历方式也同样适用于 List 接口的集合。

12.3.2 案例：元素的增删改查

List 接口的实现类有很多，我们会在 12.3.3 节中学习，本节仍然以 ArrayList 集合为例，来演示 List 接口方法的使用。

示例代码：

案例 1，添加元素的示例代码。

```
package com.atguigu.section03.demo1;

import java.util.ArrayList;

public class ListAddTest {
    public static void main(String[] args) {
        ArrayList list = new ArrayList();
        list.add("张三");
        list.add(0, "李四");          //把“李四”添加到[0]位置
        list.add(1, "王五");          //把“王五”添加到[1]位置
        for (Object object : list) {
            System.out.println(object);
        }
    }
}
```

案例 2，获取指定位置元素的示例代码。

```
package com.atguigu.section03.demo1;

import java.util.ArrayList;

public class ListGetTest {
    public static void main(String[] args) {
        ArrayList list = new ArrayList();
        list.add("张三");
        list.add("李四");
        list.add("王五");

        Object object = list.get(1);          //返回[1]的元素
        System.out.println(object);           //李四
    }
}
```

案例 3，获取指定元素索引位置的示例代码。

```
package com.atguigu.section03.demo1;

import java.util.ArrayList;

public class ListIndexOfTest {
    public static void main(String[] args) {
        ArrayList list = new ArrayList();
        list.add("张三");
        list.add("李四");
        list.add("王五");
        list.add("李四");

        //从[0]开始查找，返回第一次出现的"李四"的索引
        int index = list.indexOf("李四");
        System.out.println("index = " + index);     //1
    }
}
```

案例 4，删除指定[0]位置的元素“张三”的示例代码。

```
package com.atguigu.section03.demo1;

import java.util.ArrayList;
public class ListRemoveTest {
   public static void main(String[] args) {
      ArrayList list = new ArrayList();
      list.add("张三");
      list.add("李四");
      list.add("王五");

      list.remove(0);            //删除的是[0]的元素，即删除“张三”

      for (Object object : list) {
         System.out.println(object);
      }
   }
}
```

案例 5，删除指定元素“2”的示例代码。

```
package com.atguigu.section03.demo1;

import java.util.ArrayList;

public class ListRemoveTest2 {
   public static void main(String[] args) {
      ArrayList list = new ArrayList();
      list.add(1);
      list.add(2);
      list.add(3);
      list.add(4);

      list.remove(2);

      System.out.println(list);
   }
}
```

上面代码的运行结果是[1, 2, 4]，而不是预期的[1, 3, 4]，这是因为现在 List 接口中有两个 remove 方法，一个是 remove(Object obj)，另一个是 remove(int index)，而上面代码中 list.remove(2)匹配的是 remove(int index)，删除的是索引[2]位置的元素 3。因为添加到集合中的 1,2,3,4 已经自动装箱为 Integer 的对象了，所以如果要删除元素 2，那么可以通过 list.remove(Integer.valueOf(2))的方式实现或使用迭代器配合 equals 判断是否是 2 再删除。

12.3.3 List 接口的实现类

List 接口的实现类都具备 List 接口有序且可以重复的特点，使用方式完全一样，仅仅是底层存储结构不同。本书列举了 List 接口中比较“著名”的几个实现类。

- ArrayList 类：动态数组。
- LinkedList：双向链表，JDK 1.6 之后又实现了双端队列 Deque 接口。
- Vector 类：动态数组。
- Stack 类：堆栈。

1. ArrayList 类

ArrayList 类可谓是人们使用最频繁的 List 集合类之一，它其实就是我们之前反复提到过的动态数组的实现，因此它底层的物理结构是数组。

之前使用的数组是静态分配空间，一旦分配了空间的大小，就不可再改变；而动态数组是动态分配空间，随着元素的不断插入，它会按照自身的一套机制不断扩充自身的容量。动态数组扩容并不是在原有连续的内存空间后进行简单的叠加，而是重新申请一块更大的新内存，并把现有容器中的元素逐个复制过去，然后销毁旧的内存。

在构建 ArrayList 集合对象时，如果没有显示指定容量，那在 JDK 1.6 及其之前版本的内部数组初始化容量默认为 10，之后的版本初始化容量为长度为 0 的空数组，在添加第一个元素时再创建一个长度为 10 的数组。ArrayList 延迟创建长度为 10 的数组的目的是节省内存空间，因为有时我们在创建 ArrayList 集合对象后，并没有添加元素，这点在方法的返回值类型是 List 类型时，极有可能存在。当然你也可以在创建 ArrayList 集合对象时，自己指定初始化容量。

ArrayList 类在添加一个新元素时，如果现有的数组容量不够，则会将数组长度扩容为原来的 1.5 倍之后再添加。如果调用 addAll 方法一次添加多个元素，则会先判断原有数组是否够装，如果不够，则判断 1.5 倍容量是否够装，如果不够，就按实际需要来扩容数组。

2. LinkedList 类

LinkedList 类是典型的双向链表的实现类，除可以实现 List 接口的方法，还为在列表的开头及结尾 get（获取）、remove（移除）和 insert（插入）元素提供了统一的命名方法。这些操作允许将链表用作堆栈、队列或双端队列。

示例代码：

将 LinkedList 类作为普通列表形式使用的示例代码。

```
package com.atguigu.section03.demo2;

import java.util.LinkedList;

public class LinkedListTest1 {
    public static void main(String[] args) {
        LinkedList list = new LinkedList();
        list.add(1);
        list.add(2);
        list.add(3);
        list.add(4);
        list.add(5);
        for (Object object : list) {
            System.out.println(object);
        }
    }
}
```

JDK 1.6 之后 LinkedList 类实现了 Deque 接口。双端队列也可用作 LIFO（后进先出）堆栈。如果要使用堆栈的集合，那么可以考虑使用 LinkedList 类，而不是 Deque 接口，如表 12-1 所示。

表 12-1 LinkedList 类作为堆栈使用的方法

堆栈方法	等效 Deque 方法
push(e)	addFirst(e)
pop( )	removeFirst( )
peek( )	peekFirst( )

将 LinkedList 类作为堆栈使用的示例代码：

```
package com.atguigu.section03.demo2;

import java.util.LinkedList;

public class LinkedListTest2 {
   public static void main(String[] args) {
      LinkedList list = new LinkedList();
      //入栈
      list.addFirst(1);
      list.addFirst(2);
      list.addFirst(3);
      //出栈：LIFO（后进先出）
      System.out.println(list.removeFirst());//3
      System.out.println(list.removeFirst());//2
      System.out.println(list.removeFirst());//1
      //栈空了，会报异常 java.util.NoSuchElementException
      System.out.println(list.removeFirst());
   }
}
```

LinkedList 类用作队列时，将得到 FIFO（先进先出）行为，将元素添加到双端队列的末尾，从双端队列的开头移除元素，LinkedList 类作为队列使用的方法如表 12-2 所示。

表 12-2　LinkedList 类作为队列使用的方法

Queue 方法	等效 Deque 方法
add(e)	addLast(e)
offer(e)	offerLast(e)
remove( )	removeFirst( )
poll( )	pollFirst( )
element( )	getFirst( )
peek( )	peekFirst( )

将 LinkedList 类作为队列使用的示例代码：

```
package com.atguigu.section03.demo2;

import java.util.LinkedList;

public class LinkedListTest3 {
   public static void main(String[] args) {
      LinkedList list = new LinkedList();
      //入队
      list.addLast(1);
      list.addLast(2);
      list.addLast(3);

      //出队， FIFO（先进先出）
      System.out.println(list.pollFirst());//1
      System.out.println(list.pollFirst());//2
      System.out.println(list.pollFirst());//3
      //队空了，返回 null
      System.out.println(list.pollFirst());//null
   }
}
```

每种方法都存在两种形式：一种形式在操作失败时抛出异常，另一种形式则会返回一个特殊值，

null 或 false，具体形式取决于操作，LinkedList 类作为双向链表使用的方法如表 12-3 所示。

表 12-3 LinkedList 类作为双向链表使用的方法

	第一个元素（头部）		最后一个元素（尾部）	
	抛出异常	特殊值	抛出异常	特殊值
插入	addFirst(e)	offerFirst(e)	addLast(e)	offerLast(e)
移除	removeFirst( )	pollFirst( )	removeLast( )	pollLast( )
检查	getFirst( )	peekFirst( )	getLast( )	peekLast( )

3. Vector 类

Vector 类是 STL（标准模板库）中最常见的容器，也是动态数组数据结构的实现。关于 Vector 类和 ArrayList 类两种动态数组的对比，如表 12-4 所示。

表 12-4 Vector 类和 ArrayList 类的对比

类	底层结构	初始化容量	扩容机制	线程安全（同步）	版本	效率
Vector 类	动态数组	如果没有显式指定容量，则创建对象时，初始化容量为 10	2 倍	安全（同步）	较老	较低
ArrayList 类	动态数组	如果没有显式指定容量，则在 JDK 6 版本创建对象时，初始化容量为 10，在更高版本创建对象时，初始化容量为 0，第一次添加元素时，初始化容量为 10	1.5 倍	不安全（不同步）	较新	较高

4. Stack 类

Stack 类是 Vector 的子类，用于表示后进先出（LIFO）的对象堆栈，通过 5 个操作对 Vector 类进行了扩展，表 12-5 列出了 Stack 类具有堆栈特点的操作。

表 12-5 Stack 类具有堆栈特点的操作

方 法	功 能 解 释
push(Object e)	将对象插入 Stack 类的顶部
Object peek( )	返回位于 Stack 类顶部的对象但不将其移除
Object pop( )	移除并返回位于 Stack 类顶部的对象
boolean empty( )	堆栈是否为空
int search(Object o)	对象到堆栈顶部的位置，以 1 为基数；返回值-1 则表示此对象不在堆栈中

示例代码：

```
package com.atguigu.section03.demo2;

import java.util.EmptyStackException;
import java.util.Stack;

public class StackTest {

    //添加新元素到栈，即把新元素压入栈，成为新的栈顶元素
    static void showPush(Stack st, Object value) {
        st.push(value);
        System.out.println("push(" + value + ")");
        System.out.println("现在栈顶元素是： " + st.peek());//查看当前栈顶元素
        System.out.println("现在栈中元素有： " + st);
    }
```

```
    //弹出当前栈顶元素，下一个元素称为新的栈顶元素
    static void showPop(Stack st) {
        System.out.println("pop → " + st.pop());
        System.out.println("现在栈顶元素：  " + st.peek());//查看当前栈顶元素
        System.out.println("现在栈中元素有：" + st);
    }

    public static void main(String args[]) {
        Stack st = new Stack();
        showPush(st, 42);
        showPush(st, 66);
        showPush(st, 99);
        showPop(st);
        showPop(st);
        showPop(st);
        try {
            showPop(st);
        } catch (EmptyStackException e) {
            System.out.println("empty stack");
        }
    }
}
```

12.3.4 List 集合的遍历

因为 List 集合也属于 Collection 系列的集合，此前 Collection 集合支持的 foreach 遍历和 Iterator 遍历对于 List 集合来说仍然适用，这里就不再重复，下面介绍 List 集合的其他遍历方式。

1. 普通 for 循环遍历

ArrayList 类和 Vector 类这样的动态数组也可以使用普通 for 循环配合 gct 方法进行遍历。虽然 LinkedList 类也支持按照索引操作，但是因为底层是链表结构，所以使用普通 for 循环配合 get 方法遍历反而效率不高。

示例代码：

```
package com.atguigu.section03.demo3;

import com.atguigu.section02.Student;

import java.util.ArrayList;
import java.util.List;

public class ListForTest {
    public static void main(String[] args) {
        List c = new ArrayList();
        c.add(new Student(1, "张三"));
        c.add(new Student(2, "李四"));
        c.add(new Student(3, "王五"));
        c.add(new Student(4, "赵六"));
        c.add(new Student(5, "钱七"));

        for (int i = 0; i < c.size(); i++) {
            System.out.println(c.get(i));
        }
    }
}
```

2．ListIterator 迭代器

List 集合额外提供了一个 listIterator()方法，该方法返回 ListIterator 对象， ListIterator 接口继承了 Iterator 接口，提供了专门操作 List 的方法，如下所示。

- void add( )：通过迭代器添加元素到对应集合。
- void set(Object obj)：通过迭代器替换正在迭代的元素。
- void remove( )：通过迭代器删除刚才迭代的元素。
- boolean hasPrevious( )：如果逆向遍历列表，则判断往前是否还有元素。
- Object previous( )：返回列表中的前一个元素。
- int previousIndex( )：返回列表中的前一个元素的索引。
- boolean hasNext( )：判断有没有下一个元素。
- Object next( )：返回列表中的后一个元素。
- int nextIndex( )：返回列表中后一个元素的索引。

示例代码：

```
package com.atguigu.section03.demo3;

import com.atguigu.section02.Student;

import java.util.ArrayList;
import java.util.List;
import java.util.ListIterator;

public class ListIteratorTest {
   public static void main(String[] args) {
      List c = new ArrayList();
      c.add(new Student(1, "张三"));
      c.add(new Student(2, "李四"));
      c.add(new Student(3, "王五"));
      c.add(new Student(4, "赵六"));
      c.add(new Student(5, "钱七"));

      //从指定位置往前遍历
      ListIterator listIterator = c.listIterator(c.size());
      while (listIterator.hasPrevious()) {
         Object previous = listIterator.previous();
         System.out.println(previous);
      }
   }
}
```

12.3.5　案例：企业面试题

案例需求：

添加 100 以内的质数到 List 集合中，使用 foreach 遍历显示它们；删除个位数是 3 的质数，再次遍历显示剩下的集合；添加 10 个[0,100)范围内的随机整数到另一个 List 集合，遍历显示它们；最后求它们的交集。

示例代码：

```
package com.atguigu.section03.demo4;

import java.util.ArrayList;
import java.util.Iterator;
import java.util.Random;
```

```
public class TestNumber {
   public static void main(String[] args) {
      ArrayList primeList = new ArrayList();

      //使用 for 循环获取 100 以内的质数
      for (int i = 2; i <= 100; i++) {
         boolean flag = true;
         for (int j = 2; j <= Math.sqrt(i) ; j++) {
            if (i % j == 0){
               flag = false;
               break;
            }
         }
         if (flag) {
            primeList.add(i);
         }
      }

      //遍历 100 以内的质数
      System.out.println("100 以内的质数有：");
      for (Object o : primeList) {
         System.out.println(o);
      }

      System.out.println("----------------------");
      //遍历 100 以内的质数，并删除个位数是 3 的质数
      Iterator iterator = primeList.iterator();
      while (iterator.hasNext()) {
         Integer next = (Integer) iterator.next();
         if (next % 10 == 3) {
            iterator.remove();
         }
      }
      System.out.println("删除个位是 3 的质数后还有：");
      for (Object o : primeList) {
         System.out.println(o);
      }

      System.out.println("----------------------");
      //产生 10 个随机数，并添加到 ArrayList 中
      Random random = new Random();
      ArrayList randomNumberList = new ArrayList();
      for (int i = 1; i <= 10; i++) {
         randomNumberList.add(random.nextInt(100));
      }
      System.out.println("随机产生的 10 个[0,100)范围的整数有：");
      for (Object o : randomNumberList) {
         System.out.println(o);
      }

      System.out.println("----------------------");
      //获取两个集合的交集
      primeList.retainAll(randomNumberList);
      System.out.println("它俩的交集有：");
      for (Object o : primeList) {
         System.out.println(o);
      }
   }
}
```

12.4 Set 集合

Set 接口也是 Collection 的子接口，Set 接口没有提供额外的方法。Set 集合支持的遍历方式也和 Collection 集合一样，使用 foreach 和 Iterator 进行遍历。Set 集合不允许包含相同的元素，如果试图把两个相同的元素加入同一个 Set 集合，则添加操作失败，操作失败系统并不会报错，只是添加不成功而已。Set 接口的常用实现类有：HashSet、LinkedHashSet、TreeSet。

12.4.1 HashSet 和 LinkedHashSet

HashSet 是 Set 接口的典型实现类，大多数时候使用 Set 集合时都会使用这个实现类。

HashSet 和 LinkedHashSet 按 Hash 算法来存储集合中的元素，因此具有很好的存取和查找性能（具体原因和存储结构分析请看 12.6.1 节和 12.6.5 节）。HashSet 和 LinkedHashSet 集合判断两个元素相等的标准是两个对象通过 hashCode 方法比较，并且两个对象的 equals 方法返回值也相等。因此，存储到 HashSet 和 LinkedHashSet 的元素要注意是否可以重写 hashCode 和 equals 方法。

LinkedHashSet 是 HashSet 的子类，它在 HashSet 的基础上，在结点中增加两个属性（before 和 after）以维护结点的前后添加顺序。LinkedHashSet 插入性能略低于 HashSet，但在迭代访问 Set 中的全部元素时有很好的性能。

示例代码：

HashSet 和 LinkedHashSet 添加元素的示例代码。

```
HashSet set = new HashSet();
set.add("张三");
set.add("李四");
set.add("王五");
set.add("张三");//尝试添加重复元素

System.out.println("元素个数：" + set.size());
for (Object object : set) {
    System.out.println(object);
}
```

```
LinkedHashSet set = new LinkedHashSet();
set.add("张三");
set.add("李四");
set.add("王五");
set.add("张三");//尝试添加重复元素

System.out.println("元素个数：" + set.size());
for (Object object : set) {
    System.out.println(object);
}
```

以上代码的运行结果：

```
元素个数：3
李四
张三
王五
```

```
元素个数：3
张三
李四
王五
```

从上面代码的结果中可以看出，HashSet 不保证元素的添加顺序，但是 LinkedHashSet 可以保证元素的添加顺序。无论是 HashSet 还是 LinkedHashSet 都不允许添加重复元素。

12.4.2 案例：员工信息管理

案例需求：

定义一个 Employee 类，该类包含 name、birthday，要求 name 和 birthday 相等的为同一个员工，其中 birthday 为 MyDate 类，包含年、月、日三个属性。尝试重写 Employee 类和 MyDate 类的 hashCode 方法和 equals 方法。

示例代码：

MyDate 类示例代码。

```
package com.atguigu.section04;
```

```
import java.util.Objects;

public class MyDate {
    private int year;       //年
    private int month;      //月
    private int day;        //日
    public MyDate(int year, int month, int day) {
        this.year = year;
        this.month = month;
        this.day = day;
    }

     //重写toString方法
    @Override
    public String toString() {
        return "MyDate{ year=" + year + ", month=" + month + ", day=" + day + "}";
    }

    //重写equals方法
    @Override
    public boolean equals(Object o) {
        if (this == o) return true;
        if (o == null || getClass() != o.getClass()) return false;
        MyDate myDate = (MyDate) o;
        return year == myDate.year && month == myDate.month && day == myDate.day;
    }

     //重写hashCode方法
    @Override
    public int hashCode() {
        return Objects.hash(year, month, day);
    }
}
```

Emloyee 类示例代码。

```
package com.atguigu.section04;

import java.util.Objects;

public class Employee {
    private String name;        //姓名
    private MyDate birthday;    //生日

    public Employee(String name, MyDate birthday) {
        this.name = name;
        this.birthday = birthday;
    }

    //重写equals方法—判断姓名和生日是否相等
    @Override
    public boolean equals(Object o) {
        if (this == o) return true;
        if (o == null || getClass() != o.getClass()) return false;
        Employee employee = (Employee) o;
        return Objects.equals(name, employee.name) &&
               Objects.equals(birthday, employee.birthday);
    }

    @Override
    public int hashCode() {
```

```
        return Objects.hash(name, birthday);
    }

    @Override
    public String toString() {
        return "Employee{ name=" + name + ", birthday=" + birthday + "}";
    }
}
```

测试类示例代码。

```
package com.atguigu.section04;

import java.util.HashSet;

public class TestEmployee {
    public static void main(String[] args) {
        HashSet set = new HashSet();

        set.add(new Employee("张三", new MyDate(1990,1,1)));
        //重复元素无法添加，因为MyDate和Employee重写了hashCode和equals方法
        set.add(new Employee("张三", new MyDate(1990,1,1)));
        set.add(new Employee("李四", new MyDate(1992,2,2)));

        for (Object object : set) {
            System.out.println(object);
        }
    }
}
```

代码运行结果：

```
Employee{ name=李四, birthday=MyDate{ year=1992, month=2, day=2}}
Employee{ name=张三, birthday=MyDate{ year=1990, month=1, day=1}}
```

12.4.3 TreeSet

SortedSet 是 Set 接口的一个子接口，支持排序类 Set 集合，TreeSet 是 SortedSet 接口的实现类，即 TreeSet 可以确保集合元素处于排序状态。对象的排序要么是对象本身支持自然排序，即实现 java.lang.Comparable 接口，要么在创建 set 集合对象时提供定制排序接口 java.util.Comparator 的实现类对象。

1. 自然排序

如果试图把一个对象添加到未指定定制比较器的 TreeSet 时，则该对象的类必须实现 Comparable 接口，实现 compareTo(Object obj)方法。此时对于 TreeSet 集合而言，它判断两个对象是否相等的唯一标准是两个对象通过 compareTo(Object obj)方法比较返回值为 0。

示例代码：

元素为 String 类，String 类实现了 java.lang.Comparable 自然排序接口的示例代码。

```
package com.atguigu.section04;

import java.util.TreeSet;

public class TreeSetTest1 {
    public static void main(String[] args) {
        TreeSet set = new TreeSet();

        //String它实现了java.lang.Comparable接口
        set.add("zhangsan");
```

```
        set.add("lisi");
        set.add("wangwu");
        set.add("zhangsan");

        System.out.println("元素个数：" + set.size());
        for (Object object : set) {
            System.out.println(object);
        }
    }
}
```

代码运行结果：

```
元素个数：3
lisi
wangwu
zhangsan
```

学生类实现了 java.lang.Comparable 自然排序接口的示例代码：

```
package com.atguigu.section04;

public class Student implements Comparable {
    private int id;             //学号
    private String name;  //姓名
    public Student(int id, String name) {
        super();                //调用父类的无参构造器
        this.id = id;
        this.name = name;
    }
    //......此处因为篇幅问题省略了 getter/setter 方法，读者可以自己加上

    //重写 compareTo 方法-按 id 比较
   @Override
    public int compareTo(Object o) {
        Student other = (Student) o;
        return this.id - other.id;
    }
    @Override
    public String toString() {
        return "Student [id=" + id + ", name=" + name + "]";
    }
}
```

测试类示例代码：

```
package com.atguigu.section04;

import java.util.TreeSet;

public class TreeSetTest2 {
    public static void main(String[] args) {
        TreeSet set = new TreeSet();

        //Student 实现了 java.lang.Comparable 接口
        set.add(new Student(3,"张三"));
        set.add(new Student(1,"李四"));
        set.add(new Student(2,"王五"));
        set.add(new Student(3,"张三风"));

        System.out.println("元素个数：" + set.size());
        for (Object object : set) {
            System.out.println(object);
```

```
        }
    }
}
```

代码运行结果：

```
元素个数：3
Student [id=1, name=李四]
Student [id=2, name=王五]
Student [id=3, name=张三]
```

虽然添加到 TreeSet 时，不使用 equals 方法，但在 Comparble 接口的 API 中有如下提醒：当元素实现 java.lang.Comparable 接口重写 compareTo 方法时，也建议重写 equals 方法，应保证该方法与 compareTo(Object obj)方法有一致的结果，如果两个对象通过 equals 方法比较返回 true，则通过 compareTo(Object obj)方法比较的返回值为 0，否则结果会有点奇怪。

2．定制排序

如果放到 TreeSet 中的元素的自然排序规则不符合当前业务的排序需求，或者元素的类型没有实现 Comparable 接口，那么在创建 TreeSet 时，可以单独指定一个定制比较器 Comparator 的实现类对象。使用定制比较器的 TreeSet 判断两个元素相等的标准是通过 compare(Object o1, Object o2)方法比较两个元素返回了 0。

示例代码：

Teacher 类示例代码。

```
package com.atguigu.section04;

public class Teacher {
    private int id;
    private String name;

    public Teacher(int id, String name) {
        this.id = id;
        this.name = name;
    }

    public int getId() {
        return id;
    }

    @Override
    public String toString() {
        return "Teacher{id=" + id + ", name=" + name + "}";
    }
}
```

测试类示例代码。

```
package com.atguigu.section04;

import java.util.Comparator;
import java.util.TreeSet;

public class TreeSetTest3 {
    public static void main(String[] args) {
        TreeSet set = new TreeSet(new Comparator() {

            @Override
            public int compare(Object o1, Object o2) {
                Teacher t1 = (Teacher) o1;
```

```
            Teacher t2 = (Teacher) o2;
            return t1.getId() - t2.getId();
        }
    });
    set.add(new Teacher(3, "张三"));
    set.add(new Teacher(1, "李四"));
    set.add(new Teacher(2, "王五"));
    set.add(new Teacher(3, "张三风"));

    System.out.println("元素个数：" + set.size());
    for (Object object : set) {
        System.out.println(object);
    }
  }
}
```

代码运行结果：

```
元素个数：3
Teacher{id=1, name='李四'}
Teacher{id=2, name='王五'}
Teacher{id=3, name='张三'}
```

12.4.4 案例：企业面试题

案例需求：

通过键盘录入一串字符，去掉其中的重复字符，打印出不同的字符（重复的字符仅保留一份），必须保证输入顺序。例如，输入 baaabbccacddd，打印结果为 bacd。

示例代码：

```
package com.atguigu.section04;

import java.util.LinkedHashSet;
import java.util.Scanner;

public class SetExer {
  public static void main(String[] args) {
    Scanner input = new Scanner(System.in);

    System.out.print("请输入一串字符：");
    String strings = input.next();

    LinkedHashSet set = new LinkedHashSet();
    char[] chars = strings.toCharArray();
    for (int i = 0; i < chars.length; i++) {
        set.add(chars[i]);
    }

    String result = "";
    for (Object o : set) {
        result += o;
    }
    System.out.println("result = " + result);
  }
}
```

12.5 Map 集合

Map 是地图、映射的意思。生活中地图上的某个点可以映射到实际地理环境中的某个位置，这种映射关系可以用(key, value)的键值对来表示。

Map 系列的集合就是用来存储键值对的，java.util.Map 是 Map 系列接口的根接口，其中包含一个静态内部接口 Entry，它是(key,value)映射关系的根接口，Entry 接口中提供了 getKey 和 getValue 的方法，所有实现 Map 接口的实现类，也都要用内部类实现 Entry 接口。同一个 Map 中的 key 是不允许重复的，key 和 value 之间存在单向一对一关系，即通过指定的 key 总能找到唯一的、确定的 value，Map 中的 key 和 value 都可以是任何引用类型的数据。一些映射实现可明确保证其顺序，如 TreeMap 类；另一些映射实现则不保证顺序，如 HashMap 类。

12.5.1 Map 接口的方法

既然 Map 是用来存储 Entry 类的(key,value)键值对的，那么 Map 接口中自然也封装了所有键值对的通用操作方法：增、删、改、查、遍历。

（1）添加操作。

- Object put(Object key,Object value)：put 一对(key,value)键值对到当前 Map 集合中，如果这个 key 在当前 map 中不存在，则会新添加。
- void putAll(Map map)：将另一个 map 中的键值对添加到当前 Map 集合中，如果 key 相同，则会出现 value 覆盖的现象。

（2）删除操作。

- void clear( )：清空当前 map 集合。
- Object remove(Object key)：根据指定的 key 从当前 map 中删除一对映射关系。

（3）查询操作。

- Object get(Object key)：根据指定的 key 从当前 map 中查找其对应的 value。
- boolean containsKey(Object key)：判断在当前 map 中是否存在指定的 key。
- boolean containsValue(Object value)：判断在当前 map 中是否存在指定的 value。
- boolean isEmpty( )：判断当前 map 是否为空。

（4）其他方法。

- int size( )：获取当前 map 中(key,value)的键值对数。

示例代码：

```
package com.atguigu.section05;

import java.util.HashMap;

public class MapMethodTest {
    public static void main(String[] args) {
        HashMap map = new HashMap();
        map.put("许仙", "白娘子");
        map.put("董永", "七仙女");
        map.put("牛郎", "织女");
        map.put("许仙", "玉兔精");

        System.out.println("map: " + map);
        System.out.println("键值对数: " + map.size());
        System.out.println("是否包含 key[许仙]: " + map.containsKey("许仙")) ;
        System.out.println("是否包含 value[白娘子]: " + map.containsKey("白娘子")) ;
```

```
        System.out.println("获取[许仙]对应的 value: " + map.get("许仙"));

        map.remove("许仙");
        System.out.println("删除[许仙]这对 key,value 之后的 map: " + map);
    }
}
```

代码运行结果：

```
map: {许仙=玉兔精, 董永=七仙女, 牛郎=织女}
键值对数: 3
是否包含 key[许仙]: true
是否包含 value[白娘子]: false
获取[许仙]对应的 value: 玉兔精
删除[许仙]这对 key,value 之后的 map: {董永=七仙女, 牛郎=织女}
```

12.5.2 Map 集合的遍历

在学新东西的时候，我们总是习惯性地与已有的知识技能建立连接，从而降低学习难度，提高学习效率。在学 Map 遍历之前可以先回顾一下 Collection 集合是如何遍历的，由于 Collection 接口继承了 Iterable 接口，因此 Collection 集合支持 foreach 和 Iterator 两种简便的遍历方式。Map 接口并没有继承 Iterable 接口，所以并不支持 foreach 和 Iterator 遍历。难道之前 Collection 集合的遍历方式没有可借鉴之处吗？答案当然是否定的。因为 Map 接口提供三种 collection 视图，允许以键集、值集或键—值映射关系集的方式查看某个映射的内容。

（1）分开遍历：又存在两种情况，即单独遍历所有 key 和单独遍历所有 value。

（2）成对遍历：遍历的是映射关系 Map.Entry。Map.Entry 是 Map 接口的内部接口。每种 Map 内部都有自己的 Map.Entry 的实现类。在 Map 中存储数据，实际上是将 key→→→value 的数据存储在 Map.Entry 接口的实例中，再在 Map 集合中插入 Map.Entry 的实例化对象，如图 12-15 所示。

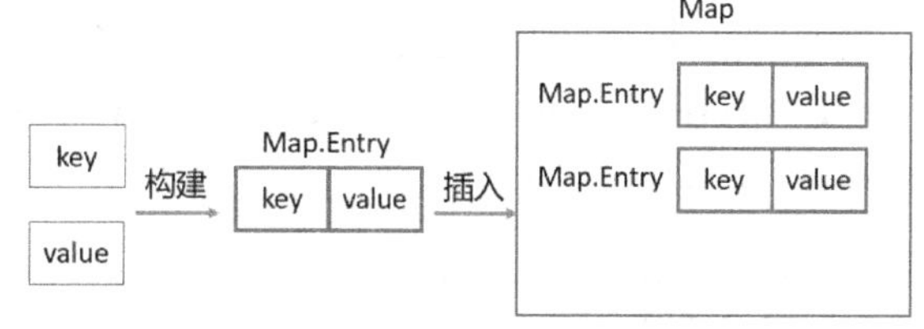

图 12-15　Map 集合存储元素的特点

Map 接口中有以下三个和遍历相关的方法。

- Set keySet( )。
- Collection values( )。
- Set entrySet( )。

Map 集合遍历的示例代码：

```
package com.atguigu.section05;

import java.util.Collection;
import java.util.HashMap;
import java.util.Set;

public class MapTest {
    public static void main(String[] args) {
        HashMap map = new HashMap();
        map.put("许仙", "白娘子");
        map.put("董永", "七仙女");
        map.put("牛郎", "织女");

        System.out.println("所有的 key:");
        Set keySet = map.keySet();
        for (Object key : keySet) {
            System.out.println("\t" + key);
        }
```

```
        System.out.println("所有的 value: ");
        Collection values = map.values();
        for (Object value : values) {
            System.out.println("\t" + value);
        }

        System.out.println("所有的映射关系");
        Set entrySet = map.entrySet();
        for (Object entry : entrySet) {
            System.out.println("\t" + entry);
        }
    }
}
```

12.5.3 Map 接口的实现类

Map 接口的常用实现类有 HashMap、TreeMap、LinkedHashMap 和 Properties。其中 HashMap 是 Map 接口使用频率最高的实现类。在 12.6.5 节我们会详细讲解 HashMap 的源码，接下来为大家展示的是其他几个类的主要特点。

1. HashMap 和 Hashtable 的区别与联系

HashMap 和 Hashtable 都是哈希表，HashMap 和 Hashtable 的区别如表 12-6 所示。

表 12-6 HashMap 和 Hashtable 的区别

表	底层结构	线程安全（同步）	版本	效率	key,value 是否允许为 null
HashMap	哈希表	不安全（不同步）	较新	较高	允许
Hashtable	哈希表	安　全（同步）	较老	较低	不允许

使用 HashMap 的示例代码（添加员工姓名为 key，薪资为 value）：

```
package com.atguigu.section05;

import java.util.HashMap;
import java.util.Set;

public class HashMapTest {
    public static void main(String[] args) {
        HashMap map = new HashMap();
        map.put("张三", 10000);
        map.put("李四", 14000);
        map.put(null, null);

        Set entrySet = map.entrySet();
        for (Object object : entrySet) {
            System.out.println(object);
        }
    }
}
```

2. LinkedHashMap

LinkedHashMap 是 HashMap 的子类，此实现与 HashMap 的不同之处在于，LinkedHashMap 维护了一个双向链表，此链表定义了迭代顺序，此迭代顺序通常就是将键插入映射中的顺序。

使用 LinkedHashMap 的示例代码：

```
package com.atguigu.section05;
```

```
import java.util.LinkedHashMap;
import java.util.Set;

public class LinkedHashMapTest {
    public static void main(String[] args) {
      LinkedHashMap map = new LinkedHashMap();
      map.put("张三", 10000);
      map.put("李四", 14000);

      //遍历发现，可以体现添加顺序，这点和 HashMap 不同
      Set entrySet = map.entrySet();
      for (Object object : entrySet) {
         System.out.println(object);
      }
   }
}
```

3. TreeMap

TreeMap 的集合是基于红黑树（Red-Black tree）的可导航 NavigableMap 实现的。TreeMap 中的映射关系要么根据其 key 键的自然顺序进行排序，要么根据创建 TreeMap 对象时提供给 key 键的定制排序 Comparator 接口实现类进行排序，具体取决于使用的构造方法。

TreeMap 使用 key 的自然排序的示例代码（其中 String 类实现了 Comparable 接口）：

```
package com.atguigu.section05;

import java.util.Set;
import java.util.TreeMap;

public class TreeMapTest1 {
   public static void main(String[] args) {
      TreeMap map = new TreeMap();

      //String 实现了 Comparable 接口，默认按照 Unicode 编码值排序
      map.put("Jack", 11000);
      map.put("Alice", 12000);
      map.put("zhangsan", 13000);
      map.put("baitao", 14000);
      map.put("Lucy", 15000);

      Set entrySet = map.entrySet();
      for (Object object : entrySet) {
         System.out.println(object);
      }
   }
}
```

TreeMap 使用定制排序 Comparator 的示例代码：

```
package com.atguigu.section05;

import java.util.Comparator;
import java.util.Set;
import java.util.TreeMap;

public class TreeMapTest2 {
   public static void main(String[] args) {
      //指定定制比较器 Comparator，按照 Unicode 编码值排序，但是忽略大小写
      TreeMap map = new TreeMap(new Comparator() {

         @Override
```

```
        public int compare(Object o1, Object o2) {
            String s1 = (String) o1;
            String s2 = (String) o2;
            return s1.compareToIgnoreCase(s2);
        }
    });
    map.put("Jack", 11000);
    map.put("Alice", 12000);
    map.put("zhangsan", 13000);
    map.put("baitao", 14000);
    map.put("Lucy", 15000);

    Set entrySet = map.entrySet();
    for (Object object : entrySet) {
        System.out.println(object);
    }
  }
}
```

4．Properties

Properties 是 Hashtable 的子类，Properties 中存储的数据可保存在流中或从流中加载。Properties 的特殊之处在于，它的每个 key 及其对应的 value 都是一个字符串。在存取数据时，建议使用 setProperty (String key,String value)方法和 getProperty(String key)方法。

使用 Properties 的示例代码：

```
package com.atguigu.section05;

import java.util.Properties;

public class PropertiesTest {
    public static void main(String[] args) {
        Properties properties = System.getProperties();
        String value = properties.getProperty("file.encoding");//当前源文件字符编码
        System.out.println(value);
    }
}
```

12.5.4 案例：企业面试题

案例需求：

有一个字符串，它是一句话，包含了空格等标点符号，统计该字符串中出现次数最多的字母和该字母出现的次数，字母不区分大小写形式。请至少使用两种方法来实现。

示例代码：

实现方案一的示例代码。

```
package com.atguigu.section05;

import java.util.*;

public class MapExer1 {
    public static void main(String[] args) {
        Scanner input = new Scanner(System.in);

        System.out.print("请输入一串字符：");
        String strings = input.nextLine();

        strings = strings.toLowerCase().replaceAll("[^a-z]", "");
```

```
        HashMap map = new HashMap();
        char[] arr = strings.toCharArray();
        for (int i = 0; i < arr.length; i++) {
            if (map.containsKey(arr[i])){
                Integer count = (Integer) map.get(arr[i]);
                map.put(arr[i], count+1);
            } else {
                map.put(arr[i], 1);
            }
        }

        int maxCount = 0;
        Set entrySet = map.entrySet();
        for (Object object : entrySet) {
            Map.Entry entry = (Map.Entry) object;
            Character key = (Character) entry.getKey();
            Integer value = (Integer) entry.getValue();
            if (value > maxCount){
                maxCount = value;
            }
        }

        //考虑到最高次数有相同的多个字母
        entrySet = map.entrySet();
        for (Object object : entrySet) {
            Map.Entry entry = (Map.Entry) object;
            Character key = (Character) entry.getKey();
            Integer value = (Integer) entry.getValue();
            if (value == maxCount) {
                System.out.println("该字符串中出现次数最多的字母是：" + key + "，共出现了：" + maxCount);
            }
        }
    }
}
```

实现方案二的示例代码。

```
package com.atguigu.section05;

import java.util.Scanner;

public class MapExer2 {
    public static void main(String[] args) {
        Scanner input = new Scanner(System.in);

        System.out.print("请输入一串字符：");
        String strings = input.nextLine();

        strings = strings.toLowerCase().replaceAll("[^a-z]", "");
        char[] letterCounts = new char[26];
        char[] arr = strings.toCharArray();
        for (int i = 0; i < arr.length; i++) {
            letterCounts[arr[i] - 97]++;
        }

        int max = 0;
        for (int i = 0; i < letterCounts.length; i++) {
            if (max < letterCounts[i]) {
                max = letterCounts[i];
            }
        }
```

```
        //考虑到最高次数有相同的多个字母
        for (int i = 0; i < letterCounts.length; i++) {
            if (max == letterCounts[i]) {
                System.out.println("该字符串中出现次数最多的字母是：" + (char)(i+97) + "，共出现了：" + max);
            }
        }
    }
}
```

12.6 深入源码分析

经过前面几节的学习，相信大家对于集合的使用应该是比较熟练了。不过为了提升“内功”等级，仅仅会基本的使用仍然是不够的，还需要深入源码分析，做到知其然还知其所以然。

12.6.1 Set 的源码分析

Set 的内部实现其实是一个 Map，即 HashSet 的内部实现是一个 HashMap，TreeSet 的内部实现是一个 TreeMap，LinkedHashSet 的内部实现是一个 LinkedHashMap。因为篇幅有限，下面只列出能说明本结论的核心构造器源码摘要，读者也可以自行打开这些类的源码详细查看。

HashSet 核心构造器的源码摘要如下所示（基于 JDK 8）：

```
public HashSet() {
    map = new HashMap<>();
}
//这个构造器的权限修饰符是缺省的，程序员使用不了，是给子类 LinkedHashSet 使用的
HashSet(int initialCapacity, float loadFactor, boolean dummy) {
    map = new LinkedHashMap<>(initialCapacity, loadFactor);
}
```

TreeSet 核心构造器的源码摘要如下所示：

```
public TreeSet() {
    this(new TreeMap<E,Object>());
}
```

LinkedHashSet 核心构造器的源码摘要如下所示：

```
public LinkedHashSet() {
    super(16, .75f, true); //调用 HashSet 父类对应的构造器
}
```

但是，存到 Set 中只有一个元素，那么又是怎么变成(key,value)的呢？

以 HashSet 源码为例，摘出相关代码如下所示：

```
private static final Object PRESENT = new Object();
public boolean add(E e) {
    return map.put(e, PRESENT)==null;
}
public Iterator<E> iterator() {
    return map.keySet().iterator();
}
```

原来是把 add 添加到 Set 中的元素 e 作为内部实现 map 的 key，然后用一个常量对象 PRESENT 对象作为 value，iterator 遍历时通过底层 Map 的 keySet( )返回所有 key 再迭代。这是因为 Set 的元素不可重复和 Map 的 key 不可重复有相同特点，所以就在 Map 的基础上轻易地封装出了 Set 系列的集合类型，这也是代码复用得很好的例证。

12.6.2 Iterator 的源码分析

迭代器（Iterator）有时又称游标（Cursor），它会提供一种方法可以访问一个容器（Container）对象中的各个元素，而又不需要暴露容器对象的内部细节。

迭代器就是为容器遍历而生的，用以方便地实现对容器内元素的遍历操作，类似“公交车上的售票员”“飞机上的空姐”，他们只关注当前容器中的“乘客”，可以访问每位“乘客”。例如，公交车上的售票员挨个检查乘客的买票情况，飞机上的空姐挨个给乘客分快餐。

因为每种集合的底层实现方式都不同，有数组、链表等，不同的结构其遍历方式肯定不同，所以无法有一个统一的迭代器实现类。但是它们遍历数据的过程都有相同的操作，如需要判断是否还有下一个元素 hashNext( )，获取下一个元素 next( )等，所以抽取了迭代器接口，但是接口的实现类交给各个集合自己实现，每种集合就用内部类的形式实现自己的迭代器，这种设计称为迭代器设计模式。迭代器用内部类的实现方式既可以让其直接访问集合容器中私有的内部成员，又可以对外隐藏实现细节，便于后期维护。迭代器实现公共的迭代器接口可以让用户用统一的方式遍历所有支持该迭代器的集合，降低了耦合性，也大大降低了程序员的学习成本，即使你不知道迭代器的内部实现细节也不妨碍你使用迭代器接口遍历集合，这个设计是不是很妙！

下面只摘取 ArrayList 的内部迭代器 Itr 的关键代码，私有内部类 Itr 实现了迭代器接口，用于遍历 ArrayList 容器中的元素，如图 12-16 所示。

```
/** Returns a list iterator over the elements in this list (in proper ...*/
@NotNull()
public ListIterator<E> listIterator() {
    return new ListItr( index: 0);
}

/** Returns an iterator over the elements in this list in proper sequence. ...*/
@NotNull()
public Iterator<E> iterator() {
    return new Itr();
}

/** An optimized version of AbstractList.Itr */
private class Itr implements Iterator<E> {...}

/** An optimized version of AbstractList.ListItr */
private class ListItr extends Itr implements ListIterator<E> {...}
```

图 12-16　ArrayList 的内部 Itr 实现迭代器

12.6.3 ArrayList 的源码分析

ArrayList 是所有集合中使用最为频繁的一种类型，它是初学者最容易上手和理解的数据结构。下面摘出部分 ArrayList 的源码进行分析，看一下和我们之前理解的动态数组是否一致。以下源码分析均基于 JDK 1.8。

（1）ArrayList 初始化相关的源码：

```
transient Object[] elementData;  //实际存储元素的数组

private static final Object[] DEFAULTCAPACITY_EMPTY_ELEMENTDATA = {};

public ArrayList() {
    //初始化为一个默认的空数组
    this.elementData = DEFAULTCAPACITY_EMPTY_ELEMENTDATA;
}
```

（2）ArrayList 添加元素相关的源码：

```
private static final int DEFAULT_CAPACITY = 10;//默认容量
```

```
public boolean add(E e) {
    //确保当前数组的容量是足够的
    ensureCapacityInternal(size + 1);  // Increments modCount!!

    //将新元素添加到[size++]的位置
    elementData[size++] = e;
    return true;
}
private void ensureCapacityInternal(int minCapacity) {
    //如果是第一次添加
    if (elementData == DEFAULTCAPACITY_EMPTY_ELEMENTDATA) {
        //扩容为默认容量大小：10
        minCapacity = Math.max(DEFAULT_CAPACITY, minCapacity);
    }

    //每一次添加都要判断是否需要扩容
    ensureExplicitCapacity(minCapacity);
}
```

（3）ArrayList 扩容过程相关的源码：

```
private void ensureExplicitCapacity(int minCapacity) {
    modCount++;

    // 如果需要扩容
    if (minCapacity - elementData.length > 0)
        grow(minCapacity);
}

private void grow(int minCapacity) {
    // 先获取当前数组的容量
    int oldCapacity = elementData.length;

    //新容量为当前容量 + 当前容量的一半
    int newCapacity = oldCapacity + (oldCapacity >> 1);

    if (newCapacity - minCapacity < 0)
        newCapacity = minCapacity;
    if (newCapacity - MAX_ARRAY_SIZE > 0)
        newCapacity = hugeCapacity(minCapacity);

    // 拷贝原数组中的元素至新数组，并返回新数组的引用
    elementData = Arrays.copyOf(elementData, newCapacity);
}
```

ArrayList 的物理结构是数组，这决定了它的存储特点是需要开辟连续的存储空间来存储元素，当存储容量不够时需要扩容，默认增加容量为原来的 1.5 倍。与之类似，Vector 的物理结构也是数组，当存储容量不够时，需要扩容为原来的 2 倍。1.5 倍使得数组空间使用率提高，但是也增加了扩容的频率。所以，建议大家在选择动态数组时，如果要对存储的元素个数有一个预估，那么可以在创建 ArrayList 时，就使用 ArrayList(int initialCapacity)构造器，避免频繁扩容。

12.6.4 LinkedList 的源码分析

LinkedList 作为另一个基础数据结构——链表的实现，也很值得学习。链表的形式也有很多种，有单链表、双链表、循环单链表、循环双链表等，LinkedList 是双链表。双链表的结构是指整个链表有一个头结点和一个尾结点，而且每个结点都可以找到自己的前一个结点（头结点除外）和自己的下一个结点（尾结点除外）。以下源码分析均基于 JDK 1.8。

（1）相关代码。

LinkedList 初始化相关的代码：

```
public LinkedList() {
}
```

我们发现在创建 LinkedList 集合时，系统并未创建任何结点与元素，这点和动态数组有很大不同。

（2）Node 类型结点。

存储到链表中的元素会被封装为一个 Node 类型的结点。双向链表需要记录第一个结点（称为头结点）和最后一个结点（称为尾结点），然后每个结点前后连接就可以串起来变成一整个链表，如图 12-17 所示。

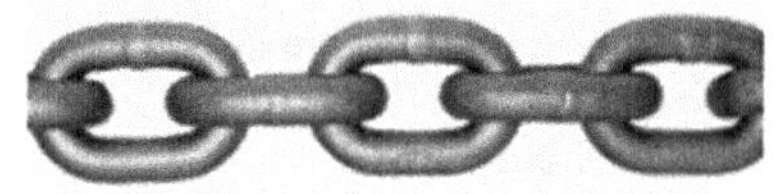

图 12-17　链表 Node 类型结点示意图

LinkedList 中 Node 类型结点的定义代码：

```
transient Node<E> first;//指向链表的第一个结点

transient Node<E> last;//指向链表的最后一个结点

//LinkedList 中有一个内部类 Node 类型
private static class Node<E> {
   E item;              //当前结点的数据
   Node<E> next;        //连接下一个结点
   Node<E> prev;        //连接前一个结点

   Node(Node<E> prev, E element, Node<E> next) {
      this.item = element;
      this.next = next;
      this.prev = prev;
   }
}
```

当我们把元素存储到链表中后，链表的存储结构效果如图 12-18 所示。

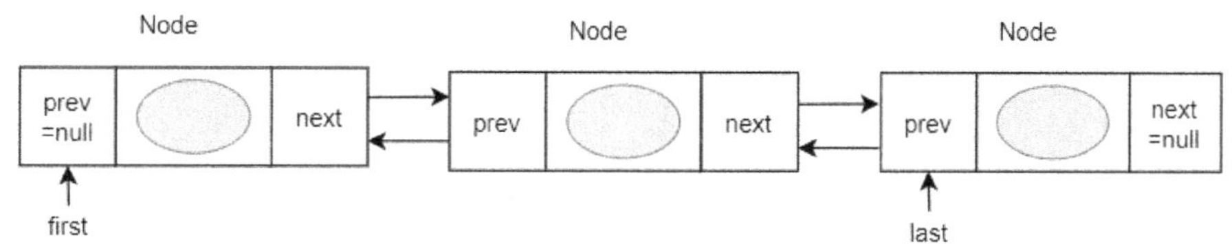

图 12-18　链表的存储结构效果

当链表为空时，first=last 且都是 null；当链表只有一个结点时，first=last 且都指向同一个结点。头结点的 prev 值为 null，尾结点的 next 值为 null，其他结点的 prev 和 next 值都不会为 null。

（3）add(E e)方法的代码摘要。

添加一个元素到链表中的 add(E e)方法的代码摘要：

```
public boolean add(E e) {
   //默认链接到链表末尾
      linkLast(e);
      return true;
}
void linkLast(E e) {
      //用 l 记录当前链表的最后一个结点对象
      final Node<E> l = last;

      //创建一个新结点对象，并且指定当前新结点的前一个结点为 l
      final Node<E> newNode = new Node<>(l, e, null);
```

```
        //当前新结点就变成了链表的最后一个结点
        last = newNode;

        if (l == null)
        //如果当前链表是空的，那么新结点对象，同时也是链表的第一个结点
            first = newNode;
        else
            //如果当前链表不是空的，那么最后一个结点的 next 就指向当前新结点
            l.next = newNode;

        //元素个数增加
        size++;

        //修改次数增加
        modCount++;
}
```

（4）remove（Object obj）方法的代码摘要。

从链表中删除一个元素的 remove（Object obj）方法的代码摘要：

```
public boolean remove(Object o) {
    //分别就 o 是否是 null 进行讨论，从头到尾找到元素 o 对应的 Node 结点对象，然后删除
    if (o == null) {
        for (Node<E> x = first; x != null; x = x.next) {
            if (x.item == null) {
                unlink(x);
                return true;
            }
        }
    } else {
        for (Node<E> x = first; x != null; x = x.next) {
            if (o.equals(x.item)) {
                unlink(x);
                return true;
            }
        }
    }
    return false;
}
E unlink(Node<E> x) {
    final E element = x.item;
    //用 next 记录被删除结点的后一个结点
    final Node<E> next = x.next;
    //用 prev 记录被删除结点的前一个结点
    final Node<E> prev = x.prev;

    if (prev == null) {
        //如果删除的是第一个结点，那么被删除的结点的后一个结点将成为第一个结点
        first = next;
    } else {
        //否则被删除结点的前一个结点的 next 应该指向被删除结点的后一个结点
        prev.next = next;
        //断开被删除结点与前一个结点的关系
        x.prev = null;
    }

    if (next == null) {
        //如果删除的是最后一个结点，那么被删除结点的前一个结点将变成最后一个结点
        last = prev;
    } else {
```

```
        //否则被删除结点的后一个结点的prev应该指向被删除结点的前一个结点
        next.prev = prev;

        //断开被删除结点与后一个结点的关系
        x.next = null;
    }
    //彻底把被删除结点变成垃圾对象
    x.item = null;

    //元素个数减少
    size--;

    //修改次数增加
    modCount++;
    return element;
}
```

链表的 remove( )方法删除 x 结点的示意图如图 12-19 所示，链表的 remove( )方法删除 x 结点后的示意图如图 12-20 所示。

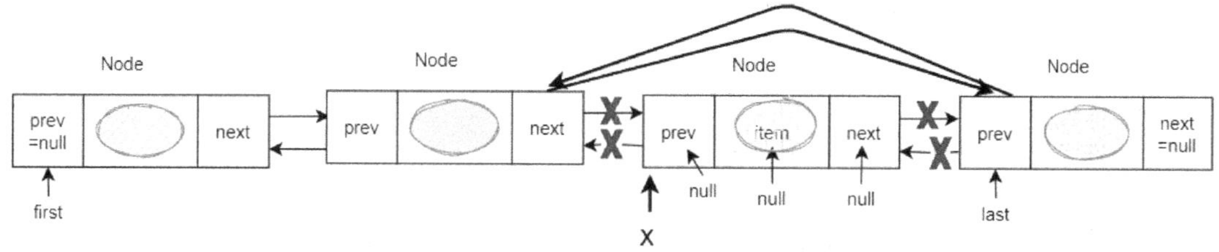

图 12-19　链表的 remove( )方法删除 x 结点的示意图

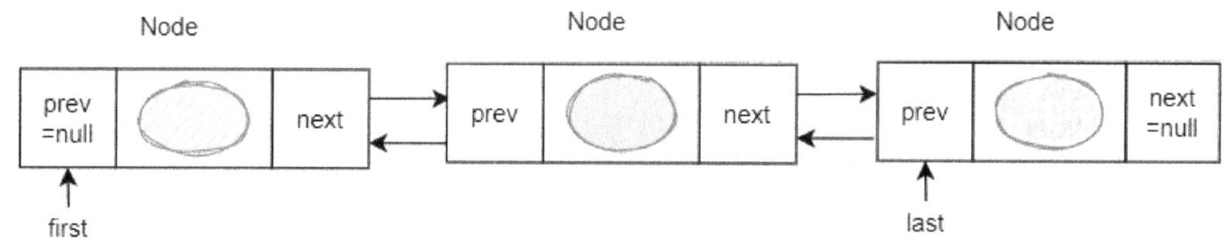

图 12-20　链表的 remove( )方法删除 x 结点后的示意图

关于链表删除的代码，初学者容易有以下三个疑问。

① x!=null 和 x.item==null 是什么意思？这里的 x 代表链表中被遍历的某个 Node 结点，x.item 代表每个结点的数据对象。x.item==null，是说这个结点的数据对象是 null，但它也是一个有效的、合格的结点，即链表中允许存储 null 值。而 x!=null 是说，虽然该结点的数据对象是 null，但是该结点仍然是一个 Node 对象，它包含 prev、iter、next，如图 12-21 所示。

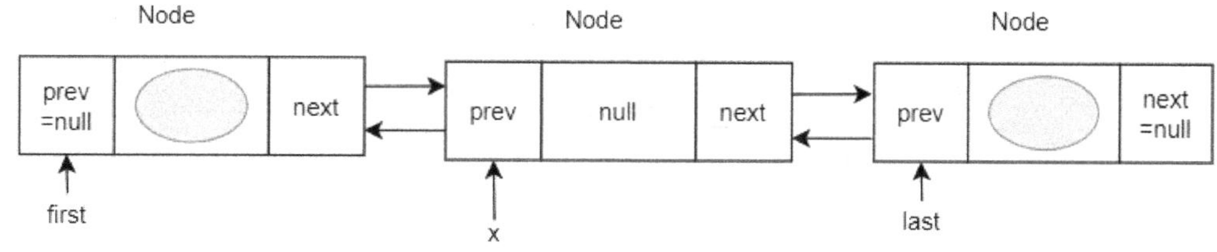

图 12-21　链表中 item 为 null 的结点示意图

② 为什么在查找被删除结点时，要将被删除对象 o 分为 null 和非 null 两种情况呢？这是因为 null 和非 null 的判断方式是不同的，null 使用"=="判断，而非 null 使用"equals( )"方法判断。链表中每个结点的 item 情况是不清楚的，有 null 和非 null 两种，如果都使用"x.item.equals(o)"，那么当 x.item

为 null 时就会发生空指针异常。所以，分为 o 为 null 和非 null 两种情况，当 o 为 null 时，使用 o==x.item 判断，如果 x.item 也为 null，则条件成立，否则不成立。当 o 不为 null 时，使用 o.equals(x.item)判断，如果 x.item 为 null，则只返回 false，不会报空指针异常，如果 x.item 不为 null，则比较两个数据对象的内容。

③ 为什么要把被删除结点的 prev、item、next 全部赋值为 null 呢？把 prev 和 next 置为 null 的目的是让被删除结点与链表断开联系，即脱离链表；把 item 置为 null 的目的是让数据对象与 Node 结点脱离关系，这样 Node 结点就可以被 GC 回收，而数据对象是否被回收，还要看它在别的地方是否还有被用到。

（5）add(int index, E e)方法的代码摘要。

将元素添加到指定位置的 add(int index, E e)方法的代码摘要：

```
public void add(int index, E element) {
    //检查索引位置的合理性
    checkPositionIndex(index);

    if (index == size)
        //如果位置是在最后，那么链接到链表的最后
        linkLast(element);
    else
        //否则在链表中间插入
        //node(index)表示找到 index 位置的 Node 对象
        linkBefore(element, node(index));
}
void linkBefore(E e, Node<E> succ) {
    // pred 记录被插入位置的前一个结点
    final Node<E> pred = succ.prev;
    //构建一个新结点
    final Node<E> newNode = new Node<>(pred, e, succ);
    //把新结点插入到 succ 的前面
    succ.prev = newNode;
    //如果被插入点是链表的开头，那么新结点变成了链表头
    if (pred == null)
        first = newNode;
    else
        //否则 pred 的 next 就变成了新结点
        pred.next = newNode;
    //元素个数增加
    size++;
    //修改次数增加
    modCount++;
}
```

链表的插入 linkBefore( )方法示意图如图 12-22 所示，新结点插入链表后的效果如图 12-23 所示。

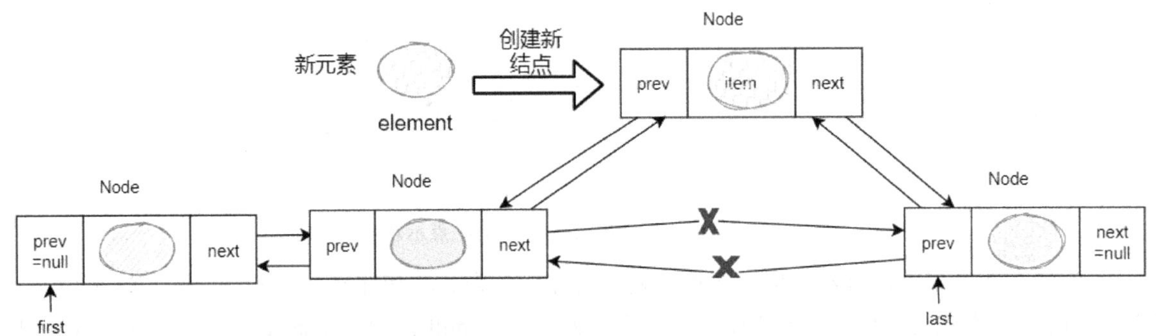

图 12-22　链表的插入 linkBefore( )方法示意图

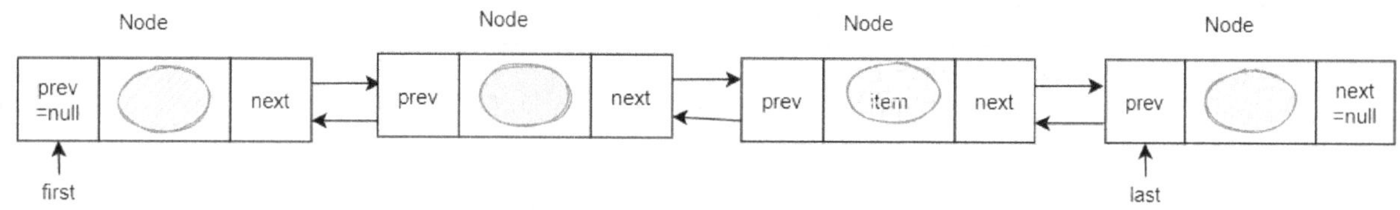

图 12-23　新结点插入链表后的效果

从上面添加和删除方法的代码分析来看，对于频繁插入或删除元素的操作，建议使用 LinkedList 类，效率较高，因为不涉及移动元素，所以只需要修改前后结点的关系，即修改前后结点的 prev 和 next 值即可，也不需要扩容。当然，如果对动态数组末尾进行删除，则不需要考虑移动元素，效率也很高，如果末尾需要添加新元素，那么也只需要考虑扩容，不需要移动元素。另外，虽然 LinkedList 类也提供按照索引查找与操作的方法，但是效率不高，索引操作效率最高的肯定是动态数组。所以选择哪种数据结构来存储数据，更多还是要看数据量，以及基于数据频繁的操作是什么。

12.6.5　HashMap 的源码分析

HashMap 可谓是所有集合中经典的设计，在开发中也是使用频繁的 Map 集合，在企业面试中也会频频被问到。如果你能将 HashMap 的底层实现说清楚，那么面试官一定会对你另眼相看。HashMap 在 JDK 1.7 和 JDK 1.8 的底层实现上有很大的差异，因此本节会就两个版本的 HashMap 给大家分析 HashMap 的源码。

1. key 的 hashCode 值

不管是哪个版本，对于存储到 HashMap 中的映射关系（key,value）来说，其 key 的 hashCode 方法和 equals 方法是非常重要的。大家知道 equals 方法是用来避免 key 重复的，那么 hashCode 方法有什么用呢？

首先，我们要知道 hashCode 方法是用来返回一个对象的 hashCode 值的。计算 hashCode 值就要用到一些专门规则，称为 hash 算法。hash 算法是一种可以从任何数据中提取出“指纹”的数据摘要算法，它将任意大小的数据映射到一个固定大小的序列上，这个序列被称为 hash code、数据摘要或指纹，比较出名的 hash 算法有 MD5（Message-Digest Algorithm）、SHA（Secure Hash Algorithm）。hash 具有唯一性且是不可逆的，hash 的唯一性是指相同对象产生的 hash code 永远是相同的，如图 12-24 所示。这样做的目的是用一个相对简单的数字序列来代表一个复杂的 Java 对象，使得程序在处理对象时更高效快捷。就像在生活中，我们会用身份证号、学号或手机号来表示一个用户对象。

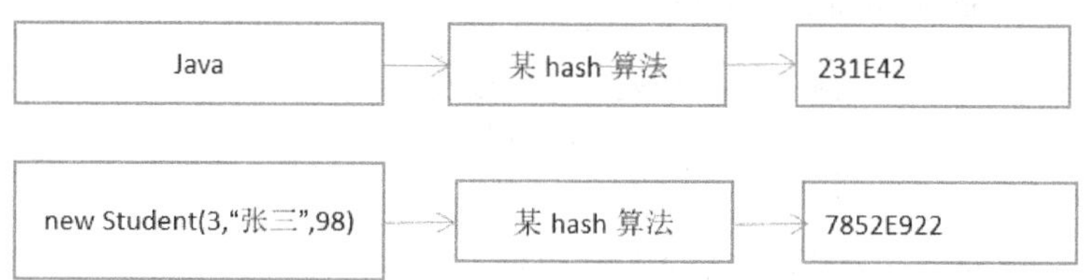

图 12-24　元素 hashcode 值示意图

2. Entry 数组

HashMap 和 Hashtable 都是散列表，内部维护了一个长度为 2^n 的 Entry 类型的数组 table，数组的每个元素被称为一个桶(Bucket)，添加到 Map 的映射关系(key,value)中，最终都被封装为一个 Map.Entry 类型的对象，放到某个 table[index]桶中。使用数组的目的是数组的访问效率高，可以根据索引直接定位到某个 table[index]。

（1）数组元素类型：Map.Entry。

<table>
<tr><td>JDK 1.7</td><td><pre>//Entry 类型的 table 数组
transient Entry<K,V>[] table = (Entry<K,V>[]) EMPTY_TABLE;

//HashMap 的静态内部类 Entry 实现 Map.Entry 接口
static class Entry<K,V> implements Map.Entry<K,V> {
      final K key;
      V value;
      Entry<K,V> next;
      int hash;
    //省略
}</pre></td></tr>
<tr><td>JDK 1.8</td><td><pre>//Node 类型的 table 数组
transient Node<K,V>[] table;

//HashMap 的静态内部类 Node 实现 Map.Entry 接口
static class Node<K,V> implements Map.Entry<K,V> {
      final int hash;
      final K key;
      V value;
      Node<K,V> next;
    //省略
}</pre></td></tr>
</table>

（2）数组默认初始化容量：16。

```
static final int DEFAULT_INITIAL_CAPACITY = 1 << 4;  //1 左移 4 位等于 16
```

（3）当数组容量不够时，扩大为原来的 2 倍。

<table>
<tr><td>JDK 1.7</td><td><pre>   void addEntry(int hash, K key, V value, int bucketIndex) {
      if ((size >= threshold) && (null != table[bucketIndex])) {
         resize(2 * table.length);//新数组长度为原来 2 倍
         hash = (null != key) ? hash(key) : 0;
         bucketIndex = indexFor(hash, table.length);
      }
      createEntry(hash, key, value, bucketIndex);
}</pre></td></tr>
<tr><td>JDK 1.8</td><td><pre>   final Node<K,V>[] resize() {
      Node<K,V>[] oldTab = table;
      int oldCap = (oldTab == null) ? 0 : oldTab.length;
      int oldThr = threshold;
      int newCap, newThr = 0;
      if (oldCap > 0) {
         if (oldCap >= MAXIMUM_CAPACITY) {
            threshold = Integer.MAX_VALUE;
            return oldTab;
         }
 //新容量 newCap 是原来 oldCap 容量的 2 倍
         else if ((newCap = oldCap << 1) < MAXIMUM_CAPACITY &&
                 oldCap >= DEFAULT_INITIAL_CAPACITY)
            newThr = oldThr << 1; // double threshold
      }
   //此处省略其他代码
}</pre></td></tr>
</table>

3．Entry 对象是否是按顺序依次存储到数组中的

Entry 对象不是按顺序依次存储到数组中的，否则就和动态数组没有区别了。那么 HashMap 是如何确定某个映射关系存放位置的呢？因为 hash 值是一个整数，而数组的长度也是一个整数，确定 Entry

对象的索引位置[index]就有以下两种思路。

（1）hash 值 % table.length，这样我们可以得到一个[0,table.length-1]范围内的值，但是%的运算效率没有&的运算效率高，因此 HashMap 会选择思路（2）。

（2）hash 值& (table.length-1)，因为 table.length 是 2^n，那么 table.length-1 的二进制数就是一个低位全是 1 高位全是 0 的数，所以 hash 值& (table.length-1)的结果一定在[0,table.length-1]范围内，如图 12-25 所示。

hash	0111 1000 0101 0010 1001 0001 0111 0001	
n-1	0000 0000 0000 0000 0000 0000 0000 1111	
index = hash &(n-1)	0000 0000 0000 0000 0000 0000 0000 0001	&结果一定在[0,n-1]范围

图 12-25　HashMap 的&计算示意图

JDK 1.7	`static int indexFor(int h, int length) {`
	`  //assert Integer.bitCount(length) == 1 : "length must be a non-zero power of 2";`
	`  return h & (length-1);  //这里 h 是 hash，length 是 table 数组长度`
	`}`

JDK 1.8	`final V putVal(int hash, K key, V value, boolean onlyIfAbsent, boolean evict) {`
	`   Node<K,V>[] tab; Node<K,V> p; int n, i;`
	`   if ((tab = table) == null || (n = tab.length) == 0)`
	`      n = (tab = resize()).length;`
	`   if ((p = tab[ i = (n - 1) & hash ]) == null)//这里 n=table.length`
	`      tab[i] = newNode(hash, key, value, null);`
	`   //省略大量代码`
	`}`

4. HashMap 中的再次哈希的函数 hash( )方法

JDK 1.7 和 JDK 1.8 都对 key 的 hashCode( )方法返回值再次调用了 hash( )方法进行了哈希运算，虽然关于 hash( )方法的实现代码不一样，但是目的都是使 hash code 值与(table.length-1)的&（按位与）之后的结果，尽量均匀分布。

JDK 1.7	`final int hash(Object k) {`
	`   int h = hashSeed;`
	`   if (0 != h && k instanceof String) {`
	`      return sun.misc.Hashing.stringHash32((String) k);`
	`   }`
	
	`   h ^= k.hashCode();`
	`   h ^= (h >>> 20) ^ (h >>> 12);`
	`   return h ^ (h >>> 7) ^ (h >>> 4);`
	`}`

JDK 1.8	`static final int hash(Object key) {`
	`   int h;`
	`   return (key == null) ? 0 : (h = key.hashCode()) ^ (h >>> 16);`
	`}`

JDK 1.8 HashMap 的 index 计算示意如图 12-26 所示。

一个 HashMap 的 table 数组一般不会特别大，至少在不断扩容之前不会特别大，那么 table.length-1 的高位都是 0，如果直接用 hashCode 和 table.length-1 进行“&”运算，那么就相当于 hashCode 高位的二进制完全失效，从而导致 index 永远只取决于 hashCode 最低的几位二进制值，这会增加 hash 冲突的概率。而在 hash 方法中，利用“>>>”处理，使得 hashCode 的高位二进制混入在低位的二进制中，从而减少碰撞冲突的发生。

HashMap 的键值对存储下标确定流程如图 12-27 所示。

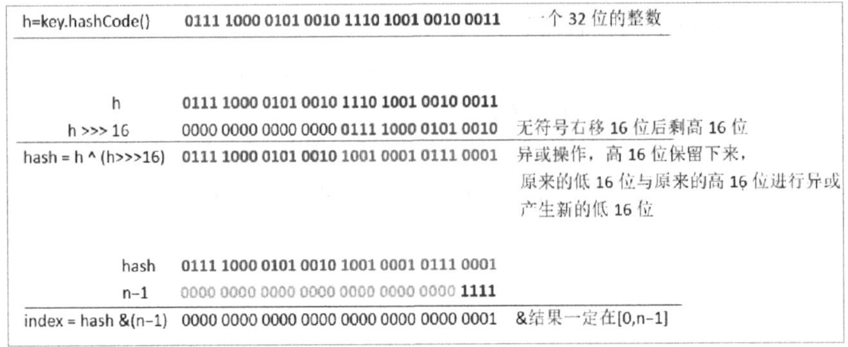

图 12-26 JDK 1.8 HashMap 的 index 计算示意

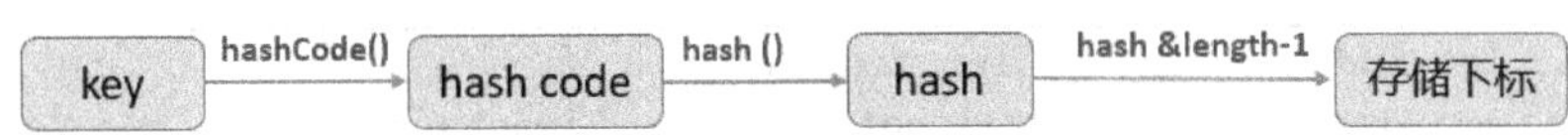

图 12-27 HashMap 的键值对存储下标确定流程

5. table 数组的长度一定为 2^n

HashMap 的默认初始化容量是 16，每次扩容为原来的 2 倍，因此一定可以保证数组长度是 2^n。但是如果在创建 HashMap 时，手动指定数组的初始化容量会怎么样呢？如果你指定的初始化容量不是 2^n，那么它也会纠正为 2^n。

<table>
<tr><td>JDK 1.7</td><td>private void inflateTable(int toSize) {
    int capacity = roundUpToPowerOf2(toSize);   //capacity 一定是 2ⁿ
    threshold = (int) Math.min(capacity * loadFactor, MAXIMUM_CAPACITY + 1);
    table = new Entry[capacity];
    initHashSeedAsNeeded(capacity);
}

//返回与 number 数字最接近的 2ⁿ
private static int roundUpToPowerOf2(int number) {
    // assert number >= 0 : "number must be non-negative";
    return number >= MAXIMUM_CAPACITY ?   MAXIMUM_CAPACITY
            : (number > 1) ? Integer.highestOneBit((number - 1) << 1) : 1;
}</td></tr>
<tr><td>JDK 1.8</td><td>//返回最小的>=cap 并且满足是 2ⁿ
static final int tableSizeFor(int cap) {
    int n = cap - 1;
    n |= n >>> 1;
    n |= n >>> 2;
    n |= n >>> 4;
    n |= n >>> 8;
    n |= n >>> 16;
    return (n < 0) ? 1 : (n >= MAXIMUM_CAPACITY) ? MAXIMUM_CAPACITY : n + 1;
}</td></tr>
</table>

JDK 1.7 通过 inflateTable 方法为主干数组 table 在内存中分配存储空间，而 roundUpToPowerOf2 方法通过调用 Integer.highestOneBit 方法可以确保 capacity 为大于或等于 toSize 最接近的二次幂，如 toSize=13，则 capacity=16。JDK 1.8 通过 tableSizeFor 方法用来确保 capacity 为大于或等于 cap 最接近的二次幂，虽然实现代码不同，但作用是一样的。

那么为什么 HashMap 的数组长度一定要是 2^n 呢？原因有以下两个。

（1）如果数组的长度是 2^n，那么 table.length−1 的二进制数就是一个低位全是 1 高位全是 0 的数，hash 值& (table.length−1)的结果除一定在[0,table.length−1]，也使 index 取值更均匀和全面，如图 12-28 所示。反之，如果数组长度不是 2^n，那么哈希冲突的概率会变得更大。例如，要得到 index=11（二进制是 1011），如果数组长度是 16，n−1 的二进制低位是 1111，则 hash 的低位只有 1011，才能通过 1011&1111 运算得到 1011。但是如果数组长度是 12，n−1 的二进制低位是 1011，则 hash 的低位 1111 和 1011 都可以满足，因为 1111&1011 的结果是 1011，1011&1011 的结果也是 1011，这就使得哈希冲突的概率加倍。换句话说如果数组长度是 12，那么 index 取值的可能性减少了一半，因为 1100、1101、1110、1111、0100、0101、0110、0111 这些下标取值都不可能得到，会白白浪费了这些位置。

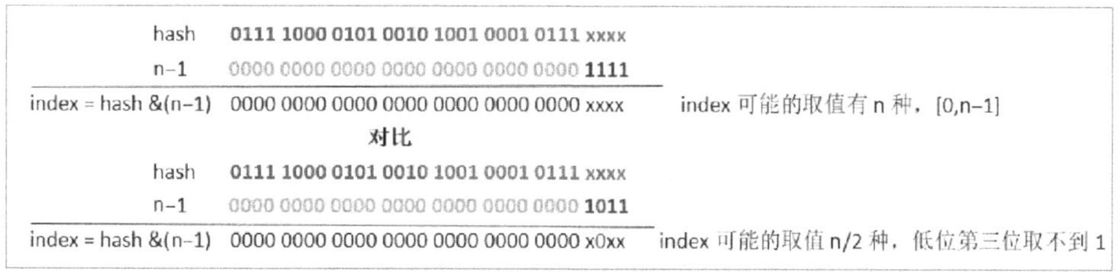

图 12-28　HashMap 的键值对存储下标取值对比

（2）如果数组进行扩容，那么数组长度就会发生变化，存储位置 index＝hash&(length−1)也可能会发生变化，重新计算后的 index 如果与原来的不同，那么就涉及移动 Entry 对象，这可不是个小工程。但是如果数组长度是 2^n，那么扩容后也依然是 2^n，扩容后的 n−1 与原来 n−1 的二进制只有一位差异，也就是多出了最左位的 1，这样在通过 hash&(length−1)时，只要 hash 对应的最左边的那一个差异位是 0，就能保证得到的 key 在新数组索引 index 值和在旧数组索引 index 值一致，大大减少了之前已经散列良好的旧数组的数据位置重新调换个数，所以只需要调换 hash 对应的最左边的差异位是 1 的 Entry 即可，HashMap 的数组扩容后键值对存储下标取值变化如图 12-29 所示。

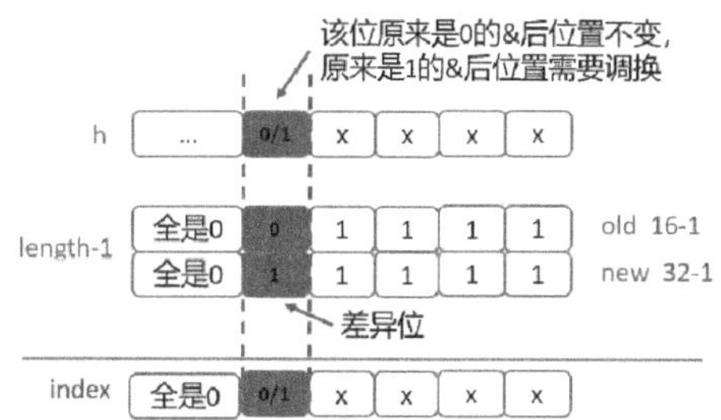

图 12-29　HashMap 的数组扩容后键值对存储下标取值变化

6．解决哈希冲突

虽然从 hashCode( )的计算，到通过 hash()函数再次处理哈希值，再到数组长度为 2^n 的层层设计都是为了尽量保证散列地址分布均匀。但我们需要清楚的是，数组是一块连续的、固定长度的内存空间，再好的哈希函数也不能保证得到的存储地址绝对不会发生冲突。两个不同的元素通过哈希函数等一系列运算得出的实际存储地址相同。也就是说，当我们对某个元素进行哈希运算，得到一个存储地址，然后要进行插入时，会发现这个存储地址已经被其他元素占用了，其实这就是所谓的哈希冲突，也叫哈希碰撞。那么哈希冲突应该如何解决呢？哈希冲突的解决方案有多种：开放定址法（发生冲突，继续寻找下一块未被占用的存储地址）、再散列函数法和链地址法等，HashMap 则采用了链地址法。

JDK 1.8 之前的哈希冲突示意如图 12-30 所示。

JDK 1.8 之后的哈希冲突示意如图 12-31 所示。

简单来说，数组是 HashMap 的主体，链表或红黑树都是为了解决哈希冲突而存在的。

此时如果定位到的数组位置不含链表或红黑树，那么查找、添加、删除等操作都会很快，仅需要一次寻址即可，即时间复杂度为 O(1)。如果定位到的数组位置包含链表或红黑树，那么查找、添加、删除等操作的时间复杂度为 O(n)（链表）或 O(log$n$)（红黑树）。所以从性能上考虑，HashMap 中的链表或红黑树出现得越少，即哈希冲突越少，性能才会越好。

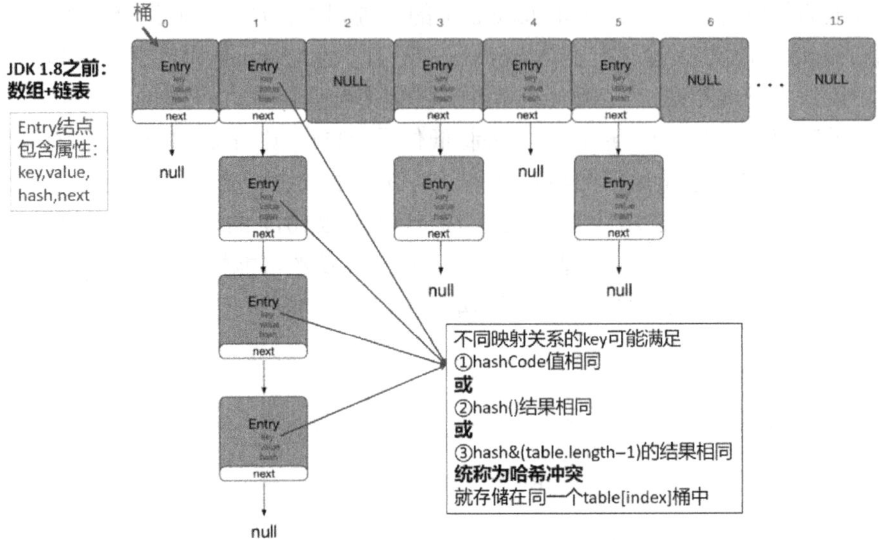

图 12-30　JDK 1.8 之前的哈希冲突示意

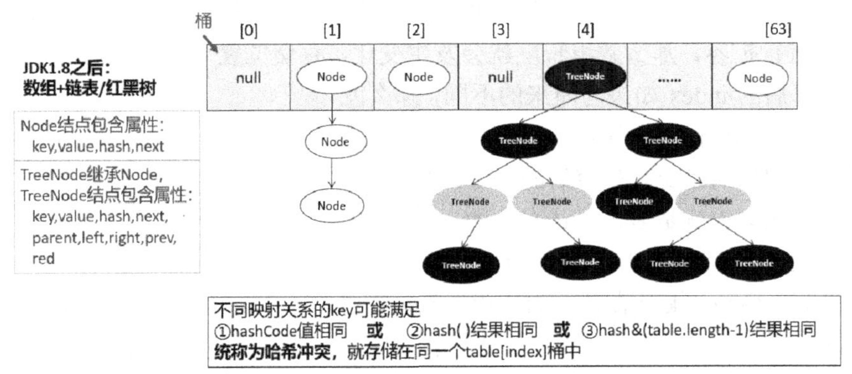

图 12-31　JDK 1.8 之后的哈希冲突示意

7．JDK 1.7 的 put 方法存储过程

以下为几个常量和变量的作用说明。

（1）默认数组容量。

```
static final int DEFAULT_INITIAL_CAPACITY= 1<<4;
```

（2）默认加载因子。

```
static final float DEFAULT_LOAD_FACTOR = 0.75f;
```

（3）加载因子。

```
final float loadFactor;
```

（4）阈值（临界值）。

```
int threshold;
threshold = (int) Math.min(capacity * loadFactor, MAXIMUM_CAPACITY + 1);
```

JDK 1.7 的 HashMap 的 put 方法流程分析如图 12-32 所示。

（1）先判断 table 是否为空数组，如果是空数组，那么先初始化 Entry 数组，长度默认为 16，并且把 threshold 计算为 12；这里如果手动指定了数组的初始化容量，那么系统还会自动纠正初始化容量为 2 的 *n* 次方。

（2）如果 key 是 null，那么就特殊对待，key 为 null 的映射关系的 hash 值为 0，index 也为 0。

（3）如果 key 不是 null，那么先计算 hash(key)获得 hash 值。

（4）再通过处理过的 hash 值&(table.length−1)计算存储位置 index，即存储在 table[index]下，index 在[0,table.length−1]内。

（5）判断 table[index]桶是否为空，如果为空，则直接放入新的 Entry 对象，否则查找 table[index]下是否存在某个 Entry 的 key 与新的 key 相同（hash 值相同并且满足 key 的地址相同或 key 的 equals 返回 true），如果存在，则用新的 value 替换原来的 value。

（6）如果不存在重复 key，则继续判断 size 是否达到阈值（threshold）且 table[index]不是 null，如果满足就先扩容。扩容会导致原来 table 中的所有元素都会重新计算位置，有的 Entry 还会重新调整存储位置。

（7）添加新的 Entry 对象到 table[index] 中（注意：如果刚刚数组扩容了，那么 index 也是重新计算过的），并且把当前 table[index]下的已有元素都连接到新的 Entry 的 next 下。

（8）size++，元素个数增加。

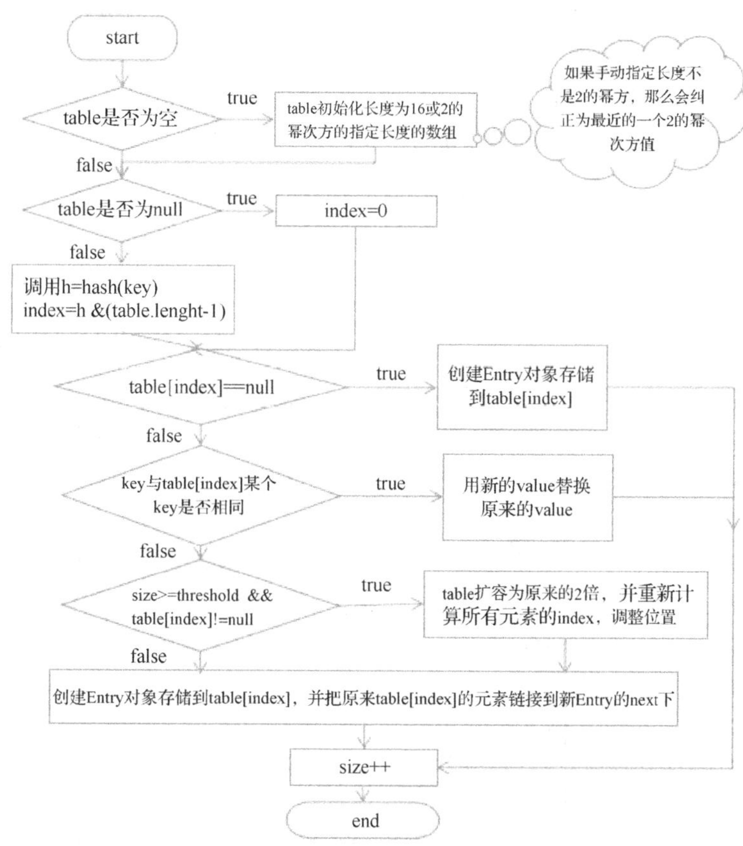

图 12-32 JDK 1.7 的 HashMap 的 put 方法流程分析

8. JDK 1.8 的 put 方法存储过程

以下为几个常量和变量的作用说明。

（1）默认负载因子。

```
static final float DEFAULT_LOAD_FACTOR = 0.75f;
```

（2）负载因子。

```
final float loadFactor;
```

（3）阈值。

```
int threshold;
```

当 size 达到 threshold 阈值时，会扩容。

（4）树化阈值。

```
static final int TREEIFY_THRESHOLD = 8;
```

该阈值的作用是判断是否需要树化，树化的目的是提高查询效率。当某个链表的结点个数达到这个值时，可能会导致树化。

（5）树化最小容量值。

```
static final int MIN_TREEIFY_CAPACITY = 64;
```

当某个链表的结点个数达到 8 时，还要检查 table 的长度是否达到 64，如果没有达到，则先扩容解决冲突问题。

（6）反树化阈值。

```
static final int UNTREEIFY_THRESHOLD = 6;
```

虽然红黑树的查询效率比链表高，但是在插入和删除过程中可能会涉及为确保树的平衡而进行的红黑结点的性质变化，以及树的旋转，这就会影响性能。当删除了结点，如果某棵红黑树的结点个数已经低于 6，那么当再次数组扩容需要调换位置时，系统会考虑把树重新变成链表，目的是减少复杂度，从而提高增加、删除、查找的整体效率。

JDK 1.8 的 HashMap 的 put 方法流程分析如图 12-33 所示。

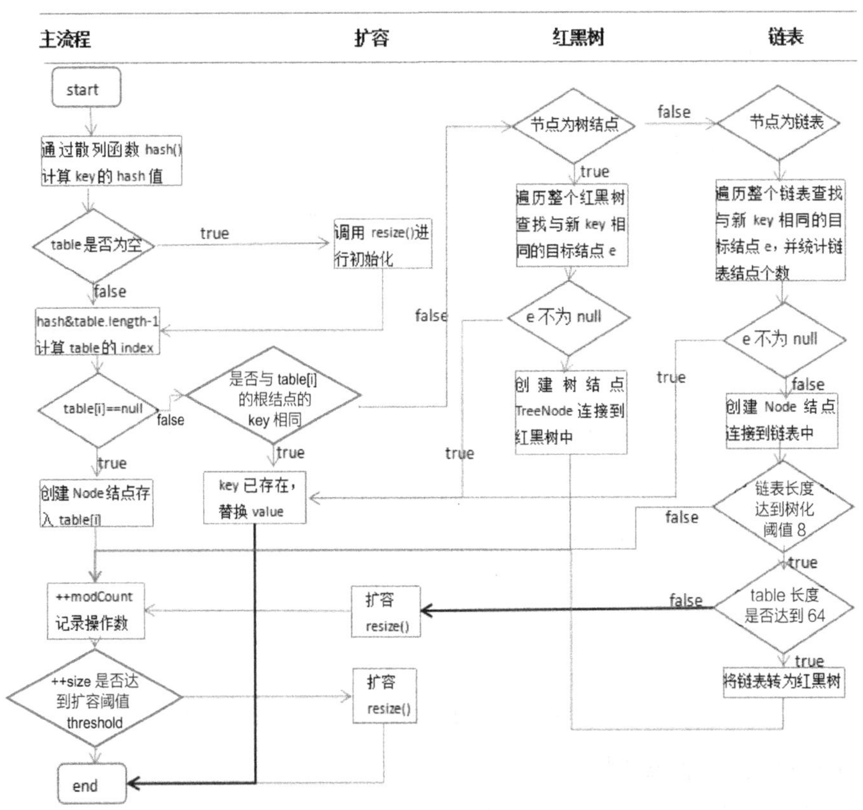

图 12-33　JDK 1.8 的 HashMap 的 put 方法流程分析

（1）先计算 key 的 hash 值，如果 key 是 null，则 hash 值就是 0，如果为 null，则使用(h = key.hashCode()) ^ (h >>> 16)得到 hash 值。

（2）如果 table 是空的，则先初始化 table 数组。

（3）通过 hash 值计算存储的索引位置 index = hash & (table.length−1)。

（4）如果 table[index]==null，那么直接创建一个 Node 结点存储到 table[index]即可。

（5）如果 table[index]!=null，则有以下三种情况。

- 判断 table[index]的根结点的 key 是否与新的 key 相同（hash 值相同并且满足 key 的地址相同或 key 的 equals 返回 true），如果相同就用 e 记录这个根结点。
- 如果 table[index]的根结点的 key 与新的 key 不相同，并且 table[index]是一个 TreeNode 结点，则说明 table[index]下是一棵红黑树；如果该树的某个结点的 key 与新的 key 相同（hash 值相同并且满足 key 的地址相同或 key 的 equals 返回 true），则用 e 记录这个相同的结点，否则将（key,value）封装为一个 TreeNode 结点，连接到红黑树中。
- 如果 table[index]的根结点的 key 与新的 key 不相同，并且 table[index]不是一个 TreeNode 结点，则说明 table[index]下是一个链表。如果该链表中的某个结点的 key 与新的 key 相同，则用 e 记录这个相同的结点，否则将新的映射关系封装为一个 Node 结点直接链接到链表尾部，并且判断 table[index]下的结点个数是否达到 TREEIFY_THRESHOLD(8)个，如果 table[index]下的结点个数已经达到，那么再判断 table.length 是否达到 MIN_TREEIFY_CAPACITY(64)个，如果没有达到，那么就先扩容。扩容会导致所有元素重新计算 index，有些结点就需要调整位置。如果 table[index]下的结点个数已经达到 TREEIFY_THRESHOLD(8)个，并且 table.length 也已经达到 MIN_TREEIFY_CAPACITY(64)个，那么系统就会将该链表转成一棵自平衡的红黑树。

（6）如果在 table[index]下找到了与新的 key 相同的结点，即 e 不为空，那么就用新的 value 替换原来的 value，并返回原来的 value，结束 put 方法。

（7）如果是新增结点而不是替换，那么就用 size++，并且还要重新判断 size 是否达到 threshold 阈值，如果达到就会扩容。

9．映射关系的 key 的修改

映射关系存储到 HashMap 中会存储 key 的 hash 值，HashMap 的 key 的 hash 值记录问题如表 12-7 所示，这样就不用在每次查找时重新计算每个 Entry 或 Node（TreeNode）的 hash 值。因此如果某个键值对(key,value)已经 put 到 Map 中，之后再修改 key 的属性，而这个被修改的属性值又会参与到 hashCode( )计算的 hash code 值中，那么会导致同一个 key 前后的 hash 值不相同，再次查找就会出现匹配不上的问题。这个规则也同样适用于 LinkedHashMap、HashSet、LinkedHashSet、Hashtable 等所有散列存储结构的集合。

表 12-7 HashMap 的 key 的 hash 值记录问题

<table>
<tr><td>JDK 1.7</td><td><pre>transient Entry<K,V>[] table = (Entry<K,V>[]) EMPTY_TABLE;
static class Entry<K,V> implements Map.Entry<K,V> {
        final K key;
        V value;
        Entry<K,V> next;
        int hash;
  //省略
}</pre></td></tr>
<tr><td>JDK 1.8</td><td><pre>transient Node<K,V>[] table;
static class Node<K,V> implements Map.Entry<K,V> {
        final int hash;
        final K key;
        V value;
        Node<K,V> next;
  //省略
}</pre></td></tr>
</table>

示例代码：

```
package com.atguigu.section6;

import java.util.HashMap;
import java.util.Objects;

public class TestModifyKey {
    public static void main(String[] args) {
        Data d1 = new Data(1);
        HashMap<Data, Integer> map = new HashMap<>();
        map.put(d1, 1);

        d1.setNumber(2);
        System.out.println("key=d1,value=" + map.get(d1));  //结果发现 value=null
    }
}
class Data {
    private int number;

    public Data(int number) {
        this.number = number;
    }

    public int getNumber() {
        return number;
    }

    public void setNumber(int number) {
        this.number = number;
    }

    @Override
    public boolean equals(Object o) {
        if (this == o) return true;
        if (o == null || getClass() != o.getClass()) return false;
        Data data = (Data) o;
        return number == data.number;
    }

    @Override
    public int hashCode() {
        return Objects.hash(number);
    }

    @Override
    public String toString() {
        return "Data{" +
                "number=" + number +
                '}';
    }
}
```

从上述代码的运行结果中我们发现，value=null。这说明系统在把(d1, 1)put 到 map，修改了 d1 的 number 之后，再次根据 d1 这个 key 在 map 中会找不到原来的(key,value)，这是因为前后两次的 hashCode 值变了，而 map 中记录的是之前的 hash 值。所以，当我们把某对（key,value）put 到 map 中后，就不要修改 key 的值了。这也是为什么我们在实际开发中，常常使用字符串、Integer 等不可变对象作为 key 的原因之一。

12.6.6　modCount 变量

集合实现类中都有一个变量 modCount，每次进行添加、删除等操作时都会使 modCount 变量发生变化。

如果在 Iterator、ListIterator 迭代器创建后的任意时间从结构上修改集合（通过迭代器的 remove 或 add 方法之外的任何其他方法），则迭代器将抛出并发修改异常（ConcurrentModificationException）。因此，当面对并发修改时，迭代器很快就完全失败，而不会冒着在将来不确定的时间发生不确定行为的风险。

这样设计的原因是，迭代器始终指向集合中的某个元素，内部会存储某些能够代表该元素位置的信息（如 cursor）。当集合发生变化时，该信息的含义可能会发生变化，这时操作迭代器就可能会造成不可预料的事情。因此，果断抛出异常进行阻止是最好的方法。这就是迭代器的快速失败（fail-fast）机制。

注意：迭代器的快速失败机制不能得到保证，一般来说，当存在不同步的并发修改时，不可能给出任何坚决的保证。迭代器的快速失败会尽最大努力抛出 ConcurrentModificationException。因此，编写依赖此异常程序的方式是错误的，正确做法是迭代器的快速失败机制应该仅用于检测 bug。

因此用 foreach 和 Iterator 迭代时，不要再通过集合的 add/put 和 remove 等方法修改集合，否则很可能出现 ConcurrentModificationException，或者代码执行未发生 ConcurrentModificationException，但结果不正确。

示例代码：

```
package com.atguigu.section06;

import java.util.ArrayList;
import java.util.Collection;

public class ConcurrentModificationExceptionTest {
    public static void main(String[] args) {
        Collection coll = new ArrayList();
        coll.add(1);
        coll.add(2);
        coll.add(3);
        coll.add(4);

        for (Object obj : coll){
            if (obj.equals(4)) {
                coll.add(5);//报错: java.util.ConcurrentModificationException
            }
        }
    }
}
```

12.7　本章小结

学完了本章内容，相信你已经掌握了开发中最常用的容器——集合的使用方法，也了解了各种数据结构的特点，并且还深入了解了源代码的分析。可以发现，不管多么复杂的数据结构，其最终的底层物理结构就只有两种：连续存储空间的数组和非连续存储空间的链式结构。数组最经典的标记就是下标，链表最经典的标记就是结点。就算是树，也是由链表的结构延伸出来的，只不过结点类型更复杂而已。HashMap 的实现可谓将各种数据结构的优点集于一身，是非常经典的设计。初学者应先掌握集合框架中常用类及常用类中方法的使用，如 ArrayList、HashMap、HashSet、Properties 等，然后可以深入源码，关注数据结构，提升“内功”。

第13章 泛型

在第 12 章代码的编写过程中，出现了一个问题，当把元素“扔”进集合容器时，集合容器就会“忘了”元素的类型，统一使用 Object 类型进行处理，导致我们在从容器中拿出元素之后，想要进一步使用元素还需要向下转型，这让代码变得麻烦、臃肿、不安全，并且容易发生类型转换异常。这是因为 JDK 最初在设计集合时，并不知道程序员会拿集合来装什么类型的元素，因此为了能够接收任意类型的元素，就只能按照 Object 类型处理，所以导致了上面的问题。

从 JDK 1.5 之后，Java 语言引入了泛型的概念，不仅使编译器可以支持新的语法，还对之前的核心类库进行了大刀阔斧的修改，其中就包括所有的集合类型。Java 5 之后所有的集合类型都增加了泛型，这样在集合的使用过程中系统完全可以记住集合元素的类型，并可以在编译时检查元素的类型，如果程序员试图向集合中添加不满足类型要求的元素，那么编译器还会提示错误。添加泛型后的集合可以让编码更加简洁、程序更加健壮。当然，泛型的应用绝不仅限于集合，只是因为我们刚刚学完集合，而且所有的集合类型都使用了泛型，所以集合与泛型的结合使用可以使大家更容易掌握泛型。本章将详细介绍泛型的基本概念和使用方法。

13.1 泛型的概念

Java 语言是一门强类型的编程语言，即在编写时就必须明确变量的类型，否则编译不通过。Java 语言的多态特性让我们可以把某些只能在运行时确定的类型在编译时使用父类或父接口表示，这确实解决了很多问题。但是有时程序员在声明某些变量时不知道它的具体父类或父接口，只能无奈地选择公共父类 Object 类型，这很不方便，如之前的集合就是这样的。为了解决这个问题，JDK 1.5 引入了泛型的概念，让我们在程序中可以用某种方式表示完全未知的类型，使得程序顺利编写并通过编译，等到使用时再确定它的具体类型。泛型（Generics）指的就是泛化的类型，即用<T>等形式来表示一个未确定的类型。

13.1.1 无泛型带来的问题

我们先回顾一下之前使用集合时遇到的问题。设计集合的程序员不知道用户需要用它来装什么类型的对象，所以程序员把集合设计成能保存任何对象类型的容器，具有很好的通用性。现在我们尝试使用一个 ArrayList 集合装一些字符串对象，装完之后遍历集合，显示每个字符串的长度。

示例代码：

```
package com.atguigu.section01;

import java.util.ArrayList;

public class ClassCastExceptionTest {
```

```
    public static void main(String[] args) {
        ArrayList strList = new ArrayList();   //strList 集合，只想装字符串对象

        strList.add("谷哥");
        strList.add("谷姐");
        strList.add("尚硅谷");

        strList.add(666);//"不小心"把 Integer 对象装进去了

        for (int i = 0; i < strList.size(); i++) {
            //因为 strList 中是按照 Object 处理的，所以必须强制类型转换
            //最后一个元素将出现 ClassCastException
            String str = (String) strList.get(i);
            System.out.println( str + "的长度：" + str.length());
        }
    }
}
```

上面的示例代码暴露了以下两个问题。

问题 1：集合对元素类型没有任何限制，这样可能会导致本来只想存储字符串对象的，却不小心把 Integer 对象轻易放进去的问题，因为编译期间没有类型检查。

问题 2：由于把对象“丢进”集合后，集合就忘记了对象的实际类型，集合只知道它装的是 Object 类型，因此取出集合元素是 Object 类型（其在实际的运行时类型没变，但是编译时只能按照 Object 类型处理），如果想使用对象的实际类型那么还需要进行强制类型转换。这种强制类型转换既会增加编程的复杂度，也可能引发 ClassCastException。

13.1.2　泛型的引入

有句话说，艺术来源于生活又高于生活，技术问题也是一样的，在技术问题的解决过程中我们往往能从生活中获取灵感，从而又服务于生活。泛型的引入和设计也和生活中某些问题的解决思路类似。

在生活中，生产瓶子的厂家不知道将来用户会用这个瓶子装什么，所以并没有明确每个瓶子的具体作用，只是保证了瓶子具备装东西的基本功能，如图 13-1 所示。假如我们现在买了 4 个瓶子，准备用来装醋、酱油、黄酒、花椒油，如果瓶子没有标签，这些调料一旦装进去之后，我们就很容易忘记哪个瓶子里装了什么，每次在用的时候，需要通过闻或尝等确认一下才能用，否则就很容易加错调料。

图 13-1　生活中的空瓶子

图 13-2　生活中的贴了标签的瓶子

所以必须给瓶子贴标签，来明确这个瓶子具体装的调料，这样下次就不会弄错，而且也很方便，如图 13-2 所示。

同理，我们也可以给集合贴标签。思路我们有了，但是该如何给集合贴标签呢？我们再来看一段求两个整数最大值的代码，以从中得到一些启示。

示例代码：

```
package com.atguigu.section01;

public class TestParam {
    public static int max(int a, int b) {
        return a > b ? a : b;
```

```
    }

    public static void main(String[] args) {
        int max = max(3, 6);
        System.out.println(max);
    }
}
```

因为在声明 max 方法时我们无法确定两个整数的值，所以就设计了两个形参 a、b 来代替未知的整数的值以完成该方法体的实现。等到调用 max 方法时，再传入实参来确定 a、b 的实际值，如 3 和 6 就是给 a、b 赋值的实参。

形参和实参的完美搭配，可以解决我们的问题。为了区别，我们将 int max(int a, int b)中的 a、b 称为数据形参，将 int max = max(3,6);中的 3 和 6 称为数据实参。

同样，JDK 5 在改写集合框架中的接口和类时，为这些接口、类增加了类型形参，只不过这些形参代表的不是具体的数据值，而是代表未知的元素类型。例如，ArrayList 集合声明。

示例代码：

```
public class ArrayList<E> extends AbstractList<E>
        implements List<E>, RandomAccess, Cloneable, java.io.Serializable{
    //具体代码省略
}
```

这个<E>就是代表未知的元素类型，称为类型形参，当我们使用 ArrayList 集合时再确定元素具体的类型，如<String>称为类型实参。我们把这种参数化的类型称为泛型。

示例代码：

在使用集合时指定泛型的代码。

```
package com.atguigu.section01;

import java.util.ArrayList;

public class ArrayListTest {
    public static void main(String[] args) {
        ArrayList<String> strList = new ArrayList<String>();//strList 集合只想装字符串
        strList.add("谷哥");
        strList.add("谷姐");
        strList.add("尚硅谷");
        // 编译器将阻止我们把 Integer 对象装进去
        // strList.add(666);
        for (int i = 0; i < strList.size(); i++) {
            // 因为 strList 中都是 String，所以不需要强制类型转换
            String str = strList.get(i);
            System.out.println(str + "的长度：" + str.length());
        }
    }
}
```

上面的代码在使用 ArrayList 集合时指定了泛型<E>的具体类型为<String>，此时若想要添加元素 666 到 strList 中，编译器将会阻止我们，因为我们在使用 ArrayList 集合时给 strList 集合贴上了<String>标签，此时变量已知道集合中的元素类型是 String 而不是 Object 了。而且当我们遍历集合时，从中取出的元素类型也是明确的 String，不再需要进行强制类型转换，代码更简洁了。

从上面两次使用 ArrayList 的不同代码中可以看出，如果没有泛型，那么我们将经常遇到类型不安全及强制类型转换问题，而有了泛型，既保证了类型安全，又避免了强制类型转换，使得代码更简洁和方便，集合中有无泛型的对比图如图 13-3 所示。

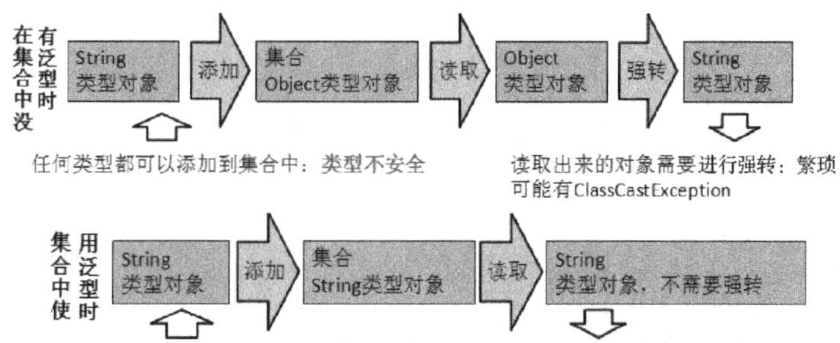

图 13-3　集合中有无泛型的对比图

综上所述，我们使用一对尖括号+类型符号的形式来表示泛型，如<E>、<String>。

13.2　泛型类或泛型接口

如果某个类或接口在声明时，在类名或接口名后面加了泛型，那么就称它为泛型类或泛型接口。JDK 1.5 把所有的集合类和接口都改写成了泛型类和泛型接口。

示例代码：

ArrayList 类代码片段。

```
public class ArrayList<E>  //省略{
    public boolean add(E e) {
          //省略
    }
    public E get(int index) {
          //省略
    }
     public Iterator<E> iterator(){
         //省略
    }
}
```

Iterator 接口代码片段。

```
public interface Iterator<E> {
   boolean hasNext();
   E next();
}
```

Map 接口代码片段。

```
public interface Map<K,V> {
   V get(Object key);
   V put(K key, V value);
   Set<K> keySet();
   //省略
}
```

从上面的代码片段中可以看出，我们可以在定义接口和类时声明泛型形参，如<E>代表未知的集合元素类型、<K，V>代表未知的 key 和 value 的类型。当使用这些集合时，就可以为<E>、<K，V>指定具体的泛型实参。

示例代码：

```
package com.atguigu.section02.demo1;

import java.util.HashMap;
import java.util.Iterator;
import java.util.Set;
```

```
public class HashMapTest {
    public static void main(String[] args) {
        //表示当前 HashMap 中 key 的类型是 Integer 类型，value 类型是 String 类型。
        HashMap<Integer,String> map = new HashMap<Integer,String>();
        map.put(1, "尚硅谷");
        map.put(2, "atguigu");
      //keySet 中是所有的 key，它的类型是 Integer
        Set<Integer> keySet = map.keySet();
      //这个 Iterator 迭代器此时用来遍历所有的 key，所以泛型类型是 Integer
        Iterator<Integer> iter = keySet.iterator();
        while(iter.hasNext()){
            Integer key = iter.next();
            System.out.println(key + "→" + map.get(key));
        }
    }
}
```

13.2.1 泛型类或接口的声明

我们可以为任何类或接口增加泛型声明，并不是只有集合类才可以使用。泛型形参的命名一般使用单个的大写字母，如果有多个类型形参，那么中间使用逗号分隔，如 Map<K,V>。常见的泛型形参字母有 T、K、V、E，它们一般是某个单词的首字母，这些单词通常表示该泛型表示的数据类型，或者仅是类型的意思。

- T：Type。
- K，V：Key、Value。
- E：Element。

虽然泛型形参并不是一定要用单个字母表示，也可以用单词表示，但是请读者千万不用单词表示，因为使用单词容易和实际类型混淆，从而造成误解。

案例需求：

现需要定义一个学生类，这个学生类与我们之前声明的学生类完全不同，因为这个学生类的成绩类型可以是如下几种类型。

- 整数。
- 小数。
- 字符串“优秀、良好、合格、不及格”。

这就意味着学生的成绩类型是不确定的，因此在声明学生类时，成绩类型要用<T>等泛型字母表示。

示例代码：

特殊学生类示例代码。

```
package com.atguigu.section02.demo2;

public class Student<T> {
   private String name;  //姓名
   private T score;           //成绩

   public Student(String name, T score) {
      super();
      this.name = name;
      this.score = score;
   }

   public String getName() {
```

```
        return name;
    }

    public void setName(String name) {
        this.name = name;
    }

    public T getScore() {
        return score;
    }

    public void setScore(T score) {
        this.score = score;
    }

    @Override
    public String toString() {
        return "Student{name=" + name + ", score=" + score + "}";
    }
}
```

测试类示例代码。

```
package com.atguigu.section02.demo2;

public class StudentTest {
    public static void main(String[] args) {
        Student<Integer> s1 = new Student<Integer>("张三", 95);
        Student<String> s2 = new Student<String>("张三", "优秀");
        Student<Double> s3 = new Student<Double>("张三", 80.5);
    }
}
```

从上面的代码中可以看出，当我们把学生成绩的类型用泛型<T>表示后，每次创建学生对象时可以由程序员来指定成绩的具体类型，如<Integer>、<String>、<Double>等。

定义在类或接口上的泛型类型，在整个接口或类体中可以当成普通类型使用，如<T>可以用来表示属性类型、方法的形参类型、方法返回值类型等。

但是请注意泛型类或泛型接口上声明的泛型<T>等，不能用于声明静态变量，也不能用在静态方法中，那是因为静态成员的初始化是随着类的初始化而初始化的，此时泛型的具体类型还无法指定，那么泛型形参的类型就不确定，所以请不要在静态成员上使用类或接口上的泛型形参类型。

另外，泛型类的构造器名还是原来的类名，不需要增加泛型声明。例如，Student<T>类定义的构造器依然是 Student，而不是 Student<T>，但在调用构造器时可以使用 Student<T>形式，而且此时 T 应该指定为具体的类型。

13.2.2 泛型类或接口的使用

当某个类或接口声明了泛型后，在使用它们时，应该尽量为其泛型指定具体的类型。

另外，泛型实参类型的指定也有要求，它必须是引用数据类型，不能是基本数据类型，并且泛型类或接口后面声明了几个泛型，在使用时就要指定几个具体类型，不能多也不能少。

示例代码：

```
//如下指定为 int 是错误的
ArrayList<int> list = new ArrayList<int>();

//必须是引用数据类型，因此可以指定为包装类型
ArrayList<Integer> list = new ArrayList<Integer>();
```

```
//HashMap<K,V>有两个泛型，就需要指定两个具体类型
HashMap<Integer, String> map = new HashMap<Integer, String>();
```

我们一般应在什么时候指定泛型的具体类型呢？

（1）在用泛型类、接口声明变量并创建对象时，可以指定泛型的具体类型，代码如下所示。

```
ArrayList<String> list = new ArrayList<String>();
```

另外 JDK 1.7 之后还支持如下所示简化写法，右边只需要写<>即可，不用再重复左边的具体类型，因为此时右边<>中的类型可以根据左边的类型交给系统自动推断，但是<>不能省略，否则意义将会不同。

```
ArrayList<String> list = new ArrayList<>();
```

（2）在继承泛型类或实现泛型接口时，如果子类不延续使用该泛型，那么就必须明确指定实际类型，此时子类不再是泛型类了。

案例 1：语文老师需要一个确定的学生类，他希望学生的成绩类型确定是 String 类型，那么我们可以声明一个 ChineseStudent 类。

示例代码：

```
package com.atguigu.section02.demo2;

public class ChineseStudent extends Student<String>{
    public ChineseStudent(String name, String score) {
        super(name, score);
    }
}
```

父类 Student<T>是泛型类，但是 ChineseStudent 类不是泛型类，因为我们已经把<T>具体化了。

案例 2：声明一个圆类，包含半径属性，并要求 Circle 类可以实现 java.lang.Comparable<T>接口，重写 int compareTo(T t)方法，按照半径的大小比较大小。

示例代码：

```
package com.atguigu.section02.demo2;

public class Circle implements Comparable<Circle> {
    private double radius;

    public Circle(double radius) {
        this.radius = radius;
    }

    public double getRadius() {
        return radius;
    }

    public void setRadius(double radius) {
        this.radius = radius;
    }

//注意，重写时 compareTo 方法的形参类型自动识别为 Circle，而不是之前的 Object
    @Override
    public int compareTo(Circle o) {
        return Double.compare(radius,o.radius);
    }

    @Override
    public String toString() {
        return "Circle{radius=" + radius + "}";
    }
```

```
}
```

虽然 Comparable<T>接口是泛型接口，但 Circle 类不是泛型类，因为我们已经把<T>具体化了。

13.2.3 延续父类或接口的泛型

如果在继承泛型类或实现泛型接口时，想要继续保留父类或父接口的泛型，那么必须在父类、父接口和子类、子接口中都要保留泛型。

例如，声明一个子类 SubArrayList，让它继承 ArrayList<E>，但又希望 SubArrayList 仍然是一个泛型类，而且该泛型类仍然表示未知的元素类型。

示例代码：

```
//SubArrayList<E>和 ArrayList<E>保持一样的泛型字母即可
class SubArrayList<E> extends ArrayList<E> {
    //在子类中泛型形参还是 E
}
```

我们可以沿用 ArrayList<E>的泛型类型<E>，也可以换一个字母<T>，只需要它们保持一致即可，一致的意义在于它们现在都表示未知的元素类型。

示例代码：

```
//SubArrayList<T>和 ArrayList<T>保持一致的泛型字母即可
class SubArrayList<T> extends ArrayList<T> {
    //在子类中泛型形参是 T，父类中使用泛型形参的位置也自动修改为 T
}
```

Java 5 改良的集合框架集中所有的集合类型基本都是这种情况，以下摘录出部分类型。

示例代码：

```
public interface Iterable<T> {
    //省略了代码
}
public interface Collection<E> extends Iterable<E> {
    //省略了代码
}
public interface List<E> extends Collection<E> {
    //省略了代码
}
public class ArrayList<E> extends AbstractList<E>
        implements List<E>, RandomAccess, Cloneable, java.io.Serializable {
      //省略了代码
}
```

13.2.4 设定泛型的上限

假如我们有一个新需求，要求学生类的成绩仍然是未确定的类型，但它必须是如下的数字类型之一，不能是 String 等其他非数字类型。

- Integer。
- Float。
- Double。
- ……

我们之前使用泛型<T>表示未知的类型，这个<T>可以代表任意的引用数据类型，现在希望这个<T>只代表某种数字类型，即 T 必须是 Number 或 Number 的子类。那么我们可以将 Student<T>设计成如下形式。

示例代码：

```
package com.atguigu.section02.demo3;

public class Student<T extends Number> {
   private String name;         //姓名
   private T score;                 //成绩

   public Student(String name, T score) {
      super();
      this.name = name;
      this.score = score;
   }

   public String getName() {
      return name;
   }

   public void setName(String name) {
      this.name = name;
   }

   public T getScore() {
      return score;
   }

   public void setScore(T score) {
      this.score = score;
   }

   @Override
   public String toString() {
      return "Student{name=" + name + ", score=" + score + "}";
   }
}
```

测试类示例代码：

```
package com.atguigu.section02.demo3;

public class StudentUpperBoundTest {
   public static void main(String[] args) {
      Student<Integer> s1 = new Student<Integer>("张三", 95);
      Student<Double> s3 = new Student<Double>("张三", 80.5);

      //以下代码编译报错，因为 String 不是 Number 的子类
      Student<String> s2 = new Student<String>("张三", "优秀");
   }
}
```

上面的示例代码将 Student 类的泛型<T>设定了上限<T extends Number>，那么就意味着<T>只能指定为 Number 或其子类。如果此时<T>指定为<String>或其他非 Number 系列的类，那么编译器就会报错。

如果泛型形参没有设定上限，那么泛型实参可以是任意引用数据类型，相当于默认上限是 Object；如果泛型形参设定了上限（如 T extends 父类上限），那么就只能指定为该父类本身或其各子类类型。

在一种更极端的情况下，程序需要为泛型设定多个上限，那么多个上限之间用“&”符号进行连接，并且规定在这多个上限中，至多有一个父类上限，但可以有多个接口上限，表明该类型形参必须是其父类的子类（包括其父类本身），并且可以实现多个上限接口，父类在前接口在后。

示例代码：

```
class Student<T extends Number & Cloneable> {
   //......省略其他代码
```

```
}
```

上面的示例代码表示该 Student 类的<T>类必须指定为一个既继承了 Number 父类又实现了 Cloneable 父接口的类型。

注意：哪怕<T>后面的上限只有接口类型，指定上限仍然使用“extends”关键字，而不是“implements”，这和定义新的类型时指定父类和实现父接口有所不同。

13.2.5 案例：矩形对象管理

案例需求：

声明一个矩形类（Rectangle），包含长和宽，现在要求矩形类实现 java.lang.Comparable<T>接口，指定 T 为 Rectangle 类，重写抽象方法，按照矩形的面积大小排序。在测试类中创建 Rectangle 数组，然后调用 Arrays.sort(Object[ ] arr)方法进行排序，遍历显示矩形对象信息。

示例代码：

Rectangle 类示例代码。

```
package com.atguigu.section02.demo4;

public class Rectangle implements Comparable<Rectangle> {
    private double length;      //长
    private double width;       //宽

    public Rectangle(double length, double width) {
        this.length = length;
        this.width = width;
    }

    public double getLength() {
        return length;
    }

    public void setLength(double length) {
        this.length = length;
    }

    public double getWidth() {
        return width;
    }

    public void setWidth(double width) {
        this.width = width;
    }

    //计算矩形的面积
    public double area() {
        return length * width;
    }

    @Override
    public int compareTo(Rectangle o) {
        return Double.compare(area(), o.area());
    }

    @Override
    public String toString() {
        return "Rectangle{length=" + length + ", width=" + width + ",area=" + area() + "}";
    }
```

```
}
```

测试类示例代码。

```
package com.atguigu.section02.demo4;

import java.util.Arrays;

public class RectangleTest {
   public static void main(String[] args) {
      Rectangle[] arr = new Rectangle[3];
      arr[0] = new Rectangle(1, 4);
      arr[1] = new Rectangle(2, 2);
      arr[2] = new Rectangle(1, 3);

      Arrays.sort(arr);

      for (int i = 0; i < arr.length; i++) {
         System.out.println(arr[i]);
      }
   }
}
```

13.2.6 案例：员工信息管理

案例需求：

声明员工类（Employee），包含姓名和薪资。在测试类中创建 Employee 数组，然后调用 Arrays.sort (Object[ ] arr, Comparator<T> c)方法进行排序，按照薪资排序，薪资相同的按照姓名的自然顺序排序，最后遍历显示员工信息。

示例代码：

Employee 类示例代码。

```
package com.atguigu.section02.demo5;

public class Employee {
   private String name;        //姓名
   private double salary;      //薪资

   public Employee(String name, double salary) {
      this.name = name;
      this.salary = salary;
   }

   public String getName() {
      return name;
   }

   public void setName(String name) {
      this.name = name;
   }

   public double getSalary() {
      return salary;
   }

   public void setSalary(double salary) {
      this.salary = salary;
   }
```

```
    @Override
    public String toString() {
        return "Employee{name=" + name + ", salary=" + salary + "}";
    }
}
```

测试类示例代码。

```
package com.atguigu.section02.demo5;

import java.util.Arrays;
import java.util.Comparator;

public class TestComparator {
    public static void main(String[] args) {
        Employee[] arr = new Employee[3];
        arr[0] = new Employee("zhangsan", 12000);
        arr[1] = new Employee("lisi", 12000);
        arr[2] = new Employee("kangkang", 22000);

          //调用 Arrays.sort 方法
        Arrays.sort(arr, new Comparator<Employee>() {//Comparator 指定泛型
            @Override
            public int compare(Employee o1, Employee o2) {
                if(o1.getSalary() != o2.getSalary()){
                    return Double.compare(o1.getSalary(), o2.getSalary());
                }
                return o1.getName().compareTo(o2.getName());
            }
        });

        for (int i = 0; i < arr.length; i++) {
            System.out.println(arr[i]);
        }
    }
}
```

13.2.7　案例：随机验证码

案例需求：

随机生成十组六位字符组成的验证码放到集合中，验证码必须由大小写字母、数字字符组成，使用迭代器进行遍历。

示例代码：

```
package com.atguigu.section02.demo6;

import java.util.ArrayList;
import java.util.Iterator;
import java.util.Random;

public class VerificationCodeTest {
    public static void main(String[] args) {
        ArrayList<Character> source = new ArrayList<>();
        for (char i = '0'; i <= '9'; i++) {
            source.add(i);
        }
        for (char i = 'a'; i <= 'z'; i++) {
            source.add(i);
        }
        for (char i = 'A'; i <= 'Z'; i++) {
```

```
            source.add(i);
        }

        //随机生成 10 组验证码
        ArrayList<String> list = new ArrayList<String>();
        Random rand = new Random();
        for (int i = 0; i < 10; i++) {
            String str = "";
            for (int j = 0; j < 6; j++) {
                str += source.get(rand.nextInt(source.size()));
            }
            list.add(str);
        }

        Iterator<String> iterator = list.iterator();
        while(iterator.hasNext()){
            System.out.println("随机验证码：" + iterator.next());
        }
    }
}
```

13.3 泛型方法

经过 13.2 节的学习，相信大家对泛型已经有了一定的认识。在类、接口上声明的<泛型>，在整个类中可能被用来声明属性、方法的形参、方法的返回值等，而且一旦在使用泛型类或泛型接口时指定了<泛型>的具体类型，这些属性、方法的形参、方法的返回值等会跟着自动确定。例如，ArrayList<E>的<E>一旦确定，其中 add(E e)、E get(int index)等方法中的 E 也自动跟着确定，并且它们的类型是统一的。

但是，有时我们仅仅希望在某个方法中使用<泛型>，和其他方法无关。JDK 1.5 除允许在类或接口上声明泛型，还允许单独在某个方法签名中声明泛型，这样的方法称为泛型方法。泛型方法可以是静态方法，也可以是非静态方法。

13.3.1 泛型方法的声明

单独在某个方法中声明泛型该怎么做呢？下面通过一个案例来演示一下。

案例需求：

现在需要声明一个方法 fromArrayToCollection( )，该方法的功能是将一个对象数组的所有元素添加到一个对应类型的 Collection 集合。

案例分析：

fromArrayToCollection 方法的形参应该有两个，一个是可以接收任意对象数组的一维数组类型，另一个是可以接收任意元素类型的 Collection 集合。

示例代码：

方案一，考虑形参类型为 Object[ ]数组和 Collection<Object>集合类型。

```
public static void fromArrayToCollection(Object[] a,Collection<Object> c) {
    for (Object object : a) {
        c.add(object);
    }
}
```

上面代码定义的方法看起来没有问题，但这个方法的复用性很差，问题的瓶颈在于形参 Collection<Object>。虽然 Object 类是 String 类的父类，Java 规定 Object 类的形参可以接收 String 类的实参，但 Collection<Object>类的形参不能接收 Collection<String>类的实参，所以这个方法的功能非常有限，形参 c 只支持 Collection<Object>类的实参，不接收其他类型的 Collection 实参。

```
package com.atguigu.section03;

import java.util.ArrayList;
import java.util.Collection;

public class TestMethod {
   public static void fromArrayToCollection(Object[] a, Collection<Object> c) {
      for (Object object : a) {
         c.add(object);
      }
   }

   public static void main(String[] args) {
      String[] array = {"hello","world","java"};
      Collection<String> coll = new ArrayList<String>();

      //下面语句编译报错，因为 Collection<Object>形参不接收 Collection<String>实参
      fromArrayToCollection(array,coll);
   }
}
```

方案二，为了解决上面的瓶颈问题，我们改用泛型方法的形式。

```
package com.atguigu.section03;

import java.util.ArrayList;
import java.util.Collection;

public class TestMethod2 {
   public static <T> void fromArrayToCollection(T[] a, Collection<T> c){
      for (T object : a) {
         c.add(object);
      }
   }
   public static void main(String[] args) {
      String[] strings = {"hello","world","java"};
      ArrayList<String> stringList = new ArrayList<>();
      fromArrayToCollection(strings,stringList);
      for (String s : stringList) {
         System.out.println("s = " + s);
      }

      Integer[] integers = {1,2,3,4,5};
      ArrayList<Integer> integerList = new ArrayList<>();
      fromArrayToCollection(integers,integerList);
      for (Integer integer : integerList) {
         System.out.println("integer = " + integer);
      }
   }
}
```

可见改用泛型方法完美地解决了 fromArrayToCollection 方法的瓶颈问题。而且我们在调用 fromArrayToCollection 方法时，并没有手动指定<T>的具体类型，这是因为编译器可以根据传入的实参自动进行类型推断。

把 fromArrayToCollection 方法的格式与普通方法的格式进行对比，不难发现泛型方法的方法签名比普通方法的方法签名多了<泛型>声明。

泛型方法的语法格式如下所示：

```
【修饰符】 <泛型> 返回类型 方法名([形参列表]) 抛出的异常列表 {
    //方法体......
}
```

其中<泛型>中的类型，可以是一个或多个，如果是多个就用逗号分隔，和定义泛型类、泛型接口时一样，而且<泛型>必须声明在修饰符和返回值类型之间。

与泛型类、泛型接口声明中定义的<泛型>不同，当前方法声明的<泛型>只能在当前方法中使用，和其他方法无关。另外，方法声明中定义的<泛型>不需要显式传入具体的类型参数，编译器可以根据调用方法时实参的类型自动推断。

13.3.2 设定泛型形参的上限

在声明泛型类或泛型接口时，<泛型>是可以指定上限的，同样在声明泛型方法时，<泛型>也可以指定上限，这两种的语法格式和要求是一样的。如果没有指定上限，则默认上限为 Object，如果有多个上限，则用“&”连接，并且父类在前，父接口在后，至多只能指定一个父类上限。

案例需求：

有一个图形的抽象父类（Graphic），包含抽象方法 double getArea ，返回图形面积。其中两个子类是圆形（Circle）和矩形（Rectangle）。现在需要声明一个 printArea 方法可以遍历打印 Collection 系列集合中多个图形的面积。Collection 系列集合的泛型可能是<Rectangle>、<Circle>、<Graphic>等图形类型，但不能是其他非图形类型。

案例分析：

printArea 方法的形参应该是 Collection<T>，因为具体是什么图形不确定，但是<T>需要有范围限制，必须是 Graphic 或其子类，因此在声明 T 时可以加上限，即<T extends Graphic>。

示例代码：

Graphic 父类示例代码。

```java
package com.atguigu.section03;

public abstract class Graphic {
    public abstract double getArea();
}
```

Circle 类示例代码。

```java
package com.atguigu.section03;

public class Circle extends Graphic {
    private double radius;              //半径
    public Circle(double radius) {
        super();
        this.radius = radius;
    }
    //重写 getArea 方法——计算圆的面积
    @Override
    public double getArea() {
        return Math.PI * radius * radius;
    }
   @Override
   public String toString() {
      return "Circle{ radius=" + radius + "}";
   }
}
```

Rectangle 类示例代码。

```
package com.atguigu.section03;

public class Rectangle extends Graphic {
    private double length;
    private double width;
    public Rectangle(double length, double width) {
        super();
        this.length = length;
        this.width = width;
    }
    //重写 getArea 方法——计算矩形的面积
    @Override
    public double getArea() {
        return length * width;
    }
   @Override
   public String toString() {
      return "Rectangle{ length=" + length + ", width=" + width + "}";
   }
}
```

测试类示例代码。

```
package com.atguigu.section03;

import java.util.ArrayList;
import java.util.Collection;

public class GraphicTest {

   //打印 Collection 集合中多个图形的面积
   public static <T extends Graphic> void printArea(Collection<T> graphics){
      for (T t : graphics) {
         System.out.println(t.getArea());
      }
   }
   public static void main(String[] args) {
      ArrayList<Circle> cList = new ArrayList<>();
      cList.add(new Circle(1.2));
      cList.add(new Circle(2.3));
      printArea(cList);

      ArrayList<Rectangle> rList = new ArrayList<>();
      rList.add(new Rectangle(1,2));
      rList.add(new Rectangle(2,3));
      printArea(rList);

      ArrayList<Graphic> gList = new ArrayList<>();
      gList.add(new Circle(1.2));
      gList.add(new Rectangle(2,3));
      printArea(gList);
   }
}
```

13.3.3　案例：数组工具类

案例需求：

声明一个数组工具类（MyArrays），包含如下四个方法。

- public static <T> ArrayList<T> asList(T... a)：该方法可以实现将传入的任意实参，放到一个 List

集合中返回，并且 ArrayList 集合仍然记得这些实参的类型。

- public static <T extends Comparable<T>> void sort(T[ ] arr)：该方法可以实现对 arr 数组的升序排列，要求 T 元素必须实现 Comparable 接口。
- public static <T> void swap(T[ ] arr, int a, int b)：该方法可以实现交换 arr 数组中[a]与[b]位置的两个元素。
- public static <T> void reverse(T[ ] arr)：该方法可以实现对 arr 数组进行反转。

示例代码：

MyArrays 类示例代码。

```java
package com.atguigu.section03;

import java.util.ArrayList;

public class MyArrays {
    public static <T> ArrayList<T> asList(T... a){
        ArrayList<T> list = new ArrayList<T>();
        if (a != null){
            for (int i = 0; i < a.length; i++){
                list.add(a[i]);
            }
        }
        return list;
    }

    public static <T extends Comparable<T>> void sort(T[] arr){
        if (arr != null) {
            for (int i = 1; i < arr.length; i++) {
                for (int j = 0; j < arr.length - i; j++) {
                    if (arr[j].compareTo(arr[j + 1]) > 0) {
                        T temp = arr[j];
                        arr[j] = arr[j + 1];
                        arr[j + 1] = temp;
                    }
                }
            }
        }
    }

    public static <T> void swap( T[] arr, int a, int b) {
        if (a < 0 || b < 0 || a >= arr.length || b >= arr.length) {
            throw new IndexOutOfBoundsException();
        }

        T temp = arr[a];
        arr[a] = arr[b];
        arr[b] = temp;
    }

    public static <T> void reverse(T[] arr) {
        if (arr != null) {
            for (int i = 0; i < arr.length / 2; i++) {
                T temp = arr[i];
                arr[i] = arr[arr.length - 1 - i];
                arr[arr.length - 1 - i] = temp;
            }
        }
    }
```

```
}
```

测试类示例代码。

```
package com.atguigu.section03;

import java.util.ArrayList;
import java.util.Arrays;

public class MyArraysTest {
    public static void main(String[] args) {
        ArrayList<Integer> list = MyArrays.asList(1, 2, 3, 4, 5);
        System.out.println(list);

        System.out.println("--------------------");
        Integer[] arr = {4,2,5,3,1};
        MyArrays.sort(arr);
        System.out.println(Arrays.toString(arr));
        MyArrays.reverse(arr);
        System.out.println(Arrays.toString(arr));

        System.out.println("--------------------");
        String[] strings = {"尚硅谷", "very", "is", "good"};
        MyArrays.swap(strings, 1,2);
        System.out.println(Arrays.toString(strings));
    }
}
```

13.4 类型通配符

当声明一个方法的某个形参类型是一个泛型类或泛型接口，但是不确定该泛型的实际类型时，如某个方法的形参类型是 ArrayList<E>，实参集合元素可能是任意类型，即此时形参无法将<E>具体化。Java 提供了类型通配符用来解决这个问题。使用泛型类或泛型接口的类型声明其他变量时也是如此。

13.4.1 类型通配符的使用

类型通配符用一个<?>来表示，它代表任意引用数据类型。类型通配符只能出现在使用泛型类或泛型接口来声明变量或形参时。

案例需求：

声明一个 disjoint 方法，如果两个指定的 Collection 集合没有共同的元素，则返回 true，否则返回 false。

案例分析：

集合接口 Collection<E>是一个泛型接口，但是此时不确定<E>的具体类型，如何处理<E>成了问题的关键。

方案一：指定<E>为<Object>，即方法的形参列表为(Collection<Object> c1, Collection<Object> c2)。这种解决方案的形参有局限性，只能传入泛型是<Object>的 Collection 系列的集合实参，如 Collection<Object>、ArrayList<Object>、HashSet<Object>等，而不能接收 Collection<String>、ArrayList< String >、HashSet<Integer>等。所以不推荐使用该方案。

方案二：忽略 Collection 的泛型<E>，即方法的形参列表为(Collection c1, Collection c2)。这种解决方案将引起泛型警告，不符合编程规范，不推荐使用。

方案三：使用类型通配符，即指定<E>为<?>，方法的形参列表为(Collection<?> c1, Collection<?> c2)。Collection<?>可以接收任意类型的 Collection 作为实参，如 Collection<String>、ArrayList< String >、

HashSet<Integer>等。

示例代码：

如下代码是方案三的示例代码，而方案一和方案二的代码，读者可以自行演示。

```
package com.atguigu.section04;

import java.util.ArrayList;
import java.util.Collection;

public class WildcardAnyTest {
    public static  boolean disjoint(Collection<?> c1, Collection<?> c2){
        for (Object o1 : c1) {
            for (Object o2 : c2) {
                if(o1.equals(o2)){
                    return false;
                }
            }
        }
        return true;
    }
    public static void main(String[] args) {
        ArrayList<String> list1 = new ArrayList<>();
        list1.add("hello");
        list1.add("world");
        list1.add("java");

        ArrayList<String> list2 = new ArrayList<>();
        list2.add("1");
        list2.add("2");
        list2.add("3");

        ArrayList<Integer> list3 = new ArrayList<>();
        list3.add(1);
        list3.add(2);
        list3.add(3);

        System.out.println(disjoint(list1, list2));
        System.out.println(disjoint(list2, list3));
    }
}
```

13.4.2 类型通配符的上限

<T>在声明时可以通过<T extends Type>的方式限定“T”的上限。<?>同样可以通过<? extends Type>的方式限定“?”的上限，<?>代表任意的引用数据类型，<? extends Type>代表泛型类型必须是类型本身，或者是类型的子类。

案例需求：

有一个图形的抽象父类（Graphic），包含抽象方法 double getArea ，返回图形面积。其中两个子类是圆形（Circle）和矩形（Rectangle）。现在需要声明一个 printArea 方法，其可以遍历打印 Collection 系列集合中多个图形的面积。Collection 系列的集合的泛型可能是<Rectangle>、<Circle>、<Graphic>等图形类型，但不能是其他非图形类型。

示例代码：

```
package com.atguigu.section04;

import com.atguigu.section03.Circle;
```

```
import com.atguigu.section03.Graphic;
import com.atguigu.section03.Rectangle;

import java.util.ArrayList;
import java.util.Collection;

public class WildcardExtendsTest {
    public static void printArea(Collection<? extends Graphic> graphics){
        for (Graphic g : graphics) {
            System.out.println(g+",area=" + g.getArea());
        }
    }

    public static void main(String[] args) {
        ArrayList<Circle> cList = new ArrayList<>();
        cList.add(new Circle(1.2));
        cList.add(new Circle(2.3));
        printArea(cList);

        ArrayList<Rectangle> rList = new ArrayList<>();
        rList.add(new Rectangle(1,2));
        rList.add(new Rectangle(2,3));
        printArea(rList);

        ArrayList<Graphic> gList = new ArrayList<>();
        gList.add(new Circle(1.2));
        gList.add(new Rectangle(2,3));
        printArea(gList);
    }
}
```

13.4.3 类型通配符的下限

我们在声明<T>时只可以通过<T extends 上限>的形式指定其上限。但是在使用<?>时，既可以通过<? extends 上限>的方法指定其上限，还可以通过<? super 下限>的方式指定其下限。

案例需求：

假设需要声明一个处理两个 Collection 集合的静态方法，它可以将 src 集合中的元素剪切到 dest 集合中，并且返回被剪切的最后一个元素。

案例分析：

因为 dest 集合需要接收 src 的所有元素，所以 dest 集合元素的类型必须和 src 集合元素的类型相同，或者是 src 集合元素的父类。

方案一：public static <T> T cut(Collection<T> dest, Collection<? extends T> src)。可以表示依赖关系，不管 T 是什么类型，src 集合元素类型都是 T 或 T 的子类。但是这种方案有一个缺点，那就是 src 元素的实际类型是不确定的，但肯定是 T 或 T 的子类，所以方法的返回值类型只能用 T 来笼统表示。如果此时 dest 的泛型是<Object>，src 的泛型是<String>，那么 cut 方法返回的结果类型只能是 Object，也就是说，程序在复制集合元素的过程中，丢失了 src 集合元素的 String 类型。

方案二：public static <T> T cut(Collection<? super T> dest, Collection<T> src)。也可以表示依赖关系，不管 src 集合元素类型中的 T 是什么，只要 dest 集合元素的类型是 T 或 T 的父类即可。而且如果此时 dest 的泛型是<Object>，src 的泛型是<String>，那么 cut 方法返回的结果是 String 类型，完美地记录了源集合 src 的元素类型。

示例代码：

```
package com.atguigu.section04;

import com.atguigu.section03.Circle;
import com.atguigu.section03.Graphic;
import com.atguigu.section03.Rectangle;

import java.util.ArrayList;
import java.util.Collection;
import java.util.Iterator;

public class WildcardSuperTest {
    public static <T> T cut(Collection<? super T> dest, Collection<T> src) {
        T last = null;
        Iterator<? extends T> iterator = src.iterator();
        while (iterator.hasNext()){
            T next = iterator.next();
            last = next;
            dest.add(next);
            iterator.remove();
        }
        return last;
    }

    public static void main(String[] args) {
        ArrayList<Circle> cList = new ArrayList<>();
        cList.add(new Circle(1.2));
        cList.add(new Circle(2.3));

        ArrayList<Graphic> gList = new ArrayList<>();
        Circle lastCut = cut(gList, cList);
        System.out.println("lastCut = " + lastCut);

        ArrayList<Rectangle> rList = new ArrayList<>();
        rList.add(new Rectangle(1,2));
        rList.add(new Rectangle(2,3));
        Rectangle trailCut = cut(gList, rList);
        System.out.println("trailCut = " + trailCut);
    }
}
```

13.4.4 泛型方法与类型通配符

根据前面几节的学习，我们可以得出以下几个结论。

- <?>可以代表任意类型，<? extends Type>可以代表 Type 或 Type 的子类，<? super Type>可以代表 Type 或 Type 的父类。
- <T>可以代表任意类型，<T extends Type>可以代表 Type 或 Type 的子类。

它们有很多相似之处，下面我们用三个案例来演示泛型方法与类型通配符的通用或混用。

案例需求：

声明一个 disjoint 方法，如果两个指定的 Collection 集合没有共同的元素，则返回 true，否则返回 false。

案例分析：

集合接口 Collection<E>是一个泛型接口，但此时还不确定两个 Collection 集合的<E>应该指定的具体类型，在 13.4.1 节中，我们使用类型通配符解决这个问题，这里使用泛型方法来解决，即在方法前声明两个新的泛型<T,U>。

示例代码：

```
package com.atguigu.section04;

import java.util.ArrayList;
import java.util.Collection;

public class GenericTypeMethodTest {
    public static <T,U> boolean disjoint(Collection<T> c1, Collection<U> c2){
        for (T o1 : c1) {
            for (U o2 : c2) {
                if(o1.equals(o2)){
                    return false;
                }
            }
        }
        return true;
    }
    public static void main(String[] args) {
        ArrayList<String> list1 = new ArrayList<>();
        list1.add("hello");
        list1.add("world");
        list1.add("java");

        ArrayList<String> list2 = new ArrayList<>();
        list2.add("1");
        list2.add("2");
        list2.add("3");

        ArrayList<Integer> list3 = new ArrayList<>();
        list3.add(1);
        list3.add(2);
        list3.add(3);

        System.out.println(disjoint(list1, list2));
        System.out.println(disjoint(list2, list3));
    }
}
```

从上面的示例代码中可以看出，使用泛型方法同样可以解决这个问题，也就是说对于这个问题来说，泛型方法和类型通配符可以通用。

案例需求：

有一个图形的抽象父类（Graphic），包含抽象方法 double getArea，返回图形面积。其中两个子类是圆形（Circle）和矩形（Rectangle）。现在需要声明一个 printArea 方法，其可以遍历打印 Collection 系列集合中多个图形的面积。Collection 系列的集合的泛型可能是<Rectangle>、<Circle>、<Graphic>等图形类型，但不能是其他非图形类型。

案例分析：

这个案例在 13.4.2 节中已经使用 Collection<? extends Graphic>的形式解决了，这里我们改用泛型方法<T extends Graphic>解决。

示例代码：

```
package com.atguigu.section04;

import com.atguigu.section03.Circle;
import com.atguigu.section03.Graphic;
import com.atguigu.section03.Rectangle;
```

```
import java.util.ArrayList;
import java.util.Collection;

public class GenericTypeMethodTest2 {
   public static <T extends Graphic> void printArea(Collection<T> graphics){
      for (Graphic g : graphics) {
         System.out.println(g + ",area=" + g.getArea());
      }
   }

   public static void main(String[] args) {
      ArrayList<Circle> cList = new ArrayList<>();
      cList.add(new Circle(1.2));
      cList.add(new Circle(2.3));
      printArea(cList);

      ArrayList<Rectangle> rList = new ArrayList<>();
      rList.add(new Rectangle(1,2));
      rList.add(new Rectangle(2,3));
      printArea(rList);

      ArrayList<Graphic> gList = new ArrayList<>();
      gList.add(new Circle(1.2));
      gList.add(new Rectangle(2,3));
      printArea(gList);
   }
}
```

从上面的示例代码中可以看出，使用泛型方法同样可以解决这个问题，也就是对于这个问题来说，泛型方法和类型通配符可以通用。

案例需求：

声明一个 joinIfAbsent 方法，实现如果某个元素在指定 Collection 集合中不存在，那么就将这个元素添加到集合中。

示例代码：

```
package com.atguigu.section04;

import java.util.ArrayList;
import java.util.Collection;

public class GenericTypeMethodTest3 {
   public static <T> void joinIfAbsent(Collection<? super T> coll, T t){
      if (!coll.contains(t)){
         coll.add(t);
      }
   }

   public static void main(String[] args) {
      ArrayList<String> list = new ArrayList<>();
      joinIfAbsent(list, "hello");
      for (String s : list) {
         System.out.println("s = " + s);
      }
   }
}
```

从上面的示例代码中可以看出，泛型方法和类型通配符还可以混用。13.4.3 节案例的代码就是很好的混用示例。

但是类型通配符的使用还是有局限性的。例如，这个案例就不能声明为如下形式。

```
public static <T> void joinIfAbsent(Collection<?> coll, T t){
    if (!coll.contains(t)){
        coll.add(t);   //编译报错
    }
}
```

以上代码编译报错的原因是 Collection<?>的泛型类型可以是任意类型，即其类型是完全未知的，它和 T 不一定相同，也不一定是 T 的父类，所以不能将 t 添加到 coll 集合中。其实，Collection<?>集合完全就是只读集合，除了 null，不能添加任意元素。同样只读的还有 Collection<? extends T>或 Collection<? extends 具体类型>，因为"?"完全没有保证。那么上面案例中 Collection<? super T>为什么可以添加 T 的元素呢？因为此时的"?"虽然不能确定，但是它一定是 T 或 T 的父类，所以它对于 T 来说是安全可靠的。

13.5　泛型擦除

在严格的泛型代码中，使用泛型类和泛型接口时，就应该明确为<泛型>指定具体类型。但为了与旧的 Java 代码保持一致，所以也允许在使用泛型类和泛型接口时不指定具体类型，这种情况称为泛型擦除。

如果没有为泛型类的<泛型>指定具体类型，则该类被称作原始类型，此时<泛型>自动按照<泛型>的第一个上限类型处理。如果某个泛型没有指定上限，则默认上限是 Object，即泛型擦除后，<泛型>自动按照第一个上限处理。

示例代码：

```
package com.atguigu.section05;

import java.util.ArrayList;

public class EraseTest {
    public static void main(String[] args) {
        ArrayList list = new ArrayList ();
        list.add("尚硅谷");
        list.add("atguigu");
        //泛型被擦除，按照默认上限 Object 处理
        Object object = list.get(1);

        Student s = new Student("张三",12);
        //泛型被擦除，按照第一个上限 Number 处理
        Number score = s.getScore();
    }
}
class Student<T extends Number & java.io.Serializable> {
    private String name;
    private T score;
    public Student(String name, T score) {
        super();
        this.name = name;
        this.score = score;
    }
    public T getScore() {
        return score;
    }
}
```

方法的形参如果是泛型类或泛型接口，在定义重载方法时，要考虑到泛型擦除的问题。如果两个方法的形参列表其他都相同，那么除了<>中类型不同，这样的多个方法不构成重载，因为编译器会考虑到它们在泛型擦除后的效果一样。例如，Collection <具体类型>、Collection <T>、Collection <?>、Collection <? extends 上限>、Collection <? super 下限>，不同的形式对于编译器来说，不构成重载，因为它们擦除后都是 Collection。

示例代码：

例如，如果一个类中同时包含这样两个方法定义，则编译会报错，提示重复定义。

```
public static <T> T cut(Collection<T> dest,Collection<? extends T> src){
    //......省略代码
}
public static <T> T cut(Collection<? super T> dest,Collection<T> src){
    //......省略代码
}
```

13.6 泛型嵌套

当需要为某个泛型形参 T 指定具体的类型时，如果发现这个具体的类型也是某个泛型类或泛型接口，那么就会出现泛型嵌套的情况。当出现泛型嵌套时，也不用惊慌，只要从外到内，一层一层分析即可。

案例需求：

已知有省份（Provice）类型、属性省份编号（id）和名称（name），有城市（City）类型、属性城市编号（id）和名称（name）、所属省份编号（pid）。如果要存储如下信息到一个 Map 中，那么应该如何指定泛型呢？其中 key 为省份对象，value 为该省份对应的所有城市对象。

1:北京市

    1:北京市

2:海南省

    1:海口市

    2:三亚市

案例分析：

key 的类型为 Provice，value 要保存多个城市对象，因此 value 是一个 List 或 Set，其泛型实参为 City 类型，如 TreeMap<Province,TreeSet<City>>。

示例代码：

省份（Province）类示例代码。

```
package com.atguigu.section06;

public class Province implements Comparable<Province> {
    private int id;                //省份编号
    private String name;       //省份名称
    public Province(int id, String name) {
        super();
        this.id = id;
        this.name = name;
    }
    //此处省略了 get/set 方法、toString 方法等
    @Override
    public int compareTo(Province o) {
        return this.id - o.id;
    }
```

```
}
```

城市（City）类示例代码。

```
package com.atguigu.section06;

public class City implements Comparable<City> {
    private int id;                    //城市编号
    private String name;               //城市名称
    private int pid;                   //所属省份编号
    public City(int id, String name, int pid) {
        super();
        this.id = id;
        this.name = name;
        this.pid = pid;
    }
    //此处省略了getter/setter方法，toString等
    @Override
    public int compareTo(City o) {
        return this.id - o.id;
    }
}
```

测试类示例代码。

```
package com.atguigu.section06;

import java.util.Map.Entry;
import java.util.Set;
import java.util.TreeMap;
import java.util.TreeSet;

public class AreaManager {
   public static void main(String[] args) {
       //key为Province，value是一个TreeSet<City>
       TreeMap<Province,TreeSet<City>> map =
               new TreeMap<Province,TreeSet<City>>();

       TreeSet<City> bj = new TreeSet<City>();
       bj.add(new City(1,"北京市",1));
       map.put(new Province(1,"北京市"), bj);

       TreeSet<City> hn = new TreeSet<City>();
       hn.add(new City(1,"海口市",2));
       hn.add(new City(2,"三亚市",2));
       map.put(new Province(2,"海南省"), hn);

       TreeSet<City> zj = new TreeSet<City>();
       zj.add(new City(1,"绍兴市",3));
       zj.add(new City(2,"温州市",3));
       zj.add(new City(3,"湖州市",3));
       zj.add(new City(4,"嘉兴市",3));
       zj.add(new City(5,"台州市",3));
       zj.add(new City(6,"金华市",3));
       zj.add(new City(7,"舟山市",3));
       zj.add(new City(8,"衢州市",3));
       zj.add(new City(9,"丽水市",3));
       map.put(new Province(3,"浙江省"), zj);

       //Map中实际存储的是一个个的Entry对象，所有的Entry就组成了一个Set集合
       //而Entry类型的key是Province，value是TreeSet<City>
       Set<Entry<Province, TreeSet<City>>> entrySet = map.entrySet();
```

```
        for (Entry<Province, TreeSet<City>> entry : entrySet) {
            Province key = entry.getKey();
            System.out.println(key);
            TreeSet<City> value = entry.getValue();
            for (City city : value) {
                System.out.println("\t" + city);
            }
        }
    }
}
```

13.7 Collections 工具类

与操作数组的工具类 Arrays 类似，Collections 是一个操作 Set、List 和 Map 等集合的工具类。Collections 中提供了一系列静态方法对集合元素进行排序、查询和修改等，还提供了对集合对象设置不可变，对集合对象实现同步控制等方法。

（1）public static <T> boolean addAll(Collection<? super T> c,T... elements)：将所有指定元素添加到指定 collection。

（2）public static <T> int binarySearch(List<? extends Comparable<? super T>> list,T key)：在 List 中查找某个元素的下标，但是 List 的元素必须是 T 或 T 的子类对象，而且必须是可比较大小的，即支持自然排序的。集合也必须事先是有序的，否则结果不确定。

（3）public static <T> int binarySearch(List<? extends T> list,T key,Comparator<? super T> c)：在 List 中查找某个元素的下标，但是 List 的元素必须是 T 或 T 的子类对象，而且集合也必须事先按照比较器规则进行过排序，否则结果不确定。

（4）public static <T extends Object & Comparable<? super T>> T max(Collection<? extends T> coll)：在 coll 集合中找出最大的元素，集合中的对象必须是 T 或 T 的子类对象，而且支持自然排序。

（5）public static <T> T max(Collection<? extends T> coll,Comparator<? super T> comp)：在 coll 集合中找出最大的元素，集合中的对象必须是 T 或 T 的子类对象，按照比较器找出最大者。

（6）public static void reverse(List<?> list)：反转指定列表 List 中元素的顺序。

（7）public static void shuffle(List<?> list)：List 集合元素进行随机排序，类似洗牌。

（8）public static <T extends Comparable<? super T>> void sort(List<T> list)：根据元素的自然顺序对指定 List 的元素按升序排序。

（9）public static <T> void sort(List<T> list,Comparator<? super T> c)：根据指定 Comparator 产生的顺序对 List 的元素进行排序。

（10）public static void swap(List<?> list,int i,int j)：将指定 list 中的 i 处元素和 j 处元素进行交换。

（11）public static int frequency(Collection<?> c,Object o)：返回指定集合中指定元素的出现次数。

（12）public static <T> void copy(List<? super T> dest,List<? extends T> src)：将 src 中的内容复制到 dest 中。

（13）public static <T> boolean replaceAll(List<T> list,T oldVal,T newVal)：使用新值替换 List 对象的所有旧值。

（14）Collections 类中提供了多个 synchronizedXxx 方法，该方法可使指定集合包装成线程同步的集合，从而可以解决多线程并发访问集合时的线程安全问题。

（15）Collections 类中提供了多个 unmodifiableXXX 方法，该方法返回指定 XXX 的不可修改的视图。

13.8 案例：企业面试题

案例需求：

List 集合中存储了一些英文单词，遍历显示原始顺序；现在要求对集合中的单词按照字母顺序进行排序，不区分大小写，遍历显示排序后的顺序；重新打乱集合中的单词顺序，再遍历显示；最后找出最长的单词。

示例代码：

```
package com.atguigu.section08;

import java.util.ArrayList;
import java.util.Collections;
import java.util.Comparator;

public class CollectionsTest {
   public static void main(String[] args) {
      ArrayList<String> list = new ArrayList<>();
      list.add("atguigu");
      list.add("Java");
      list.add("BigData");
      list.add("html5");
      list.add("Collections");
      list.add("gulixueyuan");

      //遍历显示
      System.out.println("排序之前：");
      for (String words : list) {
         System.out.print(words+",");
      }

      //排序
      Collections.sort(list, new Comparator<String>() {
         @Override
         public int compare(String o1, String o2) {
            return o1.compareToIgnoreCase(o2);
         }
      });
      System.out.println("\n 排序之后：");
      for (String words : list) {
         System.out.print(words+",");
      }

      //打乱顺序
      Collections.shuffle(list);
      System.out.println("\n 打乱顺序之后：");
      for (String words : list) {
         System.out.print(words+",");
      }

      String maxLengthStr = Collections.max(list, new Comparator<String>() {
         @Override
         public int compare(String o1, String o2) {
            return o1.length() - o2.length();
         }
      });
      System.out.println("\n 最长单词是：" + maxLengthStr);
   }
}
```

13.9 本章小结

JDK 5 的泛型有一个很重要的设计原则：如果一段代码在编译时系统没有产生[unchecked]（未经检查的转换）警告，则程序在运行时不会引发 ClassCastException。

泛型使程序更加简洁和健壮。本章详细讲解了如何定义泛型接口、泛型类、泛型方法，包括如何声明泛型形参，如何指定泛型实参，还有如何设定泛型形参的上限。此外，本章还介绍了类型通配符的用法及泛型方法与类型通配符之间的区别。相信大家学完这章，对于集合的使用会更顺手，也会对 Java 的类型有更进一步的认识。

第14章 IO流

到目前为止，我们编写的所有程序的数据都在内存中，每次从键盘中输入的数据，或者程序计算产生的数据，在程序运行结束之后就丢失了，下次程序运行时仍然需要重新输入和计算，哪怕我们将其存入数组或集合中也无济于事。因为这些数据都存在内存中了，内存虽然存取速率快，但数据无法永久保存。如果我们想要将数据持久化，那么就需要把数据以文件的形式写入可掉电式设备中，如硬盘、光盘等。这个文件可以在本地计算机中，也可以在网络上的某个计算机中，如可以将文件上传到云服务器中，这就需要IO流。

I是Input，代表数据的输入和读取；O是Output，代表数据的输出和写出。Java将数据的输入/输出（I/O）操作当作“流”来处理，“流”是一组有序的数据序列。“流”分为两种形式：输入流和输出流，从数据源中读取的是输入流，将数据写入目的地的是输出流。IO技术是非常实用的技术，如读/写文件，网络通信中发送和接收消息等操作都需要用到IO技术。Java的IO技术支持通过java.io包下的类和接口来完成，本章将重点讲解各种IO流的特点和使用方法。

14.1 File类

java.io包下有一个File类，顾名思义，File就是文件或文件夹。API中File的解释是文件和目录路径名的抽象表示形式，即通过指定路径名称来表示磁盘或网络中的某个文件或目录，如E:/atguigu和E:/atguigu/javase/io/小谷.jpg。也就是说，程序中的文件和目录都可以通过File类的对象来完成，如新建、删除、重命名文件和目录等。

通过指定路径名告知Java程序去哪里寻找对应的文件或目录，当然可能找得到也可能找不到。如果找得到，则可以获取该文件或目录的相关描述信息，如修改时间等；如果找不到，则无法获取文件或目录的相关描述信息，那么所有属性都是默认值。但是无论找得到还是找不到，都不影响File对象的创建。

另外，程序不能直接通过File对象读取内容或写入数据，如果要操作数据，则必须通过IO流。就好比在生活中我们知道了某个水库的地址和名称，可以通过地址和名称找到这个水库，或者通过查询地图或国土资源局档案等了解该水库的大小、创建时间等描述信息。但是如果要将水库中的水存储到你家，那么还需要管道。

14.1.1 获取文件或目录信息

创建File实例必须指定文件或目录的路径名，这个路径既可以是绝对路径，也可以是相对路径。系统总会依据用户的工作路径来解释相对路径，工作路径由系统属性“user.dir”指定，默认情况下就是项目的根目录。文件或目录路径信息对于IO流的操作是至关重要的。以下是常见的获取文件或目录路径信息的相关方法，File类的常用方法一如表14-1所示。

表 14-1　File 类的常用方法一

序　号	方 法 名	描　述
1	String getName( )	返回此 File 对象所表示的文件或目录名（返回最后一级）
2	String getPath( )	返回此 File 对象所对应的路径名
3	String getAbsolutePath( )	返回此 File 对象所对应的绝对路径名
4	String getCanonicalPath( )	返回此 File 对象所对应的规范路径名
5	String getParent( )	返回此 File 对象的父目录名
6	File getParentFile( )	返回此 File 对象的父目录名所对应的 File 对象

示例代码：

用 File 对象表示文件，并获取文件的相关路径信息。

```
package com.atguigu.section01.demo1;

import java.io.File;
import java.io.IOException;

public class FileTest1 {
    public static void main(String[] args) throws IOException {
        File f = new File("../../HelloIO.java");
        System.out.println("user.dir =" + System.getProperty("user.dir"));
        System.out.println("文件/目录的名称: " + f.getName());
        System.out.println("文件/目录的路径名: " + f.getPath());
        System.out.println("文件/目录的绝对路径名: " + f.getAbsolutePath());
        System.out.println("文件/目录的规范路径名: " + f.getCanonicalPath());
        System.out.println("文件/目录的父目录名: " + f.getParent());
        System.out.println("文件/目录的父目录对象: " + f.getParentFile());
    }
}
```

代码运行结果：

```
user.dir =D:\atguigu\books\JavaSE
文件/目录的名称: HelloIO.java
文件/目录的路径名: ..\..\HelloIO.java
文件/目录的绝对路径名: D:\atguigu\books\JavaSE\..\..\HelloIO.java
文件/目录的规范路径名: D:\atguigu\HelloIO.java
文件/目录的父目录名: ..\..
文件/目录的父目录对象: ..\..
```

Windows 的路径分隔符用“\”表示，而 Java 程序中的“\”表示转义字符，所以在 Windows 中需要用“\\”表示路径，或者直接用“/”表示。Java 程序支持将“/”当成与平台无关的路径分隔符，或者直接用 File.separator 常量值表示路径分隔符。

路径中如果出现“..”，则表示上一级目录，路径名如果以“/”开头，则表示从根目录下开始导航。

除路径信息，其他的相关信息我们也很关心，以下是常见的文件和目录检测方法和常规信息的获取方法，File 类的常用方法二如表 14-2 所示。

表 14-2　File 类的常用方法二

序　号	方 法 名	描　述
1	boolean exists( )	判断 File 对象对应的文件或目录是否存在
2	boolean canRead( )	判断 File 对象对应的文件或目录是否可读
3	boolean canWrite( )	判断 File 对象对应的文件或目录是否可写
4	boolean isHidden( )	判断 File 对象对应的文件或目录是否隐藏
5	boolean isFile( )	判断 File 对象对应的是否是文件

续表

序　号	方 法 名	描　述
6	boolean isDirectory	判断 File 对象对应的是否是目录
7	long lastModified( )	返回 File 对象对应的文件或目录的最后修改时间（毫秒值）
8	long length( )	返回 File 对象对应的文件的内容的长度（字节数），如果 File 对象对应的是目录，则结果是不确定的

如果 new 的 File 对象所表示的文件或目录是真实存在的，那么通过上述方法就可以获取该文件或目录的真实信息，但是要注意文件夹对应的 File 对象无法通过 length( )获取文件夹的真实大小。

如果 new 的 File 对象所表示的文件或目录并不存在，那么并不会因为 new 了一个 File 对象，操作系统就在对应路径下创建对应的文件和目录，它仅仅是在 JVM 的堆中 new 了一个 File 对象而已。此时通过 File 对象获取的所有属性都是对象属性的默认值，如 length( )返回为 0，isFile( )和 isDirectory( )返回为 false 等。

示例代码：

```
package com.atguigu.section01.demo1;

import java.io.File;
import java.text.SimpleDateFormat;
import java.util.Date;

public class FileTest2 {
    public static void main(String[] args) {
        File file = new File("d:/atguigu/javase/HelloIO.java");
        long time = file.lastModified();
        SimpleDateFormat sf = new SimpleDateFormat("yyyy-MM-dd HH:mm:ss SSS");
        String format = sf.format(new Date(time));
        System.out.println("最后修改时间：" + format);
        System.out.println("文件大小：" + file.length());
    }
}
```

14.1.2　操作文件

在 14.1.1 节中提到，我们在 Java 程序中 new 了一个 File 对象，仅仅是在 JVM 的堆中创建了一个实例对象，并不会导致操作系统在对应路径下创建一个文件。如果你希望操作系统在对应路径下创建或删除一个文件，那么需要使用如下表格中的方法，File 类的常用方法三如表 14-3 所示。

表 14-3　File 类的常用方法三

序　号	方 法 名	描　述
1	boolean createNewFile( )	如果指定的文件不存在并创建成功，则返回 true；如果指定的文件已经存在，则返回 false
2	boolean createTempFile(String prefix,String suffix)	在默认临时文件的目录中创建一个空文件，给定前缀和后缀生成其名称，调用此方法等同于调用 createTempFile(prefix, suffix, null)
3	boolean delete( )	当且仅当成功删除文件时，返回 true；否则返回 false
4	void deleteOnExit( )	当退出 JVM 时，删除文件，一般用于删除临时文件
5	boolean renameTo(File dest)	重命名

（1）创建新文件。

```
package com.atguigu.section01.demo2;

import java.io.File;
import java.io.IOException;
```

```
public class TestCreateFile {
    public static void main(String[] args) throws IOException {
        File file = new File("d:/atguigu/javase/HelloIO.java");
        file.createNewFile();
    }
}
```

上述代码可以在“d:/atguigu/javase”目录下创建一个新文件“HelloIO.java”，但是如果“d:/atguigu/javase”目录不存在，则会报“java.io.IOException: 系统找不到指定的路径”。

（2）创建临时新文件。

```
package com.atguigu.section01.demo2;

import java.io.File;
import java.io.IOException;

public class TestCreateTmpFile {
    public static void main(String[] args) throws IOException {
        File tempFile = File.createTempFile("Hello", ".tmp");
        System.out.println(tempFile.getAbsolutePath());
    }
}
```

上述代码可以在“C:\Users\Irene\AppData\Local\Temp”的临时目录中创建一个临时文件“Hello2541030191749214481.tmp”，当然临时文件名可能有所不同。

（3）删除文件。

```
package com.atguigu.section01.demo2;

import java.io.File;

public class TestDeleteFile {
    public static void main(String[] args) {
        File file = new File("d:/atguigu/javase/HelloIO.java");
        file.delete();
    }
}
```

上述代码可以删除“d:/atguigu/javase”目录下的“HelloIO.java”文件。如果指定的目录或文件不存在，那么程序也不会报错，相当于什么事情也没做。

（4）重命名一个文件或目录。

```
package com.atguigu.section01.demo2;

import java.io.File;

public class TestRenameFile {
    public static void main(String[] args) {
        File src = new File("d:/atguigu/javase/HelloIO.java");
        File dest = new File("d:/atguigu/javase/HelloFile.java");
        src.renameTo(dest);
    }
}
```

上述代码可以将“d:/atguigu/javase”目录下的“HelloIO.java”文件命名为“HelloFile.java”，如果源文件不存在，那么程序也不会报错，相当于什么事情也没做。

14.1.3　操作目录

同样，目录的创建和删除也必须调用相应的方法来完成。另外，目录下还可能有下一级子文件或子目录，如果需要获取和操作它们，那么也需要相应的方法来完成。

以下列举的是操作目录的常见方法，File 类的常用方法四如表 14-4 所示。

表 14-4　File 类的常用方法四

序　号	方 法 名	描　述
1	boolean mkdir( )	必须确保父目录存在，否则创建失败
2	boolean mkdirs( )	如果父目录链不存在，则会一同创建父目录链
3	String[ ] list( )	列出当前目录的下级目录或文件的名称
4	File[ ] listFiles( )	列出当前目录的下级目录或文件对应的 File 对象
5	File[ ] listFiles(FileFilter filter)	返回抽象路径名数组，返回所有满足指定过滤器的文件和目录
6	File[ ]listFiles(FilenameFilter filter)	返回抽象路径名数组，返回所有满足指定过滤器的文件和目录
7	static File[] listRoots( )	列出可用的文件系统根
8	boolean delete( )	只能删除空目录。否则需要先将目录下的所有内容删除才能将该目录删除
9	boolean renameTo(File dest)	如果是 Windows 目录，则只能在同一个盘下，不能从 D 盘移动到 E 盘

（1）创建一级目录。

```
package com.atguigu.section01.demo3;

import java.io.File;

public class TestCreateDirectory {
    public static void main(String[] args) {
        File dir = new File("d:/atguigu/javase/io");
        dir.mkdir();
    }
}
```

上述代码可以在“d:/atguigu/javase”目录下再创建一级目录“io”。如果此时“d:/atguigu/javase”目录不存在，那么也不会报错，只是什么也没有创建。

（2）创建多级目录。

```
package com.atguigu.section01.demo3;

import java.io.File;

public class TestCreateDirectorys {
    public static void main(String[] args) {
        File dir = new File("d:/atguigu/javase/io");
        dir.mkdirs();
    }
}
```

上述代码可以在“d:/atguigu/javase”目录下再创建一级目录“io”。如果此时“d:/atguigu/javase”目录不存在，那么会一并创建，当然 D 盘分区必须是存在的，否则无法创建成功。

（3）列出目录内容。

```
package com.atguigu.section01.demo3;

import java.io.File;

public class TestListFiles {
    public static void main(String[] args) {
```

```
        File dir = new File("d:/atguigu");
        File[] listFiles = dir.listFiles();
        if (listFiles != null) {
            for (int i = 0; i < listFiles.length; i++) {
                System.out.println(listFiles[i]);
            }
        }
    }
}
```

上述代码可以列出“d:/atguigu”目录的下一级。

（4）列出目录内容，并加入过滤条件。

```
package com.atguigu.section01.demo3;

import java.io.File;
import java.io.FilenameFilter;

public class TestFileFilter {
    public static void main(String[] args) {
        File dir = new File("D:/atguigu/javase");
        File[] listFiles = dir.listFiles(new FilenameFilter() {
            @Override
            public boolean accept(File dir, String name) {
                return name.endsWith(".java");
            }
        });
        if (listFiles != null) {
            for (File sub : listFiles) {
                System.out.println(sub);
            }
        }
    }
}
```

上述代码可以列出“D:/atguigu/javase”目录下的所有.java 文件。

（5）删除目录。

```
package com.atguigu.section01.demo3;

import java.io.File;

public class TestDeleteDirectory {
    public static void main(String[] args) {
        File dir = new File("d:/atguigu/javase/io");
        dir.delete();
    }
}
```

上述代码可以删除“d:/atguigu/javase”目录下的“io”文件，但是如果“io”文件不为空或不存在，则删除失败，但程序不报错。

（6）目录重命名。

```
package com.atguigu.section01.demo3;

import java.io.File;

public class TestRenameDirectory {
    public static void main(String[] args) {
        File dir = new File("D:/atguigu/javase");
        File dest = new File("D:/atguigu/java代码");
```

```
        dir.renameTo(dest);
    }
}
```

上述代码可以将"D:/atguigu"目录下的"javase"文件重命名为"java 代码"。若要想 renameTo 方法返回 true，则要求代码中的 dir 目录必须存在，并且 dest 目录必须不存在。

14.1.4　案例：递归列出目录的下一级

案例需求：

编写代码实现列出某个目录（文件夹），如"d:/atguigu"下所有的下一级，如果下一级仍然是一个目录（文件夹），那么就继续列出它的下一级直到最后一级。

案例分析：

首先，声明 listSubFiles(File dir)方法来实现该功能，参数设计为 File 类比较方便处理。如果形参设计为 String 类，那么接收了文件或目录的路径名之后，还需要创建 File 对象才能处理。

其次，对于一个 File 对象来说，它可能是目录或文件，但只有目录才有下一级。对 File 对象调用 isDirectory 方法返回 true，则说明该 File 对象是目录，并且是真实存在的目录。

最后，对 File 对象调用 listFiles 方法可以获取它的下一级，并且下一级仍然是一个个的 File 对象，这样方便后面处理。每个下一级仍然要么是目录要么是文件，对它进行的操作和父目录是一样的，因此直接递归调用 listSubFiles(File dir)方法即可。

示例代码：

方案一，直接打印输出，不返回。

```
package com.atguigu.section01.demo4;

import java.io.File;

public class TestListAllSubs {
    public static void main(String[] args) {
        File dir = new File("d:/atguigu");
        listSubFiles(dir);
    }
    public static void listSubFiles(File dir) {
        if (dir != null && dir.isDirectory()) {
            File[] listFiles = dir.listFiles();
            if (listFiles != null) {
                for (File sub : listFiles) {
                    listSubFiles(sub);//递归调用
                }
            }
        }
        System.out.println(dir);
    }
}
```

方案二，使用集合返回所有下一级，并且考虑异常处理。

```
package com.atguigu.section01.demo4;

import java.io.File;
import java.io.FileNotFoundException;
import java.util.ArrayList;

public class TestListAllSubs2 {
    public static void main(String[] args) {
        File dir = new File("d:/atguigu");
```

```
        try {
            ArrayList<File> all = listSubFiles(dir);
            for (File file : all) {
                System.out.println(file);
            }
        } catch (FileNotFoundException | IllegalArgumentException e) {
            e.printStackTrace();
        }
    }

    //列出某个目录下的所有下一级子目录或子文件
    public static ArrayList<File> listSubFiles(File dir) throws FileNotFoundException,
IllegalArgumentException {
        if (dir == null || !dir.exists()){
            throw new FileNotFoundException(dir +"不存在");
        }
        if (dir.isFile()){
            throw new IllegalArgumentException(dir +"不是一个目录");
        }
        ArrayList<File> all = new ArrayList<>();
        if (dir != null && dir.isDirectory()) {
            File[] listFiles = dir.listFiles();
            if (listFiles != null) {
                for (File sub : listFiles) {
                    all.add(sub);
                    if (sub.isDirectory()) {
                        all.addAll(listSubFiles(sub));//递归调用
                    }
                }
            }
        }
        return all;
    }
}
```

14.1.5 案例：递归列出目录下的所有 Java 源文件

案例需求：

编写代码列出某个目录，如“d:/atguigu/javase”下的所有.java 文件，如果下一级仍然是一个目录（文件夹），那么就继续在它的下一级中查找.java 文件。

案例分析：

首先，声明 listByFileFilter(File file)方法来实现该功能，形参设计为 File 类比较方便处理。如果形参设计为 String 类，那么接收了文件或目录的路径名之后，还需要创建 File 对象才能处理。

其次，对于一个 File 对象来说，它可能是目录或文件，但是只有目录才有下一级。对 File 对象调用 isDirectory 方法返回 true，则说明该 File 对象是目录，并且是真实存在的目录。

再次，在列出某个 File 对象的下一级时，要进行过滤，可以调用 listFiles(FileFilter filter)方法实现过滤功能。下一级的过滤条件是文件名字以“.java”结尾的，或者它是一个文件夹，即不是以“.java”结尾的文件不返回。这里返回下一级的文件夹是为了继续查找下一级文件夹中的.java 文件。

最后，对于每个下一级的 File 对象，如果是文件，那么就直接输出；如果是文件夹目录，那么就重复刚才的过程，即递归调用 listByFileFilter(File file)方法。

示例代码：

```
package com.atguigu.section01.demo4;
```

```
import java.io.File;
import java.io.FileFilter;

public class TestListAllJavaFiles {
   public static void main(String[] args) {
      File dir = new File("D:/atguigu/javase");
      listByFileFilter(dir);
   }

   public static void listByFileFilter(File file) {
      if (file != null && file.isDirectory()) {
         File[] listFiles = file.listFiles(new FileFilter() {
            @Override
            public boolean accept(File pathname) {
               return pathname.isDirectory()
               || pathname.getName().endsWith(".java");
            }
         });
         if (listFiles != null) {
            for (File sub : listFiles) {
               if(sub.isFile()){
                  System.out.println(sub);
               } else {
                  listByFileFilter(sub);
               }
            }
         }
      }
   }
}
```

14.1.6　案例：递归删除非空目录

案例需求：

删除某个目录，如 D:/atguigu/temp，这个目录可能是个空目录也可能是个非空目录。

特别提醒：切记在演示时，要找一个没用的目录，或者将目录备份，否则目录删除后就没有了，也不在回收站中。

案例分析：

首先，声明 forceDeleteDir (File dir)方法来实现该功能，形参设计为 File 类比较方便处理。如果形参设计为 String 类，那么接收了文件或目录的路径名之后，还需要创建 File 对象才能处理。

其次，如果 File 对象代表的是文件，那么直接调用 delete 方法就可以删除；如果 File 对象代表的目录是空目录，那么直接调用 delete 方法也可以删除；如果 File 对象代表的目录是非空目录，那么调用 delete 方法是无法直接删除的，需要先将目录的下一级逐级删除，当前目录成为空目录后，才能通过 delete 方法删除。删除非空目录的下一级，可以先获取下一级的 File 对象，然后递归调用 forceDeleteDir (File dir)方法。

示例代码：

```
package com.atguigu.section01.demo4;

import java.io.File;

public class TestDeleteNotEmptyDir {
   public static void main(String[] args) {
      File dir = new File("D:/atguigu/temp");
      forceDeleteDir(dir);
```

```
    }
    public static void forceDeleteDir(File dir) {
        //如果 dir 是目录，先处理它的下一级
        if (dir != null && dir.isDirectory()) {
            File[] listFiles = dir.listFiles();
            if (listFiles != null){
                for (File sub : listFiles) {
                    if(sub.isDirectory()) {              //删除子目录
                        forceDeleteDir(sub);
                    } else {                             //删除子文件
                        sub.delete();
                    }
                }
            }
        }
        //如果 dir 是文件，则通过 delete()可以直接删除
        //如果 dir 是目录，则经过上面的 if 之后，dir 目录已是空目录,可以 delete()删除
        dir.delete();
    }
}
```

14.1.7 案例：获取指定目录的总大小

案例需求：

获取某个目录的总大小，如获取“D:/atguigu”目录的总大小。

案例分析：

首先，声明 long getDirLength (File dir)方法来实现该功能，形参设计为 File 类比较方便处理。如果形参设计为 String 类，那么接收了文件或目录的路径名之后，还需要创建 File 对象才能处理。因为文件大小是以字节为单位的，数字可能比较大，所以返回值类型设计为 long。

其次，如果 File 对象代表的是一个文件，那么直接调用 length 方法就可以获取文件的大小；如果 File 对象代表的是一个目录，那么直接调用 length 方法是无法获取文件夹大小的，需要自己计算。那么应如何计算文件夹的大小呢？文件夹本身是没有大小的，它的大小就是累加它所有下一级的大小，而下一级大小的计算可以通过递归调用 long getDirLength (File dir)方法实现。

示例代码：

```
package com.atguigu.section01.demo4;

import java.io.File;

public class TestGetDirectorySize {
    public static void main(String[] args) {
        File dir = new File("D:/atguigu");
        long length = getDirLength(dir);
        System.out.println("目录总大小：" + length);
    }
    public static long getDirLength(File dir) {
        if (dir != null && dir.isDirectory()) {
            File[] listFiles = dir.listFiles();
            if (listFiles != null) {
                long sum = 0;
                for (File sub : listFiles) {
                    sum += getDirLength(sub);
                }
                return sum;
            }
```

```
        } else if (dir != null && dir.isFile()) {
            return dir.length();
        }
        return 0;
    }
}
```

14.2　IO 流的分类和设计

在 14.1 节我们学习了 File 类，可以用它来表示目录或文件，通过 File 对象可以获取目录或文件的属性信息，也可以创建、删除、重命名目录或文件。但是我们不能仅仅通过 File 对象读取文件内容，如果要读取文件内容，或者把数据写入文件，还需要依赖 IO 流。

14.2.1　IO 流类的体系结构

Java 在 java.io 包下提供了很多 IO 流的类型，用于通过各种方式在多种场景下读/写数据，其实不管有多少种 IO 流，它们都是从基本的四个 IO 流中延伸出来的，以下是 IO 流的四个超级父类、抽象基类。

- InputStream：字节输入流，以字节的方式读取数据。
- OutputStream：字节输出流，以字节的方式输出数据。
- Reader：字符输入流，以字符的方式读取数据。
- Writer：字符输出流，以字符的方式输出数据。

IO 流类整个体系结构的设计选用了装饰者设计模式，即 IO 流分为两大类，分别为被装饰的组件和装饰的组件。以 InputStream 为例，其中 FileInputStream、ByteArrayInputStream 等是被装饰的组件，依次用来连接和读取文件、内存中的字节数组等；而 BufferedInputStream、DataInputStream、ObjectInputStream 等是用来装饰的组件，负责给其他 InputStream 的 IO 流提供装饰的辅助功能，如可以增加提高效率的缓冲功能、按照 Java 数据类型读取数据的能力、读取并恢复 Java 对象的能力等。OutputStream、Reader、Writer 系列的流设计方式也是一样的。装饰者模式（Decorator Pattern）也称为包装模式（Wrapper Pattern），它使用一种对客户端透明的方式来动态地扩展对象的功能，是继承扩展功能的替代方案之一。现实生活中也有很多装饰者的例子，如人需要各种各样的穿着打扮，不管你的穿着打扮怎样，你的个人本质是不变的，充其量只是在外面加了一些装饰。

从上面的四个抽象基类来看，IO 流主要分为输入流和输出流两大类。因为 Java 中的 IO 流是单向的，只能从输入流中读取数据，也只能往输出流中写出数据。

从 IO 流的处理数据的方式来看，IO 流又可以分为字节流和字符流。

- 字节流（XxxStream）：直接处理二进制，1 字节 1 字节处理，适用于一切数据，包括纯文本、doc、xls、图片、音频、视频等。
- 字符流（XxxReader 和 XxxWriter）：1 字符 1 字符处理，只能处理纯文本数据。

如果从装饰者设计模式的角度来看，IO 流按照其角色不同可以划分为节点流、处理流。

- 节点流：连接源头、目的地，即被装饰者 IO 流。
- 处理流：增强功能，提高性能，即装饰者 IO 流。

节点流处于 IO 操作的第一线，所有操作必须通过它们进行；处理流是通过包装节点流来完成功能的，可以增加很多层。处理流必须依赖和包装节点流，不能单独存在，节点流和处理流的对比如图 14-1 所示。

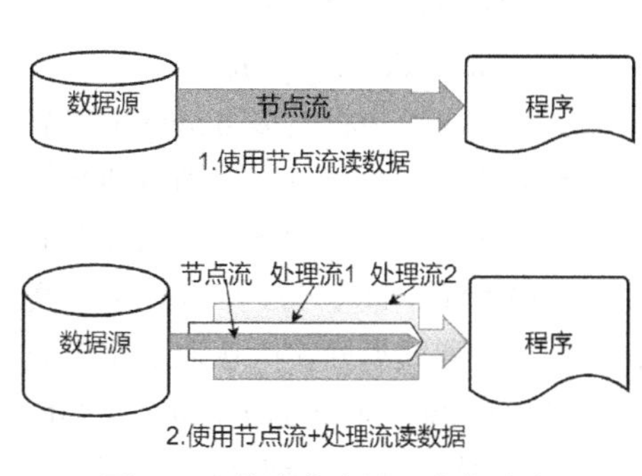

图 14-1　节点流和处理流的对比

14.2.2 常见 IO 流

IO 流是一个庞大的类体系，常用的 IO 流如表 14-5 所示。

表 14-5 常用的 IO 流

文件 IO 流	从文件中读取数据	FileInputStream
		FileReader
	写入数据到文件	FileOutputStream
		FileWriter
缓冲 IO 流	从其他输入流中读取数据	BufferedInputStream
		BufferedReader
	写入数据到其他输出流	BufferedOutputStream
		BufferedWriter
转换流	从其他输入流中读取字节数据并解码为字符数据	InputStreamReader
	写入字符数据到其他输出流中并编码为字节数据	OutputStreamWriter
数据流	以与机器无关的方式从输入流中读取基本 Java 数据类型	DataInputStream
	以适当方式将基本 Java 数据类型写入输出流	DataOutputStream
对象流	序列化	ObjectOutputStream
	反序列化	ObjectInputStream
打印流	字节打印流	PrintStream
	字符打印流	PrintWriter
其他	……	……

表 14-5 中每个 IO 流的使用在后面小节都会通过案例一一演示，大家先注意观察一下它们的命名方式和习惯，这将有助于你的理解和记忆。

14.2.3 抽象基类的常用方法

很多初学 Java 的读者一看到那么多的 IO 流类型就被吓住了。如果你把每种 IO 流都单独来学习，确实难度很大。但是，我们知道所有的 IO 流都是从四大抽象基类中扩展出来的，因此掌握四大抽象基类基本方法的使用将会大大降低学习其他 IO 流的难度。在学习方法上，切记不要死记硬背，要善于比较和观察它们之间的区别，这样可以事半功倍。

1. InputStream：字节输入流

（1）int read( )。

从输入流中读取数据的下一字节，返回 0 到 255 内的 int 字节值。如果因为已经到达流末尾而没有可用的字节，则返回-1。

（2）int read(byte[ ] b)。

从此输入流中将最多 b.length 字节的数据读入一个 byte 数组中。如果因为已经到达流末尾而没有可用的字节，则返回-1，否则以整数形式返回实际读取的字节数。

（3）int read(byte[ ] b, int off,int len)。

将输入流中最多 len 个数据字节读入 byte 数组。尝试读取 len 字节，但读取的字节也可能小于该值，以整数形式返回实际读取的字节数。如果因为流位于文件末尾而没有可用的字节，则返回-1。

（4）public void close( ) throws IOException。

关闭此输入流并释放与该流相关的所有系统资源。

2．OutputStream：字节输出流

（1）void write(int b)。

将指定的字节写入此输出流。write 的常规协定是向输出流中写入 1 字节。要写入的字节是参数 b 的 8 个低位。b 的 24 个高位将被忽略，即写入 0～255。

（2）void write(byte[ ] b)。

将 b.length 字节从指定的 byte 数组中写入此输出流。write(b)的常规协定是应该与调用 write(b, 0, b.length)的效果完全相同。

（3）void write(byte[ ] b,int off,int len)。

将指定 byte 数组中从偏移量 off 开始的 len 字节写入此输出流。

（4）public void flush( )throws IOException　。

刷新此输出流并强制写出所有缓冲的输出字节，调用此方法指示应将这些字节立即写入它们预期的目标。

（5）public void close( ) throws IOException。

关闭此输出流并释放与该流相关的所有系统资源。

3．Reader：字符输入流

（1）int read( )。

读取单个字符，作为整数读取的字符，范围在 0～65535（0x00～0xffff）（2 字节的 Unicode 码），如果已到达流的末尾，则返回-1。

（2）int read(char[ ] cbuf)。

将字符读入数组。如果已到达流的末尾，则返回-1。否则返回本次读取的字符数。

（3）int read(char[ ] cbuf,int off,int len)。

将字符读入数组的某个部分。存到数组 cbuf 中，从 off 处开始存储，最多读取 len 个字符。如果已到达流的末尾，则返回-1。否则返回本次读取的字符数。

（4）public void close( ) throws IOException。

关闭此输入流并释放与该流相关的所有系统资源。

4．Writer：字符输出流

（1）void write(int c)和 Writer append(char c)。

写入单个字符。要写入的字符包含在给定整数值的 16 个低位中，16 个高位被忽略，即写入 0～65535 的 Unicode 码。

（2）void write(char[ ] cbuf)和 Writer append(CharSequence csq)。

写入字符数组。

（3）void write(char[ ] cbuf,int off,int len)和 Writer append(CharSequence csq, int start, int end)。

写入字符数组的某个部分。从 off 开始，写入 len 个字符。

（4）void write(String str)。

写入字符串。

（5）void write(String str,int off,int len)。

写入字符串的某个部分。

（6）void flush( )。

刷新该流的缓冲，则立即将它们写入预期目标。

（7）public void close() throws IOException。

关闭此输出流并释放与该流相关的所有系统资源。

14.3 案例演示

本书的很多读者都不是计算机专业的，少数读者是因为爱好编程，多数读者是因为职业选择和发展的需要，才不得不学习 Java，所以总有人咨询，学习编程有没有捷径？学习编程唯一的捷径就是多写代码，不断地练习和犯错，因为解决问题能让你快速成长！接下来，我们通过十个案例，让你快速掌握常用的 IO 流的使用方法。

14.3.1 输出纯文本数据

案例需求：

用键盘输入文本留言信息，并保存到 message.txt 文件中。

案例分析：

首先，使用 Scanner 类的 next( )或 nextLine( )方法可以接收从键盘中输入的消息文本。从键盘中输入数据也需要 IO 流，因此在创建 Scanner 对象时，需要传入实参 System.in，它是 InputStream 类型，只是 Scanner 已经进一步进行过包装处理，我们不需要直接面对 IO 流编程，Scanner 类包装后的方法更简洁方便。

其次，案例需求要求将消息保存到 message.txt 中，.txt 文件是纯文本文件，因此可以使用 Writer 系列的字符输出流（FileWriter）。

示例代码：

```
package com.atguigu.section03;

import java.io.FileWriter;
import java.io.IOException;
import java.util.Scanner;

public class FileWriterTest {
    public static void main(String[] args) {
        Scanner input = new Scanner(System.in);
        FileWriter fw = null;

        try {
            fw = new FileWriter("message.txt",true);//true 表示追加模式，默认是覆盖模式

            while (true) {
                System.out.println("请输入留言（stop 结束）：");
                String message = input.nextLine();//输入

                if("stop".equals(message)){
                    break;
                }
                fw.write(message);                    //输出
            }
        } catch (IOException e) {
            e.printStackTrace();
        } finally {
            if (input != null) {
                input.close();
            }
            try {
                if (fw != null) {
                    fw.close();
                }
```

```
        } catch (IOException e) {
            e.printStackTrace();
        }
      }
   }
}
```

注意：在使用 FileWriter 和 FileOutputStream 时，如果指定的输出文件不存在，那么操作系统就会自动创建该文件，如果此时目录下有同名文件则就会被覆盖，除非使用追加模式。

另外，使用 FileWriter 和 FileOutputStream 输出数据时，必须指定具体的文件，不能指望它们直接把数据输出到一个目录中。

14.3.2 读取纯文本数据

案例需求：

从 message.txt 文件中读取用户留言信息。

案例分析：

message.txt 是纯文本文件，所以可以选择 Reader 系列的 FileReader 类。

示例代码：

```
package com.atguigu.section03;

import java.io.FileReader;
import java.io.IOException;

public class FileReaderTest {
    public static void main(String[] args) {
        FileReader fr = null;
        try {
            fr = new FileReader("message.txt");

            char[] data = new char[1024];
            int len;
            //每次 read，将数据读入到 data 数组中，并返回读入 data 中字符的个数
            //如果是行尾，则返回-1
            while((len = fr.read(data)) != -1){
                System.out.println(new String(data,0,len));
            }

        } catch (IOException e) {
            e.printStackTrace();
        } finally {
         try {
            if (fr != null) {
               fr.close();
            }
         } catch (IOException e) {
            e.printStackTrace();
         }
        }
    }
}
```

注意：在使用 FileReader 和 FileInputStream 读取文件内容时，如果文件不存在，那么操作系统不会自动创建文件，而是会报错"java.io.FileNotFoundException: message.txt（系统找不到指定的文件）"。

另外，如果使用 FileReader 和 FileInputStream 读取数据，那么就必须指定具体的文件，不能指望

它们能从一个目录中直接读取数据。

14.3.3 按行读取

案例需求：

从 message.txt 文件中读取用户留言信息，要求按行读取留言消息。

案例分析：

message.txt 是纯文本文件，首先考虑的肯定是选择 Reader 系列的 FileReader 类。但是 FileReader 类没有办法实现按行读取，所以需要其他的 IO 流来协助，如 BufferedReader 类的 readLine 方法，Scanner 类的 nextLine 方法。

示例代码：

```
package com.atguigu.section03;

import java.io.BufferedReader;
import java.io.FileReader;
import java.io.IOException;

public class BufferedReaderTest {
    public static void main(String[] args) {
        BufferedReader br = null;
        try {
            br = new BufferedReader(new FileReader("message.txt"));
            String str;
            //按行读取，每次读取一行数据。如果是行尾，则返回 null
            while ((str = br.readLine()) != null){
                System.out.println(str);
            }
        } catch (IOException e) {
            e.printStackTrace();
        } finally {
try {
            if (br != null) {
                br.close();
            }
         } catch (IOException e) {
            e.printStackTrace();
         }
        }
    }
}
```

注意：只有纯文本的数据才支持按行读取。

14.3.4 复制文件基本版

和文件读写相关的 IO 流一共有以下四个。

（1）文件字节输入流：FileInputStream。

（2）文件字节输出流：FileOutputStream。

（3）文件字符输入流：FileReader。

（4）文件字符输出流：FileWriter。

以上三个案例演示的是 FileReader 和 FileWriter 的使用，处理的是纯文本文件。但是如果要处理的文件不一定是纯文本文件，那么就只能使用 FileInputStream 和 FileOutputStream 处理。

案例需求：

编写一段代码实现复制文件将 atguigu/file/1.jpg 复制到 atguigu/img/1.jpg。

案例分析：

首先，1.jpg 是图片，不是纯文本文件，所以不能使用 Reader 和 Writer 系列的 IO 流，只能使用 InputStream 和 OutputStream 系列的 IO 流。

其次，复制文件就是一边读取一边写入。FileInputStream 负责从源文件读取，FileOutputStream 负责把数据写到目标文件中。

示例代码：

```
package com.atguigu.section03;

import java.io.File;
import java.io.FileInputStream;
import java.io.FileOutputStream;
import java.io.IOException;

public class CopyTest {
    public static void main(String[] args) {
        try {
            copyFile(new File("atguigu/file/1.jpg"), new File("atguigu/img/1.jpg"));
            System.out.println("文件复制成功");
        } catch (IOException e) {
            System.out.println("文件复制失败");
        }
    }

    //复制文件
   public static void copyFile(File src, File dest) throws IOException{
      FileInputStream fis = new FileInputStream(src);
      FileOutputStream fos = new FileOutputStream(dest);
      try {
         byte[] data = new byte[1024];
         int len;
         while ((len = fis.read(data)) != -1) {//读取
            fos.write(data, 0, len);                //写入
         }
      } finally {
         try {
            if (fis != null){
               fis.close();
            }

         } finally {
            if (fos != null) {
               fos.close();
            }
         }
      }
   }
}
```

上述的代码不仅可以实现图片的复制，还可以实现任何类型文件的复制，包括视频、安装包、纯文本文件等。

14.3.5 复制文件提升效率版

文件的复制效果，不仅需要考虑基本功能的实现，还需要考虑效率问题。就好比某公司需要水站

送 100 桶水，这时水站派了一个送水工，一次扛一桶水，送完一桶水，再回去扛下一桶水，最后也能完成任务，但是在生活中你绝对不会这么做，这么做既浪费时间，又会长期占用资源。那么，程序中复制文件或从网络中传输数据，也肯定不会这么做，因此需要考虑优化上面的代码以提升效率。

案例需求：

编写代码实现将文件“atguigu/经典视频.zip”复制到“atguigu/share/值得看.zip”。

案例分析：

14.3.4 节的代码已经能够实现任意文件类型的复制功能，我们只要略微修改即可。java.io 包提供了 Buffered 系列的缓冲流，可以在读写数据时提升效率；Buffered 系列的 IO 流只能给对应类型的 IO 流增加缓冲功能。例如，BufferedInputStream 可以给 InputStream 系列的 IO 流增加缓冲功能，BufferedReader 可以给 Reader 系列的 IO 流增加缓冲功能。

示例代码：

```
package com.atguigu.section03;

import java.io.BufferedInputStream;
import java.io.BufferedOutputStream;
import java.io.File;
import java.io.FileInputStream;
import java.io.FileOutputStream;
import java.io.IOException;

public class BufferedCopyTest {
    public static void main(String[] args) {
        try {
            copyFileInHighSpeed(new File("atguigu/经典视频.zip"),
new File("atguigu/share/值得看.zip"));
            System.out.println("文件复制成功");
        } catch (IOException e) {
            System.out.println("文件复制失败");
        }
    }
   //复制文件——带缓冲功能
   public static void copyFileInHighSpeed(File src, File dest) throws IOException{
      BufferedInputStream bis = new BufferedInputStream(new FileInputStream(src));
      BufferedOutputStream bos =
                 new BufferedOutputStream(new FileOutputStream(dest));
      try {
         byte[] data = new byte[1024];
         int len;
         while ((len = bis.read(data)) != -1) {  //读取
            bos.write(data, 0, len);             //写入
         }
      } finally {
         try {
            if (bis != null) {
               bis.close();
            }
         } finally {
            if (bos != null) {
               bos.close();
            }
         }
      }
   }
}
```

缓冲流的工作原理是先将要读取或写出的数据缓存到缓冲流的缓冲区，而缓冲区在 JVM 内存中，这样就减少了 JVM 内存与外界设备的交互次数，从而可以提高读写效率。这就好比水站让一个送水工给某公司送水，还给他派了一辆车，这辆车就起缓冲流的作用。送水工先在水站把水一桶一桶搬到车上，这就好比缓存数据，等车装满之后，将一车水拉到某公司，然后从车上将水一桶一桶搬下来。这可比之前送水工从水站到某公司一趟搬运一桶水快多了，因为这种方法大大减少了送水工往返水站和某公司之间的次数。缓冲流的默认缓冲区大小是 8192 字节/字符，缓冲区满了则自动刷新缓冲区，或者在调用 flush 或 close 方法时，会清空缓冲区，复制文件提升效率如图 14-2 所示。

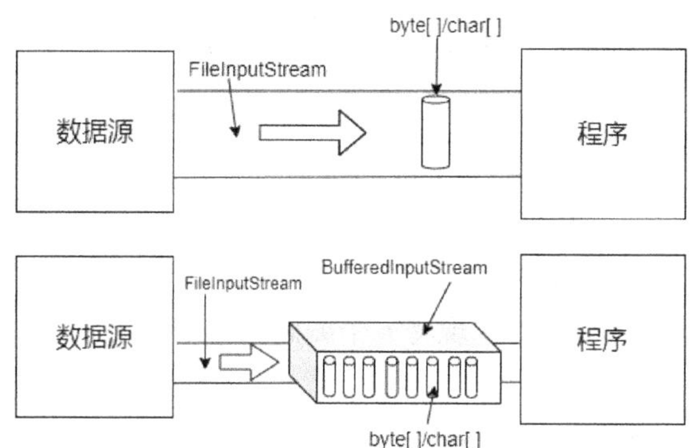

图 14-2 复制文件提升效率

14.3.6 读写纯文本数据的同时进行编码和解码

从小语文老师就告诉我们，学好普通话，走遍中国都不怕，可是生活中我们仍然会遇到一些不会讲普通话的当地人，要是没人翻译就会很难沟通。在开发中，大多数系统都会选用 UTF-8 编码，这也就会使一部分人以为所有人都会使用 UTF-8 编码，但是有时候，也会遇到某些文件和数据不是用 UTF-8 编码的，这就涉及解码问题，否则无法正确解析数据。

在 Java 中要读取特定编码的纯文本数据时，可以使用 InputStreamReader 进行解码；在将某些纯文本数据以特定编码方式输出时，可以选择 OutputStreamWriter 进行编码。所谓解码，是指把二进制的字节序列按照指定字符集解码为可以被正确识别的字符内容，反过来编码就是把字符内容按照指定字符集编码为二进制的字节序列。

案例需求：

当前系统平台的字符编码方式是 UTF-8，现在需要读取一个 GBK 编码的文件到当前系统中。

示例代码：

```
package com.atguigu.section03;

import java.io.BufferedReader;
import java.io.FileInputStream;
import java.io.IOException;
import java.io.InputStreamReader;

public class DecodeTest {
   public static void main(String[] args) {
      BufferedReader br = null;
      try {
         br = new BufferedReader(
                 new InputStreamReader(
                 new FileInputStream("test_gbk.txt"),"GBK"));
         String str;
         while ((str = br.readLine()) != null) {
            System.out.println(str);
         }
      } catch (IOException e) {
         e.printStackTrace();
      } finally {
         try {
```

```
                if (br != null) {
                    br.close();
                }
            } catch (IOException e) {
                e.printStackTrace();
            }
        }
    }
}
```

案例需求：

编写程序实现将一个编码为 GBK 的纯文本文件 test.txt，复制为编码格式是 UTF-8 的文件 other.txt。

示例代码：

```
package com.atguigu.section03;

import java.io.BufferedReader;
import java.io.BufferedWriter;
import java.io.File;
import java.io.FileInputStream;
import java.io.FileOutputStream;
import java.io.IOException;
import java.io.InputStreamReader;
import java.io.OutputStreamWriter;

public class EncodeTest {
    public static void main(String[] args) throws IOException {
        copy(new File("test.txt"),"GBK",new File("other.txt"),"UTF-8");
    }

  //复制文件——指定编码集
  public static void copy(File src, String srcCharset, File dest, String destCharset) throws
         IOException {
     BufferedReader br = new BufferedReader(new InputStreamReader(
           new FileInputStream(src), srcCharset));
     BufferedWriter bw = new BufferedWriter(new OutputStreamWriter(
           new FileOutputStream(dest), destCharset));
     try {

         String str;
         while ((str = br.readLine()) != null) {
           bw.write(str);
           bw.newLine();
         }
     } finally {
         try {
           if (br != null) {
              br.close();
           }

         } finally {
           if (bw != null) {
              bw.close();
           }
         }
     }
  }
}
```

14.3.7 操作 Java 各种数据类型的数据

前面几节的案例操作的数据无非是字节或是字符。但是 Java 程序中的数据是各种各样的类型的，如 int 、double、String 等类型，那么是否可以在保存数据时，连同数据的类型也一并保存呢？

案例需求：

存储如下一组数据到 game.dat 文件中，并在后面使用时可以重新读取。

```
String name = "巫师";
int age = 300;
char gender = '男';
int energy = 5000;
double price = 75.5;
boolean relive = true;
```

案例分析：

完成这个案例需求，可以使用 DataOutputStream 把数据写入文件，随后用 DataInputStream 进行读取，而且读取和写入的顺序要完全一致。

示例代码：

```
package com.atguigu.section03;

import java.io.DataInputStream;
import java.io.DataOutputStream;
import java.io.FileInputStream;
import java.io.FileOutputStream;
import java.io.IOException;

public class DataTest {
    public static void main(String[] args) throws IOException {
        save();
        reload();
    }

    //写入数据
    public static void save() throws IOException {
        String name = "巫师";
        int age = 300;
        char gender = '男';
        int energy = 5000;
        double price = 75.5;
        boolean relive = true;
        DataOutputStream dos =
                new DataOutputStream(new FileOutputStream("game.dat"));
        dos.writeUTF(name);
        dos.writeInt(age);
        dos.writeChar(gender);
        dos.writeInt(energy);
        dos.writeDouble(price);
        dos.writeBoolean(relive);
        dos.close();
    }

    //读取数据
    public static void reload() throws IOException {
        DataInputStream dis =
                new DataInputStream(new FileInputStream("game.dat"));
        try {
            String name = dis.readUTF();
```

```
            int age = dis.readInt();
            char gender = dis.readChar();
            int energy = dis.readInt();
            double price = dis.readDouble();
            boolean relive = dis.readBoolean();

            System.out.println(name + "," + age + "," + gender
                    + "," + energy + "," + price + "," + relive);
        } finally {
            if (dis != null) {
                dis.close();
            }
        }
    }
}
```

14.3.8 保存对象

假设现在你正在编写游戏，玩家提出需要有储存当前游戏状态和下次可以恢复继续游戏的功能，这就需要将当前游戏状态保存到文件中，下次从文件中读取数据恢复游戏状态继续运行。如果游戏的状态数据不是以对象的形式存在的，那么选择 DataOutputStream 和 DataInputStream 就可以处理；如果游戏的状态数据是在对象中的，那么就需要使用 Java 提供的 ObjectOutputStream 和 ObjectInputStream 对象 IO 流。

1. 序列化与反序列化

Java 中输出对象的过程称为序列化，读取对象的过程称为反序列化。

序列化的过程需要使用 ObjectOutputStream，它有一个 writeObject(obj)方法可以输出对象，即将对象的完整信息转换为字节流数据。

反序列化的过程需要使用 ObjectInputStream，它有一个 readObject( )方法可以读取对象，即从字节流数据中读取信息并重构一个 Java 对象。

但是，不是所有对象都可以直接序列化的，需要序列化的对象类型或其父类必须已经实现了 java.io.Serializable 接口，而且如果对象的某个属性是引用数据类型，并且这个属性也要参与到序列化的过程，那么这个属性的类型或其父类也要实现 java.io.Serializable 接口，否则就会报 java.io.NotSerializableException。

案例需求：

现在有一个银行账户类（Account 类）对象需要保存到 account.dat 文件中。Account 类包括静态变量利率，实例变量为账号、户主、密码、余额等。

示例代码：

Account 类示例代码。

```
package com.atguigu.section03;

import java.io.Serializable;

public class Account implements Serializable{
    private static double interestRate;         //利率
    private String number;                      //账号
    private String name;                        //户主
    private String password;                    //密码
    private double balance;                     //余额

    public Account(String number, String name, String password, double balance) {
```

```
        super();
        this.number = number;
        this.name = name;
        this.password = password;
        this.balance = balance;
    }
    public static void setInterestRate(double interestRate) {
        Account.interestRate = interestRate;
    }
    public static double getInterestRate() {
        return interestRate;
    }

    @Override
    public String toString() {
        return "Account{number='" + number + ", name='" + name + ", password='" + password + ",
balance=" + balance +"}";
    }
}
```

测试类示例代码。

```
package com.atguigu.section03;

import java.io.FileOutputStream;
import java.io.IOException;
import java.io.ObjectOutputStream;

public class ObjectOutputStreamTest {
    public static void main(String[] args) {
        Account.setInterestRate(0.0024);
        Account account = new Account("111000111", "尚硅谷", "123456", 1000.0);
        ObjectOutputStream oos = null;
        try {
            oos = new ObjectOutputStream(new FileOutputStream("account.dat"));
            oos.writeObject(account);    //输出对象
        } catch (IOException e) {
            e.printStackTrace();
        } finally {
            try {
                if (oos != null) {
                    oos.close();
                }
            } catch (IOException e) {
                e.printStackTrace();
            }
        }
    }
}
```

打开 account.dat 文件可以发现，序列化后的文件是很难让人阅读的，但这没有关系，因为它不是给“人”看的。它比纯文本文件，或者一项一项数据保存的方式更容易让程序恢复对象的状态，也比较安全，因为一般人不会知道手动修改数据的方法。我们只有使用 Java 程序才能读取序列化后的数据。

示例代码：

```
package com.atguigu.section03;

import java.io.FileInputStream;
import java.io.IOException;
import java.io.ObjectInputStream;
```

```
public class ObjectInputStreamTest {
    public static void main(String[] args) {
        ObjectInputStream ois = null;
        try {
            ois = new ObjectInputStream(new FileInputStream("account.dat"));
            Object readObject = ois.readObject(); //读取对象
            System.out.println(readObject);
            System.out.println(Account.getInterestRate());
        } catch (IOException | ClassNotFoundException e) {
            e.printStackTrace();
        } finally {
            try {
                if (ois != null) {
                    ois.close();
                }
            } catch (IOException e) {
                e.printStackTrace();
            }
        }
    }
}
```

上述代码正确地将 account.dat 中的数据反序列回来了。但是我们可以发现利率值是不对的，那是因为此利率值是 static 修饰的，它不会被序列化。

2. 不序列化的属性

一个类中 static 修饰的静态变量是一个类一个，而不是一个对象一个，它不是某个对象的状态。JVM 在找某个类的静态变量值时，应该从全局的方法区中找，而不是从某个对象状态信息持久化的磁盘中找。另外，静态变量值的修改应该由类发起，而不应该由某个对象发起，即一个对象的反序列过程不应该影响整个类的静态变量值。因此，类中 static 修饰的静态变量值是不会被序列化的。

对象被序列化后的数据有可能保存到本地磁盘上，也有可能在网络中传输。例如，某个对象中包含密码等一些敏感字段，或者某些字段的值没那么重要，所以不希望增加报文大小，再者，某些字段只是存储了对象的引用地址，而不是真正重要的数据，如 ArrayList 中的 elementData 等。对象中像上面这样的实例变量不需要或不应该被序列化，应把它们标记为 transient（瞬时）。被标记为 transient 的对象在反序列化时，会被恢复为默认值。

读者可以将 Account 类中的 password 属性加 transient 修饰，然后重新运行之前的 ObjectOutputStreamTest 和 ObjectInputStreamTest 代码，看是否加了 transient 修饰的属性不会被序列化。

3. 序列化版本 ID

在实际开发中，序列化后的数据可能被保存在磁盘的某个文件中，然后很久之后才会出现被反序列化的过程，这时可能系统中的类早已经被维护更新了。又或者，序列化后的数据从网络的一端传输到网络的另一端，而另一端中关于该对象的类没有及时更新。也就是说，序列化所使用的类与反序列化所使用的类，并不完全一致，那么在反序列化时就会报 java.io.InvalidClassException。

序列化时的类与反序列化时的类不一致，往往是因为序列化的类做了修改。有些修改会严重违反 Java 的类型安全性和兼容性，如改变实例变量的类型，这样在反序列化时就会出现类型安全性问题。Java 为了避免这种类型安全性问题的发生，使序列化接口的类会在每次编译时，自动生成一个序列化版本 ID，用以区别类的不同版本，所以当序列化和反序列化的类版本不一致时，就会失败，从而抛出 java.io.InvalidClassException。

然而，有些修改并不影响对象的反序列化，如类中加入了新的实例变量，而序列化的数据中并没有新实例变量的值，那么它在反序列化的过程中可以是默认值。为了适应这种情况，我们可以在实现

java.io.Serializable 接口时，给类增加一个 long 类型的静态常量 serialVersionUID，这样在对该类进行修改后重新编译时系统并不会自动生成序列化版本 ID，只要 serialVersionUID 没有修改，那么原来序列化的数据也可以顺利反序列化。

示例代码：

Account 类增加序列化版本 ID。

```
package com.atguigu.section03;

import java.io.Serializable;

public class Account implements Serializable {
    private static final long serialVersionUID = 1L;//序列化版本 ID [唯一标识]
    private static double interestRate;
    private String number;
    private String name;
    private String password;
    private double balance;

    public Account(String number, String name, String password, double balance) {
        super();
        this.number = number;
        this.name = name;
        this.password = password;
        this.balance = balance;
    }

    public static void setInterestRate(double interestRate) {
        Account.interestRate = interestRate;
    }

    public static double getInterestRate() {
        return interestRate;
    }

    @Override
    public String toString() {
        return "Account{number='" + number + ", name='" + name + ", password='" + password + ",
balance=" + balance +"}";
    }
}
```

然后重新运行 ObjectOutputStreamTest 和 ObjectInputStreamTest 代码，现在一切正常。序列化后再给 Account 类增加无参构造或增加一个新的实例变量，再运行 ObjectInputStreamTest 代码对原来的数据进行反序列化也不会报 java.io.InvalidClassException。

14.3.9 按行输出文本内容

PrintStream 和 PrintWriter 是两个打印流，可以实现将 Java 基本数据类型的数据格式转化为字符串输出，引用类型的数据自动调用 toString()方法。这两个类提供了一系列重载的 print()和 println()方法，用于多种数据类型的输出，永远不会抛出 I/O 异常。

PrintStream 打印的所有字符都使用平台的默认字符编码转换为字节。在需要输出字符而不是字节的情况下，应该使用 PrintWriter 类，因为 PrintWriter 类可以自定义字符编码。

案例需求：

从键盘中输入消息，按行写入文件。

示例代码：

```
package com.atguigu.section03;

import java.io.IOException;
import java.io.PrintWriter;
import java.util.Scanner;

public class PrintWriterTest {
    public static void main(String[] args) {
        Scanner input = new Scanner(System.in);
        PrintWriter pw = null;
        try {
            pw = new PrintWriter("message.txt");
            while (true) {
                System.out.println("请输入留言：");
                String message = input.nextLine();//按行输入

                if("stop".equals(message)){
                    break;
                }
                pw.println(message);
                System.out.println("结束留言，请输入 stop");
            }
        } catch (IOException e) {
            e.printStackTrace();
        } finally {
         if (input != null) {
            input.close();
         }
         if (pw != null) {
            pw.close();
         }
        }
    }
}
```

14.3.10 复制或剪切整个目录

案例需求：

将 atguigu/download 文件复制到 atguigu/temp 目录中

案例分析：

首先，声明 void copyDirectory(File srcDir,File destDir)方法来实现该案例需求，srcDir 代表原目录对象，destDir 代表目标目录对象。因为 File 对象可能是文件也可能是目录，所以要考虑用户传入的 destDir 对象不是一个目录的情况。另外，srcDir 和 destDir 目录的关系不能是父目录和子目录的关系，即不能将一个父目录复制到子目录中，否则就会出现灾难性的递归目录结构。

其次，声明 void copyFile(File src, File dest)方法来实现文件复制功能需求。因为在目录的复制过程中，也会有文件的复制过程，所以可以将这部分代码抽取出来封装为一个方法，方便代码的复用。

最后，原目录中有子目录和子文件。原目录中的文件夹，在目标目录中原样创建即可；对于原目录中的文件，相当于就是将原文件复制到目标目录中，复制后的文件名和原来的文件名一样。原目录中子目录的复制可以通过递归调用 void copyDirectory(File srcDir,File destDir)方法来实现。

示例代码：

```
package com.atguigu.section03;
```

```
import java.io.File;
import java.io.FileInputStream;
import java.io.FileOutputStream;
import java.io.IOException;

public class FileUtilsTest {
   public static void main(String[] args) throws IOException {
      copyDirectory(new File("atguigu/download"), new File("atguigu/temp"));
   }

   //复制文件
   public static void copyFile(File src, File dest) throws IOException {
      FileInputStream fis = new FileInputStream(src);
      FileOutputStream fos = new FileOutputStream(dest);

      try {
         byte[] data = new byte[1024];
         int len;
         while ((len = fis.read(data)) != -1) {
            fos.write(data, 0, len);
         }
      } finally {
         try {
            if (fis != null) {
               fis.close();
            }
         } finally {
            if (fos != null) {
               fos.close();
            }
         }
      }
   }
   //复制文件夹
   public static void copyDirectory(File srcDir,File destDir)throws IOException {
      //父目录不能复制到子目录中
      if(destDir.getAbsolutePath().contains(srcDir.getAbsolutePath())){
         throw new IOException("父目录不能复制到子目录中");
      }
      if (destDir.exists() && !destDir.isDirectory()){
         throw new IOException("目标对象不是目录");
      }
      File dest = new File(destDir,srcDir.getName());
      //如果 srcDir 是个文件，那么直接复制文件到 destDir 中
      if (srcDir.isFile()){
         copyFile(srcDir, dest);
      } else {
         dest.mkdirs();//先在 destPath 目录中创建 srcDir 对应的文件夹
         File[] list = srcDir.listFiles();//准备复制 srcDir 的子目录或子文件
         for (File f: list) {
            copyDirectory(f, dest);
         }
      }
   }
}
```

14.3.11　IO 流使用步骤小结

从以上大量案例中我们发现，使用 IO 流进行读写数据是有一定步骤的，掌握这个步骤可以使 IO

流的操作非常简单。

1．读取/接收数据的步骤

第一步：选择 IO 流，主要考虑以下三个方面。

（1）选择节点流。编写 IO 流程序时必须清楚要从哪里读取数据，即数据源是什么。如果从文件中读取数据，那么就选择 FileInputStream、FileReader；如果从内存的数组中读取数据，那么就选择 ByteArrayInputStream、CharArrayReader；如果从网络中读取数据，那么就必须通过网络连接断点获取 InputStream 对象。

（2）选择字节流还是字符流，即看要读取的数据是否是纯文本，如果读取的数据是纯文本且文本的编码方式与当前平台的编码方式一致，那么选择字符流的效率更高，否则就选择字节流。

（3）是否需要增加额外的辅助功能。如果需要增加缓冲功能，那么就考虑使用 BufferedReader、BufferedInputStream；如果需要按行读取文本数据，那么就可以考虑使用 BufferedReader、Scanner；如果需要以与机器无关的方式从底层输入流中读取基本 Java 数据类型，那么就需要借助 DataInputStream；如果需要对象的反序列化，那么就需要使用 ObjectInputStream；如果需要对流中的数据进行解码操作，那么就需要 InputStreamReader。

第二步：调用 read 开头的方法循环读取数据。

第三步：调用 close()方法关闭 IO 流。使用完 IO 流之后，一定要记得关闭，以便 JVM 和操作系统能够彻底释放相应的资源。就如同在生活中，要记得关闭水龙头。

2．写入/发送数据的步骤

第一步：选择 IO 流，主要考虑以下三个方面。

（1）选择节点流。在编写 IO 流程序时必须清楚要把数据写入哪里，即数据的目的地是哪里？如果写入文件，那么就选择 FileOutputStream、FileWriter；如果写入内存某数组，那么就选择 ByteArrayOutputStream、CharArrayWriter；如果发送到网络，那么就必须通过网络连接断点获取 OutputStream 对象。

（2）选择字节流还是字符流，即看要输出的数据是否是纯文本，如果是纯文本且文本的编码方式与当前平台的编码方式一致，那么选择字符流的效率更高，否则就选择字节流。

（3）是否需要增加额外的辅助功能。如果需要增加缓冲功能，那么就考虑使用 BufferedOutputStream、BufferedWriter；如果需要按行输出文本数据，那么就考虑 PrintStream、PrintWriter 或 BufferedWriter；如果需要以适当方式将基本 Java 数据类型写入输出流，那么就需要借助 DataOutputStream；如果需要直接输出对象，那么就需要使用 ObjectOutputStream；如果需要对流中的数据进行编码的转换，那么就需要 OutputStreamWriter。

第二步：调用 write 或 print 开头的方法，循环输出数据。

第三步：调用 close( )方法关闭 IO 流。

14.4 System 类与 IO 流

我们在编写第一个 Java 程序时就开始使用 System.out 对象输出信息到控制台。其实 System.out 对象也是 IO 流类的对象。

我们在之前的案例中会使用 Scanner 类的对象从键盘中接收各种数据类型的数据，而在创建 Scanner 类的对象时，也会在构造器中传入 System.in 对象。其实 System.in 对象也是 IO 流类的对象。

14.4.1　System 类中的 IO 流

System.in 和 System.out 分别代表了系统标准的输入流和输出流，系统默认输入流是键盘输入流，输出流是控制台输出流。

（1）System.in 的类型是 InputStream。

（2）System.out 的类型是 PrintStream。

（3）System.err 的类型是 PrintStream。按照惯例，此输出流用于显示错误消息，或者显示即使用户输出流（变量 out 的值）已经重定向到通常不被连续监视的某个文件或其他目标中，也应该立刻引起用户注意的其他信息。

我们可以对上面的 in、out、err 对象进行重定向，调用以下方法即可。

（1）public static void setIn(InputStream in)。

（2）public static void setOut(PrintStream out)。

（3）public static void setErr(PrintStream err)。

案例需求：

将 System.in 重定向为从文件中读取数据，实现从 myjava\\info.txt 文件中读取数据。

案例分析：

首先，从文件中读取数据需要使用 FileInputStream 输入流。将 System.in 进行重定向，可以通过 System.setIn(InputStream in)方法实现，因此可以将 System.in 重定向为 FileInputStream 输入流对象。

其次，我们之前会使用 Scanner 类搭配 System.in 接收用键盘中输入的数据，现在用它们的搭配可以实现从文件中读取数据。

最后，不要忘了将 System.in 重定向回标准的键盘输入。

示例代码：

```
package com.atguigu.section04;

import java.io.FileDescriptor;
import java.io.FileInputStream;
import java.util.Scanner;

public class SystemInTest {
    public static void main(String[] args) {
        Scanner input = null;
        FileInputStream fis = null;
        try {
            fis = new FileInputStream("myjava\\info.txt");
            //重定向从文件输入
            System.setIn(fis);
            input = new Scanner(System.in);
            while(input.hasNext()){
                String str = input.nextLine();
                System.out.println(str);
            }
        } catch (FileNotFoundException e) {
            e.printStackTrace();
        } finally {
            if (input != null){
                input.close();
            }
            try {
                if (fis != null) {
                    fis.close();
```

```
            }
        } catch (IOException e) {
            e.printStackTrace();
        } finally {
            //重定向回键盘输入
            System.setIn(new FileInputStream(FileDescriptor.in));
        }
    }
}
}
```

案例需求：

将 System.out 重定向为将数据输出到文件。

案例分析：

首先，通过调用 System. setOut (PrintStream out)方法可以实现重定向。因为参数是 PrintStream 类型的，所以可以通过 PrintStream(String fileName)构造器来创建 PrintStream 对象，这样就可以实现重定向输出数据到文件。

其次，别忘了将 System.out 重定向回控制台输出。

示例代码：

```
package com.atguigu.section04;

import java.io.FileDescriptor;
import java.io.FileOutputStream;
import java.io.PrintStream;

public class SystemOutTest {
    public static void main(String[] args) {
        System.out.println("start");
        PrintStream printStream = null;
        try {
            //重定向输出到文件
            printStream = new PrintStream("myjava\\print.txt");
            System.setOut(printStream);
            System.out.println("hello");
            System.out.println("atguigu");
            System.out.println("java");
            System.out.println(666);
            System.out.println(true);

        } catch (FileNotFoundException e) {
            e.printStackTrace();
        } finally {
            if (printStream != null) {
                printStream.close();
            }
            //重定向回控制台
            System.setOut(new PrintStream(new FileOutputStream(FileDescriptor.out)));
        }
        System.out.println("end");
    }
}
```

14.4.2 Scanner 类与 IO 流

java.util.Scanner 是一个可以使用正则表达式来解析基本数据类型和字符串的简单文本扫描器。

案例需求：

使用 Scanner 在控制台接收用键盘输入的各种类型数据。

示例代码：

```
package com.atguigu.section04;

import java.util.Scanner;

public class ScannerSystemInTest {
    public static void main(String[] args) {
        Scanner input = new Scanner(System.in);
        System.out.print("姓名：");
        String name = input.nextLine();
        System.out.print("性别：");
        char gender = input.next().charAt(0);
        System.out.print("年龄：");
        int age = input.nextInt();
        System.out.print("电话：");
        String phone = input.next();
        System.out.print("邮箱：");
        String email = input.next();
        System.out.println("姓名：" + name);
        System.out.println("性别：" + gender);
        System.out.println("年龄：" + age);
        System.out.println("电话：" + phone);
        System.out.println("邮箱：" + email);
        input.close();
    }
}
```

案例需求：

使用 Scanner 从文件中扫描数据。

示例代码：

```
package com.atguigu.section04;

import java.io.FileInputStream;
import java.util.Scanner;

public class ScannerFromFileTest {
   public static void main(String[] args){
      FileInputStream fileInputStream = null;
      Scanner input = null;
      try {
         fileInputStream =  new FileInputStream("myjava\\info.txt");
         input = new Scanner(fileInputStream);
         while (input.hasNext()) {
            String str = input.nextLine();
            System.out.println(str);
         }
      } catch (FileNotFoundException e) {
         e.printStackTrace();
      } finally {
         if (input != null) {
            input.close();
         }
         try {
            if (fileInputStream != null){
               fileInputStream.close();
```

```
            }
        } catch (IOException e) {
            e.printStackTrace();
        }
    }
  }
}
```

14.5 IO 流的关闭问题

IO 流其实就是读取和写入数据的流通道，数据往往存储在硬盘上，但 Java 程序是无法直接操作硬盘的，所以需要操作系统的支持，也就是当我们通过 IO 流读取和写入文件时，会使用 JVM 以外的操作系统、内存等资源。IO 流是 Java 对象，用完之后 JVM 中的垃圾回收器自然会自动回收对应内存，但是 JVM 中的垃圾回收器并不能自动释放操作系统为支持 IO 流操作所占用的内存资源等。为了释放这些内存资源，我们使用完 IO 流后还必须调用对应的 close( )方法。

14.5.1 正确关闭 IO 流

IO 流的关闭看起来只是调用一个 close( )方法，但在实际使用中，需要考虑多种因素。例如，在哪里关闭 IO 流，IO 流的关闭是否有顺序，包装流的 close( )方法是否会自动关闭被包装的流等。

IO 流操作基本都会抛出 IOException，一旦发生 IOExcedption，很多代码就没有机会执行，那么就需要考虑 IO 流的 close( )方法调用代码是否一定能被执行。

案例需求：

使用 FileInputStream 流从 d:/atguigu.txt 文件中读取一个自己的内容。

错误示例代码：

```
package com.atguigu.section05;

import java.io.FileInputStream;
import java.io.IOException;

public class TestCloseError {
    public static void main(String[] args) {
        try {
            FileInputStream fis = new FileInputStream("d:/atguigu.txt");
            System.out.println(fis.read());//读取 1 字节的内容
            fis.close();
        } catch (IOException e) {
            e.printStackTrace();
        }
    }
}
```

案例解析：

在上述代码中，如果 fis.read( )方法执行时发生异常，那么 fis.close( )代码是无法执行的。

所以，我们通常会在 try 中编写业务逻辑代码，在 finally 块中关闭 IO 流。

正确示例代码：

```
package com.atguigu.section05;

import java.io.FileInputStream;
import java.io.IOException;

public class TestClose {
```

```
    public static void main(String[] args) {
        FileInputStream fis = null;
        try {
            fis = new FileInputStream("d:/atguigu.txt");
            System.out.println(fis.read());//读取 1 字节的内容
        } catch (IOException e) {
            e.printStackTrace();
        } finally {
            try {
                if (fis != null){
                    fis.close();
                }
            } catch (IOException e) {
                e.printStackTrace();
            }
        }
    }
}
```

当我们使用包装流之后，在关闭 IO 流时是否有顺序要求呢？

案例需求：

使用 BufferedWriter 结合 FileWriter 完成输出“尚硅谷”到 d://atguigu.txt 文件。

示例代码：

```
package com.atguigu.section05;

import java.io.BufferedWriter;
import java.io.FileWriter;
import java.io.IOException;

public class TestCloseOrder {
    public static void main(String[] args) {
        FileWriter fw = null;
        BufferedWriter bw = null;
        try {
            fw = new FileWriter("d://atguigu.txt");
            bw = new BufferedWriter(fw);
            bw.write("尚硅谷");
        } catch (IOException e) {
            e.printStackTrace();
        } finally {
            try {
                if (bw != null) {
                    bw.close();
                }

            } catch (IOException e) {
                e.printStackTrace();
            } finally {
                try {
                    if (fw != null) {
                        fw.close();
                    }
                } catch (IOException e) {
                    e.printStackTrace();
                }
            }
        }
    }
```

```
}
```

案例解析：

在上述代码中，如果先关闭 FileWriter 流对象 fw，再关闭 BufferedWriter 流对象 bw，则会报 java.io.IOException: Stream closed。所以，IO 流的关闭是有顺序要求的，那么应该遵循怎样的顺序呢？下面给大家做个比喻，相信大家就明白了。我们把 IO 流的包装过程看作一个物品的打包过程，如在上述代码中，FileWriter 流被看作最里面的内包装，BufferedWriter 流被看作外包装。IO 流的关闭过程就可以看作拆包装的过程，显而易见，我们需要先拆外包装，才能拆内包装，即先关闭外面的包装流 BufferedWriter，再关闭里面的被包装流 FileWriter。

上面 finally 块的代码看起来非常臃肿，因为 FileWriter 流对象 fw 的关闭写入了 BufferedWriter 流对象 bw 关闭的 finally 块中。这么做的目的是使 IO 流的关闭更彻底，无论 fw 关闭是否成功，都要尝试调用 bw 的关闭方法。

当我们使用包装流时，只需要关闭最外层的包装流即可。因为通过观察各种流的源代码我们可以发现包装的流都会自动调用被包装的流的关闭方法，不需要自己调用。

由于篇幅问题，本书只展示 BufferedReader 的 close( )方法的源码。

示例代码：

```
public void close() throws IOException {
    synchronized (lock) {
        if (in == null)
            return;
        try {
            in.close();
        } finally {
            in = null;
            cb = null;
        }
    }
}
```

在上述源码中，当我们调用 BufferedReader 的 close( )方法时，它会自动调用被包装的流 in 的 close() 方法。

14.5.2 新 try...catch 结构

通过 14.5.1 节可以看到 IO 流的关闭也是一门学问，写不好代码会导致 IO 流关闭不彻底，从而导致系统资源得不到释放。并且在 finally 块中编写的关于 IO 流的关闭代码使得代码结构非常臃肿。JDK 1.7 为了简化这种代码结构，引入了 try…with…resources 的新特性，称为新 try…catch 结构，它的语法格式如下所示：

```
try(声明需要关闭的资源对象) {
    逻辑代码
} catch(异常类型 e) {
    异常处理代码
}
```

这种新的语法格式，可以自动关闭资源对象，不管 try{ }部分是否发生异常，在 try()中声明的资源对象都会关闭彻底，这大大简化了代码，也能减少 IO 流关闭顺序问题。

需要指出的是，为了保证 try 语句可以正常关闭资源，这些资源实现类必须可以实现 AutoCloseable 或 Closeable 接口，实现这两个接口就必须实现 close 方法。Closeable 是 AutoCloseable 的子接口。Java 7 几乎把所有的资源类（包括文件 IO 的各种类、JDBC 编程的 Connection、Statement 等接口）都进行了改写，改写后的资源类都实现了 AutoCloseable 或 Closeable 接口，并实现了 close 方法。

案例需求：

使用 Buffered 缓冲流结合文件 IO 流实现复制文件。

示例代码：

```
package com.atguigu.section05;

import java.io.*;

public class TryWithResourceTest {
    public static void main(String[] args) {
        File src = new File("atguigu/file/1.jpg");
        File dest = new File("atguigu/img/1.jpg");
        try (
                FileInputStream fis = new FileInputStream(src);
                BufferedInputStream bis = new BufferedInputStream(fis);
                FileOutputStream fos = new FileOutputStream(dest);
                BufferedOutputStream bos = new BufferedOutputStream(fos);
        ) {
            byte[] data = new byte[1024];
            int len;
            while ((len = bis.read(data)) != -1) {     //读取
                bos.write(data, 0, len);                //写入
            }
            System.out.println("文件复制成功");
        } catch (IOException e) {
            System.err.println("文件复制失败");
            e.printStackTrace();
        }
    }
}
```

把文件复制的过程封装成 copyFile 方法的示例代码：

```
package com.atguigu.section05;

import java.io.*;

public class CopyTest {
    public static void main(String[] args) {
        File src = new File("atguigu/file/1.jpg");
        File dest = new File("atguigu/img/1.jpg");
        try {
            copyFile(src, dest);
            System.out.println("文件复制成功");
        } catch (IOException e) {
            System.err.println("文件复制失败");
            e.printStackTrace();
        }
    }

    //复制文件——带缓冲功能
    public static void copyFile(File src,File dest)throws IOException{
        try (
                BufferedInputStream bis =
                        new BufferedInputStream(new FileInputStream(src));
                BufferedOutputStream bos =
                        new BufferedOutputStream(new FileOutputStream(dest));
        ) {
            byte[] data = new byte[1024];
            int len;
```

```
        while ((len = bis.read(data)) != -1) {      //读取
            bos.write(data, 0, len);                //写入
        }
    }
  }
}
```

14.6 本章小结

本章主要讲解了 Java 输入和输出体系的相关知识，介绍了如何使用 File 类的对象来访问本地文件系统，重点分析了 IO 流的处理模型，以及如何使用 IO 流来读取物理存储节点的数据，并通过大量的案例演示了几种典型 IO 流的用法。通过本章的学习，你可以做到把数据持久化到文件中，而不是仅仅存储于内存中，也为在网络中传输数据奠定了良好的基础。

另外，JDK 1.4 提供了 java.nio，它带来了重大的性能提升，并且可以充分利用执行程序机器上的原始容量。NIO 的一项关键能力是你可以直接控制 buffer，另一项关键能力是 non-blocking 非阻塞式的输入和输出，它能让你的输入和输出程序代码在没有东西可以读取或写入时不必等在那里。某些现有的类（包括 FileInputStream 和 FileOutputStream）会利用其中的一部分功能。NIO 的使用更为复杂，除非你真的很需要新功能，不然使用本章介绍的功能方法会简单得多。此外，如果没有很好的设计，NIO 可能会引发效能损失。非 NIO 的输入和输出适合九成以上的应用，特别在你还是新手的时候更是如此。

第15章 多线程

到目前为止，我们编写的程序都是单线程程序。程序从 main 方法开始执行，依次向下执行每个部分的代码，如果程序执行时在某行代码遇到了阻塞，那么程序就会停滞在该处。现在请读者设想一下，假如需要从网络的某服务器上批量下载多个文件，其实就是一个远程复制文件的过程，按照之前单线程的编写方式，可以使用循环挨个下载，即一个下载完了再下载另一个。但是如果此时其中的一个文件下载遇到了问题，卡住了，那么剩下的文件就会一直等待，这种用户体验非常不好，并没有充分利用机器和网络资源。而在实际生活中，我们可以同时下载多个文件，其中一个文件卡住了，不会影响其他文件的下载，这种用户体验更好，这就是用多线程来实现的。

Java 也提供了非常优秀的多线程支持，程序可以通过非常简单的方式来启动多线程。本章将会让你了解线程和进程的关系，并且掌握创建、启动、控制线程的方法，分辨线程安全问题并使用同步解决的技巧，以及如何使用等待唤醒机制解决生产者—消费者问题。最后本章还介绍了设计模式中非常经典的单例模式的多种实现方式。

多线程听上去是非常抽象的概念，但其实非常简单。单线程的程序只有一条执行路径，多线程的程序则包含多条执行路径，多条执行路径之间互不干扰。

（1）单线程。

一旦前面的车阻塞了，后面的车就只能一直等待，单线程示例如图 15-1 所示。

（2）多线程。

其中一条车道阻塞了，不影响其他车道，多线程示例如图 15-2 所示。

图 15-1　单线程示例

图 15-2　多线程示例

15.1　线程概述

提到线程，不得不提进程，二者之间有着千丝万缕的关系。简而言之，线程是进程中一个小的执行单位，线程是不能脱离进程独立存在的，一个进程中可以有一个或多个线程。

15.1.1 进程

几乎所有的操作系统都支持进程，当一个程序进入内存运行时，就启动了一个进程，即进程是处于运行过程的程序。每个进程都具有一定的独立功能，操作系统会给每个进程分配独立的内存等资源，即进程是操作系统资源分配、调度和管理的最小单位。

一般而言，进程包含如下三个特性。

（1）独立性：进程是操作系统进行资源分配和调度的一个独立单位，每个进程都拥有自己私有的地址空间。在没有经过进程本身允许的情况下，一个用户进程不可以直接访问其他进程的地址空间。哪怕在同一台计算机上运行，进程之间的通信也需要通过网络或独立于进程的文件等来交换数据。

（2）动态性：程序只是一个静态指令的集合，而进程是一个正在系统中运行的活动指令的集合。进程中加入了时间的概念，进程具有自己的生命周期和各种不同状态，这些概念在程序中都是不具备的。

（3）并发性：多个进程可以在单个处理器上并发执行，多个进程之间不会相互影响。

现在的硬件和操作系统都已经能够支持多进程并行（parallel）或并发（concurrency）执行了。进程的并行和并发是两个概念。

（1）并行是指在同一时刻，有多条指令在多个处理器上同时执行。

（2）并发是指在同一个时刻只能有一条指令执行，但多个进程的指令被快速轮换执行，使得在宏观上具有多个进程同时执行的效果。

不同的硬件和操作系统的并发实现细节也各不相同，目前大多数采用效率更高的抢占式多任务策略。对于一个 CPU 而言，它在某个时间点上只能执行一个程序，也就是只能运行一个进程，CPU 不断地在这些进程之间轮换执行。那么，我们为什么可以一边用开发工具写程序，一边听音乐，还能一边上网查资料呢？这是因为 CPU 的执行速度相对于我们的感知速度来说实在是太快了，所以我们会感觉像是在同时运行一样。但是当我们启动足够多的程序时，依然可以感觉到运行速度是下降的。

如果多个进程同时运行，就会有以下几种情况发生。

（1）第一种情况是多个进程之间完全独立，互不影响。

（2）第二种情况是多个进程之间具有竞争关系。

（3）第三种情况是多个进程之间需要相互协作来完成任务。

对于某些资源来说，在同一时间只能被一个进程占用，这些一次只能被一个进程占用的资源就是临界资源。当多个进程都要访问临界资源时，它们就构成了竞争的互斥关系，如进程 B 需要访问打印机，但此时进程 A 占有了打印机，那么进程 B 就会被阻塞，直到进程 A 释放打印机资源，进程 B 才可以继续执行。而有时候为完成某种任务，多个进程在某些位置上需要通过互相发送消息、互相合作、互相等待等来协调它们的工作次序，这种直接制约关系，称为同步。例如，输入进程 A 通过单缓冲向进程 B 提供数据，当该缓冲区空时，进程 B 不能获得所需数据而被阻塞，一旦进程 A 将数据送入缓冲区，进程 B 就会被唤醒，反之，当缓冲区满时，进程 A 被阻塞，仅当进程 B 取走缓冲数据时，才会唤醒进程 A。

15.1.2 线程

多线程扩展了多进程的概念，使得一个进程可以同时并发处理多个任务，线程也被称为轻量级进程。就像进程在操作系统中的地位一样，线程在进程中也是独立的、并发的执行流。当进程被初始化后，主线程就被创建了，对于 Java 程序来说，main 线程就是主线程，我们可以在该进程中创建多条顺序执行路径，这些独立的执行路径都是线程。

进程中的每个线程可以完成一定的任务，并且是独立的，线程可以拥有自己独立的堆栈、程序计数器和局部变量，但不再拥有系统资源，它与父进程的其他线程共享该进程所拥有的系统资源。由于线程间的通信是在同一个地址空间上进行的，不需要额外的通信机制，这就使得通信更简便而且信息传递的速度也更快，因此可以通过简单编程实现多线程相互协同来完成进程所要完成的任务。但是这样也会存在安全问题，因为其中一个线程对共享的系统资源的操作会给其他线程带来影响，由此可知，多线程中的同步是非常重要的问题。

线程的执行也是抢占式的，也就是说，当前运行的线程在任何时候都可能被挂起，以便另一个线程可以运行。CPU 可以在不同的进程之间轮换，进程又在不同的线程之间轮换，因此线程是 CPU 执行和调度的最小单元。

总之，一个程序运行后至少有一个进程，一个进程中可以包含多个线程，但至少要包含一个线程。当操作系统创建一个进程时，必须为该进程分配独立的内存空间，并分配大量的相关资源，创建一个线程则简单得多。如果此时有多个任务同时执行的需求，那么选择创建多进程的方式势必耗时耗力，创建多个线程则要简单得多。例如，一个 Web 服务器必须能同时响应多个客户端的请求，一个浏览器必须能同时下载多个图片，一个在线播放器必须能一边下载一边播放等。

15.2 线程的创建和启动

在 Java 中，我们可以通过 java.lang.Thread 类实现多线程。所有的线程对象都必须是 Thread 类或其子类的对象。每个线程的作用是完成一定的任务，实际上就是执行一段代码，称之为线程执行体。Java 使用 run 方法来封装这段代码，即 run 方法的方法体就是线程执行体。

15.2.1 继承 Thread 类

在 Java 中，线程是 Thread 类的对象，如果要创建和启动自己的线程，那么就可以直接继承 Thread 类。继承 Thread 类来创建并启动多线程有如下几个步骤。

（1）定义继承 Thread 类的子类，并重写该类的 run 方法。查看 Thread 类的源代码，发现当没有传输 target 时，Thread 类的 run 方法就是一个什么也没有做的方法，因此必须重写 run 方法来完成线程的任务。

Thread 类的 run 方法源码如下所示：

```
public void run() {
    if (target != null) {
        target.run();
    }
}
```

（2）创建 Thread 子类的实例对象，一个实例对象就是一个线程对象。

（3）调用线程对象的 start 方法来启动线程，如果没有 start 方法启动，那么这个线程对象和普通 Java 对象没有区别。

案例需求：

在主线程中打印 5～1 的数字，另外启动两个线程打印 1～5 的数字，并实现这三个线程同时运行。

示例代码：

继承 Thread 类的线程类示例代码。

```
package com.atguigu.section01.demo1;

public class MyThread extends Thread {

    //重写 Thread 类的 run 方法
    @Override
    public void run(){
        for (int i = 1; i <= 5; i++) {
```

```
            System.out.println(getName() + "线程: " + i);
        }
    }
}
```

主线程测试类示例代码。

```
package com.atguigu.section02.demo1;

public class MyThreadTest {
    public static void main(String[] args) {
        MyThread my1 = new MyThread();
        my1.start();
        MyThread my2 = new MyThread();
        my2.start();
        for (int i = 5; i >= 1; i--) {
            System.out.println(Thread.currentThread().getName() + "线程: " + i);
        }
    }
}
```

代码运行结果：

```
main 线程: 5
main 线程: 4
main 线程: 3
main 线程: 2
Thread-1 线程: 1
Thread-0 线程: 1
main 线程: 1
Thread-1 线程: 2
Thread-0 线程: 2
Thread-0 线程: 3
Thread-0 线程: 4
Thread-1 线程: 3
Thread-0 线程: 5
Thread-1 线程: 4
Thread-1 线程: 5
```

案例解析：

Java SE 的程序至少有一个 main 线程，它的方法体就是线程体。

getName( )方法是 Thread 类的实例方法，该方法返回当前线程对象的名称，除了 main 线程的名称，其他线程的名称依次默认为 Thread-0、Thread-1 等，可以通过 setName(String name)方法设置线程名称。因为 MyThread 类继承了 Thread 类，所以可以直接调用 getName( )方法获取线程名称。而 MyThreadTest 类没有继承 Thread 类，并且 main 方法是静态方法，因此无法像 MyThread 类那样直接调用 getName( )方法获取线程名称，需要通过 Thread 类的静态方法 currentThread( )方法先获取当前执行线程对象，然后调用 getName( )方法获取线程名称。

Thread-0 和 Thread-1 线程虽然都是 MyThread 类的线程对象，但是各自调用各自的 run( )方法，相互之间是独立的，因此各打印 1～5。

启动线程用 start( )方法，而不是 run( )方法。调用 start( )方法来启动线程，系统会把 run( )方法当成线程执行体来处理。但是如果直接调用 run( )方法，系统就会把线程对象当成一个普通对象处理，run( )方法就是一个普通方法。

上述代码每个人的运行结果可能都不相同，因为这几个线程的关系是平等关系，执行顺序具有随机性。

15.2.2　实现 Runnable 接口

Java 有单继承的限制，所以除了可以直接继承 Thread 类，Java 还提供了实现 java.lang.Runnable 接口的方式来创建自己的线程类。实现 Runnable 接口来创建并启动多线程有以下几个步骤。

（1）定义 Runnable 接口的实现类，并重写该接口的 run( )方法。

（2）创建 Runnable 接口实现类的对象。

（3）创建 Thread 类的对象，并将 Runnable 接口实现类的对象作为 target。该 Thread 类的对象才是真正的线程对象。当 JVM 调用线程对象的 run( )方法时，如果 target 不为空，那么就会调用 target 的 run( )方法。

Thread 类的 run( )方法源码如下所示：

```
public void run() {
    if (target != null) {
        target.run();
    }
}
```

（4）调用线程对象的 start( )方法启动线程。

案例需求：

在主线程中打印 5～1 的数字，另外启动两个线程打印 1～5 的数字，并实现这三个线程同时运行的效果。

示例代码：

实现 Runnable 接口线程类示例代码。

```
package com.atguigu.section01.demo2;

public class MyRunnable implements Runnable {

    //实现 Runnable 接口的 run 方法
    @Override
    public void run(){
        for (int i = 1; i <= 5; i++) {
            System.out.println(Thread.currentThread().getName() + "线程: " + i);
        }
    }
}
```

主线程测试类示例代码。

```
package com.atguigu.section02.demo2;

public class MyRunnableTest {
    public static void main(String[] args) {
        MyRunnable my = new MyRunnable();
        new Thread(my).start();
        new Thread(my).start();

        for (int i = 5; i >= 1; i--) {
            System.out.println(Thread.currentThread().getName() + "线程: " + i);
        }
    }
}
```

代码运行结果：

```
main 线程: 5
main 线程: 4
Thread-0 线程: 1
```

```
Thread-0 线程: 2
Thread-0 线程: 3
Thread-0 线程: 4
main 线程: 3
Thread-1 线程: 1
Thread-0 线程: 5
Thread-1 线程: 2
Thread-1 线程: 3
Thread-1 线程: 4
main 线程: 2
Thread-1 线程: 5
main 线程: 1
```

15.2.3 二者的区别

实现 Runnable 接口的方式，无疑比继承 Thread 类的方式更加灵活，避免了单继承的局限性。另外在处理有共享资源的情况时，实现 Runnable 接口的方式更容易实现资源的共享。

案例需求：

使用多线程模拟三个售票窗口，共售出 100 张票。

案例分析：

三个线程的任务是一样的，因此只需要定义一个线程类编写任务体，然后创建三个线程对象即可。

示例代码：

下面分别用继承 Thread 类和实现 Runnable 接口两种方式来实现。

（1）使用继承 Thread 类的方式实现。

卖票线程类示例代码：

```
package com.atguigu.section01.demo3;

public class SellTicketThread extends Thread {
   private int tickets = 100;     //票数

   @Override
   public void run() {
      while (true) {
         if (tickets <= 0) {
            System.out.println("票已经售完.");
            break;
         }
         System.out.println(Thread.currentThread().getName()+"卖了一张票，目前票数:          "+(--tickets));
      }
   }
}
```

主线程测试类示例代码：

```
package com.atguigu.section02.demo3;

public class SellTicketTest1 {
    public static void main(String[] args) {
      SellTicketThread s1 = new SellTicketThread();
      SellTicketThread s2 = new SellTicketThread();
      SellTicketThread s3 = new SellTicketThread();
      s1.start();
      s2.start();
      s3.start();
    }
}
```

运行上述代码时我们可以发现三个售票窗口都独享 100 张票。原因是创建了三个 SellTicketThread

对象，而每次创建对象都将 tickets 的值初始化为 100，因此每个线程对象就相当于独享 100 张票。当然有读者说可以将 tickets 变量声明为 static 静态变量来实现共享，但是如果这样操作，就会导致所有的 SellTicketThread 对象共享同一个 tickets 变量的值，无法实现这几个 SellTicketThread 的对象共享一个 tickets 变量的值，另外 SellTicketThread 的对象共享另一个 tickets 变量的值。

（2）使用实现 Runnable 接口的方式实现。

卖票线程类示例代码：

```
package com.atguigu.section01.demo4;

public class SellTicketRunnable implements Runnable {
    private int tickets = 100;     //票数

    @Override
    public void run() {
        while (true) {
            if (tickets <= 0) {
                System.out.println("票已经售完.");
                break;
            }
            System.out.println(Thread.currentThread().getName()+"卖了一张票，" +
                    "目前票数：" +(--tickets));
        }
    }
}
```

主线程测试类示例代码：

```
package com.atguigu.section02.demo4;

public class SellTicketTest2{
    public static void main(String[] args) {
        SellTicketRunnable  st = new SellTicketRunnable ();
        new Thread(st).start();
        new Thread(st).start();
        new Thread(st).start();
    }
}
```

运行上述代码时我们可以发现，它很好地实现了 3 个售票窗口共享 100 张票。因为我们从头到尾只创建了一个 SellTicketRunnable 对象，三个线程共享同一个 SellTicketRunnable 对象。

案例总结：

- 实现 Runnable 接口的方式，有效地避免了单继承的局限性。
- 实现 Runnable 接口的方式，更适合处理有共享资源的情况。

15.3 线程的生命周期

在 JDK 1.5 之前，一个完整的线程的生命周期通常要经历五种状态，这是从操作系统层面来描述的：新建（New）、就绪（Runnable）、运行（Running）、阻塞（Blocked）、死亡（Dead），线程状态转换图（1）如图 15-3 所示。CPU 需要在多个线程之间转换，于是线程状态会多次在运行、阻塞、就绪之间转换。

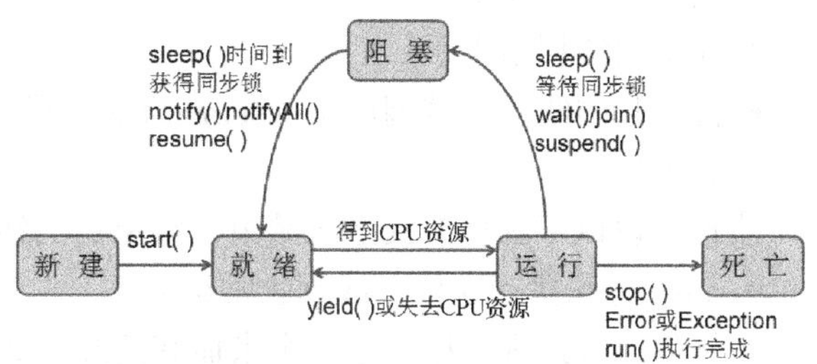

图 15-3 线程状态转换图（1）

（1）新建。

当一个 Thread 类或其子类的对象被创建时，新生的线程对象就处于新建状态。此时它和其他 Java 对象一样，仅由 JVM 为其分配了内存，并初始化了实例变量的值。此时的线程对象并没有任何线程的动态特征，程序也不会执行它的线程体 run( )方法。

（2）就绪。

但是当线程对象调用了 start( )方法后，就不一样了，线程就从新建状态转换为就绪状态。一旦线程启动之后，JVM 就会为其分配 run( )方法调用栈和分配程序计数器等。当然，处于这个状态中的线程并没有开始运行，只是表示已经具备了运行的条件，随时可以被调度，至于什么时候被调度，取决于 JVM 中线程调度器的调度。

程序只能对新建状态的线程调用 start( )方法，并且只能调用一次，如果对非新建状态的线程调用，如已启动的线程或已死亡的线程调用 start( )方法，则都会报错。当 start( )方法返回后，线程就会处于就绪状态。

（3）运行。

如果处于就绪状态的线程获得了 CPU，开始执行 run( )方法的线程体代码，则该线程就处于运行状态。如果计算机只有一个 CPU，那么在任何时刻就只有一个线程处于运行状态。如果计算机有多个处理器，那么就会有多个线程并行执行。

对于抢占式策略的系统而言，CPU 讲究雨露均沾，CPU 只给每个可执行的线程一个小时间段来处理任务，该时间段用完后，系统就会剥夺该线程所占用的资源，让其回到就绪状态等待下一次被调度。此时其他线程将获得执行机会，在选择下一个线程时，系统会适当考虑线程的优先级。

（4）阻塞。

当在运行过程中的线程遇到如下几种情况时，线程就会进入阻塞状态。

- 线程调用了 sleep( )方法，主动放弃所占用的 CPU 资源。
- 线程调用了阻塞式 IO 方法，在该方法返回之前，该线程被阻塞。
- 线程试图获取一个同步监视器，但该同步监视器正被其他线程持有。
- 在线程执行过程中，同步监视器调用了 wait( )方法，让它等待某个通知。
- 在线程执行过程中，遇到了其他线程对象的加塞。
- 线程被调用 suspend 方法挂起（已过时，因为容易发生死锁）。

当前正在执行的线程被阻塞后，其他线程就有机会执行了。针对上述几种情况，当发生如下几种情况时就会解除阻塞，让该线程重新进入就绪状态，等待线程调度器再次调度。

- 线程的 sleep( )时间到。
- 线程调用的阻塞式 IO 方法已经返回。
- 线程成功获得了同步监视器。
- 线程等到了通知。
- 加塞的线程结束了。
- 被挂起的线程又被调用了 resume 方法（已过时，因为容易发生死锁）。

（5）死亡。

线程会以以下三种方式之一结束，结束后的线程就处于死亡状态。

- run( )方法执行完成，线程正常结束。
- 线程执行过程中抛出了一个未捕获的异常或错误。
- 直接调用该线程的 stop( )来结束该线程（已过时，因为容易发生死锁）。

可以调用线程的 isAlive( )方法判断该线程是否死亡，当线程处于就绪、运行、阻塞这三种状态时，该方法返回“true”，当线程处于新建、死亡这两种状态时，该方法返回“false”。

在 JDK 1.5 之后，Thread 类中增加了一个内部枚举类 State，明确定义了线程的生命周期状态，代码如下所示：

```
public enum State {
    NEW,
    RUNNABLE,
    BLOCKED,
    WAITING,
    TIMED_WAITING,
    ERMINATED;
}
```

首先，它没有区分就绪和运行状态，因为对于 Java 对象来说，只能标记为可运行，至于什么时候运行，就不是 JVM 来控制的了，是操作系统来调度的，而且时间非常短，因此对于 Java 对象的状态来说，就不区分了。

其次，根据 Thread.State 的定义，阻塞状态分为三种：BLOCKED（阻塞）、WAITING（不限时等待）、TIMED_WAITING（限时等待）。

（1）BLOCKED：互相有竞争关系的几个线程，当其中一个线程占有锁对象时，其他线程只能等待锁。只有获得锁对象的线程才能有执行机会。

（2）TIMED_WAITING：当前线程执行过程中遇到 Thread 类的 sleep 方法或 join 方法，Object 类的 wait 方法，LockSupport 类的 park 方法，并且在调用这些方法时，设置了时间，那么当前线程就会进入 TIMED_WAITING，直到等待时间到，或者被中断。

（3）WAITING：当前线程执行过程中遇到 Object 类的 wait 方法，Thread 类的 join 方法，LockSupport 类的 park 方法，并且在调用这些方法时，没有指定时间，那么当前线程就会进入 WAITING 状态，直到被唤醒。

- 通过 Object 类的 wait 方法进入 WAITING 状态的要有 Object 类的 notify/notifyAll 唤醒。
- 通过 Condition 类的 await 方法进入 WAITING 状态的要有 Conditon 类的 signal 方法唤醒。
- 通过 LockSupport 类的 park 方法进入 WAITING 状态的要有 LockSupport 类的 unpark 方法唤醒。
- 通过 Thread 类的 join 方法进入 WAITING 状态，只有调用 join 方法的线程对象结束才能让当前线程恢复。

当从 WAITING 或 TIMED_WAITING 恢复到 Runnable 状态时，如果发现当前线程没有得到监视器锁，那么就会立刻转入 BLOCKED 状态。线程状态转换图（2）如图 15-4 所示。

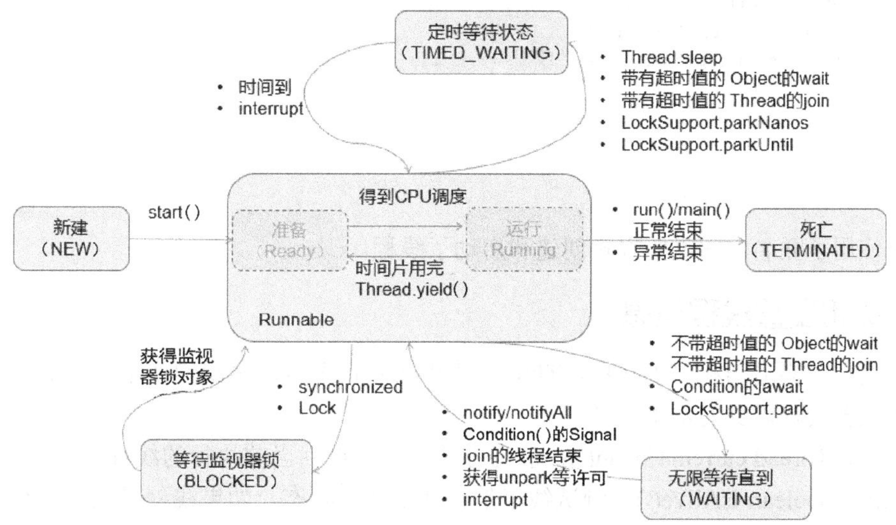

图 15-4　线程状态转换图（2）

15.4 Thread 类的方法

无论是继承 Thread 类的方法还是实现 Runnable 接口的方法，最终都离不开 Thread 类，因此熟悉 Thread 类都有哪些 API 供我们使用是非常有必要的。

首先，每个线程对象被创建都离不开 Thread 类构造器。以下列出的是最常用的构造器形式。

- Thread( )：创建新的 Thread 对象，线程名称是默认的。
- Thread(String threadname)：创建线程并手动指定线程名称。
- Thread(Runnable target)：指定创建线程的目标对象，它必须实现 Runnable 接口，线程名称是默认的。
- Thread(Runnable target, String name)：指定创建线程的目标对象，并手动指定线程名称。

每个线程任务代码的编写和线程的启动必定离不开如下两个方法。

- public void run( )：子类必须重写 run( )方法以编写线程体。
- public void start( )：启动线程。

案例需求：

用实现 Runnable 接口的方式启动一个线程打印 1～100 的偶数，用继承 Thread 类的方式启动一个线程打印 1～100 的奇数，两个线程同时运行。

示例代码：

```
package com.atguigu.section04.demo1;

public class TestThreadMethod {
    public static void main(String[] args) {
        new Thread(new Runnable() {
            @Override
            public void run() {
                for (int i = 2; i <= 100; i += 2) {
                    System.out.println("偶数线程：" + i);
                }
            }
        }).start();

        new Thread(){
            @Override
            public void run() {
                for (int i = 1; i <= 100; i += 2) {
                    System.out.println("奇数线程：" + i);
                }
            }
        }.start();
    }
}
```

上述代码使用了匿名内部类的方式创建和启动了线程。

15.4.1 获取和设置线程信息

除了上面列出的构造器和基础 API，Thread 类中还有很多方法供我们使用。例如，可以通过如下方法来获取和设置线程对象的基本信息。

- public static Thread currentThread( )：静态方法，总是返回当前执行的线程对象。
- public final boolean isAlive( )：测试线程是否处于活动状态，如果线程已经启动且尚未终止，则为活动状态。

- public final String getName( )：Thread 类的实例方法，该方法返回当前线程对象的名称。
- public final void setName(String name)：设置该线程名称。除了主线程，其他线程可以在创建时指定线程名称或通过 setName(String name)方法设置线程名称，否则名称依次为 Thread-0，Thread-1 等。
- public final int getPriority( )：返回线程优先级。
- public final void setPriority(int newPriority)：改变线程的优先级。每个线程都有一定的优先级，优先级高的线程将获得较多的执行机会，但不代表优先级低的线程没有执行机会。每个线程默认的优先级都与创建它的父线程具有相同的优先级。如果要修改优先级，则必须设置在[1,10]，否则会报错。通常推荐设置 Thread 类的三个优先级常量，即最高优先级（MAX_PRIORITY）、最低优先级（MIN _PRIORITY）、普通优先级（NORM_PRIORITY），默认情况下主线程具有普通优先级，它们分别对应的优先级等级值为 10、1、5，使用常量比使用数字的可读性更好。

案例需求：

使用多线程模拟两个售票窗口，共同出售 100 张票。两个线程分别命名为普通窗口和紧急窗口。获取主线程的优先级查看其是否是 NORM_PRIORITY，并且把紧急窗口线程的优先级设置为 MAX_PRIORITY，把普通窗口的线程优先级设置为 MIN _PRIORITY。启动线程，实现两个窗口同时售票，请观察效果。

示例代码：

```
package com.atguigu.section04.demo2;

public class TestThreadMethod {
    public static void main(String[] args) {
        Runnable runnable = new Runnable() {
            private int tickets = 100;      //票数
            @Override
            public void run() {
                while (true) {
                    if (tickets <= 0) {
                        System.out.println("票已经售完。");
                        break;
                    }
                    System.out.println(Thread.currentThread().getName()+"卖了一张票，
目前票数：" +(--tickets));
                }
            }
        };

        Thread t1 = new Thread(runnable, "普通窗口");
        Thread t2 = new Thread(runnable, "紧急窗口");
        t1.setPriority(Thread.MIN_PRIORITY);
        t2.setPriority(Thread.MAX_PRIORITY);

        System.out.println("普通窗口的优先级：" + t1.getPriority());
        System.out.println("紧急窗口的优先级：" + t2.getPriority());
        System.out.println("主线程的优先级：" + Thread.currentThread().getPriority());

        t1.start();
        t2.start();
    }
}
```

15.4.2 线程的控制

Thread 类提供了以下方法，可以控制线程的执行。

- public static void sleep(long millis) throws InterruptedException：在指定的毫秒数内让当前正在执行的线程休眠（暂停执行），此操作受到系统计时器、调度程序精度和准确性的影响。
- public static void yield( )：它可以让当前正在执行的线程暂停，但它不会阻塞该线程，只是将该线程转入就绪状态。
- public final void join( )throws InterruptedException：插入另一个线程之前，使另一个线程暂停直到当前线程结束后再继续执行。
- public final void join(long millis) throws InterruptedException：插入另一个线程之前，使另一个线程暂停直到毫秒后再继续执行。
- public final void stop( )：强迫线程停止执行（但是该方法已经过时不建议使用）。
- public final void suspend( )：挂起当前线程（但是该方法已经过时不建议使用）。
- public final void resume( )：重新开始执行挂起的线程（但是该方法已经过时不建议使用）。
- public void interrupt( )：中断线程。如果线程在调用 Object 类的 wait( )、wait(long) 或 wait(long, int)方法，或者 Thread 类的 join( )、join(long)、join(long, int)、sleep(long)或 sleep(long, int) 方法过程中受阻，则其中断状态将被清除，它还将收到一个 InterruptedException。
- public static boolean interrupted( )：测试当前线程是否已经中断。线程的中断状态由该方法清除。换句话说，如果连续两次调用该方法，则第二次调用就会返回“false”。
- public boolean isInterrupted( )：测试线程是否已经中断。线程的中断状态不受该方法的影响。
- public final void setDaemon(boolean on)：将指定线程设置为守护线程。必须在线程启动之前设置，否则会报 IllegalThreadStateException。
- public final boolean isDaemon( )：判断线程是否是守护线程。

15.4.3 案例：倒计时

如果需要让当前正在执行的线程暂停一段时间，则可以调用 Thread 类的静态方法 sleep，sleep 方法会使当前线程进入阻塞状态。

案例需求：

通过 Thread 类的 sleep 方法实现新年倒计时效果。

示例代码：

```
package com.atguigu.section04.demo3;

public class SleepTest {
    public static void main(String[] args) {
        for (int i = 10; i >= 0; i--) {
            System.out.println(i);
            try {
                Thread.sleep(1000);
            } catch (InterruptedException e) {
                e.printStackTrace();
            }
        }
        System.out.println("新年快乐！");
    }
}
```

15.4.4 案例：线程让步

yield 方法只是让当前线程暂停一下，让系统的线程调度器重新调度一次，希望优先级与当前线程相同或更高的其他线程能够获得执行机会，但是这种情况不能保证执行。完全有可能的情况是，当某个线程调用 yield 方法暂停后，线程调度器又将其调度出来重新执行。

示例代码：

```
package com.atguigu.section04.demo4;

public class YieldTest {
    public static void main(String[] args) {
        Runnable runnable = new Runnable() {
            @Override
            public void run() {
                for (int i = 1; i <= 5; i++) {
                    System.out.println(Thread.currentThread().getName() + ":" + i);
                    Thread.yield();
                }
            }
        };

        Thread t1 = new Thread(runnable,"高");
        t1.setPriority(Thread.MAX_PRIORITY);
        Thread t2 = new Thread(runnable, "低");
        t2.setPriority(Thread.MIN_PRIORITY);

        t1.start();
        t2.start();
    }
}
```

15.4.5 案例：龟兔赛跑

当在某个线程的线程体中调用另一个线程的 join 方法时，当前线程将被阻塞，直到 join 进来的线程执行完（join( )不限时加塞），或者阻塞一段时间后（join(millis)限时加塞），它才能继续执行。

案例需求：

编写龟兔赛跑多线程程序。假设赛跑长度为 30 米，兔子的速度为 10 米每秒，兔子每跑完 10 米后休眠的时间为 10 秒；乌龟的速度为 1 米每秒，乌龟每跑完 10 米后休眠的时间为 1 秒。最后要等兔子和乌龟的线程结束，主线程（裁判）才能公布最后的结果。

示例代码：

跑步者（Racer）线程示例代码。

```
package com.atguigu.section04.demo5;

public class Racer extends Thread {
    private String name;          //运动员名字
    private long runTime;         //每米需要时间，单位毫秒
    private long restTime;        //每 10 米的休息时间，单位毫秒
    private long distance;        //全程距离，单位米
    private long time;            //跑完全程的总时间
    private boolean finished;     //是否跑完全程

    public Racer(String name, long distance, long runTime, long restTime) {
        super();
        this.name = name;
        this.distance = distance;
```

```
        this.runTime = runTime;
        this.restTime = restTime;
    }
    @Override
    public void run() {
        long sum = 0;
        long start = System.currentTimeMillis();
        while (sum < distance) {
            System.out.println(name + "正在努力奔跑...");
            try {
                Thread.sleep(runTime);// 每米距离，该运动员需要的时间
            } catch (InterruptedException e) {
                System.out.println(name + "出现意外");
                return;
            }
            sum++;
            try {
                if (sum % 10 == 0 && sum < distance) {
                    // 每10米休息一下
                    System.out.println(name + "已经跑了" + sum + "米正在休息......");
                    Thread.sleep(restTime);
                }
            } catch (InterruptedException e) {
                System.out.println(name + "出现意外");
                return;
            }
        }
        long end = System.currentTimeMillis();
        time = end - start;
        System.out.println(name + "跑了" + sum + "米，已到达终点，共用时" + (double)time / 1000.0 + "秒");
        finished = true;
    }

    public long getTime() {
        return time;
    }

    public boolean isFinished() {
        return finished;
    }
}
```

主线程（裁判）测试类示例代码。

```
package com.atguigu.section04.demo5;

public class RacerTest {
    public static void main(String[] args) {
        Racer rabbit = new Racer("兔子", 30, 100, 10000);
        Racer turtoise = new Racer("乌龟", 30, 1000, 1000);

        rabbit.start();
        turtoise.start();

        try {
            rabbit.join();
        } catch (InterruptedException e) {
            e.printStackTrace();
        }
        try {
```

```
            turtoise.join();
        } catch (InterruptedException e) {
            e.printStackTrace();
        }
        //因为要兔子和乌龟都跑完，才能公布结果
        System.out.println("比赛结束");
        if (rabbit.isFinished() && turtoise.isFinished()) {
            if (rabbit.getTime() < turtoise.getTime()){
                System.out.println("兔子赢");
            } else if (rabbit.getTime() > turtoise.getTime()){
                System.out.println("乌龟赢");
            } else {
                System.out.println("平局");
            }
        } else if (rabbit.isFinished() || turtoise.isFinished()){
            System.out.println(rabbit.isFinished() ? "兔子赢" : "乌龟赢");
        } else {
            System.out.println("乌龟和兔子都没有到达终点比赛取消");
        }
    }
}
```

15.4.6 案例：守护线程

有一种线程，它是在后台运行的，它的任务是为其他线程提供服务，这种线程称为守护线程。守护线程有个特点，就是如果所有的非守护线程都死亡，那么守护线程会自动死亡。JVM 的垃圾回收线程就是典型的守护线程。

案例需求：

为主线程启动一个守护线程，守护线程每 1 毫秒打印一句话“我是 MyDaemon，我默默地守护你，只为你而存在。”，主线程打印 1～10 的数字，查看运行效果。

示例代码：

```
package com.atguigu.section04.demo6;

public class DaemonTest {
    public static void main(String[] args) {
        Thread t = new Thread() {
            public void run() {
                while (true) {
                    System.out.println("我是 MyDaemon，我默默地守护你，只为你而存在。");
                    try {
                        Thread.sleep(1);
                    } catch (InterruptedException e) {
                        e.printStackTrace();
                    }
                }
            }
        };
        t.setDaemon(true);
        t.start();

        for (int i = 1; i <= 10; i++) {
            System.out.println("main:" + i);
        }
    }
}
```

15.4.7 案例：停止线程

我们知道线程体执行完，或者遇到未捕获的异常自然就会停止。当我们希望由另一个线程检测某个情况时，就会提前停止一个线程。Thread 类提供了 stop 方法来停止一个线程，但是该方法具有固有的不安全性，已经标记为@Deprecated，不建议再使用，那么我们就需要通过其他方式来停止线程，其中一种方式是使用标识。

案例需求：

编写龟兔赛跑多线程程序。假设赛跑长度为 30 米，兔子的速度为 10 米每秒，兔子每跑完 10 米后休眠的时间为 10 秒；乌龟的速度为 1 米每秒，乌龟每跑完 10 米后休眠的时间为 1 秒。现在要求，只要兔子和乌龟中的其中一只到达终点，就宣布比赛结束，没到达终点的也要求停止。

示例代码：

跑步者（Player）线程示例代码。

```
package com.atguigu.section04.demo7;

public class Player extends Thread {
    private String name;            //运动员名字
    private long runTime;           //每米需要时间，单位毫秒
    private long restTime;          //每 10 米的休息时间，单位毫秒
    private long distance;          //全程距离，单位米
    private long time;              //跑完全程的总时间
    private boolean runFlag = true; //用于标记是否继续跑，即结束线程的标记
    private volatile boolean finished;//用于标记是否到达终点

    public Player(String name, long distance, long runTime, long restTime) {
        super();
        this.name = name;
        this.distance = distance;
        this.runTime = runTime;
        this.restTime = restTime;
    }

    @Override
    public void run() {
        long sum = 0;
        long start = System.currentTimeMillis();
        while (sum < distance && runFlag) {
            System.out.println(name + "正在跑...");
            try {
                Thread.sleep(runTime);// 每米距离，该运动员需要的时间
            } catch (InterruptedException e) {
                System.out.println(name + "未到达终点就停止");
                runFlag = false;
                break;
            }
            sum++;
            try {
                if (sum % 10 == 0 && sum < distance && runFlag) {
                    // 每 10 米休息一下
                    System.out.println(name + "已经跑了" + sum + "米正在休息....");
                    Thread.sleep(restTime);
                }
            } catch (InterruptedException e) {
                System.out.println(name + "未到达终点就停止");
                runFlag = false;
                break;
```

```
            }
        }
        long end = System.currentTimeMillis();
        time = end - start;
        System.out.println(name + "跑了" + sum + "米，共用时" + (double)time / 1000.0 + "秒");
        finished = sum == distance ? true : false;
    }

    public long getTime() {
        return time;
    }

    public void setRunFlag(boolean runFlag) {
        this.runFlag = runFlag;
    }

    public boolean isRunFlag() {
        return runFlag;
    }

    public boolean isFinished() {
        return finished;
    }
}
```

主线程（裁判）示例代码。

```
package com.atguigu.section04.demo7;

public class StopTest {
    public static void main(String[] args) {
        Player rabbit = new Player("兔子", 30, 100, 10000);
        Player turtoise = new Player("乌龟", 30, 1000, 1000);

        rabbit.start();
        turtoise.start();

        while(true){
            if (rabbit.isFinished() || turtoise.isFinished()){
                rabbit.setRunFlag(false);
                turtoise.setRunFlag(false);
                rabbit.interrupt();
                turtoise.interrupt();
                //只要有人跑完，就结束比赛，并公布结果
                break;
            } else if ( !rabbit.isRunFlag() && !turtoise.isRunFlag()){
                break;
            }
        }

        System.out.println("比赛结束");
        if (rabbit.isFinished() && turtoise.isFinished()){
            if (rabbit.getTime() < turtoise.getTime()){
                System.out.println("兔子赢");
            } else if (rabbit.getTime() > turtoise.getTime()){
                System.out.println("乌龟赢");
            } else {
                System.out.println("平局");
            }
        } else if (rabbit.isFinished() || turtoise.isFinished()){
```

```
            System.out.println(rabbit.isFinished() ? "兔子赢" : "乌龟赢");
        } else {
            System.out.println("乌龟和兔子都没有到达终点比赛取消");
        }
    }
}
```

案例解析：

Java 中的每个线程都有一个独有的工作内存，每个线程不直接操作主内存中的变量，而是将主内存中变量的副本放进工作内存，只操作工作内存中的变量。当变量修改完后，再把修改后的结果放回主内存。每个线程都只能操作自己工作内存中的变量，无法直接访问对方工作内存中的变量，线程间变量值的传递需要通过主内存来完成。Java 线程工作内存模型如图 15-5 所示。

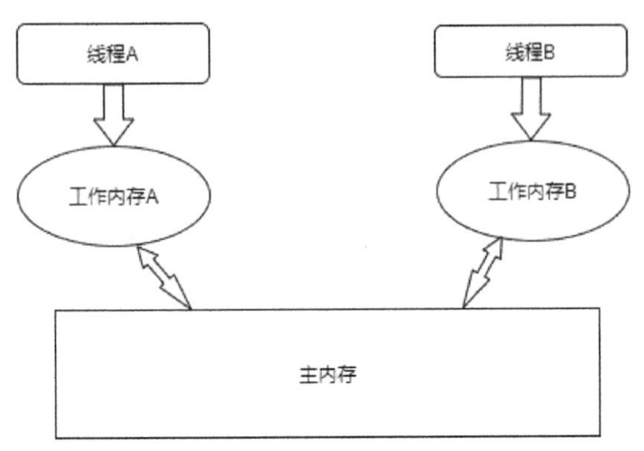

图 15-5 Java 线程工作内存模型

在上述代码中，如果 Player 类的 finished 变量不加 volatile 修饰，那么当乌龟或兔子线程对变量 finished 值做了变动后，可能没有及时写回主内存，或者因为主线程频繁访问主内存中的 finished 变量而导致乌龟或兔子线程修改了自己工作内存中的 finished 后想要写回主内存会找不到机会，所以主线程可能访问不到最新的 finished 值。而加了 volatile 修饰后，可以保证当乌龟或兔子线程对变量 finished 值做了变动后，会立即刷回主内存中，而其他线程读取到该变量的值也会作废，强迫重新从主内存中读取该变量的值，这样在任何时刻，主线程总是会看到变量 finished 的最新值，这体现了 volatile 能够保证内存的可见性作用。

15.5 线程同步

多线程编程是有趣且复杂的事情，它常常容易突然出现错误情况，这是因为系统的线程调度具有一定的随机性，即使程序在运行过程中只是偶尔会出现问题，那也是因为代码有问题导致的。最常见的问题就是线程安全问题。

15.5.1 线程安全问题

当多线程操作共享资源时，共享资源出现错乱就是线程安全问题。线程安全问题都是由共享变量引起的，共享变量一般都是某个类的静态变量，或者因为多个线程使用了同一个对象的实例变量，方法的局部变量是不可能成为共享变量的。如果每个线程中对共享变量只有读操作，而无写（修改）操作，那么一般来说，这个共享变量是线程安全的。如果有多个线程同时执行写操作，那么一般都需要考虑线程安全问题。

为了更加直观地展示线程安全问题，下面通过经典的售票问题来说明线程安全的重要性。

案例需求：

使用多线程模拟三个售票窗口，共同售出 10 张票。

示例代码：

资源类（票）的示例代码。

```
package com.atguigu.section05.demo1;

public class Ticket {
```

```
    private int total = 10;     //票数

    public void sale(){
        if (total > 0) {
            --total;
            System.out.println(Thread.currentThread().getName() + "卖出一张票，剩余:" + total);
        } else {
            throw new RuntimeException("没有票了");
        }
    }

    public int getTotal() {
        return total;
    }
}
```

卖票线程示例代码。

```
package com.atguigu.section05.demo1;

public class SaleThread extends Thread {
    private Ticket ticket;      //票资源对象

    public SaleThread(String name, Ticket ticket) {
        super(name);
        this.ticket = ticket;
    }

    public void run() {
        while (true) {
            try {
                Thread.sleep(100);//加入休眠时间使得问题暴露的更明显
                ticket.sale();
            } catch (Exception e) {
                System.out.println(e.getMessage());
                break;
            }
        }
    }
}
```

测试类示例代码。

```
package com.atguigu.section05.demo1;

public class SaleTicketDemo1 {
    public static void main(String[] args) {
        Ticket ticket = new Ticket();

        SaleThread t1 = new SaleThread("窗口一", ticket);
        SaleThread t2 = new SaleThread("窗口二", ticket);
        SaleThread t3 = new SaleThread("窗口三", ticket);

        t1.start();
        t2.start();
        t3.start();
    }
}
```

上述代码运行结果会出现各种情形。

情形一：出现售出重复票的情况，这在实际生活中是要出现纠纷的，两个人同时持有一个座位的票，而且都是真实有效的票。

```
窗口二卖出一张票，剩余:7
窗口一卖出一张票，剩余:7
窗口三卖出一张票，剩余:7
窗口三卖出一张票，剩余:6
窗口一卖出一张票，剩余:4
窗口二卖出一张票，剩余:5
窗口二卖出一张票，剩余:3
窗口三卖出一张票，剩余:2
窗口一卖出一张票，剩余:1
窗口一卖出一张票，剩余:0
没有票了
没有票了
没有票了
```

深入剖析：

CPU 发生线程切换是可能在任意两个指令之间的。例如，当窗口一线程执行了“--total”后，就失去 CPU 执行权，接着窗口二抢到了 CPU 资源，它也执行了“--total”后失去了 CPU 执行权，巧的是线程窗口三抢到了 CPU 资源，它也执行了“--total”后失去了 CPU 执行权。经过三次的“--total”后，total 的值是 7，现在窗口一、二、三依次又抢到了 CPU 执行权，所以访问的 total 值都是 7。

情形二：多卖票。3 个窗口卖出的总票数超过了 10 张。

```
窗口三卖出一张票，剩余:7
窗口一卖出一张票，剩余:7
窗口二卖出一张票，剩余:7
窗口二卖出一张票，剩余:6
窗口三卖出一张票，剩余:6
窗口一卖出一张票，剩余:6
窗口一卖出一张票，剩余:3
窗口二卖出一张票，剩余:3
窗口三卖出一张票，剩余:5
窗口三卖出一张票，剩余:2
窗口一卖出一张票，剩余:0
窗口二卖出一张票，剩余:0
没有票了
没有票了
没有票了
```

深入剖析：

每个线程在 JVM 中都有自己独立的内存空间，当多个线程在使用共享变量 total 时，每个线程都会在自己独立的内存空间中建立一个 total 的副本，每次线程对 total 进行访问和修改前先对这个副本进行操作，再与主内存进行同步。“--total”操作不是原子性的，分为该变量的值-1、获取该变量的值、将该变量的值写回主内存三个步骤。例如，上述三个线程读取完主内存中的 total 值为 7 后，会各自执行“--total”操作，然后把 total 值写回主内存导致修改值被覆盖，所以出现了三次 6，这就导致多售出了几张票。有读者会想到 volatile 关键字，volatile 关键字可以保证主内存的可见性，但是不能保证其原子性。

上面展示的两种情形，都属于线程安全问题。

15.5.2 同步代码块

为了解决线程安全问题，Java 提供了 synchronized 关键字。该关键字的作用就是对多条操作共享数据的语句加锁，被锁住的语句代码只能让一个线程执行完后，其他线程才能进入，否则在这个线程执行过程中，其他线程不可以参与执行，线程安全问题如图 15-6 所示，这个锁称为同步锁。

Java 中的同步锁是通过一个对象当监视者来实现的，因此我们把同步锁又称为对象监视器。也就是当我们使用 synchronized 关键字时，一定要有一个锁对象配合工作。synchronized 关键字的使用形式有两种：同步代码块和同步方法。

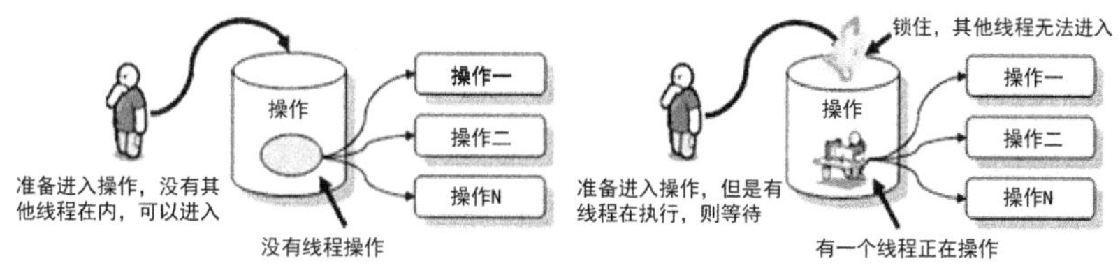

图 15-6　线程安全问题

同步代码块的语法格式如下所示：

```
synchronized(同步监视器对象){
    //......
}
```

上述代码的含义是线程在开始执行同步代码块之前，必须先获得对同步监视器的锁定（占有），换句话说如果没有获得对同步监视器的锁定，那么就不能进入同步代码块的执行，线程就会进入阻塞状态，直到对方释放了对同步监视器对象的锁定。

Java 的同步锁可以是任意类型的对象。在 HotSpot 虚拟机中，对象在内存中存储的布局可以分为三块区域：对象头（Header）、实例数据（Instance Data）和对齐填充（Padding）。HotSpot 虚拟机的对象头（Object Header）又包括两部分信息，第一部分用于存储对象自身运行时的数据，如哈希码（HashCode）、GC 分代年龄、锁状态标志、线程持有的锁、偏向线程 ID、偏向时间戳等；另一部分是类型指针，HotSpot 虚拟机通过这个指针来确定这个对象是哪个类的实例。所以同步锁看起来锁的是代码，其实本质上锁的是对象，即在同步锁对象中有锁标记，能够明确知道现在是哪个线程在占用锁。任何时刻只能有一个线程可以获得对同步监视器的锁定，当同步代码块执行结束后，该线程自然会释放对同步监视器对象的锁定。所以，我们必须保证竞争共享资源的这几个线程，选的是同一个同步监视器对象，否则无法实现同步效果。

示例代码：

下面使用同步代码块来解决售票案例的线程安全问题。

资源类（Ticket 类）的示例代码修复。

```
package com.atguigu.section05.demo2;

public class Ticket {
    private int total = 10;

    public void sale(){
        synchronized (this) {
            if (total > 0) {
                --total;
                System.out.println(Thread.currentThread().getName() + "卖出一张票，剩余:" + total);
            } else {
                throw new RuntimeException("没有票了");
            }
        }
    }

    public int getTotal(){
        return total;
    }
}
```

售票线程类示例代码。

```
package com.atguigu.section05.demo2;

public class SaleThread extends Thread {
    private Ticket ticket;

    public SaleThread(String name, Ticket ticket) {
        super(name);
        this.ticket = ticket;
    }

    public void run() {
        while (true) {
            try {
                Thread.sleep(1000);//加入休眠时间使得问题暴露的更明显
                ticket.sale();
            } catch (Exception e) {
                System.out.println(e.getMessage());
                break;
            }
        }
    }
}
```

测试类示例代码。

```
package com.atguigu.section05.demo2;

public class SaleTicketDemo2 {
    public static void main(String[] args) {
        Ticket ticket = new Ticket();

        SaleThread t1 = new SaleThread("窗口一", ticket);
        SaleThread t2 = new SaleThread("窗口二", ticket);
        SaleThread t3 = new SaleThread("窗口三", ticket);

        t1.start();
        t2.start();
        t3.start();
    }
}
```

从上述代码的运行结果中可以看出，线程安全问题被完美地解决了。

Ticket 类中使用了同步代码块，并且选择了 this 对象作为同步监视器对象，这里的 this 对象代表 Ticket 对象本身，窗口一、窗口二、窗口三线程使用的 Ticket 对象是同一个对象，即同步监视器对象是同一个对象，所以没问题。

特别提示：不是所有情况都可以使用 this 对象作为同步监视器对象的。因为当多个线程执行 synchronized 同步代码块时，this 对象代表的不是同一个对象，那么它将失去监视器的作用，即不能解决线程安全问题。

15.5.3 同步方法

Java 的多线程安全措施除了支持同步代码块，还支持同步方法。同步方法就是使用 synchronized 关键字来修饰某个方法，该方法称为同步方法。对于同步方法而言，不需要显式指定同步监视器，因为静态方法的同步监视器对象就是当前类的 Class 对象（Class 对象的详细介绍请参考第 17 章），而非静态方法的同步监视器对象调用的是当前方法的 this 对象。

示例代码：

下面使用同步方法来解决售票案例的线程安全问题。

资源类（Ticket 类）的示例代码修复。

```
package com.atguigu.section05.demo3;

public class Ticket {
   private int total = 10;

   public synchronized void sale() {
      if (total > 0) {
         --total;
         System.out.println(Thread.currentThread().getName() + "卖出一张票，剩余:" + total);
      } else {
         throw new RuntimeException("没有票了");
      }
   }

   public int getTotal() {
      return total;
   }
}
```

售票线程类示例代码。

```
package com.atguigu.section05.demo3;

public class SaleThread extends Thread{
   private Ticket ticket;

   public SaleThread(String name, Ticket ticket) {
      super(name);
      this.ticket = ticket;
   }

   public void run() {
      while (true) {
         try {
            Thread.sleep(1000);//加入休眠时间使问题暴露得更明显
            ticket.sale();
         } catch (Exception e) {
            System.out.println(e.getMessage());
            break;
         }
      }
   }
}
```

测试类示例代码。

```
package com.atguigu.section05.demo3;

public class SaleTicketDemo3 {
   public static void main(String[] args) {
      Ticket ticket = new Ticket();

      SaleThread t1 = new SaleThread("窗口一", ticket);
      SaleThread t2 = new SaleThread("窗口二", ticket);
      SaleThread t3 = new SaleThread("窗口三", ticket);

      t1.start();
      t2.start();
```

```
        t3.start();
    }
}
```

从上述代码的运行结果中可以看出，线程安全问题也被完美地解决了。

特别提示：不要对线程安全类的所有方法都加同步，只对会影响竞争资源（共享资源）的方法进行同步即可。而且也要注意非静态同步方法的默认同步的监视器对象对于竞争资源的多个线程来说是否是同一个对象，如果不是同一个对象是起不到监视作用的。

15.5.4 释放锁与否的操作

任何线程进入同步代码块、同步方法之前，都必须先获得对同步监视器的锁定，那么何时会释放对同步监视器的锁定呢？

（1）释放锁的操作。

- 当前线程的同步方法、同步代码块执行结束。
- 当前线程在同步代码块、同步方法中遇到 break 和 return 终止了该同步代码块或同步方法的继续执行。
- 当前线程在同步代码块、同步方法中出现了未处理的错误或异常，导致当前线程异常结束。
- 当前线程在同步代码块、同步方法中执行了锁对象的 wait( )等方法，当前线程被挂起，并释放锁。

（2）不会释放锁的操作。

- 当线程执行同步代码块或同步方法时，程序调用 Thread.sleep( )、Thread.yield( )方法暂停当前线程的执行。
- 当线程执行同步代码块时，其他线程调用了该线程的 suspend( )等方法将该线程挂起，该线程不会释放锁。

15.5.5 死锁

当不同的线程分别锁住对方需要的同步监视器对象不释放，都在等待对方先放弃时，就会形成死锁。一旦出现死锁，整个程序既不会发生异常，也不会给出任何提示，只是所有线程处于阻塞状态，无法继续。在实际开发中，我们要避免出现死锁问题。

案例需求：

目前，大家几乎都离不开各大电商平台。但是在电商刚刚推行之初，买卖双方是互相不信任的。卖家担心发货后顾客不付款，顾客担心付款后卖家不发货，所以卖家希望顾客先付款，卖家再发货；而顾客希望卖家先发货，等顾客收到货后再付款。如果没有中间的监管平台，那么这个问题就会出现死锁。

示例代码：

卖家线程示例代码。

```
package com.atguigu.section05.demo4;

public class Owner implements Runnable {
    private Object goods;       //商品
    private Object money;       //金钱

    public Owner(Object goods, Object money) {
        super();
        this.goods = goods;
        this.money = money;
    }
```

```
    @Override
    public void run() {
        synchronized (goods) {
            System.out.println("顾客先付钱");
            synchronized (money) {
                System.out.println("卖家发货");
            }
        }
    }
}
```

顾客线程示例代码。

```
package com.atguigu.section05.demo4;

public class Customer implements Runnable {
    private Object goods;
    private Object money;

    public Customer(Object goods, Object money) {
        super();
        this.goods = goods;
        this.money = money;
    }

    @Override
    public void run() {
        synchronized (money) {
            System.out.println("卖家先发货");
            synchronized (goods) {
                System.out.println("顾客付钱");
            }
        }
    }
}
```

死锁测试类示例代码。

```
package com.atguigu.section05.demo4;

public class DeadLockTest {
    public static void main(String[] args) {
        Object g = new Object();
        Object m = new Object();
        Owner s = new Owner(g,m);
        Customer c = new Customer(g,m);
        new Thread(s).start();
        new Thread(c).start();
    }
}
```

上述代码的运行可能发生死锁现象。如果其中的一个线程动作非常迅速，在抢到 CPU 资源后，一口气执行完自己的 run( )方法，那么就不会和对方构成竞争锁对象的关系，因此就不会出现死锁现象。

当其中一个线程（如 Owner 线程），进入了外部的同步代码块，占有了外部同步代码块的监视器对象（如 goods）后，还未来得及进入内部同步代码块，即还未占有内部同步代码块的监视器对象（如 money），那么它就失去了 CPU 资源。而此时另一个线程（如 Customer 线程），也进入了它的外部同步代码块，占有了外部同步代码块的监视器对象（如 money）后，该线程想要进入内部同步代码块执行，但是要进入内部同步代码块，就要先获取同步代码块的监视器对象（如 goods），可是此时该监视器对象 goods 正被 Owner 线程占用并还未释放，所以 Customer 线程就被阻塞了。而同时 Owner 线程再次获取 CPU 资源后，想要尽快执行完自己的代码，但此时它的内部同步代码块的监视器对象（如 money）正在被 Customer 线程占用，无法获取，所以 Owner 线程也被阻塞了，这就出现了死锁现象。

15.6 等待唤醒机制

生产者与消费者问题（Producer-Consumer Problem）也称为有限缓冲问题（Bounded-Buffer Problem），是一个多线程同步问题的经典案例。该问题描述了两个或多个共享固定大小缓冲区的线程，即所谓的生产者与消费者在实际运行时会发生的问题。生产者的主要作用是生成一定量的数据放到缓冲区，然后重复此过程，与此同时，消费者也会在缓冲区消耗这些数据。该问题的关键是要保证生产者不会在缓冲区满时加入数据，消费者也不会在缓冲区空时消耗数据。

生产者与消费者的工作模式中其实隐含了以下两个线程问题。

（1）线程安全问题：因为生产者与消费者共享数据缓冲区，所以这个问题通过同步机制解决。

（2）线程协调工作问题：这个问题需要通过等待唤醒机制来解决。让生产者线程在缓冲区满时等待，暂停进入阻塞状态，等到下次消费者消耗了缓冲区的数据时，通知正在等待的线程恢复到就绪状态，重新开始往缓冲区添加数据。同样，也可以让消费者线程在缓冲区空时进入等待，暂停进入阻塞状态，等到生产者往缓冲区添加数据后，再通知正在等待的线程恢复到就绪状态。线程通信案例如图 15-7 所示。

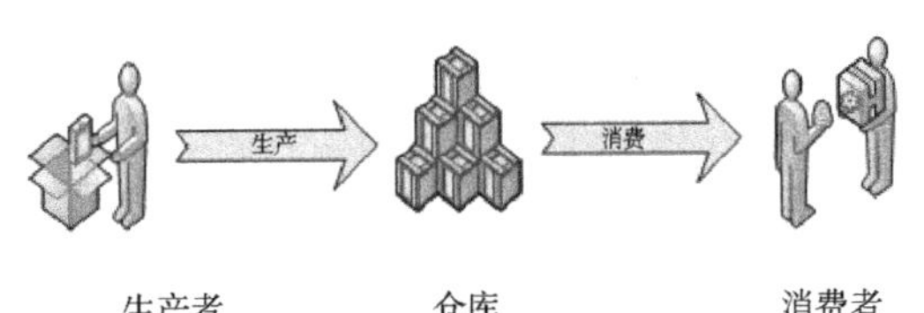

图 15-7 线程通信案例

Object 类中提供了 wait、notify、notifyAll 方法，这三个方法并不属于 Thread 类，是因为这三个方法必须用同步监视器对象调用，而同步监视器对象可以是任意类型的对象，所以它们只能声明在 Object 类中。如果不是同步监视器对象来调用 wait 和 notify 方法，则会报 IllegalMonitorStateException。

15.6.1 案例：初级快餐店

案例需求：

有家快餐店的规模比较小，后厨与饭堂之间的取餐口比较小，只能放一份快餐（这里把上限定为一是故意让问题极端化，使问题暴露得更明显一些），厨师做完快餐后会放在取餐口的工作台上，服务员从取餐口的工作台取出快餐给顾客。现在该餐馆只有一个厨师和一个服务员。厨师线程相当于生产者，服务员线程相当于消费者，他们俩共享取餐口的工作台。请编写代码模拟这个工作场景。

案例分析：

首先，我们需要声明工作台这个资源类，厨师线程和服务员线程都要访问和操作工作台对象 Workbench。工作台对象中需要有表示快餐数量的成员变量，并且需要设计两个方法，一个是 put 方法，用于实现厨师做好快餐访问工作台的需求，即快餐数量增加；另一个是 take 方法，用于实现服务员取走快餐访问工作台的需求，即快餐数量减少。

其次，我们需要声明两个线程类，一个表示厨师线程（Cook），在其 run 方法中，通过工作台对象调用 put 方法；另一个表示服务员线程（Waiter），通过工作台对象调用 take 方法。这里要考虑到厨师线程和服务员线程操作的是同一个工作台，所以需要在创建厨师线程对象和服务员线程对象时，通过参数传入工作台对象。

示例代码：

工作台类示例代码。

```
package com.atguigu.section06.demo1;

public class Workbench {
    private static final int MAX_VALUE = 1;        //工作台最大能存放快餐数量
    private int num;                               //工作台上快餐数量

    //厨师制作快餐
    public synchronized void put() {               //加锁，锁对象是 this
        if (num >= MAX_VALUE) {
            try {
                this.wait();                       //厨师线程等待，wait 方法由锁对象 this 调用
            } catch (InterruptedException e) {
                e.printStackTrace();
            }
        }
        try {
            Thread.sleep(100);//加入睡眠时间是放大问题现象
        } catch (InterruptedException e) {
            e.printStackTrace();
        }
        num++;
        System.out.println("厨师制作了一份快餐，现在工作台上有：" + num + "份快餐");
        this.notify();
    }

    //服务员取走快餐
    public synchronized void take() {//加锁，锁对象是 this
        if (num <= 0){
            try {
                this.wait();           //服务员线程等待，wait 方法由锁对象 this 调用
            } catch (InterruptedException e) {
                e.printStackTrace();
            }
        }
        try {
            Thread.sleep(100);
        } catch (InterruptedException e) {
            e.printStackTrace();
        }
        num--;
        System.out.println("服务员取走了一份快餐，现在工作台上有：" + num + "份快餐");
        this.notify();
    }
}
```

厨师线程类示例代码。

```
package com.atguigu.section06.demo1;

public class Cook extends Thread {
    private Workbench workbench;

    public Cook(Workbench workbench) {
        super();
        this.workbench = workbench;
    }

    public void run(){
        while(true) {
            workbench.put();
        }
```

```
    }
}
```

服务员线程类示例代码。

```
package com.atguigu.section06.demo1;

public class Waiter extends Thread {
   private Workbench workbench;

   public Waiter(Workbench workbench) {
      super();
      this.workbench = workbench;
   }

   public void run(){
      while (true) {
         workbench.take();
      }
   }
}
```

测试类示例代码。

```
package com.atguigu.section06.demo1;

public class OneAndOneTest {
    public static void main(String[] args) {
         Workbench bench = new Workbench();
         Cook c = new Cook(bench);
         Waiter w = new Waiter(bench);

         c.start();
         w.start();
    }
}
```

上述代码中工作台是厨师（生产者）和服务员（消费者）共同访问的资源对象，而且两个线程都有写操作，所以就会有线程安全问题。我们必须给工作台（数据缓冲区）对象的 put 和 take 方法都加同步（synchronized）处理。

另外，因为工作台（数据缓冲区）是有上限（MAX_VALUE=1）和下限（0）的，所以需要借助 wait 和 notify 方法实现线程通信。当 num 达到上限时，厨师（生产者）线程就必须 wait，当 num 达到下限时，服务员（消费者）线程就必须 wait。厨师做（生产）了新的菜（数据）之后，就可以 notify 其他线程（现在和它互动的只有服务员线程）恢复工作，反过来也一样。因为工作台对象的 put 和 take 方法都是非同步静态方法，所以该方法中的同步监视器对象（锁）默认是 this 对象。因此在 put 和 take 方法中必须使用 this 对象调用 wait 和 notify 方法，否则就会报 IllegalMonitorStateException。

15.6.2 案例：快餐店升级

案例需求：

15.6.1 节中的快餐店经营良好，开始出现顾客逐渐增多的良好趋势，现在快餐店虽然还未拓展面积，取餐口的工作台仍然只能放一份快餐（这里把上限定为一是故意让问题极端化，使问题暴露得更明显一些），厨师做完快餐后放在取餐口的工作台上，服务员从取餐口的工作台取出快餐给顾客，但是现在有多个厨师和多个服务员可以同时工作。请编写代码模拟这个工作场景。

示例代码：

修改工作台类示例代码。

```
package com.atguigu.section06.demo2;

public class Workbench {
    private static final int MAX_VALUE = 1;
    private int num;
    public synchronized void put() {
        while(num >= MAX_VALUE){            //if 修改为 while
            try {
                this.wait();
            } catch (InterruptedException e) {
                e.printStackTrace();
            }
        }
        try {
            Thread.sleep(100);//加入睡眠时间是放大问题现象
        } catch (InterruptedException e) {
            e.printStackTrace();
        }
        num++;
        System.out.println("厨师制作了一份快餐，现在工作台上有：" + num + "份快餐");
        this.notifyAll();                //改为调用 notifyAll()方法
    }
    public synchronized void take() {
        while (num <= 0) {              //if 修改为 while
            try {
                this.wait();
            } catch (InterruptedException e) {
                e.printStackTrace();
            }
        }
        try {
            Thread.sleep(100);
        } catch (InterruptedException e) {
            e.printStackTrace();
        }
        num--;
        System.out.println("服务员取走了一份快餐，现在工作台上有：" + num + "份快餐");
        this.notifyAll();   //改为调用 notifyAll()方法
    }
}
```

厨师线程和服务员线程的代码不变。

厨师线程示例代码。

```
package com.atguigu.section06.demo2;

public class Cook extends Thread {
    private Workbench workbench;

    public Cook(Workbench workbench) {
        super();
        this.workbench = workbench;
    }

    public void run() {
        while (true) {
            workbench.put();
        }
    }
}
```

服务员线程示例代码。

```
package com.atguigu.section06.demo2;

public class Waiter extends Thread {
   private Workbench workbench;

   public Waiter(Workbench workbench) {
      super();
      this.workbench = workbench;
   }

   public void run() {
      while (true) {
         workbench.take();
      }
   }
}
```

测试类示例代码。

```
package com.atguigu.section06.demo2;

public class ManyAndManyTest {
    public static void main(String[] args) {
        Workbench bench = new Workbench();
        Cook c1 = new Cook(bench);
        Cook c2 = new Cook(bench);
        Waiter w1 = new Waiter(bench);
        Waiter w2 = new Waiter(bench);

        c1.start();
        c2.start();
        w1.start();
        w2.start();
    }
}
```

该升级案例主要修改的有两个地方，一个是测试类中创建了多个厨师线程和服务员线程，另一个是工作台的修改。

首先，工作台把 wait 方法的判断条件从 if 换成了 while。如果判断条件是 if，一旦该线程从等待中被唤醒，就会执行下面的代码，不会重复判断条件，那么就可能出现本来应该继续等待的对象，却去工作了的情况。例如，假设一种情况，此时 num=1，厨师线程先后等待，正常工作的服务员线程取走一份菜（num=0）后，通知了正在等待的线程恢复工作，它唤醒的是其中一个厨师线程，厨师线程抢到了 CPU 资源，该厨师线程做了一份菜（num=1）后，通知了正在等待的线程恢复工作，它唤醒的正好是另一个之前等待的厨师线程，被唤醒的厨师线程也抢到了 CPU 资源，又做了一份菜（num=2），这就导致了有一份菜没地方放的问题，如图 15-8 所示。如果把 if 换成 while，被唤醒的线程就会重复判断条件，如果等待的条件仍然满足，则继续等待，否则退出 while 循环，执行下面的代码。

其次，工作台把 notify 方法换成了 notifyAll 方法，这是因为 notify 方法只会通知一个等待的线程恢复工作。如果此时出现了一种特殊情况，如此时 num=1，厨师线程先后等待，正常工作的服务员线程取走一份菜（num=0）后， 通知了正在等待的线程恢复工作，它唤醒的是其中一个厨师线程，而厨师线程并未抢到 CPU 资源，两个服务员线程先后抢到了 CPU 资源，但是此时 num=0，所以服务员线程先后等待，现在只有一个厨师线程在工作，它做了一份菜（num=1）后，通知了正在等待的线程恢复工作，它唤醒的正好是另一个之前等待的厨师线程，两个厨师线程因为 num=1，也先后等待了，那么就会导致所有线程都在等待，整个程序卡死，如图 15-9 所示。所以要把 notify 换成 notifyAll，notifyAll

可以唤醒所有等待的线程而不是一个线程。

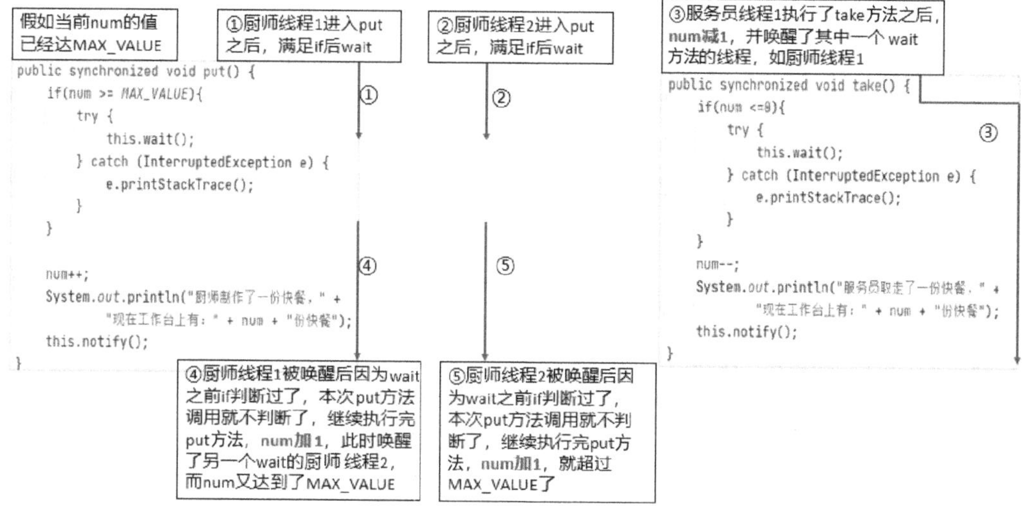

图 15-8 多个厨师线程和服务员线程通信案例之 if 条件的问题

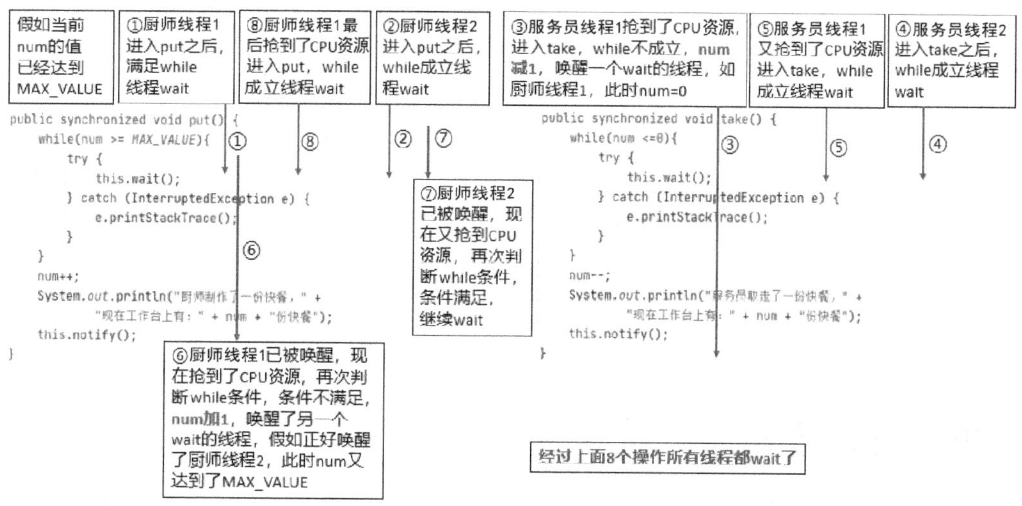

图 15-9 多个厨师线程和服务员线程通信案例之 notify 条件问题

15.6.3 案例：交替打印数字

案例需求：

实现两个线程交替打印 1～100 整数，一个线程打印奇数，另一个线程打印偶数，要求输出结果有序，即奇数线程打印一个数字后，交给偶数线程打印一个偶数，再让奇数线程继续打印，以此类推。

案例分析：

因为两个线程需要交替打印 1～100 的整数，所以声明一个打印数字线程类（PrintNumber），并且用一个 num 变量记录当前需要打印的数字，两个线程交替修改。同一个时刻修改 num 值和打印 num 值的代码只能让一个线程运行，所以必须放到同步块或同步方法中。实现交替打印的效果，就是一个线程打印完就等待，这样另一个线程就可以打印。另外，要记得唤醒等待的线程。

示例代码：

打印数字线程类示例代码。

```
package com.atguigu.section06.demo3;
```

```java
public class PrintNumber implements Runnable {
    private int num = 1;

    public void run() {
        while (true) {
            synchronized (this) {
                try {
                    this.notify();
                    if (num <= 100) {
                        System.out.println(Thread.currentThread().getName() + ":" + num);
                        num++;
                        this.wait();
                    } else {
                        break;
                    }
                } catch (InterruptedException e) {
                    e.printStackTrace();
                }
            }
        }
    }
}
```

测试类示例代码。

```java
package com.atguigu.section06.demo3;

public class PrintNumberTest {
    public static void main(String[] args) {
        PrintNumber p = new PrintNumber();

        new Thread(p).start();
        new Thread(p).start();
    }
}
```

15.7 单例设计模式

单例设计模式是软件开发中最常用的设计模式之一，它是某个类在整个系统中只能有一个实例对象可被获取和使用的代码模式。例如，代表 JVM 运行环境的 Runtime 类。

大家可以参照枚举类的设计思路设计一个单例类：第一，构造器私有化，这样在外面无法创建该类的对象；第二，在单例类的内部创建好唯一的实例对象，并且使外面可以获取到该实例对象。根据创建单例类对象的时机，单例设计模式可以分为饿汉式和懒汉式两种。

15.7.1 饿汉式

所谓饿汉式，是指在类初始化时，直接创建对象，就像一个人很饿，看到食物后直接就吃，饥不择食。饿汉式单例设计模式的优点是不存在线程安全问题，因为 Java 的类加载和初始化的机制绝对可以保证线程安全；缺点是不管你暂时是否需要该实例对象，都会创建，这会使得类初始化时间及对象占用内存时间加长。饿汉式单例设计模式的实现方式有如下三种。

（1）直接实例化。

直接实例化采用的是 JDK 1.5 之前实现枚举类的方式，如下所示。

```java
package com.atguigu.section07;

public class Singleton1 {
```

```
    public static final Singleton1 INSTANCE = new Singleton1();
    private Singleton1() {

    }
}
```

（2）新式枚举式。

JDK 1.5 之后有更简单的方式实现枚举了，如下所示。

```
package com.atguigu.section07;

public enum Singleton2 {
    INSTANCE
}
```

（3）饿汉式静态代码块。

当创建单例类的实例对象，需要做的初始化操作比较复杂时，可以选择在静态代码块中做相关的初始化操作，然后创建该实例对象，具体操作步骤如下所示。

第一步：在 src 下先建立一个 single.properties 文件，文件内容如下所示。

```
info=atguigu
```

第二步：编写单例类。

示例代码：

```
package com.atguigu.section07;

import java.io.IOException;
import java.util.Properties;

public class Singleton3 {
   public static final Singleton3 INSTANCE;
   private String info;

    //静态代码块
   Static {
      try {
         Properties pro = new Properties();
         pro.load(Singleton3.class.getClassLoader().getResourceAsStream("single.properties"));
         INSTANCE = new Singleton3(pro.getProperty("info"));
      } catch (IOException e) {
         throw new RuntimeException(e);
      }
   }

   private Singleton3(String info) {
      this.info = info;
   }

   @Override
   public String toString() {
      return "Singleton3{info=" + info +"}";
   }
}
```

测试类示例代码：

```
package com.atguigu.section07;

public class TestSingle3 {
   public static void main(String[] args) {
      System.out.println(Singleton3.INSTANCE);
```

```
    }
}
```

上述代码把 single.properties 文件放到了 src 下，当项目工程编译时，会把 src 下的资源文件同.java 文件一起编译到类路径下，即和字节码文件放在一起。当需要加载 single.properties 文件时，可以让类加载器帮忙加载（类加载器可以参考第 17 章）。

15.7.2 懒汉式

所谓懒汉式，是指延迟创建对象，直到用户获取这个对象时再创建，就像懒人做事一样，不到逼不得已，绝对不会主动干活，在最后期限之前能拖就拖。懒汉式单例设计模式的优点是不用时不创建，用时再创建，减少了对象占用内存的时间；缺点是可能存在线程安全问题。

懒汉式单例设计模式的实现方式主要有以下两种。

- 一种是在 get 单例对象的方法中创建单例对象，该实现方式可能存在线程安全问题。
- 另一种是用静态内部类形式存储单例类对象，该实现方式没有线程安全问题。

（1）在 get 单例对象的方法中创建单例对象。

为了说明问题，我们先写一个有线程安全问题的版本。

示例代码：

单例类示例代码。

```
package com.atguigu.section07;

public class Singleton4 {
    private static Singleton4 instance;

    //私有构造器
private Singleton4() {

    }
    public static Singleton4 getInstance(){
        if (instance == null) {

            try {
                Thread.sleep(100);
            } catch (InterruptedException e) {
                e.printStackTrace();
            }

            instance = new Singleton4();
        }
        return instance;
    }
}
```

测试类示例代码。

```
package com.atguigu.section07;

public class SingletonTest {
    private static Singleton4 instance1;
    private static Singleton4 instance2;

    public static void main(String[] args) {

        Thread t1 = new Thread(){
            public void run(){
                instance1 = Singleton4.getInstance();
```

```
                }
            };
            t1.start();

            Thread t2 = new Thread(){
                public void run(){
                    instance2 = Singleton4.getInstance();
                }
            };
            t2.start();

            try {
                t1.join();
                t2.join();
            } catch (InterruptedException e) {
                e.printStackTrace();
            }
            System.out.println(instance1);
            System.out.println(instance2);
            System.out.println(instance1 == instance2);
        }
}
```

上面的代码在运行时出现了线程安全问题，这就会出现创建两个单例类实例对象的情况。

我们需要改进一下单例类的代码，来避免线程安全问题。

改进版单例类示例代码。

```
package com.atguigu.section07;

public class Singleton5 {

    private static Singleton5 instance;
    //私有构造器
    private Singleton5(){

    }
    //双重检查锁
    public static Singleton5 getInstance(){
        if (instance == null){
            synchronized (Singleton5.class) {//加锁
                if(instance == null){//再次判空
                    try {
                        Thread.sleep(1000);
                    } catch (InterruptedException e) {
                        e.printStackTrace();
                    }

                    instance = new Singleton5();
                }
            }
        }
        return instance;
    }
}
```

再次用多个线程获取单例类的实例对象，这时我们可以发现线程安全问题已经解决。

（2）静态内部类形式存储单例类对象。

示例代码：

静态内部类形式的单例类示例代码。

```
package com.atguigu.section07;

public class Singleton6 {

    //私有构造器
    private Singleton6(){

    }
    //静态内部类
    private static class Inner {
        private static final Singleton6 INSTANCE = new Singleton6();
    }

    public static Singleton6 getInstance(){
        return Inner.INSTANCE;
    }
}
```

因为静态内部类 Inner 的初始化并不是随着外部类的初始化而初始化的，而是在调用 getInstance 方法使用到 Inner 类时才初始化的。

15.8 本章小结

本章简单介绍了线程的基本概念、线程和进程之间的区别和联系，详细介绍了如何创建、启动多线程，以及线程的生命周期，并通过案例演示了控制线程的几个方法，还分析了多个线程一起工作时的线程安全问题，生产者与消费者问题，并给出了相应的解决方案。最后本章对单例设计模式做了详细讲解，使用了多种方式进行实现，让大家在面对单例设计模式的企业面试时，可以从容应对。

关于锁的状态有无锁状态、偏向锁、轻量级锁和重量级锁四种，锁的类型也有悲观锁和乐观锁之分，这些知识对于初学 Java SE 的人来说有点过于复杂和深奥了，它需要更多的相关背景知识才能理解，所以本章并没有详细讲解同步锁的工作原理。另外，在 JDK 1.5 之后的 Java 核心类库中还新增了 java.util.concurrent 包的更多 API 来支持更为复杂的多线程编程实现，这部分会在多线程高级部分讲解，敬请期待。

第16章 网络编程

到目前为止，我们能够实现的程序功能已经很强大了。但就像一个人一样，在本地成长得很厉害之后，就会不甘心安于一隅，心中总会有一个声音在回荡，“世界那么大，我想去看看”。无论是人还是程序，可以与外面的世界进行交流和交互都是最基本的需求，我们写的 Java 程序也到了该与网络中的其他主机或程序进行通信的阶段了。

JDK 8 在 java.net 和 javax.net 包中提供了大量的 API 以支持程序员编写网络通信相关的程序。本章将给大家简要介绍网络基础知识和网络编程的核心 API，并且通过丰富的案例演示基于 TCP 和 UDP 的网络编程实现，这对大家继续学习 Java SE 之后的 Java EE 有很大的帮助。

16.1 网络基础知识

所谓计算机网络，是指把分布在不同地理区域的计算机与专门的外部设备用通信线路互连成一个规模大、功能强的网络，从而使众多的计算机可以方便地互相传递信息，共享硬件、软件、数据信息等资源。

生活在今天的我们，没有网络是相当可怕的，我们每天几乎都在使用所谓的云计算、云服务、云备份，而搜索引擎检索信息、即时通信、在线支付等同样都需要用网络来实现。

16.1.1 网络的分类

计算机网络有很多种，按照网络的传输介质不同可以分为双绞线网、同轴电缆网、光纤网、卫星网等。还有无线传输网，如遥控器的传输介质是红外线，Wi-Fi、蓝牙的传输介质是无线电波，它们都是电磁波的一种。

按照网络的拓扑结构不同，可以分为星型网络、总线型网络、环型网络、网型网络、树型网络、混合型网络等，如图 16-1 所示。

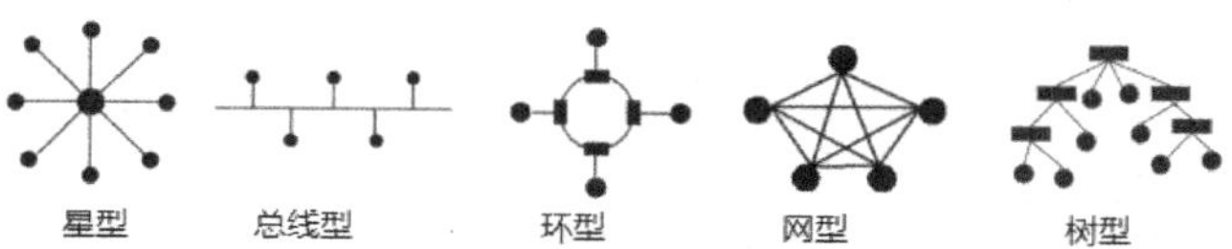

图 16-1 网络拓扑结构

按照网络模式不同，可以分为局域网、城域网和广域网。

（1）局域网（Local Area Network，LAN）：是指在某个区域中由多台计算机互连而成的计算机组，区域一般是方圆几千米以内。局域网可以实现文件管理、应用软件共享、打印机共享、工作组内的日程安排、电子邮件和传真通信服务等功能。

（2）城域网（Metropolitan Area Network，MAN）：是指在一个城市范围内建立的计算机通信网。由于其采用具有有源交换元件的局域网技术，所以网络传输时延较小。城域网的传输媒介主要采用光缆，传输速率在 100 兆比特/秒以上。城域网的一个重要用途就是用作骨干网，通过它可以将位于同一个城市内不同地点的主机、数据库，以及局域网等互相连接起来，这与广域网的用途有相似之处，但两者在实现方法与性能上有很大差别。

（3）广域网（Wide Area Network，WAN）：又称为外网、公网，是连接不同地区局域网或城域网的远程网。广域网通常可以跨越很大的物理范围，所覆盖的范围从几十千米到几千千米，能连接多个地区、城市和国家，或者横跨几个洲，并且能提供远距离通信，形成国际性的远程网络。

那么，什么是互联网、因特网、万维网呢？

（1）由两台或多台设备组成的网络叫互联网。互联网有广域网、城域网及局域网之分。国际标准的互联网写法是 internet，字母 i 小写。

（2）因特网是互联网中的一种，它可不是仅由两台设备组成的网络，而是由上千万台设备组成的网络（该网络具备一定规模）。国际标准的因特网写法是 Internet，字母 I 大写。

（3）www（World Wide Web，万维网）是存储在因特网计算机中、数量巨大的文档的集合，这些文档称为页面，是一种超文本（Hypertext）信息，可以用于描述超媒体。文本、图形、视频、音频等多媒体，称为超媒体（Hypermedia）。万维网上的信息是由彼此关联的文档组成的，而使其连接在一起的是超链接（Hyperlink），顺着超链接走的行为又叫浏览网页。相关的数据通常排成一群网页，又叫网站。www 的核心由三个主要的标准构成：URL（统一资源定位符，负责定位文档）、HTTP（超文本传输协议，负责传送文档）、HTML（超文本标记语言，负责展示文档中的文字、图片、声音、表格，链接等）。

16.1.2 网络协议

不管处于哪种网络，通信都是网络最基本的要求，计算机网络实现通信必须有一些约定（通信协议）对速率、传输代码、代码结构、传输控制步骤、出错控制等制定标准。

网络通信必须有硬件和软件方面的支持，由于世界上的大型计算机厂商都推出了各自不同的网络体系结构，影响了网络通信的统一性，因此国际标准化组织（ISO）于 1978 年提出了著名的 OSI（Open System Interconnection，开放系统互联）参考模型。OSI 参考模型把计算机网络分成物理层、数据链路层、网络层、传输层、会话层、表示层、应用层共七层。

OSI 参考模型虽然完备，但是太复杂，不实用。之后推出的 TCP/IP 参考模型经过一系列的修改和完善得到了广泛的应用。TCP/IP 参考模型将网络分为四层，即传输层、应用层、网络互联层、网络接口层。网络协议模型如图 16-2 所示。

我们通常说的 TCP/IP，是指 TCP/IP 协议族。因为该协议家族的两个核心协议 TCP（Transmisson Control ProtoCOL，传输控制协议）和 IP（Internet Protocol，网际协议），是该家族中最早通过的协议，所以简称为 TCP/IP。TCP/IP 参考模型主要协议的层次关系如图 16-3 所示。

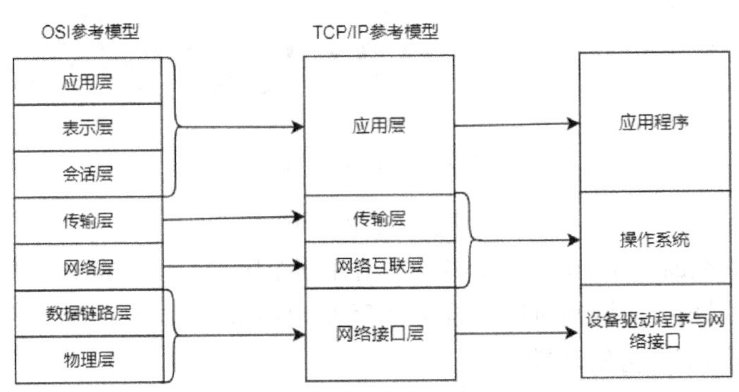

图 16-2　网络协议模型

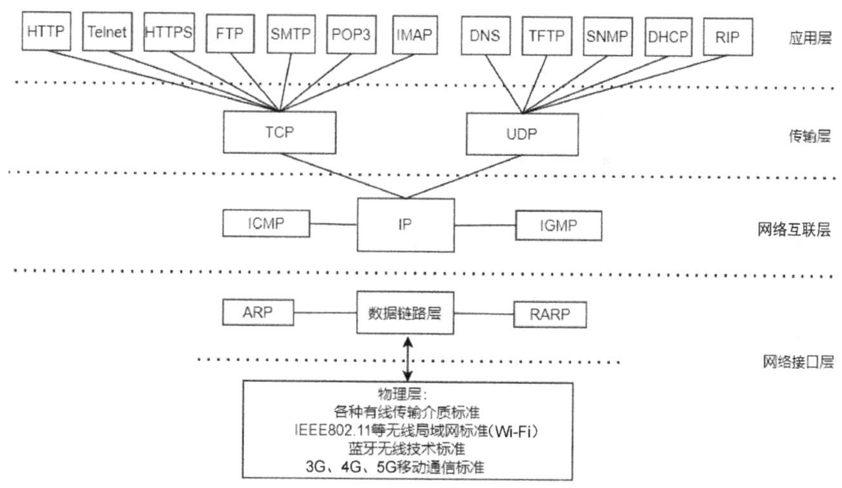

图 16-3　TCP/IP 参考模型主要协议的层次关系

（1）网络层。

IP 是一种低级的路由协议，负责把数据从源地址传送到目的地址。IP 在源地址和目的地址之间传送一种叫数据包的东西，还提供对数据包大小的重新组装功能，以适应不同网络对数据包大小的要求，但是无法保证所有数据包都能抵达目的地址，也不能保证数据包抵达的顺序。

IP 地址是逻辑地址，在网络底层的物理传输过程中，是通过物理地址来识别主机的，这个物理地址也是全球唯一的，称为 MAC 地址。MAC 地址前 24 位是厂家编号，由 IEEE 分配给厂家，后 24 位是序列号，由厂家自行分配。地址解析协议（Address Resolution Protocol，ARP）是将 IP 地址解析为 48 位的以太网地址（MAC 地址）的协议；而反向地址解析（Reverse Address Resolution Protocol，RARP）则将 48 位以太网地址（MAC 地址）解析为 IP 地址的协议。

因特网控制报文协议（Internet Control Message Protocol，ICMP）用在 IP 主机和路由器之间传递控制消息。控制消息指的是主机是否可达、网络通不通、路由是否可用等消息，这些控制消息虽然并不传输用户数据，但是对用户数据的传输起着重要作用。

IGMP（Internet Group Management Protocol）是一个组播协议，运行在主机和组播路由器之间。

（2）传输层。

TCP 是一种面向连接的、可靠的、基于字节流的传输层通信协议，如果某些数据包没有收到，则会重发，并对数据包内容的准确性进行检查，最后按照数据包原有的顺序对信息进行重组。

UDP（User Datagram Protocol，用户数据报协议）是一种不可靠的、无连接的数据报协议，源主机在传送数据包前不需要和目标主机建立连接，数据附加了源端口号和目标端口号等 UDP 报头字段后，直接发往目的地址，因为实现没有建立连接，所以无法保证接收方收到消息，但是它比 TCP 更高效。

（3）位于应用层的协议。

- HTTP（Hyper Text Transfer Protocol，超文本传输协议）：提供访问超文本信息功能，是 WWW 浏览器和 WWW 服务器之间的应用层通信协议。
- HTTPS（Hyper Text Transfer Protocol Secure，超文本传输安全协议）：是 HTTP 与 SSL 的组合，用以提供加密通信及对网络服务器身份的鉴定。
- FTP（File Transfer Protocol，文件传输协议）：用于在因特网上控制文件的双向传输。
- SNMP（Simple Network Management Protocol，简单网络管理协议）：用在应用层上进行网络设备间通信。
- Telnet（Terminal Emulation Protocol，终端仿真协议）：用于实现远程登录、远程管理交换机和路由器。

还有以下几种常见的电子协议。

- SMTP（Simple Mail Transfer Protocol，简单邮件传输协议）：主要负责底层的邮件系统，将邮件从一台设备发送到另一台设备。
- POP（Post Office Protocol，邮局协议）：目前的版本是 POP3，负责把邮件从邮件服务器下载到本机。
- IMAP（Internet Message Access Protocol，因特网邮件访问协议）：是 POP 3 的替代协议，提供了邮件检索和邮件的新功能。

因为应用层协议繁多，这里就不一一介绍了。

16.1.3 IP 地址

IP 地址用于标识网络中的一个通信实体，这个通信实体可以是一台计算机，也可以是一台打印机，或者是路由器的一个端口。而在 IP 网络中传输的数据包，都必须使用 IP 地址来进行标识。

我们写信、发快递时，要标明收件人的通信地址和发件人的通信地址，邮政人员和物流快递员则通过该通信地址决定信件、包裹的去向。

IP 地址是一个 32 位的整数，为了便于记忆，通常把它分为四个 8 位的二进制数，每 8 位数之间用圆点隔开，格式为×.×.×.×，其中每个×表示地址中的 8 位二进制数，用十进制[0,255]的值表示，如 222.222.88.104。

因特网委员会定义了五种 IP 地址类型，用以适用不同容量的网络，即 A 类～E 类。其中 A、B、C 这三类由 Internet NIC（Internet Network Information Center，国际互联网络信息中心）在全球范围内统一分配，IP 地址的分类如表 16-1 所示。D、E 类为特殊地址，D 类地址用于多目的地址信息的传输或作为备用，E 类地址保留，仅用于实验和开发。

表 16-1 IP 地址的分类

类型	最大网络数	IP 地址范围	最大主机数	私有 IP 地址范围
A	$126(2^7-2)$	0.0.0.0～127.255.255.255	16777214	10.0.0.0～10.255.255.255
B	$16384(2^{14})$	128.0.0.0～191.255.255.255	65534	172.16.0.0～172.31.255.255
C	$2097152(2^{21})$	192.0.0.0～223.255.255.255	254	192.168.0.0～192.168.255.255

上面所讲的 IP 地址其实是 IPv4，现在还有 IPv6。IPv4 最大的问题在于网络地址资源有限，严重制约了互联网的应用和发展，IPv6 是 IETF（Internet Engineering Task Force，国际互联网工程任务组）设计的用于替代现行版本 IP 地址（IPv4）的下一代 IP 地址，号称可以为全世界的每一粒沙子都分配上一个网址。IPv4 和 IPv6 的地址格式不相同，因此在很长一段时间内，互联网中仍然是 IPv4 和 IPv6 长期共存的局面。2012 年 6 月 6 日，国际互联网协会举行了世界 IPv6 启动纪念日，宣布全球 IPv6 网络正式启动。多家知名网站，如 Google、Facebook 和 Yahoo 等，在当天全球标准时间 0 点整（北京时间 8 点整）开始永久性支持 IPv6 访问。2018 年 6 月，三大运营商联合阿里云宣布，将全面对外提供 IPv6 服务，并计划在 2025 年前助推中国互联网真正实现“IPv6 Only”。同年 7 月，百度云制定了中国的 IPv6 改造方案。2018 年 8 月 3 日，工业和信息化部信息通信发展司召开 IPv6 规模部署及专项督查工作全国电视电话会议，中国将分阶段有序推进规模建设 IPv6 网络，实现下一代互联网在经济社会各领域深度融合。

IPv6 的地址长度为 128 位，是 IPv4 地址长度的 4 倍，格式为×:×:×:×:×:×:×:×，其中每个×表示地址中的 16 位，以十六进制表示，如 ABCD:EF01:2345:6789:ABCD:EF01:2345:6789。

然而在实际生活中，要大家识记 IP 地址还是有些困难的，所以就有了域名，如尚硅谷的域名是 www.atguigu.com。域名和 IP 地址是相对应的，网域名称系统（Domain Name System，DNS）是因特网的一项核心服务，它作为可以将域名和 IP 地址相互映射的一个分布式数据库，能够使人们更方便地访问互联网，而不用记住能够被机器直接读取的 IP 地址数串。

java.net.InetAddress 类用于表示 IP 地址，它有两个子类 Inet4Address 和 Inet6Address，分别对应 IPv4 和 IPv6。InetAddress 类没有提供公共的构造器，而是提供了几个静态方法来获取 InetAddress 实例，InetAddress 类的常见方法如表 16-2 所示。

表 16-2　InetAddress 类的常见方法

序　号	方 法 定 义	描　述
1	InetAddress getLocalHost( )	获取本机的 InetAddress 对象
2	InetAddress getByName(String host)	根据字符串获取 InetAddress 对象
3	String getHostAddress( )	返回 IP 地址的字符串
4	String getHostName( )	返回 IP 地址的主机名，如果 IP 地址不存在或 DNS 服务器不允许进行 IP 到域名的映射，那么 getHostName( )方法就直接返回 IP 地址
5	String getCanonicalHostName( )	返回 IP 地址的完全限定域名
6	boolean isReachable(int timeout)	测试是否达到该地址

案例需求：

用 InetAddress 对象分别表示本机的 IP 地址、尚硅谷官网 IP 地址、值为“222.222.88.102”。

示例代码：

```
package com.atguigu.section01;

import java.net.InetAddress;
import java.net.UnknownHostException;

public class InetAddressTest {
    public static void main(String[] args) throws UnknownHostException {
        //获取表示本机的 IP 地址的 InetAddress 实例
        InetAddress ip1 = InetAddress.getLocalHost();
        System.out.println(ip1);
        System.out.println("hostAddress: "+ ip1.getHostAddress());
        System.out.println("hostName: "+ ip1.getHostName());

        //获取表示尚硅谷官网 IP 地址的 InetAddress 实例
        InetAddress ip2 = InetAddress.getByName("www.atguigu.com");
        System.out.println(ip2);
        System.out.println("hostAddress: "+ ip2.getHostAddress());
        System.out.println("hostName: "+ ip2.getHostName());

        //获取表示值为“222.222.88.102”的 InetAddress 实例
        byte[] ip = {(byte)222,(byte)222,88,102};
        InetAddress ip3 = InetAddress.getByAddress(ip);
        System.out.println(ip3);
        System.out.println("hostAddress: "+ ip3.getHostAddress());
        System.out.println("hostName: "+ ip3.getHostName());
    }
}
```

在计算机网络中，localhost 指本机的主机名，通过回环网络接口（Local Loopback）访问主机上运行的网络服务。localhost 通常解析为 IPv4 中的回环地址 127.0.0.1，或者 IPv6 中的回环地址::1（0:0:0:0:0:0:0:1）。回环网络机制用于访问运行在本机上的网络服务，不需要物理网络接口，也不需要从计算机连接的网络中访问，这使得 loopback 可以在没有任何硬件网络接口的情况下进行软件测试和本地服务。

16.1.4 端口号

IP 地址可以确定唯一的、网络上的通信实体，但是一个通信实体可以为多个通信程序同时提供网络服务，为了区分不同的网络服务，此时还需要使用端口号。IP 地址就好比通信的街道和门牌号，我们通过 IP 地址可以找到房子，但是房子中同时住了好几个人，如果信件和包裹要具体到某个人，那么还需要具体的名字。

端口号是一个 16 位的二进制整数，对应的十进制值在[0,65535]，通常它可以分为以下三类。

（1）公认端口（Well-Known Ports）：端口号从 0～1023。这些端口号一般固定分配给一些服务。例如，21 端口分配给 FTP（文件传输协议）服务，25 端口分配给 SMTP（简单邮件传输协议）服务，80 端口分配给 HTTP 服务。

（2）注册端口（Registered Ports）：端口号从 1024～49151。这些端口号松散地绑定于一些服务。例如，Tomcat（8080）、JBoss（8080）、Oracle（1521）、MySQL（3306）、SQLServer（1433）、QQ（1080）。

（3）动态/私有端口（Dynamic/Private Ports）：端口号从 49152～65535。这些端口号一般不固定分配给某个服务。只要运行的程序向系统提出访问网络的申请，那么系统就可以从这些端口号中分配一个端口号供该程序使用。但理论上，不应为服务分配这些端口号。

非专业人士通常都只是访问 www 服务，而 www 服务是基于 HTTP 的，默认端口号是 80，浏览器能够自动处理，所以人们感觉不到端口号的存在。

16.1.5 URL 访问互联网资源

互联网中的资源可以是简单的文件或目录，也可以是对更为复杂对象的引用，如对数据库或搜索引擎的查询等。URI（Uniform Resource Identifier，统一资源标识符）用来唯一地标识一个资源，URL（Uniform Resource Locator，统一资源定位符）是指向互联网资源的指针。URI 不能用于定位任何资源，它的唯一作用是标识，URL 则包含一个可打开到达该资源的输入流，即 URL 是一种具体的 URI，不仅可以用来标识一个资源，还指明了如何定位这个资源。例如，在尚硅谷有个人叫张三，我们要标识张三这个人，不仅可以使用他的身份证号“110114201303156666”来标识，还可以使用“住址协议://地球/中国/北京市/昌平区/宏福科技园/讲师办公室/张三”来标识和定位到他。URL 地址其实就是我们俗称的网址，即定位和获取某个网络资源的地址。

URL 的基本结构由五个部分组成。

<传输协议>://<主机名>:<端口号>/<文件名>#片段名

<传输协议>://<主机名>:<端口号>/<文件名>?参数列表

（1）其中#片段名，就是指网页中的锚点，如看小说时，可以直接定位到某个章节。例如，http://java.sun.com/index.html#chapter1。

（2）参数列表格式为“参数名 1=参数值&参数名 2=参数值”的形式。例如，http://192.168.1.100:8080/demo/index.jsp?username=atguigu&password=666。

java.net.URL 类提供了如下几种方式来创建它的对象。

（1）public URL (String spec)：通过一个 URL 地址的字符串可以构造一个 URL 对象，如下所示。

```
URL url = new URL ("http://www. atguigu.com/");
```

（2）public URL(URL context, String spec)：通过基 URL 和相对 URL 构造一个 URL 对象，如下所示。

```
URL url = new URL ("http://www. atguigu.com/");
URL downloadUrl = new URL(url, "download.html");
```

（3）public URL(String protocol, String host, String file)：通过协议名、主机名、文件名来构造一个 URL 对象，如下所示。

```
URL url = new URL("http", "www.atguigu.com", "download. html");
```

（4）public URL(String protocol, String host, int port, String file)：通过协议名、主机名、端口名、文件名来构造一个 URL 对象，如下所示。

```
URL url= new URL("http", "www.atguigu.com", 80, "download.html");
```

URL 类的常用方法如表 16-3 所示。

表 16-3　URL 类的常用方法

序　号	方 法 定 义	描　述
1	String getProtocol( )	获取该 URL 的协议名
2	String getHost( )	获取该 URL 的主机名
3	String getPort( )	获取该 URL 的端口号
4	String getPath( )	获取该 URL 的文件路径
5	String getFile( )	获取该 URL 的文件名
6	String getRef( )	获取该 URL 在文件中的相对位置
7	String getQuery( )	获取该 URL 的查询名
8	final InputStream openStream( )	返回一个用于从该连接中读入的 InputStream

URL 的 openStream( )方法能从互联网中读取数据，但是无法给服务器端发送数据。若希望给服务器端发送数据，则需要 URLConnection 类，它代表应用程序和 URL 之间的通信链接。URLConnection 的常用方法如表 16-4 所示。

表 16-4　URLConnection 的常用方法

序　号	方 法 定 义	描　述
1	void setDoOutput(boolean dooutput)	设置是否使用 URL 连接进行输出； 必须在调用所有 get 开头的方法和 connect 方法之前
2	InputStream getInputStream( )	返回从此打开的连接读取的输入流
3	OutputStream getOutputStream( )	返回写入到此连接的输出流

通常创建一个到 URL 的连接需要以下几个步骤。

（1）通过 URL 对象调用 openConnection 方法创建 URLConnection 连接对象。

（2）处理设置参数和一般请求属性。

（3）使用 connect 方法建立到远程对象的实际连接。

（4）远程对象变为可用。远程对象的头字段和内容变为可访问。

案例需求 1：

用 URL 对象表示“http://www.baidu.com:80/s?wd=尚硅谷”。

示例代码：

```
package com.atguigu.section01;

import java.net.MalformedURLException;
import java.net.URL;

public class URLTest {
    public static void main(String[] args) throws MalformedURLException {
        URL url = new URL("http://www.baidu.com:80/s?wd=尚硅谷");
        System.out.println("协议: " + url.getProtocol());
        System.out.println("主机名: " + url.getHost());
        System.out.println("端口号: " + url.getPort());
        System.out.println("路径名: " + url.getPath());
        System.out.println("查询名: " + url.getQuery());
    }
}
```

案例需求 2：

获取尚硅谷首页的网页内容。

示例代码：

```
package com.atguigu.section01;

import java.io.IOException;
import java.io.InputStream;
import java.net.URL;

public class URLReadTest {
    public static void main(String[] args) throws IOException {
        URL url = new URL("http://www.atguigu.com");
        InputStream input = url.openStream();
        byte[] data = new byte[1024];
        int len;
        while((len=input.read(data))!= -1){
            System.out.println(new String(data,0,len,"UTF-8"));
        }
        input.close();
    }
}
```

从上述代码运行结果中可以看出一个网页代码中包含 html 标签、css 样式、js 脚本。其中 html 标签用于格式化数据，css 样式用于美化数据，js 脚本用于数据交互。

案例需求 3：

在百度搜索页提交“尚硅谷”搜索关键字。

示例代码：

```
package com.atguigu.section01;

import java.io.BufferedReader;
import java.io.IOException;
import java.io.InputStream;
import java.io.InputStreamReader;
import java.net.URL;
import java.net.URLConnection;

public class URLConnectionTest {
    public static void main(String[] args) throws IOException {
        URL url = new URL("http://www.baidu.com/s");
        //通过 URL 对象调用 openConnection 方法创建 URLConnection 连接对象
        URLConnection uc = url.openConnection();
        //处理设置参数
        uc.setDoOutput(true);
        //给服务器发送请求参数
        uc.getOutputStream().write("wd=尚硅谷".getBytes());
        //使用 connect 方法建立到远程对象的实际连接
        uc.connect();
        //获取资源
        InputStream is = uc.getInputStream();
        BufferedReader br = new BufferedReader(new InputStreamReader(is,"UTF-8"));
        String str;
        while((str=br.readLine())!= null){
            System.out.println(str);
        }
        br.close();
    }
}
```

16.2 TCP Socket 网络编程

TCP 是一种端对端的协议，是一种面向连接的、可靠的、基于字节流的传输层的通信协议，可以连续传输大量的数据，类似于打电话。

这是因为当一台计算机需要与另一台远程计算机连接时，TCP 会采用三次握手的方式让它们建立一个连接，用于发送和接收数据的虚拟链路。数据传输完毕 TCP 会采用四次挥手的方式断开连接。

三次握手方式的简单描述如下所示，TCP 三次握手的简单示意如图 16-4 所示。

第一次握手：客户则主动连接服务器端，并且发送“SYN”（同步序列号），假设序列号为“J”，则服务器端被动打开。

第二次握手：服务器端在收到“SYN”后，会发送一个“SYN”及一个“ACK”（应答）给客户端，“ACK”的序列号是 J+1，表示给“SYN J”的应答，新发送的“SYN”序列号是 K。

第三次握手：客户端在收到新“SYN K, ACK J+1”后，也回应“ACK K+1”，表示收到了，然后两边就可以开始发送数据了。

如果用打电话的过程来进行比喻，则在说正事之前需要确认通话是否正常。

A：“你能听到我说话吗？”

B：“我能听到，你可以听到我说话吗？”

A：“我也可以听到你说话。”

之后就可以开始正式通话了。

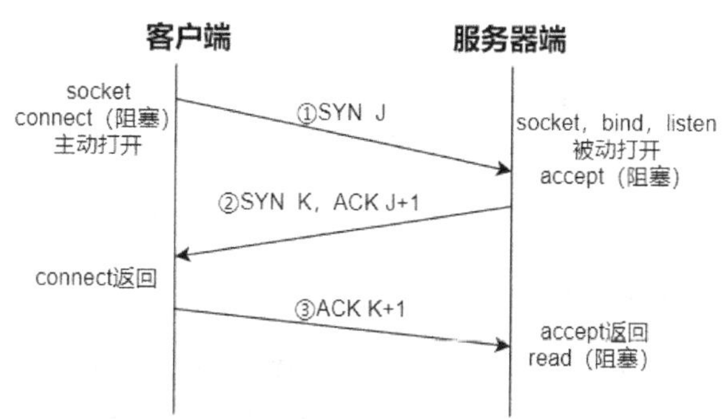

图 16-4 TCP 三次握手的简单示意

四次挥手的简单描述如下所示，TCP 四次挥手的简单示意如图 16-5 所示。

第一次挥手：客户端发出连接释放报文，并且停止发送数据。释放数据报文首部，FIN=1，其序列号为 seq=u（等于前面已经发送过来的数据的最后一字节的序号加 1），此时，客户端进入 FIN-WAIT-1（终止等待 1）状态。 TCP 规定，FIN 报文段即使不携带数据，也要消耗一个序号。

第二次挥手：服务器端收到连接释放报文，发出确认报文，ACK=1，ack=u+1，并且带上自己的序列号 seq=v，此时，服务器端就进入了 CLOSE-WAIT（关闭等待）状态。TCP 服务器端通知高层的应用进程，客户端向服务器端的方向释放，这时候处于半关闭状态，即客户端已经没有数据要发送，但是服务器端若发送数据，客户端依然要接受。这个状态还要持续一段时间，也就是整个 CLOSE-WAIT 状态持续的时间。

客户端收到服务器端的确认请求后，此时，客户端进入 FIN-WAIT-2（终止等待 2）状态，等待服务器端发送连接释放报文（在这之前还需要接收服务器端发送的最后数据）。

第三次挥手：服务器端将最后的数据发送完毕后，就向客户端发送连接释放报文，FIN=1，ack=u+1，由于处在半关闭状态，服务器端很可能又发送了一些数据，假设此时的序列号为 seq=w，服务器端就进入了 LAST-ACK（最后确认）状态，等待客户端的确认。

第四次挥手：客户端收到服务器端的连接释放报文后，必须发出确认，ACK=1，ack=w+1，而自己的序列号为 seq=u+1，此时，客户端进入了 TIME-WAIT（时间等待）状态。注意此时 TCP 连接还没有释放，必须经过两个 MSL 后，当客户端撤销相应的 TCB 后，才会进入 CLOSED 状态。MSL 是 Maximum Segment Lifetime 英文的缩写，中文可以译为“报文最大生存时间”，它是任何报文在网络上存在的最长时间，超过这个时间则报文将被丢弃。

服务器端只要收到了客户端发出的确认，就会立即进入 CLOSED 状态。同样，撤销 TCB 后，就结束了这次的 TCP 连接。可以看到，服务器端结束 TCP 连接的时间要比客户端早一些。

如果用打电话的过程来进行比喻，那么在彻底挂掉电话之前，需要确认后再挂电话。

A：“我要说的事情说完了。”

B：“好的，我最后再说一个事情……”

B：“我这边也说完了，可以挂电话了。”

A：“好的，拜拜。”

此时 B 挂掉电话，等了一会儿 A 也挂断电话。

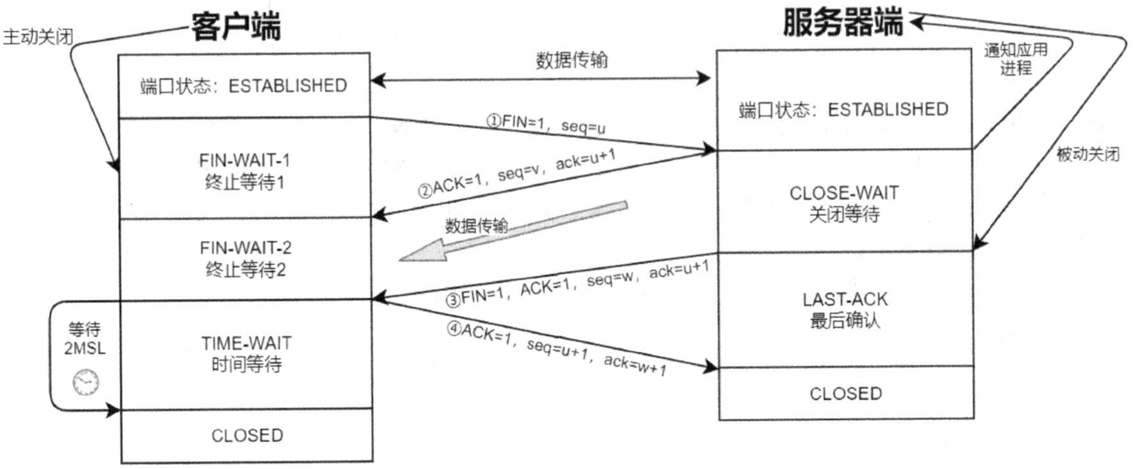

图 16-5　TCP 四次挥手简单示意

16.2.1　Socket 介绍

Socket（套接字）是 TCP/IP 中一个十分流行的编程接口，一个 Socket 由一个 IP 地址和一个端口号唯一确定，一旦建立连接，Socket 还会包含本机和远程主机的 IP 地址和端口号。Socket 是成对出现的，通信的两端都要有 Socket，它是两台设备间通信的端点，网络通信其实就是 Socket 间的通信，基于 Socket 的数据发送与接收过程如图 16-6 所示。

Socket 可以分为以下几种。

- 流套接字（Stream Socket）：使用 TCP 提供可依赖的字节流服务，包括 ServerSocket 和 Socket。
- 数据报套接字(Datagram Socket)：使用 UDP 提供“尽力而为”的数据报服务，如 DatagramSocket。

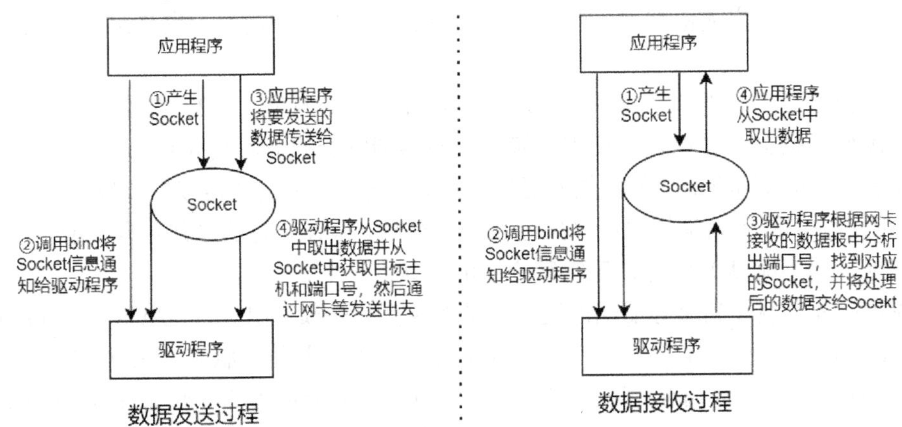

图 16-6　基于 Socket 的数据发送与接收过程

Socket 类的常用方法如表 16-5 所示。

表 16-5　Socket 类的常用方法

序　号	方法定义	描　述
1	Socket(InetAddress address,int port)	创建一个流套接字并将其连接到指定 IP 地址的指定端口号
2	Socket(String host,int port)	创建一个流套接字并将其连接到指定主机的指定端口号
3	InputStream getInputStream( )	返回此套接字的输入流，可以用于接收消息
4	OutputStream getOutputStream( )	返回此套接字的输出流，可以用于发送消息
5	InetAddress getInetAddress( )	返回此套接字连接到的远程 IP 地址，如果未连接，则返回 null
6	InetAddress getLocalAddress( )	返回套接字绑定的本地地址
7	InetAddress getInetAddress( )	返回此套接字连接到的远程 IP 地址，如果未连接，则返回 null
8	InetAddress getLocalAddress( )	返回套接字绑定的本地地址
9	int getPort( )	返回套接字连接到的远程端口号
10	int getLocalPort( )	返回套接字绑定到的本地端口
11	void close( )	关闭此套接字
12	void shutdownInput( )	如果在套接字上调用 shutdownInput( )方法后从套接字输入流读取内容，则流将返回 EOF（文件结束符），即不能再从这个套接字的输入流中接收任何数据
13	void shutdownOutput( )	禁用此套接字的输出流

调用 Socket 的 shutdownInput( )和 shutdownOutput( )方法，仅关闭输入流和输出流，并不等于调用 Socket 的 close( )方法。在通信结束后，仍然要调用 Scoket 的 close( )方法，因为只有该方法才会释放 Socket 占用的资源，如占用的本地端口号等。

ServerSocket 类本身不能直接获得 IO 流对象，而是通过 accept( )方法返回 Socket 对象，然后通过 Socket 对象取得 IO 流对象，进行网络通信。ServerSocket 类的常用方法如表 16-6 所示。

表 16-6　ServerSocket 类的常用方法

序　号	方法定义	描　述
1	ServerSocket(int port)	创建绑定到特定端口的服务器套接字
2	Socket accept( )	侦听并接收到此套接字的连接，此方法在连接传入之前一直阻塞
3	void close( )	关闭此套接字

Socket 与流类似，所占用的资源不能通过 JVM 的垃圾回收器回收，需要开发人员释放。一种方法是可以在 finally 代码块调用 close( )方法关闭 Socket，释放流所占用的资源；另一种方法是自动资源管理技术释放资源，Socket 和 ServerSocket 都实现了 AutoCloseable 接口。

16.2.2　基于 TCP 的网络通信程序结构

Java 基于套接字的 TCP 编程分为服务器端编程和客户端编程，TCP 通信模型如图 16-7 所示。

（1）服务器端编程的工作过程包含以下五个基本的步骤。

① 使用 ServerSocket(int port)：创建一个服务器端套接字，并绑定到指定端口上，用于监听客户端的请求。

② 调用 accept( )方法：监听连接请求，如果客户端请求连接，则接收连接，创建与该客户端的通信套接字的对象，否则该方法将一直处于等待状态。

③ 调用该 Socket 对象的 getOutputStream( )方法和 getInputStream( )方法：获取输出流和输入流，开始网络数据的发送和接收。

④ 关闭 Socket 对象：某客户端访问结束，关闭与之通信的套接字。

⑤ 关闭 ServerSocket：如果不再接收任何客户端的连接，则调用 close( )方法进行关闭。

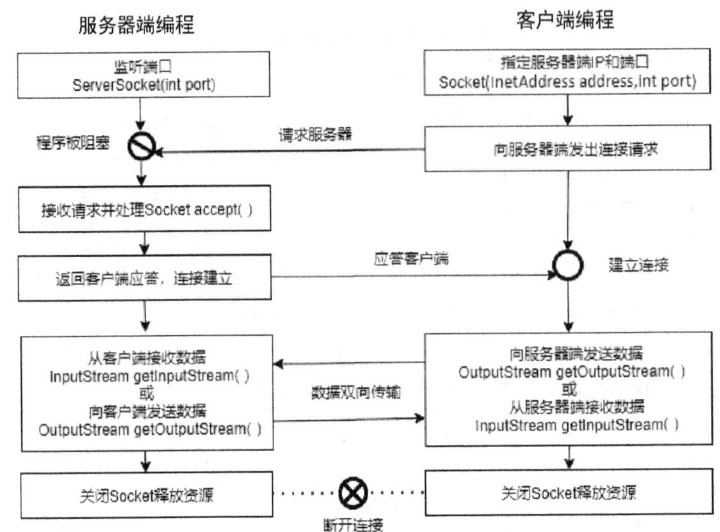

图 16-7 TCP 通信模型

（2）客户端 Socket 的工作过程包含以下四个基本的步骤。

① 创建 Socket：根据指定服务器端的 IP 地址或端口号构造 Socket 类对象，创建的同时会自动向服务器端发起连接。若服务器端响应，则建立客户端到服务器端的通信线路；若连接失败，则会出现异常。

② 打开连接到 Socket 的输入/输出流：使用 getInputStream( )方法获得输入流，使用 getOutputStream( )方法获得输出流，进行数据传输。

③ 进行读/写操作：通过输入流读取服务器端发送的信息，通过输出流将信息发送到服务器端。

④ 关闭 Socket：断开客户端到服务器端的连接。

特别提示：客户端和服务器端在获取输入流和输出流时要对应，否则容易死锁。例如，如果客户端先获取字节输出流（先写），那么服务器端就先获取字节输入流（先读）；反过来如果客户端先获取字节输入流（先读），那么服务器端就先获取字节输出流（先写）。

16.2.3 案例：一个客户端与服务器端的单次通信

案例需求：

客户端连接服务器端，连接成功后给服务器端发送“lalala”，服务器端收到消息后，给客户端返回“欢迎登录”，客户端接收完消息后断开连接。

示例代码：

服务器端示例代码。

```
package com.atguigu.section02.demo1;

import java.io.InputStream;
import java.io.OutputStream;
import java.net.ServerSocket;
import java.net.Socket;

public class Server {

    public static void main(String[] args)throws Exception {
        //1. 准备一个 ServerSocket 对象，并绑定 8888 端口
        ServerSocket server =  new ServerSocket(8888);
        System.out.println("等待连接....");
```

```
        //2. 在 8888 端口监听客户端的连接，该方法是个阻塞的方法
        // 如果没有客户端连接，将一直等待
        Socket socket = server.accept();
        System.out.println("客户端连接成功!! ");

        //3. 获取输入流，用来接收该客户端发送给服务器端的数据
        InputStream input = socket.getInputStream();
        //接收数据
        byte[] data = new byte[1024];
        StringBuilder s = new StringBuilder();
        int len;
        while ((len = input.read(data)) != -1) {
            s.append(new String(data, 0, len));
        }
        System.out.println("客户端发送的消息是：" + s);

        //4. 获取输出流，用来发送数据给该客户端
        OutputStream out = socket.getOutputStream();
        //发送数据
        out.write("欢迎登录".getBytes());
        out.flush();

        //5. 关闭 IO 流和 Socket，不再与该客户端通信
        input.close();
        out.close();
        socket.close();

        //6. 如果不再接收任何客户端通信，可以关闭 ServerSocket
        server.close();
    }
}
```

客户端示例代码。

```
package com.atguigu.section02.demo1;

import java.io.InputStream;
import java.io.OutputStream;
import java.net.Socket;

public class Client {
    public static void main(String[] args) throws Exception {
        // 1. 准备 Socket，连接服务器端，需要指定服务器端的 IP 地址和端口号
        Socket socket = new Socket("127.0.0.1", 8888);

        // 2. 获取输出流，用来发送数据给服务器
        OutputStream out = socket.getOutputStream();
        // 发送数据
        out.write("lalala".getBytes());
        //关闭输出通道，对方才能读到流末尾标记
        socket.shutdownOutput();

        //3. 获取输入流，用来接收服务器发送给该客户端的数据
        InputStream input = socket.getInputStream();
        // 接收数据
        byte[] data = new byte[1024];
        StringBuilder s = new StringBuilder();
        int len;
        while ((len = input.read(data)) != -1) {
            s.append(new String(data, 0, len));
        }
```

```
        System.out.println("服务器返回的消息是：" + s);

        //4. 关闭 socket，不再与服务器端通信
        input.close();
        out.close();
        socket.close();
    }
}
```

案例解析：

如果服务器端和客户端的程序都在同一台设备上运行，那么就可以像在示例代码中一样使用“127.0.0.1”表示本机的 IP 地址；如果两个程序分别在不同的设备上运行，那么“127.0.0.1”就要换成运行在服务器端程序主机的 IP 地址。

特别提示： 运行程序时，必须先启动服务器端程序，等待接收客户端程序的连接请求，如果先运行客户端程序，则连接失败。

另外，在客户端发送完"lalala"后，必须调用 socket.shutdownOutput( )方法，否则服务器端的 while ((len = input.read(data)) != -1)条件中的 input.read( )方法永远不会返回-1，那么服务器端就会一直等待读取流末尾标记，阻塞在这里。不管是客户端还是服务器端，只有关闭输出通道时，对方才能读取到流末尾标记。关闭输出通道的方式有三种，即 socket. shutdownOutput( )方法、输出流的关闭、socket.close( )方法，而后面两者都会与对方断开连接，只有 socket. shutdownOutput( )方法才表示仅关闭输出通道，但还可以接收数据。

16.2.4 案例：多个客户端与服务器端的多次通信

通常情况下，服务器端不应该只接收一个客户端请求，而是能够不断地接收客户端的请求，所以 Java 程序通常会通过循环，不断地调用 ServerSocket 的 accept( )方法。

如果服务器端要同时处理多个客户端的请求，则服务器端需要为每一个客户端单独分配一个线程来处理，否则无法同时实现。

之前学习 IO 流时，提到过装饰者设计模式，该设计模式使得无论底层 IO 流是怎样的节点流和文件流也好，还是网络 Socket 产生的流也好，程序都可以将其包装成处理流，甚至可以多层包装，从而提供更方便的处理。

案例需求：

多个客户端连接服务器，并进行多次通信，多个客户端与服务器端通信如图 16-8 所示。

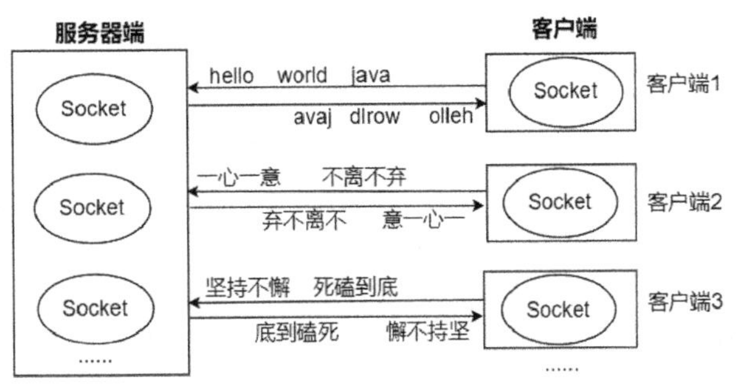

图 16-8 多个客户端与服务器端通信

（1）每个客户端连接成功后，从键盘中输入英文单词或汉语词语，并发送给服务器端。

（2）服务器端接收到客户端的消息后，把词语反转后返回给客户端。

（3）客户端接收服务器端返回的词语，打印显示。

（4）当客户端输入 stop 时断开与服务器端的连接。

（5）多个客户端可以同时给服务器端发送词语，服务器端可以同时处理多个客户端的请求。

案例分析：

（1）如果服务器端要同时处理多个客户端的请求，那么就必须使用多线程，每个客户端的通信需要单独的线程来处理。

（2）由于客户端与服务器端不是一次性通信，因此不能在输出一次消息之后就调用 socket.shutdownOutput( )方法，对方循环读取的条件判断也就不能使用-1 来判断，这就需要换一种判断方式表示本次读取结束。本案例中来回传输的是词语，因此可以选择按行处理一个词语。

示例代码：

客户端示例代码。

```
package com.atguigu.section02.demo2;

import java.io.BufferedReader;
import java.io.InputStream;
import java.io.InputStreamReader;
import java.io.OutputStream;
import java.io.PrintStream;
import java.net.Socket;
import java.util.Scanner;

public class Client {

    public static void main(String[] args) throws Exception {
        // 1. 准备 Socket，连接服务器端，需要指定服务器端的 IP 地址和端口号
        Socket socket = new Socket("127.0.0.1", 8888);

        // 2. 获取输出流，用来发送数据给服务器端
        OutputStream out = socket.getOutputStream();
        PrintStream ps = new PrintStream(out);

        // 3. 获取输入流，用来接收服务器端发送给该客户端的数据
        InputStream input = socket.getInputStream();
        BufferedReader br = new BufferedReader(new InputStreamReader(input));

        Scanner scanner = new Scanner(System.in);
        while (true) {
            System.out.println("输入发送给服务器的单词或成语：");
            String message = scanner.nextLine();
            if(message.equals("stop")){
                socket.shutdownOutput();
                break;
            }

            // 4. 发送数据
            ps.println(message);
            // 接收数据
            String feedback  = br.readLine();
            System.out.println("从服务器收到的反馈是：" + feedback);
        }

        //5. 关闭 socket，断开与服务器端的连接
        br.close();
        input.close();
        ps.checkError();
        out.close();
        scanner.close();
        socket.close();
    }
}
```

服务器端示例代码。

```
package com.atguigu.section02.demo2;
```

```
import java.net.ServerSocket;
import java.net.Socket;

public class Server {
    public static void main(String[] args)throws Exception {
        // 1. 准备一个 ServerSocket
        ServerSocket server = new ServerSocket(8888);
        System.out.println("等待连接...");

        int count = 0;
        while(true){
            // 2. 监听一个客户端的连接
            Socket socket = server.accept();
            System.out.println("第" + ++count + "个客户端连接成功!! ");

ClientHandlerThread ct = new ClientHandlerThread(socket);
            ct.start();
        }
        //这里没有关闭 server，永远监听
    }
}
```

服务器端处理客户端请求的线程类示例代码。

```
package com.atguigu.section02.demo2;

import java.io.BufferedReader;
import java.io.IOException;
import java.io.InputStreamReader;
import java.io.PrintStream;
import java.net.Socket;

public class ClientHandlerThread extends Thread {
    private Socket socket;

    public ClientHandlerThread(Socket socket) {
        super();
        this.socket = socket;
    }

    public void run(){
        try(//1. 获取输入流，用来接收该客户端发送给服务器端的数据
            BufferedReader br = new BufferedReader(new InputStreamReader
                    (socket.getInputStream()));
            //2. 获取输出流，用来发送数据给该客户端
            PrintStream ps = new PrintStream(socket.getOutputStream());){
            String str;
            //3. 接收数据
            while ((str = br.readLine()) != null) {
                //4. 反转
                StringBuilder word = new StringBuilder(str);
                word.reverse();

                //5. 返回给客户端
                ps.println(word);
            }
        } catch (Exception  e) {
            e.printStackTrace();
        } finally {
            try {
```

```
            //6. 断开连接
            socket.close();
        } catch (IOException e) {
            e.printStackTrace();
        }
    }
  }
}
```

16.2.5　案例：多个客户端上传文件

案例需求：

每个客户端启动后都可以给服务器端上传一个文件，服务器端接收文件后保存到一个 upload 目录中，可以同时接收多个客户端的文件上传。

案例分析：

（1）如果服务器端要同时处理多个客户端的请求，那么就必须使用多线程，每个客户端的通信需要单独的线程来处理。

（2）服务器端保存上传文件的目录只有一个 upload，而每个客户端给服务器端发送的文件可能重名，所以需要保证文件名的唯一。我们可以使用时间戳作为文件名，后缀名不变。

（3）客户端需要给服务器端上传文件名（含后缀名）及文件内容。文件名是字符串，文件内容不一定是纯文本的，因此选择 DataOutputStream 和 DataInputStream。

示例代码：

客户端示例代码。

```
package com.atguigu.section02.demo3;

import java.io.BufferedReader;
import java.io.DataOutputStream;
import java.io.File;
import java.io.FileInputStream;
import java.io.InputStream;
import java.io.InputStreamReader;
import java.io.OutputStream;
import java.net.Socket;
import java.util.Scanner;

public class Client {
    public static void main(String[] args) throws Exception {
        // 1. 连接服务器
        Socket socket = new Socket("192.168.34.53", 8888);

        //2. 从键盘中输入文件的路径和名称
        Scanner input = new Scanner(System.in);
        System.out.print("请选择要上传的文件：");
        String path = input.nextLine();
        File file = new File(path);

        OutputStream out = socket.getOutputStream();
        DataOutputStream dos = new DataOutputStream(out);

        //先发送文件名（含后缀名）
        dos.writeUTF(file.getName());//单独发送一个字符串

        //还需要一个 IO 流，从文件中读取内容，给服务器端发送过去
        FileInputStream fis = new FileInputStream(file);
```

```
        //3. 把文件内容给服务器端传过去，类似复制文件
        byte[] data = new byte[1024];
        while (true) {
            int len = fis.read(data);
            if (len == -1) {
                break;
            }
            dos.write(data, 0, len);
        }
        socket.shutdownOutput();

        //4. 接收服务器端返回的结果
        InputStream is = socket.getInputStream();
        InputStreamReader isr = new InputStreamReader(is);//把字节流转成字符流
        BufferedReader br = new BufferedReader(isr);
        String result = br.readLine();
        System.out.println(result);

        //5. 关闭
        br.close();
        isr.close();
        is.close();
        dos.close();
        out.close();
        fis.close();
        input.close();
        socket.close();
    }
}
```

服务器端示例代码。

```
package com.atguigu.section02.demo3;

import java.net.ServerSocket;
import java.net.Socket;

public class Server {
    public static void main(String[] args) throws Exception {
        //服务器在 8888 端口号监听数据
        ServerSocket server = new ServerSocket(8888);

        while (true) {
            //这句代码执行一次，意味着一个客户端连接
            Socket accept = server.accept();

            FileUploadThread ft = new FileUploadThread(accept);
            ft.start();
        }
    }
}
```

服务器端处理每个客户端上传文件的线程类示例代码。

```
package com.atguigu.section02.demo3;


import java.io.DataInputStream;
import java.io.FileNotFoundException;
import java.io.FileOutputStream;
import java.io.IOException;
```

```
import java.io.InputStream;
import java.io.OutputStream;
import java.io.PrintStream;
import java.net.Socket;
import java.text.SimpleDateFormat;
import java.util.Date;

public class FileUploadThread extends Thread {
  private Socket socket;
  private String dir = "upload/";

  public FileUploadThread(Socket socket) {
     super();
     this.socket = socket;
  }

  public void run(){
     FileOutputStream fos = null;
     try (
           InputStream is = socket.getInputStream();
           DataInputStream dis = new DataInputStream(is);

           OutputStream out = socket.getOutputStream();
           PrintStream ps = new PrintStream(out);
           ){
        //读取文件名（含后缀名）
        String filename = dis.readUTF();
        //截取后缀名
        int index = filename.lastIndexOf(".");
        String ext = filename.substring(index);
        //生成时间戳
        SimpleDateFormat sf = new SimpleDateFormat("yyyyMMddHHmmssSSS");
        String newFilename = filename.substring(0,index) + sf.format(new Date());
        //用新文件路径构建文件输出流
        fos = new FileOutputStream(dir + newFilename + ext);
        //接收文件内容
        byte[] data = new byte[1024];
        while (true) {
           int len = is.read(data);
           if (len == -1) {
              break;
           }
           fos.write(data, 0, len);
        }

        ps.println(filename + "已上传完毕");
     } catch (FileNotFoundException e) {
        e.printStackTrace();
     } catch (IOException e) {
        e.printStackTrace();
     } finally {
        try {
           fos.close();
           socket.close();
        } catch (IOException e) {
           e.printStackTrace();
        }
     }
  }
}
```

16.2.6 案例：多个客户端群聊

案例需求：

模拟聊天室群聊，客户端要先登录，登录成功之后才能发送和接收消息。

案例分析：

（1）服务器端需要为每个客户端开启一个线程通信，这样才能实现多个客户端同时与服务器通信。

（2）客户端需要把接收消息功能与发送消息功能分成两个线程，这样才能同时收发，即既可以发送消息，也可以接收其他客户端的聊天消息。

（3）服务器端要分别处理客户端的“登录”“退出”“聊天”等消息，所以这里设计了 Code 类，用状态值区分“登录”“退出”“聊天”等消息。

（4）这里设计 Message 类，包含 code 属性，区别是“登录”“退出”“聊天”，username 属性表示用户名，表明消息是谁发的，content 属性表示存储消息内容，如果是登录，就用来存储密码。

（5）这里的消息是 Message 对象，因此在客户端与服务器端之间传输的是对象，所以选择 ObjectOutputStream 和 ObjectInputStream。

（6）这里的 Message 类与 Code 类是服务器端和客户端共享的，要保持一致。特别注意包名和序列化版本 ID。

示例代码：

Code 类示例代码。

```
package com.atguigu.section02.demo4;

public class Code {
    public static final int LOGIN = 1;      //登录
    public static final int CHAT = 2;       //聊天
    public static final int LOGOUT = 3;     //退出

    public static final int SUCCESS = 1;    //成功
    public static final int FAIL = 2;       //失败
}
```

Message 类示例代码。

```
package com.atguigu.section02.demo4;

import java.io.Serializable;

public class Message implements Serializable {
   private static final long serialVersionUID = 1L; //唯一标识
   private int code;                                //状态
   private String username;                         //用户
   private String content;                          //存储消息
   public Message(int code, String username, String content) {
      super();
      this.code = code;
      this.username = username;
      this.content = content;
   }

   public String getUsername() {
      return username;
   }

   public void setUsername(String username) {
      this.username = username;
```

```
    }

    public int getCode() {
        return code;
    }

    public void setCode(int code) {
        this.code = code;
    }

    public String getContent() {
        return content;
    }

    public void setContent(String content) {
        this.content = content;
    }
}
```

服务器端用户管理类示例代码。

```
package com.atguigu.section02.demo4;

import java.util.HashMap;

public class UserManager {
    public static HashMap<String,String> allUsers = new HashMap<String,String>();
    static {
        allUsers.put("gangge", "123");
        allUsers.put("xiaobai", "456");
        allUsers.put("gujie", "789");
    }
    //登录
    public static boolean login(String username, String password){
        if(allUsers.get(username) != null && allUsers.get(username).equals(password)){
            return true;
        } else {
            return false;
        }
    }
}
```

服务器端示例代码。

```
package com.atguigu.section02.demo4;

import java.net.ServerSocket;
import java.net.Socket;

public class Server {
    public static void main(String[] args)throws Exception {
        ServerSocket server = new ServerSocket(9999);

            while (true) {
                Socket socket = server.accept();

                MessageHandlerThread mht = new MessageHandlerThread(socket);
                mht.start();
            }
    }
}
```

服务器端处理消息的线程类示例代码。

```
package com.atguigu.section02.demo4;

import java.io.IOException;
import java.io.ObjectInputStream;
import java.io.ObjectOutputStream;
import java.net.Socket;
import java.util.ArrayList;
import java.util.Collections;
import java.util.HashSet;
import java.util.Set;

public class MessageHandlerThread extends Thread {
   public static Set<ObjectOutputStream> online =
         Collections.synchronizedSet(new HashSet<ObjectOutputStream>());

   private Socket socket;
   private String username;
   private ObjectInputStream ois;
   private ObjectOutputStream oos;

   public MessageHandlerThread(Socket socket) {
      super();
      this.socket = socket;
   }

   public void run(){
      Message message = null;
      try {
         ois = new ObjectInputStream(socket.getInputStream());
         oos = new ObjectOutputStream(socket.getOutputStream());

         //接收数据
         while(true){
            message = (Message) ois.readObject();

            if (message.getCode() == Code.LOGIN){
               //如果是登录，则验证用户名密码
               username = message.getUsername();
               String password = message.getContent();
               if (UserManager.login(username, password)){
                  message.setCode(Code.SUCCESS);
                  oos.writeObject(message);

                  //并将该用户添加到在线人员名单中
                  online.add(oos);

                  message.setCode(Code.CHAT);
                  message.setContent("上线了");
                  //通知其他人，××上线了
                  sendToOther(message);
               } else {
                  message.setCode(Code.FAIL);
                  oos.writeObject(message);
               }
            } else if (message.getCode() == Code.CHAT){
               //如果是聊天信息，则把消息转发给其他在线客户端
               sendToOther(message);
            } else if (message.getCode() == Code.LOGOUT){
```

```
                //通知其他人，××下线了
                message.setContent("下线了");
                sendToOther(message);
                break;
            }
        }
    } catch (Exception  e) {
        //通知其他人，××掉线了
        if (message != null && username != null){
            message.setCode(Code.LOGOUT);
            message.setContent("掉线了");
            sendToOther(message);
        }
    } finally {
        //从在线人员中移除并断开当前客户端
        try {
            online.remove(oos);
            socket.close();
        } catch (IOException e) {
            e.printStackTrace();
        }
    }
}

//通知其他人
private void sendToOther(Message message) {
    ArrayList<ObjectOutputStream> offline = new ArrayList<ObjectOutputStream>();
    for (ObjectOutputStream on : online) {
        if (!on.equals(oos)){
            try {
                on.writeObject(message);
            } catch (IOException e) {
                offline.add(on);
            }
        }
    }

    for (ObjectOutputStream off : offline) {
        online.remove(off);
    }
}
}
```

客户端示例代码。

```
package com.atguigu.section02.demo4;

import java.io.ObjectInputStream;
import java.io.ObjectOutputStream;
import java.net.Socket;
import java.util.Scanner;

public class Client {
    public static void main(String[] args) throws Exception {
        Socket socket = new Socket("127.0.0.1", 9999);

        ObjectOutputStream oos = new ObjectOutputStream(socket.getOutputStream());
        ObjectInputStream ois = new ObjectInputStream(socket.getInputStream());

        //先登录
        Scanner scanner = new Scanner(System.in);
```

```
        String username;
        while (true) {
            //输入登录信息
            System.out.print("用户名: ");
            username = scanner.nextLine();
            System.out.print("密码: ");
            String password = scanner.nextLine();

            Message msg = new Message(Code.LOGIN, username, password);
            //发送登录数据
            oos.writeObject(msg);
            // 接收登录结果
            msg = (Message) ois.readObject();
            if(msg.getCode() == Code.SUCCESS){
                System.out.println("登录成功! ");
                break;
            } else if(msg.getCode() == Code.FAIL){
                System.out.println("用户名或密码错误, 登录失败, 重新输入");
            }
        }

        //启动接收消息和发送消息线程
        SendThread s = new SendThread(oos,username);
        ReceiveThread r = new ReceiveThread(ois);
        s.start();
        r.start();

        s.join();//不发了, 就结束
        r.setFlag(false);
        r.join();

        scanner.close();
        socket.close();
    }
}
```

客户端发送消息线程类示例代码。

```
package com.atguigu.section02.demo4;

import java.io.IOException;
import java.io.ObjectOutputStream;
import java.util.Scanner;

public class SendThread extends Thread {
    private ObjectOutputStream oos;
    private String username;

    public SendThread(ObjectOutputStream oos,String username) {
        super();
        this.oos = oos;
        this.username = username;
    }

    public void run(){
        try {
            Scanner scanner = new Scanner(System.in);
            while (true){
                System.out.println("请输入消息内容: ");
                String content = scanner.nextLine();
                Message msg;
```

```
            if("bye".equals(content)){
                msg = new Message(Code.LOGOUT, username, content);
                oos.writeObject(msg);
                scanner.close();
                break;
            } else {
                msg = new Message(Code.CHAT, username, content);
                oos.writeObject(msg);
            }
        }
    } catch (IOException e) {
        e.printStackTrace();
    }
  }
}
```

客户端接收消息线程类示例代码。

```
package com.atguigu.section02.demo4;

import java.io.ObjectInputStream;

public class ReceiveThread extends Thread {
    private ObjectInputStream ois;
    private volatile boolean flag = true;

    public ReceiveThread(ObjectInputStream ois) {
        super();
        this.ois = ois;
    }
    public void run() {
        try {
            while (flag) {
                Message msg = (Message) ois.readObject();
                System.out.println(msg.getUsername() + ":" + msg.getContent());
            }
        } catch (Exception e) {
            System.out.println("请重新登录");
        }
    }
    public void setFlag(boolean flag) {
        this.flag = flag;
    }
}
```

基于 TCP 群聊示例代码的运行结果如图 16-9 所示。开启两个命令行客户端，都运行客户端程序，也可以一个命令行在 IDEA 上运行，另一个命令行在客户端上运行。如果客户端程序分别在不同的设备上运行，那么与服务器端不在一台设备上运行的客户端类程序中“127.0.0.1”需要修改为服务器端的 IP 地址。

上述代码运行结果不理想的地方是消息查看与消息输入混在一起，这是因为只有一个控制台，为了拥有更好的用户体验，就需要做图形化界面，如同聊天软件一样把消息查看与消息输入分为两个框。

以上案例中的网络通信程序是基于阻塞式 API 的，所以服务器端必须为每个客户端提供一个独立线程进行处理，当服务器端需要同时处理大量客户端时，这种做法会导致性能下降，这就会有线程池及负载均衡的问题，本书暂不涉及。如果要开发高性能网络服务器，那么就需要使用 Java 提供的 NIO API，可以让服务器端使用一个或有限几个线程来同时处理连接到服务器端上的所有客户端。

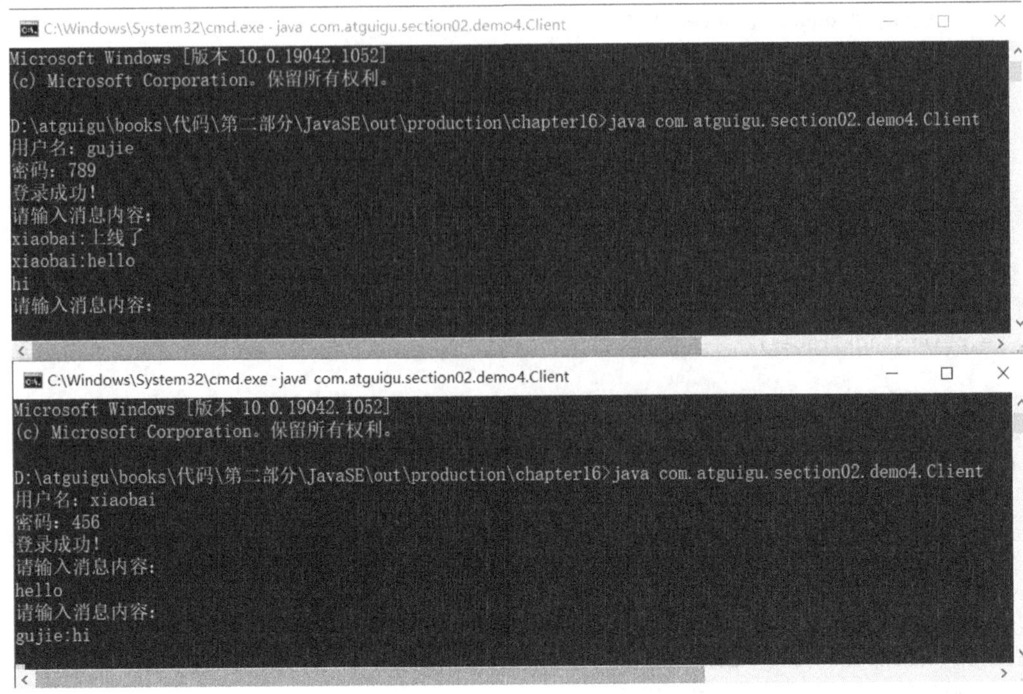

图 16-9　基于 TCP 群聊示例代码的运行结果

16.3　UDP Socket 网络编程

UDP 是一个无连接的传输层协议，提供面向事务的简单不可靠的信息传送服务，类似于短信。TCP 与 UDP 的区别如表 16-7 所示。

表 16-7　TCP 和 UDP 的区别

	是否面向连接	安全可靠	传输的字节限制	是否需要释放资源
TCP	是	是	无限制	是
UDP	否	否	有限制，<64k	否

16.3.1　基于 UDP 的网络编程

基于 UDP 的网络编程仍然需要在通信实例的两端各建立一个 Socket，但这两个 Socket 之间并没有虚拟链路，这两个 Socket 只是发送、接收数据报的对象。Java 提供了 DatagramSocket 对象作为 UDP 的 Socket，DatagramPacket 代表 DatagramSocket 发送、接收的数据报。

DatagramSocket 类的常用方法如表 16-8 所示。

表 16-8　DatagramSocket 类的常用方法

序　号	方 法 定 义	描　述
1	DatagramSocket(int port)	创建数据报套接字并将其绑定到本地主机上的指定端口
2	DatagramSocket(int port,InetAddress laddr)	创建数据报套接字，将其绑定到指定的本地地址
3	void close( )	关闭此数据报套接字
4	void send(DatagramPacket p)	发送数据报包
5	void receive(DatagramPacket p)	从此套接字接收数据报包

DatagramPacket 类的常用方法如表 16-9 所示。

表 16-9　DatagramPacket 类的常用方法

序　号	方 法 定 义	描　述
1	DatagramPacket(byte[ ] buf,int length)	构造 DatagramPacket，用来接收长度为 length 的数据包
2	DatagramPacket(byte[ ] buf,int length,InetAddress address,int port)	构造 DatagramPacket，用来接收长度为 length 的数据包
3	int getLength( )	返回将要发送或接收的数据的长度

16.3.2　案例：用 UDP 发送消息

案例需求：

编写一个基于 UDP 的网络应用小程序，从发送端给接收端发送几句话。

案例分析：

（1）发送端 UDP 程序的编写流程。

- 建立发送端的 DatagramSocket，需要指定本端的端口号。
- 建立数据报包 DatagramPacket，需要指定要发送的数据、接收端的 IP 地址、接收端的端口号。
- 调用 DatagramSocket 的发送方法。
- 关闭 DatagramSocket。

示例代码：

UDP 发送端示例代码。

```
package com.atguigu.section03.demo1;

import java.net.DatagramPacket;
import java.net.DatagramSocket;
import java.net.InetAddress;
import java.util.ArrayList;

public class Send {
    public static void main(String[] args)throws Exception {
        //1. 建立发送端的 DatagramSocket
        DatagramSocket ds = new DatagramSocket();

        //要发送的数据
        ArrayList<String> all = new ArrayList<String>();
        all.add("让天下没有难学的技术！");
        all.add("学习高端前沿的 IT 技术！");
        all.add("让你的梦想变得更具体！");
        all.add("让你的努力更有价值！");

        //接收方的 IP 地址
        InetAddress ip = InetAddress.getByName("127.0.0.1");
        //接收方的监听端口号
        int port = 9999;
        //发送多个数据报
        for (int i = 0; i < all.size(); i++) {
            //2. 建立数据包 DatagramPacket
            byte[] data = all.get(i).getBytes();
            DatagramPacket dp = new DatagramPacket(data, data.length, ip, port);
            //3. 调用 Socket 的发送方法
            ds.send(dp);
        }
```

```
        //4. 关闭 Socket
        ds.close();
    }
}
```

（2）接收端 UDP 程序的编写流程。

- 建立接收端的 DatagramSocket，需要指定本端的 IP 地址和端口号。
- 建立数据报包 DatagramPacket，需要指定存放数据的数组。
- 调用 Socket 的接收方法。
- 拆封数据。
- 关闭 Socket。

UDP 接收端示例代码：

```
package com.atguigu.section03.demo2;

import java.net.DatagramPacket;
import java.net.DatagramSocket;

public class Receive {
    public static void main(String[] args) throws Exception {
        //1. 建立接收端的 DatagramSocket，需要指定本端的监听端口号
        DatagramSocket ds = new DatagramSocket(9999);

        //一直监听数据
        while (true) {
            //2. 建立数据包 DatagramPacket
            byte[] buffer = new byte[1024 * 64];
            DatagramPacket dp = new DatagramPacket(buffer , buffer.length);

            //3. 调用 Socket 的接收方法
            ds.receive(dp);

            //4. 拆封数据
            String str = new String(buffer, 0, dp.getLength());
            System.out.println(str);
        }
    }
}
```

特别提示：上述代码必须先运行接收端才能保证接收到发送端发送过来的消息，否则接收不到。因为发送端不需要保证与接收端建立连接才能发送消息，只要启动，就会直接将消息发送出去，无论接收端是否在线。

16.3.3 MulticastSocket 多点广播

Datagram 只允许数据报发送给指定的目标地址，而 MulticastSocket 可以将数据报以广播的方式发送到数量不等的多个客户端，多点广播 IP 地址如图 16-10 所示。IP 为多点广播提供了一批特殊的 IP 地址，这些 IP 地址的范围是 224.0.0.0～239.255.255.255。

MulticastSocket 的常用方法如表 16-10 所示。

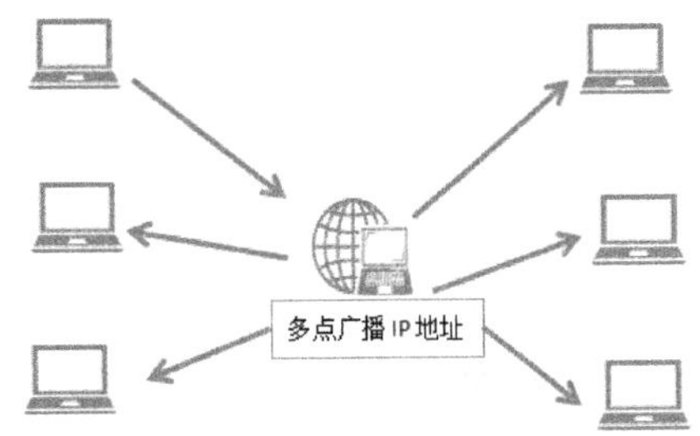

图 16-10 多点广播 IP 地址

表 16-10　MulticastSocket 的常用方法

序　号	方法定义	描　述
1	MulticastSocket(int port)	创建多播套接字并将其绑定到特定端口
2	void joinGroup(InetAddress mcastaddr)	加入多播组
3	void leaveGroup(InetAddress mcastaddr)	离开多播组
4	void setLoopbackMode(boolean disable)	启用/禁用多播数据报的本地回送

16.3.4　案例：基于 MulticastSocket 的群聊

案例需求：

用 MulticastSocket 实现一个局域网内部的群聊。

案例分析：

首先，选择一个多点广播 IP 地址，如 230.0.0.1。

其次，创建多点广播套接字并将其绑定到特定端口，将多点广播套接字与多点广播 IP 地址结合，即加入多播组。

最后，创建和启动两个线程，一个用于发送消息，另一个用于接收消息。

示例代码：

```
package com.atguigu.section03.demo2;

import java.io.IOException;
import java.net.DatagramPacket;
import java.net.InetAddress;
import java.net.MulticastSocket;
import java.util.Scanner;

public class Chat {
   private volatile static boolean exit = false;
   private static Scanner input = new Scanner(System.in);
   private static String username;

   public static void main(String[] args) throws IOException {
       //指定多点广播 IP 地址
      InetAddress ip = InetAddress.getByName("230.0.0.1");

    //创建多点广播套接字并将其绑定到特定端口
      MulticastSocket socket = new MulticastSocket(9999);
      //加入多点广播组
      socket.joinGroup(ip);
      //禁止多点广播数据报的本地回送
      socket.setLoopbackMode(false);

      System.out.print("请输入用户名：");
      username = input.nextLine();

       //创建并启动收发消息线程
      SendThread s = new SendThread(socket,ip);
      ReceiveThread r = new ReceiveThread(socket);

      s.start();
      r.start();

       //发送消息线程结束了才能断开连接
      try {
         s.join();
```

```
        } catch (InterruptedException e) {
            e.printStackTrace();
        }

        socket.close();
        socket.leaveGroup(ip);    //离开多点广播组
        input.close();
    }

    //发送消息线程
    static class SendThread extends Thread {
        private MulticastSocket socket;
        private InetAddress ip;

        public SendThread(MulticastSocket socket,InetAddress ip) {
            super();
            this.socket = socket;
            this.ip = ip;
        }
        public void run(){
            try {
                while (!exit) {
                    System.out.print("输入广播消息: ");
                    String message = input.nextLine();
                    if ("bye".equals(message)) {
                        exit = true;
                        break;
                    }

                    byte[] data = (username+":"+message).getBytes();
                    DatagramPacket dp = new DatagramPacket(data, data.length, ip, 9999);

                    socket.send(dp);
                }
            } catch (IOException e) {
                e.printStackTrace();
            }
        }
    }

    //接收消息线程
    static class ReceiveThread extends Thread {
        private MulticastSocket socket;

        public ReceiveThread(MulticastSocket socket) {
            super();
            this.socket = socket;
        }

        public void run(){
            try {
                while (!exit) {
                    byte[] data = new byte[1024];
                    DatagramPacket dp = new DatagramPacket(data, data.length);
                    socket.receive(dp);
                    String str = new String(data, 0, dp.getLength());
                    System.out.println(str);
                }
            } catch (IOException e) {
```

```
                exit = false;
            }
        }
    }
}
```

多点广播群聊代码运行结果如图 16-11 所示。

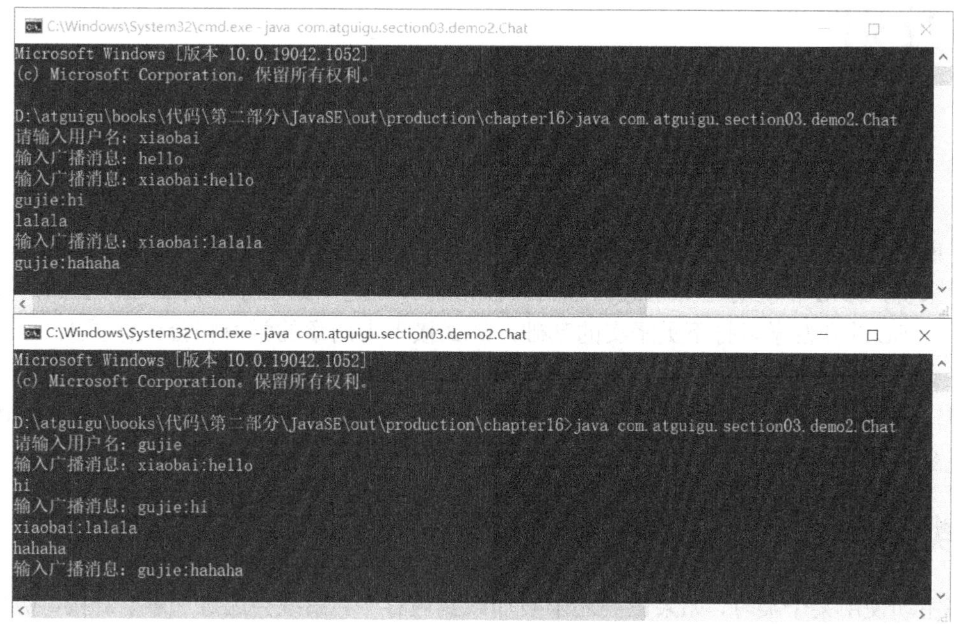

图 16-11　多点广播群聊代码运行结果

16.4　本章小结

本章重点介绍了 Java 网络编程的相关知识，并介绍了 IP 地址和端口、网络协议的概念，这是进行网络编程的基础。本章简单介绍了 Java 提供的 InetAddress、URLConnection 等，并通过它获取了远程资源，还介绍了基于 TCP 和基于 UDP 的网络通信，演示了经典案例，便于大家更清晰地认识网络通信。通过本章的学习，相信大家也会对计算机网络有更深刻的了解。

第17章 反射

学习了前面 16 章，相信你已经掌握了 Java 所有面向对象的基本语法及几个核心类库的使用，这对于初学者来说，Java 的修行之旅已经可以告一段落了。但是，如果你对自己还有更高的要求，或者想为之后 Java EE 的开发学习打下更坚实的基础，那么接下来两章的学习将会让你更上一层楼。

本章将会深入介绍 Java 类的加载、链接和初始化的知识，并重点介绍与 Java 反射相关的内容，接下来的学习，你可能会感觉比较底层，但是掌握这些底层的运行原理会让你对 Java 程序的运行有更好的把握，甚至开发出自己的框架。

17.1 类的加载、链接和初始化

当程序主动使用某个类时，如果该类还未被加载到内存中，系统会通过加载、链接、初始化三个步骤来对该类进行初始化，如果没有意外，JVM 将会连续完成这三个步骤，所以有时也把这三个步骤统称为类加载或类初始化，类初始化过程如图 17-1 所示。

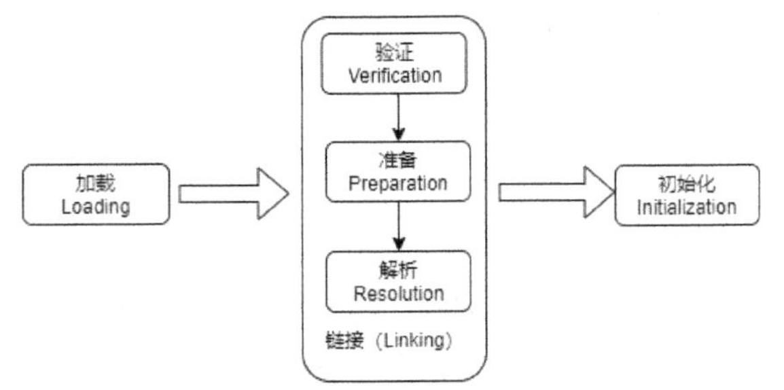

图 17-1 类初始化过程

17.1.1 类的加载

系统可能在第一次使用某个类时加载该类，但也可能采用预先加载机制来预加载某个类，不管怎样，类的加载必须由类加载器完成，类加载器通常由 JVM 提供。除此之外，开发者可以通过继承 ClassLoader 基类来创建自己的类加载器。

通过使用不同的类加载器，可以从不同来源加载类的二进制数据，通常有如下几种来源。

（1）从本地系统直接读取.class 文件，这是绝大部分类的加载方法。

（2）从 zip、jar 等归档文件中加载.class 文件，这种方式也是很常见的。

（3）通过网络下载.class 文件或数据。

（4）从专有数据库中提取.class 数据。

（5）将 Java 源文件数据上传到服务器中，动态编译为.class 数据，并执行加载。

但是，不管类的字节码内容从哪里加载，加载的结果都一样，这些字节码内容加载到内存后都会将这些静态数据转换成方法区的运行时数据结构，然后生成一个代表这个类的 java.lang.Class 对象，作为方法区中类数据的访问入口（引用地址），访问和使用类数据只能通过这个 Class 对象。

17.1.2 类的链接

当类被加载之后，系统为其生成一个对应的 Class 对象，接着将会进入链接阶段，链接阶段负责把类的二进制数据合并到 JVM 的运行状态之中。类链接又可以分为如下三个阶段。

（1）验证：确保加载的类信息符合 JVM 规范，如以 cafebabe 开头，没有安全方面的问题。

（2）准备：正式为类变量（Static）分配内存并设置类变量默认初始值的阶段，这些内存都将在方法区中进行分配。

（3）解析：虚拟机常量池内的符号引用（常量名）替换为直接引用（地址）的过程。

17.1.3 类的初始化

类的初始化主要就是对静态的类变量进行初始化，有以下几种。

（1）执行类构造器<clinit>( )方法的过程。类构造器<clinit>( )方法是由编译器自动收集类中所有类变量的显式赋值动作和静态代码块中的语句合并产生的。

（2）当初始化一个类时，如果发现其父类还没有进行初始化，则需要先触发其父类的初始化。

（3）虚拟机会保证一个类的<clinit>( )方法在多线程环境中被正确加锁和同步。

示例代码：

父类 Base 示例代码。

```
package com.atguigu.section01.demo1;

public class Base {
    private static int a = getNum();
    static {
        ++a;
        System.out.println("(2)a = " + a);
    }
    static {
        ++a;
        System.out.println("(3)a = " + a);
    }
    public static int getNum(){
        System.out.println("(1)a = " + a);
        return 1;
    }
}
```

子类 ClinitTest 示例代码。

```
package com.atguigu.section01.demo1;

public class ClinitTest extends Base {
    private static int b = getNum();
    static {
        ++b;
        System.out.println("(5)b = " + b);
    }
    static {
        ++b;
        System.out.println("(6)b = " + b);
    }
    public static int getNum(){
        System.out.println("(4)b = " + b);
        return 1;
    }
    public static void main(String[] args) {

    }
}
```

代码运行结果：

```
(1)a = 0
(2)a = 2
(3)a = 3
(4)b = 0
(5)b = 2
(6)b = 3
```

虽然类的加载大多数时候和类初始化是一气呵成的，但其实类的加载不一定会触发类的初始化，当 Java 程序首次通过下面五种方式来使用某个类时，系统就会初始化该类。

（1）当虚拟机启动，先初始化主方法所在的类。

（2）创建一个类的对象。

（3）调用该类的静态变量（final 的常量除外）和静态方法。

（4）使用 java.lang.reflect 包的方法对类进行反射调用。

（5）当初始化一个类时，如果其父类没有被初始化，则会先初始化它的父类。

示例代码：

情形 1，当虚拟机启动，先初始化主方法所在的类。

```
package com.atguigu.section01.demo2;

//当虚拟机启动时，先初始化主方法所在的类
public class A {
    static{
        System.out.println("init...A");
    }
    public static void main(String[] args) {

    }
}
```

情形 2，当创建一个类的实例对象时，如果这个类没有初始化，就会先初始化这个类。

```
package com.atguigu.section01.demo2;

//创建一个类的对象时会先初始化这个类
class B {
   static {
      System.out.println("init...B");
   }
}
public class TestB {
   public static void main(String[] args) {
      new B();
   }
}
```

情形 3，当使用某个类的静态成员时，会先初始化该类。

```
package com.atguigu.section01.demo2;

//调用某个类的静态变量（final 的常量除外）和静态方法
//会先初始化这个类
class C {
   public static int num = 10;
   static {
      System.out.println("init...C");
   }
}
public class TestC {
```

```
    public static void main(String[] args) {
        System.out.println(C.num);
    }
}
```

情形 4，当使用反射相关 API 动态使用某个类时，会先对该类进行初始化。

```
package com.atguigu.section01.demo2;

//使用 java.lang.reflect 包的方法对类进行反射调用时会先初始化这个类
class D {
    static {
        System.out.println("init...D");
    }
}
public class TestD {
    public static void main(String[] args) throws ClassNotFoundException {
        ClassLoader cl = ClassLoader.getSystemClassLoader();
        cl.loadClass("com.atguigu.section01.demo2.D");//该句不会造成类初始化，只是加载类
        System.out.println("类加载已完成...");
        Class.forName("com.atguigu.section01.demo2.D");//会导致类初始化
    }
}
```

情形 5，当初始化子类时，如果父类没有被初始化，则会先初始化父类。

```
package com.atguigu.section01.demo2;

//当初始化一个类，如果其父类没有被初始化，则先会初始化父类
class EBase {
    static {
        System.out.println("父类初始化");
    }
}
public class TestE extends EBase {
    static {
        System.out.println("子类初始化");
    }
    public static void main(String[] args) {
    }
}
```

当 Java 程序首次通过下面三种方式来使用某个类时，系统加载完类后，不会立刻对类进行初始化。

（1）引用静态常量不会触发此类的初始化（常量在链接阶段就已存入类的常量池中）。

（2）当访问一个静态域时，只有真正声明这个域的类才会被初始化。

（3）当通过子类引用父类的静态变量，不会导致子类初始化。

（4）通过数组定义类引用，不会触发此类的初始化。

示例代码：

情形 1，使用某个类的静态常量，不会导致类的初始化。

```
package com.atguigu.section01.demo3;

//引用静态常量不会触发此类的初始化
class Base {
    public static final int MAX_VALUE = 100;
    static {
        System.out.println("父类初始化");
    }
}
class Sub extends Base {
```

```
    static {
        System.out.println("子类初始化");
    }
}
public class NoInitializeTest1 {

    public static void main(String[] args) {
        System.out.println(Sub.MAX_VALUE);
        System.out.println(Base.MAX_VALUE);
    }
}
```

情形 2，通过子类引用父类的静态成员，不会导致子类初始化。

```
package com.atguigu.section01.demo3;

//当访问一个静态域时，只有真正声明这个域的类才会被初始化
//当通过子类引用父类的静态变量，不会导致子类初始化
class NBase {
    public static int num = 10;
    static {
        System.out.println("父类初始化");
    }
}
class NSub extends NBase {
    static {
        System.out.println("子类初始化");
    }
}
public class NoInitializeTest2 {

    public static void main(String[] args) {
        System.out.println(NSub.num);
    }
}
```

情形 3，使用某个类声明数组，不会导致该类初始化。

```
package com.atguigu.section01.demo3;

//通过数组定义类引用，不会触发此类初始化
class MyClass {
   static {
      System.out.println("MyClass 类初始化");
   }
}
public class NoInitializeTest3 {
   public static void main(String[] args) {
      MyClass[] arr = new MyClass[5];
      System.out.println(arr.length);
   }
}
```

17.2 类加载器

很多开发人员都遇到过 java.lang.ClassNotFoundException 或 java.lang.NoClassDefError 等问题，想要更好地解决这类问题，或者在一些特殊的应用场景，如需要支持类的动态加载或需要对编译后的字节码文件进行加密、解密操作，那么需要自定义类加载器。因此了解类加载器及其类加载机制也就成了每个 Java 开发人员的必备技能之一。

17.2.1 四种类加载器

Java 的类加载器主要分为以下四种。

（1）引导类加载器（Bootstrap Classloader）又称为根类加载器。

它负责加载 Java 的核心库（JAVA_HOME/jre/lib/rt.jar 等或 sun.boot.class.path 路径下的内容），是用原生代码（C/C++）来实现的，并不继承 java.lang.ClassLoder，所以通过 Java 代码获取引导类加载器对象将会得到 null。

（2）扩展类加载器（Extension ClassLoader）。

它是由 sun.misc.Launcher$ExtClassLoader 实现的，是 java.lang.ClassLoader 的子类，负责加载 Java 的扩展库（JAVA_HOME/jre/ext/*.jar 或 java.ext.dirs 路径下的内容）。

（3）应用程序类加载器（Application Classloader）。

它是由 sun.misc.Launcher$AppClassLoader 实现的，是 java.lang.ClassLoader 的子类，负责加载 Java 应用程序类路径（classpath、java.class.path）下的内容。

（4）自定义类加载器。

开发人员可以通过继承 java.lang.ClassLoader 类的方式来实现自己的类加载器，以满足一些特殊的需求，如对字节码进行加密来避免 class 文件被反编译，或者加载特殊目录下的字节码数据等，在这些场景下，我们需要使用自定义类加载器。

17.2.2 双亲委托模型

类加载器负责加载所有的类，系统为所有被载入内存中的类生成一个 java.lang.Class 实例。一旦一个类被载入 JVM 中，同一个类就不会被载入了。

在 JVM 中，一个类用其全限定类名和其类加载器作为唯一标识。换句话说，同一个类如果用两个类加载器分别加载，那么 JVM 会将它们视为不同的类，互不兼容。

那么，类加载器在执行类加载任务时，应如何确保一个类的全局唯一性呢？Java 虚拟机的设计者们通过一种被称为“双亲委托模型（Parent Delegation Model）”的委派机制来约定类加载器的加载机制。

按照双亲委托模型的规则，除可以引导类加载器，程序中的每个类加载器都应该拥有一个父类加载器，如 ExtClassLoader 的父类加载器是引导类加载器，AppClassLoader 的父类加载器是 ExtClassLoader，自定义类加载器的父类加载器是 AppClassLoader，类加载器执行类加载过程如图 17-2 所示。这里需要说明的是，这里的父类加载器并不是继承关系，而是组合关系，即在下一级的类加载器中会用一个 ClassLoader 类的 parent 字段来记录它的父加载器对象，我们通过 getParent( )方法就可以获取它委托的父加载器对象。

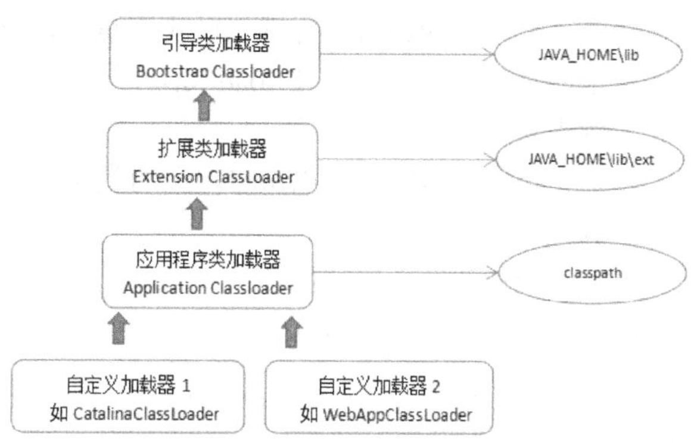

图 17-2 类加载器执行类加载过程

当一个类加载器接收到一个类加载任务时，它并不会立即展开加载，而是先检测此类是否被加载过，即在方法区寻找该类对应的 Class 对象是否存在，如果存在就是已经加载过，直接返回该 Class 对象，否则会将加载任务委派给它的父类加载器执行。每一层的类加载器都采用相同的方式，直至委派给最顶层的启动类加载器为止，当父类加载器无法加载委派给它的类时，便会将类的加载任务退回给它的下一级类加载器执行加载。如果所有的类加载器都加载失败，那么就会报 java.lang.ClassNotFoundException 或 java.lang.NoClassDef FoundError。

类加载器执行类加载流程如图 17-3 所示。

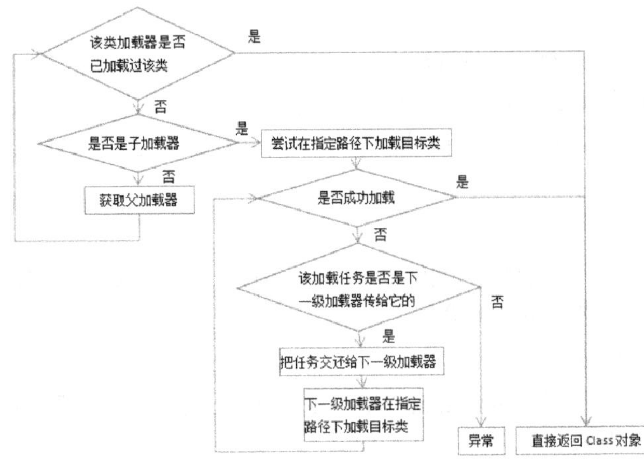

图 17-3　类加载器执行类加载流程

在此大家需要注意，Java 虚拟机的规范并没有要求类加载器的加载机制一定要使用双亲委托模型，只是建议采用这种方式。例如，在 Tomcat 中，类加载器采用的加载机制就和传统的双亲委派模型有一定区别，当缺省的类加载器接收到一个类的加载任务时，首先会由它自行加载，只有当它加载失败时，才会将类的加载任务委派给它的超类加载器执行，这也是 Servlet 规范推荐的一种方法。

17.2.3　自定义类加载器

在实际开发中，我们会遇到需要的类没有存放在已经设置好的 classPath 下（有系统类加载器 AppClassLoader 加载的路径）的情况，对于自定义路径中的 class 类文件的加载，我们需要自己的 ClassLoader。甚至有时我们不一定是从类文件中读取类，可能是从网络的输入流中读取类，这就涉及一些加密和解密操作，那么此时就需要自己实现加载类的逻辑，当然其他的特殊处理也同样适用。

自定义类加载器必须继承 ClassLoader 类，而 ClassLoader 类是一个抽象类，ClassLoader 的相关方法有如下几种。

（1）protected ClassLoader( )：使用 getSystemClassLoader( )方法返回的 ClassLoader 创建一个新的类加载器，将该加载器作为父类加载器。

（2）protected ClassLoader(ClassLoader parent)：使用指定的，用于委托操作的父类加载器创建新的类加载器。

（3）protected final Class<?> defineClass(String name,byte[ ] b,int off,int len)throws ClassFormatError：将一个 byte 数组转换为 Class 类的实例（必须先分析 Class，然后才能使用它）。

（4）protected Class<?> findClass(String name)throws ClassNotFoundException：使用指定的二进制名称查找类。此方法应该被类加载器的实现重写，该实现按照委托模型来加载类。在通过父类加载器检查所请求的类后，此方法将被 loadClass 方法调用。

案例需求：

自定义类加载器实现可以从自定义的类路径下加载某个类。

示例代码：

自定义类加载器示例代码。

```
package com.atguigu.section02;

import java.io.ByteArrayOutputStream;
import java.io.File;
import java.io.FileInputStream;
import java.io.FileNotFoundException;
import java.io.IOException;
import java.io.InputStream;

public class FileClassLoader extends ClassLoader {
   private String rootDir;          //指定加载路径
```

```
    public FileClassLoader(String rootDir){
        this.rootDir = rootDir;
    }

    @Override
    protected Class<?> findClass(String name) throws ClassNotFoundException {
        Class<?> c = findLoadedClass(name);

        if (c == null){
            ClassLoader parent = this.getParent();
            try {
                c = parent.loadClass(name);
                //添加异常处理，父类加载不到，然后自己加载
            } catch (Exception e) {
        }

            if (c == null){
                byte[] classData = getClassData(name);
                if (classData == null){
                    throw new ClassNotFoundException();
                } else {
                    c = defineClass(name, classData, 0, classData.length);
                }
            }
        }
        return c;
    }

    private byte[] getClassData(String name) {
        String path = rootDir + File.separator + name.replace(".", File.separator)+".class";
        InputStream is = null;
        ByteArrayOutputStream baos = null;
        try {
            is = new FileInputStream(path);
            baos =new ByteArrayOutputStream();
            byte[] buffer = new byte[1024];
            int len;
            while ((len = is.read(buffer)) != -1){
                baos.write(buffer, 0, len);
            }
            return baos.toByteArray();
        } catch (FileNotFoundException e) {
            e.printStackTrace();
        } catch (IOException e) {
            e.printStackTrace();
        } finally {
            try {
                if (is != null){
                    is.close();
                }
            } catch (IOException e) {
                e.printStackTrace();
            }
        }
        return null;
    }
}
```

测试类示例代码。

```
package com.atguigu.section02;
```

```
public class TestFileClassLoader {
    public static void main(String[] args) throws ClassNotFoundException {
        FileClassLoader fsc = new FileClassLoader("D:/atguigu/code");
        Class<?> uc = fsc.loadClass("com.atguigu.UserManager");
        System.out.println(uc);

        Class<?> sc = fsc.loadClass("java.lang.String");
        System.out.println(sc);
        System.out.println(sc.getClassLoader());//null,因为委托给父类加载器，一直到引导类加载器
    }
}
```

从上述示例代码中可以得出自定义类加载器的几个大致步骤。

（1）继承 java.lang.ClassLoader。

（2）检查请求的类型是否已经被这个类装载器装载到命名空间中，如果已经被装载，则直接返回。

（3）委派类加载器请求给父类加载器，如果父类加载器能够完成，则返回父类加载器加载的 Class 实例。

（4）调用本类加载器的 findClass（...）方法，试图获取对应的字节码，如果能够获取，则调用 defineClass(...)导入类型到方法区；如果获取不到对应的字节码或因为其他原因失败，则终止加载过程。

17.2.4 加载资源文件

ClassLoader 类的基本职责就是根据指定的类的名称，找到或生成其对应的字节代码，然后从这些字节代码中定义一个 Java 类，即 java.lang.Class 类的一个实例。除此之外，ClassLoader 还负责加载 Java 应用所需的资源，如图像文件和配置文件等。

在源代码路径下（如 src）创建一个 jdbc.properties 资源文件。

示例代码：

jdbc.properties 资源文件示例代码。

```
username=root
password=123456
url=jdbc:mysql://localhost:3306/test
```

使用类加载器加载 jdbc.properties 资源文件示例代码。

```
package com.atguigu.section02;

import java.io.IOException;
import java.util.Properties;

public class LoaderPropertiesTest {
    public static void main(String[] args) {
        Properties pro = new Properties();
        try {
            pro.load(ClassLoader.getSystemResourceAsStream("jdbc.properties"));
            System.out.println(pro);
        } catch (IOException e) {
            e.printStackTrace();
        }
    }
}
```

存放在 src 下的资源文件会随其他.java 文件一起编译到.class 文件的类路径下。所以当发布项目打包所有.class 文件时，也会将资源文件一并打包。

但如果是发布在 tomcat 中的 web 应用，使用上述示例代码是无法加载 src 路径下的资源文件的，

src 下的资源文件会随着类被发布到 web 应用的 WEB-INF\classes 目录下，而 tomcat 会使用自定义类加载器加载该路径下的内容，而不是使用 AppClassLoder 加载。我们可以通过该路径下的类先获取该自定义加载器对象，再调用 getSystemResourceAsStream(String name)方法加载（如果还未接触过 tomcat 和 web 应用的初学者可以暂时忽略本示例）。

示例代码：

```
package com.atguigu.section02;

import java.io.IOException;
import java.util.Properties;

public class LoaderPropertiesTest2 {
    public static void main(String[] args) {
        Properties pro = new Properties();
        try {
            pro.load(LoaderPropertiesTest2.class.getClassLoader().
                    getSystemResourceAsStream("jdbc.properties"));
            System.out.println(pro);
        } catch (IOException e) {
            e.printStackTrace();
        }
    }
}
```

17.3　反射的根源

在 Java 程序中，所有的对象都有两种类型，即编译时类型和运行时类型，而很多时候对象的编译时类型和运行时类型不一致。

例如，某些变量或形参的类型是 Object 类型，但是程序却需要调用该对象运行时类型的方法，该方法不是 Object 类型中的方法，那么应该如何解决呢？

为了解决这些问题，程序需要在运行时发现对象和类的真实信息，现在有以下两种方案。

方案 1：在编译和运行时都完全知道类型的具体信息，在这种情况下，可以直接先使用 instanceof 运算符进行判断，再利用强制类型转换符将其转换成运行时类型的变量。

方案 2：编译时我们根本无法预知该对象和类的真实信息，程序只能依靠运行时的信息来发现该对象和类的真实信息，这就必须使用反射。

因为加载完类之后，在内存的方法区中就产生了一个 Class 类型的对象，所以每个类在方法区内都有唯一的 Class 对象与之对应，这个对象包含了完整的类的结构信息，我们可以通过这个对象获取类的结构。这种机制就像一面镜子，Class 对象像是类在镜子中的镜像，通过观察这个镜像我们就可以知道类的结构，所以这种机制被形象地称为反射机制，反射机制示意图如图 17-4 所示。

图 17-4　反射机制示意图

17.3.1　Class 类剖析

Class 类的实例常用来表示正在运行的 Java 程序中的类和接口。事实上，所有的类都可以表示为 Class 类的实例对象。

（1）class：外部类，内部类。

（2）interface：接口。

（3）[ ]：数组，所有具有相同元素类型和维数的数组共享同一个 Class 对象。

（4）enum：枚举。

（5）annotation：注解@interface。

（6）primitive type：八种基本数据类型。

（7）void：空，无返回值。

在 Java 程序中我们可以通过以下四种方式获得某种类的 Class 对象。

（1）类型名.class：仅适用于编译期间已知的任意类型，包括基本数据类型、void、数组、类、接口、枚举、注解等。如果某个类编译期间是已知的，则优先考虑这种方式，代码更安全，效率更高。另外，基本数据类型和 void 也只能通过这种方式获得 Class 对象。

（2）调用任意对象的 getClass( )方法，可以获取该对象的运行时类型的 Class 对象，适用于任意引用数据类型。

（3）使用 Class 类的 forName(String name)静态方法，该方法需要传入一个字符串参数，该参数是某个类的全限定名（完整的包.类型名），该方法适用于数组以外的任意引用数据类型。如果运行时获取不到对应的 Class 对象，则会报 ClassNotFoundException。

（4）调用类加载对象的 loadClass(String name)方法，该方法需要传入一个字符串参数，该参数是某个类的全限定名，该方法适用于数组以外的任意引用数据类型。

如果某个类型编译期间未知，我们希望在运行期间动态加载某个类型，那么就只能使用第三种方式和第四种方式，此时仅须指定该类型的字符串形式的全名称。但是在运行期间如果无法加载到对应类型，则会报 ClassNotFoundException。

示例代码：

获取 Class 对象四种方式的示例代码。

```
package com.atguigu.section03;

public class ClassTest1 {
    public static void main(String[] args)  throws ClassNotFoundException {
        Class<?> c1 = String.class;
        Class<?> c2 = "hello".getClass();
        Class<?> c3 = Class.forName("java.lang.String");
        Class<?> c4 = ClassLoader.getSystemClassLoader().loadClass("java.lang.String");
        System.out.println(c1 == c2);
        System.out.println(c1 == c3);
        System.out.println(c1 == c4);
    }
}
```

上述示例代码的运行结果表明，我们可以通过四种方式获取 java.lang.String 类的 Class 对象，而且它们是相同的，因为每个类在内存中只有一个唯一的 Class 对象来表示。

每种 Java 的数据类型都有对应的 Class 对象的示例代码：

```
package com.atguigu.section03;

import java.time.Month;

public class ClassTest2 {
    public static void main(String[] args) {
        Class<?> c1 = int.class;              //基本数据类型
        Class<?> c2 = void.class;             //void 类型

        Class<?> c3 = String.class;           //类
        Class<?> c4 = Object.class;           //类
```

```
        Class<?> c5 = Class.class;            //类
        Class<?> c6 = Comparable.class;       //接口
        Class c7 = Override.class;            //注解
        Class c8 = Month.class;               //枚举

        //对于数组
        //只要元素类型与维度一样，就是同一个 Class 对象
        Class<?> c9 = int[].class;
        int[] arr1 = new int[5];
        int[] arr2 = new int[10];
        System.out.println(arr1.getClass() == c9);
        System.out.println(arr2.getClass() == c9);
        //如果元素类型或维度不一样，就不是同一个 Class 对象
        Class c10 = String[].class;
        Class c11 = int[][].class;
        System.out.println(c9 == c10);
        System.out.println(c9 == c11);
    }
}
```

从上述示例代码中可以看出，每种数据类型都有一个 Class 对象表示。

另外，对于数组来说，必须保证维度和元素类型一致，才是同一种类型。

17.3.2 获取类信息

java.lang.Class 类提供了大量实例方法来获取该 Class 对象所对应类的详细信息，如包、修饰符、类名、父类、父接口、注解，以及成员（属性、构造器、方法）等，反射其他相关的 API 在 java.lang.reflect 包下。

1. 获取某个类的加载器

public ClassLoader getClassLoader( )：返回该类的类加载器。有些实现可能使用 null 表示引导类加载器。如果此对象表示一个 rt.jar 包中的类，或者是基本数据类型与 void，则返回 null。

特别提示：数组类型本身并不是由类加载器负责创建的，而是由 JVM 在运行时根据需要而直接创建的，但数组的元素类型仍然需要依靠类加载器创建。因此，JVM 会把数组元素类型的类加载器记录为数组类型的类加载器。

示例代码：

```
package com.atguigu.section03;

public class ClassLoaderTest {
    public static void main(String[] args) {
        ClassLoader c1 = String.class.getClassLoader();
        System.out.println("c1 = " + c1);

        ClassLoader c2 = int.class.getClassLoader();
        System.out.println("c2 = " + c2);

        int[] arr = new int[5];
        ClassLoader c3 = arr.getClass().getClassLoader();
        System.out.println("c3 = " + c3);

        ClassLoader c4 = ClassLoaderTest.class.getClassLoader();
        System.out.println("c4 = " + c4);

        ClassLoaderTest[] arr2 = new ClassLoaderTest[3];
        ClassLoader c5 = arr2.getClass().getClassLoader();
```

```
        System.out.println("c5 = " + c5);
    }
}
```

2. 获取包名和类型名

public Package getPackage( )：获取此类的包，可以通过 Package 实例对象的 getName( )获取包名。

public String getName( )：以 String 的形式返回此 Class 对象所表示的实体（类、接口、数组类、基本数据类型或 void）名称。

示例代码：

```
package com.atguigu.section03;

public class ClassNameTest {
    public static void main(String[] args) {
        System.out.println(String.class.getName());         //java.lang.String
        System.out.println(int.class.getName());            //int
        System.out.println(int[].class.getName());              //[I
        System.out.println(int[][].class.getName());        //[[I
        System.out.println(Object[].class.getName());       //[Ljava.lang.Object;
    }
}
```

如果此类对象表示的是非数组类型的引用类型，则返回该类的二进制名称，即包.类名。

如果此类对象表示的是基本数据类型或 void，则返回该基本数据类型或 void 所对应的 Java 语言关键字相同的字符串名称。

如果此类对象表示的是数组类型，则名字的内部形式表示该数组嵌套深度的一个或多个“[”字符加元素类型名。元素类型名编码如表 17-1 所示。

表 17-1 元素类型名编码

元 素 类 型	编 码
byte	B
short	S
int	I
long	L
float	F
double	D
boolean	Z
char	C
class or interface	L classname

3. 获取类型修饰符

public int getModifiers( )：返回此类或接口以整数编码的 Java 语言修饰符。

修饰符由 Java 虚拟机的 public、protected、private、final、static、abstract 和 interface 对应的常量组成，它们应当使用 Modifier 类的方法来解码。

如果底层类是数组类，则其 public、private 和 protected 修饰符与其组件类型的修饰符相同。如果此 Class 表示一个基本数据类型或 void，则其 public 修饰符始终为 true，protected 和 private 修饰符始终为 false；如果此对象表示一个数组类、一个基本数据类型或 void，则其 final 修饰符始终为 true，其接口修饰符始终为 false。该规范没有给定其他修饰符的值。

示例代码：

```
package com.atguigu.section03;
```

```
import java.lang.reflect.Modifier;

public class ClassModifyTest {
    public static void main(String[] args) {
        Class<?> clazz = String.class;
        int mod = clazz.getModifiers();
        System.out.println(Modifier.toString(mod));//public final
        System.out.println(Modifier.isPublic(mod));//true
    }
}
```

4．获取父类或父接口

public Class<? super T> getSuperclass( )：返回表示此 Class 所表示的实体（类、接口、基本数据类型或 void）的超类的 Class。如果此 Class 表示 Object 类型、一个接口、一个基本数据类型或 void，则返回 null。如果此对象表示一个数组类型，则返回表示该 Object 类型的 Class 对象。

public Class<?>[ ] getInterfaces( )：确定此对象所表示的类型或实现的接口。如果此对象表示一个类，则返回值是一个数组，它包含了表示该类所实现的所有接口的对象。数组中接口对象顺序与此对象所表示的类的声明的 implements 子句中接口名顺序一致。如果此对象表示一个接口，则该数组包含表示该接口扩展的所有接口的对象。数组中接口对象顺序与此对象所表示的接口的声明的 extends 子句中接口名顺序一致。如果此对象表示一个不实现任何接口的类或接口，则此方法返回一个长度为 0 的数组。如果此对象表示一个基本数据类型或 void，则此方法返回一个长度为 0 的数组。

示例代码：

获取某个类的父类信息的示例代码。

```
package com.atguigu.section03;

public class SuperClassTest {
    public static void main(String[] args) {
        System.out.println(Integer.class.getSuperclass());//class java.lang.Number
        System.out.println(int.class.getSuperclass());//null
        System.out.println(Runnable.class.getSuperclass());//null
        System.out.println(int[].class.getSuperclass());//class java.lang.Object
        System.out.println(String[].class.getSuperclass());//class java.lang.Object
    }
}
```

获取某个类实现接口示例代码。

```
package com.atguigu.section03;

public class InterfaceTest {
    public static void main(String[] args) {
        Class<?> clazz = String.class;
        Class<?>[] interfaces = clazz.getInterfaces();
        for (Class<?> inter : interfaces) {
            System.out.println(inter);
        }
    }
}
```

5．获取内部类或外部类信息

public Class<?>[ ] getClasses( )：返回所有公共内部类和内部接口，包括从超类中继承的公共类和接口成员及该类声明的公共类和接口成员。

public Class<?>[ ] getDeclaredClasses( )：返回 Class 对象的一个数组，这些对象反映声明为此 Class 对象所表示的类的成员的所有类和接口，包括该类所声明的公共、保护、默认（包）访问及私有类和接口，但不包括继承的类和接口。

public Class<?> getDeclaringClass( )：如果此 Class 对象所表示的类或接口是一个内部类或内部接口，则返回它的外部类或外部接口，否则返回 null。

示例代码：

```
package com.atguigu.section03;

import java.util.Map;

public class InnerOuterClassTest {
    public static void main(String[] args) {
        Class<?> clazz = Map.class;
        Class<?>[] inners = clazz.getDeclaredClasses();
        for (Class<?> inner : inners) {
            System.out.println(inner);
        }

        Class<?> ec = Map.Entry.class;
        Class<?> outer = ec.getDeclaringClass();
        System.out.println(outer);
    }
}
```

6. 获取属性

以下四种方法均可用于访问 Class 对应类所包含的属性（Field）。

（1）public Field[] getFields( )：返回一个包含某些 Field 对象的数组，这些对象反映此 Class 对象所表示的类或接口的所有可访问公共字段。返回数组中的元素没有排序，也没有任何特定的顺序，包括继承的公共字段。

（2）public Field getField(String name)：返回一个 Field 对象，它反映此 Class 对象所表示的类或接口的指定公共成员字段，包括继承的公共字段。name 参数是一个 String 类，用于指定所需要字段的简称。

（3）public Field[ ] getDeclaredFields( )：返回 Field 对象的一个数组，这些对象反映此 Class 对象所表示的类或接口所声明的所有字段，包括公共、保护、默认（包）访问和私有字段，但不包括继承的字段。返回数组中的元素没有排序，也没有任何特定的顺序。

（4）public Field getDeclaredField(String name)：返回一个 Field 对象，该对象反映此 Class 对象所表示的类或接口的指定已声明字段。

示例代码：

```
package com.atguigu.section03;

import java.lang.reflect.Field;
import java.lang.reflect.Modifier;

public class FieldInfoTest {
    public static void main(String[] args) {
        Class<?> clazz = String.class;
        Field[] fields = clazz.getDeclaredFields();
        for (Field field : fields) {
            int mod = field.getModifiers();
            Class<?> type = field.getType();
            String name = field.getName();
            System.out.print(Modifier.toString(mod)+"\t");
            System.out.println(type.getName()+"\t" + name);
        }
    }
```

```
}
```

7. 获取构造器

以下四种方法用于访问 Class 对应的类所包含的构造器（Constructor）。

（1）public Constructor<T> getDeclaredConstructor(Class<?>... parameterTypes)：构造器名称不需要指定，因为它和类名一致。parameterTypes 参数是 Class 对象的一个数组，它按声明顺序标识构造方法的形参类型。如果此 Class 对象表示非静态上下文中声明的内部类，则形参类型作为第一个参数包括显示封闭的实例。

（2）public Constructor<?>[ ] getDeclaredConstructors( )：公共、保护、默认（包）访问和私有构造方法。

（3）public Constructor<T> getConstructor(Class<?>... parameterTypes)：指定公共构造方法。

（4）public Constructor<?>[ ] getConstructors( )：所有公共构造方法。

示例代码：

```
package com.atguigu.section03;

import java.lang.reflect.Constructor;
import java.lang.reflect.Modifier;
import java.util.Arrays;

public class ConstructorInfoTest1 {
    public static void main(String[] args) {
        Class<?> clazz = String.class;
        Constructor<?>[] constructors = clazz.getConstructors();
        for (Constructor<?> constructor : constructors) {
            int mod = constructor.getModifiers();
            String name = constructor.getName();
            Class<?>[] parameterTypes = constructor.getParameterTypes();
            System.out.print(Modifier.toString(mod)+"\t" + name + "(");
            System.out.println(Arrays.toString(parameterTypes)+")");
        }
    }
}
```

查看内部类的构造器信息示例代码：

```
package com.atguigu.section03;

import java.lang.reflect.Constructor;

public class ConstructorInfoTest2 {
    public static void main(String[] args) throws NoSuchMethodException {
        Class<?> clazz = Outer.class;
        Constructor<?> constructor = clazz.getDeclaredConstructor();
        System.out.println(constructor);//无参构造器

        Class<?> c = Outer.Inner1.class;
        //因为 Inner1 是非静态的内部类，所以它的构造器默认第一个形参是外部类的实例对象
        Constructor<?> cs = c.getDeclaredConstructor(Outer.class);
        System.out.println(cs);

        Class<?> c2 = Outer.Inner2.class;
        //因为 Inner2 是静态的内部类，所以不需要外部类的实例对象
        Constructor<?> cs2 = c2.getDeclaredConstructor();
        System.out.println(cs2);
    }
}
```

```
class Outer {
    class Inner1 {

    }
    static class Inner2 {

    }
}
```

8．获取方法

以下四种方法用于访问 Class 对应的类所包含的方法。

（1）public Method getDeclaredMethod(String name,Class<?>... parameterTypes)：name 参数是一个 String 类，它指定所需方法的简称；parameterTypes 参数是 Class 对象的一个数组或 0～n 个 Class 对象，它按声明顺序标识该方法的形参类型。如果是无参方法，那么 parameterTypes 可以不传或传 null。因为可能存在重载的方法，所以在一个类中唯一确定一个方法，需要方法名和形参类型列表。

（2）public Method[ ] getDeclaredMethods( )：包括公共、保护、默认（包）访问和私有方法，但不包括继承的方法。

（3）public Method getMethod(String name,Class<?>... parameterTypes)：指定的公共成员方法，包括继承的公共方法。

（4）public Method[ ] getMethods( )：所有公共成员方法，包括继承的公共方法。

示例代码：

```
package com.atguigu.section03;

import java.lang.reflect.Method;
import java.lang.reflect.Modifier;
import java.util.Arrays;

public class MethodInfoTest {
    public static void main(String[] args) {
        Class<?> clazz = String.class;
        Method[] methods = clazz.getMethods();
        for (Method method : methods) {
            int mod = method.getModifiers();
            Class<?> returnType = method.getReturnType();
            String name = method.getName();
            Class<?>[] parameterTypes = method.getParameterTypes();
            System.out.print(Modifier.toString(mod)+"\t" + returnType + "\t" + name + "(");
            System.out.println(Arrays.toString(parameterTypes)+")");
        }
    }
}
```

9．获取泛型父类

JDK 1.5 引入了泛型，为了通过反射操作这些泛型，新增了 ParameterizedType、GenericArrayType、TypeVariable 和 WildcardType 这几种类型来代表不能被归到 Class 中但是又和原始类型齐名的类型，获取泛型父类如图 17-5 所示。

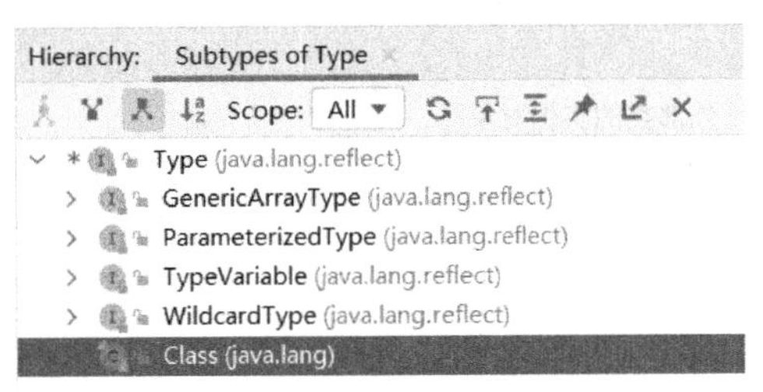

图 17-5　获取泛型父类

而在 Class 类、Field 类、Method 类等 API 中增加了很多关于获取泛型信息的方法，如在 Class 类中就有很多方法，其中有一个获取泛型父类的方法，如下所示。

public Type getGenericSuperclass( )：返回表示此 Class 类所表示的实体（类、接口、基本数据类型或 void）的直接超类的 Type。

示例代码：

```
package com.atguigu.section03;

import java.lang.reflect.ParameterizedType;
import java.lang.reflect.Type;
import java.lang.reflect.TypeVariable;

public class GenericSuperClassTest {
    public static void main(String[] args) {
        Class<?> c = Base.class;
        TypeVariable<?>[] typeParameters = c.getTypeParameters();
        for (TypeVariable<?> typeVariable : typeParameters) {
            System.out.println(typeVariable + ", 上限: " + typeVariable.getBounds()[0]);
        }

        Class<Sub> clazz = Sub.class;
        Type gs = clazz.getGenericSuperclass();

        ParameterizedType gt = (ParameterizedType)gs;
        Type[] types = gt.getActualTypeArguments();
        for (Type type : types) {
            System.out.println(type);
        }
    }
}
class Base<T extends Number> {

}
class Sub extends Base<Integer> {

}
```

10. 获取注解信息

可以通过反射 API 获得相关的注解信息，有如下几种方法。

（1）public Annotation[ ] getAnnotations( )：返回此元素上存在的所有注释。

（2）public Annotation[ ] getDeclaredAnnotations( )：获取某元素上存在的所有注释，该方法将忽略继承的注释。

（3）public <T extends Annotation> T getAnnotation(Class<T> annotationClass)：如果存在该元素的指定类型的注释，则返回这些注释，否则返回 null。

注意：通过反射能够读取到的注解必须要注解的生命周期是 RetentionPolicy.RUNTIME。

示例代码：

```
package com.atguigu.section03;

import java.lang.annotation.Retention;
import java.lang.annotation.RetentionPolicy;

public class AnnotationTest {
    public static void main(String[] args) {
        Class<?> clazz = MyClass.class;
        MyAnnotation my = clazz.getAnnotation(MyAnnotation.class);
        System.out.println(my.value());
```

```
    }
}
@MyAnnotation
class MyClass {

}
@Retention(RetentionPolicy.RUNTIME)
@interface MyAnnotation {
    String value() default "尚硅谷";
}
```

17.4 反射的应用

反射是框架设计的灵魂，因为反射可以在程序运行时加载、探知、使用编译期间完全未知的类。换句话说，Java 程序可以加载一个运行时才得知名称的类，获悉其完整结构，并生成其对象，或者操作其任意一个 Field 的值，或者调用其任意一个方法。

17.4.1 动态创建对象

通过反射生成对象有如下两种方式。

方式一：使用 Class 对象的 newInstance()方法创建该 Class 对象对应类的实例，这种方式要求该 Class 对象的对应类有无参构造器，而执行 newInstance( )方法时实际上是利用默认构造器创建该类的实例。

方式二：先使用 Class 对象获取指定的 Constructor 对象，再调用 Constructor 对象的 newInstance(Object... args)方法创建该 Class 对象对应类的实例。这种方式可以选择使用某个类的指定构造器创建实例。

第一种方式创建对象是比较常见的情形，因为在很多 Java EE 框架中都需要根据配置文件信息创建实例对象，从配置文件读取的信息只是某个类的字符串类名，程序需要根据该字符串创建对应的实例，就必须使用反射。

案例需求：

请分别使用 Student 类的 Class 对象或 Student 类的 Constructor 构造器对象创建 Student 类的实例对象。

示例代码：

Student 类示例代码。

```
package com.atguigu.section04;

public class Student {
    private String name;

    public Student(String name) {
        super();
        this.name = name;
    }

    public Student() {
        super();
    }

    @Override
    public String toString() {
        return "Student [name=" + name + "]";
    }
```

```
}
```

方式一，使用 Class 对象的 newInstance( )方法创建对象。

```
package com.atguigu.section04;

public class NewInstanceTest1 {
    public static void main(String[] args)throws Exception {
        Class<?> clazz = Class.forName("com.atguigu.section04.Student");
        Object obj = clazz.newInstance();
        System.out.println(obj);
    }
}
```

方式二，调用 Constructor 对象的 newInstance(Object... args)方法创建该对象。

```
package com.atguigu.section04;

import java.lang.reflect.Constructor;

public class NewInstanceTest2 {
    public static void main(String[] args) throws Exception{
        Class<?> clazz = Class.forName("com.atguigu.section04.Student");
        Constructor<?> constructor = clazz.getDeclaredConstructor(String.class);
        Object obj = constructor.newInstance("谷哥");
        System.out.println(obj);
    }
}
```

当然也可以在方式二中显式调用 Student 类中指定的空参数的构造器，进而创建 Student 类的实例，这种方式和方式一的效果是一样的。由此可见，方式二相较于方式一更灵活，可以选择调用运行时类中指定的构造器。此外，要想上述方式一和方式二的代码正常执行，还要保证调用的 Student 类中的构造器的访问权限要够，即这里仍然需要满足封装性的特点，确保在指定的包和指定的类中能够调用 Student 类的构造器。

17.4.2 动态操作属性

通过 Class 对象的 getFields( )等方法可以获取该类所包括的全部 Field 或指定 Field。而 Field 类除提供获取属性的修饰符、属性类型、属性名等方法，还提供了如下几个方法来协助我们获取和设置属性值。

（1）public xxx getXxx(Object obj)：获取 obj 对象的 Field 的属性值。此处的 Xxx 对应八种基本数据类型，如果该属性的类型是引用数据类型，则直接使用 get(Object obj)方法。

（2）public void setXxx(Object obj,Xxx value)：设置 obj 对象的 Field 的属性值为 value。此处的 Xxx 对应八种基本数据类型，如果该属性的类型是引用数据类型，则直接使用 set(Object obj, Object value)方法。

（3）public void setAccessible(boolean flag)：启动和禁用访问安全检查的开关。值为 true 则指示反射的对象在使用时应该取消 Java 语言访问检查，可以提高反射的效率。如果代码中必须用反射，而该句代码需要频繁地被调用，那么请设置为 true。并且设置为 true 时使得原本无法访问的私有成员也可以访问。值为 false 则指示反射的对象应该实施 Java 语言访问检查。

案例需求：

Chinese 类中声明了两个成员变量，一个是静态的 country，另一个是非静态的 name，请编写代码演示通过 Class 对象获取或设置 Chinese 类的成员变量 Field 和对应值。

示例代码：

Chinese 类示例代码。

```
package com.atguigu.section04;

public class Chinese {
    private static String country;      //国籍
    private String name;                //姓名
}
```

通过反射分别操作 Chinese 类的 country 和 name 成员变量的示例代码。

```
package com.atguigu.section04;

import java.lang.reflect.Field;

public class FieldTest {
    public static void main(String[] args)throws Exception {
        Class<?> clazz = Class.forName("com.atguigu.section04.Chinese");

        Field nameField = clazz.getDeclaredField("name");
        nameField.setAccessible(true);
        Object obj = clazz.newInstance();
        nameField.set(obj, "刚哥");  //非静态变量需要实例对象
        Object nameValue = nameField.get(obj);
        System.out.println("nameValue = " + nameValue);

        Field countryField = clazz.getDeclaredField("country");
        countryField.setAccessible(true);
        countryField.set(null,"中国");    //静态变量不需要实例对象
        Object countryValue = countryField.get(null);
        System.out.println("countryValue = " + countryValue);
    }
}
```

17.4.3 动态调用方法

获得某个类对应的 Class 对象后，就可以通过该 Class 对象的 getMethods( )等方法获得全部方法或指定方法。每个 Method 对象对应一个方法，获得 Method 对象后，程序就可以通过该 Method 对象的 invoke 方法来调用对应方法。

示例代码：

```
package com.atguigu.section04;

import java.lang.reflect.Method;

public class MethodTest {
    public static void main(String[] args) throws Exception{
        Class<?> clazz = Class.forName("java.time.LocalDate");

        Method nowMethod = clazz.getDeclaredMethod("now");
        Object date1 = nowMethod.invoke(null);//静态方法不需要实例对象
        System.out.println("date1 = " + date1);

        Method setYearMethod = clazz.getDeclaredMethod("withYear",int.class);
        Object date2 = setYearMethod.invoke(date1,2022);//非静态方法需要实例对象
        System.out.println("date2 = " + date2);

        Method getYearMethod = clazz.getDeclaredMethod("getYear");
        Object yearValue = getYearMethod.invoke(date2);//非静态方法需要实例对象
        System.out.println("yearValue = " + yearValue);
```

```
    }
}
```

17.4.4　动态操作数组

java.lang.reflect 包下还提供了一个 Array 类，Array 类可以代表所有的数组。程序可以通过使用 Array 类来动态地创建数组和操作数组元素等。

Array 类提供了如下几种方法。

（1）public static Object newInstance(Class<?> componentType, int... dimensions)：创建一个具有指定组件类型和维度的新数组。

（2）public static void setXxx(Object array,int index,xxx value)：将 Array 数组中[index]元素的值修改为 value。此处的 Xxx 对应 8 种基本数据类型，如果该属性的类型是引用数据类型，则直接使用 set(Object array,int index, Object value)方法。

（3）public static xxx getXxx(Object array,int index,xxx value)：返回 Array 数组中[index]元素的值。此处的 Xxx 对应八种基本数据类型，如果该属性的类型是引用数据类型，则直接使用 get(Object array,int index)方法。

案例需求：

使用反射的方式创建一个长度为 5 的 String 数组，并且给[0]和[1]元素赋值，然后获取[0]、[1]、[2]元素值。

示例代码：

```
package com.atguigu.section04;

import java.lang.reflect.Array;

public class ArrayTest1 {
    public static void main(String[] args) {
        Object arr = Array.newInstance(String.class, 5);
        Array.set(arr, 0, "尚硅谷");
        Array.set(arr, 1, "谷姐");
        System.out.println(Array.get(arr, 0));
        System.out.println(Array.get(arr, 1));
        System.out.println(Array.get(arr, 2));
    }
}
```

案例需求：

实现数组工具类的 copyOf 方法，可以实现根据一个任意引用类型的数组，复制一个指定长度的新数组。

示例代码：

```
package com.atguigu.section04;

import java.lang.reflect.Array;
import java.util.Arrays;

public class ArrayTest2 {
   public static <T> T[] copyOf(T[] original, int newLength){
      if (newLength < 0){
         throw new IllegalArgumentException(newLength+"不能为负数");
      }

      Class<? extends Object[]> originalClass = original.getClass();
      Class<?> componentType = originalClass.getComponentType();
```

```
        Object o = Array.newInstance(componentType, newLength);
        T[] newArr = (T[])o;
        for (int i = 0; i < original.length && i < newLength; i++){
            newArr[i] = original[i];
        }
        return newArr;
    }

    public static void main(String[] args) {
        String[] arr = {"尚硅谷", "谷姐", "Java", "大数据", "前端"};
        String[] strings = copyOf(arr, 3);
        System.out.println(Arrays.toString(strings));
    }
}
```

17.5 代理设计模式

所谓代理，就是替别人完成一些事情。在 Java 开发中，我们也会遇到需要一些代理类的场景，这些代理类可以帮其他被代理类完成一些它没有或不方便完成的事情，而且还不会改变被代理类原来的功能。这样的场景有很多，如最常见到的场景有权限过滤、添加日志、事务处理等。

初学者可能会问为什么要多加个代理类，直接在原来类的方法中加上权限过滤等功能不也可以实现吗？这是因为在程序设计中有一个类的单一性原则问题，这个原则很简单，那就是每个类的功能尽可能单一，类功能越单一，类被修改的可能性就越小。如果将权限判断放在被代理的业务类中，这个类就既要负责自己本身业务逻辑又要负责权限判断，那么就有两个因素会导致该类变化，如果权限规则一旦变化，那么这个类就必须得修改，这显然不是一个好的设计。另外，我们可能需要给多个被代理类加上同样的权限过滤，如果没有代理类，那么势必会出现大量的冗余代码。

根据代理类的创建时机和创建方式的不同，可以将代理分为静态代理和动态代理两种模式。

17.5.1 静态代理模式

所谓静态代理模式，就是由开发人员在编译期间手动声明代理类并创建代理对象的模式。

案例需求：

需要在所有 Dog 接口实现类的所有实现方法执行之前加一句“××方法开始执行”，执行之后加一句“××方法执行完毕”，并要求不修改这些实现类的代码。

示例代码：

Dog 接口示例代码。

```
package com.atguigu.section05.demo1;

public interface Dog {
    void bark();
    void run();
}
```

Dog 接口实现类 TibetanMastiff（藏獒类）示例代码，它是被代理类之一。

```
package com.atguigu.section05.demo1;

public class TibetanMastiff implements Dog {

    @Override
    public void bark() {
        System.out.println("藏獒在叫");
    }
```

```
    @Override
    public void run() {
        System.out.println("藏獒在跑");
    }
}
```

Dog 接口实现类 Huskie（哈士奇类）示例代码，它也是被代理类之一。

```
package com.atguigu.section05.demo1;

public class Huskie implements Dog {
    @Override
    public void bark() {
        System.out.println("哈士奇在叫");
    }

    @Override
    public void run() {
        System.out.println("哈士奇在跑");
    }
}
```

Dog 接口代理类示例代码。

```
package com.atguigu.section05.demo1;

public class DogProxy implements Dog {
    private Dog target;    //实际被代理对象

    public DogProxy(Dog target) {
        this.target = target;
    }

    public Dog getTarget() {
        return target;
    }

    public void setTarget(Dog target) {
        this.target = target;
    }

    @Override
    public void bark() {
        System.out.println("bark 方法开始执行");
        target.bark();
        System.out.println("bark 方法执行结束");
    }

    @Override
    public void run() {
        System.out.println("run 方法开始执行");
        target.run();
        System.out.println("run 方法执行结束");
    }
}
```

测试类示例代码。

```
package com.atguigu.section05.demo1;

public class DogProxyTest {
```

```
    public static void main(String[] args) {
        DogProxy dp1 = new DogProxy(new TibetanMastiff());
        dp1.bark();
        dp1.run();

        DogProxy dp2 = new DogProxy(new Huskie());
        dp2.bark();
        dp2.run();
    }
}
```

上述示例代码可以实现代理工作，但是代理类 DogProxy 只能给 Dog 一个接口实现代理工作，如果此时另一个接口的实现类也有相同的代理工作要求，则需要编写另一个代理类。

另外关于 Dog 接口的两个抽象方法，其代理工作相同，所以代理类中就出现了重复的冗余代码，这也是不理想的。

17.5.2 动态代理模式

所谓动态代理模式，就是代理类及代理类的对象都是在程序运行期间动态创建的，编译期间根本不存在的模式。

java.lang.reflect 包下提供了一个 Proxy 类和一个 InvocationHandler 接口，通过使用这个类和接口可以生成 JDK 动态代理类或动态代理对象。

Proxy 提供用于创建动态代理类和代理对象的静态方法，它也是所有动态代理类的父类。如果想要在程序中为一个或多个接口动态地生成实现类，那么就可以使用 Proxy 来创建动态代理类或它们的实例。

（1）public static Class<?> getProxyClass(ClassLoader loader, Class<?>... interfaces)：创建一个动态代理类所对应的 Class 对象。

（2）public static Object newProxyInstance(ClassLoader loader, Class<?>[] interfaces, InvocationHandler h)：直接创建一个动态代理对象。第一个参数为被代理类的类加载器对象，第二个参数为被代理类实现的接口，第三个参数为代理类代理工作的处理器对象。

InvocationHandler 接口有一个 invoke 方法需要实现，该 invoke 方法中的三个参数分别为 proxy，代表动态代理对象；method，代表正在执行的方法；args，代表执行代理对象的方法时传入的实参。

案例需求：

需要在所有的 Dog、Person、Bird 等接口的实现类的所有实现方法加上统计方法的执行时间，并要求不修改这些实现类的代码。

示例代码：

动态代理要代理的接口 1，Dog 接口示例代码。

```
package com.atguigu.section05.demo2;

public interface Dog {
    void bark();
    void run();
}
```

动态代理要代理的接口 2，Person 接口示例代码。

```
package com.atguigu.section05.demo2;

public interface Person {
    void study();
    void think();
}
```

动态代理要代理的接口 3：Bird 接口示例代码。

```
package com.atguigu.section05.demo2;

public interface Bird {
    void jump();
    void fly();
}
```

Dog 接口实现类示例代码。

```
package com.atguigu.section05.demo2;

public class TibetanMastiff implements Dog {

    @Override
    public void bark() {
        System.out.println("藏獒在叫");
    }

    @Override
    public void run() {
        System.out.println("藏獒在跑");
    }
}
```

Person 接口实现类示例代码。

```
package com.atguigu.section05.demo2;

public class Chinese implements Person {

    @Override
    public void study() {
        System.out.println("中国人在学习");
    }

    @Override
    public void think() {
        System.out.println("中国人在思考");
    }
}
```

Bird 接口实现类示例代码。

```
package com.atguigu.section05.demo2;

public class Magpie implements Bird {

    @Override
    public void jump() {
        System.out.println("喜鹊在跳来跳去");
    }

    @Override
    public void fly() {
        System.out.println("喜鹊飞来了");
    }
}
```

代理类处理器必须实现 InvocationHandler 接口。

代理类处理器 TimeInvocationHandler 示例代码：

```
package com.atguigu.section05.demo2;
```

```
import java.lang.reflect.InvocationHandler;
import java.lang.reflect.Method;

public class MyInvocationHandler implements InvocationHandler {
    private Object target;

    public MyInvocationHandler(Object target) {
        super();
        this.target = target;
    }

    @Override
    public Object invoke(Object proxy, Method method, Object[] args) throws Throwable {
        System.out.println(method.getName()+"方法开始执行");
        Object returnValue = method.invoke(target, args);
        System.out.println(method.getName()+"方法执行结束");
        return returnValue;
    }
}
```

动态代理测试类示例代码：

```
package com.atguigu.section05.demo2;

import java.lang.reflect.Proxy;

public class TestProxy {
    public static void main(String[] args) {
        TibetanMastiff tibetanMastiff = new TibetanMastiff();
        MyInvocationHandler handler1 = new MyInvocationHandler(tibetanMastiff);
        Dog dog = (Dog) Proxy.newProxyInstance(
                tibetanMastiff.getClass().getClassLoader(),
                tibetanMastiff.getClass().getInterfaces(),
                handler1);
        dog.bark();
        dog.run();

        System.out.println("------------------------");
        Chinese chinese = new Chinese();
        MyInvocationHandler handler2 = new MyInvocationHandler(chinese);
        Person person = (Person) Proxy.newProxyInstance(
                chinese.getClass().getClassLoader(),
                chinese.getClass().getInterfaces(),
                handler2);
        person.study();
        person.think();


        System.out.println("------------------------");
        Magpie magpie = new Magpie();
        MyInvocationHandler handler3 = new MyInvocationHandler(magpie);
        Bird bird = (Bird) Proxy.newProxyInstance(
                magpie.getClass().getClassLoader(),
                magpie.getClass().getInterfaces(),
                handler3);
        bird.jump();
        bird.fly();
    }
}
```

当动态代理对象需要代理一个或多个接口的方法时，实际上它所代理的方法的方法体就是执行

InvocationHandler 对象的 invoke 方法的方法体。使用动态代理可以非常灵活地实现解耦合，这种动态代理在 Spring 框架体系的 AOP（Aspect Orient Program，即面向切面编程）中被称为 AOP 代理，AOP 代理包含了目标对象的全部方法。但 AOP 代理中的方法与目标对象的方法存在差异，AOP 代理中的方法可以在执行目标方法之前和之后插入一些通用处理。

17.6 本章小结

本章详细介绍了 Java 反射的相关知识。对于普通 Java 学习者来说，本章内容确实显得有点深奥，并且会感觉不太实用。但随着学习的深入和知识的积累，当读者需要开发更多基础的、适应性更广的和灵活性更强的代码时，就会想到使用反射知识，如开发后期 Java 学习的框架。同时，从更好理解框架底层的角度来说，反射也是一项学习必备的技能。

本章从类的加载、初始化开始介绍，深入介绍了 Java 类加载器的原理和机制；重点介绍了 Class、Field、Constructor、Method 等，包括动态创建 Java 实例和动态操作对象的属性和方法；还介绍了在 Spring 框架中核心使用的动态代理原理。

第18章 Lambda 表达式与 Stream API

2004 年推出的 JDK 1.5 改革比较大，该版本推出了很多富有纪念意义的特性。Sun 公司为了纪念该版本，特将发布版本更名为 JDK 5.0，该版本的特性有增强 for 循环、枚举、注解、泛型、StringBuilder 类的引入等。JDK 1.6 相当于 JDK 5.0 的稳定版，并没有太多应用层面的新特性。从时间表上可以看出 JDK 1.6 和 JDK 1.7 的间隔时间较长，JDK 1.6 是使用率最高的的版本之一。之所以这两个版本间隔时间较长，原因在于 2009 年 Sun 公司发生了一件大事，那就是该公司被 Oracle 公司收购了。大家不难想象，Sun 公司被收购后公司内部很多组织结构、战略部署都需要调整，JDK 版本的更新只能延后。2011 年 Sun 公司推出了 JDK 1.7，该版本并没有太大改动，只是在前期版本上进行稳定修改，仅是推出了一些新的小特性，如 switch 结构支持 String 类型、支持泛型的类型推断思想 List<Integer> list = new ArrayList< >( )；整型和浮点型的常量值支持二进制写法等。

2014 年 3 月推出的 JDK 1.8（又称 Java 8）可以看作继 JDK 5.0 以来改革最大的一个版本，速度更快，代码更少。Java 8 为 Java 语言、编译器、类库、开发工具与 JVM 带来了大量新特性，其中十大主要新特性如下。

新特性 1：Lambda 表达式。

新特性 2：函数式接口。

新特性 3：方法引用。

新特性 4：数组引用和构造器引用。

新特性 5：Stream API。

新特性 6：Optional 类的引入，为了减少空指针异常。

新特性 7：Nashone 引擎的使用，在 jvm 上运行 js。

新特性 8：新日期 API。

新特性 9：接口中可以定义默认方法和静态方法。

新特性 10：重复注解。

其中有些新特性之前我们已经讲过了，而新特性 6 因为在后续版本中还有更新，所以将在 19 章讲解。本章将会给大家讲解新特性 1～新特性 5。

Java 8 最具革命性的两个新特性是 Lambda 表达式和 Stream API，它们都是基于函数式编程的思想，函数式编程给 Java 注入了新鲜的活力。

面向对象编程（Object Oriented Programming，OOP）中的核心概念是类与对象，强调必须通过对象的形式来做事情，但是有时候我们只需要关心要做什么，并不需要关心谁来做。函数式编程（Functional Programming）中的核心概念是函数，函数成了“一等公民”，享有与数据一样的地位，函数可以作为参数传递给下一个函数，也可以作为返回值。在函数式编程中，所有的数据都是不可变的，不同的函数之间通过数据流来交换信息。面向对象编程和面向函数编程都有着同样悠久的历史，它们各有利弊，一个语法更加自由，另一个健壮性更好，现在这两者的发展趋势是相互借鉴的，许多以面向对象作为基础的语言都在新的版本中添加了对函数编程的支持，而函数编程则借鉴了一些在面向对象语言中应用的编译技巧使得程序运行更快。Java 引入函数编程也是顺应潮流。

18.1 Lambda 表达式

为了增强开发人员的体验感，减少编写代码的烦琐感，去除代码中可有可无的形式。Java 8 支持更简化的语法，代替之前臃肿的代码。

18.1.1 Lambda 表达式语法

Lambda 表达式是一个匿名函数，可以理解其为一段可以传递的代码。Lambda 语法将代码像数据一样传递，可以代替大部分匿名内部类，使用它可以写出更简洁、更灵活的代码。Lambda 表达式作为一种更紧凑的代码风格，使 Java 的语言表达能力得到了提升。

说了这么多，赶紧上一个小案例，让大家直观地感受一下 Lambda 表达式的简洁之美。

案例需求：

创建一个线程类对象，该线程可以完成打印“尚硅谷”。

示例代码：

面向对象编程方式，使用匿名内部类的语法实现。

```
package com.atguigu.section01;

public class TestRunnable {
    public static void main(String[] args) {
        new Thread(
                new Runnable(){
                    public void run(){
                        System.out.println("尚硅谷");
                    }
                }
        ).start();
    }
}
```

面向函数编程方式，使用 Lambda 语法实现。

```
package com.atguigu.section01;

public class TestLambda {
    public static void main(String[] args) {
        new Thread(()→ System.out.println("尚硅谷")).start();
    }
}
```

上述代码可以简化，简化依据有以下两点。

（1）Thread 接口中要求的参数类型只能是 Runnable 类型，因此“new Runnable(){ }”可以省略。

（2）Runnable 接口中只有一个抽象方法——run 方法，因此 run 方法的声明语句可以省略，只保留 run 方法的核心语句：参数列表和方法体。

实际上，JDK 8 的核心思想就是力争去除形式化的东西，保留实质的内容。

Lambda 表达式的语法格式如下所示：

```
(参数列表) → {Lambda 体}
```

Java 8 语言中引入了一种新的语法元素和操作符“→”，该操作符称为 Lambda 操作符或箭头操作符，它将 Lambda 表达式分为以下两个部分。

（1）左侧：指定了 Lambda 参数列表，是函数的参数列表。

（2）右侧：指定了 Lambda 体，是函数的功能体，即 Lambda 表达式要执行的功能。

从上面的语法中可以看出，Lambda 表达式代表的是一个函数，在 Java 中称为方法。在上面的案例中，Lambda 表达式是作为 Runnable 接口的实例出现的，用于简化使用匿名内部类来实现接口的形式，因此 Lambda 表达式代表的函数就是所实现接口的抽象方法。也就是说，Lambda 表达式的参数列表就是所实现接口的抽象方法的参数列表，Lambda 体就是实现抽象方法的方法体。

18.1.2 案例：实现 Comparator 接口

案例需求：

现有一个 Integer[ ]数组，请使用 Arrays.sort 方法实现对数组中元素从大到小排序。

示例代码：

面向对象编程方式，使用匿名内部类的语法实现：

```
package com.atguigu.section01;

import java.util.Arrays;
import java.util.Comparator;

public class TestComparator {
    public static void main(String[] args) {
        Integer[] arr = {1,3,4,6,2};
        Arrays.sort(arr, new Comparator<Integer>() {
            @Override
            public int compare(Integer o1, Integer o2) {
                return -Integer.compare(o1,o2);
            }
        });
        System.out.println(Arrays.toString(arr));
    }
}
```

面向函数编程方式，使用 Lambda 表达式的语法实现：

```
package com.atguigu.section01;

import java.util.Arrays;

public class TestComparatorLambda1 {
    public static void main(String[] args) {
        Integer[] arr = {1,3,4,6,2};
        Arrays.sort(arr, (Integer o1, Integer o2) → {return Integer.compare(o2,o1);});
        System.out.println(Arrays.toString(arr));
    }
}
```

18.1.3 类型推断

上述 Lambda 表达式中的参数类型都可以由编译器推断得出。Lambda 表达式中无须指定类型，程序依然可以编译，这是因为 javac 根据程序的上下文，在后台推断出了参数的类型。Lambda 表达式的类型依赖上下文环境，是由编译器推断出来的，这就是所谓的类型推断。

例如，JDK 7 在使用泛型时支持以下写法。

示例代码：

```
List<String> list  = new ArrayList<>(); //右侧<>中泛型类型可以不指定
```

示例代码：

```
public static void main(String[] args) {
    method(new HashMap<>());                    //实参<>中泛型类型可以不指定
}
public static void method(Map<String,Integer> map) {
}
```

在 JDK 8 中，Java 将类型推断思想应用得更加淋漓尽致。在 JDK 8 中，类型推断不仅可以用于赋值语句，还可以根据代码中上下文中的信息推断出更多的信息，因此我们需要写的代码会更少。加强类型推断还有一个应用场景就是 Lambda 表达式。

18.1.4 Lambda 表达式的简化

Lambda 表达式在通常情况下还可以再简化，简化时主要基于以下几个原则。

（1）根据类型推断思想，左侧参数列表中的参数类型可以省略。

（2）左侧参数列表如果仅有一个参数且在参数数据类型省略的情况下，则左侧小括号可以省略。

（3）右侧 Lambda 体中如果仅有一句话，则右侧大括号与语句结束符的“;”可以省略。如果仅有的一句话为 return 语句，则 return 关键字也可以省略。

根据以上规则，18.1.2 节中案例的代码可以简化为如下形式：

```
package com.atguigu.section01;

import java.util.Arrays;

public class TestComparatorLambda2 {
    public static void main(String[] args) {
        Integer[] arr = {1,3,4,6,2};
        Arrays.sort(arr, (o1,o2) -> Integer.compare(o2,o1));
        System.out.println(Arrays.toString(arr));
    }
}
```

18.2 函数式接口

18.2.1 函数式接口的概念

前面两个案例中的 Lambda 表达式都是作为接口实现类的实例出现的，但并不是所有的接口实现都可以使用 Lambda 表达式。能使用 Lambda 表达式的接口要求只有一个抽象方法。我们把只包含一个抽象方法的接口称为函数式接口。

Java 建议在一个函数式接口声明上方使用@FunctionalInterface 注解，这样做可以明确它是一个函数式接口。同时 javadoc 也会包含一条声明，说明这个接口是一个函数式接口。

简单地说，Java 8 中 Lambda 表达式就是一个函数式接口的实例，这就是 Lambda 表达式和函数式接口的关系。也就是说，只要一个对象是函数式接口的实例，那么该对象就可以用 Lambda 表达式来表示。以前用匿名内部类表示的现在大多可以用 Lambda 表达式来写。

Java 8 中 java.lang.Runnable 接口的声明上加了@FunctionalInterface 注解，源码如下所示：

```
package java.lang;

@FunctionalInterface
public interface Runnable {
    public abstract void run();
}
```

Java 8 除了给之前满足函数式接口定义的接口加了@FunctionalInterface 注解，并且给建议使用 Lambda 表达式进行赋值的接口也加了@FunctionalInterface 注解，如 java.lang.Runnable 接口、java.util.Comparator<T>接口等。Java 8 还在 java.util.function 包下定义了更丰富的函数式接口供我们使用，Java 内置函数式接口如表 18-1 所示。

表 18-1　Java 内置函数式接口

函数式接口	参数类型	返回类型	用　途
Consumer<T> 消费型接口	T	void	对类型为 T 的对象应用操作，包含方法 void accept(T t)
Supplier<T> 供给型接口	无	T	返回类型为 T 的对象，包含方法 T get( )
Function<T, R> 函数型接口	T	R	对类型为 T 的对象应用操作，并返回结果，结果是 R 类型的对象，包含方法 R apply(T t)
Predicate<T> 断定型接口	T	boolean	确定类型为 T 的对象是否满足某约束，并返回 boolean 值，包含方法 boolean test(T t)
BiFunction<T, U, R>	T, U	R	对类型为 T, U 参数应用操作，返回 R 类型的结果，包含方法 R apply(T t, U u)
UnaryOperator<T> (Function 子接口)	T	T	对类型为 T 的对象进行一元运算，并返回 T 类型的结果，包含方法 T apply(T t)
BinaryOperator<T> (BiFunction 子接口)	T, T	T	对类型为 T 的对象进行二元运算，并返回 T 类型的结果，包含方法 T apply(T t1, T t2)
BiConsumer<T, U>	T, U	void	对类型为 T, U 参数应用操作，包含方法 void accept(T t, U u)
BiPredicate<T, U>	T, U	boolean	包含方法 boolean test(T t, U u)
ToIntFunction<T> ToLongFunction<T> ToDoubleFunction<T>	T	int long double	分别计算 int、long、double 值的函数
IntFunction<R> LongFunction<R> DoubleFunction<R>	int long double	R	参数分别为 int、long、double 类型的函数

表 18-1 中的前四个为核心的函数式接口，其余都是它们的变形。因此，java.util. function 包下的函数式接口主要分为以下四大类。

（1）消费型接口：其抽象方法有参无返回值，用“有去无回”的纯消费行为比喻。

```
Consumer<Double> con = t → {
    if (t > 1000) {
        System.out.println("去看大海");
    } else if (t > 500) {
        System.out.println("去看小河");
    } else {
        System.out.println("来北京看雨");
    }
};
```

（2）供给型接口：其抽象方法无参有返回值，用“无私奉献”的行为比喻。

```
Supplier<String> sup = () → "hello";
```

（3）函数型接口：其抽象方法有参有返回值，参数类型与返回值类型可以不一致，也称为功能型接口。

```
Function<String,Character> fun = s → s.charAt(0);
```

（4）断定型接口：其抽象方法有参有返回值，但返回值类型是 boolean，在 Lambda 体中是对传入的参数做条件判断，并返回判断结果。

```
Predicate<Employee> pre = e → e.getGender() == '男';
```

在 Java 8 中，原来 java.util 包中的集合 API 也得到了大量改进，在很多接口中增加了静态方法和默认方法，并且这些静态方法和默认方法的形参类型也使用了函数式接口。

初次接触函数式接口和 Lambda 表达式的人难免会觉得用得不习惯，不过只要经过反复练习，一定会喜欢上它的，下面准备几个案例让大家熟悉和巩固一下。

18.2.2 案例：消费型接口

之前遍历 Collection 系列的集合时，使用的是 foreach 遍历或 Iterator<T>迭代器遍历，现在可以使用 Java 8 中新增的 forEach(Consumer <? super E> action)方法进行遍历。

案例需求：

将一些字符串添加到 ArrayList 集合，并且要求使用 forEach 方法遍历显示它们。

示例代码：

```
package com.atguigu.section02;

import java.util.ArrayList;

public class ConsumerTest {
    public static void main(String[] args) {
        ArrayList<String> list = new ArrayList<>();
        list.add("尚硅谷");
        list.add("谷粒学院");
        list.add("Java");
        list.add("大数据");
        list.add("前端");
        list.add("大厂班");
        list.forEach(e → System.out.println(e));
    }
}
```

18.2.3 案例：断定型接口

Java 8 给 Collection 新增了方法 removeIf(Predicate<? super E> filter)，系统可以根据指定条件进行元素删除。

案例需求：

将一些字符串添加到 ArrayList 集合，现在要删除它们当中包含数字字符的字符串。

示例代码：

```
package com.atguigu.section02;

import java.util.ArrayList;

public class PredicateTest {
    public static void main(String[] args) {
        ArrayList<String> list = new ArrayList<>();
        list.add("ShangGuiGu");
        list.add("AtGuiGu");
        list.add("Java");
        list.add("BigData");
        list.add("Html5");
        list.removeIf(str → str.matches("^.*\\d.*$"));
        list.forEach(e → System.out.println(e));
    }
}
```

18.2.4 案例：功能型接口

Java 8 给 Map 接口新增了方法：replaceAll(BiFunction<? super K,? super V,? extends V> function)和 forEach(BiConsumer<? super K,? super V> action)等。其中 BiFunction 是 Function 接口的扩展变形。

案例需求：

将员工姓名和薪资作为键值对添加到 Map。现在要查看所有员工的情况，如果他的薪资低于 10000 元，则给他涨薪 20%。

示例代码：

```
package com.atguigu.section02;

import java.util.HashMap;

public class FunctionTest {
    public static void main(String[] args) {
        HashMap<String,Double> map = new HashMap<>();
        map.put("张三", 8000.0);
        map.put("李四", 12000.0);
        map.put("王五", 9655.5);
        map.replaceAll((key,value) → value<10000.0? value * 1.2 : value);
        map.forEach((key,value) → System.out.println(key+"→"+value));
    }
}
```

18.2.5 案例：员工信息管理

案例需求：

针对员工的集合数据，当有如下的需求时，我们考虑应如何完成？

（1）获取所有员工信息。

（2）获取年龄大于 30 岁的员工信息。

（3）获取工资大于 5000 元的员工信息。

（4）获取所有男员工的信息。

（5）获取所有年龄超过 20 岁的女员工信息。

大家不妨先用自己的思路试做一下，体会一下有没有可以优化的地方。

示例代码：

员工类（Employee）示例代码。

```
package com.atguigu.section02;

public class Employee {
    private int id;                 //编号
    private String name;            //姓名
    private int age;                //年龄
    private char gender;            //性别
    private double salary;          //薪资

    public Employee(int id, String name, int age, char gender, double salary) {
        this.id = id;
        this.name = name;
        this.age = age;
        this.gender = gender;
        this.salary = salary;
    }
```

```
    public int getId() {
        return id;
    }

    public void setId(int id) {
        this.id = id;
    }

    public String getName() {
        return name;
    }

    public void setName(String name) {
        this.name = name;
    }

    public int getAge() {
        return age;
    }

    public void setAge(int age) {
        this.age = age;
    }

    public char getGender() {
        return gender;
    }

    public void setGender(char gender) {
        this.gender = gender;
    }

    public double getSalary() {
        return salary;
    }

    public void setSalary(double salary) {
        this.salary = salary;
    }

    @Override
    public String toString() {
        return "id=" + id + ", name=" + name +", age=" + age + ", gender=" + gender + ", salary="
+ salary;
    }
}
```

员工数据管理类示例代码。

```
package com.atguigu.section02;

import java.util.ArrayList;
import java.util.List;
import java.util.function.Predicate;

public class EmployeeData {
    private static List<Employee> list = new ArrayList<>();
    static {
        list.add(new Employee(1, "段誉", 29, '男', 20000));
        list.add(new Employee(2, "乔峰", 39, '男', 80000));
        list.add(new Employee(3, "虚竹", 29, '男', 30000));
```

```
        list.add(new Employee(4, "王语嫣", 19, '女', 29000));
        list.add(new Employee(5, "阿朱", 18, '女', 25000));
        list.add(new Employee(6, "阿紫", 17, '女', 12000));
        list.add(new Employee(7, "阿碧", 22, '女', 10000));
        list.add(new Employee(4, "王语嫣", 19, '女', 29000));
        list.add(new Employee(5, "阿朱", 18, '女', 25000));
        list.add(new Employee(4, "王语嫣", 19, '女', 29000));
    }
    public static List<Employee> filter( Predicate<Employee> filter){
        List<Employee> datas = new ArrayList<>();//新集合用于保存过滤后的员工信息
        for (Employee employee : list) {
            if(filter.test(employee)) {//如果满足条件，则添加到新集合
                datas.add(employee);
            }
        }
        return datas;
    }

    public static List<Employee> getEmployees(){
        return list;
    }
}
```

测试类示例代码。

```
package com.atguigu.section02;

public class EmployeeTest {
    public static void main(String[] args) {
        EmployeeData.getEmployees().forEach(e → System.out.println(e));
        System.out.println("-----------------");
        EmployeeData.filter(e - >e.getAge() > 30).forEach(e → System.out.println(e));
        System.out.println("-----------------");
        EmployeeData.filter(e → e.getSalary() > 15000).forEach(e → System.out.println(e));
        System.out.println("-----------------");
        EmployeeData.filter(e → e.getGender()=='男').forEach(e → System.out.println(e));
        System.out.println("-----------------");
        EmployeeData.filter(e → e.getGender()=='女' && e.getAge() > 20).forEach(e → System.out.
println(e));
    }
}
```

18.3 Lambda 表达式再简化

当 Lambda 表达式形式满足一些特殊情况时，还可以对 Lambda 表达式进行再次简化，这也可以体现 Java 8 支持更简化语法的原则。

（1）能用 Lambda 表达式的地方，肯定能用匿名内部类。但能用匿名内部类的地方，不一定能用 Lambda 表达式，只有匿名内部类实现的接口为函数式接口才可以用 Lambda 表达式。

（2）能用方法引用、数组引用或构造器引用的地方，肯定能用 Lambda 表达式。但能用 Lambda 表达式的地方，不一定能用方法引用、数组引用或构造器引用，必须满足对应的要求。

18.3.1 方法引用

方法引用也是 Lambda 表达式，就是通过方法的名字来指向一个方法，可以认为它是 Lambda 表达式的一个语法糖。当要传递给 Lambda 体的操作是调用一个现有的方法来实现时，就可以使用方法引用。

语法糖（Syntactic Sugar）也译为糖衣语法，是由英国计算机科学家彼得・约翰・兰达（Peter J.

Landin）发明的一个术语，是计算机语言中添加的某种语法，这种语法对语言的功能并没有影响，但是更方便程序员使用。通常来说使用语法糖能够增加程序的可读性，从而减少程序代码出错的机会。

方法引用的语法格式主要有以下三种：

```
对象 :: 实例方法名
类 :: 静态方法名
类 :: 实例方法名
```

方法引用使用操作符 “::” 将类名/对象名与方法名分隔开来。

情况 1：对象 :: 实例方法名。

案例需求：

将“1、3、4、8、9”添加到 List 集合，并使用 forEach 方法遍历显示它们。

示例代码：

```
package com.atguigu.section03;

import java.util.Arrays;
import java.util.List;

public class FunctionReferenceTest1 {
    public static void main(String[] args) {
        List<Integer> list = Arrays.asList(1,3,4,8,9);
        //Lambda 表达式基本形式
        list.forEach(e → System.out.println(e));
        //方法引用简化形式
        list.forEach(System.out::println);
    }
}
```

情况 2：类名 :: 静态方法名。

案例需求：

将“张三”“李四”“王五”“谷姐”添加到 List 集合，使用文本校对器按照中国语言的自然顺序对它们进行排序。

示例代码：

```
package com.atguigu.section03;

import java.text.Collator;
import java.util.Arrays;
import java.util.Collections;
import java.util.List;
import java.util.Locale;

public class FunctionReferenceTest2 {
    public static void main(String[] args) {
        List<String> list = Arrays.asList("张三", "李四", "王五", "谷姐");
        //Lambda 表达式基本形式
        Collections.sort(list, (o1,o2) → Collator.getInstance(Locale.CHINA).compare(o1,o2));
        //方法引用简化形式
        Collections.sort(list, Collator.getInstance(Locale.CHINA)::compare);
        list.forEach(System.out::println);
    }
}
```

情况 3：类名 :: 实例方法名。

案例需求：

将“AtGuiGu”“Java”“hello”“html5”添加到 List 集合，并按照不区分大小写的方式对它们进行升序排序。

示例代码：

```
package com.atguigu.section03;

import java.util.Arrays;
import java.util.Collections;
import java.util.List;

public class FunctionReferenceTest3 {
    public static void main(String[] args) {
        List<String> list = Arrays.asList("AtGuiGu","Java","hello","html5");
        Collections.sort(list, String::compareToIgnoreCase);
        list.forEach(System.out::println);
    }
}
```

从上述示例代码中可以看出，方法引用的实质是省略了参数。那为什么方法引用可以这样做呢？同样，这也是通过类型推断得出的，当然有个前提，就是 Lambda 体中调用的方法和实现的函数式接口抽象方法的参数列表一致。

总结，当 Lambda 表达式满足以下三个要求时，才能使用方法引用进行简化。

（1）Lambda 体中只有一句话。

（2）Lambda 体中只有这句话为方法调用。

（3）调用的方法参数列表和返回类型与接口中抽象方法的参数列表和返回类型完全一致。

如果是类名 :: 普通方法，则需要满足调用方法的调用者必须是抽象方法的第一个参数。调用方法的参数列表和抽象方法的其他参数一致。

18.3.2 构造器引用

与方法引用类似，Lambda 体中如果引用的是一个构造器，且参数列表和抽象方法的参数列表一致，则可以使用构造器引用。当 Lambda 表达式满足如下三个要求时，就可以使用构造器引用来进行简化。

（1）Lambda 体中只有一个语句。

（2）仅有的这个语句还是一个通过 new 调用构造器的 return 语句。

（3）抽象方法的参数列表和调用的构造器参数列表完全一致，并且抽象方法返回的正好是通过构造器创建的对象。

构造器引用的语法格式如下所示：

```
类名 :: new
```

示例代码：

```
    // 使用匿名内部类
    Supplier<String> sup = new Supplier<String>() {
        @Override
        public String get() {
            return new String();
        }
    };

// 使用 Lambda 表达式
    Supplier<String> sup2 = ()→ new String();

// 使用构造器引用
    Supplier<String> sup3 = String::new;
```

Java 8 在 java.util 包中增加了一个工具类 Optional<T>（这个类的详细讲解可以参考第 19 章），这个类中有一个方法：T orElseGet(Supplier<? extends T> other)。该方法的作用是返回 Optional 对象中包含的值，如果该值为 null，则用 Supplier 的 get 方法返回值代替。

示例代码：

```
package com.atguigu.section03;

import java.util.Optional;

public class ConstructorReferenceTest1 {
    public static void main(String[] args) {
        Optional<String> opt = Optional.ofNullable("尚硅谷");
        String value = opt.orElseGet(String::new);
        System.out.println("value = " + value);    //把上面的"尚硅谷"换成 null 试试结果
    }
}
```

示例代码：

```
使用匿名内部类:
    Function<String,Integer> fun1 = new Function<String, Integer >(){
        @Override
        public Integer apply(String t) {
            return new Integer (t);
        }
    };
使用 Lambda 表达式:
    Function<String, Integer > fun2 = t->new Integer (t);
使用构造器引用:
    Function<String, Integer > fun3 = Integer::new;
```

工具类 Optional<T>中还有一个方法：Optional<U> map(Function<? super T,? extends U> mapper)。该方法的作用是将原来的 Optional<T>对象映射成 Optional<U>对象。

示例代码：

```
package com.atguigu.section03;

import java.util.Optional;

public class ConstructorReferenceTest2 {
    public static void main(String[] args) {
        Optional<String> opt1 = Optional.of("123");
        Optional<Integer> opt2 = opt1.map(Integer::new);
        System.out.println("opt2 = " + opt2);
    }
}
```

18.3.3 数组构造引用

与方法引用类似，Lambda 体中如果是通过 new 关键字创建数组，且数组的长度正好是抽象方法的实参，抽象方法返回的正好是该新数组对象，则可以使用数组引用。当 Lambda 表达式满足如下三个要求时，就可以使用数组构造引用来进行简化。

（1）Lambda 体中只有一句话。

（2）只有的这句话为创建一个新数组。

（3）抽象方法的参数列表和新数组的长度一致，并且抽象方法的返回正好为该新数组对象。

数组构造引用的语法格式如下所示：

```
元素类型[] :: new
```

示例代码：

```
使用匿名内部类
    Function<Integer,String[]> fun = new Function<Integer,String[]>(){
        @Override
        public String[] apply(Integer t) {
            return new String[t];
        }
    };
使用 Lambda 表达式
    Function<Integer,String[]> fun2 = t->new String[t];
使用数组引用
    Function<Integer,String[]> fun3 = String[]::new;
```

案例需求：

现在有一个创建长度为 2^n 的数组的方法。

```
package com.atguigu.section03;

import java.util.function.Function;

public class MyArrays {
   public static <R> R[] createArray(Function<Integer,R[]> fun, int length){
      int n = length - 1;
      n |= n >>> 1;
      n |= n >>> 2;
      n |= n >>> 4;
      n |= n >>> 8;
      n |= n >>> 16;
      length = n < 0 ? 1 : n + 1;
      return fun.apply(length);
   }
}
```

测试类示例代码：

```
package com.atguigu.section03;

public class ArrayReferenceTest {
   public static void main(String[] args) {
      String[] array = MyArrays.createArray(String[]::new, 6);
      System.out.println(array.length);
   }
}
```

18.4 强大的 Stream API

Java 8 中有两大最为重要的改变，一个是 Lambda 表达式；另一个则是 Stream API。

Stream API（java.util.stream）把真正的函数编程风格引入 Java。这是目前为止对 Java 类库最好的补充，Stream API 可以极大提高 Java 程序员的生产力，让程序员写出高效率、干净、简洁的代码。

Stream API 不是用于处理 IO 的，而是用于处理集合的。使用 Stream API 对集合数据进行操作，就类似于使用 SQL 执行的数据库查询。Stream API 可以指定你希望对集合进行的操作，可以执行非常复杂的查找、过滤和映射数据等操作，也可以使用 Stream API 来并行执行操作。简言之，Stream API 提供了一种高效且易于使用的处理数据方式。在实际开发中，项目中多数数据源都来自 Mysql、Oracle 等，但现在数据源可以更多了，有 MongDB、Redis 等，而这些 NoSQL 的数据就需要 Java 处理，Java 就可以使用 Stream API 来处理。

Stream 是数据渠道，用于操作数据源（集合、数组等）所生成的元素序列。集合讲究的是数据，

Stream 讲究的是计算。Stream 的使用步骤如图 18-1 所示。

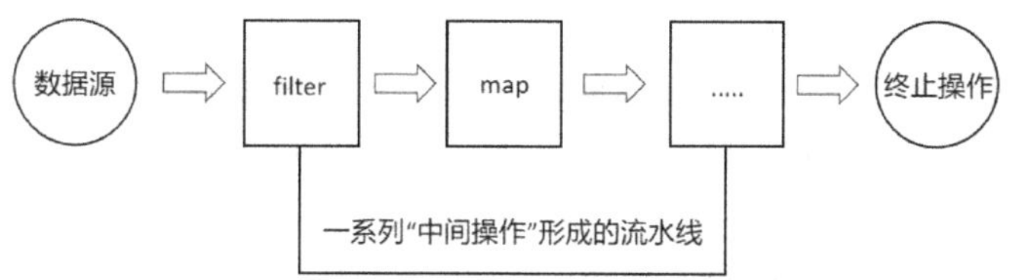

图 18-1　Stream 的使用步骤

步骤 1：开始操作，根据一个数据源，如集合、数组等，获取一个 Stream 流。

步骤 2：中间操作，对 Stream 流中的数据进行处理。

步骤 3：终止操作，获取或查看最终结果。

Stream 的特点有如下几点。

（1）Stream 讲究的是计算，可以处理数据，但不能更新数据。

（2）Stream 创建后可以有零个或多个操作处理数据，每次处理都会返回一个新的 Stream，这些操作称为中间操作。

（3）Stream 属于惰性操作，必须等终止操作执行后，前面的中间操作或开始操作才会处理。

（4）Stream 只能终结一次，一旦终结，就不能再次使用，除非重新创建 Stream 对象，因为终结操作后返回值就不再是 Stream 类型了。

（5）Stream 相当于一个更强大的 Iterator，可以处理更加复杂的数据，并且实现并行化，效率更高。

18.4.1　创建 Stream 对象

Java 8 引入了 Stream 之后，原来的集合、数组工具类等都增加了创建 Stream 对象的方法。

方法一：基于集合对象来创建 Stream。

Java 8 中的 Collection 接口被扩展，提供了两个获取流的方法。

（1）default Stream<E> stream( )：返回一个顺序流，又称为串行流，即将所有内容从头到尾依次遍历，属于单线程的操作。

（2）default Stream<E> parallelStream( )：返回一个并行流，即把一个内容分成多个数据块，并用不同的线程分别处理每个数据块的流。

Java 8 将并行进行了优化，便于我们对数据进行并行操作。Stream API 可以声明性地通过 parallel( ) 与 sequential( )在并行流与顺序流之间进行切换。

特别声明：为了让大家看到最终执行效果，所以以下示例代码中需要调用终止操作 forEach 方法。

示例代码：

```
package com.atguigu.section04;

import java.util.ArrayList;
import java.util.stream.Stream;

public class CreateStreamTest1 {
    public static void main(String[] args) {
        ArrayList<String> list = new ArrayList<>();
        list.add("尚硅谷");
        list.add("谷粒学院");
        list.add("谷姐");
        //通过集合创建 Stream
        Stream<String> stream = list.stream();
        stream.forEach(System.out::println);
    }
```

```
}
```

方法二：基于数组来创建 Stream。

Java 8 在 Arrays 数组工具类中增加了 stream（数组）方法来创建 Stream。

（1）static <T> Stream<T> stream(T[] array)：返回一个 Stream 流。重载形式，能够处理对应基本数据类型的数组。

（2）public static IntStream stream(int[] array)：返回一个 IntStream 流。

（3）public static LongStream stream(long[] array)：返回一个 LongStream 流。

（4）public static DoubleStream stream(double[] array)：返回一个 DoubleStream 流。

示例代码：

```
package com.atguigu.section04;

import java.util.Arrays;
import java.util.stream.Stream;

public class CreateStreamTest2 {
    public static void main(String[] args) {
        String[] arr = new String[] {"乔峰", "段誉", "虚竹"};
        Stream<String> stream = Arrays.stream(arr);
        stream.forEach(System.out::println);
    }
}
```

方法三：直接通过 Stream 的 of 静态方法来创建 Stream。

public static<T> Stream<T> of(T... values)：返回一个流。

示例代码：

```
package com.atguigu.section04;

import java.util.stream.Stream;

public class CreateStreamTest3 {
    public static void main(String[] args) {
        Stream<Integer> stream = Stream.of(1,3,5,7,9);
        stream.forEach(System.out::println);
    }
}
```

方法四：直接通过 Stream 的 generate 和 iterate 静态方法来创建 Stream。

（1）public static<T> Stream<T> iterate(final T seed, final UnaryOperator<T> f) ：创建无限流。

（2）public static<T> Stream<T> generate(Supplier<T> s) ：创建无限流。

示例代码：

generate 方法示例代码。

```
package com.atguigu.section04;

import java.util.stream.Stream;

public class CreateStreamTest4 {
    public static void main(String[] args) {
        Stream<Double> stream = Stream.generate(Math::random);
        stream.forEach(System.out::println);
    }
}
```

iterate 方法示例代码。

```
package com.atguigu.section04;
```

```
import java.util.stream.Stream;

public class CreateStreamTest5 {
    public static void main(String[] args) {
        Stream<Integer> stream2 = Stream.iterate(1, t → t + 2);
        stream2.forEach(System.out::println);
    }
}
```

18.4.2　Stream 中间操作

多个中间操作可以连接起来形成一个流水线，除非流水线上触发终止操作，否则中间操作不会执行任何处理，只在终止操作时一次性全部处理，称为惰性求值。

下面为大家列举常见的中间操作的方法。

案例需求：

员工对象的管理类 EmployeeData 中有一个 list，它存储了一组员工对象，该类有一个 getEmployees 方法可以获取该 list 中所有的员工对象。现要求使用 Stream API 对该集合中的数据进行各种处理。

示例代码：

员工类（Employee）示例代码。

```
package com.atguigu.section04;

import java.util.Objects;

public class Employee implements Comparable<Employee> {
    private int id;                    //员工编号
    private String name;               //员工姓名
    private int age;                   //员工年龄
    private char gender;               //员工性别
    private double salary;             //员工薪资

    public Employee(int id, String name, int age, char gender, double salary) {
        this.id = id;
        this.name = name;
        this.age = age;
        this.gender = gender;
        this.salary = salary;
    }

    public int getId() {
        return id;
    }

    public void setId(int id) {
        this.id = id;
    }

    public String getName() {
        return name;
    }

    public void setName(String name) {
        this.name = name;
    }

    public int getAge() {
```

```
        return age;
    }

    public void setAge(int age) {
        this.age = age;
    }

    public char getGender() {
        return gender;
    }

    public void setGender(char gender) {
        this.gender = gender;
    }

    public double getSalary() {
        return salary;
    }

    public void setSalary(double salary) {
        this.salary = salary;
    }

    @Override
    public boolean equals(Object o) {
        if (this == o) return true;
        if (o == null || getClass() != o.getClass()) return false;
        Employee employee = (Employee) o;
        return id == employee.id &&
                age == employee.age &&
                gender == employee.gender &&
                Double.compare(employee.salary, salary) == 0 &&
                Objects.equals(name, employee.name);
    }

    @Override
    public int hashCode() {
        return Objects.hash(id, name, age, gender, salary);
    }

    @Override
    public int compareTo(Employee o) {
        return Integer.compare(id,o.id);
    }

    @Override
    public String toString() {
        return "id=" + id + ", name=" + name +", age=" + age + ", gender=" + gender + ", salary="
+ salary;
    }
}
```

员工对象的管理类示例代码。

```
package com.atguigu.section04;

import java.util.ArrayList;
import java.util.List;

public class EmployeeData {
```

```
    private static List<Employee> list = new ArrayList<>();
static {
    //包含员工编号、姓名、年龄、性别、薪资
        list.add(new Employee(1, "段誉", 29, '男', 20000));
        list.add(new Employee(2, "乔峰", 39, '男', 80000));
        list.add(new Employee(3, "虚竹", 29, '男', 30000));
        list.add(new Employee(4, "王语嫣", 19, '女', 29000));
        list.add(new Employee(5, "阿朱", 18, '女', 25000));
        list.add(new Employee(6, "阿紫", 17, '女', 12000));
        list.add(new Employee(7, "阿碧", 22, '女', 10000));
        list.add(new Employee(4, "王语嫣", 19, '女', 29000));
        list.add(new Employee(5, "阿朱", 18, '女', 25000));
        list.add(new Employee(4, "王语嫣", 19, '女', 29000));
}
public static List<Employee> getEmployees(){
        return list;
    }
}
```

1. 筛选与切片

筛选与切片常见的方法如表 18-2 所示。

表 18-2　筛选与切片常见的方法

方　法	描　述
filter(Predicate p)	接收 Lambda，从流中排除某些元素
distinct( )	筛选，通过流所生成元素的 hashCode( )和 equals( )方法去除重复元素
limit(long maxSize)	截断流，使其元素不超过给定数量
skip(long n)	跳过元素，返回一个扔掉了前 *n* 个元素的流。若流中元素不足 *n* 个，则返回一个空流，与 limit(n)互补

示例代码：

筛选出年龄大于 20 岁的员工信息的示例代码。

```
package com.atguigu.section04;

import java.util.List;
import java.util.stream.Stream;

public class StreamHandleTest1 {
    public static void main(String[] args) {
        List<Employee> list = EmployeeData.getEmployees();
        Stream<Employee> stream = list.stream();
        stream = stream.filter(t → t.getAge() > 20);
        stream.forEach(System.out::println);
    }
}
```

由于开始操作和中间操作的每个方法调用结束后，返回的依然是 Stream 类，所以可以继续调用下一个 Stream 类的方法，往往将上述代码编写成链式调用。

```
EmployeeData.getEmployees().stream().filter(t → t.getAge() > 20).forEach(System.out::
println);
```

获取去重后的员工信息的示例代码：

```
EmployeeData.getEmployees().stream().distinct().forEach(System.out::println);
```

获取前 5 条员工数据的示例代码：

```
EmployeeData.getEmployees().stream().limit(5).forEach(System.out::println);
```

获取从第 11 条之后的员工数据的示例代码：

```
EmployeeData.getEmployees().stream().skip(10).forEach(System.out::println);
```

截取工资大于 5000 元的第 3 条到第 6 条员工记录的示例代码：

```
EmployeeData.getEmployees().stream().filter(t → t.getSalary() > 5000).skip(2).limit(4)
.forEach(System.out::println);
```

提示：每个中间操作不会执行任何处理，而在终止操作时一次性全部处理，所以为了看到结果后面必须有终止 Stream 的方法，如 forEach 就是其中一个终止 Stream 的方法。

2. 映射

映射常见的方法如表 18-3 所示。

表 18-3 映射常见的方法

方 法	描 述
map(Function f)	接收一个函数作为参数，该函数会被应用到每个元素上，并将其映射成一个新的元素
mapToDouble(ToDoubleFunction f)	接收一个函数作为参数，该函数会被应用到每个元素上，产生一个新的 DoubleStream
mapToInt(ToIntFunction f)	接收一个函数作为参数，该函数会被应用到每个元素上，产生一个新的 IntStream
mapToLong(ToLongFunction f)	接收一个函数作为参数，该函数会被应用到每个元素上，产生一个新的 LongStream
flatMap(Function f)	接收一个函数作为参数，将流中的每个值都换成另一个流，然后把所有流连接成一个流

表 18-3 中的方法都为映射常见的方法，原理和使用都大致相同，下面仅将最常用的 map 和 flatMap 方法进行代码演示。

（1）map 方法：将每个元素映射成一个新类型的元素，一一对应，map 方法的映射关系如图 18-2 所示。

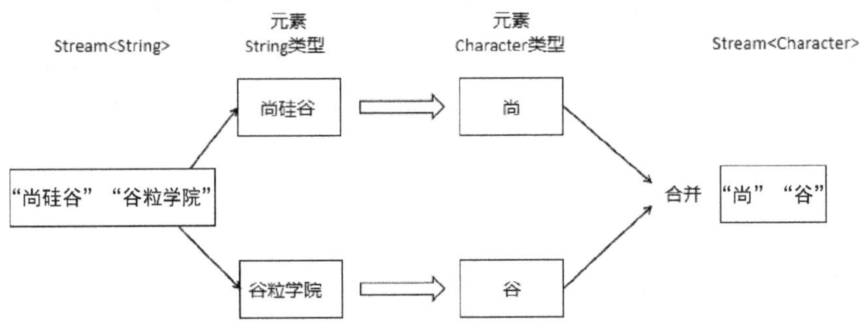

图 18-2 map 方法的映射关系

示例代码：

```
Stream.of("尚硅谷","谷粒学院").map(str→str.charAt(0)).forEach(System.out::println);
```

（2）flatMap 方法：将每个元素映射成一个流，然后把所有流连接成一个流，flatMap 方法的映射关系流如图 18-3 所示。

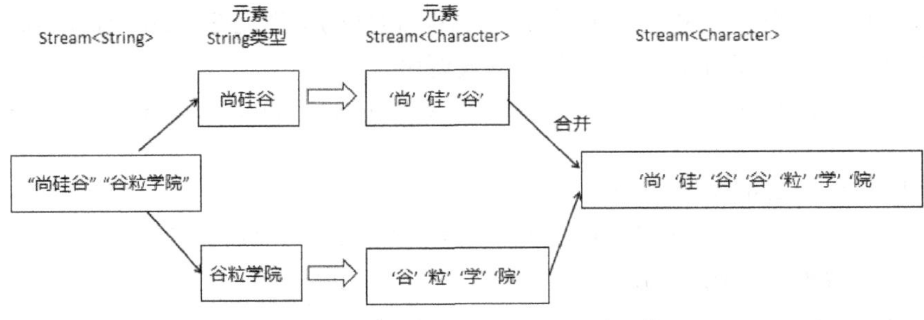

图 18-3 flatMap 方法的映射关系流

示例代码：

```
Stream.of("尚硅谷","谷粒学院").flatMap(str → Stream.of(str.split("|")))
    .forEach(System.out::println);
```

3. 排序

排序常见的方法如表 18-4 所示。

表 18-4 排序常见的方法

方法	描述
sorted()	按自然顺序排序产生一个新流，要求元素实现 Comparable 接口
sorted(Comparator com)	按定制比较器（Comparator）排序产生一个新流

示例代码：

```
EmployeeData.getEmployees().stream().sorted().forEach(System.out::println);
```

示例代码：

```
EmployeeData.getEmployees().stream().sorted(Comparator.comparingDouble(Employee::getSalary)).for
Each(System.out::println);
```

完整的示例代码：

```
package com.atguigu.section04;

import java.util.Comparator;
import java.util.stream.Stream;

public class StreamHandleTest2 {
    public static void main(String[] args) {
        EmployeeData.getEmployees().stream().filter(t → t.getAge() > 20).forEach(System.out::println);
        System.out.println();
        EmployeeData.getEmployees().stream().distinct().forEach(System.out::println);
        System.out.println();
        EmployeeData.getEmployees().stream().limit(5).forEach(System.out::println);
        System.out.println();
        EmployeeData.getEmployees().stream().skip(10).forEach(System.out::println);
        System.out.println();
        EmployeeData.getEmployees().stream().filter(t → t.getSalary() > 5000).skip(2).limit(4) .
forEach(System.out::println);
        System.out.println();
        Stream.of("尚硅谷","谷粒学院").map(str → str.charAt(0)).forEach(System.out::println);
        System.out.println();
        Stream.of("尚硅谷","谷粒学院").flatMap(str → Stream.of(str.split("|")))
                .forEach(System.out::println);
        System.out.println();
        EmployeeData.getEmployees().stream().sorted().forEach(System.out::println);
        System.out.println();
        EmployeeData.getEmployees().stream().sorted(Comparator.comparingDouble(Employee::getSalary)).
forEach(System.out::println);
    }
}
```

18.4.3 终止 Stream 操作

终止操作会从 Stream 的流水线操作生成最终结果，其结果可以是任何不是流的值，如 List、Integer，甚至可以是 void。Stream 进行了终止操作后，不能再次使用。

1. 统计和迭代

统计和迭代的常见方法如表 18-5 所示。

表 18-5　统计和迭代的常见方法

方　　法	描　　述
count( )	返回流中元素总数
max(Comparator c)	返回流中最大值
min(Comparator c)	返回流中最小值
forEach(Consumer c)	内部迭代（使用 Collection 接口需要用户去做迭代，称为外部迭代。Stream API 使用内部迭代，它已经把迭代做了）

以下代码演示中的 list 统一是该代码获取的 list。

示例代码：

```
List<Employee> list = EmployeeData.getEmployees();
```

获取性别为男员工个数的示例代码：

```
long count = list.stream().filter(t → t.getGender()=='男').count();
```

获取年龄最大的员工对象的示例代码：

```
Optional<Employee> max =
list.stream().max((e1,e2) → Integer.compare(e1.getAge(), e2.getAge()));
```

获取工资最少的员工对象的示例代码：

```
Optional<Employee>min =
list.stream().min((e1,e2) → Double.compare(e1.getSalary(),e2.getSalary()));
```

遍历流中所有员工，并将其打印的示例代码：

```
list.stream().forEach(System.out::println);
```

2．归约

归约需要将流中的每个元素串接起来。归约的常见方法如表 18-6 所示。

表 18-6　归约的常见方法

方　　法	描　　述
reduce(T iden, BinaryOperator b)	可以将流中元素反复结合起来，得到一个值，返回 T
reduce(BinaryOperator b)	可以将流中元素反复结合起来，得到一个值，返回 Optional<T>

示例代码：

```
System.out.println(Stream.of(1, 2, 3, 4, 5).reduce(0, (a, b) → a + b));
System.out.println(Stream.of(1, 2, 3, 4, 5).reduce((a, b) → a + b));
```

3．收集

收集的常见方法如表 18-7 所示。

表 18-7　收集的常见方法

方　　法	描　　述
collect(Collector c)	将流转换为其他形式。接收一个 Collector 接口的实现，用于给 Stream 中元素做汇总的方法

Collector 接口中方法的实现决定了如何对流执行收集的操作（如收集 List、Set、Map）。另外，Collectors 实用类提供了很多静态方法，可以方便地创建常见收集器实例，方法较多，但用得较少。

示例代码：

```
Stream.of(1, 2, 3, 4, 5)
  .filter(num → num % 2 == 0).collect(Collectors.toList()).forEach(System.out::println);
```

完整的示例代码：

```
package com.atguigu.section04;
```

```
import java.util.List;
import java.util.Optional;
import java.util.stream.Stream;

public class StreamEndTest {
    public static void main(String[] args) {
        List<Employee> list = EmployeeData.getEmployees();
        long count = list.stream().filter(t → t.getGender() == '男').count();
        System.out.println("count = " + count);

        Optional<Employee> max =
                list.stream().max((e1,e2) → Integer.compare(e1.getAge(), e2.getAge()));
        System.out.println("max = " + max);

        Optional<Employee>min =
                list.stream().min((e1,e2) → Double.compare(e1.getSalary(),e2.getSalary()));
        System.out.println("min = " + min);

        System.out.println();
        list.stream().forEach(System.out::println);

        System.out.println();
        System.out.println(Stream.of(1, 2, 3, 4, 5).reduce(0, (a, b) → a + b));
        System.out.println(Stream.of(1, 2, 3, 4, 5).reduce((a, b) → a + b));

        System.out.println();
        Stream.of(1, 2, 3, 4, 5).
            filter(num → num % 2 == 0).collect(Collectors.toList()).forEach(System.out::
println);
    }
}
```

18.5 本章小结

本章重点讲解了函数式接口、Lambda 表达式、方法引用等。本章讲解的方法可以使很多语法得到简化，代码编写也变得更加方便快捷。在实际开发场景中，大家可以根据熟练程度进行使用。同时，由于 JDK 8 是 2014 年发布的版本，距今已经有不短的时间，我们也看到了很多第三方的框架是基于 JDK 8 及以上的版本创建的，所以大家在阅读框架底层代码时，也会看到 Lambda 表达式、函数式接口等的身影，为了能快速上手，大家还需要多加练习和熟悉。

第19章

Java 9～Java 17 新特性

历经曲折的 Java 9 在 4 次跳票后，终于在 2017 年 9 月 21 日发布。从 Java 9 这个版本开始，Java 的计划发布周期是 6 个月，下一个 Java 的主版本于 2018 年 3 月发布，命名为 Java 18.3（Java 10），紧接着 6 个月后发布 Java 18.9（Java 11）。这意味着 Java 的更新从传统的以特性驱动的发布周期，转变为以时间驱动的发布周期，并逐步地将 Oracle JDK 原商业特性进行开源。针对企业客户的需求，Oracle 将以 3 年为周期发布长期支持版本（Long Term Support，LTS），最近的 LTS 版本就是 Java 11 和 Java17 了，其他都是过渡版本。Oracle 对最近几个版本的支持计划如表 19-1 所示。

表 19-1　Oracle 对最近几个版本的支持计划

Oracle Java SE Support Roadmap				
Release	GA Date	Premier Support Until	Extended Support Until	Sustaining Support
7	July 2011	July 2019	July 2022*****	Indefinite
8	March 2014	March 2022	December 2030	Indefinite
9 (non-LTS)	September 2017	March 2018	Not Available	Indefinite
10 (non-LTS)	March 2018	September 2018	Not Available	Indefinite
11 (LTS)	September 2018	September 2023	September 2026	Indefinite
12 (non-LTS)	March 2019	September 2019	Not Available	Indefinite
13 (non-LTS)	September 2019	March 2020	Not Available	Indefinite
14 (non-LTS)	March 2020	September 2020	Not Available	Indefinite
15 (non-LTS)	September 2020	March 2021	Not Available	Indefinite
16 (non-LTS)	March 2021	September 2021	Not Available	Indefinite
17 (LTS)	September 2021	September 2026	September 2029	Indefinite

Oracle 对 Oracle JDK 和 Open JDK 各个版本的维护更新计划如图 19-1 所示。

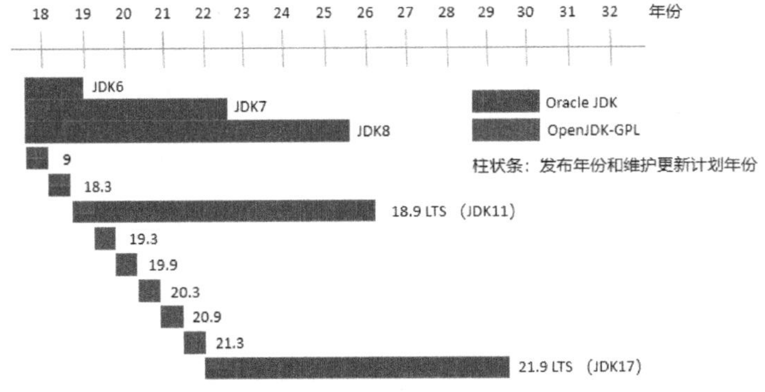

图 19-1　Oracle 对 Oracle JDK 和 Open JDK 各个版本的维护更新计划

有人会很奇怪，为什么 Oracle 要改变版本的更新频率呢？其实，这样的计划安排是有目的的，每半年推出一个小版本，但是小版本并非稳定持久的版本，对于一些技术爱好者来说，可以对这些小版本中的新特性进行一些尝试，当然如果有问题也可以及时反馈，使技术更新路线更开放和稳定；而如果企业项目或大型的工具、框架要更新或迁移，则只更新 LTS 的稳定版本即可。

19.1 最新几个 Java 版本概述

经过 20 多年的创新，Java 始终具有如下几个特点。

（1）灵活：适应不断变化的技术环境，同时保持平台独立性。

（2）可靠：通过保持向后兼容性来保证可靠性。

（3）创新：在不牺牲安全性的前提下加速创新，保持优势。

再加上 Java 不断提高平台性能、稳定性和安全性的能力，它仍然是开发人员中最流行的编程语言。2020 年互联网数据中心（Internet Data Center，IDC）的报告显示全球约 69%的全职开发人员使用 Java 语言，比其他任何语言都多。

19.1.1 新特性简介

虽然截至本书成稿之际，Java 已经更新到 Java 18 了，但是目前实际开发项目中开发人员主流框架技术使用的仍然是 Java 8。现在很多框架技术已经逐步开始转向 Java11 和 Java17，当然，这个替代过程不是一蹴而就的，因此我们对自 Java 8 后的每个版本增加的新特性要有所了解，确保自己与时俱进，不轻易被淘汰。Java 版本新特性数量示意如图 19-2 所示。

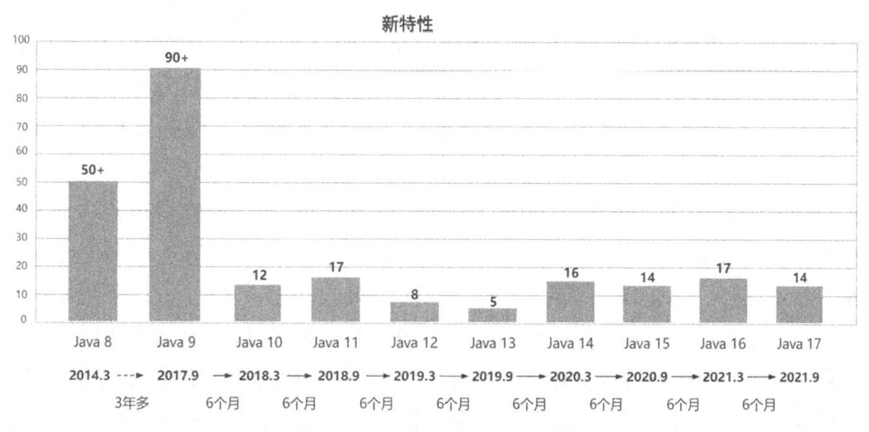

图 19-2 Java 版本新特性数量示意

Java 9 提供了超过 150 种新功能特性，包括备受期待的模块化系统、可交互的 REPL 工具（Jshell）、JDK 编译工具、Java 公共 API 和私有代码，以及安全增强、扩展提升、性能管理改善等。可以说 Java 9 是一个庞大的系统工程，完全做了一个整体的改变。

Java 10 一共定义了 109 种新特性，其中包含 12 个 JDK 特性加强提议（JDK Enhancement Proposal，JEP），如局部变量的类型推断 var 关键字、并行全垃圾回收器 G1、垃圾收集器接口和从 JDK 中移除 javah 工具等。Java 10 的升级幅度其实主要还是以优化为主，并没有带来太多让使用者惊喜的特性。

Java 11 是发布周期变化后的第一个长期支持版本，非常值得关注，Java 11 带来了 ZGC、Http Client 等重要特性，一共包含了 17 个 JEP。对于企业来说，选择 Java 11 将意味着拥有长期的、可靠的、可预测的技术路线图。从 JVM GC 的角度来说，JDK 11 引入了两种新的 GC，其中包括划时代意义的 ZGC。虽然 ZGC 在 Java 11 中还是实验特性（后面版本已经转正），但是从性能来看，这是 JDK 的一个巨大突破，为特定生产环境的苛刻需求提供了一个可能的选择。例如，对于部分企业核心存储等产品，如果能够保证不超过 10ms 的 GC 暂停，则可靠性会上一个大的台阶，这是在过去版本中进行 GC 调优几乎做不到的。

Java 12 不是 LTS 版本，总共有 8 个新的 JEP。Java 12 重新拓展了 switch 语句，让它具备了新的能力。通过扩展现有的 switch 语句，可将其作为增强版的 switch 语句或称为 switch 表达式来写出更加简化的代码。switch 语句也是作为预览语言功能的第一个语言改动引入新版 Java 中来的，预览语言功能的想法是在 2018 年初引入 Java 中的，在本质上讲，这是一种引入新特性的测试版的功能。预览语言功能能够根据用户反馈进行升级、更改，在极端情况下，如果没有被很好地接纳，则可以完全删除该功能。预览语言功能的关键在于它们没有包含在 Java SE 规范中。Java 12 还引入了一个新的垃圾收集器，即 Shenandoah，它是一种低停顿时间的垃圾收集器，其工作原理是通过与 Java 应用程序中的执行线程同时运行，用以执行其垃圾收集和内存回收任务，通过这种运行方式，给虚拟机带来短暂的停顿时间。

Java 13 也不是 LTS 版本，总共有 5 个新的 JEP。在语法层面，Java 13 改进了 switch Expressions，新增了 Text Blocks；在 API 层面，Java 13 主要使用 NioSocketImpl 来替换 JDK 1.0 的 PlainSocketImpl；在 GC 层面，Java 13 则改进了 ZGC，以支持 Uncommit Unused Memory。

Java 14 也不是 LTS 版本，此版本包含的 JEP 比 Java 12 和 Java 13 加起来的 JEP 还要多，总共 16 种新特性，包括两个孵化器模块、三个预览特性、两个弃用功能和两个删除功能。例如，instanceof 模式匹配（预览）、更详细的 NullPointerException 异常提示、record（预览）、switch 表达式（二次预览）、文本块（二次预览）、扩展 ZGC 在 macOS 和 Windows 上的应用和移除 CMS 垃圾回收器等。孵化器模块是指将尚未定稿的 API 和工具先交给开发者使用，以获得反馈，并用这些反馈进一步改进 Java 平台的质量。

Java 15 也不是 LTS 版本，此版本包括 14 种新特性，其中包括一个孵化器模块、三个预览功能、两个不推荐使用的功能，以及两个删除功能。例如，密封类（预览）、隐藏类、instanceof 模式匹配（二次预览）、record（二次预览）、移除 Nashorn JavaScript 引擎、移除 Solaris 和 SPARC 端口等。Java 15 从整体来看在新特性方面并不算很亮眼，它主要是对之前版本预览特性的功能做了确定，如文本块、ZGC 等。

Java 16 仍然不是 LTS 版本，此版本包含 17 种新特性。其中几种值得重点关注的特性是全并发的 ZGC、弹性元空间能力、instanceof 的模式匹配和 record 正式交付使用等，另外还有三个孵化器模块和一个预览特性等。ZGC 是从 Java 11 开始引入的新一代垃圾收集器，经过了几个版本的迭代，在 Java 15 中成为正式特性。Java 15 将其进行了进一步改进，将线程栈的处理从安全点移到了并发阶段，这样 ZGC 在扫描根时就不用 stop-the-world 了。JDK 16 修改了元空间实现，可以快速将未使用的元空间内存返回给操作系统，以减少内存占用，简化了元空间代码，降低了维护成本。record 是作为预览特性在 Java 14 中引入的，在 Java 16 中正式交付。向量 API 孵化器提供了一个 API 的初始迭代以表达一些向量计算，这些计算在运行时可靠地编译为支持的 CPU 架构上的最佳向量硬件指令，从而获得优于同等标量计算的性能，充分利用单指令多数据（SIMD）技术（大多数现代 CPU 上都可以使用的一种技术），该 API 将使开发人员能够轻松地用 Java 编写可移植的高性能向量算法。外部链接器 API 孵化器提供静态类型、纯 Java 访问原生代码的特性，该 API 将大大简化绑定原生库的原本复杂且容易出错的过程。外部存储器访问 API 最早在 Java 14 和 Java 15 中作为孵化器 API 引入，它使 Java 程序能够安全有效地对各种外部存储器（如本机存储器、持久性存储器、托管堆存储器等）进行操作，还提供了外部链接器 API 的基础。密封类的二次预览可以限制哪些类或接口可以扩展或实现它们，允许类或接口的作者控制负责实现它的代码，它还提供了比访问修饰符更具声明性的方式来限制对超类的使用。

Java17 是目前最新的长期支持版本，一问世就备受关注，很多框架技术纷纷开始尝试转向 Java17，虽然这个过程还需经历一段时间，但是我们需要提前了解它们，并时刻准备好迎接它的普及。此版本删除了 2 个功能，弃用了 2 个功能，增加了 10 个新功能，进一步提升了 Java 的性能、稳定性和安全性，提高了开发人员的生产力。Java17 正式删除了在 Java15 中明确标记已过时不推荐开发人员使用的远程方法调用 (RMI) 激活机制，以及几乎没有使用过的实验性 AOT 和 JIT 编译器，明确弃用并准备在后续版本删除 Applet API 和安全管理器。在 Java15 引入的密封类在 Java17 正式转正。很多程序员常以损害安全性和可维护性的方式使用 JDK 的内部元素，比如一些非 public 类、方法和字段，为了继续提高 JDK 的安全性和可维护性，Java17 默认强封装 JDK 除了 sun.misc.Unsafe 等关键内部 API 的所有内部元素，从而限制对它们的访问。随着 always-strict 浮点语义的恢复，浮点运算将变得始终严格，而不是同时具有严格的浮点语义（strictfp）和细微不同的默认浮点语义，这一特性表示 Java 正式和一个搁置了 25 年的浮点规范漏洞说再见了。将模式匹配扩展到 switch，允许对表达式进行测试，每个模式都有特定的操作，以便可以简洁而安全地表达复杂的面向数据的查询。允许应用程序通过调用 JVM 范围的过滤器工厂来配置特定于上下文和动态选择的反序列化过滤器，以便为每个序列化操作选择一个过滤器。开发平台方面扩展了 macOS 渲染管道和 macOS Aarch64 端口。在外部函数和内存 API 引入了一个孵化器阶段，允许 Java 程序与 Java 运行时之外的代码和数据进行互操作，与平台无关的矢量 API 作为孵化 API 集成到 JDK 16 中，将在 JDK 17 中再次孵化，提供一种机制来表达矢量计算，这些计算在运行时可靠地编译为支持的 CPU 架构上的最佳矢量指令，这相比等效标量计算具有更好的性能。

19.1.2 版本更新说明

Oracle 的官方观点认为：与 Java 7→8→9 相比，Java 9→10→11 和 Java 11→12→13→14→15→16 的升级与 Java 8→8u20→8u40 更相似。新模式下的 Java 版本发布都会包含许多变更，包括语言变更和 JVM 变更，这两者都会对 IDE、字节码库和框架产生重大影响。Java 11→12→13→14→15→16 与 Java 8→8u20→8u40 等类似更新的主要区别在于对字节码版本的更改及对规范的更改，对字节码版本的更改往往特别具有破坏性，大多数框架都大量使用与每个字节码版本密切相关的 ASM 或 ByteBuddy 等库。而 Java 8u20→8u40 仍然使用相同的 Java SE 规范，具有所有相同的类和方法，不同于从 Java 12 移动到 Java 13。

除此之外，Oracle 的另一个声明也十分值得我们关注，该声明透露出的消息是，如果坚持使用 Java 11 并计划在下一个 LTS 版本（Java 17）发布时再次进行升级，那么开发者可能会发现自己的项目代码无法通过编译。因为 Java 新的开发规则声明可以在一个版本中弃用某个 API 方法，并在下一个版本中删除它，如一个方法可以在 13 中弃用并在 15 中删除。那么当我们从 Java 11 升级到 Java 17 时，会遇到一个从未见过弃用并已删除的 API，这在 Java 8 之前是从没有发生过的。

现在每半年就更新一个版本，那么版本之间的变化不会太大，我们在学习新特性时，一般需要关注三个方面，即语法变化、API 变化、底层优化。而对于初学和编码者来说，一般只需要关注语法变化和一些好用的 API 变化，所以以下的讲解主要针对这两个部分。

19.2 语法新特性

因为本章讲解的是 Java 新版本的特性，因此我们需要最新的 JDK（如 JDK 17）来支持。另外需要注意的是，如果要演示最新的 JDK 17 的新特性，还需要下载更新版本的 IDEA（IDEA2021.2.1 以上版本）。相信已经关注新特性的你，对于下载安装最新版本的 JDK 和 IDEA 已经没有问题了，这里就不再重复了，如果有问题的读者，请参考第 2 章和第 6 章的操作。

为了测试运行新特性的代码，我们需要单独创建一个 Java 工程，并且选择 SDK 为新的版本，如本书的作者安装了最新的 JDK 17。然后在创建新的 Java 工程时，直接选择 SDK 为 JDK17，创建 Java 工程如图 19-3 所示。

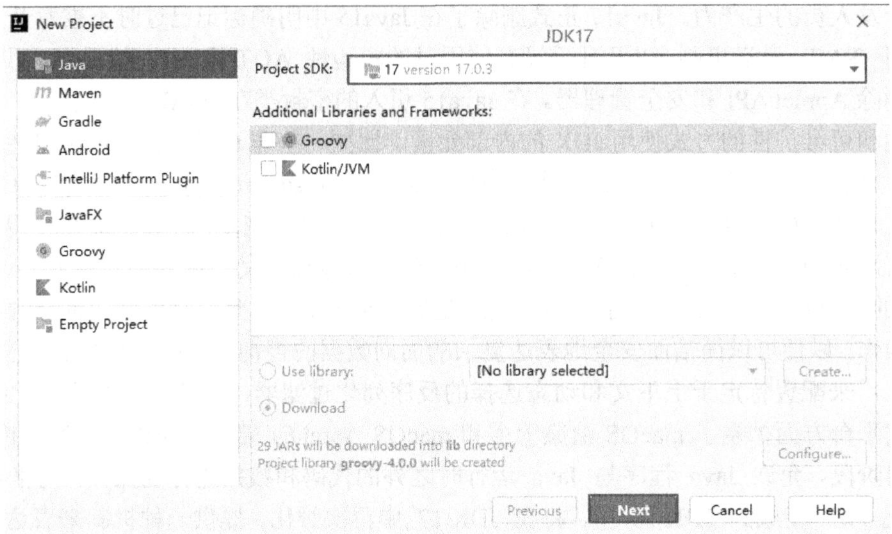

图 19-3　创建 Java 工程

指定工程名称为 charpter19，指定工程名称和存储路径如图 19-4 所示。

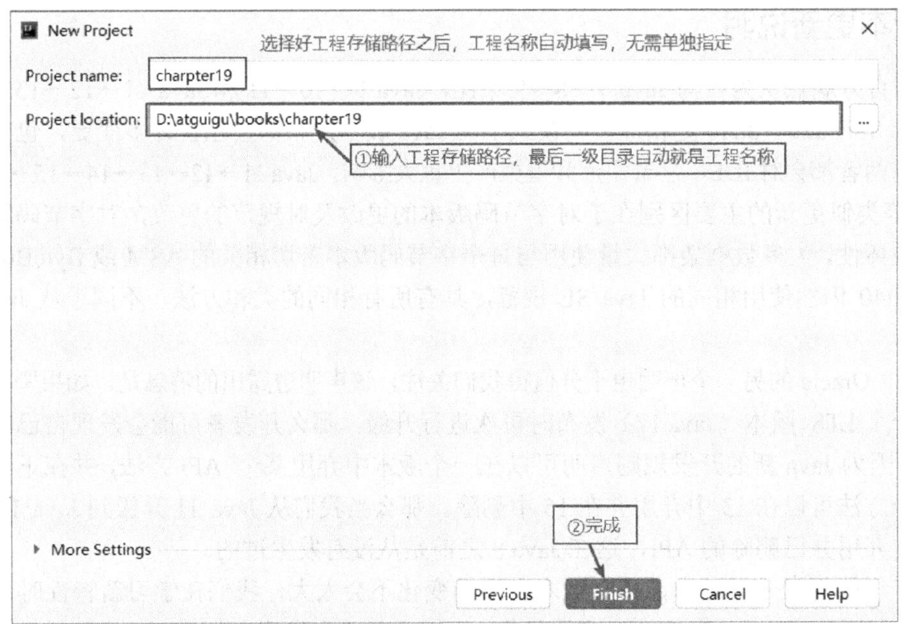

图 19-4　指定工程名称和存储路径

Java 工程创建完成如图 19-5 所示。

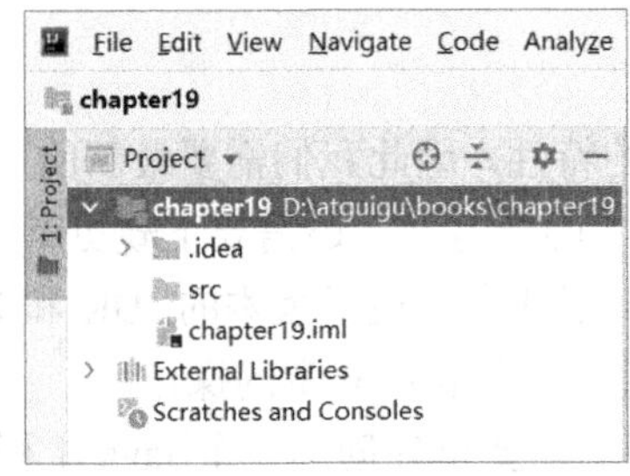

图 19-5　Java 工程创建完成

当我们在测试不同版本 JDK 的新特性时，还可以通过“File”→“>”→“Project Structure...”测试，打开工程设置窗口，选择当前工程按照哪种语言等级进行编译运行，指定工程的语言等级如图 19-6 所示。

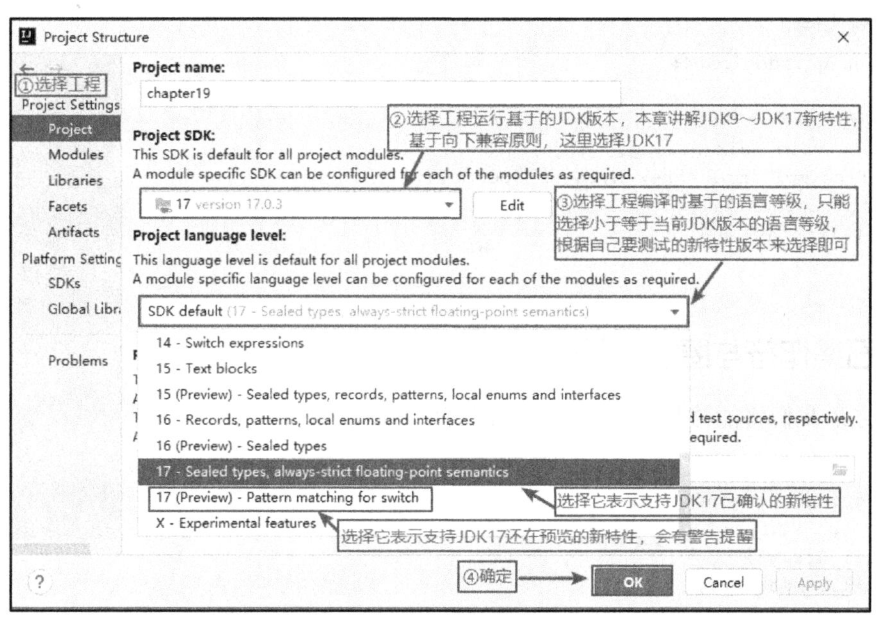

图 19-6　指定工程的语言等级

19.2.1　接口中允许私有方法

Java 8 规定接口中的方法除可以定义公共的抽象方法，还可以定义公共的静态方法和公共的默认方法。这在一定程度上扩展了接口的功能，此时的接口更像是一个抽象类。

自 Java 9 之后，接口更加灵活和强大，连方法的访问权限修饰符都可以声明为 private，此时方法将不会成为你对外暴露的 API 的一部分。

示例代码：

接口声明示例代码。

```
package com.atguigu.section04;

public interface MyInterface {
    void normalInterfaceMethod();
    default void methodDefault1() {
        init();
    }
    public default void methodDefault2() {
        init();
    }
    // 接口的私有方法
    private void init() {
        System.out.println("默认方法中的通用操作");
    }
}
```

实现类示例代码。

```
package com.atguigu.section04;

public class MyInterfaceImpl implements MyInterface {

    @Override
```

```
    public void normalInterfaceMethod() {
        System.out.println("实现接口的方法");
    }
}
```

测试类示例代码。

```
package com.atguigu.section04;

public class MyInterfaceTest {
    public static void main(String[] args) {
        MyInterfaceImpl impl = new MyInterfaceImpl();
        impl.methodDefault1();
//      impl.init();//不能调用
    }
}
```

19.2.2 钻石操作符与匿名内部类结合

自 Java 9 之后我们将能够与匿名实现类共同使用钻石操作符。

示例代码：

```
package com.atguigu.section04;

import java.util.Arrays;
import java.util.Comparator;

public class DiamondTest {
    public static void main(String[] args) {
        String[] arr = {"hello","Java"};
        Arrays.sort(arr,new Comparator<>() {
            @Override
            public int compare(String o1, String o2) {
                return o1.compareToIgnoreCase(o2);
            }
        });
    }
}
```

Java 8 的语言等级编译会报错：“'<>' cannot be used with anonymous classes。” Java 9 及以上版本才能编译和运行正常。

19.2.3 try 语法改进

之前我们讲过 JDK 1.7 引入了 trywith-resources 的新特性，可以实现资源的自动关闭，但是要求该资源必须实现 java.io.Closeable 接口并且在 try 子句中初始化，否则就报错。

示例代码：

```
package com.atguigu.section04;

import java.io.*;

public class TryBeforeJava9Test{
    public static void copy(File src, File dest) throws IOException {
        try (
                InputStream input = new FileInputStream(src);
                OutputStream output = new FileOutputStream(dest);
        ){
            byte[] data = new byte[1024];
            int len;
```

```
        while ((len = input.read(data)) != -1) {
            output.write(data, 0, len);
        }
    }
  }
}
```

在 Java 9 中，用资源语句编写 try 将变得更容易，我们可以在 try 子句中使用已经初始化过的资源，此时的资源是 final。

示例代码：

```
package com.atguigu.section04;

import java.io.*;

public class TryAfterJava9Test {
   public static void copy(File src, File dest) throws IOException {
      InputStream input = new FileInputStream(src);
      OutputStream output = new FileOutputStream(dest);
      try(input;output){
         byte[] data = new byte[1024];
         int len;
         while ((len = input.read(data)) != -1) {
            output.write(data, 0, len);
         }
      }
   }
}
```

19.2.4 局部变量类型推断

局部变量类型推断将减少我们编写代码的工作量，同时保持对静态类型安全性的承诺，这可能是 Java 10 给开发者带来的最好的一个新特性。局部变量类型推断适用于以下几种情形。

示例代码：

（1）在传统 for 循环中，循环变量的初始化。

```
//情形一：普通 for 循环不使用局部变量类型推断
for (int i = 1; i <= 5; i++){
   System.out.println("尚硅谷欢迎你！");
}
```

对比：

```
//情形一：普通 for 循环使用局部变量类型推断
for (var i = 1; i <= 5; i++){
   System.out.println("尚硅谷欢迎你！");
}
```

（2）局部变量的初始化。

```
//情形二：局部变量 list 和 iterator 初始化不使用类型推断
ArrayList<String> list = new ArrayList<>();
//获取 list 的迭代器
Iterator<String> iterator = list.iterator();
while(iterator.hasNext()){
   System.out.println(iterator.next());
}
```

对比：

```
//对 list 和 iterator 使用局部变量类型推断
var list = new ArrayList<String>();
```

```
//获取 list2 的迭代器
var iterator = list.iterator();
while(iterator.hasNext()){
    System.out.println(iterator.next());
}
```

或者：

```
//情形二：对局部变量 map、entries 和 iterator 不使用局部变量类型推断
HashMap<Integer,String> map = new HashMap<>();
map.put(1,"尚硅谷");
map.put(2,"谷粒学院");
Set<Map.Entry<Integer, String>> entries = map.entrySet();
Iterator<Map.Entry<Integer, String>> iterator = entries.iterator();
while(iterator.hasNext()){
    System.out.println(iterator.next());
}
```

对比：

```
//对 map，entries 和 iterator 使用局部变量类型推断
var map = new HashMap<Integer,String>();
map.put(1,"尚硅谷");
map.put(2,"谷粒学院");
var entries = map.entrySet();
var iterator = entries.iterator();
while(iterator.hasNext()){
    System.out.println(iterator.next());
}
```

（3）增强 for 循环。

```
//情形三：增强 for 循环不使用局部变量类型推断
HashMap<Integer,String> map = new HashMap<>();
map.put(1,"尚硅谷");
map.put(2,"谷粒学院");
Set<Map.Entry<Integer, String>> entries = map.entrySet();
for (Map.Entry<Integer, String> entry : entries) {
    System.out.println(entry);
}
```

对比：

```
//增强 for 循环使用局部变量类型推断
var map = new HashMap<Integer,String>();
map.put(1,"尚硅谷");
map.put(2,"谷粒学院");
var entries = map.entrySet();
for (var entry : entries) {
    System.out.println(entry);
}
```

从以上示例代码中可以看出，局部变量类型推断减少了烦琐的代码，避免了信息的冗余，而且对齐了变量名，更容易阅读。

局部变量类型推断不适用于以下几种情形。

（1）成员变量的类型，如 public class Demo{ var a = 1; }。

（2）没有初始化的局部变量声明，如 var temp;。

（3）初始化为 null 的局部变量，如 var temp = null;。

（4）方法签名中的返回值类型，如 public var method(){…}。

（5）方法或构造器的形参类型，如 public void method(var a){…}。

（6）catch( )中的异常类型，如 catch(var e){…}。

（7）省略了 new 元素类型“[ ]”的数组静态初始化。

（8）使用 Lambda 表达式或方法引用、构造器引用等给局部变量初始化。

示例代码：

```
//new 元素类型[]的数组静态初始化
var arr1 = new int[]{1,2,3,4};//正确
var arr2 = {1,2,3,4}; //省略 new int[]的静态初始化，报错

//使用 Lambda 表达式或方法引用、构造器引用等给局部变量初始化
Supplier<String> s1 = ()→new String();//正确
Supplier<String> s2 = String::new;//正确
var s3 = ()→new String();//错误
var s4 = String::new;//错误
```

特别提示：

（1）var 不是一个关键字。

你不需要担心变量名或方法名会与 var 发生冲突，因为 var 实际上并不是一个关键字，除了不能用它作为类名，它仍然可以用作变量名、方法名等普通标识符。

（2）这不是 JavaScript。

需要说明的是，var 并不会改变 Java 是一门静态类型语言的事实。Java 10 之后的编译器会负责推断出局部变量的类型，并把结果写入字节码文件，就好像是开发人员自己敲入类型一样。事实上，这种特性只发生在编译阶段，与运行时无关，所以对运行时的性能不会产生任何影响，因此请放心，这不是 JavaScript。

另外，在 Java 10 中，var 不能在 Lambda 表达式中使用，在 Java 11 中，可以在 Lambda 表达式中使用 var。

```
(var x, var y) → x.process(y)
//等价于
(x, y) → x.process(y)
```

19.2.5 switch 语句

switch 表达式在 Java 12 中作为预览语言出现，在 Java 13 中进行了二次预览，得到了再次改进，最终在 Java 14 中确定下来。另外，在 Java17 中预览了 switch 模式匹配。

传统的 switch 语句在使用中有以下几个问题。

（1）匹配是自上而下的，如果忘记写 break，那么后面的 case 语句不论匹配与否都会执行。

（2）所有的 case 语句共用一个块范围，在不同的 case 语句定义的变量名不能重复。

（3）不能在一个 case 语句中写多个执行结果一致的条件，即每个 case 语句后只能写一个常量值。

（4）整个 switch 语句不能作为表达式返回值。

Java 12 对 switch 语句进行了扩展，将其作为增强版的 switch 语句或称为 switch 表达式，可以写出更加简化的代码。扩展的 switch 语句不仅可以作为语句，还可以作为表达式，并且两种写法都可以使用传统的 switch 语法，或者使用简化的“case L→”模式匹配语法作用于不同范围并控制执行流。这些更改将简化日常编码工作，并为 switch 语句中的模式匹配做好准备。

（1）使用 Java 12 中 switch 语句的写法，省略了 break 语句，避免了因少写 break 语句而出错的问题。

（2）同时将多个 case 语句合并到一行，可以简洁、清晰也更加优雅地表达逻辑分支，其具体写法就是将之前的 case 语句写成了“case L→”，即如果条件匹配 case L，则执行标签右侧的代码，同时标签右侧的代码段可以是表达式、代码块或 throw 语句。

（3）为了保持兼容性，case 语句中依然可以使用字符“:”，这时 fall-through 规则依然有效，即不

能省略原有的 break 语句，但是同一个 switch 结构中不能混用“→”和“:”，否则会有编译错误。并且简化后的 switch 代码块中定义的局部变量，其作用域就限制在代码块中，而不是蔓延到整个 switch 结构。

案例需求：

请使用 switch-case 结构实现根据月份输出对应季节名称。例如，3～5 月是春季，6～8 月是夏季，9～11 月是秋季，12～2 月是冬季。

示例代码：

Java 12 之前实现的示例代码。

```
package com.atguigu.section04;

public class SwitchBefore12Test {
    public static void main(String[] args) {
        int month = 3;
        switch(month) {
            case 3:
            case 4:
            case 5:
                System.out.println("春季");
                break;
            case 6:
            case 7:
            case 8:
                System.out.println("夏季");
                break;
            case 9:
            case 10:
            case 11:
                System.out.println("秋季");
                break;
            case 12:
            case 1:
            case 2:
                System.out.println("冬季");
                break;
            default:
                System.out.println("月份输入有误！");
        }
    }
}
```

自 Java 12 之后实现的示例代码。

```
package com.atguigu.section04;

public class SwitchJava12Test {
    public static void main(String[] args) {
        int month = 3;
        switch(month) {
            case 3,4,5 → System.out.println("春季");
            case 6,7,8 → System.out.println("夏季");
            case 9,10,11 → System.out.println("秋季");
            case 12,1,2 → System.out.println("冬季");
            default → System.out.println("月份输入有误！");
        };
    }
}
```

自 Java 12 之后的 switch 还可以作为表达式使用，示例代码。

```
package com.atguigu.section04;

public class SwitchJava12Test {
    public static void main(String[] args) {
        int month = 3;
        String season = switch(month) {
            case 3,4,5 -> "春季";
            case 6,7,8 -> "夏季";
            case 9,10,11 -> "秋季";
            case 12,1,2 -> "冬季";
            default->throw new IllegalArgumentException("月份输入有误！");
        };
        System.out.println("season = " + season);
    }
}
```

如果你做过 Android 开发就不会对上述语法感到陌生，因为 Kotlin 的 when 表达式就是这么做的。Switch Expressions 或相关的 Pattern Matching 特性，为我们勾勒出了 Java 语法进化的一个趋势，将开发人员从复杂烦琐的低层次抽象中逐渐解放出来，有更高层次、更优雅的抽象，既降低代码量，又避免意外编程错误的出现，进而提高代码质量和开发效率。

Java 13 提出了第二个 switch 表达式预览，引入了 yield 语句，用于返回值。这意味着，switch 表达式（返回值）应该使用 yield 语句，switch 语句（不返回值）应该使用 break 语句。

案例需求：

根据星期值，获取星期名称。

示例代码：

在以前的版本中，我们想要在 switch 中返回内容是比较麻烦的，示例代码如下。

```
package com.atguigu.section04;

public class SwitchBeforeJava13Test {
    public static void main(String[] args) {
        int week = 2;
        String weekName = "";
        switch(week){
            case 1:
                weekName = "Monday";
                break;
            case 2:
                weekName = "Tuesday";
                break;
            case 3:
                weekName = "Wednesday";
                break;
            case 4:
                weekName = "Thursday";
                break;
            case 5:
                weekName = "Friday";
                break;
            case 6:
                weekName = "Saturday";
                break;
            case 7:
                weekName = "Sunday";
                break;
```

```
        default:
            System.out.println("Week number is between 1 and 7.");
            weekName = "Error";
        }
        System.out.println("weekName = " + weekName);
    }
}
```

现在可以使用 yield 返回值，示例代码如下。

```
package com.atguigu.section04;

public class SwitchJava13Test {
    public static void main(String[] args) {
        int week = 2;
        String weekName = switch(week) {
            case 1 → "Monday";
            case 2 → "Tuesday";
            case 3 → "Wednesday";
            case 4 → "Thursday";
            case 5 → "Friday";
            case 6 → "Saturday";
            case 7 → "Sunday";
            default → {
                System.out.println("Week number is between 1 and 7.");
                yield "Error";
            }
        };
        System.out.println("weekName = " + weekName);
    }
}
```

在这之后，switch 中就多了一个关键字用于跳出 switch 块了，那就是 yield，yield 用于返回一个值。

经过了 Java 12 和 Java 13 的预览和试用，在 Java 14 中 switch 表达式的预览特性最终被确定下来，成为 Java SE 规范的一部分。

另外，Java17 预览了 switch 模式匹配，允许 switch 表达式和语句可以针对多个模式进行测试，每个模式都有特定的操作，这使得复杂的面向数据的查询能够简洁而安全地表达。

案例需求：

根据传入数据的类型不同，返回不同格式的字符串。

示例代码：

```
package com.atguigu.section04;

public class SwitchBeforeJava17Test {
    public static String formatter(Object o) {
        String formatted = "unknown";
        if (o instanceof Integer i) {
            formatted = String.format("int %d", i);
        } else if (o instanceof Long l) {
            formatted = String.format("long %d", l);
        } else if (o instanceof Double d) {
            formatted = String.format("double %f", d);
        } else if (o instanceof String s) {
            formatted = String.format("String %s", s);
        }   return formatted;
    }

    public static void main(String[] args) {
```

```
        System.out.println(formatter(Integer.valueOf(1)));
        System.out.println(formatter(Double.valueOf(1.0)));
    }
}
```

现在使用模式匹配，示例代码如下。

```
package com.atguigu.section04;

public class SwitchJava17Test {
    public static String formatter(Object o) {
        return switch (o) {
            case Integer i -> String.format("int %d", i);
            case Long l    -> String.format("long %d", l);
            case Double d  -> String.format("double %f", d);
            case String s  -> String.format("String %s", s);
            default        -> o.toString();
        };
    }

    public static void main(String[] args) {
        System.out.println(formatter(Integer.valueOf(1)));
        System.out.println(formatter(Double.valueOf(1.0)));
    }
}
```

直接在 switch 上支持 Object 类型，这就等于同时支持多种类型，使用模式匹配得到具体类型，大大简化了代码量，这个功能还是挺实用的，期待转正。

19.2.6 文本块

JDK 12 引入了 Raw String Literals 特性，但在其发布之前就放弃了这个特性。这个 JEP 与引入多行字符串文字（文本块）在意义上是类似的。Java 13 中引入了文本块（预览特性），这个新特性跟 Kotlin 中的文本块是类似的。

在 Java 中，用户通常需要使用 String 类表达 HTML、XML、SQL 或 JSON 等格式的多行字符串，之前在进行字符串赋值时需要进行转义和连接操作才能编译该代码，这种表达方式难以阅读并且难以维护。而有了文本块以后，用户不需要转义，Java 就能自动搞定，目的有以下两种。

- 简化跨越多行的字符串，避免对换行等特殊字符进行转义，简化编写 Java 程序。
- 增强 Java 程序中字符串的可读性。

示例代码：

```
<html>
  <body>
      <p>Hello, 尚硅谷</p>
  </body>
</html>
```

若不使用文本块，则在 Java 中是这样的，在进行字符串赋值时需要进行转义和连接操作，才能编译该代码，这样的字符串看起来不是很直观。

示例代码：

```
String str = "<html>\n" +
        "  <body>\n" +
        "      <p>Hello, 尚硅谷</p>\n" +
        "  </body>\n" +
        "</html>";
```

使用“"""”作为文本块的开始符和结束符，在其中可以放置多行的字符串，不需要进行任何转义，这样代码看起来就十分清爽了。

示例代码：

```
String str = """
   <html>
      <body>
          <p>Hello, 尚硅谷</p>
      </body>
    </html>
""";
```

文本块是 Java 中的一种新形式，它可以用来表示任何字符串，并且提供更多的表现力和更少的复杂性。

（1）文本块由零个或多个字符组成，由开始和结束分隔符括起来。

- 开始分隔符由三个双引号字符表示，后面可以跟零个或多个空格，最终以行终止符结束。
- 文本块内容以开始分隔符的行终止符后的第一个字符开始。
- 结束分隔符也由三个双引号字符表示，文本块内容以结束分隔符的第一个双引号之前的最后一个字符结束。

以下示例代码是错误格式的文本块：

```
String err1 = """""";//开始分隔符后没有行终止符
String err2 = """   """;//开始分隔符后没有行终止符
```

如果要表示空字符串需要以下示例代码表示：

```
String emp1 = "";
String emp2 = """
    """;
```

（2）允许开发人员使用“\n”“\f”和“\r”来进行字符串的垂直格式化，使用“\b”“\t”进行水平格式化。如以下示例代码就是合法的。

```
String html = """
      <html>\n
          <body>\n
              <p>Hello, world</p>\n
          </body>\n
      </html>\n
      """;
```

（3）在文本块中自由使用“"”是合法的。

```
String story = """
    Elly said,"Maybe I was a bird in another life."
Noah said,"If you're a bird , I'm a bird."
""";
```

Java 14 给文本块引入了两个新的转义序列。一是可以使用新的\s 转义序列来表示一个空格；二是可以使用反斜杠“\”来避免在行尾插入换行字符，这样可以很容易地在文本块中将一个很长的行分解成多行来增加可读性。

例如，现在编写多行字符串的方式如下所示：

```
String literal = "人最宝贵的东西是生命，生命对人来说只有一次。" +
                 "因此，人的一生应当这样度过：当一个人回首往事时，" +
                 "不因虚度年华而悔恨，也不因碌碌无为而羞愧；" +
                 "这样，在他临死的时候，能够说，" +
                 "我把整个生命和全部精力都献给了人生最宝贵的事业" +
                 "——为人类的解放而奋斗。";
```

在文本块中使用“\”转义序列，就可以写成如下形式：

```
String text = """
```

```
        人最宝贵的东西是生命，生命对人来说只有一次。\
        因此，人的一生应当这样度过：当一个人回首往事时，\
        不因虚度年华而悔恨，也不因碌碌无为而羞愧；\
        这样，在他临死的时候，能够说，\
        我把整个生命和全部精力都献给了人生最宝贵的事业\
        ——为人类的解放而奋斗。
        """;
```

预览的新特性文本块在 Java 15 中被最终确定下来，Java 15 之后我们就可以放心使用该文本块了。

19.2.7 instanceof 支持模式匹配

Java 14 引入了一个预览功能，有了它就不需要编写先通过 instanceof 判断再强制转换的代码。

案例需求：

现有一个父类 Animal 及它的两个子类 Bird 和 Fish，现在要判断某个对象是 Bird 实例对象还是 Fish 实例对象，并向下转型然后调用各自扩展的方法。

示例代码：

```
package com.atguigu.section04;

abstract class Animal {

}
class Bird extends Animal {
    public void fly(){
        System.out.println("fly~~");
    }
}
class Fish extends Animal {
    public void swim(){
        System.out.println("swim~~");
    }
}

public class InstanceofBeforeJava14Test {
    public static void main(String[] args) {
        move(new Fish());
    }

    public static void move(Animal animal){
        if (animal instanceof Bird) {
            Bird bird = (Bird) animal;
            bird.fly();
        } else if (animal instanceof Fish) {
            Fish fish = (Fish) animal;
            fish.swim();
        }
    }
}
```

利用 Java 14 的预览功能可以将代码重构为以下形式：

```
package com.atguigu.section04;

public class InstanceofAfterJava14Test {
    public static void main(String[] args) {
        move(new Fish());
    }
```

```
    public static void move(Animal animal) {
        if (animal instanceof Bird bird) {
            bird.fly();
        } else if (animal instanceof Fish fish){
            fish.swim();
        }
    }
}
```

这种更简洁的语法可以去掉 Java 程序中的大多数强制类型转换。

预览功能很值得尝试，因为它打开了通向更通用的模式匹配的大门。模式匹配的思想是为计算机语言提供一个便捷的语法，根据特定的条件从对象中提取出组成部分。这正是 instanceof 的用意，因为条件就是类型检查，然后提取需要调用的特定方法，或者访问特定的字段。换句话说，该预览功能仅仅是个开始，以后该功能肯定能够减少更多的代码冗余，从而降低 bug 发生的可能性。在 Java 15 中对 instanceof 模式匹配进行了第二次预览，但在该版中并没有任何更改，在 Java 16 中 instanceof 模式匹配的新特性正式确定并交付使用。

19.2.8 record

Java14 的另一个预览功能就是 record。与前面介绍的其他预览功能一样，这个预览功能也顺应了减少 Java 冗余代码的趋势，能帮助开发人员写出更精准的代码。record 主要用于特定领域的类，这些类的实例对象就是存储数据，没有任何自定义的行为。

我们开门见山，举一个最简单的领域类的例子——BankTransaction，它表示一次交易，包含三个字段：日期、金额和描述。定义类时我们需要考虑构造器、getter 方法、toString 方法、hashCode 方法和 equals 方法等，这些部分的代码通常由 IDE 自动生成，而且会占用很大篇幅。

示例代码：

生成的完整的 BankTransaction 类。

```
package com.atguigu.section04;

import java.time.LocalDate;
import java.util.Objects;

public class RecordTest {
    public static void main(String[] args) {
        BankTransaction bt = new BankTransaction(LocalDate.now(),10000,"生活费");
    }
}

class BankTransaction {
    private final LocalDate date;              //日期
    private final double amount;               //金额
    private final String description;          //描述

    public BankTransaction(final LocalDate date,
                           final double amount,
                           final String description) {
        this.date = date;
        this.amount = amount;
        this.description = description;
    }

    public LocalDate getDate() {
        return date;
    }
```

```
    public double getAmount() {
        return amount;
    }

    public String getDescription() {
        return description;
    }

    @Override
    public String toString() {
        return "BankTransaction{" +
                "date=" + date +
                ", amount=" + amount +
                ", description='" + description + '\'' +
                '}';
    }

    @Override
    public boolean equals(Object o) {
        if (this == o) return true;
        if (o == null || getClass() != o.getClass()) return false;
        BankTransaction that = (BankTransaction) o;
        return Double.compare(that.amount, amount) == 0 &&
                date.equals(that.date) &&
                description.equals(that.description);
    }

    @Override
    public int hashCode() {
        return Objects.hash(date, amount, description);
    }
}
```

Java 14 提供了一种方法可以解决这种代码冗余，可以更清晰地表达目的，这个类的唯一目的就是将数据整合在一起。record 会提供 equals、hashCode 和 toString 方法的实现。

因此，BankTransaction 类可以重构。

示例代码：

```
record BankTransaction(LocalDate date, double amount, String description) {}
```

测试类示例代码：

```
package com.atguigu.section04;

import java.time.LocalDate;

public class RecordTest {
    public static void main(String[] args) {
        BankTransaction bt = new BankTransaction(LocalDate.now(),10000,"生活费");
        System.out.println("date: " + bt.date());
        System.out.println("amount: " + bt.amount());
        System.out.println("description: " + bt.description());
    }
}
```

当用 record 声明一个类时，该类将自动拥有以下功能。

- 获取成员变量值的方法，区别于平常 getter 的写法，作用相同。
- 一个 equals 方法的实现，在执行比较时会比较该类的所有成员属性。
- 重写 equals 方法当然要重写 hashCode 方法。

- 一个可以打印该类所有成员属性的 toString 方法。
- 只会有一种构造方法。
- record 的字段隐含为 final，因此 record 的字段不能被重新赋值。

和枚举类一样，record 也是类的一种受限形式。我们还可以在 record 声明的类中定义静态字段、静态方法和实例方法。不能在 record 声明的类中定义实例字段，类不能声明为 abstract，不能声明显式的父类等。

record 在 Java 15 中进行了第二次预览，而没有任何更改，在 Java 16 中正式交付使用。

19.2.9 NullPointerException

一些人认为，若抛出 NullPointerException，则应当作新的“HelloWorld”程序来看待，因为 NullPointerException 是早晚都会遇到的。玩笑归玩笑，这个异常的确会造成困扰，因为它经常出现在生产环境的日志中，会导致调试非常困难，因为它并不会显示原始的代码。

示例代码：

```
package com.atguigu.section04;

class User {
   private Location location;

   public Location getLocation() {
      return location;
   }
}
class Location {
   private City city;

   public City getCity() {
      return city;
   }
}
class City {
   private String name;

   public String getName() {
      return name;
   }
}

public class NullPointerExceptionTest {
   public static void main(String[] args) {
      User user = new User();
      System.out.println(user.getLocation().getCity().getName());
   }
}
```

不幸的是，user.getLocation().getCity().getName()中包含了多个方法调用的赋值语句（如 getLocation()和 getCity()），那么任何一个都可能会返回 null，实际上，变量 user 也可能是 null。在 Java 14 之前，你可能会得到如下所示异常，因此无法判断是谁导致了 NullPointerException。

示例代码：

```
Exception in thread "main" java.lang.NullPointerExceptionat NullPointerExample.main
(NullPointerExample.java:5)
```

在 Java 14 中，新的 JVM 特性可以显示更详细的诊断信息，如下所示：

```
Exception in thread "main" java.lang.NullPointerException: Cannot invoke "Location.getCity()"
```

```
because the return value of "User.getLocation()" is null
at NullPointerExample.main (NullPointerExample.java:5)
```

该消息包含以下两个明确的组成部分。

- 后果：Location.getCity( )无法被调用。
- 原因：User.getLocation( )的返回值为 null。

这项改进不仅对于方法调用有效，还对其他可能会导致 NullPointerException 的地方有效，包括字段访问、数组访问、赋值等。

19.2.10 密封类

Java 15 通过密封的类和接口来增强 Java 编程语言，这是新引入的预览功能并在 Java 16 中进行了二次预览，并在 Java17 最终确定下来。这个预览功能用于限制超类的使用，密封的类和接口限制其他可能继承或实现它们的其他类或接口。

在 Java 中，类层次结构通过继承实现代码的重用，父类的方法可以被许多子类继承。但是，类层次结构的目的并不总是重用代码。有时，其目的是对域中存在的各种可能性进行建模，如图形库支持的形状类型。当以这种方式使用类层次结构时，可能需要限制子类集从而简化建模。

在使用修饰 sealed 时，可以将一个类声明为密封类。密封类使用关键字 permits 列出可以直接扩展它的类。子类可以是最终的、非密封的或密封的。

示例代码：

```
package com.atguigu.section04;

abstract sealed class Shape permits Circle, Rectangle {

}
non-sealed class Circle extends Shape {

}
sealed class Rectangle extends Shape permits Square {

}
final class Square extends Rectangle {

}

//错误，不允许继承 Shape 类
/*
class Triangle extends Shape {

}*/
public class SealedClassTest {
    public static void main(String[] args) {
        Shape s1 = new Circle();
        Shape s2 = new Rectangle();
        Shape s3 = new Square();
    }
}
```

19.2.11 隐藏类

Java 15 在 JEP 371 提案中通过启用标准 API 来定义无法发现且具有有限生命周期的隐藏类，从而提高 JVM 上所有语言的效率。

那隐藏类是什么呢？

隐藏类就是不能直接被其他类的二进制代码直接使用的类。隐藏类主要被一些框架用来生成运行时的类，但这些类不是直接使用的，而是通过反射机制来调用的。例如，JDK 8 中引入的 Lambda 表达式，JVM 并不会在编译时将 Lambda 表达式转换成专门的类，而是在运行时将相应的字节码动态生成相应的类对象。另外使用动态代理也可以为某些类生成新的动态类。

那么我们希望这些动态生成的类需要具有什么特性呢？

（1）不可发现性：因为我们是为某些静态类动态生成的类，所以希望可以把这个动态生成的类看作静态类的一部分，不希望被该静态类之外的其他机制发现。

（2）访问控制：希望在访问控制静态类的同时，也能控制动态生成的类。

（3）生命周期：因为动态生成的类的生命周期一般都比较短，所以并不需要使其和静态类的生命周期一致。

通常来说，基于 JVM 的很多语言都有动态生成类的机制，这样可以提高语言的灵活性和效率。隐藏类的好处有以下几种。

- 隐藏类天生是为框架设计的，在运行时生成内部的类。
- 隐藏类只能通过反射访问，不能直接被其他类的字节码访问。
- 隐藏类可以独立于其他类加载、卸载，这样可以减少框架的内存占用。

如下这些类都可以生成隐藏类。

（1）java.lang.reflect.Proxy：可以定义隐藏类作为实现代理接口的代理类。

（2）java.lang.invoke.StringConcatFactory：可以生成隐藏类来保存常量连接方法。

（3）java.lang.invoke.LambdaMetaFactory：可以生成隐藏的 nestmate 类，以容纳访问封闭变量的 Lambda 主体。

普通类是通过调用 ClassLoader::defineClass 创建的，而隐藏类是通过调用 Lookup::defineHiddenClass 创建的，这时 JVM 从提供的字节中派生一个隐藏类，连接该隐藏类，并返回提供隐藏类的反射访问的查找对象。调用程序可以通过返回的查找对象来获取隐藏类的类对象。

19.3 API 改进

陆续在新版本变化的 API 有很多，因篇幅问题不能一一列举，下面列出部分比较有代表性的 API。

19.3.1 String 类

首先，为了节约存储空间，String 类再也不用 char[ ]来存储了，从 Java 9 之后改成了用 byte[ ]加编码标记。因为原来 String 类使用 char[ ]时需要为每个字符分配两个字节空间，而我们知道 ASCII 码表中的字符的一个字节就够了，且这部分也是程序中使用频率最高的字符，故使用 byte[ ]存储后节省了不少空间。

示例代码：

```
public final class String
    implements java.io.Serializable, Comparable<String>, CharSequence {
    @Stable
    private final byte[] value;
    private final byte coder;
    ...
}
```

其次，Java 11 再次丰富了 String 类的 API，Java 11 给 String 类新增的方法如表 19-2 所示。

表 19-2 Java 11 给 String 类新增的方法

描 述	举 例	结 果
判断字符串是否为空白	" ".isBlank( )	true
去除首尾空白	" Javastack ".strip( )	" Javastack"
去除尾部空格	" Javastack ".stripTrailing( )	" Javastack"
去除首部空格	" Javastack ".stripLeading( )	" Javastack "
复制字符串	" java".repeat(3)	" javajavajava"
行数统计	" a\nb\nc\n".lines( ).count( )	3

最后，Java 12 的 String 类中新增了 transform(Function f)和 indent(int n) 等方法。

- transform(Function f)：相当于针对字符串进行 Function 函数接口指定的操作，类似于原来 Stream 的 map 方法。
- indent(int n)：相当于对每个字符串进行换行后缩进 *n* 个字符。

示例代码：

```
package com.atguigu.section05;

import java.util.stream.Stream;

public class StringTest {
   public static void main(String[] args) {
      Stream<String> stream = Stream.of("Java12 新特性","Java12 在 String 新增了几个好用的方法
","transform()","indent()");
      stream.forEach(str → System.out.print(str.transform(s → s+": 来自尚硅谷").indent(3)));
   }
}
```

String 方法演示的运行结果如图 19-7 所示。

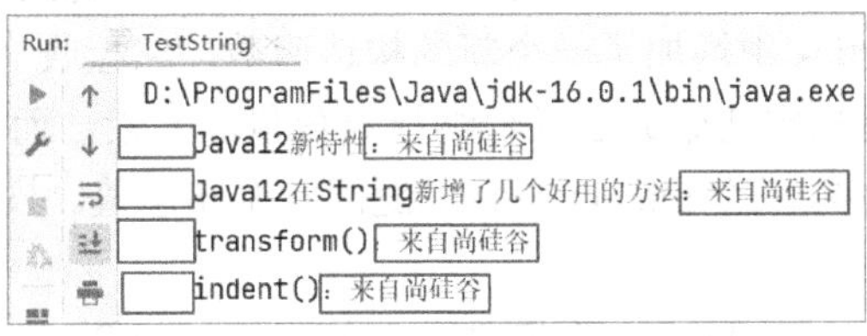

图 19-7 String 方法演示的运行结果

19.3.2 集合相关类

在 Java 9 之前要创建一个只读、不可改的集合，必须先构造和分配它，然后添加元素，最后包装成一个不可修改的集合。

示例代码：

```
package com.atguigu.section05;

import java.util.ArrayList;
import java.util.Collections;
import java.util.List;

public class CollectionsBeforeJava9Test {
   public static void main(String[] args) {
      List<String> namesList = new ArrayList<>();
      namesList.add("Joe");
      namesList.add("Bob");
      namesList.add("Bill");
      namesList = Collections.unmodifiableList(namesList);
```

```
        System.out.println(namesList);
    }
}
```

Java 9 在 Collections 集合工具类中引入了 of( )方法，这使得类似的事情变得更容易表达。

程序员调用集合中的静态方法 of( )，可以将不同数量的参数对象传输到此工厂方法。此功能可用于 Set 和 List，也可用于 Map 的类似形式。此时得到的集合是不可变的，在创建后，继续添加元素到这些集合会导致 UnsupportedOperationException。

示例代码：

```
package com.atguigu.section05;

import java.util.List;
import java.util.Map;
import java.util.Set;

public class CollectionsAfterJava9Test {
    public static void main(String[] args) {
        List<String> list = List.of("a", "b", "c");
        Set<String> set = Set.of("a", "b", "c");
        Map<String, Integer> map1 = Map.of("Tom", 12, "Jerry", 21,"Lilei", 33, "HanMeimei", 18);
        Map<String, Integer> map2 = Map.ofEntries(
                Map.entry("Tom", 89),
                Map.entry("Jim", 78),
                Map.entry("Tim", 98)
        );
    }
}
```

Java 10 在 List、Map、Set 这三个接口中都增加了一个新的静态方法：copyOf(Collection)。这些函数按照其迭代顺序返回一个不可修改的列表、映射或包含给定集合的元素的集合。

Java 10 在 java.util.Properties 中增加了一个新的构造函数，它接收一个 int 参数，这将创建一个没有默认值的空属性列表，并且指定初始大小以容纳指定数量的元素，而不需要动态调整大小。还有一个新的重载的 replace 方法，接收三个 Object 参数并返回一个布尔值。只有在当前映射到指定值时，才会替换指定键的条目。

Java 10 还给 java.util.stream.Collectors 收集器增加了 toUnmodifiableList( )、toUnmodifiableSet( )、toUnmodifiableMap(Function, Function)、toUnmodifiableMap(Function, Function, BinaryOperator)，这 4 个新方法都会返回收集器，将输入元素聚集到适当的、不可修改的集合中。

示例代码：

```
package com.atguigu.section05;

import java.util.ArrayList;
import java.util.List;
import java.util.Properties;

public class CollectionJava10Test {
    public static void main(String[] args) {
        ArrayList<Integer> list = new ArrayList<>();
        list.add(1);
        list.add(2);
        list.add(3);
        List<Integer> integers = List.copyOf(list); //返回的 List 集合是不可变的

        System.out.println("------------------");
```

```
        Properties pro = new Properties(2);
        pro.setProperty("user","atguigu");
        pro.setProperty("password","123456");
        pro.replace("password","123456","654321");
        System.out.println("------------------");

        Stream.of(1,2,3,4).collect(Collectors.toList()).add(5);//返回的 List 集合是可变的
//返回的 List 集合是不可变的
        Stream.of(1,2,3,4).collect(Collectors.toUnmodifiableList()).add(5);// 报错
    }
}
```

19.3.3 Stream API

Java 8 的 Steam API 是 Java 标准库最好的改进之一，能够让开发人员快速运算，从而有效地利用数据并行计算。在 Java 9 中，Stream API 变得更好，Stream 接口中添加了四个新的方法：takeWhile、dropWhile、ofNullable、iterate 重载。

（1）takeWhile：从 Stream 中获取一部分数据，接收一个 Predicate 来进行选择。在有序的 Stream 中，takeWhile 返回从开头开始的尽量多的元素。

（2）dropWhile：其行为与 takeWhile 相反，返回剩余的元素。

（3）ofNullable：Java 8 中 Stream 不能完全为 null，否则会报空指针异常。而 Java 9 中的 ofNullable 方法允许我们创建一个单元素 Stream，可以包含一个非空元素，也可以创建一个空 Stream。

（4）iterator 重载：可以让你提供一个 Predicate（判断条件）来指定什么时候结束迭代。

（5）toList：将 Stream 转换成 List。

示例代码：

```
package com.atguigu.section05;

import java.util.Arrays;
import java.util.List;
import java.util.stream.Stream;

public class StreamTest{
    public static void main(String[] args) {
        List<Integer> list = Arrays.asList(45,43,76,87,42,77,90,73,67,88);
        list.stream().takeWhile(x → x < 50).forEach(System.out::println);
        list.stream().dropWhile(x → x < 50).forEach(System.out::println);
        System.out.println("-------------------");
        //原来的控制终止方式
        Stream.iterate(1,i → i + 1).limit(10).forEach(System.out::println);
        //现在的终止方式
        Stream.iterate(1,i → i < 100,i → i + 1).forEach(System.out::println);
        System.out.println("-------------------");
//        System.out.println(Stream.of(null).count());//报 NullPointerException
        System.out.println(Stream.of("atguigu", "尚硅谷", null).count());
        System.out.println(Stream.ofNullable(null).count());
        System.out.println(Stream.ofNullable("atguigu").count());
        System.out.println("-------------------");
        //原来将 Stream 的数据收集到 List
        List<Integer> integers1 = Stream.of(1, 2, 3, 4, 5).collect(Collectors.toList());
        //现在将 Stream 的数据收集到 List
        List<Integer> integers2 = Stream.of(1, 2, 3, 4, 5).toList();
    }
}
```

19.3.4 Files 及 IO 流

Java 9 中的 Arrays 中新增了 mismatch 方法，现在 Java 12 在 Files 中也新增了 mismatch 方法用于比较两个文件内容是否相同，如果相同，则返回-1，如果不相同，则返回第几个字节开始不等。

示例代码：

```
package com.atguigu.section05;

import java.io.FileWriter;
import java.io.IOException;
import java.nio.file.Files;
import java.nio.file.Path;

public class FilesTest {
   public static void main(String[] args) throws IOException {
      FileWriter fileWriter = new FileWriter("tmp\\a.txt");
      fileWriter.write("尚硅谷");
      fileWriter.write("hello");
      fileWriter.write("world");
      fileWriter.close();

      FileWriter fileWriterB = new FileWriter("tmp\\b.txt");
      fileWriterB.write("尚硅谷");
      fileWriterB.write("hi");
      fileWriterB.write("world");
      fileWriterB.close();

      System.out.println(Files.mismatch(Path.of("tmp/a.txt"),Path.of("tmp/b.txt")));
   }
}
```

Java 9 还在 InputStream 中增加了以下几个方法。

- transferTo()：可以将数据直接传输到 OutputStream，这是在处理原始数据流时非常常见的一种用法。

示例代码：

```
package com.atguigu.section05;

import java.io.FileInputStream;
import java.io.FileOutputStream;
import java.io.IOException;

public class InputStreamTest {
   public static void main(String[] args) {
      try (
            FileInputStream fis = new FileInputStream("1.txt");
            FileOutputStream fos = new FileOutputStream("2.txt");
      ){
         fis.transferTo(fos);
      }catch(IOException e) {
         e.printStackTrace();
      }
   }
}
```

- byte[ ] readAllBytes( )和 byte[ ] readNBytes(int len)：从 InputStream 流中读取所有字节或读取 len 个字节，读取的数据放到一个字节数组中返回。

Java 10 在 ByteArrayOutputStream 中增加了 String toString(Charset)，通过使用指定的字符集解码字

节，将缓冲区的内容转换为字符串。

19.3.5 Optional 类

到目前为止，臭名昭著的空指针异常是导致 Java 应用程序失败的最常见原因。以前，为了解决空指针异常，Google 公司著名的 Guava 项目引入了 Optional 类，Guava 项目通过使用检查空值的方式来防止代码污染，它鼓励程序员写更干净的代码。受到 Google 公司的 Guava 项目的启发，Optional 类已经成为 Java 8 类库的一部分，后续版本都对 Optional 类进行了进一步的丰富。

到 Java 15 为止，Optional 类的常见方法如表 19-3 所示。

表 19-3　Optional 类的常见方法

序　号	方 法 定 义	描　述
1	static<T> Optional<T> empty( )	创建一个空的 Optional 实例
2	static<T> Optinal<T> of(T t)	创建一个维护了 t 对象的 Optional 实例
3	static <T> Optional<T> ofNullable(T value)	若 t 不为 null，则创建 Optional 实例，否则创建空实例
4	boolean isEmpty( )	判断是否为空，为空则返回 true
5	boolean isPresent( )	判断是否包含值，非空则返回 true
6	void　ifPresent(Consumer<? super T> action)	如果调用对象包含值，则对值执行 Consumer 指定的操作，否则就不执行
7	void　ifPresentOrElse(Consumer<? super T> action, Runnable emptyAction)	如果调用对象包含值，则对值执行 Consumer 指定的操作，否则执行有 Runnable 接口指定的操作
8	T get( )	如果调用对象包含值，则返回该值，否则抛异常
9	T orElse(T other)	如果调用对象包含值，则返回该值，否则返回 t
10	T orElseGet(Supplier<? extends T> other)	如果调用对象包含值，则返回该值，否则返回 s 获取的值
11	Optional<T> or(Supplier<? extends Optional<? extends T>> supplier)	如果调用对象包含值，则返回该 Optional，否则返回由 Supplier 提供的 Optional
12	T orElseThrow( )	如果调用对象包含值，则返回该值，否则报 NoSuchElementException
13	<X extends Throwable> T orElseThrow(Supplier<? extends X> exceptionSupplier)	如果调用对象包含值，则返回该值，否则报由 Supplier 提供的异常对象
14	Optional<U> map(Function mapper)	如果有值则对其处理，并返回处理后的 Optional，否则返回 Optional.empty( )
15	<U> Optional<U> flatMap(Function <? super T,? extends Optional<? extends U>> mapper)	如果有值则对其处理，并返回处理后的 Optional，否则返回 Optional.empty( )
16	Stream<T>　stream( )	如果调用对象包含值，则返回包含该值的 Stream，否则返回空的 Stream

案例需求：

每个男孩心目中都有一个难忘的女孩，现通过设计方法实现获取男孩心目中女孩的姓名。

示例代码：

```
package com.atguigu.section05;

import java.util.Optional;

public class OptionalTest {
    public static void main(String[] args) {
        Boy boy1 = null;
        Boy boy2 = new Boy();
```

```
        Boy boy3 = new Boy(new Girl());
        Boy boy4 = new Boy(new Girl("初恋女神"));
        System.out.println("boy1 心中的女孩: " + getHisGirlName (boy1));
        System.out.println("boy2 心中的女孩: " + getHisGirlName (boy2));
        System.out.println("boy3 心中的女孩: " + getHisGirlName (boy3));
        System.out.println("boy4 心中的女孩: " + getHisGirlName (boy4));
        System.out.println("----------------------------------");
        System.out.println("boy1 心中的女孩: " + getHisGirlName2(boy1));
        System.out.println("boy2 心中的女孩: " + getHisGirlName2(boy2));
        System.out.println("boy3 心中的女孩: " + getHisGirlName2(boy3));
        System.out.println("boy4 心中的女孩: " + getHisGirlName2(boy4));
    }
    //没有使用 Optional 类处理空指针异常
    public static String getHisGirlName(Boy boy) {
        if (boy != null) {
            Girl girl = boy.getGirl();
            If (girl != null) {
                return boy.getGirl().getName();
            }
        }
        return null;
    }
    //使用 Optional 类处理空指针异常
    public static String getHisGirlName2(Boy boy) {
        Girl girl = Optional.ofNullable(boy).orElseGet(Boy::new).getGirl();
        return Optional.ofNullable(girl).orElse(new Girl("初恋女神")).getName();
    }
}

class Boy {
    private Girl girl;
    //此处省略无参/有参构造器、get/set 方法、toString 方法
}

class Girl {
    private String name;
    //此处省略无参/有参构造器、get/set 方法、toString 方法
}
```

ifPresentOrElse ( )使用的示例代码：

```
import java.util.Optional;

public class OptionalTest {
    public static void main(String[] args) {
        String address = "北京";
        Optional<String> opt = Optional.ofNullable(address);
        opt.ifPresentOrElse(t→System.out.println(t), ()→System.out.println("无地址"));
    }
}
```

stream( )使用的示例代码：

```
import java.util.Optional;

public class OptionalTest {
    public static void main(String[] args) {
        String address = "北京";
        Optional.ofNullable(address).stream().forEach(System.out::println);
    }
}
```

19.3.6　支持压缩数字格式化

Java 12 在 NumberFormat 中添加了对以紧凑形式格式化数字的支持。紧凑数字格式是指以简短或人类可读形式表示的数字。例如，在 en_US 语言环境中，1000 可以格式化为 1K，1000000 可以格式化为 1M，具体取决于指定的样式 NumberFormat.Style。

示例代码：

```
package com.atguigu.section05;

import java.text.NumberFormat;
import java.util.Locale;

public class NumberFormatTest {
    public static void main(String[] args) {
        var cnf = NumberFormat.getCompactNumberInstance(Locale.CHINA,
                NumberFormat.Style.SHORT);
        System.out.println(cnf.format(1_0000));//1 万
        System.out.println(cnf.format(1_9200));//2 万
        System.out.println(cnf.format(1_000_000));//100 万
        System.out.println(cnf.format(1L << 30));//11 亿
        System.out.println(cnf.format(1L << 40));//1 兆
        System.out.println(cnf.format(1L << 50));//1126 兆
    }
}
```

19.3.7　支持日期周期格式化

Java17 中添加了一个新的模式 B，用于格式化 DateTime，它根据 Unicode 标准指示一天时间段。

示例代码：

```
package com.atguigu.section05;

import java.time.LocalTime;
import java.time.format.DateTimeFormatter;

public class DateTimeFormatterTest {
    public static void main(String[] args) {
        DateTimeFormatter dtf = DateTimeFormatter.ofPattern("B");
        System.out.println(dtf.format(LocalTime.of(8, 0)));
        System.out.println(dtf.format(LocalTime.of(13, 0)));
        System.out.println(dtf.format(LocalTime.of(20, 0)));
        System.out.println(dtf.format(LocalTime.of(23, 0)));
        System.out.println(dtf.format(LocalTime.of(0, 0)));
    }
}
```

上述代码在英语语言环境下输出结果如下：

```
in the morning
in the afternoon
in the evening
at night
midnight
```

上述代码在中文语言环境下输出结果如下：

```
上午
下午
晚上
晚上
午夜
```

19.3.8 @Deprecated 注解

之前版本的@Deprecated 注解是单独使用的，里面没有配置参数，自 Java 9 之后@Deprecated 就有两个配置参数了，since 表示从哪个版本开始废弃，forRemoval 表示后续版本可能删除。Java 9 中关于@Deprecated 注解的源码如下所示：

```
package java.lang;

import java.lang.annotation.*;
import static java.lang.annotation.ElementType.*;

@Documented
@Retention(RetentionPolicy.RUNTIME)
@Target(value={CONSTRUCTOR, FIELD, LOCAL_VARIABLE, METHOD, PACKAGE, MODULE, PARAMETER, TYPE})
public @interface Deprecated {
        String since() default "";
         boolean forRemoval() default false;
}
```

示例代码：

```
package com.atguigu.section05;

public class DeprecatedTest {
    @Deprecated(since="1.2", forRemoval=true)
    public final synchronized void method() {
        throw new UnsupportedOperationException();
    }
}
```

19.4 其他新特性

19.4.1 模块化

Java 9 带来了很多重大的变化，其中最重要的变化是 Java 平台模块系统的引入。众所周知，Java 发展已经超过 20 年，Java 和相关生态在不断丰富的同时也越来越暴露出一些问题。

（1）当某些应用很简单时。夸张地说，如若仅是为了打印一个“helloworld”，那么之前版本的 JRE 中有一个很重要的 rt.jar（如 Java 8 的 rt.jar 中有 60.5M），即运行一个“helloworld”，也需要一个数百兆的 JRE 环境，而这在很多小型设备中是很难实现的。

（2）当某些应用很复杂，有很多业务模块组成时。我们以 package 的形式设计和组织类文件，在起初阶段还不错，但是当我们有数百个 package 时，它们之间的依赖关系一眼是看不完的，当代码库越来越大，创建越复杂，盘根错节的“意大利面条式代码”的概率会呈指数级增长，这给后期维护带来了麻烦，而可维护性是软件设计和演进过程中最重要的问题。

（3）一个问题是 classpath。所有的类和类库都堆积在 classpath 中。当这些 JAR 文件中的类在运行时有多个版本时，Java 的 ClassLoader 就只能加载那个类的某个版本。在这种情形下，程序的运行就会有歧义，有歧义是一件非常坏的事情。这个问题总是频繁出现，它被称为“JAR Hell”。

（4）很难真正对代码进行封装，而系统并没有对不同部分（也就是 JAR 文件）之间的依赖关系有明确的概念。每个公共类都可以被类路径下的其他类访问到，这样就会在无意中使用了并不想被公开访问的 API。

模块就是为了修复这些问题存在的。模块化系统的优势有以下几点。

- 模块化的主要目的是减少内存的开销。

- 只需要必要模块，而非全部 JDK 模块，可简化各种类库和大型应用的开发和维护。
- 改进 Java SE 平台，使其可以适应不同大小的计算设备。
- 改进其安全性、可维护性。用模块管理各个 package，其实就是在 package 外再裹一层，可以通过声明暴露某个 package，不声明默认就是隐藏。因此，模块化系统使代码组织上更安全，因为它可以指定哪些部分可以暴露，哪些部分需要隐藏。
- 更可靠的配置，通过明确指定的类的依赖关系代替以前易错的路径（class-path）加载机制。模块必须声明对其他模块的显示依赖，并且模块系统会验证应用程序所有阶段的依赖关系：编译时、链接时和运行时。假设一个模块声明对另一个模块的依赖，并且第二个模块在启动时丢失，JVM 检测到依赖关系丢失，在启动时就会失败。在 Java 9 之前，当使用缺少的类型时，这样的应用程序只会生成运行时错误而不是启动时错误。

Java 9 是一个庞大的系统工程，从根本上带来了一个整体改变，包括 JDK 的安装目录，以适应模块化的设计。

JDK 8 的安装根目录图解如图 19-8 所示。

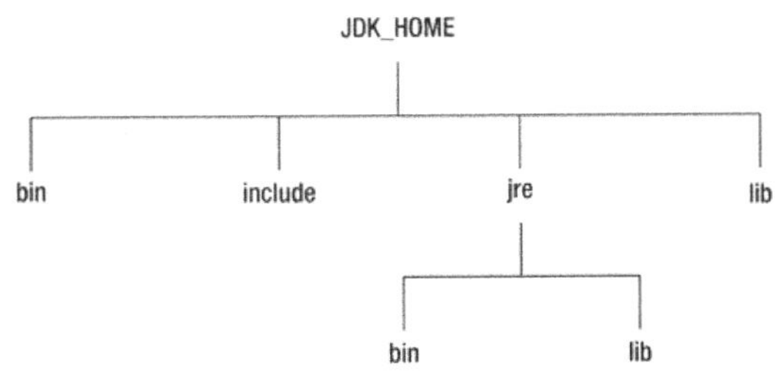

图 19-8　JDK 8 的安装根目录图解

JDK 9 的安装根目录图解如图 19-9 所示。

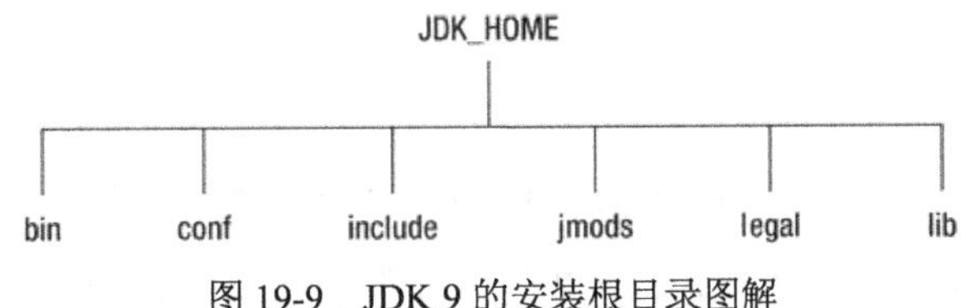

图 19-9　JDK 9 的安装根目录图解

JDK 9 的安装根目录介绍如表 19-4 所示。

表 19-4　JDK9 的安装根目录介绍

目　录	介　绍
bin	包含所有命令，在 Windows 平台上，它继续包含系统的运行时动态链接库
conf	包含用户可编辑的配置文件，如以前位于 jre\lib 目录中的.properties 和.policy 文件
include	包含要在以前编译本地代码时使用的 C/C++头文件，它只存在于 JDK
jmods	包含 JMOD 格式的平台模块，创建自定义运行时映像时需要它，它只存在于 JDK 中
legal	包含法律声明
lib	包含非 Windows 平台上的动态链接本地库，其子目录和文件不应由开发人员直接编辑或使用

模块就是代码和数据的封装体。代码是一些包括类型的 packages，它可以包含 Java 代码和本地代码；数据是一些资源文件和其他的静态信息。

大家可以发现在 Java 9 之后，API 的组织结构也变了。

原来 Java 8 的 API，包是顶级的封装，Java 8 的 API 结构如图 19-10 所示。

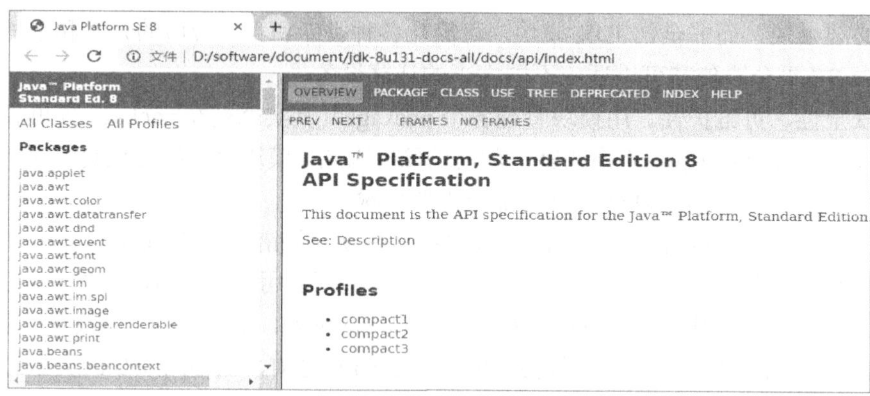

图 19-10　Java 8 的 API 结构

而 Java 9 的 API，模块是顶级的封装，Java 9 的 API 中 Java SE 部分的模块结构如图 19-11 所示。

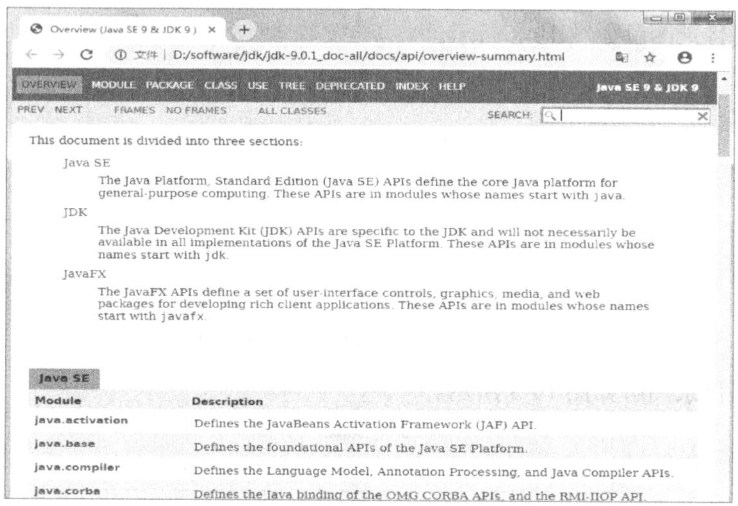

图 19-11　Java 9 的 API 中 Java SE 部分的模块结构

模块之下才是包，如 java.base 模块，Java 9 的 API 的 java.base 模块下的包结构如图 19-12 所示。

每个模块的根目录下都有一个描述模块的文件叫“module-info.java”，编译后对应“module-info.class”。文件 module-info.java 描述了模块的名字、运行需要的模块和其中对外可见的包等，Java 9 的 java.base 模块下的包和模块描述文件结构如图 19-13 所示。

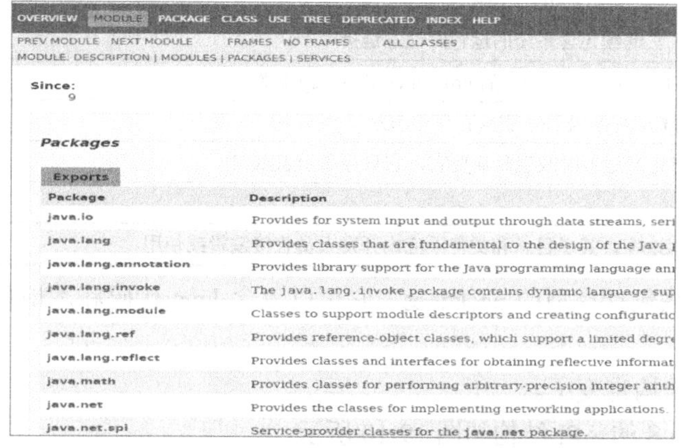

图 19-12　Java 9 的 API 的 java.base 模块下的包结构

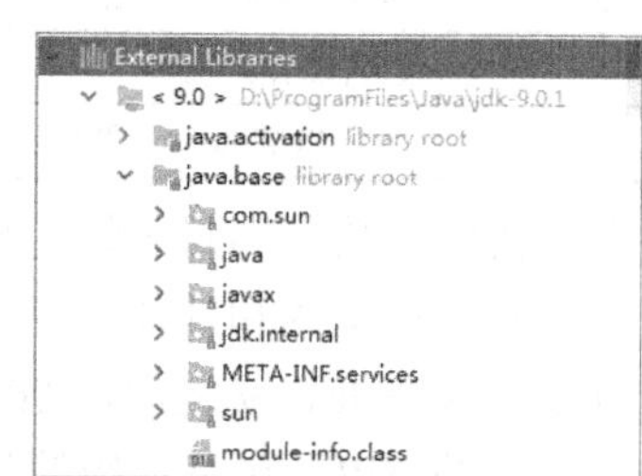

图 19-13　Java 9 的 java.base 模块下的包和模块描述文件结构

在 module-info.java 文件中使用模块声明来定义模块，这是 Java 中的新概念，如下所示。

```
[open] module <moduleName> {
    <module-statement>;
    ......
}
```

open 修饰符是可选的，它声明一个开放的模块，一个开放的模块导出所有的包，以便其他模块使用反射访问。

<moduleName>是要定义的模块的名称，在整个项目中必须具有唯一性，可以使用包名的命名习惯和规范。

<module-statement>是一个模块语句，在模块声明中可以包含零个或多个模块语句，如下所示。

- 导出语句（exports）：表示允许其他模块在编译时和运行时可以访问当前模块指定包的 public 成员。
- 开放语句（opens）：表示该包运行其他模块在运行时可以通过反射使用（包括非 public 的），但是在编译时，只允许该模块中声明过导出语句的包可以被访问，如果没有导出语句，则该包的类在编译时不可读。
- 需要语句（requires）：表示声明模块对另一个模块的依赖关系（注意模块不能循环依赖）。
- 使用语句（uses）：表示使用的服务列表。
- 提供语句（provides...with）：表示提供了哪些服务实现。

19.4.2 jshell 命令

像 Python 和 Scala 之类的语言早就有交互式编程环境（Read Evaluate Print Loop，REPL）了，以交互式的方式对语句和表达式进行求值。开发人员只需要输入一些代码，就可以在编译前获得程序的反馈。而之前的 Java 版本要想执行代码，必须创建文件、声明类、提供测试方法才可以实现，Java 9 终于让 Java 也拥有了 REPL 工具：jshell。

jshell 的设计理念是实现即写即得、快速运行。

- 利用 jshell 可以在没有创建类的情况下直接声明变量、计算表达式、执行语句，即在开发时可以在命令行中直接编写和运行 Java 代码，而不需要创建 Java 文件，不需要跟人解释 public static void main(String[ ] args)这句“废话”。
- jshell 也可以从文件中加载语句或将语句保存到文件中。
- jshell 也可以用 Tab 键进行提示或自动补全、添加分号。

以下是 jshell 的使用演示方法。

（1）调出 jshell 如图 19-14 所示，JDK 要求必须是 JDK 1.9 或以上版本。

（2）获取帮助如图 19-15 所示。

图 19-14　调出 jshell

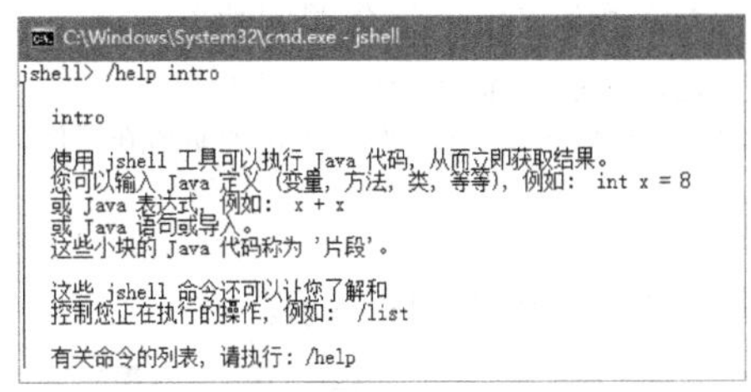

图 19-15　获取帮助

（3）基本使用如图 19-16 所示。

在 jshell 环境下，语句末尾的“;” 是可选的，但最好还是加上，提高代码可读性。

（4）导入指定的包如图 19-17 所示。

```
jshell> int i=1;
i ==> 1

jshell> int j=2;
j ==> 2

jshell> int k=i+j;
k ==> 3

jshell> public int add(int a,int b){
   ...> return a+b;
   ...> }
|  已创建 方法 add(int,int)

jshell> System.out.println(add(i,j));
3
```

图 19-16　基本使用

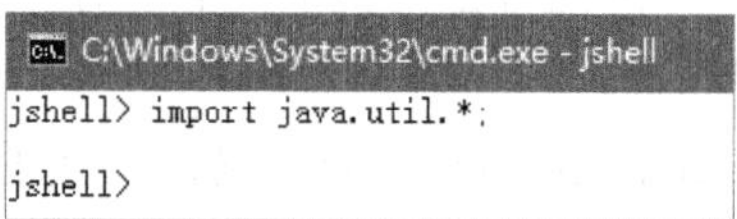

图 19-17　导入指定的包

jshell 环境下默认已经导入图 19-18 所示的所有包，当然包含 java.lang 包，默认导入的包如图 19-18 所示。

（5）当前 session 中所有有效的代码片段如图 19-19 所示。

（6）查看当前 session 下所有创建过的变量、方法如图 19-20 所示。

（7）我们还可以使用/edit xx 来重新定义相同方法名和参数列表的方法，即对现有方法的修改（或覆盖），它会使用外部代码编辑器来编写 Java 代码，方法的修改如图 19-21 所示。

调用修改后的方法如图 19-22 所示。

```
jshell> /imports
|    import java.io.*
|    import java.math.*
|    import java.net.*
|    import java.nio.file.*
|    import java.util.concurrent.*
|    import java.util.function.*
|    import java.util.prefs.*
|    import java.util.regex.*
|    import java.util.stream.*
|    import java.util.*
```

图 19-18　默认导入的包

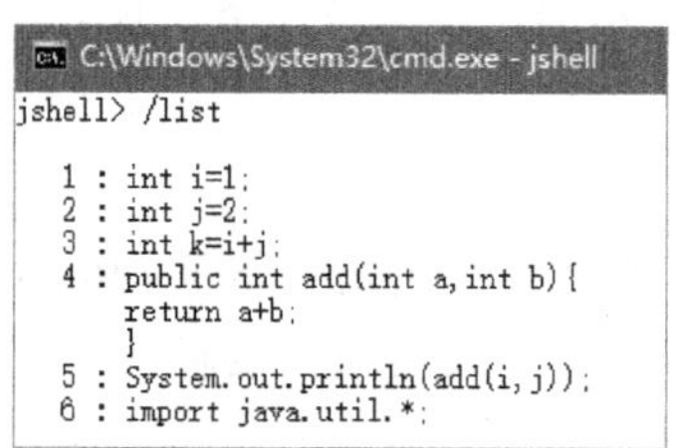

图 19-19　当前 session 中所有有效的代码片段

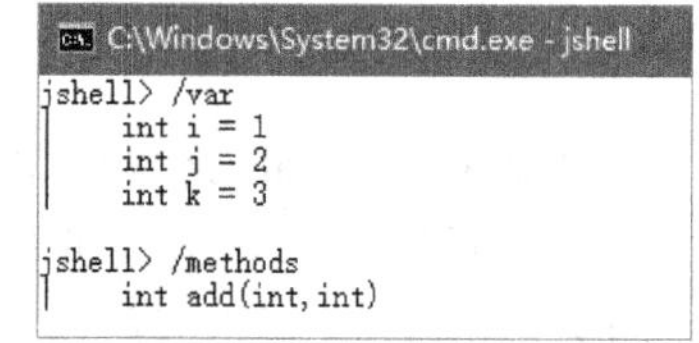

图 19-20　查看当前 session 下所有创建过的变量、方法

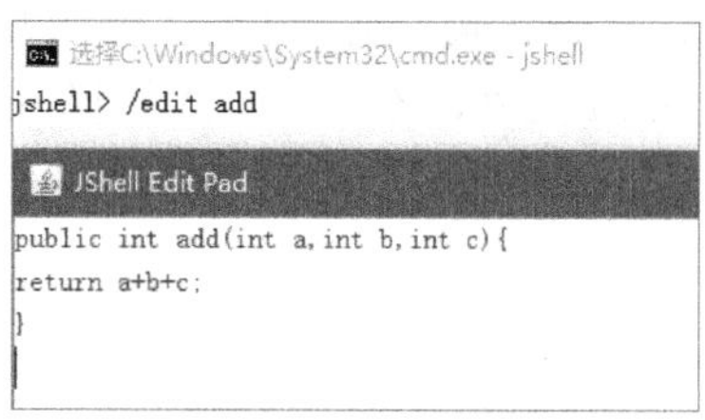

图 19-21　方法的修改

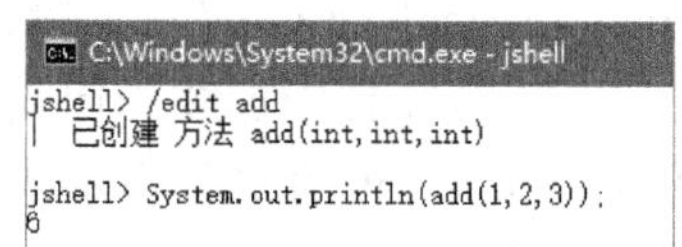

图 19-22　调用修改后的方法

（8）使用/open 命令调用外部文件的源代码进行执行，事先编写 HelloJshell.java 源文件，代码如下所示，然后通过/open 命令调用执行。

```
public void printHello() {
    System.out.println("Hello，尚硅谷在等你！");
}
printHello();
```

执行结果如图 19-23 所示。

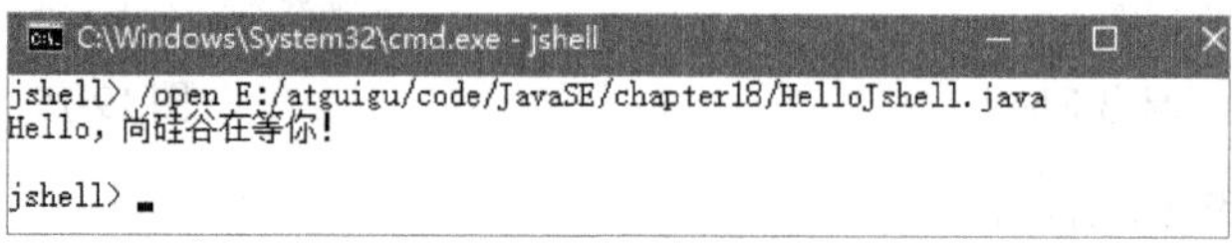

图 19-23　执行结果

（9）jshell 无编译时受检异常结果如图 19-24 所示。

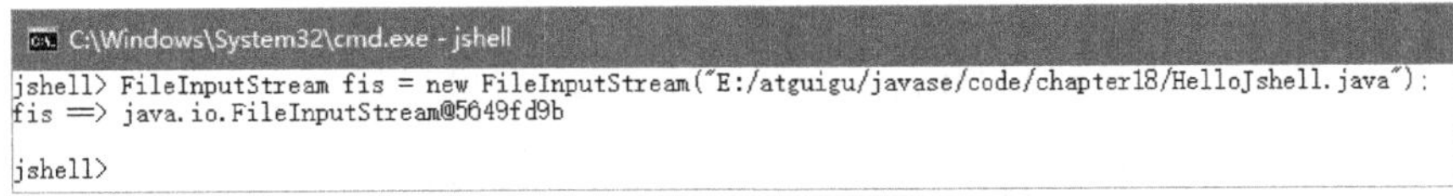

图 19-24 jshell 无编译时受检异常结果

说明：本来应该在编译时强迫我们捕获一个 FileNotFoundException，并且强制用 try-catch 或 throws 处理。但是 jshell 无编译时受检异常，所以异常都是运行时异常。

（10）退出 jshell 如图 19-25 所示。

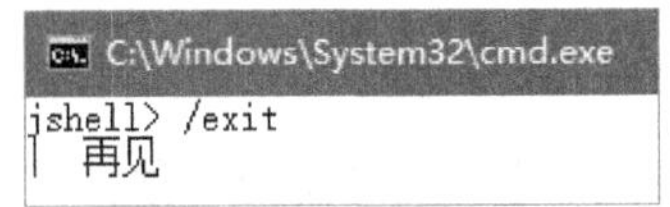

图 19-25 退出 jshell

19.4.3 垃圾回收器

垃圾回收器（Garbage Collector，GC）是 Java 的主要优势之一，它的任务是识别和回收垃圾对象，从而进行内存清理。Java 的垃圾回收机制是 JVM 提供的能力，由单独的系统级垃圾回收线程在空闲时间以不定时的方式动态回收。Java 程序是在 JVM 中运行的，而 JVM 运行时数据区分为方法区（Method Area）、虚拟机栈（VM Stack）、本地方法栈（Native Method Stack）、堆（Heap）、程序计数器（Program Counter Register），如图 19-26 所示。

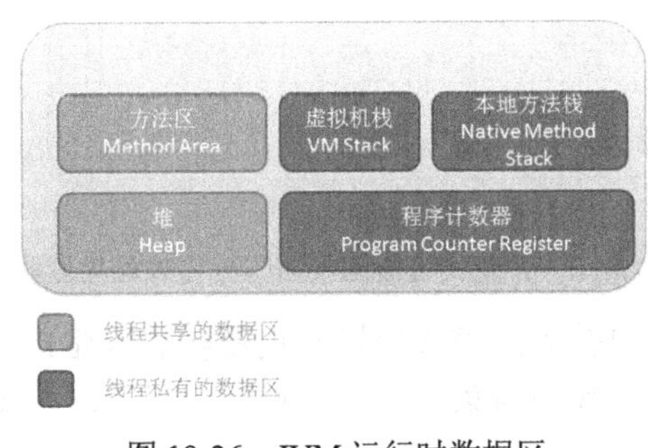

图 19-26 JVM 运行时数据区

堆是垃圾回收器管理的主要区域，现在垃圾回收器基本都是采用分代收集算法，所以 Java 堆中还可以细分为新生代区（Young）和老年代区（Old）（更详细的分代收集算法等相关知识大家可以关注尚硅谷谷粒学院的 JVM 调优等内容）。

为了让垃圾回收器可以正常且高效地执行，大部分情况下会要求系统进入一个停顿的状态，称为 STW（Stop the World）。当 STW 发生在新生代的 Minor GC 中时，因为新生代区的内存空间通常都比较小，所以暂停时间也在可接受的合理范围，不过一旦出现在老年代区的 Full GC 中，程序的工作线程被暂停的时间将会更久。现代系统中可用内存空间不断增多，用户和程序都希望 JVM 能够以高效的方式充分利用这些内存空间，并且垃圾回收器无须长时间暂停时间。

另外，由于 JDK 的版本处于高速迭代过程中，因此 Java 发展至今已经衍生了众多的垃圾回收器版本。从不同角度分析垃圾回收器，可以将垃圾回收器分为不同的类型。

（1）按线程数分，可以分为串行垃圾回收器和并行垃圾回收器，如图 19-27 所示。

- 串行垃圾回收器指的是在同一时间段内只允许一件事情发生，简单来说，当多个 CPU 可同时使用时，也只能有一个用 CPU 执行垃圾回收。
- 和串行垃圾回收器相反，并行垃圾回收器可以用多个 CPU 同时执行垃圾回收，因此提升了应用的吞吐量。

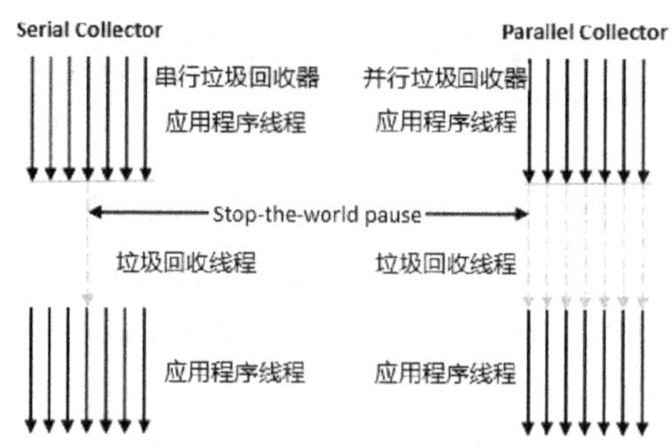

图 19-27　串行垃圾回收器与并行垃圾回收器

（2）按照工作模式分，可以分为并发式垃圾回收器和独占式垃圾回收器，如图 19-28 所示。

- 并发式垃圾回收器与应用程序线程交替工作，以尽可能减少应用程序的停顿时间。
- 独占式垃圾回收器（Stop the World）一旦运行，就停止应用程序中的其他所有线程，直到垃圾回收过程完全结束。

图 19-28　并发式垃圾回收器与独占式垃圾回收器

（3）按碎片处理方式分，可以分为压缩式垃圾回收器和非压缩式垃圾回收器。所谓压缩式垃圾回收器，是指垃圾回收器会在回收完垃圾对象占用的内存后，对存活对象进行压缩整理，消除回收后的碎片。

（4）按工作的内存区间分，可以分为年轻代垃圾回收器和老年代垃圾回收器。JVM 的垃圾回收器，是指工作通常是由多个垃圾回收器一起组合完成工作的，多个垃圾回收器一起工作如图 19-29 所示。

1999 年，随着 JDK 1.3.1 一起来的是串行方式的 Serial GC，它是第一款垃圾回收器。ParNew 垃圾回收器是 Serial 回收器的多线程版本。

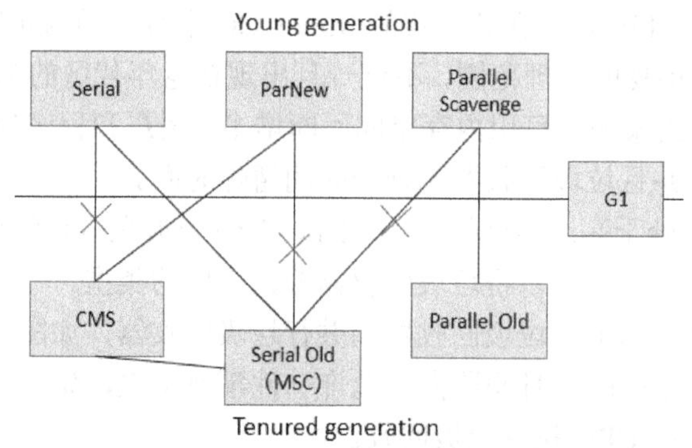

图 19-29　多个垃圾回收器一起工作

2002 年 2 月 26 日，Parallel GC 和 Concurrent Mark Sweep GC（CMS）与 JDK 1.4.2 一起发布。Parallel GC 在 JDK 6 之后成为 HotSpot 的默认垃圾回收器。JDK 14 已经删除了 CMS。

2012 年，JDK 1.7u4 确定了 G1 可用。之后在 JDK 9 中的 G1 变成默认的垃圾回收器，以替代 CMS。JDK 10 为 G1 提供并行的 Full GC，实现并行性来改善最坏情况下的延迟。JDK 12 再次优化 G1，实现了自动返回未用堆内存给操作系统。

2018 年 9 月，JDK 11 还引入备受关注的 ZGC（可伸缩的低延迟垃圾回收器），在 Java 11 中该特性被标记为实验性（Experimental）。之后 JDK 13 再次优化了 ZGC，实现了自动返回未用堆内存给操作系统，在 JDK 14 中扩展 ZGC 在 MACOS 和 Windows 上的应用。经过了版本的迭代优化之后，ZGC 在 JDK 15 中终于成为正式特性（但是这并不代表它已经替换了默认的垃圾回收器，默认的垃圾回收器仍然还是 G1），在 JDK 16 中再次优化，将 ZGC 线程栈处理从安全点转移到一个并发阶段，甚至在大堆上也允许在毫秒内暂停垃圾回收器安全点，消除 ZGC 中最后一个延迟源可以极大地提高应用程序的性能和效率。JDK 11 中还引入了另一个垃圾回收器，它就是 Epsilon 垃圾回收器，又被称为“No—Op（无操作）”回收器。垃圾回收器控制内存分配，但是不执行任何垃圾回收工作。

2019 年 3 月，Java 12 引入 Shenandoah GC 和低停顿时间的 GC（Experimental）。

由于维护和兼容性测试的成本，JDK 8 将 Serial+CMS、ParNew+Serial Old 这两个组合声明为废弃，并在 JDK 9 中完全取消了这些组合的支持。JDK 14 将 ParallelScavenge + SerialOld GC 的垃圾回收器组合标记为 Deprecate。

下面简单介绍一下几个新引入的垃圾回收器。

（1）ZGC。

ZGC，即 Z Garbage Collector，是一个可伸缩的、低延迟的垃圾回收器，这应该是 JDK 11 中最令人瞩目的特性。ZGC 的设计目标是支持 TB 级内存容量、暂停时间低（<10ms）和对整个程序吞吐量的影响小于 15%。ZGC 将来还可以扩展实现机制，以支持不少令人兴奋的功能，如多层堆（热对象置于 DRAM 和冷对象置于 NVMe 闪存），或者压缩堆。ZGC 这么优秀，主要是因为以下几个特性。

- Concurrent：ZGC 只有 root 扫描过程会有短暂的 STW，大部分的过程都是和应用线程并发执行的，如最耗时的并发标记和并发移动过程。
- Region-based：ZGC 中没有新生代和老年代的概念，只有一块一块的内存区域 page，以 page 单位进行对象的分配和回收。
- Compacting：在每次进行 GC 时，都会对 page 进行压缩操作，所以完全避免了 CMS 算法中的碎片化问题。
- NUMA-aware：现在多 CPU 插槽的服务器都是 NUMA 架构，如两个 CPU 插槽（24 核）、64GB 内存的服务器，那其中一个 CPU 上的 12 个核，访问从属它的 32GB 本地内存，比访问另外 32GB 的远端内存要快得多。ZGC 默认支持 NUMA 架构，在创建对象时，根据当前线程在哪个 CPU 执行，优先在靠近这个 CPU 的内存中进行分配，这样可以显著提高性能，可以在 SPEC JBB 2005 基准测试中获得 40%的提升。
- Using colored pointers：和以往的标记算法比较不同，CMS 和 G1 会在对象的对象头进行标记，而 ZGC 是标记对象的指针。其中低 42 位对象的地址，（即 42～45 位）用作指针标记。
- Using load barriers：因为在标记和移动过程中，垃圾回收器线程和应用线程是并发执行的，所以存在对象 A 内部的引用所指的对象 B 在标记或移动状态，为了保证应用线程拿到的 B 对象是对的，那么在读取 B 的指针时会经过一个“load barriers”读屏障，这个屏障可以保证在执行垃圾回收器时数据读取的正确性。

（2）Epsilon 垃圾回收器。

Java 11 引入的 Epsilon 垃圾回收器是一个比较特殊的垃圾回收器，该垃圾回收器被称为“no-op”

收集器，将处理内存分配而不实施任何实际的内存回收机制。也就是说，这是一个不做垃圾回收的垃圾回收器。这个垃圾回收器看起来并没什么用，主要可以用来进行性能测试、内存压力测试等，Epsilon 垃圾回收器可以作为度量其他垃圾回收器性能的对照组，能够帮助我们理解垃圾回收器的接口，有助于成就一个更加模块化的 JVM。

（3）Shenandoah 垃圾回收器。

Java 12 中引入了 Shenandoah 低停顿时间的垃圾回收器，其内存结构与 G1 非常相似，都是将内存划分为类似棋盘的 region。其整体流程与 G1 也比较相似，最大的区别在于实现了并发的疏散（Evacuation）环节，引入的 Brooks Forwarding Pointer 技术使得垃圾回收器在移动对象时，对象引用仍然可以访问。另外，ZGC 也是面向 low-pause-time 的垃圾回收器，不过 ZGC 是基于 colored pointers 来实现的，而 Shenandoah 垃圾回收器是基于 brooks pointers 来实现的。

19.4.4 更简化的编译运行程序

Java 11 中有一个新特性比较有意思，就是更简化的编译运行程序。一个源文件 HelloJava11.java 如下所示。

```
public class HelloJava11 {
    public static void main(String[] args) {
        System.out.println("hello Java11");
    }
}
```

在上述代码之前的 JDK 版本中，需要通过两个步骤才能完成执行，Java 11 编译运行程序测试（1）如图 19-30 所示。

```
C:\Windows\System32\cmd.exe
D:\Java11>javac HelloJava11.java

D:\Java11>java HelloJava11
hello Java11
```

图 19-30　Java 11 编译运行程序测试（1）

而在 Java 11 版本中，通过一个 java 命令就可以直接搞定，Java 11 编译运行程序测试（2）如图 19-31 所示。

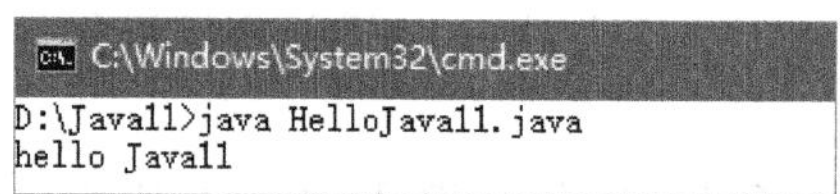

图 19-31　Java 11 编译运行程序测试（2）

当然，这个新特性也有以下几个要求。

- 只会执行源文件中的第一个类，第一个类必须包含主方法。
- 不可以使用其他源文件中的自定义类，本文件中的自定义类是可以使用的。

例如，有另一个 Test1.java 源文件，代码如下所示：

```
class Test2 {
    public static void main(String[] args) {
      System.out.println("谷粒学院");
        Demo d = new Demo();//使用当前.java 文件中的自定义类不会报错
        //HelloJava11 h = new HelloJava11();//如果使用其他.java 文件中的自定义类则会报错
    }
}
class Test1 {
    public static void main(String[] args) {
```

```
        System.out.println("尚硅谷");
    }
}
class Demo {
}
```

使用 java Test1.java 命令，发现运行的是第一个类 Test 2 中的代码。Java 11 编译运行程序测试（3）如图 19-32 所示。

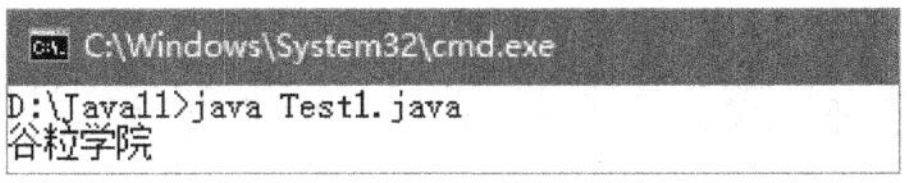

```
C:\Windows\System32\cmd.exe
D:\Java11>java Test1.java
谷粒学院
```

图 19-32　Java 11 编译运行程序测试（3）

19.5　本章小结

本章带领大家认识了一下 Java 9～Java17 的新特性，由于这些特性都是近几年版本中的新特性，目前还未在实际开发中广泛应用。虽然项目开发环境从 Java 8 前移到 Java 11 或 Java 17 等 LTS 版本还需要一段时间，但是了解技术变化还是需要的。尤其是一些实用的新特性，我们基本可以确定在后续的版本中一定会得到保留。大家可以提前接触，并予以掌握。

反侵权盗版声明

举报电话：（010）88254396；（010）88258888

传　　真：（010）88254397

E-mail：dbqq@phei.com.cn

通信地址：北京市万寿路173信箱

电子工业出版社总编办公室

邮　　编：100036